◆科学実験ライブラリーでは，理科の実験を動画で学習することができます。

◆動画ごとのQRコードを読みとると，すぐに動画をご覧いただけます。

◆PCの場合は，科学実験ライブラリーのWebサイトからご覧ください。

◆動画の内容は追加・修正される場合があります。最新版は科学実験ライブラリーのWebサイトからご覧ください。

◆科学実験ライブラリーのWebサイトへは，右のQRコードを読みとるか，https://www.zoshindo.co.jp/special/slibrary/ をご入力ください。

◆科学実験ライブラリーの映像・テキスト・音声等の著作権は増進堂・受験研究社に帰属しています。その一部または全部を無断で複製・転載することは，法律で禁じられています。

本文掲載ページ	テーマ / 内容	Check!	サムネイル	QRコード
P.76	**電流計の使い方** 電流計を使って，回路に流れる電流の大きさを調べます。	▶回路 （→P.62） ▶直列つなぎ （→P.64） ▶電流 （→P.64）		
P.77	**電圧計の使い方** 電圧計を使って，回路に加わる電圧の大きさを調べます。	▶回路 （→P.62） ▶並列つなぎ （→P.66） ▶電圧 （→P.66）		

本文掲載ページ	テーマ / 内容	Check！	サムネイル	QRコード
P.87	**静電気の力のはたらき方** 静電気を発生させて，＋と－の電気の性質を調べます。	▶ 静電気 （→P.86） ▶ 電気の種類 （→P.87）		
P.89	**電子の移動** はく検電器を使って，静電気の移動を観察します。	▶ 静電気 （→P.86） ▶ 電気の種類 （→P.87）		
P.102	**電流が流れる導線が磁界から受ける力** 磁石の磁力と電流によってコイルをブランコのように動かします。	▶ 直線電流による磁界 （→P.99） ▶ フレミングの左手の法則 （→P.102）		
P.105	**電磁誘導と誘導電流** コイルと磁石を用いて，電流を発生させます。	▶ 直線電流による磁界 （→P.99） ▶ モーター （→P.103）		

本文掲載ページ	テーマ / 内 容	Check！	サムネイル	QRコード
P.117	**浮力の大きさ** 浮力の大きさと物体の形の関係を調べます。	▶ アルキメデスの原理 （→P.117）		
P.130	**力のはたらかない運動** 一定の速さを保った物体の運動を観察します。	▶ 等速直線運動 （→P.131，132） ▶ 慣性 （→P.131）		
P.132	**斜面をくだる運動** 斜面に沿って落下する台車の運動のようすを観察します。	▶ 重力 （→P.46） ▶ 分力 （→P.120） ▶ 加速度運動 （→P.138）		
P.136	**自由落下運動** 垂直に落下するおもりや小球の運動のようすを観察します。	▶ 重力 （→P.46） ▶ 加速度運動 （→P.138）		

本文掲載ページ	テーマ / 内容	Check!	サムネイル	QRコード
P.152	**位置エネルギー** 木片に，斜面を転がした小球を衝突させ，運動のようすを観察します。	▶ 仕事 （→P.142） ▶ 位置エネルギー （→P.152） ▶ 運動エネルギー （→P.153）		
P.184 ・ P.188	**ガスバーナーの使い方** マッチを使って，ガスバーナーに点火します。	▶ 空気調節ねじ （→P.184） ▶ ガス調節ねじ （→P.184）		
P.191	**エタノールの状態変化** エタノールが液体のときと気体のときの体積の違いを観察します。	▶ 蒸発 （→P.190） ▶ 状態変化 （→P.191）		
P.191	**ロウの状態変化** ロウが液体のときと固体のときの体積の違いを観察します。	▶ 融解 （→P.190） ▶ 凝固 （→P.190）		

本文掲載ページ	テーマ / 内容	Check!	サムネイル	QRコード
P.197	**蒸留による分離** 蒸留によって，食塩水から水を分離します。	▸ 状態変化 （→P.191） ▸ 沸点 （→P.195，197） ▸ 蒸留 （→P.197）		
P.198	**ろ過** ろ過によって，濁った水から砂をとり出します。	▸ 混合物 （→P.194，222，235）		
P.199	**パルミチン酸の融点測定** パルミチン酸が固体から液体に変化するときの温度を調べます。	▸ 状態変化 （→P.191） ▸ 融点 （→P.195）		
P.200	**酸素の発生方法** 二酸化マンガンに過酸化水素水を加えて酸素を発生させます。	▸ 水上置換法 （→P.189，208） ▸ 触媒 （→P.200） ▸ 酸素の性質 （→P.201）		

本文掲載ページ	テーマ / 内容	Check!	サムネイル	QRコード
P.201 ・ P.206	**酸素の性質** 酸素で満たした集気びんの中に火がついた線香を入れ，反応を観察します。	▶ 助燃性 （→P.201）		
P.201	**二酸化炭素の発生方法** 石灰石と塩酸を反応させて二酸化炭素を発生させます。	▶ 下方置換法 （→P.189，208） ▶ 水上置換法 （→P.189，208） ▶ 二酸化炭素の性質 （→P.201）		
P.201 ・ P.206	**二酸化炭素の性質** 二酸化炭素の重さや石灰水を濁らせる性質などを観察します。	▶ 空気より重い （→P.201） ▶ 石灰水の白濁 （→P.201）		
P.202	**水素の発生方法** 亜鉛と塩酸を反応させて水素を発生させます。	▶ 水上置換法 （→P.189，208） ▶ 水素の性質 （→P.202）		

本文掲載ページ	テーマ / 内容	Check!	サムネイル	QRコード
P.202 ・ P.206	**水素の性質** 水素の燃焼のようすを観察します。	▸ 空気より軽い（→P.201） ▸ 水素の爆発（→P.202）		
P.202	**アンモニアの発生方法** アンモニア水を加熱して，アンモニアを発生させます。	▸ 上方置換法（→P.189，208） ▸ アンモニアの性質（→P.202）		
P.206	**アンモニアの性質** アンモニアの性質を利用した噴水装置の観察をします。	▸ 水に非常によく溶ける（→P.202）		
P.224	**炭酸水素ナトリウムの熱分解** 炭酸水素ナトリウム（重曹）を加熱して，発生する物質を調べます。	▸ 二酸化炭素の性質（→P.201） ▸ 化学変化（→P.223） ▸ 分解（→P.223）		

本文掲載ページ	テーマ / 内容	Check！	サムネイル	QRコード
P.225	**炭酸アンモニウムの熱分解** 炭酸アンモニウムを加熱して，発生する物質を調べます。	▶二酸化炭素の性質 （→P.201） ▶アンモニアの性質 （→P.202） ▶分解 （→P.223）		
P.226	**酸化銀の熱分解** 酸化銀を加熱して，発生する物質を調べます。	▶金属の区別 （→P.182） ▶酸素の性質 （→P.201） ▶分解 （→P.223）		
P.227	**水の電気分解** うすい水酸化ナトリウム水溶液に電流を流して，水素と酸素を発生させます。	▶酸素の性質 （→P.201） ▶水素の性質 （→P.202） ▶分解 （→P.223）		
P.228	**塩化銅水溶液の電気分解** 塩化銅水溶液に電流を流して，銅と塩素を発生させます。	▶塩素の性質 （→P.203） ▶分解 （→P.223）		

本文掲載ページ	テーマ / 内容	Check!	サムネイル	QRコード
P.239	**鉄と硫黄の化学変化** 鉄と硫黄を反応させる前後で，性質の違いを調べます。	▶ 化学変化 （→P.223） ▶ 硫化鉄 （→P.238）		
P.240	**銅と硫黄の反応** 銅と硫黄の反応のようすを観察します。	▶ 化学変化 （→P.223） ▶ 硫化銅 （→P.240）		
P.241	**鉄と酸素の反応** 酸素が入った集気びんの中に，熱した鉄線を入れ，反応を観察します。	▶ 化学変化 （→P.223） ▶ 酸化鉄 （→P.241）		
P.241	**マグネシウムと酸素の反応** 空気中でマグネシウムを加熱し，反応のようすを観察します。	▶ 化学変化 （→P.223） ▶ 酸化マグネシウム （→P.241）		

本文掲載ページ	テーマ / 内容	Check!	サムネイル	QRコード
P.242	**マグネシウムと二酸化炭素の反応** 二酸化炭素とマグネシウムを激しく反応させたときのようすを観察します。	▶化学変化 （→P.223） ▶酸化マグネシウム （→P.241）		
P.249	**ろうそくの燃焼** ろうそくが燃えるときの物質の変化を観察します。	▶二酸化炭素の性質 （→P.201） ▶酸素の性質 （→P.201）		
P.250	**アルコールの燃焼** エタノールを燃焼させ，発生する物質を調べます。	▶二酸化炭素の性質 （→P.201）		
P.251	**スチールウールの燃焼** スチールウールを燃焼させる前後で，性質の違いを調べます。	▶酸化鉄 （→P.241） ▶酸化 （→P.241，252）		

本文掲載ページ	テーマ / 内容	Check!	サムネイル	QRコード
P.256	**銅の酸化と質量変化** 銅を加熱して，反応の前後で質量の違いを調べます。	▶ 酸化 　（→P.241，252） ▶ 酸化銅 　（→P.255）		
P.257	**酸化銅の還元** 炭素粉末を用いて，酸化銅を銅に還元します。	▶ 酸化銅 　（→P.255） ▶ 還元 　（→P.256）		
P.264	**吸熱反応** 水酸化バリウムと塩化アンモニウムを反応させ，温度変化を観察します。	▶ アンモニアの性質 　（→P.202） ▶ 吸熱反応 　（→P.264）		
P.265	**化学かいろをつくる** 鉄の酸化によって発生する熱を利用して，化学かいろをつくります。	▶ 酸化 　（→P.241，252） ▶ 発熱反応 　（→P.263）		

本文掲載ページ	テーマ／内容	Check!	サムネイル	QRコード
P.272	**気体の発生する化学変化と質量** 密閉状態での石灰石と塩酸の反応の前後で，質量の変化を観察します。	▶二酸化炭素の発生方法 （→P.201） ▶質量保存の法則 （→P.270）		
P.273	**鉄の酸化と質量** 密閉した容器内でスチールウールを燃焼させたとき，質量保存の法則がなりたつかを調べます。	▶スチールウールの燃焼 （→P.251） ▶質量保存の法則 （→P.270）		
P.299	**酸性の水溶液と金属の反応** 酸性の水溶液に金属を入れたときの反応を調べます。	▶水素の発生方法 （→P.202） ▶酸 （→P.300）		
P.304	**イオンの移動** 水酸化ナトリウム水溶液をしみこませたろ紙に電流を流して，イオンの移動を観察します。	▶アルカリ （→P.302）		

本文掲載ページ	テーマ / 内 容	Check！	サムネイル	QRコード
P.308	**酸とアルカリの反応** 酸性の水溶液とアルカリ性の水溶液を混ぜ合わせると，どのような変化が起こるかを調べます。	▶ 酸 （→P.300） ▶ アルカリ （→P.302） ▶ 塩 （→P.310）		
P.328	**顕微鏡の使い方** 光学顕微鏡で小さな試料を観察します。	▶ 接眼レンズ （→P.328） ▶ 対物レンズ （→P.328） ▶ プレパラート （→P.333）		
P.410	**肺の呼吸運動モデル** 肺のモデルを作成し，呼吸運動のしくみを調べます。	▶ 肺呼吸 （→P.352，408） ▶ 横隔膜 （→P.410）		
P.551	**湿度のはかり方** **〜露点から求める方法〜** 氷水を用いて露点を調べ，湿度を求めます。	▶ 露点 （→P.549） ▶ 湿度 （→P.549，550）		

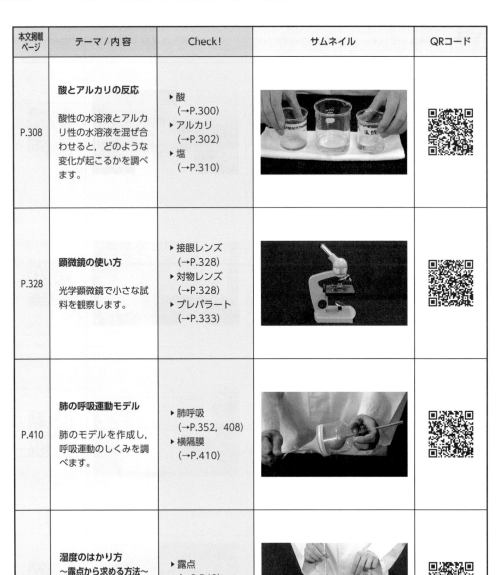

本文掲載ページ	テーマ / 内容	Check!	サムネイル	QRコード
P.551	**湿度のはかり方** **〜乾湿計を使う方法〜** 乾湿計を使って，湿度を調べます。	▸ 露点 （→P.549） ▸ 湿度 （→P.549, 550）		
P.553	**雲の発生** 注射器を使って，丸底フラスコの中に雲を発生させます。	▸ 飽和水蒸気量 （→P.549） ▸ 露点 （→P.549）		
P.581	**太陽の動きを調べよう** 透明半球を使って，太陽の動きを観察します。	▸ 太陽の日周運動 （→P.581） ▸ 太陽の南中高度 （→P.591, 592）		

※QRコードは(株)デンソーウェーブの登録商標です。

自由自在 中学 理科
From Basic to Advanced

受験研究社

はじめに

　ノーベル物理学賞，化学賞のメダルには，自然の女神がかぶったベールを科学の女神がオープンにするようすがそれぞれ刻印されています。これは，自然という不思議を，科学で解き明かしていく行為を示しています。

　人類は，実験・観察をすることで少しずつ自然を理解しようとしてきました。自然というものは，ときには人類にとって脅威となります。人類は，自然にはたらきかけ，自然のなかに潜む原理・原則を１つ１つ明らかにし，自然法則として人類共通の財産としてきたのです。動物をよく観察することでその特性を知り，食用にしたり，狩りをするときの仲間にしたり，逆にその動物の危険から身を守ったりしてきました。植物をよく観察することで農作物としたり，天気をよく観察することで大雨を予測したりしてきました。植物や動物の詳しい観察から，医薬品を開発したり，建築物の強度や保温・保湿効果を調べたりして，やがて高度科学技術社会を築きあげてきました。

　今後は，SDGs（持続可能な開発目標）を意識し環境を保全しながら，安全で安心な，持続可能な社会をつくることが求められます。このようなことを実現するためには，理科を深く学ぶことが大切です。理科の学習を大きく分けると，理論についての学習と実験についての学習がありますが，理科を深く学ぶためには，現物を実際に手に取って，実感をともなった学習ができる実験や観察がとっても大切だといえます。

　古いことわざに，百聞は一見にしかずというものがあります。まず，しっかりと，自分自身で観察し実験し，理科を深めるようにしましょう。

　さらに，理科の知識の体系を整理し，その事実からどのようなことが普遍的にいえるのかを考えることで，理科の理論の学習を深めていきましょう。

監修者
川村 康文

この本を使うみなさんへ

　中学自由自在を手に取ってくれたみなさん，ありがとうございます。この本を開いてくれたということは，学習を頑張ろうとしているということですね。

　『自由自在』は見ての通り，とても厚い本です。しかし，とても難しい本というわけではありません。この本をどう使うかは，まさにみなさんの自由なのです。学校や塾の予習・復習はもちろん，学習していてわからないことを調べるためにも使えます。また，暇なときに写真や図を眺めるだけでも，新たな知識が身につくことでしょう。

　この『自由自在』には，とても長い歴史があります。初めて出版されたのは，1954年のことです。それから現在にいたるまで，数多くの先生や編集部員が，考え，悩みながらその時代に合った参考書をつくってきました。しかし，その中でも変わらない思いがあります。それは，学ぶ楽しさを味わってほしいということです。

　人間は，生涯にわたってずっと学び続けます。そして，学ぶことでどんどん視野が広がります。中学生のいま学んでいる理科は，すぐに，そして直接的には役に立たないように感じるかもしれません。しかし，理科の学習を通して，非常に小さな細胞から宇宙まで，また身近な物質から宇宙共通の物理法則までを広く学ぶことで，いままで知らなかった世界のことを知ることができるでしょう。そうすることで，世の中をより広く，科学的な視点で見ることができるようになるはずです。

　そうはいうものの，よくわからない勉強をし続けるのは苦痛を伴います。そんなときは，『自由自在』を開いてみてください。きっとみなさんがわからなかったことが書いてあるでしょう。1度読んだだけでわからなければ，2度，3度と読んでみてください。そして，自分なりに考えてみてください。そうすることで知識をまさに自由自在に操れるようになるはずです。そのときには，学ぶって楽しい！と思ってくれることを，この本に関わったすべての人が願っています。

編著者　しるす

📖 特長と使い方

▶ 解説ページ

🔖 Point

この節で学習する重要なポイントをまとめています。

入試重要度

高校入試での重要度を★で示しています（★→★★→★★★の３段階で★★★が最重要）。

キャッチフレーズ

項目の内容を簡潔に表すフレーズを入れています。

丁寧な解説文

最重要語句は色文字，重要語句は黒太字，そのまま覚えておきたい重要な解説文には色下線を入れています。

第1章 光と音

1 光の性質とレンズ

🔖 Point
❶ 光はどんな進み方をするのか理解しよう。
❷ 光の反射や屈折について理解しよう。
❸ 凸レンズのはたらきについて理解しよう。

1 光の進み方　入試重要度 ★★☆

1 目に入る光

〜光源と光〜

私たちの身のまわりには色や形の異なるさまざまな物体があり，目に光が入ることで，これらの物体の色や形を見ることができる。目に光が入るには，次の２つの場合がある。

❶ 光源から出た光が入る場合……太陽や電球のような，自らが光を発している物体を光源という。光が見えるのは，光源から出た光が目に入るからである。

❷ 物体の表面ではね返った光が入る場合……光源以外の物体が見えるのは，光源からの光が物体の表面ではね返って目に入るからである。

光源からの光

物体の表面ではね返る光

2 光の直進

〜光はまっすぐ進む〜

細い光を煙の中などに通すと，光は直進することがわかる。このような細い光は，直線のように見えるので光線という。

光源装置　光　線香　線香の煙　水槽

🔗 Episode 太陽光が物体にあたると影ができる。これは，光が直進しているから起こる現象である。影の長さは太陽高度によって変化し，１日の中でも最も短くなるのは正午ごろである。

参考 暗闇も見える

真夜中でも，夜行性の動物はわずかな光があればものを見ることができる。また，気象衛星ひまわりは赤外線という電磁波を利用して，夜の地球の映像も撮影している。

参考 生物発光

光る生物には，ホタル，クラゲ，イカ，魚などと，発光バクテリアなどの微生物がいる。ホタルは発光細胞をもっている。

発光器
ゲンジボタル

役に立つ脚注

🔗 Episode 理科に興味・関心をもたせるような雑学などを入れています。

📢 入試Info 高校入試でよく問われる内容や出題傾向・出題形式，その対策など，入試に役立つ情報を入れています。

3 光の三原色
～光の色の見え方～
❶ 光の色……太陽光をプリズムに通すと，虹のように赤色から紫色の光に分けられる。しかし，私たちは太陽光を白色の光（白色光）として感じている。これはさまざまな色（波長）の光が混合しているので，白色の光に見えるからである。
　赤色や黄色などのように，1つの波長からなる光を単色光という。
❷ 光の三原色……赤色と緑色の波長の光を混合すると，黄色に見える光が出てくる。同じようにたくさんの波長の光を重ねていくと光は明るくなっていき，ついには白色光になる。
　ヒトの目の網膜には赤色・緑色・青色の光に強く反応する3種類の視細胞がある。この3色の光を混合するときが最も広い範囲の色をつくり出すことができるので，この3色を光の三原色としている。
　液晶テレビや携帯電話などの画面は，赤色・緑色・青色の光の三原色の発光部分を組み合わせてさまざまな映像をつくっていることが多い。

↑光の三原色

2 光の反射 ★★☆
1 光の反射
～はね返る光～
　鏡の前にたつと，もう一人の自分が鏡の向こう側にいるように見える。これは自分のからだから出た光が鏡にあたり，はね返って目に入ったからである。このように光がはね返ることを光の反射という。
2 光の反射の法則
～反射のきまり～
　暗い部屋の中で鏡に光線をあてると，光が反射するときのきまりがわかる。

Episode 発光ダイオード（LED）は，1962年に赤色が誕生し，30年以上たった1993年に青色が開発された。もともと黄緑色はあったが，この青色LEDの技術をもとに純粋な緑色がつくられ，光の三原色がそろったことでさまざまな色の再現が可能となった。

19

1 光の性質とレンズ

Words 波　長
波長とは1つの波の長さのことで，光の波長は色によって違う。波長が長いほど赤色に近く，短いほど紫色に近くなる。

波　長

参考 可視光線
光は電磁波の一種で，そのうちヒトの目で見える光のことを可視光線（→p27）という。可視光線の波長は約400～800 nm（ナノメートル）で，これより波長の短い光が紫外線，長い光が赤外線といわれる。1 nm=10^{-9} mである。

参考 色の三原色
光を出さない物体の色は，反射光に含まれる光の色の割合で決まる。色の三原色は，イエロー（黄色），シアン（青緑色），マゼンタ（赤紫色）である。

参考 光の反射のようす

第1編 エネルギー
第1章 光と音

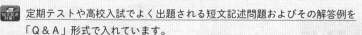

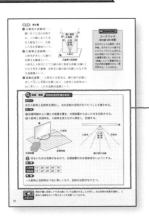

🔍 実験・観察

実験・観察の手順や結果，そこからわかることを掲載しています。実験・観察を通して学習内容をより深く理解することができます。

ここからスタート！

各章の導入として，この章で学習する内容の要点を，マンガを用いて紹介しています。

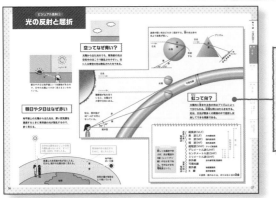

ビジュアル資料

本文の内容に関連した事項を，図や写真を用いてより詳しく紹介しています。学習内容の要点を深めましょう。

☑ 重点Check

各章末に高校入試で落としてはならない頻出問題を、一問一答形式で入れています。解説しているページも掲載していますので、間違った問題は解説ページで確認しましょう。

難関入試対策 **思考力/作図・記述問題**

各編の区切りには、知識だけでは解くことができない、分析力・判断力・推理力などが試される思考力問題や作図・記述問題を設けました。解説では、正答に至るまでのプロセスや考え方を説明しています。ぜひ、挑戦してください。

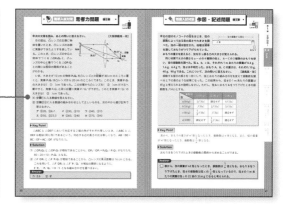

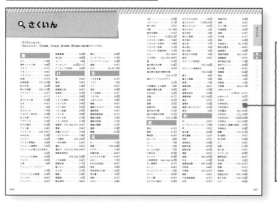

調べやすいさくいん

- 本文に出てくる用語を掲載しています。
- どの分野の用語かわかるように、工 物 生 地 対 のマークを入れています。
- 人名を赤文字にしています。

もくじ

1

第1編
エネルギー

ここからスタート！ 第1編 エネルギー

第1章 光と音

1年 2年 3年

START! 光と音は，その性質が似ているところもあれば，反対に異なったところもあります。これは，光は波と粒子の性質をもち，音は波の性質をもつからです。光が波と粒子の2つの性質をもつとわかったのは20世紀になってからです。

雷が光ったあとから音が聞こえるのはなんでだろ？

光のほうが音よりはやく進むからだね

光の性質ってほかに何かあったかな？

直進する，あたたかくなる，はね返る，などがあったね

やまびこは音がはね返って起こるらしいよ。光と音は似た性質があるのかな？

光は波と粒子，音は波の性質があるから似ているところもあるよ

光って波なのか粒子なのかよくわからないね

粒子　波

光は波でもあり粒子でもある光子なんだ。昔の科学者の間には，光の正体について意見の対立もあったようだよ。

第1編　エネルギー

第1章　光と音

第2章　力

第3章　電流

第4章　運動とエネルギー

第5章　科学技術と人間

昔の科学者たち

光には粒子の性質による現象が見られる！

アイザック・ニュートン
（1700年ごろ）

光には波の性質による現象が見られる！

クリスティーン・ホイヘンス
（1700年ごろ）

光は波だ！実験で確かめたぞ！

トマス・ヤング
（1800年ごろ）

光は粒子でもあり波でもある光子だ！

アルベルト・アインシュタイン
（1900年ごろ）

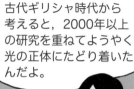

古代ギリシャ時代から考えると，2000年以上の研究を重ねてようやく光の正体にたどり着いたんだよ。

アインシュタインは平和主義者だったって聞いたことがあるよ。

だから，どちらの意見も正しいっていう結論になったのかもね。

どちらも　ただしい

17

1 光の性質とレンズ

Point
1. 光はどんな進み方をするのか理解しよう。
2. 光の反射や屈折について理解しよう。
3. 凸レンズのはたらきについて理解しよう。

1 光の進み方 入試重要度 ★★☆

1 目に入る光

～光源と光～

　私たちの身のまわりには色や形の異なるさまざまな物体があり，目に光が入ることで，これらの物体の色や形を見ることができる。目に光が入るには，次の2つの場合がある。

❶ **光源から出た光が入る場合**……太陽や電球のような，自らが光を発している物体を光源という。光が見えるのは，光源から出た光が目に入るからである。

❷ **物体の表面ではね返った光が入る場合**……光源以外の物体が見えるのは，光源からの光が物体の表面ではね返って目に入るからである。

光源からの光

物体の表面ではね返る光

2 光の直進

～光はまっすぐ進む～

　細い光を煙の中などに通すと，光は直進することがわかる。このような細い光は，直線のように見えるので**光線**という。

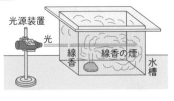

光源装置　光　線香　線香の煙　水槽

参考　暗闇も見える

　真夜中でも，夜行性の動物はわずかな光があればものを見ることができる。また，気象衛星ひまわりは赤外線という電磁波を利用して，夜の地球の映像も撮影している。

参考　生物発光

　光る生物には，ホタル，クラゲ，イカ，魚などと，発光バクテリアなどの微生物がいる。ホタルは発光細胞をもっている。

発光器

ゲンジボタル

Episode　太陽光が物体にあたると影ができる。これは，光が直進しているから起こる現象である。影の長さは太陽高度によって変化し，1日の中で最も影が短くなるのは正午ごろである。

3 光の三原色

~光の色の見え方~

❶ 光の色……太陽光をプリズムに通すと，虹のように赤色から紫色の光に分けられる。しかし，私たちは太陽光を白色の光(白色光)として感じている。これはさまざまな色(波長)の光が混合しているので，白色の光に見えるからである。

　赤色や黄色などのように，1つの波長からなる光を**単色光**という。

❷ 光の三原色……赤色と緑色の波長の光を混合すると，黄色に見える光が出てくる。同じようにたくさんの波長の光を重ねていくと光は明るくなっていき，ついには白色光になる。

　ヒトの目の網膜には赤色・緑色・青色の光に強く反応する3種類の視細胞がある。この3色の光を混合するときが最も広い範囲の色をつくり出すことができるので，この3色を光の三原色としている。

↑ 光の三原色

　液晶テレビや携帯電話などの画面は，赤色・緑色・青色の光の三原色の発光部分を組み合わせてさまざまな映像をつくっていることが多い。

2 光の反射 ★★☆

1 光の反射

~はね返る光~

　鏡の前にたつと，もう一人の自分が鏡の向こう側にいるように見える。これは自分のからだから出た光が鏡にあたり，はね返って目に入ったからである。このように光がはね返ることを光の反射という。

2 光の反射の法則

~反射のきまり~

　暗い部屋の中で鏡に光線をあてると，光が反射するときのきまりがわかる。

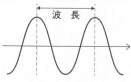

Words 波長

　波長とは1つの波の長さのことで，光の波長は色によって違う。波長が長いほど赤色に近く，短いほど紫色に近くなる。

波長

参考 可視光線

　光は電磁波の一種で，そのうちヒトの目で見える光のことを可視光線(→ p.27)という。可視光線の波長は約 400〜800 nm (ナノ／メートル)で，これより波長の短い光が紫外線，長い光が赤外線といわれる。1 nm=10^{-9} m である。

参考 色の三原色

　光を出さない物体の色は，反射光に含まれる光の色の割合で決まる。色の三原色は，イエロー(黄色)，シアン(青緑色)，マゼンタ(赤紫色)である。

参考 光の反射のようす

第 1 編 エネルギー

第1章 光と音

第 2 章 力

第 3 章 電流

第 4 章 運動とエネルギー

第 5 章 科学技術と人間

Episode

発光ダイオード(LED)は，1962 年に赤色が誕生し，30 年以上たった 1993 年に青色が開発された。もとから黄緑色はあったが，この青色 LED の技術をもとに純粋な緑色がつくられ，光の三原色がそろったことでさまざまな色の再現が可能となった。

❶ **入射光と反射光**……
鏡にあてた光は反射す
る。この鏡にあてた光
を入射光といい，反射
した光を反射光という。

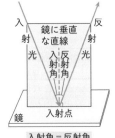

入射角 = 反射角

Scientist

ユークリッド
〈紀元前 300 年頃〉

古代ギリシャの数学・天文
学者。古代ギリシャ語では
エウクレイデスとよばれる。
光の反射について述べてい
る著書を残した。ほかにも
「原論」という著書があり，
その内容の重要さから「幾
何学の父」とよばれる。

❷ **入射角と反射角**……
入射光があたった鏡の
位置を入射点という。

入射光と入射点にたてた鏡の面と垂直な直線（法線）と
のなす角を入射角，反射光と鏡の面の法線とのなす角
を反射角という。

❸ **反射の法則**……入射光と反射光は，鏡の面の法線に
対して互いに対称の位置にあり，入射角と反射角はつ
ねに等しい。これを反射の法則という。

実験・観察 **反射の法則を確かめる**

ねらい

光の入射角と反射角を測定し，光の反射の法則がなりたつことを確かめる。

方法

❶ 記録用紙の上に鏡と分度器を置き，光源装置から出した光を反射させる。
❷ 入射角と反射角を，入射角を変えながら測定し，記録する。

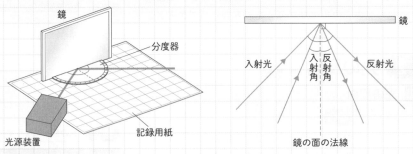

⚠ 目をいためる危険があるので，光源装置の光を直接見ないようにする。

結果

入射角	15°	30°	45°	60°	75°
反射角	15°	30°	45°	60°	75°

考察

• 入射角と反射角はつねに等しくなり，反射の法則がなりたつ。

物体が鏡に反射してできる像について出題されることが多い。光の反射の性質を理解し，入
射点と法線をかいて考えることが正解へとつながる。

3 乱反射

〜反射と物体の見え方〜

　金属の面は光って見えるが，紙などは光っては見えない。これは，紙の表面が凸凹していて，紙の表面にあたった光がさまざまな方向に反射するからである。このような光の反射を乱反射という。海がきらきらと光って見えたり，光源が1つしかなくてもいろいろな方向から物体を見たりできるのは，それぞれの表面で乱反射が起こっているからである。

参考 乱反射した光

　目に入るのは，乱反射した光のほんの一部分である。

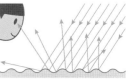

紙の表面は凸凹している

4 鏡の像

〜光が結ぶ像〜

　鏡の前にろうそくをたてると，鏡の向こう側に同じろうそくがあるように見える。実際には何もないのに，あるように見えるものを像という。

　像には，写真など実際にうつすことができる実像と，右の図のように光を延長してできる虚像とがある。

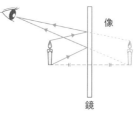

像

鏡

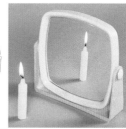

例題 光の反射

　2枚の鏡を平行に置き，そこに光源からの光をあてると，右の図のように光は反射をくり返しながら進みました。このときの角Dの大きさを求めなさい。

法線A　法線B

鏡

40°　角B 角D

角A

光源

角C

鏡

Solution ▷ 反射の法則（入射角＝反射角）から角Aは，40°

　　　　法線は鏡の面と垂直な線なので角Bは，90°−40°＝50°

　　　　三角形の内角の和は180°なので角Cは，180°−（50°＋90°）＝40°

　　　　再び反射の法則から角Dは，40°

Another ▷ 法線Aと法線Bは平行である。このとき，錯角が等しくなることを使うと　角A＝角C

　　　　反射の法則から　角A＝40°，角A＝角C＝角D

　　　　よって角Dは，40°

Answer ▷ 40°

Episode　実像の利用例には，カメラ，プロジェクター，望遠鏡などがある。虚像の利用例には，虫眼鏡，双眼鏡などがある。いまはあまり使われていないが，虚像を利用したガリレオ式望遠鏡というものもある。

第1編 エネルギー

第1章 光と音

第2章 力

第3章 電流

第4章 運動とエネルギー

第5章 科学技術と人間

3 光の屈折 ★★★

　水の入ったコップに色鉛筆をさしこんで横から見ると，水の中の色鉛筆は太くなったり折れて見えたりする。また，水に入れたスプーンは折れ曲がっているように見える。これは光が水やガラスから空気中に出るとき，光の進む方向が変わるために起こる。このように光の進行方向が変わることを，光の屈折という。

参考　**水に入れたストローの見え方**

1 光の屈折のしかた

〜物質と屈折光〜

❶ **空気中から水中(ガラス中)へ**……光を水面に斜めにあてると，光は水面を境にして折れ曲がる。水中で屈折した光を屈折光という。

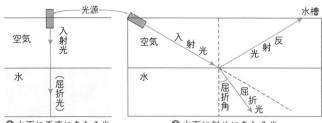

⬆水面に垂直にあたる光　　　⬆水面に斜めにあたる光

❷ **屈折角**……光が屈折するとき，屈折光と境界面の法線とのなす角を屈折角という。

❸ **水中(ガラス中)から空気中へ**……水中に光源を置いて光を水面にあてると，光は水面で屈折して空気中へ出て行く。

　このときの入射角がある角度より大きくなると，光は空気中へ出ずに全部水面で反射してしまう。このような反射の現象を全反射という。

参考　**全反射の利用**

　インターネット回線などで使われる光ファイバーは，情報をもった光を全反射させて利用している。

⬆全反射の実験

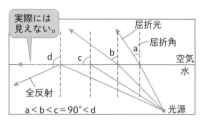

実際には見えない。

屈折光
屈折角
空気
水
全反射
光源

a＜b＜c＝90°＜d

HighClass　光が屈折率の大きい物質から小さい物質に入射するとき，屈折角が90°となる入射角を臨界角という。ただし，屈折角が90°の境界面を進む光は見えない。これは，入射角の大きさが臨界角のときや，それより大きくなると全反射が起こるためである。

❹ 光の逆進性……❶，❸の光の進み方は，光を逆向き
にしてもまったく同じ道筋を通る。これを**光の逆進性**
という。

2 屈折の大きさ

～物質の違いと屈折率～

光が物質Aから物質Bに入射するとき，物質Aと物質
Bの種類によって曲がる大きさは異なる。

❶ **相対屈折率**……右の図の $\dfrac{XX'}{YY'}$ を物質Aに対する物質
Bの**相対屈折率**という。物質Aが空気で物質Bが水の
場合，空気に対する水の相対屈折率は 1.33 に，物質
Aが空気で物質Bがダイヤモンドの場合，空気に対す
るダイヤモンドの相対屈折率は 2.42 になる。

❷ **絶対屈折率**……光が真空中からある物質へと入射す
るときの相対屈折率をその物質の**絶対屈折率**という。
絶対屈折率は単に屈折率という場合もある。

▶屈折率の小さい物質から，屈折率の大きい物質に光
が斜めに入射するとき，屈折角は入射角より小さく
なる。

▶屈折率の大きい物質から，屈折率の小さい物質に光
が斜めに入射するとき，屈折角は入射角より大きく
なる。

境界面の法線

入射角

物質A
物質B

入射点

屈折角

屈折光

参考	物質の屈折率	
物　質	**屈折率**
水	1.33
エタノール	1.36
ガラス	1.47
ダイヤモンド	2.42

🔍 実験・観察　光の屈折を調べる

ねらい

光が屈折しているようすを実際に確かめる。

方　法

❶ ダンボール箱の一面を，透明なポリエチ
レンシートなどにはりかえる。

❷ ビーカーやフラスコなど，さまざまな形
のガラスに水を入れて箱の中に入れる。

❸ 光のあて方を変えて，光の曲がり方を観
察する。

ダンボール箱

光源

透明なポリエチレン

結　果

• 光をあてる角度によって，光の曲がり方が変わる。

Episode　ダイヤモンドの輝きは，光の反射と屈折を利用している。計算された形にカットすることで，
内部で全反射が起こりやすくなり，表面や内部からの反射と屈折するときに色が分かれて見
えることなどが合わさって，きらきらした輝きとなる。

3 平行な面を通る光の屈折（くっせつ）

〜平行な面での2回屈折〜

　直方体や台形など，向かい合うガラス面Aとガラス面Bが平行なとき，ガラス面Aから入ってガラス面Bから出る光は，ガラス面Aへの入射光と**平行**になる。このとき，光はガラス面Aとガラス面Bで2回屈折している。

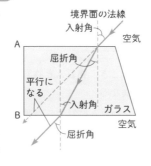

境界面の法線
入射角
空気
A
屈折角
平行になる
入射角
ガラス
B
屈折角
空気

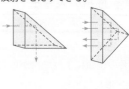

参考 プリズムの効果

　プリズムは，全反射現象を用いて光の方向を直角に曲げたり反射させたりできる。

📖 例題　光の反射

　光が，空気中→ガラス中→空気中と屈折しながら進むとき，最も適当な光の進み方を右の図の①〜③から選びなさい。ただし，ガラス面Aとガラス面Bは平行とします。

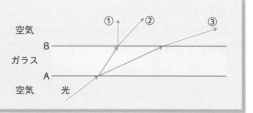

空気
B
ガラス
A
空気　光
① ② ③

Solution ▷ 光が空気中からガラス中へと入射するとき，入射角＞屈折角となる。
　　　　　　光がガラス中から空気中へと入射するとき，入射角＜屈折角となる。
　　　　　　入射角と反射角は，それぞれ入射光と反射光が境界面の法線となす角なので，条件に合うものを選べばよい。

Another ▷ ガラス面Aとガラス面Bが平行なとき，ガラス面Aから入ってガラス面Bから出る光は，ガラス面Aへの入射光と平行になる。

Answer ▷ ②

4 光の進み方

〜光の進路〜

　光はある場所まで進むとき，最短時間で進める道を進む性質があるので，均質な空気や水，ガラス中では直進する。これを**最小時間の原理（最小作用の原理）**という。

　光は2種類の異なる物質の境界面にぶつかると，反射したり，屈折したりする。

　反射するときは反射の法則がなりたつが，このとき最小時間の原理もなりたっている。

参考 フェルマーの原理

　2点間を進む光は，最短距離ではなく，最短時間で結ぶ経路を選んで進む。
これを総称してフェルマーの原理という。

Episode フェルマーの原理は，17世紀のフランスの数学者であるピエール・ド・フェルマーによって発見された。彼が考えた数学的な定理のうち，死後360年たってようやく証明されたものは，フェルマーの最終定理といわれている。

　光が反射するとき，点 A から境界面に垂線をおろし，境界面に関して対称な点を A′ とする。A′ と B を結ぶ直線が境界面と交わる点を P_0 とすると，光の進路は，A→P_0→B となる。このとき，$AP_0 + P_0B = A′B$ で最短距離となっている。また，P_0 点で境界面の法線をたてると，$\angle x = \angle y$ になる。

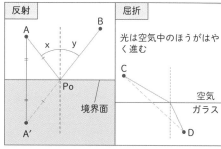

　屈折するときも，最小時間の原理がなりたつように光は屈折している。点Cから点Dへと光が進むとき，直進するよりも屈折して進むほうが光は短い時間で進むことができる。

第 1 編 エネルギー

第1章 光と音

第2章 力

第3章 電流

第4章 運動とエネルギー

第5章 科学技術と人間

📖 **例 題** 光の反射と屈折

　空気中から水中へと入射した光が，水中の鏡で反射して再び空気中へと出ていきます。このときの光の進み方を，下の図にかきなさい。ただし，水面と鏡の面は平行とします。

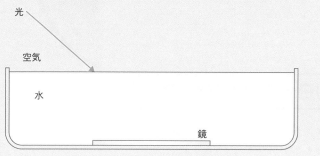

Solution ▷ 光が空気中から水中へと入射するとき，入射角 > 屈折角となる。

　　　　　　反射の法則から，鏡への入射角 = 反射角となる。

　　　　　　光が水中から空気中へと入射するとき，入射角 < 屈折角となる。

　　　　　　鏡で反射するまでの光と鏡で反射したあとの光は，鏡の面の法線で線対称となるように作図する。

Answer ▷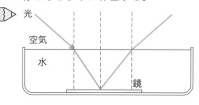

 光が屈折して進むときの道筋を問われることがある。光の屈折の性質を理解し，反射のときと同じように法線をかいて考えるとよい。

光の反射と屈折

空ってなぜ青い？

太陽から出た光のうち，青系統の光は空気中のほこりで散乱されやすい。目に入る青空の色は散乱された光である。

朝日や夕日は地平線という対象物があるので，日中の太陽より大きく見えるといわれている。

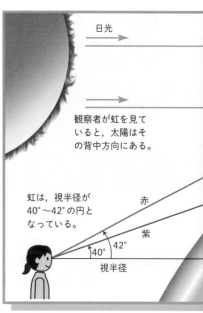

日光

観察者が虹を見ていると，太陽はその背中方向にある。

虹は，視半径が40°〜42°の円となっている。

赤
紫

40° 42°
視半径

朝日や夕日はなぜ赤い

地平線上の太陽から出た光は，厚い空気層を通過するときに青系統の光が散乱するので，赤く見える。

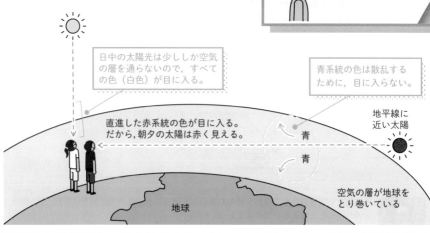

日中の太陽光は少ししか空気の層を通らないので，すべての色（白色）が目に入る。

青系統の色は散乱するために，目に入らない。

直進した赤系統の色が目に入る。だから，朝夕の太陽は赤く見える。

地平線に近い太陽

青
青

空気の層が地球をとり巻いている

地球

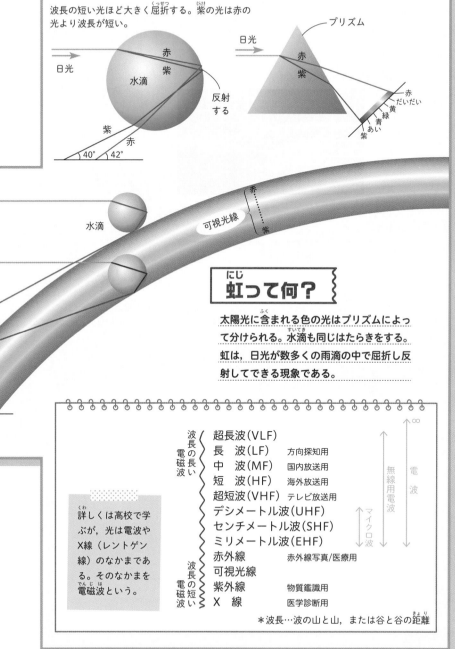

波長の短い光ほど大きく屈折する。紫の光は赤の光より波長が短い。

日光 → 水滴 赤 紫 反射する 紫 赤 40° 42°

プリズム 日光 → 赤 紫 赤 だいだい 黄 緑 青 あい 紫

水滴

可視光線 赤 …… 紫

にじ 虹って何?

太陽光に含まれる色の光はプリズムによって分けられる。水滴も同じはたらきをする。虹は,日光が数多くの雨滴の中で屈折し反射してできる現象である。

詳しくは高校で学ぶが,光は電波やX線(レントゲン線)のなかまである。そのなかまを電磁波という。

波長の長い電磁波	超長波(VLF)	
	長 波(LF)	方向探知用
	中 波(MF)	国内放送用
	短 波(HF)	海外放送用
	超短波(VHF)	テレビ放送用
	デシメートル波(UHF)	
	センチメートル波(SHF)	
	ミリメートル波(EHF)	
波長の短い電磁波	赤外線	赤外線写真/医療用
	可視光線	
	紫外線	物質鑑識用
	X 線	医学診断用

∞ 電波 無線用電波 マイクロ波

＊波長…波の山と山,または谷と谷の距離

第1編 エネルギー

第1章 光と音

第2章 力

第3章 電流

第4章 運動とエネルギー

第5章 科学技術と人間

4 凸レンズ ★★☆

虫眼鏡で教科書の文字などを見ると，拡大されて見える。また，虫眼鏡で遠くの景色を見ると逆さまになって見える。これらは虫眼鏡に使われている，凸レンズの性質によって起こる。

1 凸レンズの焦点

～凸レンズと光の進み方～

凸レンズを通った太陽光（平行な光）は，ある一点に集まる。この点を焦点といい，レンズから焦点までの距離を焦点距離という。

凸レンズの焦点距離は，レンズの中心部の厚さが厚くなるほど短くなる。

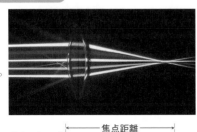

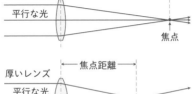
うすいレンズ／平行な光／焦点距離／焦点

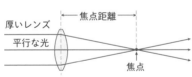
厚いレンズ／平行な光／焦点距離／焦点

参考 **凸レンズによる屈折**

凸レンズに光をあてると，光は空気中からレンズに入り，再び空気中に出ていく。光はレンズに入るときと出るときの2回屈折する。

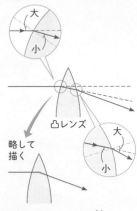

略して描く

参考 **凸レンズと凹レンズ**

レンズの中心部分がまわりよりも厚いレンズを凸レンズといい，うすいレンズを凹レンズという。

Break Time 虫眼鏡で見える像

私たちが長い時間本を読んでいても目が疲れないとき，本と目の間の距離が明視の距離にあるという。明視の距離は個人差があるものの，25 cm ～ 30 cm 程度だとされている。近視眼では明視の距離が短くなり，遠視眼では長くなる。

右の図のように，目を虫眼鏡に近づけて，虫眼鏡の近くの物体Aを見るとき，私たちには像Bが見かけ上の像として見える。像Bは正立した虚像である。レンズの倍率は明視の距離（25 cm）に見える虚像が実物の何倍になるかで定義されている。

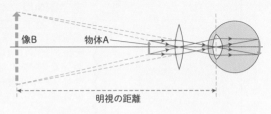
像B／物体A／明視の距離

 HighClass 右の図のように，レンズの焦点を表す記号としてFやF'が用いられる。

F　　F'

2 凸レンズによる像

～焦点距離と凸レンズがつくる像～

凸レンズでは2種類の像ができる。近くの物体を見たときと，遠くの物体を見たときとでは像のでき方がまったく異なる。

❶ **凸レンズによる実像**……ろうそくから出た光が，レンズを通過して再び一点に集まり，そこに実際に像ができる。このような像を実像という。もとのろうそくと上下左右が反対に見えるので，この像は**倒立**している。

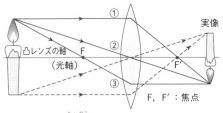

❷ **凸レンズによる虚像**……ろうそくを凸レンズに近づけていくと，実像の位置はしだいに遠くなり，像も大きくなる。そして，ついに像は消える。

ろうそくを凸レンズの近く（焦点の内側）に置くと虚像ができる。虚像は実際に像ができるのではなく，見かけ上のものである。虫眼鏡をのぞいたとき，拡大されて見えた像がこの虚像である。もとのろうそくと同じ向きに見えるので，この像は**正立**している。

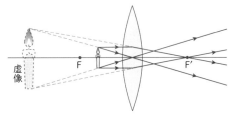

❸ **焦点上の物体の像**……ろうそくが凸レンズの焦点の位置にあるとき，像はできない。

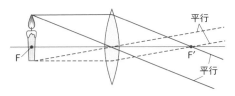

HighClass　右の図のように凸レンズを黒い紙で半分かくしても，像が欠けることはない。ただし，明るさは半減する。

第1編　エネルギー

第1章　光と音

第2章　力

第3章　電流

第4章　運動とエネルギー

第5章　科学技術と人間

参考 凸レンズの軸（光軸）

凸レンズは2つの球体を重ねた形，つまり2枚の球面によってつくられる。その2つの球の中心を結ぶ線を凸レンズの軸（光軸）という。

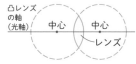

参考 凸レンズによる屈折

凸レンズを通る光は決まった屈折のしかたをする。

①凸レンズの軸に平行な光は焦点を通る。

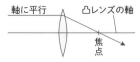

②凸レンズの中心を通る光はそのまま直進する。

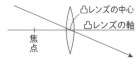

③焦点を通る光は，凸レンズの軸に平行になる。

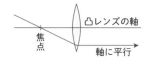

🔍 **実験・観察** 凸レンズがつくる像と物体の位置

ねらい

凸レンズがつくる像の位置やでき方を確かめる。

方法

❶ 焦点距離がわかっている凸レンズをものさしの中央に置き，その両側にろうそくとスクリーンを置く。

❷ 凸レンズからろうそくまでの距離を変えながら，スクリーンにどのような像ができるかを調べる。

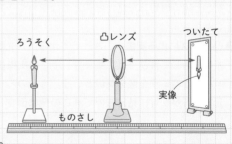

結果

・ろうそくの位置が焦点の外側にあるとき，倒立した実像が見える。

・ろうそくの位置が焦点距離の2倍のとき，実物と像の大きさは等しい。

・ろうそくの位置が焦点距離の2倍より遠いと像は実物より小さくなり，2倍より近いと像は実物より大きくなる。

・ろうそくの位置が焦点上にあるとき，像はできない。

・ろうそくの位置が焦点の内側にあるとき，像はできない。凸レンズをのぞくと，実物より大きい正立した虚像が見える。

⑤ レンズの利用 ★☆☆

私たちの身のまわりでは，目，眼鏡，望遠鏡，顕微鏡などさまざまなものにレンズが利用されている。

❶ 目……物体から出た光が目の凸レンズで屈折し，網膜に倒立の実像ができることで物体が見えている。この像が網膜の前や後ろにできてしまうことを，近視や遠視という。

❷ 眼 鏡……右の図のように，眼鏡は網膜上に像を結ぶよう矯正するはたらきがある。近視用眼鏡には凹レンズが，遠視用眼鏡には凸レンズが使われる。

❸ 望遠鏡……レンズを組み合わせて遠くにあるものを拡大して見る。凸レンズを組み合わせたものと，凸レンズと凹レンズを組み合わせたものがある。

❹ 顕微鏡……凸レンズを2枚使うことで，小さなものを拡大して見ることができる。

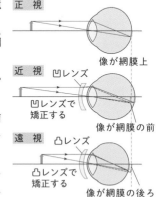

↑ 目の構造と眼鏡の役割

短文記述
対策！

Ｑ 物体と凸レンズの距離が，凸レンズの焦点距離よりも短いときに虚像が見える。この虚像を大きくするには物体をどのように動かせばよいか。

Ａ 物体を凸レンズの焦点に近づけるように動かす。

第1編 エネルギー

第1章 光と音

第2章 力

第3章 電流

第4章 運動とエネルギー

第5章 科学技術と人間

2 音の性質

Point

❶ 音の発生とは何かを理解しよう。

❷ 音には，大きさと高さがあることを理解しよう。

❸ 音の伝わり方と速さを理解しよう。

1 音の発生　入試重要度 ★★☆

1 音を出している物体

～物体の震えと音の発生～

たいこをたたいたあと皮に手をあてると，皮が震えていることがわかる。皮がゆれないように手でおさえながらたいこをたたくと音は出ない。

つまり，音を出す物体（**音源**または**発音体**という）は，細かく震えて動くことにより音が出る。このような，音の出るゆれを**振動**という。

参考 振動数

音は音源（発音体）の振動する状態によって変わり，1秒間に振動する数を**振動数**という。大人の声は子どもの声よりも振動数が少ない。振動数を**周波数**ともいい，単位は**ヘルツ**（記号 **Hz**）を使う。

2 音の波

～振動と波の伝わり方～

音は物体が振動することで発生する。その振動が空気をゆり動かして空気中を伝わっていく。この空気のゆれとは，空気に濃い層とうすい層が交互にできることである。このように密度が濃く（密）なったりうすく（疎）なったりして伝わっていく波を**疎密波**という。

たいこをたたく

たいこの皮がおした空気は濃くなり，引っ張られた空気はうすくなる

濃い空気，うすい空気が順に伝わっていく

⤴ 音の振動が空気中を伝わるようす

3 可聴音

～人が聞こえる音～

物体が振動していても，すべて音として聞こえるわけ

Episode

人の声の振動数は100～1000 Hz ぐらいで，ソプラノ歌手の歌声は2000 Hz ぐらいになる。また，音楽で使う楽器から出ている音の振動数は，30～4200 Hz ぐらいである。

ではない。人が音として感じることのできる音(振動数)は，約 20 ～ 2 万 Hz の範囲である。これを可聴音という。

2 音の大きさと高さ ★★☆

1 音　波

～音と波～

音として伝わる波を音波という。音波は**波形**で表すことができる。波は下の図のように表され，波の山から山(または谷から谷)までを**波長**といい，山の高さ(または谷の深さ)を**振幅**という。

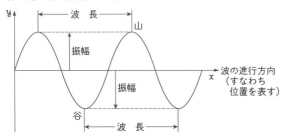

2 音の三要素

～音を決めるもの～

音は，**音の大きさ，音の高さ，音色**で表すことができる。これらを音の三要素といい，音波の振幅，振動数(または波長)，波の形で決まる。

❶ **音の大きさ**……ギターの弦を大きくはじくと大きな音になり，小さくはじくと小さい音になる。音の大きさは空気の振動の大きさ，音波でいえば**振幅の大きさ**によって決まり，振幅が大きいほど音も大きくなる。

❷ **音の高さ**……モノコードの弦の状態を次のように変えると，音の高さが変わる。

①弦を**強く張る**ほど高い音が出る。

②弦を張る強さが同じでも，弦の長さが**短い**ほど高い音が出る。

③同じ長さ，同じ強さで弦を張っても，**細い弦**のほうが高い音を出す。

音の高さは**振動数**によって決まり，振動数が多いほど高い音が出る。

弦の長さを変える
弦の太さを変える
弦の張り方を変える
モノコード

Episode

人が音として聞こえる振動数は約 20 ～ 2 万 Hz の範囲だが，年齢が高くなるにつれて，振動数が多い音ほど聞きとりづらくなる。また，犬は約 65 ～ 5 万，イルカは約 150 ～ 5 万 Hz と動物によって聞こえる範囲が異なる。

❸音　色……音の大きさと高さが同じであっても，フ
　ルートとバイオリンでは違う音が出る。これを音色と
　いう。音色は音の波形によって決まり，フルートとバ
　イオリンでは音の波形が異なるため，違う音色となる。

おんさ
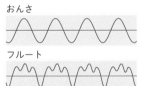

オーボエ

フルート
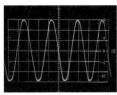

バイオリン
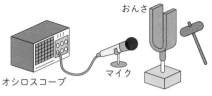

Words オシロスコープ

時間による電気信号（電圧）
の変化を波形として表示できる
波形測定器。

▶**オシロスコープで見る**…音をマイクで電気の信号に
　変えてオシロスコープで見ると，音の大きさや高低
　がよくわかる。

おんさ

オシロスコープ　マイク

📖　**例　題**　音の高さの違い

　下の①〜③のように，糸を張る強さは同じで，糸の長さや太さを変えた糸電話が
あります。同じ力で糸をはじいたとき，高い音が聞こえる順に①〜③で答えなさい。
ただし，それぞれの糸は同じ種類のもので，①と③は同じ太さの糸とする。

①長くて太い糸

②短くて細い糸

③短くて太い糸

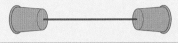

Solution ▷ 音の高さは振動数で決まり，振動数が多くなるほど高い音が出る。糸を
　　　　　　　張る強さが同じ場合，短い糸のほうが振動数は多くなる。また，細い糸
　　　　　　　のほうが振動数は多くなる。これらのことから，②が最も高い音が出る
　　　　　　　とわかる。

Answer ▷ ②，③，①

入試Info

オシロスコープの波形を読みとり，音の高さや大きさについて答える問題がよく出題される。
音の高さは振動数，音の大きさは振幅で決まることを，理解しておくとよい。

③ 音の伝わり方と速さ ★★☆

1 音の反射と吸収

〜音のはね返り方〜

❶ **音の反射**……ハイキングなどで経験する山びこは，音の反射によって起こる。体育館で大声を出すと声がはね返ってきて響くのも反射によるものである。音の反射の法則も，光の反射の法則と同じように，入射角＝反射角となっている。

❷ **音の吸収**……音楽室で大きな声で歌っても声ははね返ってこない。カーテンの引いてある部屋でも同様である。これは音が壁やカーテンに吸収され，はね返ってこないからである。

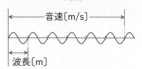

参考　音に関する公式

音の速さ＝振動数×波長
$$= \frac{波長}{周期}$$

周期：1回振動するのに要する時間〔秒〕

🔍 実験・観察　音の反射と吸収

ねらい

音の反射の法則を実際に確かめる。また，音があたる物質によって，音のはね返り方が変わるかを調べる。

方法

❶ 紙に直角に交わる2本の直線を引き，その上に木の板を直線に沿って置く。

❷ 筒を2つ並べ，片方に秒針の音が出る時計を置く。

❸ 観測する位置を変えて，音が聞こえるときの入射角と反射角の関係を確かめる。

❹ 木の板に布をかけたり，ほかの物質にかえたりして，物質の種類による音の聞こえ方の違いを調べる。

結果

• 時計の音がよく聞こえるとき，筒の角度は入射角＝反射角となる。

• 木の板，金属板，下じきなどは音が聞こえやすい。

• 布，綿，スポンジは音が聞こえにくい。

考察

• 音が反射するとき，入射角＝反射角となることがわかる。

• 表面がかたくなめらかなものは，音を反射しやすい。

• 表面がやわらかく凸凹したものは，音を吸収しやすい。

HighClass

音の反射の実験は，光の反射の実験と同じような結果が得られる。入射角と反射角の関係を音の反射と光の反射で比べて，確かめておくとよい。

第1編 エネルギー

第1章 光と音

第2章 力

第3章 電流

第4章 運動とエネルギー

第5章 科学技術と人間

Break Time

音の大きさ（単位デシベル）

| 0 | 10 | 20 | 30 | 40 | 50 | 60 | 70 | 80 | 90 | 100 | 110 | 120 | 130 | 140 |

- やっと聞こえる声
- ささやき声
- 蛍光灯のうなり（1m離れた所）
- 振り子時計の音（1m離れた所）
- 静かな公園
- 住宅地
- 事務室（平均）
- ふつうの会話（1m離れた所）
- 防音電車の車内
- 繁華街
- 地下鉄の車内
- オーケストラの音
- ガード下
- 警笛
- 耳が痛くなる音
- 近くで聞くジェット機のエンジン音
- 音として聞ける限界

ヒソヒソ

2 音を伝える物質

～物質による音の伝わり方の違い～

音は空気の振動によって伝わる。空気だけでなく，水，木，石なども音を伝える。水の中で石をカチカチと鳴らす音が聞こえるのは，水が振動して音を伝えるからである。

しかし，ゴムやスポンジなどやわらかいものは，あまり音を伝えない。

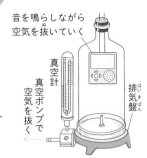

水槽

音の出る時計

プラスチックの筒

3 真空中での音の伝わり方

～空気と音の伝わり方～

右の図のような装置に音源を入れる。音を鳴らしながら空気を真空ポンプでとり除いていくと，ベルの聞こえ方が悪くなり，ついには聞こえなくなる。これは，音を伝えるものがなくなったからである。

音を鳴らしながら空気を抜いていく

真空計

真空ポンプで空気を抜く

排気盤

参考 物質中を伝わる音の速さ

物　質	速さ(m/s)
水蒸気(100℃)	473
水(25℃)	1500
氷	3230
鉄	5950
銅	5010
ゴム(天然)	1500
窓ガラス	5440

4 音の速さ

～音が伝わる速さ～

❶ 音の速さ……音の速さは空気中でおよそ秒速340 m（気温15℃ぐらいのとき）で，光に比べるとはるかに

Episode

ふつう，会話をする声の大きさは 60～65 dB程度で，電車の音は 75～80 dB程度である。10 dB増すと音は約3倍の大きさに聞こえ，130 dBをこえると音の感覚ではなく，苦痛を感じるようになる。

おそい。これは雷で音と光が同時に発生しても，離れた場所ではいなびかりのほうが先に見えて，音がおくれて聞こえてくることからもわかる。

❷ **空気の温度と音の速さ**……空気中での音の速さは，そのときの空気の温度によって異なる。温度が1℃上昇するごとに，音の速さは 0.6 m/s ずつはやくなり，温度 t〔℃〕のときの音の速さは次のように求められる。

音の速さ〔m/s〕＝331.5＋0.6t

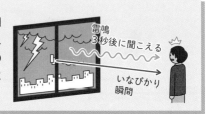

参考　光の速さ

光の速さはおよそ秒速 30 万 km にもなる。これは 1 秒間に地球の赤道上（およそ 4 万 km）を 7 周半も回ってしまう速さである。

📖 **例 題　落雷地までの距離**

光は 1 秒間に 30 万 km 進み，音は 1 秒間に 340 m 進むとします。いなびかりが見えてから雷鳴が聞こえるまでの時間が 3 秒のとき，落雷地までのおよその距離が何 m になるか，整数で求めなさい。

Solution ▷ いなびかりは一瞬のうちに目に見えると考えて，音の速さから落雷地までの距離を求める。

340 m/s×3 s＝1020 m

Another ▷ 落雷地までの距離を x〔m〕として，光の速さを考えて計算すると，次のようになる。

$$\frac{x〔m〕}{340m/s}-\frac{x〔m〕}{300000000m/s}=3s$$

$x＝1020.0…$　m

Answer ▷ およそ 1020 m

Break Time **山びこ**

私たちの発した音が，壁や障害物ではね返って再び私たちの耳に入ってくることを「こだま（エコー）」という。これを山で行ったものが山びこなので，山びこもこだまの一種である。

例えば，山びこが 2.4 秒で返ってきたとき，音の速さを秒速 340 m とすると，山までの距離は次のようにして求めることができる。

340 m/s×2.4 s÷2＝408 m

HighClass 音は障害物があっても，その陰に回りこんで伝わることができる。この現象を回折といい，音が波の性質をもつために起こる。

第1編 エネルギー

第1章 光と音

第2章 力

第3章 電流

第4章 運動とエネルギー

第5章 科学技術と人間

例題　音が聞こえるまでの時間

　　まさおさんは，全国大会 100 m 走決勝を，スタートラインから 68 m 離れた場所から観戦しています。スターターがピストルをうってから，何秒後にピストルの音が聞こえるか求めなさい。ただし，スターターの位置はスタートラインと同じ位置と考え，音の速さは 340 m/s とします。

Solution ▷　まさおさんはスタートラインから 68 m 離れているので，音の速さ 340 m/s を使うと，「時間＝距離÷速さ」で求められる。

　　　　68 m÷340 m/s=0.2 s

Answer ▷　0.2 秒後

5 音の共鳴

〜自然に鳴り出す物体〜

　振動数の同じおんさを2つ並べ，下の図のように一方をたたくと他方のおんさも振動し，音を出す。

　このように，同じ振動数の音を出す2つのものの一方を鳴らすと，もう一方が自然に鳴り出す現象を**共鳴**という。

参考　うなり

　振動数の少し違う2つのおんさを同時に鳴らすと，音が大きくなったり小さくなったりする。この現象をうなりという。

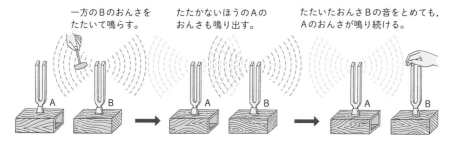

一方のBのおんさをたたいて鳴らす。

たたかないほうのAのおんさも鳴り出す。

たたいたおんさBの音をとめても，Aのおんさが鳴り続ける。

6 音の聞こえ方

〜音源との距離が変わるときの聞こえ方〜

❶ **ドップラー効果**……サイレンを鳴らした救急車が目の前を通りすぎるとき，注意して聞くとサイレンの音の高さが変化していることがわかる。救急車が近づいてくるときは高く聞こえ，遠ざかるときは低く聞こえる。このように，音源や観測者が運動して，その距離が近づいたり遠ざかったりするとき，聞こえる音の高さは音源本来の高さと異なって聞こえる。この現象を**ドップラー効果**という。

Scientist

クリスティアン・ドップラー

〈1803 〜 1853 年〉

オーストリアの物理学者で，1842 年に音と光についてドップラー効果を提唱した。ドップラー効果は，すべての波動で共通に起こる現象である。

HighClass　振動数が2万 Hz 以上になると，人の耳には音として感じられなくなる。このような振動数の多い音を超音波という。超音波で水を激しく振動させると，油を洗い落とすことや水と油を混ぜることができる。

❷ ドップラー効果と音の振動数……音源と観測者の距離が近づいたり遠ざかったりするとき，音の振動数は多くなったり，少なくなったりする。ドップラー効果によって音の高さが変わるのは，音の振動数が変わるからである。

❸ 音源が動く場合……下の図1のように，音源がとまっているとき，観測者AとBには同じ高さの音が聞こえる。図2のように，音源が運動して，観測者B′に近づくときには，波長が短くなり（振動数が多くなる），B′には，音源本来の音より高く聞こえ，逆に，音源が遠ざかる観測者A′には，波長が長くなり（振動数が少なくなる），もとの音より低く聞こえる。

参考 水面でのドップラー効果

水面に振動する針をつけ，一定速度で動かすと下の図のようになる。

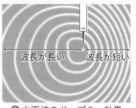

波長が長い　波長が短い

↑ 水面波のドップラー効果

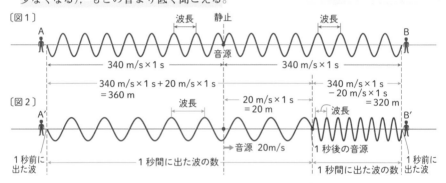

〔図1〕

A　　　　　　　　波長　　静止　　　　　波長　　　　B

340 m/s×1 s　　音源　　340 m/s×1 s

340 m/s×1 s＋20 m/s×1 s
＝360 m

340 m/s×1 s
－20 m/s×1 s
＝320 m

〔図2〕

A′　　　　　波長　　　　20 m/s×1 s　波長　　　　B′
　　　　　　　　　　　　＝20 m

1秒前に
出た波

1秒間に出た波の数　　→音源 20m/s　1 秒後の音源　　1秒前に
出た波

1秒間に出た波の数

Episode

ドップラー効果を利用したものに，ドップラー・レーダーというものがある。積乱雲の中にある，近づく風と遠ざかる風を観測して，竜巻の発生を予測するのに使われている。

第**1**編 エネルギー

第1章 光と音

第2章 力

第3章 電流

第4章 運動とエネルギー

第5章 科学技術と人間

➡ p.19 **1** 光が鏡などの表面にあたって，はね返り進むことを何というか。 | **1** 光の反射

➡ p.20 **2** 光の反射の法則で，入射角と反射角はどちらが大きいか。 | **2** 等しい

➡ p.21 **3** 反射光がいろいろな方向に向かう反射を何というか。 | **3** 乱反射

➡ p.21 **4** 鏡にうつる像と鏡の前の実物は，鏡の面に対してどのような位置関係にあるか。 | **4** 線対称

➡ p.21 **5** 鏡にできる像は，鏡から物体までと（　　　）距離で，物体と（　　　）大きさで，鏡の後ろにできる。 | **5** 等しい，同じ

➡ p.22 **6** 光が異なる物質の境界面で折れ曲がって進むことを何というか。 | **6** 光の屈折

➡ p.22 **7** 光が空気中からガラス中に入るとき，入射角と屈折角はどちらが大きいか。 | **7** 入射角

➡ p.22 **8** 光が水中から空気中に入るとき，入射角と屈折角はどちらが大きいか。 | **8** 屈折角

➡ p.22 **9** 屈折角が 90° 以上になるときの，光の進み方を何というか。 | **9** 全反射

➡ p.28 **10** 凸レンズの軸に平行な光がレンズで屈折して，軸と交わる所を何というか。 | **10** 焦点

➡ p.28 **11** 凸レンズから上の**10**までの距離を何というか。 | **11** 焦点距離

➡ p.29 **12** 物体が（　　　）と（　　　）の間にあるとき，凸レンズをのぞくと虚像が見える。 | **12** レンズ，焦点

➡ p.29 **13** 凸レンズの軸の（　　　）上にある物体は像を結ばない。 | **13** 焦点

➡ p.31 **14** 振動数の単位は何で表されるか。 | **14** Hz（ヘルツ）

➡ p.31 **15** たいこの音が聞こえるとき，耳に入る音はどのような波か。 | **15** 空気の疎密波

➡ p.32 **16** 音の三要素とは，音の（　　　），音の（　　　），（　　　）である。 | **16** 大きさ，高さ，音色

➡ p.32 **17** 音の大きさは音の波形の何と関係があるか。 | **17** 振幅

➡ p.32 **18** モノコードの弦を強くはじくほど音波の（　　　）が大きくなり，音は（　　　）なる。 | **18** 振幅，大きく

➡ p.32 **19** 音の高さは音の波形の何と関係があるか。 | **19** 振動数

➡ p.32 **20** 音の高さを高くするには，次の3つの方法がある。
 ア 弦を張る強さを（　　　）する。
 イ 振動する弦の長さを（　　　）する。
 ウ 弦の太さを（　　　）する。 | **20** ア 強く　イ 短く　ウ 細く

➡ p.35 **21** 音が空気中を伝わる速さはどれくらいか。 | **21** 約 340 m/s

➡ p.37 **22** 音源と観測者の距離が変化しているとき，音源本来の音の高さと異なる高さに聞こえる現象を何というか。 | **22** ドップラー効果

●次の文章を読み，あとの問いに答えなさい。　　　　　　　【大阪桐蔭高－改】

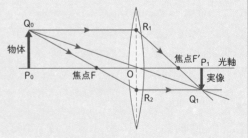

　右の図は，凸レンズの左側に物体を置いたとき，凸レンズの右側に実像ができたようすを表している。このとき，凸レンズの中心と物体でつくる $\triangle OP_0Q_0$ と，凸レンズの中心と像でつくる $\triangle OP_1Q_1$ との間には相似の関係があることがわかる。

　いま，大きさが 10 cm の物体 P_0Q_0 を凸レンズとの距離が 80 cm のところに置くと，実像 P_1Q_1 は凸レンズから 20 cm のところにできた。このとき，実像 P_1Q_1 の大きさは（　①　）cm であった。この状態から凸レンズを（　②　）cm だけ左へ動かすと，実像 P_1Q_1 と同じ位置に実像 $P_1{}'Q_1{}'$ ができた。このとき実像 $P_1{}'Q_1{}'$ の大きさは（　③　）cm であった。

(1) 空欄①に入る数値を答えなさい。

(2) 空欄②③に入る数値の組み合わせとして正しいものを，次の中から選び記号で答えなさい。

　　ア　②20，③6.7　　　イ　②30，③10　　　ウ　②40，③15

　　エ　②50，③23.3　　　オ　②60，③40　　　カ　②70，③90

▶ **Key Point**

　$\triangle ABC$ と $\triangle DEF$ において対応する 2 組の角がそれぞれ等しいとき，$\triangle ABC$ と $\triangle DEF$ は相似（同じ形）であるという。対応する辺の長さの比は等しくなり，$AB:DE=BC:EF=AC:DF$ がなりたつ。

▶ **Solution**

(1) $\triangle OP_0Q_0$ と $\triangle OP_1Q_1$ が相似であることから，$OP_0:OP_1=P_0Q_0:P_1Q_1$ がなりたち，$80:20=10:P_1Q_1$ となる。

(2) $\triangle F'OR_1$ と $\triangle F'P_1Q_1$ が相似であることから，凸レンズの焦点距離は 16 cm となる。

　　これを用いて，$\triangle F'OR_1$ と $\triangle F'P_1{}'Q_1{}'$ が相似の関係になるように，

　　$F'P_1{}':P_1{}'Q_1{}'=8:5$ となる組み合わせを選べばよい。

Answer

(1) 2.5　　(2) オ

難関入試対策 **作図・記述問題** 第1章

Level **2**

第**1**編 エネルギー

第**1**章 光と音

第2章 力

第3章 電流

第4章 運動とエネルギー

第5章 科学技術と人間

●右の図のモノコードの弦をはじき，弦の振動によって出る音の高さや大きさを調べた。弦の一端は固定され，他端は滑車を通しておもりがつり下げられている。

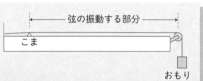

おもりの重さを変えると，弦を引っ張る力の大きさが変えられる。

　同じ材質で太さの異なる a ～ d の4種類の弦と，A ～ C の3種類のおもりを使い，音の振動数を調べた。弦 a，b，c は，それぞれ1m あたりの質量が 0.4 g，1.6 g，6.4 g で，弦 d は不明だった。おもり A，B，C の重さは，それぞれ 10 g，40 g，90 g である。これについて，次の問いに答えなさい。　【清風高－改】

振動する部分の長さを一定にして，弦とおもりの組み合わせを変えて振動数を調べると下の表のような結果になった。この結果から，弦 d の1m あたりの質量は何 g と考えられるか説明しなさい。ただし，弦 b におもり A をつり下げたときの振動数を f(Hz) とする。

弦 ＼ おもり	A (10 g)	B (40 g)	C (90 g)
a (0.4 g)	$2f$〔Hz〕	測定せず	$6f$〔Hz〕
b (1.6 g)	f〔Hz〕	$2f$〔Hz〕	$3f$〔Hz〕
c (6.4 g)	$\frac{1}{2}f$〔Hz〕	f〔Hz〕	測定せず
d (不明)	測定せず	$\frac{1}{2}f$〔Hz〕	測定せず

▶**Key Point**

　表から，おもりの重さが n^2 倍となったとき，振動数は n 倍となる。また，弦の質量が n^2 倍となったとき，振動数は $\frac{1}{n}$ 倍となる。

▶**Solution**

　おもり B をつり下げたときの振動数の関係から求めることができる。

Answer

例 表から，弦の質量が n^2 倍となったとき，振動数は $\frac{1}{n}$ 倍となる。おもり B をつり下げたとき，弦 d の振動数は弦 c の $\frac{1}{2}$ 倍となっているので，弦 d の1m あたりの質量は弦 c の 2^2 倍の 25.6 g になると考えられる。

ここからスタート！ 　**第1編 エネルギー**

第2章 力

1年 | 2年 | 3年

START! 　力という言葉は，日常生活では，学力・体力・記憶力・決断力などいろいろなところで使われています。しかし，理科では，物体を変形させたり，物体の運動のようすを変えたり，物体を支えたりするときに力がはたらいているといいます。

アイザック・ニュートン
（1643〜1727年）

大学生のころ，大学の仕事をしながら勉学に励んだ。

ペストという病気が流行り学校が休みになると

故郷で独自の研究を始めた。

これでゆっくり研究ができるぞ。

そんなある日

もしかして，リンゴを地面に引きつける力は，月にもはたらいているのではないか？

リンゴをものすごい速さで横に投げたら，月のように地球をまわり続けるはずだ。

その後，研究を重ね

すべての物体の間には引力がはたらいているぞ！

万有引力を発見した！

リンゴを見て月のことを考えられるなんてすごいね。

ほかにもいろいろな力がありそうだね。

第1編　エネルギー

第1章　光と音

第2章　力

第3章　電流

第4章　運動とエネルギー

第5章　科学技術と人間

身のまわりで，力がはたらいていそうな現象はあるかな？

洗濯ばさみを開いて手を離すと勝手に閉じるよ。

洗濯ばさみには弾性力（だんせいりょく）という力がはたらいているんだよ。

山に登ったとき，お菓子の袋（ふくろ）がふくらんでいたことがあるよ。

山に登ると，大気圧という空気の力が小さくなるからだね

僕（ぼく）の髪（かみ）の毛が立っているのは何の力だろう？

わかった！静電気という電気の力がはたらいているんだ！

なるほど！下じきをこすったときと同じだね！

でも，どこから電気の力がはたらいているのかな？

電気の力じゃなくて，寝癖（ねぐせ）だと思うよ…。

3 ▶ 力のはたらき

Point
❶ 力がはたらくと，物体はどのようになるか理解しよう。
❷ 物体にはたらく力と，力の表し方を理解しよう。
❸ 重さと質量の違いを理解しよう。

1 力とは 入試重要度 ★☆☆

1 物体にはたらく力

~理科でいう力とは~

一般には力そのものを目で見ることはできないが，物体に次のような現象が見られるとき，理科では力がはたらいたという。

❶ **物体の形が変わる**……物体の形が変わるとき，その物体の形を変える向きに力がはたらいている。

❷ **物体の運動のようすが変わる**……静止している物体が動き出したり，運動している物体がとまったり，動く速さや向きが変わったりするとき，その物体の運動のようすを変える向きに力がはたらいている。

❸ **物体が支えられる**……落ちようとする物体が落ちないでとまっているとき，その物体を支える向きに力がはたらいている。

2 力の定義

~力がはたらく見方・考え方~

物体が変形したり，運動のようすが変化したり，支えられたりするとき，その物体に力がはたらいている。

このことから，力とは，物体を変形させたり，運動のようすを変化させたり，物体を支えたりするはたらきがあるものと定義できる。

いろいろな力のはたらき方

● 物体の形が変わる

● 運動のようすが変わる

動き出す
静止していた球
とまる
動いていた球

● 運動の向きが変わる
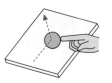

● 物体を支える

参考 運動のようすの変化

物体が運動する速さや運動する向きが変化するとき，運動のようすが変化するという。物体がとまり続けたり，一定の速さで一定の向きに運動し続けたりするときは，運動のようすは変化していない。

Episode 自転車が坂道を下るときにじょじょに速度が増す現象や，ボールを投げると弧を描いて地面に落ちる現象など，身のまわりの多くのところで運動のようすを変化させる力がはたらいている。

2 ふれ合ってはたらく力 ★★☆

1 垂直抗力

～物体が面におし返される力～

机の上で静止している物体には，下に落ちようとする力を打ち消すように，机の面から物体に向かって支える力がはたらいている。このように面が物体におされたとき，反対に面が物体をおし返す力を**垂直抗力**という。

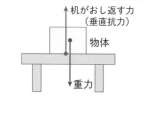

Words 垂直抗力

机がおし返す力（垂直抗力）
物体
重力

2 弾性力

～ゴムやばねにはたらく力～

ゴムやばねに力を加えて引き伸ばすと，もとの形にもどろうとして，ほかの物体に力をはたらかせる。この力を**弾性力**（弾性の力）という。

❶ **弾　性**……力を加えて変形したゴムやばねは，力をとり除くともとの形にもどろうとする性質をもっている。このように，変形した物体がもとにもどろうとする性質を**弾性**という。

❷ **弾性限界**……ゴムやばねを一定以上の大きな力で引き，変形が大きくなりすぎると，もとの形にもどらなくなる。この弾性を示す限界の力を**弾性限界**という。

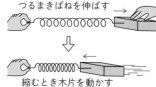

つるまきばねを伸ばす

縮むとき木片を動かす

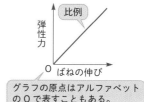

比例

弾性力

O　ばねの伸び

グラフの原点はアルファベットのＯで表すこともある。

3 摩擦力

～物体の運動を妨げる力～

水平な床の上に木片（物体）をすべらせると，木片の速さはだんだんおそくなる。物体がふれ合っている面で，物体の運動を妨げるようにはたらく力を**摩擦力**という。

❶ **面の性質と摩擦力**……摩擦力の大きさは，物体がふれ合っている面の性質や状態によって異なる。

❷ **静止摩擦力**……面の上の物体を引いても動かないとき，摩擦力の大きさは引いた力と等しくなる。これを**静止摩擦力**という。

❸ **最大摩擦力**……物体を引く力を大きくしていくと，静止摩擦力も大きくなるが，限界がくると物体が動き出す。この限界の摩擦力を**最大摩擦力**という。最大摩擦力の大きさは，垂直抗力の大きさに比例する。

摩擦力　垂直抗力

引く力

Words 最大摩擦力

最大摩擦力の大きさ F_0 は，次のようになる。

$$F_0 = \mu N$$

μ は静止摩擦係数，N は垂直抗力の大きさを表す。

HighClass 変形した物体から力をとり除いても，もとの形にもどらない性質を**塑性**という。粘土や金属などは，塑性に富んだ物質であり，もとにもどらないので加工がしやすい。

第1編 エネルギー

第1章 光と音

第2章 力

第3章 電流

第4章 運動とエネルギー

第5章 科学技術と人間

❹ **動摩擦力**……動いている物体にはたらく摩擦力を**動摩擦力**という。動摩擦力の大きさは，垂直抗力の大きさに比例し，最大摩擦力よりも小さい。

4 張 力

~糸が物体を引く力~

物体に糸をくくりつけて天井につるすと，物体には重力がはたらくので，落下しようとして糸を引く。糸はその相互作用で物体を上向きに引く。このとき，糸が物体を引く力を**張力**という。

3 離れていてもはたらく力 ★☆☆

1 地球の引力

~地球がおよぼす力~

物体を手で持つと下に引かれる手ごたえがあり，手をはなすと物体は下に落ちていく。これは，その物体に地球から下向きに引く力がはたらいているからであり，この力は離れていてもはたらく力である。

❶ **重 力**……地球上のすべての物体は，地球の中心に向かって引かれている。このように地球が物体を引く力（地球の引力）を**重力**という。

❷ **重力の方向**……物体を糸でつるしたとき，糸の方向が重力の方向である。この方向を**鉛直方向**といい，重力の向きは鉛直方向下向きである。

❸ **重力の大きさ**……地球上の物体にはたらく重力の大きさを**重さ（重量）**という。

2 磁石の力

~磁石がおよぼす力~

鉄を磁石に近づけると，磁石に引きつけられる。また，磁石どうしでは，離れていても互いに引きつけ合ったり反発し合ったりする。このような力を**磁石の力（磁力）**という。

❶ **引き合う力**……N極とS極のように，異なる極の間では引き合う力（引力）がはたらく。

❷ **反発し合う力**……N極とN極，S極とS極のように，同じ極どうしの間では**反発し合う力（斥力）**がはたらく。

Words 動摩擦力

動摩擦力の大きさ F' は，次のようになる。

$F'=\mu'N\,(F'<F_0)$

N は垂直抗力の大きさ，μ' は動摩擦係数を表す。（$\mu>\mu'$）

参考 張力と重力

張力＝重力

物体が糸を引く力

参考 重力の方向

参考 磁石にはたらく力

S		N	→←S		N

引き合う（引力）

S		N	←→ N		S

N		S	←→S		N

反発し合う（斥力）

Episode 磁石になる物質として，鉄，コバルト，ニッケル，酸化クロムなどがある。これらの物質は，磁石の性質をもち，磁石に引きつけられる性質がある。

3 電気の力

～電気がおよぼす力～

衣服でこすったプラスチックの下じきを紙片に近づけると，紙片は離れていてもドじきに引きよせられる。このとき，下じきは摩擦によって静電気を帯びている。物体が電気を帯びることを**帯電**，電気を帯びた物体を**帯電体**という。電気には＋(正)の電気と－(負)の電気の2種類がある。

z⊙⊙mup 静電気→ p.86

❶ **引き合う力**……＋の電気に帯電した物体と－の電気に帯電した物体の間には，**引き合う力(引力)**がはたらく。

❷ **反発し合う力**……＋の電気または－の電気に帯電した物体どうしの間には，**反発し合う力(斥力)**がはたらく。

参考 ニュートン(単位)

力の単位ニュートン〔N〕とは，力が加わると物体の速さが変わることから，速さの変わり方が基準となる。質量1 kgの物体の速さを1秒間に1 m/s だけ変える力を1 N とする。

4 力の表し方 ★★★

1 力の大きさとはかり方

～力の単位はニュートン〔N〕で表す～

力には大きさと向きがあり，そのはたらきは向きやはたらく場所によって異なるという性質がある。

力の大きさを表す単位は**ニュートン(記号N)**を用いる。測定はばねばかり(ニュートンばねばかり)で行う。このはかりの中にはばねがあり，ばねの伸びが加えられた力に比例する性質を利用している。1 N は約100 g(正確には102 g)の物体にはたらく，地球の重力の大きさと等しい。

参考 力を表す矢印

力を表すために，下の図のような矢印を用いる。

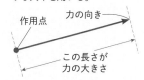

作用点　力の向き　この長さが力の大きさ

2 力の表し方

～力の向きと大きさを矢印で表す～

❶ **力の大きさ**……力は矢印で表し，矢印の長さが力の大きさに比例するように決める。例えば10 N を1 cm とすれば，20 N は2 cm の矢印になる。

参考 ばねの伸びと力

左の図で，10 N の力でばねを引っ張るとき，壁も10 N の力でばねを引っ張っている。つまり，下の図のようにばねの両側に10 N の力を加えても，ばねの伸びは1 cm となる。

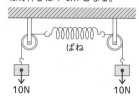

10N　ばね　10N

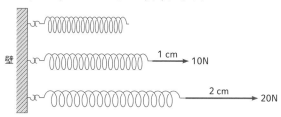

壁　1 cm　10N　2 cm　20N

HighClass 上の図の複数のばねを直列につないで10 Nの力で引っ張ると，それぞれのばねが1 cm ずつ伸びる。また，このばね2つを並列につないで10 Nの力で引っ張ると，それぞれのばねが0.5 cm ずつ伸び，10個つなぐと0.1 cm ずつ伸びる。

❷ **力の向き**……力のはたらく向きを矢印の向きで表す。

❸ **作用点（力のはたらく点）**……力の加わった点から矢印を描く。

3 力の三要素

~力を表す要素~

どのようなはたらきをする力かは，**力の大きさ**，**力の向き**，**作用点**によって決まる。この3つの要素を**力の三要素**という。

4 力の大きさとばねの伸び

~ばねの伸びは加えた力に比例する~

ばねにつるすおもりの質量が大きいほど，ばねの伸びが大きくなる。これは，おもりにはたらく重力が大きくなるからである。一般に，弾性限界をこえない範囲では，ばねの伸びはばねに加えた力に比例する。

> **参考** ベクトル
>
> 力は大きさと向きをもった量であり，矢印で表せる。このような量を**ベクトル**という。

> **Words** ばねの伸び
>
> ばねに力を加えているときのばねの長さと，ばねに力を加えていないときのばねの長さの差を，**ばねの伸び**という。

🔍 実験・観察 力の大きさとばねの伸びの関係

ねらい

ばねに加えた力の大きさとばねの伸びの関係を調べる。

方法

❶ おもりをつるしていない状態で，ばねの下端とものさしの上端が同じ高さになるようにする。

❷ おもりを1個，2個，…とつるしていき，ばねの下端の目盛りを読みとって記録する。

❸ 横軸にばねに加えた力の大きさ（おもりの重力の大きさ），縦軸にばねの伸びをとり，グラフに表す。

❹ 強さの異なるばねで，❶~❸と同じようにして，力の大きさとばねの伸びとの関係を調べる。

⚠ ばねに加える力は，弾性限界をこえないように注意する。

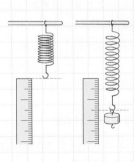

結果

・力の大きさとばねの伸びとの関係をグラフに表すと，右のグラフのようになる。

考察

・原点を通る直線になることから，ばねの伸びは，力の大きさに比例することがわかる。

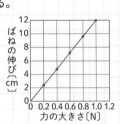

入試Info 力を矢印で表して考える問題は，数多く出題されている。物体を引く力，摩擦力，垂直抗力，ばねの伸びなどで，力の三要素を矢印で表すことができるようになるとよい。

弾性をもつ物体が変形するとき，その変形の大きさは
加えた力の大きさに比例する。この関係を**フックの法則**
という。フックの法則は弾性をもつ物体の弾性限界内で
なりたち，加えた力の大きさと弾性力は等しくなる。

5 同じ直線上ではたらく力

～力を作用線で考える～

力がはたらく向き
に延長した直線を**作
用線**という。

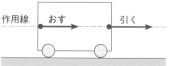
作用線　おす　引く

物体に力を加えて
も形を変えないような**剛体**の場合，作用点が物体内部の
作用線上のどこにあっても物体への力のはたらきは変わ
らない。簡単にいえば，物体をおしても，引いても運動
には変わりがないということである。

Words フックの法則
フックの法則は，次の式で表される。 $F = kx$ F は**弾性力**，k は**ばね定数**，x は**変形の大きさ**を表し，k はばねによって決まる。

Words 剛体
物体に力が加わっても形を変えないようなものを**剛体**という。物体の運動を考える場合，ほとんどの物体は剛体と考えてよい。

第1編 エネルギー

第1章 光と音

第2章 力

第3章 電流

第4章 運動とエネルギー

第5章 科学技術と人間

5 2力のつりあい ★★★

1つの物体に多くの力がはたらいていても，その物
体が静止していて動かない場合，これらの力は**つりあ
っている**という。

❶ **2力のつりあい**……図1のように小さな物体の左
右に軽いひもをつけ，滑車を使っておもりをつり下
げると，左右のおもりの重さが等しいとき，物体は
静止してつりあう。このとき，左右のひもは**同一直
線上**にある。

また，図2のように，矢印の方向に同じ力で引っ
張ると，力は同一直線上で互いに逆にはたらき，つ
りあう。

❷ **2力のつりあいの条件**……2力がつりあうには，次
の条件が必要である。
①一点にはたらく2力がつりあうとき，2力の大き
さが等しく向きが逆である。
②2力が同じ直線上にある。
一般に，1つの物体に2つの力がはたらいてつりあう
とき，2力の大きさが等しく，向きが逆で同一直線上に
ある。

〔図1〕
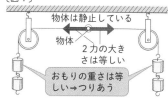
物体は静止している
物体
2力の大きさは等しい
おもりの重さは等しい→つりあう

〔図2〕
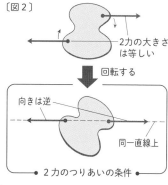
2力の大きさは等しい
回転する
向きは逆
同一直線上
2力のつりあいの条件

HighClass　斜面を下る台車には，斜面下向きの力と摩擦力がはたらいている。台車が同じ速さで動き続けているとき，斜面下向きの力と摩擦力はつりあっている状態である。

❸ **重力とのつりあい**……手に物体をのせた場合，物体にはたらく重力と手が支える力がつりあっているので物体は下に落ちない。机の上に置かれた物体も，物体にはたらく重力と机がおし返す力(垂直抗力)がつりあっているといえる。

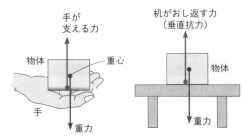

6 重さと質量 ★★☆

1 重力と重さ

～地球上での重さ～

物体にはたらく重力の大きさは，物体を持ったときの手の感覚で重く感じるほど大きい。

❶ **物体の重さ**……物体にはたらく重力の大きさをその物体の重さ(重量)という。ばねばかり(ニュートンばねばかり)に物体をつるすと，その物体にはたらく重力の大小は，ばねの伸びの大きさで知ることができる。このように，重力の大きさはばねばかりではかることができる。

❷ **重さ(重量)の単位**……重さの単位は，力の大きさと同じニュートン(記号N)を使う。

❸ **場所による重さの違い**……月の表面の重力の大きさは，地球の表面の重力の大きさの約$\frac{1}{6}$である。したがって，地球上でばねばかりの目盛りが6Nを示す物体は，月面上では約1Nを示すようになる。

また，エレベーターの中でばねばかりを使って物体の重さをはかると，エレベーターがおり始めるときは重さが減り，のぼり始めるときは重さが増す。

このように，物体の重さは場所や状態で変わる。

場所による重さの違い

→地球上 重力は6N
→月面上 重力は地球の1/6
→エレベーターの中 5.7N

参考 **万有引力の法則**

すべての物体は互いに引き合う力(引力)をはたらかせている。この引力の大きさは，2つの物体の距離の2乗に反比例し，それぞれの質量の積に比例する。この法則は，1665年頃にイギリスのニュートンによって発見された。

🔬 Scientist

ニュートン
〈1643 ～ 1727 年〉

イギリスの科学者。ガリレイなどの研究と合わせた運動の三法則を提唱した。ニュートンの業績をたたえ，力の単位にその名まえが使われている。

短文記述対策！

Q 2力がつりあうときの力の大きさ，向き，作用点の関係はどのようになりますか。

A 2力がつりあうときは，2力が同じ作用線上にあり，2力の大きさは等しく，2力の向きが逆になる。

④ **重力の表し方**……重力も力であるから，矢印で表すことができる。物体に重力がはたらくとき，重力はその物体の重心にはたらいていると考えてよい。そこで重力の作用点を重心として矢印を記入する。

重心
物体
重力

参考 重 心

物体の各部にはたらく重力をただ1つの力に代表させる（合力を求める）とき，その合力の作用点を重心という。重力が集まっている点と考えてよい。

第1編 エネルギー

第1章 光と音

第2章 力

第3章 電流

第4章 運動とエネルギー

第5章 科学技術と人間

2 質 量

~物質そのものの量~

物体の重さは，場所や状態によって変わる。しかし，物体をつくる物質そのものの量は，どこにあっても変わらないはずである。

❶ **質 量**……場所が変わっても変化しない，物質そのものの量を質量という。質量の大きさを表す単位には，**グラム**（記号 g）や**キログラム**（記号 kg）などを用いる。

❷ **質量と重さの関係**……同じ場所にある物体にはたらく重力の大きさは，その物体の質量に比例する。したがって，地球上では質量1kgの物体の重さは約10 N（正確には9.8 N）となる。

❸ **上皿てんびんと質量**……上皿てんびんは，左右の皿にのせた分銅と物体にはたらく重力が等しいときにつりあう。つまり，上皿てんびんがつりあっているとき，分銅と物体の質量は等しくなり，このつりあいは場所や状態が変わっても変わらない。

このように，上皿てんびんと質量の基準となる分銅を用意すれば，場所に関係なく質量を求めることができるので，質量は場所によって変わらないことがわかる。

参考 質量の基準

1889年につくられた国際キログラム原器という分銅が，質量1 kgの基準として使用されてきたが，少しずつ分銅の質量が変わってきたため，2019年5月からプランク定数という基礎物理定数が使用されることになった。

左右の物体にはたらく重力が等しければつりあう

2つの物体の質量は等しい

3 無重量状態

~重さのない状態~

地球の周囲軌道を回る人工衛星やスペースシャトルなどの内部では，人や物体にはたらく地球からの万有引力（重力）と遠心力とが同じ大きさで逆向きにはたらくので，互いに打ち消しあい，見かけ上は重さのない状態になる。この重さのない状態を**無重量状態**といい，自由落下も無重量状態といえる。

参考 無重量と無重力

無重量は重力があるが見かけ上はないように見える状態で，無重力は重力がない状態のことである。

Episode

地球と月で重力の大きさが変わるように，ほかの星でも重力の大きさは異なる。水星，火星は地球の0.38倍と小さく，金星は0.91倍，土星は0.93倍と地球と同じくらいの大きさである。木星は2.37倍と大きく，太陽は28倍もの大きさになる。

4 圧 力

Point
❶ 圧力とはどのような力のことか理解しよう。
❷ 圧力の求め方について理解しよう。
❸ 大気の圧力について理解しよう。

1 圧 力 ★★★ 入試重要度

1 面をおすはたらき

～物体の面の広さと加わる力の関係～

一方のとがった鉛筆を左右から指でおすと，両方の指の受ける力は等しいのに，とがった側をおす指のほうが痛く感じる。

痛い　力は等しい　痛くない
力のはたらきが違う

このように，おす力は等しくても，接触面の大小によってその力のはたらきは異なる。

❶ **面をおすはたらきと面積**……スポンジの上に同じ物体をのせたとき，物体とスポンジのふれる面積が小さいほどスポンジのへこみ方が大きい。これは，面積が小さいほど面をおすはたらきが大きくなるからである。

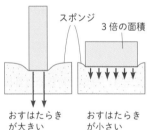
スポンジ　3倍の面積
おすはたらきが大きい　おすはたらきが小さい

一般に，面をおす力が同じ場合，面をおすはたらきは，面とふれる面積に反比例する。また，面とふれる面積が同じ場合，面をおすはたらきは，面をおす力に比例する。

❷ **面をおすはたらきの比較**……面をおすはたらきの大小を比較するには，同じ面積あたり(例えば1m²あたり)にはたらく力の大きさを求めて比較すればよい。

右の図のように，1kgの物体にはたらく重力の大きさを10Nとして，40kgの物体を置いた場合で比較する。**ア**は1m²あたり100N，**イ**は1m²あたり200Nの力がはたらく。したがって，面をおすはたらきは**イ**のほうが大きく，**ア**の2倍になる。

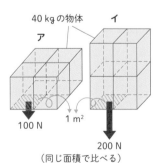
40kgの物体　イ
ア
100N　1m²
200N
(同じ面積で比べる)

Episode 圧力の加わり方を利用した道具にスキー板がある。スキー板をかついで新雪の上を歩くと足がめりこむが，スキー板をはくと，雪にめりこまずにすべることができる。これは，雪とふれる面積を大きくして，圧力を小さくしているといえる。

第1編 エネルギー

第1章 光と音

第2章 力

第3章 電流

第4章 運動とエネルギー

第5章 科学技術と人間

🔍 **実験・観察** 面をおす力のはたらきと面積の関係

ねらい

面をおす力が一定のとき，面をおす力のはたらきと面積の関係を調べる。

方　法

❶ 厚紙を 4 cm²，16 cm²，36 cm² の
　大きさに切る。

❷ スポンジの上に厚紙を置き，その上
　に水を入れた 500 mL のペットボト
　ルを置く。

❸ ものさしの端を，スポンジがへこむ
　前のペットボトルの高さと合わせる。

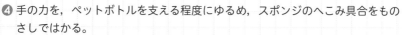
ものさし
ペットボトル
厚紙
スポンジ

❹ 手の力を，ペットボトルを支える程度にゆるめ，スポンジのへこみ具合をもの
　さしではかる。

❺ 厚紙の大きさを変えて，測定結果を表にまとめる。

結　果

厚紙の面積(cm²)	4	16	36
スポンジのへこみ(mm)	50	35	16

考　察

• スポンジにふれる面積が小さいほうが，面をおすはたらきが大きい。

2 圧　力

〜単位面積あたりの面をおす力〜

❶ **圧　力**……単位面積（1 m² など）あたりの面に，垂直
　に加わる力を**圧力**という。圧力の大きさは，次の式で
　求められる。

$$圧力〔N/m^2〕＝\frac{面を垂直におす力〔N〕}{力がはたらく面積〔m^2〕}$$

❷ **圧力の単位**……圧力の大きさは，**パスカル**（記号 Pa），
　ヘクトパスカル（記号 hPa），**ニュートン毎平方メー
　トル**（記号 N/m²）などで表す。

　　1 N/m²＝1 Pa

　　1 hPa＝100 Pa

❸ **全圧力**……面全体に加わる力を**全圧力**ということが
　ある。水平な面に置かれている物体が面をおす全圧力
　は，その物体の重さに等しく，力と考えてよい。

🧪 **Scientist**

ブレーズ・パスカル
〈1623 〜 1662 年〉

フランスの物理学者，数学
者。パスカルの原理といわ
れる，圧力に関する原理を
発見した。その功績から，
圧力や大気圧の単位にその
名まえが使われている。

Episode 紙コップの上に置いた板に人が乗る実験で，面をおすはたらきと面積の関係を体験すること
ができる。紙コップ 1 個では人の重さを支えられないが，4 個ほど使うと紙コップがつぶれ
ずに，人の体重を支えることができる。

📖 例題 ／ 圧力

右の図のような，大きさが 20 cm×10 cm×5 cm の直方体で，質量が 2 kg のレンガがあります。レンガのA面，B面，C面を下にしてスポンジの上にレンガを置いたとき，レンガのそれぞれの面がスポンジに加える圧力は何 Pa になるか求めなさい。ただし，質量 2 kg の物体にはたらく重力の大きさを 20 N とする。

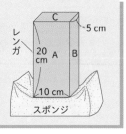

Solution ▷ それぞれの面の面積を計算し，重力の大きさを面積で割ればよい。

・A面（20 cm×10 cm の面）がスポンジをおす圧力は，

$$\frac{20\ \text{N}}{0.2\ \text{m}\times0.1\ \text{m}}=1000\ \text{N/m}^2$$
$$=1000\ \text{Pa}$$

・B面（20 cm×5 cm の面）がスポンジをおす圧力は，

$$\frac{20\ \text{N}}{0.2\ \text{m}\times0.05\ \text{m}}=2000\ \text{N/m}^2$$
$$=2000\ \text{Pa}$$

・C面（5 cm×10 cm の面）がスポンジをおす圧力は，

$$\frac{20\ \text{N}}{0.05\ \text{m}\times0.1\ \text{m}}=4000\ \text{N/m}^2$$
$$=4000\ \text{Pa}$$

Answer ▷ A面が下のとき…1000 Pa
B面が下のとき…2000 Pa
C面が下のとき…4000 Pa

2 空気の圧力 ★☆☆

1 大気圧

～空気にも重さがある～

空気の層（大気）の底に生活している私たちは，空気の圧力を受けていて，空気による圧力を大気圧（大気の圧力）という。大気圧は，空気に重さがあることで生じている。

❶ 空気の重さ……次の図のように，スプレーのあき缶に空気をおしこんだときの缶の重さと，空気を外に出したあとの缶の重さの差から，外に出した空気の重さがわかる。このとき，外に出した空気の体積を調べれば，空気の密度を求めることができる。

入試Info 面積や重さが cm²，g，kg などで出題されていて，圧力を Pa や N/m² で表すとき，単位をそろえて計算する必要がある。1 m²＝10000 cm²，1 kg＝1000 g，1 kg の物体にはたらく重力の大きさが約 10 N であることなどを使って計算する。

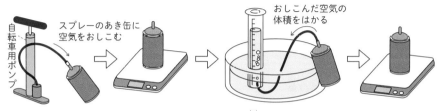

第1編 エネルギー

第1章 光と音

第2章 力

第3章 電流

第4章 運動とエネルギー

第5章 科学技術と人間

❷ **空気の密度**……空気をおしこんだときのあき缶の質量が 99.54 g，空気を出したあとのあき缶の質量が 98.72 g，外に出した空気の体積が 683 cm³(0.683 L)とすると，空気の密度は次のように求められる。

$$空気の密度〔g/L〕=\frac{99.54\,g-98.72\,g}{0.683\,L}$$
$$=1.20\,g/L$$

参考 気体の密度

気体の密度は小さいので，グラム毎リットル(記号 g/L)で表すことがある。

2 空気の圧力の大きさ

～高度や温度で大きさが変わる圧力～

❶ **大気圧の単位**……大気圧の大きさは，**パスカル**(記号 **Pa**)，**ヘクトパスカル**(記号 **hPa**)，**気圧**(記号 **atm**)などで表す。

1 atm＝101325 Pa

❷ **トリチェリの実験**……イタリアの科学者トリチェリは，一端を閉じた 1 m ほどのガラス管に水銀を満たし，別の水銀が入った容器に逆さに立てると，容器の水銀面から約 760 mm の高さの水銀柱ができることを発見した。

このとき，ガラス管の上部は真空で，水銀柱の圧力と大気圧が等しい状態である。

❸ **大気圧の大きさ**……トリチェリの実験で水銀柱の断面積を 1 m² と仮定し，水銀の密度が 13595.08 kg/m³，質量 1 kg の物体にかかる重力が 9.80665 N であることを用いて，水銀柱の圧力を詳しく求めることができる。

水銀柱の質量＝13595.08 kg/m³×0.76 m³
　　　　　　＝10332.2608 kg

水銀柱の圧力＝9.80665 N×10332.2608 kg
　　　　　　＝101324.8…Pa

このとき，水銀柱の圧力と大気圧の大きさは等しく，その圧力(101325 Pa)を**標準大気圧**という。

Words トリチェリの実験

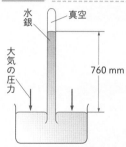

水銀　真空

大気の圧力

760 mm

圧力とは単位面積あたりに加わる力の大きさのことなので，水銀柱の断面積が変わっても，つねに 760 mm となる。この水銀柱の高さを使った圧力の単位に水銀柱ミリメートル(記号 mmHg)があり，
1 atm＝760 mmHg となる。

参考 水銀の密度

水銀の密度は 13.6 g/cm³ と表すことが多い。

HighClass 標準大気圧とは，海水面での大気圧，つまり海抜 0 m の大気圧をもとにしていて，これを 1 atm(気圧)という。このときの圧力の大きさは 101325 Pa だが，気圧の単位にはヘクトパスカルを使うことが多く，その場合には 1013 hPa と表す。

❹ **大気圧と高度**……空気は，上空にいくほどうすくなるので，大気圧は上空にいくほど小さくなる。

例えば，地上から 5.5 km の高地の大気圧は，地上の約 $\frac{1}{2}$ になる。

❺ **大気圧によって起こる現象**……水を入れたコップに厚紙で蓋をして逆さまにしても水がこぼれない，密閉されたお菓子の袋が山頂でふくらむ，あき缶の空気を真空ポンプで抜くと缶がつぶれるなどの現象は，大気圧の影響で起こっている。

📖 **例題** 　大気圧の大きさ

右の図のように，水を入れたコップに厚紙で蓋をして，逆さにしても水はこぼれませんでした。このとき，大気圧がコップをおす力を求めなさい。ただし，コップの口の断面積を 40 cm²，厚紙の面積を 100 cm²，大気圧を 100000 Pa とします。

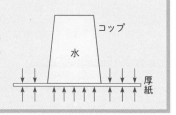

Solution ▷ コップがない部分の厚紙は，大気圧が上下からはたらきつりあっている状態なので，コップがある部分だけを考えればよい。

面をおす力＝圧力×断面積　で求められるので，

100000 N/m²×0.004 m²＝400 N

Answer ▷ 400 N

---

3 気体の体積と圧力，体積と温度の関係

〜ボイルの法則，シャルルの法則〜

❶ **ボイルの法則**……容器に閉じこめられた気体の温度が変化しないようにして，気体の体積を縮めたりふくらませたりすると，気体の圧力は増加したり減少したりする。このとき，気体の圧力は体積に反比例して変化する。これを**ボイルの法則**という。

❷ **シャルルの法則**……容器に閉じこめられた気体の圧力を変化しないようにして，気体の温度を上げたり下げたりすると，気体の体積は増加したり減少したりする。このとき，気体の体積は温度に比例して変化する。これを**シャルルの法則**という。

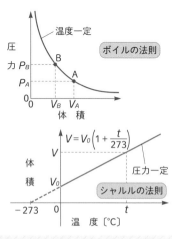

ボイルの法則やシャルルの法則にしたがって変化する気体を理想気体という。ふつうの状態では，酸素や窒素，水素などの気体はボイルの法則やシャルルの法則にしたがって変化するので，理想気体とみなせる。

第1編 エネルギー

第1章 光と音

第2章 力

第3章 電流

第4章 運動とエネルギー

第5章 科学技術と人間

p.44 **1** 物体に力がはたらいていることは，物体の形が変わる，物体が支えられる，のほかにどんなことでわかるか。

p.45 **2** ゴムやばねなどに力を加えて伸ばすと，もとの形にもどろうとして，ほかの物体にはたらく力を何というか。

p.45 **3** 床の上をすべっている物体の速さは，だんだんおそくなりとまってしまう。このように物体とふれ合っている面で物体の運動を妨げるようにはたらく力を何というか。

p.46 **4** 地球上では，すべての物体が地球の中心に向かって引かれている。このような，地球の引力を何というか。

p.46 **5** 重力のほかに離れてはたらく力を２つあげよ。

p.47 **6** 力の大きさはどのような単位で表されるか。

p.47 **7** 力を矢印で表したとき，矢印の長さは何を表しているか。

p.47 **8** 力を矢印で表したとき，矢印の描き始めの点を何というか。

p.48 **9** 力の大きさ，力の向き，作用点の３つを何というか。

p.48 **10** ばねの伸びは，ばねに加えた力の大きさに（　　　　）する。

p.49 **11** 10の関係を何というか。

p.49 **12** 力がはたらく向きに延長した直線を何というか。

p.49 **13** 物体が静止しているとき，物体にはたらく力はどのような状態になっているといえるか。

p.49 **14** 物体に２つの力がはたらき，静止しているとき，２つの力の大きさにはどのような関係があるか。

p.50 **15** 地球上で１kgの物体の，月の上での重力はいくらか。

p.51 **16** 地球上で１kgの物体にはたらく重力はいくらか。

p.51 **17** 場所が変わっても変化しない，物質そのものの量を何というか。

p.52 **18** 同じ体重でも長ぐつをはくと雪に沈むのに，スキー板をはくと沈まないのはなぜか。

p.53 **19** 圧力は面を垂直におす力を何で割ったものか。

p.53 **20** １m²に１Nの力がかかるときの圧力はいくらか。

p.53 **21** 同じ力がはたらくとき，力がはたらく面積が大きくなると圧力はどうなるか。

p.55 **22** 標準大気圧は何Paになるか。

p.55 **23** １hPaをPaで表すと何Paになるか。

p.55 **24** １cm²に１Nの力が加わるときの圧力は何hPaになるか。

p.56 **25** 大気圧は上空にいくほどどうなるか。

1 物体の運動のようすが変わる

2 弾性力

3 摩擦力

4 重　力

5 磁石，電気の力

6 N（ニュートン）

7 力の大きさ

8 作用点

9 力の三要素

10 比　例

11 フックの法則

12 作用線

13 つりあっている状態

14 同じ大きさ

15 約1.7 N

16 約10 N（9.8 N）

17 質　量

18 圧力が小さくなるから

19 力がはたらく面積

20 1 Pa（1 N/m²）

21 小さくなる

22 101325 Pa

23 100 Pa

24 100 hPa

25 小さくなる

Level **3**

●図1のように，1辺 3.0 cm の立方体と，底面が1辺 6.0 cm の正方形で高さが 3.0 cm の直方体を床に置いた。この2つの物体が同じ密度で，100 g の物体にはたらく重力の大きさを1Nとするとき，次の問いに答えなさい。　【兵庫－改】

(1) 立方体が床に加えている圧力が 810 Pa のとき，直方体が床に加えている圧力は何 Pa になるか求めなさい。

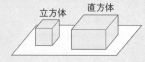

図1 立方体 直方体

(2) 図2のように，図1の立方体と同じ密度でできた，高さが 3.0 cm で半径がそれぞれ 4.0 cm，8.0 cm，12.0 cm の円柱A～Cを床に置いた。これらの上に図1の立方体を，円柱Aには4個，円柱Bには12個，円柱Cには 40 個乗せたとき，円柱が床に加えている圧力が最大になるものと最小になるものを，A～Cからそれぞれ1つ選んで記号で答えなさい。

図2 円柱A 円柱B 円柱C

▶ **Key Point**

$$圧力〔Pa〕＝\frac{面を垂直におす力〔N〕}{力がはたらく面積〔m^2〕}$$ である。圧力とは，単位面積あたりの面を垂直におす力なので，図形の高さと密度が等しいとき，その圧力は等しくなる。また，$1\ Pa＝1\ N/m^2$ である。

▶ **Solution**

(1) 直方体の体積や底面積から求めてもよいが，立方体と高さと密度が等しいので，直方体が床に加える圧力は立方体が床に加える圧力と等しくなる。

(2) 円柱は同じ高さと密度なので，円柱だけならどれも同じ圧力である。このことから，立方体の数と円柱の底面積の比で圧力の比較ができる。
立方体の数の比は，A：B：C＝4：12：40＝1：3：10 となり，
底面積の比は，A：B：C＝$4^2：8^2：12^2$＝1：4：9 となるので，
立方体によって加えられる圧力の比は，A：B：C＝$\frac{1}{1}：\frac{3}{4}：\frac{10}{9}$ となる。

Answer

(1) 810 Pa　(2) 最大…C，最小…B

●━━◆━━ 難関入試対策 作図・記述問題 第2章 ●

Level 2

第1編 エネルギー

第1章 光と音

第2章 力

第3章 電流

第4章 運動と エネルギー

第5章 科学技術と 人間

●ばねAとばねBの2つのばねを用意して，図1のようにばねの一端を壁に固定し，おもりをつるした。おもりの質量とばねの長さの関係を調べると，下の表のようになった。ただし，100gの物体にはたらく重力の大きさを1Nとし，ばねと糸の質量，滑車の摩擦は考えないものとする。また，ばねはつねに水平になっていて，糸は伸び縮みしないものとする。　【大分−改】

〔図1〕

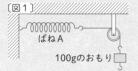

ばねA

100gのおもり

おもりの質量〔g〕	100	200	300	400	500
ばねAの長さ〔cm〕	35	40	45	50	55
ばねBの長さ〔cm〕	30	40	50	60	70

(1) ばねAとばねBについて，おもりの質量とばねの伸びの関係を右のグラフに表しなさい。

(2) 図2のように，ばねAとばねBを直列につなぎ，質量250gのおもりをつるした。このときのばねの伸びよりも，ばねAとばねBの伸びの和をさらに3.0cm大きくするには，おもりにあと何Nの力を加えればよいか求めなさい。

〔図2〕

ばねA　ばねB

250gのおもり

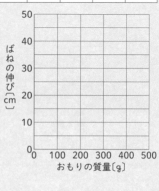

ばねの伸び〔cm〕

おもりの質量〔g〕

▶ **Key Point**

ばねを直列につないだとき，おもりの重力はそれぞれのばねに加わる。

▶ **Solution**

(1) 表より，おもりの質量が100gふえると，ばねAは5cm，ばねBは10cm伸びる。

(2) 表より，1Nの力が加わると，ばねAは5cm，ばねBは10cm伸び，全体で15cm伸びる。全体で3cm伸びるときにおもりに加える力をx〔N〕とすると，$1 : x = 15 : 3$ となる。

Answer

(1)

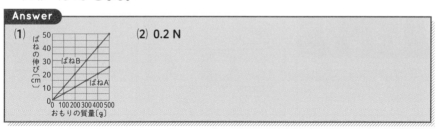

(2) **0.2 N**

第3章 電流

1年 | 2年 | 3年

START! 私たちの生活は，電気エネルギーを熱，光，音，運動など別のエネルギーに変えて利用することでなりたっています。その中で，ファラデーは発電機やモーターの開発につながる電磁気学の基礎を築いたとされ，現代社会に必要不可欠な発見をした科学者の1人です。

マイケル・ファラデー
（1791〜1867年）

イギリスの貧しい家庭に生まれる。

14歳から書店ではたらき，多くの本を読む中で科学に興味をもつようになる。

ハンフリー・デービーという化学者の講演に何度も参加し，その後，この化学者の助手になった。

あるとき…

電流のまわりには磁界が発生するらしい。これを利用して，モーターをつくるぞ。

ここを工夫すればできそうですね。

こうして，ファラデーたちは簡単なモーターの発明に成功した。

反対に，磁界で電流を発生できると思ったけど，うまくいかないな…。

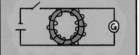

おや？スイッチをつけたり消したりした瞬間だけ電流が流れているぞ！

これが電磁誘導の発見につながる。

第 **1** 編　エネルギー

第1章　光と音

第2章　力

第3章　電流

第4章　運動と　エネルギー

第5章　科学技術と　人間

次は，継続して電流を流せる装置をつくるぞ！

これが発電機の発明へとつながっていく

電気を生み出す発電機も，電気を動力に変えるモーターも，私たちの生活には欠かせないものだね。

IHコンロは電磁誘導を利用しているらしいよ。

そうだね。電磁誘導で鍋の底に電流が流れることで，熱が発生しているんだよ。

ほかに電磁誘導を利用しているものって何があるんだろう？

私たちがよく使う，このICカードにも利用されているね。

電池がなくても使えるのは，電磁誘導のおかげだったんだね。

Pi"

うまく電磁誘導がはたらかなかったみたいね。

いや，ただの残高不足…

5 ▶ 電流と電圧

① 直列回路と並列回路の違いを理解しよう。
② 回路に流れる電流の大きさや，各部分にかかる電圧の規則性を理解しよう。
③ 電流，電圧，抵抗の関係を理解しよう。

1 電流と回路 入試重要度 ★★☆

1 回路

～回路と電流の流れる向き～

乾電池と豆電球を導線でつなぎスイッチを入れると，豆電球が点灯する。

このとき，豆電球や導線には電流が流れているといい，電流には流れる向きがある。スイッチを切ると，電流が流れる道筋が途切れてしまい，電流は流れないので豆電球は点灯しない。

❶ 回 路……乾電池のように電流を生み出すものを**電源**，豆電球のように電流を使うものを**負荷**という。電源と負荷を導線でつなぎ，電流が流れるようにしたひとまわりの道筋を，回路または電気回路という。スイッチを切ったり，導線が断線していたりすると，電流は流れない。

❷ 電流の流れる向き……電流の流れる向きは，乾電池の＋極から出て，豆電球などを通り，－極に流れる向きである。モーターや発光ダイオードは，乾電池の向きを変えると反対の動きをしたり，点灯しなくなったり，するので，電流の流れに向きがあることがわかる。

　①**モーター**…モーターが回っている回路で，乾電池の＋極と－極を入れかえると，モーターの回転する向きが逆になる。

　②**発光ダイオード**…発光ダイオードが点灯している回路で，乾電池の＋極と－極を入れかえると，点灯しなくなる。

参考 豆電球

豆電球が点灯している回路で乾電池の＋極と－極を入れかえても，豆電球は点灯する。

Words 発光ダイオード

発光ダイオードは LED ともいわれる。LED は Light Emitting Diode を略したものである。

HighClass 発光ダイオードの＋極をアノードといい，－極をカソードという。アノードと電源の＋極，カソードと電源の－極をつないだときは点灯し，逆の場合は点灯しない。　長い導線┤├短い導線　＋極　　　－極

❸ **回路図**……回路のようすを，電気用図記号を用いて表したものを回路図という。回路のようすはわかりやすくなるが，記号を覚えておく必要がある。導線は直線で表し，縦や横の方向に描く。斜めに描いたり，曲線にしたりしない。下の表は主な電気用図記号である。

電　源 －　＋	電　球	スイッチ （つないだとき） （切ったとき）	電気抵抗 （電熱線）
電流計 (A) 直流用 (A) 交流用	電圧計 (V) 直流用 (V) 交流用	接続する導線	接続しない導線

⬆ 電気用図記号

第 **1** 編 エネルギー

第 1 章 光と音

第 2 章 力

第3章 電流

第 4 章 運動とエネルギー

第 5 章 科学技術と人間

Words 電気用図記号

　回路を構成する器具や部品を表す記号で，日本産業規格（JIS）により定められている。電池の記号は，電池の数がふえても，1つの記号で示すことができる。

Words 回路図

電球
（またはモーター）
電流　　　電流
電池　　スイッチ

zoomup 直流，交流→ p.107

2 直列回路と並列回路

〜回路のつなぎ方〜

　小学校で，2個の乾電池のつなぎ方には直列つなぎと並列つなぎの2種類があることを学習した。同じように，2個以上の豆電球のつなぎ方にも直列つなぎ，並列つなぎがある。豆電球を直列につないだ回路を**直列回路**，並列につないだ回路を**並列回路**という。

❶ **直列回路**……豆電球の数が多くなるほど，豆電球の明かりは暗くなる。

❷ **並列回路**……豆電球の数に関係なく，豆電球の明るさは1個のときと同じである。

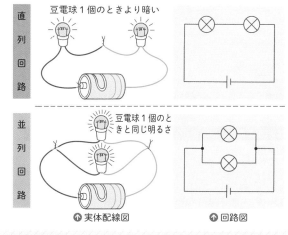

直列回路　豆電球1個のときより暗い

並列回路　豆電球1個のときと同じ明るさ

⬆ 実体配線図　　　⬆ 回路図

参考 実体配線図

　乾電池や豆電球などを，実際に配線したように描いた図のことを実体配線図という。

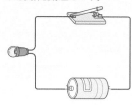

Episode

乾電池を直列つなぎや並列つなぎにしただけでは，直列回路や並列回路とはいわない。負荷である豆電球などが直列つなぎや並列つなぎであるときに，直列回路や並列回路という。

② 回路に流れる電流 ★★★

1 電 流

~電気の流れ~

❶ **電流の単位**……電流の大きさは**アンペア**(記号 **A**)という単位で表し，小さな電流では，**ミリアンペア**(記号 **mA**)や**マイクロアンペア**(記号 **μA**)を使う。

$$1\,A = 1000\,mA \qquad 0.001\,A = 1\,mA$$
$$1\,mA = 1000\,\mu A \qquad 0.001\,mA = 1\,\mu A$$

❷ **電流計**……電流の大きさは電流計で測定する。始めに回路のどの部分の電流を測定するかを決める。次に，測定する部分に電流計を直列につなぐ。電流計の＋端子は電源の＋極側に，－端子は電源の－極側になるようにつなぐ。

> **参考** 豆電球に流れる電流
>
> 乾電池1個を豆電球につないだときに流れる電流は 0.25 ～ 0.30 A程度である。

> **参考** 電流計のつなぎ方
>
>
>
> 電流計は回路に直列につなぐ

🔍 **実験・観察** 電流の大きさの測定

ねらい

乾電池から出る電流と，乾電池にもどる電流の大きさを調べる。

方 法

❶ 乾電池と豆電球，スイッチで回路をつくる。

❷ 乾電池から出る電流(乾電池の＋極と豆電球の間の電流)の大きさを測定する。

❸ 乾電池にもどる電流(乾電池の－極と豆電球の間の電流)の大きさを測定する。

❹ 豆電球をモーターにかえて，❷❸と同様の実験を行う。

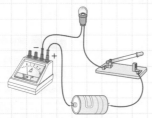

⬆ 乾電池から出る電流の測定

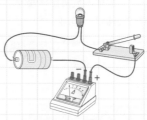

⬆ 乾電池にもどる電流の測定

結 果

	乾電池から出る電流	乾電池からもどる電流
豆電球	310 mA	310 mA
モーター	270 mA	270 mA

考 察

• 豆電球を光らせる前後で，電流の大きさは変わらない。

Episode

電流の大きさの単位アンペアは，フランスの物理学者アンペールにちなんだものである。アンペールは電流と磁界に関するアンペールの法則を発見し，この中の電流と磁界の向きについての法則は，右ねじの法則(→ p.99)として知られている。

❸ 電流の大きさ……一般に，乾電池から出る電流の大
きさと乾電池にもどる電流の大きさは等しい。つまり，
豆電球に入る電流の大きさと，豆電球から出る電流の
大きさは等しい。このことから，電流が豆電球を光ら
せても電流は大きくなったり小さくなったりせず，同
じ大きさで流れていることがわかる。

　電流は目には見えないので，水の流れて考えられる
ことが多い。流れる水（電流）が水車（豆電球）を回すと
き，水車の前後で流れる水の量（電流の大きさ）は等し
くなる。

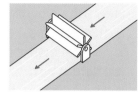

参考　電流と水流モデル

　電流の流れを水の流れで表し
たものを水流モデルという。

2 回路の種類と電流の大きさ

〜回路に流れる電流の性質〜

　豆電球が1個の場合は，電流の大きさはどの部分も同
じであるが，豆電球が2個の場合はどうなるか。直列回
路と並列回路の場合で比べてみる。

回路図

❶ 直列回路と電流……右の図のように，2個の豆電
　球AとBを直列につないだ回路で，点**ア**〜点**ウ**の
　電流の大きさを測定すると，次のようになる。

　　$I_1 = I_2 = I_3$

　このことから，乾電池から出た電流は同じ大きさで
回路を流れていくことがわかる。一般に，直列回路
に流れる電流の大きさは，どの部分でも等しくなる。

　これを水の流れで考えると，水の流れは1本なの
で，AとBの2つの水車を回しても，水車が1つの
ときと流れる水の量は変わらない。

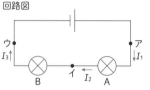

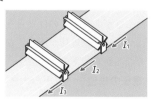

❷ 並列回路と電流……右の図のように，2個の豆電
　球AとBを並列につないだ回路で，点**ア**〜点**カ**の電
　流の大きさを測定すると，次のようになる。

　　$I_1 = I_6$　　　$I_2 = I_3$　　　$I_4 = I_5$

　このことから，豆電球AとBのどちらも，それぞ
れの豆電球に入る電流と出る電流の大きさは等しい。
また，次のような関係がなりたつ。

　　$I_1 = I_2 + I_4 = I_3 + I_5 = I_6$

　回路が途中で分かれているとき，そこに流れこむ電
流の大きさの和は，そこから流れ出る電流の大きさの

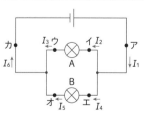

HighClass

乾電池の＋極と−極の間に豆電球などをつながずに，直接導線でつないだ回路をショート回
路という。非常に大きな電流が流れて乾電池が発熱するなど危険なので，回路をつくるとき
は注意が必要である。

第
1
編
エネルギー

第1章
光と音

第2章
力

第3章
電
流

第4章
運動と
エネルギー

第5章
科学技術と
人間

和に等しくなる。この分岐回路における法則を，**キルヒホッフの第一法則**という。

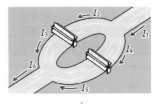

これを水の流れで考えると，流れが分かれる前の水の量は，流れが分かれたあとの水の量の和に等しい。つまり，流れが分かれる前の水の量と，分かれた流れが合流したあとの水の量は等しいといえる。

❸ **直列つなぎと並列つなぎの混合回路と電流**……右の図のように，3つの豆電球A，B，Cをつなぐ。BとCは並列につなぎ，それをAと直列につないでいる。このような回路でも，直列回路と並列回路の電流の規則性がなりたつ。つまり，BとCに流れる電流の大きさの和がAに流れる電流の大きさに等しくなる。

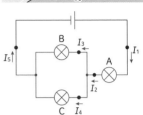

$$I_1 = I_2 = I_3 + I_4 = I_5$$

3 回路に加わる電圧 ★★★

1 電 圧

~電流を流そうとするはたらき~

豆電球と電池で回路をつくると，電流が流れて豆電球が点灯する。このように，電池には電流を流そうというはたらきがあり，このはたらきを電圧という。電池を直列につなぐと豆電球が明るくなるのは，回路の電圧が大きくなるからである。

❶ **電圧の単位**……電圧の大きさは**ボルト**(記号 **V**)という単位で表す。大きな電圧では，**キロボルト**(記号 **kV**)，小さな電圧では**ミリボルト**(記号 **mV**)を使う。

$$1\,kV = 1000\,V \quad 1\,V = 1000\,mV$$

❷ **電圧計**……電圧の大きさは電圧計で測定する。測定する部分(豆電球など)の両端に電圧計を並列につなぐ。電圧計の＋端子は電源の＋側に，－端子は電源の－極側になるようにつなぐ。

❸ **電圧の大きさ**……電池1個と豆電球1個をつないで回路をつくり，それぞれの両端の電圧を測定する。電池の電圧が1.5 Vであるとき，豆電球の両端に加わる電圧も1.5 Vと等しくなる。つまり，電源がもつ電流

参考　身のまわりの電圧

乾電池1個の電圧は1.5 V，家庭用のコンセントの電圧は100 Vである。

参考　電圧計のつなぎ方

電圧計は回路に並列につなぐ

HighClass　キルヒホッフの発見した電圧に関する法則をキルヒホッフの第二法則といい，電圧の向きを考慮すると，回路の中の任意の閉じた経路において，電圧の和は0になるというものである。水流モデルでは，任意の閉路で上がる分と下がる分の落差が等しくなるといえる。

を流そうとするはたらきが，すべて豆電球にはたらいていることがわかる。

　これを水の流れで考えると，ポンプ(電池)のはたらきで水をおし上げて流し，水の落下で水車(豆電球)を回す。水が落下する落差が電圧である。ポンプ(電池)で落差(電圧)をつくり，水車(豆電球)がその落差のはたらきで回るといえる。

参考 電圧と水流モデル

❹ **導線に加わる電圧**……右の図のような回路で，導線の途中の点P，Q間に加わる電圧を測定すると0Vになる。同様に，点R，S間に加わる電圧も0Vになる。このように，導線の区間には電圧は加わらず，電池の電圧はすべて豆電球に加わっている。したがって，電源の電圧は，電流を使う負荷の部分だけに加わることがわかる。

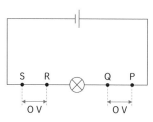

2 回路の種類と電圧の大きさ

～回路に加わる電圧の性質～

豆電球1個の場合は，電池の電圧がそのまま豆電球に加わっていたが，豆電球が2個の場合はどうなるか。直列回路と並列回路の場合で比べてみる。

❶ **直列回路と電圧**……右の図のように，豆電球AとBを直列につないだ回路で，それぞれの豆電球にかかる電圧 V_1 と V_2，直列につないだ豆電球の両端の電圧 V_3，電池の電圧 V を測定する。このとき，次のような関係になる。

　　$V = V_1 + V_2 = V_3$

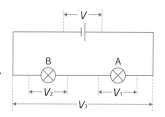

　このことから，豆電球AとBに加わる電圧の大きさの和が，電池の電圧の大きさに等しい。つまり，各部分に加わる電圧の大きさの和が，回路全体に加わる電圧の大きさに等しいといえる。

　これを水の流れで考えると，ポンプがつくる落差(電圧)を水車A，水車Bが順番に使っている。水車Aが使う落差と水車Bが使う落差の和は，ポンプがつくる落差に等しい。

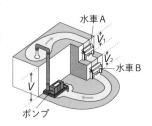

❷ **並列回路と電圧**……次の図のように，豆電球AとBを並列につないだ回路で，それぞれの豆電球に加わる電圧 V_1，V_2，並列につないだ豆電球の両端の電圧 V_3，

Episode 電圧の大きさの単位ボルトは，イタリアの物理学者ボルタにちなんだものである。ボルタは，2種類の金属の間に食塩水をしみこませた布をはさんだものを重ね，一定の電流を発生させる「ボルタの電堆」を発明した。

第1編 エネルギー

第1章 光と音

第2章 力

第3章 電流

第4章 運動とエネルギー

第5章 科学技術と人間

電池の電圧 V を測定する。このとき，次のような関係になる。

$V=V_1=V_2=V_3$

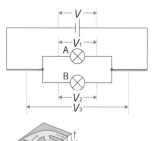

このことから，並列回路では，各豆電球に加わる電圧 V_1, V_2 は等しく，それは全体に加わる電圧 V_3 に等しい。また，各豆電球の両端には，電池の電圧 V と等しい電圧が加わっている。

これを水の流れで考えると，ポンプがつくる落差（電圧）を水車A，水車Bが同じように使っている。水車Aと水車Bが使う落差は，ポンプがつくる落差に等しいといえる。

❸ **直列つなぎと並列つなぎの混合回路と電圧**……右の図のように，3つの豆電球A，B，Cをつないだ。BとCは並列につなぎ，それをAと直列につないでいる。このような回路でも，直列回路と並列回路の電圧の規則性がなりたつ。つまり，BとCに加わる電圧の大きさは等しく，その電圧とAに加わる電圧の大きさの和は，電池の電圧の大きさに等しくなる。

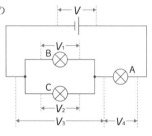

$V_1=V_2=V_3 \qquad V=V_3+V_4$

3 電池のつなぎ方と電圧

～複数の電池の電圧～

豆電球に乾電池2個を直列につないだ場合は明るくなり，乾電池2個を並列につないだ場合は，1個のときと同じ明るさになる。このように，乾電池を複数つないだとき，全体の電圧はどうなっているのだろうか。

❶ **電池の直列つなぎと電圧**……それぞれの乾電池の電圧の大きさの和が全体の電圧の大きさになる。これを水の流れで考えると，1個の電池がポンプとして水を押し上げたあと，ほかの電池がさらに水をおし上げる。このため，全体としての落差はそれぞれの落差の和になると考えることができる。

❷ **電池の並列つなぎと電圧**……使用した電池1個の電圧の大きさが全体の電圧の大きさになる。これを水の流れで考えると，ポンプが並列になるので，ポンプがふえても落差は変わらない。

参考 電池の直列つなぎの水流モデル

$V=V_1+V_2$

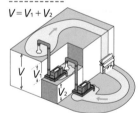

参考 電池の並列つなぎの水流モデル

$V=V_1=V_2$

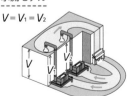

Episode 複数の乾電池を並列につないで使用する場合は，新しい電池だけを使うようにする。古い電池は電圧が低くなっているため，新しい電池と組み合わせて使うと電池の間で回路ができ，電池の液漏れや発熱が起こることがあり危険である。

例題　回路の電流と電圧

右の図のように，3種類の豆電球A，B，Cを電源につないだ回路があります。電源の電圧を V，電源から出る電流を I，豆電球A，B，Cに流れる電流をそれぞれ I_1，I_2，I_3，豆電球A，B，Cに加わる電圧をそれぞれ V_1，V_2，V_3 とするとき，これらの間になりたつ関係式を次のア〜クからすべて選び，記号で答えなさい。

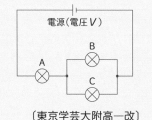

〔東京学芸大附高一改〕

ア　$I=I_1=I_2=I_3$ 　　イ　$I=I_1+I_2+I_3$
ウ　$I=I_1=I_2+I_3$ 　　エ　$I=I_1+I_2$
オ　$V=V_1=V_2=V_3$ 　　カ　$V=V_1+V_2+V_3$
キ　$V_1+V_2=V_3$ 　　ク　$V=V_1+V_3$

Solution　豆電球BとCは並列つなぎ，これに豆電球Aが直列につながれていると考える。豆電球BとCに流れる電流の和が豆電球Aに流れる電流に等しく，これは I と等しい。また，豆電球BとCに加わる電圧は等しく，これと豆電球Aに加わる電圧の和が V と等しくなる。

Answer　ウ，ク

4 電流と電圧の関係 ★★★

1 電気抵抗

～電流の流れにくさ～

右のグラフは，電熱線Aと電熱線Bについて，電圧を変化させたときの電流を調べたものである。2つのグラフは原点を通る直線であり，どちらの電熱線の場合でも電圧と電流は比例していることがわかる。グラフの傾きが違うのは，電熱線Aと電熱線Bで電流の流れにくさが違うからである。

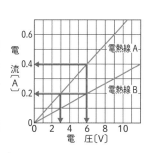

▶同じ電圧での電流の大きさを比べる……上のグラフでは電圧が6Vのときに，電熱線Aには0.4A，電熱線Bには0.2Aの電流が流れることを表している。このことから，電熱線Bは電熱線Aよりも電流が流れにくいことがわかる。

そして，電熱線Bの電流の流れにくさは電熱線Aの2倍であるといえる。

Words　電熱線

電熱線に電流を流すと発熱する。ドライヤーやオーブントースターなど，さまざまな家電製品に使われている。

Episode　日本の家庭用コンセントの電圧は100Vだが，海外では電圧が異なる。アメリカは120V，中国は220V，ドイツは230Vと国によってさまざまである。日本の家電製品を海外で使う場合は，変圧器が必要になることが多い。

▶同じ電流の大きさにする電圧で比べる……p.69 のグラフでは，電流を 0.2 A 流すのに，電熱線 A には 3 V，電熱線 B には 6 V の電圧を加える必要があることを表している。電熱線 B は電熱線 A よりも大きな電圧を加えないと同じ大きさの電流が流れないので，電熱線 B は電熱線 A よりも電流が流れにくいことがわかる。

そして，同じ大きさの電流を流すには 2 倍の電圧を加える必要があるから，電流の流れにくさは 2 倍であるといえる。

参考 抵抗器

電流を流れにくくする電子部品を抵抗器という。抵抗器は単に抵抗ということもある。

実験・観察 電流と電圧の関係

ねらい

電圧の大きさと電流の大きさの関係を調べる。

方 法

❶ 電熱線 A，電流計，電圧計，スイッチ，電源装置をつないだ回路をつくる。

❷ 電源装置からの電圧を 2.0 V，4.0 V，6.0 V，8.0 V と大きくしていき，そのつど電流の大きさを表に記録する。

❸ 測定結果をグラフに表す。

❹ 電熱線 B でも同様の実験を行う。

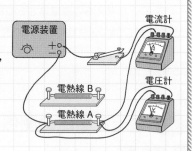

⚠ 電流を長時間流すと電熱線が熱くなるため，測定のときだけ電流を流す。

結 果

	電圧(V)	0	2.0	4.0	6.0	8.0
電熱線 A	電流(mA)	0	100	200	300	400
電熱線 B	電流(mA)	0	50	100	150	200

考 察

・電熱線 A よりも電熱線 B のほうが電流が流れにくい。

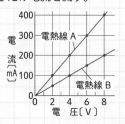

❶ 電気抵抗……電流の流れにくさを，電気抵抗または抵抗という。

❷ 抵抗の大きさ……同じ大きさの電圧を加えたとき，電流が小さいほど抵抗は大きく，同じ大きさの電流を流したとき，電圧が大きいほど抵抗は大きい。このことから，抵抗は電圧と電流の比で表すことができる。

参考 豆電球の抵抗

光っているときの豆電球の抵抗は約 5 Ω である。

豆電球を使って電流と電圧の関係を調べると，比例の関係にはならない。これは，電流が大きくなるにつれて豆電球のフィラメントの温度が上がり，抵抗が大きくなるからである。一般に，温度が上がると金属の抵抗は大きくなる。

❸ **抵抗の単位**……**オーム**（記号 Ω）で表す。1 V の電圧を加えたとき，1 A の電流が流れる抵抗の大きさを 1 Ω とする。また，大きな抵抗の場合は**キロオーム**（記号 kΩ）を使う。

❹ **抵抗の大きさの求め方**……抵抗の大きさは，その部分に加わる電圧の大きさを，その部分に流れる電流の大きさで割った値で表される。

$$抵抗\ R〔Ω〕= \frac{電圧\ V〔V〕}{電流\ I〔A〕}$$

Words キロオーム

1 kΩ＝1000 Ω である。

2 オームの法則

～電流・電圧・抵抗の関係～

抵抗の求め方の式は，次のように変形できる。

$$V〔V〕=R〔Ω〕×I〔A〕$$

$$I〔A〕=\frac{V〔V〕}{R〔Ω〕}$$

これらの式から，回路に流れる電流の大きさは電圧の大きさに比例し，抵抗の大きさに反比例することがわかる。これを**オームの法則**という。

Words オームの法則

電圧・電流・抵抗には，次の関係がある。
・抵抗が一定のとき電圧と電流は比例する。
・電圧が一定のとき電流と抵抗は反比例する。
・電流が一定のとき電圧と抵抗は比例する。

❶ **オームの法則**……抵抗が 20 Ω の電熱線に 6 V の電源をつなぐと，0.3 A の電流が流れた。これをオームの法則で確認すると，次のようになる。

▶抵抗 $R=\dfrac{6\ V}{0.3\ A}=20\ Ω$

▶電圧 $V=20\ Ω×0.3\ A=6\ V$

▶電流 $I=\dfrac{6\ V}{20\ Ω}=0.3\ A$

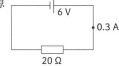

❷ **直列回路の電圧とオームの法則**……抵抗が 20 Ω と 30 Ω の電熱線を直列につなぎ，6 V の電源をつなぐと，0.12 A の電流が流れた。このとき，各電熱線に加わる電圧を求めると次のようになる。

▶電圧 $V_1=20\ Ω×0.12\ A=2.4\ V$（20 Ω の電熱線）

▶電圧 $V_2=30\ Ω×0.12\ A=3.6\ V$（30 Ω の電熱線）

2.4 V＋3.6 V＝6 V

このことから，直列回路では各部分に加わる電圧の大きさの和が，回路全体に加わる電圧の大きさであることが確認できる。

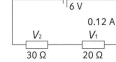

電流計は測定する部分に直列につなぐので，回路全体の電流の大きさがなるべく変わらないように，電流計の抵抗は小さくなっている。電圧計は測定する部分に並列につなぐので，電圧計に電流があまり流れないように，電圧計の抵抗は大きくなっている。

第 1 編 エネルギー

第 1 章 光と音

第 2 章 力

第 3 章 電流

第 4 章 運動とエネルギー

第 5 章 科学技術と人間

❸ 並列回路の電流とオームの法則……抵抗が20Ωと
30Ωの電熱線を並列につなぎ，6Vの電源をつな
ぐと，0.5Aの電流が流れた。このとき，各電熱
線に流れる電流を求めると次のようになる。

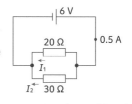

▶電流 $I_1 = \dfrac{6\,\mathrm{V}}{20\,\Omega} = 0.3\,\mathrm{A}$（20Ωの電熱線）

▶電流 $I_2 = \dfrac{6\,\mathrm{V}}{30\,\Omega} = 0.2\,\mathrm{A}$（30Ωの電熱線）

$0.3\,\mathrm{A} + 0.2\,\mathrm{A} = 0.5\,\mathrm{A}$

このことから，並列回路では各部分に加わる電流の
大きさの和が，回路全体に流れる電流の大きさである
ことが確認できる。

3 電熱線のつなぎ方と合成抵抗

~回路全体の抵抗~

2本以上の電熱線をつないだ場合，直列つなぎや並列
つなぎなどのつなぎ方によって，回路全体の抵抗の大き
さは異なる。このとき，回路全体の抵抗の大きさを**合成
抵抗**という。

❶ **直列つなぎの合成抵抗**……抵抗 R_1，R_2，R_3 を直列
につなぐ。電源の電圧を V，それぞれの抵抗に加わ
る電圧を V_1，V_2，V_3，回路に流れる電流を I，合
成抵抗を R とする。

電源の電圧の大きさは，各抵抗に加わる電圧の和
に等しいので，

$V = V_1 + V_2 + V_3$ ……①

各抵抗には電流 I が流れるので，各抵抗に加わる
電圧は，

$V_1 = R_1 I$，$V_2 = R_2 I$，$V_3 = R_3 I$ ……②

②の各式を①に代入すると，

$V = R_1 I + R_2 I + R_3 I$

$\quad = (R_1 + R_2 + R_3)I$

回路全体では $V = RI$ がなりたつことから，

$V = (R_1 + R_2 + R_3)I$

$\quad = RI$

したがって，合成抵抗 R は次のようになる。

$R = R_1 + R_2 + R_3$

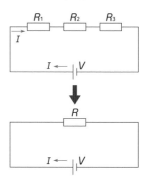

Episode 電流計や電圧計には測定精度があるため，真の値との差が生じる。測定値と真の値の差を誤
差という。例えば，電流計の理想的な内部抵抗は0だが，実際には多少の抵抗が存在する。
これも誤差が生じる原因の1つである。

第1編 エネルギー

第1章 光と音

第2章 力

第3章 電流

第4章 運動とエネルギー

第5章 科学技術と人間

一般に，抵抗 R_1, R_2, R_3, …を直列につないだとき
の合成抵抗は，次の式で求められる。

$$R = R_1 + R_2 + R_3 + \cdots$$

❷ **並列つなぎの合成抵抗**……抵抗 R_1, R_2, R_3 を並
列につなぐ。電源の電圧を V，それぞれの抵抗に流
れる電流を I_1, I_2, I_3，回路全体に流れる電流を I，
合成抵抗を R とする。

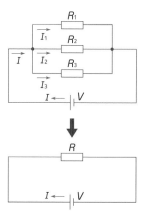

回路全体の電流の大きさは，各抵抗を流れる電流
の和に等しいので，

$$I = I_1 + I_2 + I_3 \quad \cdots\cdots ①$$

各抵抗には電圧 V が加わるので，各抵抗に流れ
る電流は，

$$I_1 = \frac{V}{R_1}, \quad I_2 = \frac{V}{R_2}, \quad I_3 = \frac{V}{R_3} \quad \cdots\cdots ②$$

②の各式を①に代入すると，

$$I = \frac{V}{R_1} + \frac{V}{R_2} + \frac{V}{R_3}$$

$$= V\left(\frac{1}{R_1} + \frac{1}{R_2} + \frac{1}{R_3}\right)$$

回路全体では $I = \dfrac{V}{R}$ がなりたつことから，

$$I = V\left(\frac{1}{R_1} + \frac{1}{R_2} + \frac{1}{R_3}\right)$$

$$= \frac{V}{R}$$

したがって，合成抵抗 R の逆数は次のようになる。

$$\frac{1}{R} = \frac{1}{R_1} + \frac{1}{R_2} + \frac{1}{R_3}$$

一般に，抵抗 R_1, R_2, R_3, …を並列につないだと
きの合成抵抗の逆数は，次の式で求められる。

$$\frac{1}{R} = \frac{1}{R_1} + \frac{1}{R_2} + \frac{1}{R_3} + \cdots$$

4 抵抗の大きさ

～電熱線の長さや太さと抵抗の大きさ～

❶ **電熱線の長さと抵抗**……長さ 1 m の電熱線は，長さ
10 cm の電熱線を 10 本直列につないだものと考える
ことができる。直列につないだ抵抗の合成抵抗は各抵

参考 電圧計の内部抵抗
- - - - - - - - - -

電圧計の内部抵抗 R_V は回路
全体の抵抗に影響が出ないよう
に十分大きくなっている。電圧
計と電圧をはかる部分の抵抗
R_1 を並列につないだときの合
成抵抗 R は次のように考えら
れる。

$$R = \frac{R_V \cdot R_1}{R_V + R_1}$$

$$\fallingdotseq \frac{R_V \cdot R_1}{R_V}$$

$$\fallingdotseq R_1$$

このように，R_V は回路全体の
抵抗にほぼ影響をおよぼさない。

参考 ニクロム線の長さと
- - - - - - - - - -

抵抗
- - - -

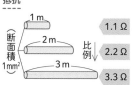

入試Info 複雑な電気回路に見えても，直列回路と並列回路の組み合わせでできている。直列回路と並
列回路の部分に分けてそれぞれの規則性やオームの法則を用いれば，電流・電圧・抵抗を求
めることができる。

抗の和になるので，電熱線の長さが 2 倍，3 倍，…と長くなると，抵抗は 2 倍，3 倍，…になる。

　このことから，電熱線の太さが一定のとき，抵抗は電熱線の長さに比例するといえる。

❷ **電熱線の太さと抵抗**……断面積が $10\,\text{mm}^2$ の電熱線は，断面積が $1\,\text{mm}^2$ の電熱線を 10 本並列につないだものと考えることができる。並列につないだ抵抗の合成抵抗の逆数は各抵抗の逆数の和になるので，電熱線の断面積が 2 倍，3 倍，…と太くなると，抵抗は $\dfrac{1}{2}$ 倍，$\dfrac{1}{3}$ 倍，…になる。

　このことから，電熱線の長さが一定のとき，電気抵抗は電熱線の断面積(太さ)に反比例するといえる。

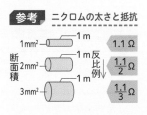

参考　ニクロムの太さと抵抗

📖 **例 題**／**回路の抵抗と電流・電圧**

　右の図のように，3 種類の抵抗 R_1，R_2，R_3 と電源をつないだ回路があります。抵抗 R_1，R_2，R_3 の大きさが，それぞれ $12\,\Omega$，$10\,\Omega$，$15\,\Omega$，電源の電圧が $9\,\text{V}$ のとき，次の問いに答えなさい。

(1) この回路の合成抵抗 R の大きさを求めなさい。

(2) 電流 I の大きさを求めなさい。

(3) 電圧 V_1，V_2，V_3 の大きさを求めなさい。

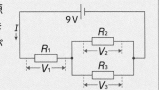

Solution ▷ (1) 抵抗 R_2，R_3 は並列つなぎなので，この部分の合成抵抗 R_{23} は，

$$\frac{1}{R_{23}}=\frac{1}{10}+\frac{1}{15}=\frac{1}{6}\ \text{より，}\ R_{23}=6\,\Omega$$

抵抗 R_1 と合成抵抗 R_{23} が直列つなぎなので，回路の合成抵抗 R は，

$$R=12\,\Omega+6\,\Omega=18\,\Omega$$

(2) 回路全体の電圧 $9\,\text{V}$ と合成抵抗 $18\,\Omega$ からオームの法則より，

$$I=\frac{9\,\text{V}}{18\,\Omega}=0.5\,\text{A}$$

(3) 抵抗 R_1 は $12\,\Omega$ で，$0.5\,\text{A}$ の電流が流れるので，

$$V_1=12\,\Omega\times0.5\,\text{A}=6\,\text{V}$$

抵抗 R_2，R_3 は並列つなぎなので電圧 V_2，V_3 は等しい。回路全体の電圧が $9\,\text{V}$ なので，

$$V_2=V_3=9\,\text{V}-6\,\text{V}=3\,\text{V}$$

Answer ▷ (1) $R=18\,\Omega$　(2) $I=0.5\,\text{A}$　(3) $V_1=6\,\text{V}$，$V_2=3\,\text{V}$，$V_3=3\,\text{V}$

短文記述
対策！

Q 電熱線 A と電熱線 B を直列につないだ。電熱線 B の抵抗が電熱線 A の抵抗の 2 倍のとき，電熱線 B に加わる電圧の大きさとそのようになる理由を簡単に書きなさい。

A 電流が一定のとき電圧は抵抗に比例するので，電熱線 A の 2 倍の電圧が加わる。

5 物質の種類と抵抗（ていこう）

～物質の種類で抵抗の大きさが変わる～

抵抗の大きさは，物質の種類によって異なる。一般（いっぱん）に，金属は非金属より抵抗が小さく，電流が流れやすい。

❶ 導　体……抵抗が小さく，電流がよく流れる物質を導体といい，金属のほか，炭素も電流が流れる。実験などで使う導線は銅でつくられていることが多く，送電線ではアルミニウムも使われている。

❷ 不導体……プラスチックやゴムなどは抵抗が非常に大きく，ほとんど電流を流さない。このような物質を不導体または絶縁体（ぜつえんたい）という。

❸ 半導体……抵抗が導体と不導体の間の物質を半導体という。単体のシリコンや化合物であるガリウムヒ素などがあり，パソコンのCPUやメモリ，発光ダイオード，太陽電池など，利用は多岐（たき）にわたる。

❹ 抵抗率……物質の抵抗Rは物質の長さL〔m〕に比例し，断面積S〔m^2〕に反比例するので，次の式で表される。

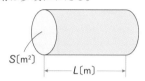

$$R=\rho\frac{L}{S}$$

このとき，比例定数ρ（ロー）を**抵抗率**（体積抵抗率）といい，単位は**オーム・メートル**（記号 Ω·m）が用いられる。抵抗率は温度によって変化し，次のように表される。

$$\rho=\rho_0(1+\alpha t)$$

ここで，ρ_0は0℃での抵抗率，tは温度，α（アルファ）は**抵抗率の温度係数**という。$\alpha=0$であるなら，温度が変化しても抵抗率は変化しない。金属などの導体は$\alpha>0$であり，温度が上がるにつれて抵抗率も大きくなる。

参考　超伝導（ちょう）

水銀は−269℃で抵抗が0になる。このように，超低温で物質の抵抗が0になる現象を超伝導（超電導）といい，1911年にオランダのカマリン・オンネスによって発見された。超伝導磁石としてリニアモーターカーなどに利用されている。

参考　半導体の抵抗率の温度係数

半導体の抵抗率の温度係数は負（$\alpha<0$）で，温度が上がると抵抗率が小さくなり，電流が流れやすくなる。

導　体				不導体	
物　質	抵抗(Ω)	物　質	抵抗(Ω)	物　質	抵抗(Ω)
銀	0.016	ニッケル	0.070	ソーダガラス	10^{15}~10^{17}
銅	0.017	鉄	0.101	エポキシ樹脂	10^{18}~10^{19}
金	0.022	白　金	0.106	ウンモ	10^{19}
アルミニウム	0.027	水　銀	0.960	天然ゴム	10^{19}~10^{21}
マグネシウム	0.043	ニクロム	1.075	ポリスチレン	10^{21}~10^{25}

⬆ いろいろな物質の電気抵抗（断面積1mm^2，長さ1m，20℃）

Episode 温度の変化によって，抵抗の大きさが大きく変化する電子部品をサーミスタという。抵抗の大きさによって温度がわかるので，さまざまな機器の温度センサとして使われている。

電流計と電圧計の使い方

電流計

①回路をつくる

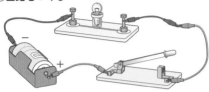

②測定したい部分の導線をはずす

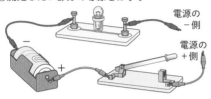

電源の
－側

電源の
＋側

③電流計を回路に直列につなぐ

電流計の＋端子を電源の＋側に，電流計の5Aの－端子を電源の－側につなぐ。

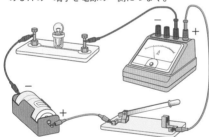

電流計がこわれることがあるので，電流計を直接電源につないだり，電流計を回路に並列につないだりしてはいけない。

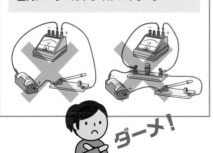

ダーメ！

5A端子は5Aまではかれるということ。

50 mA　　500 mA　　5 A　　＋

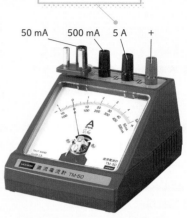

電流計の－端子の選び方

まず5A端子につなぎ，針の振れが小さいときは500 mA端子，50 mA端子へとつなぎかえていく。

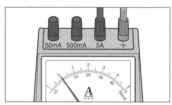

針がほとんど振れない

⬇ 500 mA端子へつなぐ。

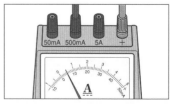

⬇ 50 mA以下であれば，
　 50 mA端子へつなぐ。

第 1 編 エネルギー

第 1 章 光と音

第 2 章 力

第 3 章 電流

第 4 章 運動とエネルギー

第 5 章 科学技術と人間

電圧計

①回路をつくる

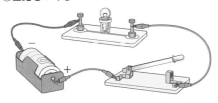

②電圧計の＋端子と300Vの−端子にそれぞれ導線を接続する

（注 電圧が予想できるときは，適切な端子に接続するとよい。）

③電圧計を回路に並列につなぐ

電圧計の＋端子に接続した導線を豆電球の＋側に，電圧計の−端子に接続した導線を豆電球の−側につなぐ。

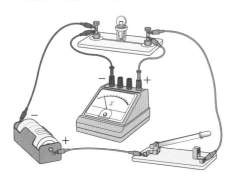

電流が流れなくなるので，電圧計を回路に直列につないではいけない。

ダーメ！

---

300 V 端子は300 V まではかれるということ。

300 V　15 V　3 V　＋

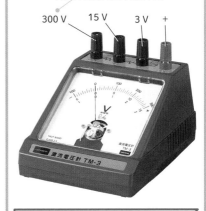

電圧計の−端子の選び方

まず300 V端子につなぎ，針の振れが小さいときは15 V端子，3 V 端子へとつなぎかえていく。

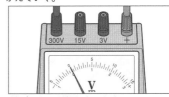

針がほとんど振れないとき

⬇ 15 V 端子へつなぐ。

上の目盛りを読む

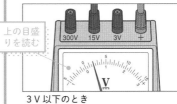

3 V 以下のとき

⬇ 3 V 端子へつなぐ。

下の目盛りを読む

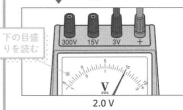

2.0 V

6 ▶ 電流と熱・光

Point
① 電力と電圧・電流の関係について理解しよう。
② 電流によって発生する熱量と電力の関係について理解しよう。
③ 電力量について理解しよう。

1 電流のはたらきと電力 ★★★
入試重要度

1 電流のはたらき

～熱や光などに変わる電流のはたらき～

　私たちの身のまわりにはさまざまな電気器具があり,電気のはたらきを利用して,発熱したり,発光したり,ものを動かしたりすることができる。このようなはたらきをする能力を一般に**エネルギー**といい,電気がもつエネルギーを電気エネルギーという。

　電気器具は,電気エネルギーを利用して,発熱などのはたらきをしている。

熱を出すはたらき	光を出すはたらき	音を出すはたらき	光・音を出すはたらき	ものを動かすはたらき

2 電　力

～電気器具の能力＝電気における仕事の能率～

① 電　力……電気器具が1秒間あたりに使う電気エネルギーを電力という。電気エネルギーのはたらきによって生じる熱,光,音などを大きくしたり,モーターの回転をはやくしたりするためには,より大きな電力が必要になる。電気器具に表示されている電力は,電気器具の能力を表しているといえる。

　また,電気エネルギーのはたらきを仕事と捉えると,電力は仕事率を表しているともいえる。

zoomup 仕　事→ p.142

zoomup 仕事率→ p.150

Episode 同じように見える電球でも,表示されている電力の違いで明るさが異なる。電力の大きい電球ほど明るくつき,消費する電気エネルギーの量も大きくなる。

❷ **電力の単位**……電力の大きさは**ワット**(記号**W**)という単位で表す。1 V の電圧で 1 A の電流が流れているとき，1 秒間あたりに使う電気エネルギーを 1 W とする。これは，電気エネルギーのはたらきがどのようなものであっても変わらない。電力が大きい場合は**キロワット**(記号 kW)を使う。

❸ **電力の求め方**……電力は，電圧と電流の大きさの積で求められる。

電力 P〔W〕＝電圧 V〔V〕×電流 I〔A〕

❹ **電力とオームの法則**……電力を求める式を変形すると，次のようになる。

$$I〔\mathrm{A}〕=\frac{P〔\mathrm{W}〕}{V〔\mathrm{V}〕}$$

〔100 V − 400 W〕と表示されている電気器具を 100 V の電源につなぐと，上の式より 4.0 A の電流が流れることがわかる。このことから，この電気器具の抵抗をオームの法則を使って，次のように求めることができる。

$$R〔\Omega〕=\frac{V〔\mathrm{V}〕}{I〔\mathrm{A}〕}$$

$$=\frac{100\mathrm{V}}{4.0\mathrm{A}}=25\ \Omega$$

Scientist

ジェームズ・ワット
〈1736 〜 1819 年〉

イギリスの機械技術者で，熱気機関を発明し，産業革命の発展に貢献した。電力の単位は，彼の名まえにちなんだものである。

参考 電気器具の消費電力

定 格 電 圧	100 V
定 格 周 波 数	60 Hz
定格消費電力	
電 子 レ ン ジ	1000 W
ヒ ー タ ー 加 熱	1180 W
電熱装置の定格消費電力	1150 W
定 格 高 周 波 出 力	500 W
製 造 番 号	

第 1 編 エネルギー

第 1 章 光と音

第 2 章 力

第 3 章 電流

第 4 章 運動とエネルギー

第 5 章 科学技術と人間

📖 **例 題** 電気器具に流れる電流

家庭内の電気器具は並列につながれています。右の図のように，テーブルタップつきの延長コードを 100 V のコンセントにつなぎ，このテーブルタップに，100 V 200 W の表示のあるミキサーと 100 V 500 W の表示のある炊飯器をつないで同時に使用するとき，延長コードを流れる電流は何A ですか。ただし，それぞれの電気器具は，表示された消費電力で使用するものとします。
〔福岡〕

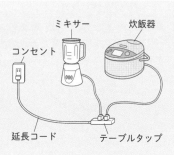

ミキサー
炊飯器
コンセント
延長コード
テーブルタップ

Solution ▷ ミキサーに流れる電流は，$\dfrac{200\ \mathrm{W}}{100\ \mathrm{V}}=2\ \mathrm{A}$

炊飯器に流れる電流は，$\dfrac{500\ \mathrm{W}}{100\ \mathrm{V}}=5\ \mathrm{A}$

並列回路なので，延長コードを流れる電流は，2 A＋5 A＝7 A

Answer ▷ 7 A

Episode 仕事率を表す単位として，ワット以外にも馬力という単位がある。ジェームズ・ワットが蒸気機関の発明をした際に用いた単位で，その性能を馬と比較して示すために定められた。日本では内燃機関などへの使用に限り法的に認められていて，記号 PS を用いる。

② 電流による発熱量と電力量 ★★★

1 熱量と電力の関係

〜電気エネルギーが熱に変わるときの規則性〜

❶ 電熱線の発熱と電力……水中の電熱線に電流を流す
と電熱線が発熱し，水温は上昇する。時間が一定のと
き，水の上昇温度は電熱線が消費した電力に比例する。

🔍 実験・観察 ｜ 電力と水の上昇温度

ねらい

電力や電流を流す時間と，水の上昇温度の関係を調べる。

方　法

❶ 室温と同じ温度の水 100 g が入った
発泡ポリスチレンのコップに，電熱
線 a を入れて電流を流す。

❷ 電熱線に加わる電圧と，電熱線に流
れる電流をはかる。

❸ ガラス棒でゆっくり水をかき混ぜな
がら 1 分ごとに水温をはかり，これ
を 5 分間行う。

❹ 電圧を変えて，❶〜❸ の実験を行う。

❺ 太さが異なる電熱線 b に変えて，❶
〜❸ の実験を行う。

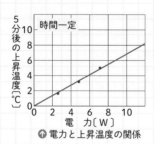

❻ 電力が一定のときの，電熱線 a と電熱線 b の時間と水の上昇温度の関係と，時
間が一定のときの電力と水の上昇温度の関係をグラフにまとめる。

結　果

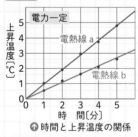

↑ 時間と上昇温度の関係　　　　↑ 電力と上昇温度の関係

考　察

- 電流を流すと電熱線から発生する熱の量は，時間や電力に比例する。
- 電熱線の太さが変わると，発熱のしかたが変わる。

短文記述対策！

Q 上の実験において，室温の水を使う理由を簡単に答えなさい。

A 室温と異なると，水と周囲の空気の間で熱のやりとりがあり，これによって上昇温度に
影響がでるから。

❷ 電流による発熱量……電熱線に電流を流すと発熱する。このとき発生した熱の量を熱量という。

電熱線に一定時間電流を流したときに発生する熱量は，電力と時間にそれぞれ比例している。

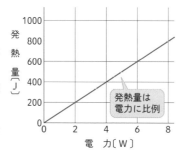

発熱量は電力に比例

❸ 熱量の単位……熱量の大きさは**ジュール**（記号 **J**）という単位で表す。１Ｗの電力で１秒間電流を流したときに発生する熱量を１ J とする。

❹ 電流による発熱量の求め方……電流による発熱量は，次の式で求めることができる。

発熱量 Q〔J〕＝電力 P〔W〕×時間 t〔s〕

② 熱量と電流・電圧の関係

~電気エネルギーが熱に変わるときの規則性~

電流による発熱量を求める式を，電力を求める式を使って変形すると，次のようになる。

$$Q〔J〕＝P〔W〕×t〔s〕＝V〔V〕×I〔A〕×t〔s〕$$

この式から，次のことがいえる。
①電圧と電流が一定の場合，発熱量は時間に比例する。
②電圧と時間が一定の場合，発熱量は電流に比例する。
③電流と時間が一定の場合，発熱量は電圧に比例する。

❶ 発熱量と電流の関係……右の図のように，抵抗の違う電熱線を並列につないで，一定時間での発熱量を調べる。並列につないでいるので，各電熱線に加わる電圧の大きさは等しい。

このとき，各電熱線に流れる電流の大きさと発熱量の関係をグラフに表すと，グラフは原点を通る直線になることから，発熱量は電流の大きさに比例することが確認できる。

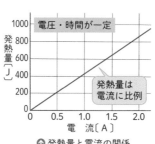

電圧・時間が一定

発熱量は電流に比例

↑ 発熱量と電流の関係

参考 電球の光とエネルギー

電気エネルギーを使って電球をつけるとき，電球で消費される電気エネルギーより電球から出る光エネルギーのほうが小さくなる。これは，電気エネルギーが光エネルギーのほかに，熱エネルギーにも変わっているからである。白熱電球では，電気エネルギーの 10 ％ほどしか光エネルギーに変換されていない。

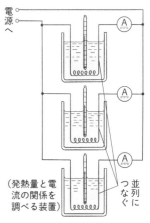

（発熱量と電流の関係を調べる装置）

並列につなぐ

Episode

熱の正体がわかる前は，カロリックという熱の流体が物体に流れこむことで温度が上昇すると考えるカロリック説が広く信じられていた。これは，熱は発生するものではなく移動するものという考えだったが，やがてエネルギーの考え方へ移行していった。

第1編 エネルギー

第1章 光と音

第2章 力

第3章 電流

第4章 運動とエネルギー

第5章 科学技術と人間

❷ **発熱量と電圧の関係**……下の図のように，抵抗の違う電熱線を直列につないで，一定時間での発熱量を調べる。直列につないでいるので，各電熱線に流れる電流の大きさは等しい。

　このとき，各電熱線に加わる電圧の大きさと発熱量の関係をグラフに表すと，グラフは原点を通る直線になることから，発熱量は電圧の大きさに比例することが確認できる。

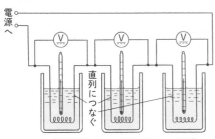

（発熱量と電圧の関係を調べる装置）

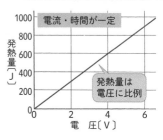

⬆ 発熱量と電圧の関係

❸ **ジュールの法則**……電流による発熱量は，電力と時間の積で表される。この関係を**ジュールの法則**という。

　電熱線で消費する電力が1Wであるとき，1秒間に発生する熱量が1Jである。これは，電熱線に1Vの電圧を加え1Aの電流を流したとき，1秒間に発生する熱量が1Jであるともいえる。

❹ **ジュールの法則の変形式**……ジュールの法則をオームの法則を使って変形すると，次のように表すことができる。

▶ $V=RI$ を代入すると，$Q=VIt=RI^2t$ となる。

▶ $I=\dfrac{V}{R}$ を代入すると，$Q=VIt=\dfrac{V^2}{R}t$ となる。

3 電力量

〜電気エネルギーの表し方〜

　ジュールの法則を使えば，電流によって発生する熱量を表すことができるが，電流によって発生する電気エネルギーの総量は，どのように表すことができるだろうか。

❶ **電力量**……ジュールの法則は，電流による発熱量を表すとともに，このときに消費した電気エネルギーの総量を表しているといえる。したがって，一般に電気

入試Info　電力は電圧と電流の積で求められるが，オームの法則を使って変形すると，電圧・電流・抵抗のうちどれか2つがわかれば求めることができる。計算時間の短縮にもつながるので，それぞれの形に変形できるようになるとよい。

器具が消費した電気エネルギーの総量はジュールの法則で求めることができ，消費した電気エネルギーの総量を電力量という。

❷ **電力量の単位**……熱量と同じ単位で表すことができ，1 W の電力を 1 秒間使用したときの電力量が 1 J である。W を用いると，1 J は**1 ワット秒**（記号 **Ws**）という単位で表すこともできる。

1 W の電力を 1 時間使用したときの電力量は**1 ワット時**（記号 **Wh**）という単位で表され，私たちが使用する電気エネルギーは非常に大きいため，日常生活では**キロワット時**（記号 **kWh**）が使われることが多い。

1 kWh＝1000 Wh＝3600000 Ws＝3600000 J

❸ **電力量の求め方**……電力量は，電力と時間の積で求められる。

電力量 W〔J〕＝電力 P〔W〕× 時間 t〔s〕
電力量 W〔kWh〕＝電力 P〔kW〕× 時間 t〔h〕

参考 電気メーター

電力量を用いて，電気器具を使用した際に支払う電気料金の計算をしている。

📖 **例題** 電熱線に流れる電流

右の図のように，同じ量の水を入れた**ア〜ウ**のビーカーに，2 Ω，3 Ω，5 Ω の電熱線をつなぎ，電源電圧を 12 V にして 1 分間電流を流します。次の問いに答えなさい。

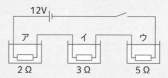

(1) 最も水温が上がるのは，**ア〜ウ**のどれか答えなさい。
(2) **ウ**の電熱線に発生する熱量は何 J か，消費電力量は何 Wh か答えなさい。

Solution ▷ (1) 各電熱線は直列につながれているので，各電熱線に流れる電流の大きさは等しい。熱量 $Q＝RI^2t$ より，抵抗が大きいほど発生する熱量が大きくなるので，最も水温が上がるのは**ウ**となる。

(2) 回路の合成抵抗は，2 Ω＋3 Ω＋5 Ω＝10 Ω

回路に流れる電流は，$\dfrac{12\ \text{V}}{10\ \Omega}$＝1.2 A

ウの電熱線に加わる電圧は，5 Ω×1.2 A＝6 V
ウの電熱線に発生する熱量は，6 V×1.2 A×60 s＝432 J
ウの電熱線の消費電力量を Wh で表すと，432 J÷3600＝0.12 Wh

Answer ▷ (1) **ウ**

(2) 熱量…432 J，消費電力量…0.12 Wh

Episode

電気器具は消費電力量（J）ではなく，消費電力（W）で表示する。電力量は使った時間によって変わるが，電力は 1 秒間あたりに使う電気エネルギーという電気器具の能力を示すからである。

第**1**編 エネルギー

第1章 光と音

第2章 力

第3章 電流

第4章 運動とエネルギー

第5章 科学技術と人間

③ 熱量と比熱容量 ★☆☆

1 質量と温度変化

~物質の質量で変わる温度変化~

電流による発熱で水を加熱すると，温度が上昇する。発熱量と上昇する温度は比例の関係にあるが，水の質量とはどのような関係があるか調べる。

❶ **水の質量と温度変化**……下の表は，ある電熱線に5分間電流を流したときに発生する熱で，異なる質量の水を加熱したときの温度変化のようすである。

水の質量(g)	100	200	300
水の温度変化(℃)	30	15	10
水の質量×温度変化	3000	3000	3000

水の質量が2倍，3倍になると，上昇温度は$\frac{1}{2}$，$\frac{1}{3}$となり，反比例の関係にあることがわかる。また，「水の質量×上昇温度」は，水の質量が変わってもつねに等しくなっている。電熱線から発生する熱量もつねに等しいので，「水の質量×上昇温度」は電熱線が水に与えた熱量を表しているともいえる。

❷ **熱量の単位カロリー**……水の温度変化から定義した熱量の単位として，**カロリー**(記号 **cal**)がある。水1gの温度を1℃上げるのに必要な熱量が1calである。

❸ **ジュールとカロリーの関係**……ジュールとカロリーは，どちらも熱量を表す単位である。1Jの熱は水1gを約0.24℃上昇させることができ，約4.2Jの熱は水1gを1℃上昇させることができる。このことから，ジュールとカロリーの関係は次のようになる。

  1cal＝約4.2J   1J＝約0.24cal

2 比熱容量

~物質の種類で変わる温度変化~

物質の密度が物質の種類によって違うように，物質1gの温度を1℃上げるのに必要な熱量も，物質の種類によって異なる。水の場合は4.2Jであり，鉄の場合は0.43Jである。一般に，金属は温度を上げるのに必要な熱量が小さいので，あたたまりやすいといわれる。

参考 cal の由来

cal はラテン語の「calor」(熱の意味)に由来する。水1gの温度を1℃上昇させる熱量を1calとしているが，実際にはもとの水の温度によって1℃上昇させるのに必要な熱量がわずかに異なる。

z∞mup 密 度→ p.192

Q 電流による発熱で水を加熱したとき，熱量からの計算値よりも水の上昇温度が低くなる理由を簡単に答えなさい。
A 発生した熱が，容器や空気中に逃げてしまうから。

❶ 比熱容量……物質 1 g の温度を 1℃上げるのに必要な熱量を，その物質の**比熱容量**という。理科では，温度の尺度として**絶対温度**を使うことが多く，単位には**ケルビン**(記号 K)を用いる。絶対温度を使って比熱の単位を表すと，**ジュール毎グラム毎ケルビン**(記号 J/(**g・K**))となる。水の比熱は 4.2 J/(g・k)である。

物　質	比　熱
金	0.13
銅	0.39
鉄	0.45
アルミニウム	0.90
木　材	約 1.3
コンクリート	0.88
ガラス	約 0.70
氷(0℃)	2.1
水	4.2

⬆ J/(g・K)で表した物質の比熱

❷ 比熱容量を使った熱量の求め方……物質 m〔g〕の温度を T〔K〕上昇させるのに必要な熱量 Q〔J〕は，比熱容量 c〔J/(g・K)〕を用いて次のように求められる。

$$Q〔J〕=m〔g〕×c〔J/(g・K)〕×T〔K〕$$

3 熱と温度

～熱と温度の違い～

体温が高いときや低いときに，「熱がある」「熱がない」ということがある。しかし，温度と熱は異なる量である。

❶ 熱……熱は電気エネルギーなどと同様に，エネルギーの一種である。熱のエネルギーの量が熱量であり，電気エネルギー(電力量)と同様に，単位ジュール〔J〕で表す。

❷ 温　度……温度は寒暖の度合いであるが，エネルギーのように定義することがむずかしい。何らかの現象をもとに決めていることが多い。例えば，水の融点を 0℃，沸点を 100℃として，その間を 100 等分した目盛りで表すのが，日常生活で使われるセルシウス温度(セ氏温度)である。

❸ 熱と温度の関係……熱と温度には，次のような関係がある。

①2 つの物体を接触させたとき，温度の高い物体から低い物体へ熱が移動する。

②2 つの物体の温度が等しくなると，熱は移動しない。

③温度の低い物体から高い物体へ熱が移動することはない。

Words 絶対温度

－273℃を温度の基準 0 K とし，セルシウス温度(℃)と温度の目盛り間隔が等しい。

0 K＝－273℃

273 K＝ 0℃

参考 絶対零度

熱は物質の運動によって発生し，物質の運動がとまっている状態が最も低い温度となる。この温度を基準としたのが絶対温度であり，最も低い温度 0 K を絶対零度という。

参考 熱平衡

温度の違う 2 つの物体を接触させたとき，温度の高い物体から低い物体へ熱が移動し，2 つの物体の温度が等しくなることを熱平衡という。

 HighClass 2 つの物体を接触させたとき，温度の高い物体から低い物体へ熱が移動する。このとき，外部との熱の出入りがない状態であれば，温度の高い物体が失う熱量と温度の低い物体が得る熱量は等しくなる。

7 静電気と電流

Point
① 静電気間ではたらく2種類の力について理解しよう。
② 摩擦による,静電気の発生のしかたについて理解しよう。
③ 静電気と放電の関係について理解しよう。

1 摩擦で生じる電気 入試重要度 ★☆☆

1 静電気

~摩擦で電気が発生し,電気間で力がはたらく~

空気が乾燥しているとき,ドアノブに手をふれるとパチッと音がして手に強い刺激を受けたり,セーターを脱ぐときにパチパチと音がしたりすることがある。これらは,摩擦によって物体が電気を帯びたために起こる現象である。

❶ **静電気**……摩擦によって起こる電気を静電気という。物体が電気を帯びることを帯電といい,静電気を帯びている物体を**帯電体**という。

❷ **静電気の起こし方**……2種類の異なる物質をこすり合わせることで,それぞれの物質が静電気を帯びるようになる。例えば,次のような方法がある。

　▶プラスチックのストローを,ティッシュペーパーでこする。

　▶アクリルパイプを,毛皮やウールセーターでこする。

❸ **静電気の力**……水道の水を引きよせたり,人形の髪が逆立ったりしているのも静電気の力である。

Why 雷が発生する理由

雷は,雲の中の水や氷の粒がこすれ合って生じた静電気により発生する。

⬆水が引きよせられる

静電気を起こす
⬆人形の髪が逆立つ

HighClass 静電気は空気が湿っているときも摩擦により起きているが,帯電した電気が水蒸気のほうに流れていくため,静電気が起きていないように見える。

2 電気の種類とはたらき合う力

〜引き合う力，反発し合う力〜

第1編 エネルギー

第1章 光と音

第2章 力

第3章 電流

第4章 運動とエネルギー

第5章 科学技術と人間

🔍 実験・観察 | 静電気の力のはたらき方

ねらい

静電気の力が，どのようにはたらくのかを調べる。

方法

❶ ストローAをティッシュペーパーでこすり，静電気を帯びさせる。

❷ ストローAにティッシュペーパーを近づけて，反応を調べる。

❸ ストローBをティッシュペーパーでこすり，静電気を帯びさせる。

❹ ストローAにストローBを近づけて，反応を調べる。

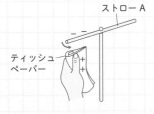 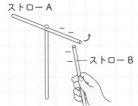

⚠ ストローはプラスチック製のものを使う。

結果

• ストローAとティッシュペーパーは引き合う。

• ストローAとストローBは反発し合う。

考察

• 静電気の力には，引き合う力と反発し合う力の2種類があると考えられる。

• 静電気の力の種類は，静電気の力がはたらく物質の種類が異なるかどうかで決まると考えられる。

❶ **電気の2種類の力**……電気の力には，**引き合う力**と**反発し合う力**の2種類がある。これは，電気には2つの種類があると考えると説明ができる。

①**引き合う力**…異なる種類の電気の間ではたらく。

②**反発し合う力**…同じ種類の電気の間ではたらく。

❷ **電気の種類**……電気には＋の電気と−の電気の2種類がある。＋の電気と−の電気の間では引き合う力がはたらき，＋の電気と＋の電気，−の電気と−の電気の間では反発し合う力がはたらく。

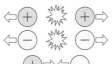

↑ 電気の種類とはたらく力

同じ種類の電気は反発し合う

違う種類の電気は引き合う

入試Info

静電気が原因で起こる現象を問う問題が出題されている。また，実験のようすから，物体が＋の電気か−の電気のどちらに帯電しているかを問う問題も出題されている。

2 静電気と電子 ★★☆

1 静電気の起こる原理と電子の移動

～原子と電気の正体～

Zoomup 原　子→ p.229

物質をつくっている原子は帯電していないように見えるが，摩擦により帯電する。これは，原子の中に電気をもっている粒があるからである。電気をもっていないように見えるのは，＋の電気の粒と－の電気の粒が同数あり，打ち消し合っているからである。

① 静電気の起こる原理……原子には＋の電気の粒（陽子）と－の電気の粒（電子）がある。種類の異なる2つの物質をこすり合わせると，一方の物質の電子が，もう一方の物質に移動する。その結果，－の電気が少なくなった物質は＋の電気を帯び，－の電気が多くなった物質は－の電気を帯びる。物質をこすり合わせて帯電させるときに移動するのは電子だけで，陽子は原子の中心部から移動しない。

> **参考　磁石の力との比較**
>
> 電気の力と磁石の力には似たところがある。磁石の場合，N極とS極は引き合う力，N極とN極，S極とS極は反発し合う力がはたらく。

> **参考　原子と電子**
>
> 物質は原子が集まってできている。原子の構造を見ると，中心部に＋の電気をもつ陽子，そのまわりに－の電気をもつ電子がある。これらの数は原子の種類によって異なるが，電子と陽子の数はどの原子も等しい。そのために，原子全体としては電気を帯びているように見えない。これを電気的に中性であるという。

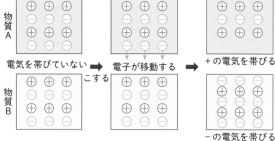

物質A　電気を帯びていない　➡　こする　電子が移動する　➡　＋の電気を帯びる

物質B　　　　　　　　　　　　　　　　　　　　　　　　　　　－の電気を帯びる

② 帯電のしやすさ……物質には＋に帯電しやすいものや，－に帯電しやすいものがある。2種類の物質をこすり合わせたとき，どちらに帯電するかは，物質の組み合わせによって決まる。

右の図は，＋や－に帯電しやすい順に並べたものである。この中の2つの物質をこすり合わせると，図の右にある物質が＋に帯電，左にある物質が－に帯電する。

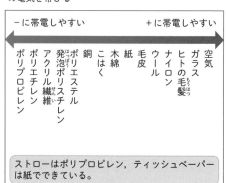

－に帯電しやすい　　　　　　　　　　　　＋に帯電しやすい

ポリプロピレン　ポリエチレン　アクリル繊維　発泡ポリスチレン　ポリエステル　銅　こはく　木綿　紙　毛皮　ウール　ナイロン　ヒトの毛髪　ガラス　空気

> ストローはポリプロピレン，ティッシュペーパーは紙でできている。

HighClass 磁力と電気の力はよく似ている。磁力がはたらく空間を磁界（→ p.97）というのに対して，電気の力がはたらく空間を電界という。磁界は磁力線で，電界は電気力線で表す。電気力線は＋極から出て－極に向かい，電気力線の間隔が狭いところほど力が大きい。

❸ 電子の移動……右の図のはく検電器は，
うすく延ばした金属（はく）を2枚重ねて，
金属の棒の先につけてある。上部の金属
板に－に帯電した物質を近づけると，2
枚のはくがどちらも－に帯電する。同じ
－に帯電した2枚のはくには反発し合う
力がはたらき，はくが開く。金属板に指
をつけると，電子が指に流れてはくの電
気がなくなり，はくは閉じる。

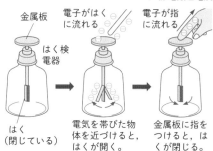

金属板

はく検
電器

はく
（閉じている）

電子がはく
に流れる

電気を帯びた物
体を近づけると，
はくが開く。

電子が指
に流れる

金属板に指を
つけると，は
くが閉じる。

第1編 エネルギー

第1章 光と波

第2章 力

第3章 電流

第4章 運動とエネルギー

第5章 科学技術と人間

Break Time **静電気の発見と歴史**

　紀元前600年頃にギリシャのタレスは，装飾品
に使われている「こはく」をこすると，ちりやほこ
りを引きつけることに気がついた。ギリシャでは，
こはくのことを「エレクトロン」とよんでいて，そ
の後，こはくが物質を引きつける性質のことを「エ
レクトリカ」というになった。これが語源となって，
電気のことを英語で「electricity」という。

2 放電と電流

~電気の流れ~

　雷のいなずまは，雲にたまった電気が空気中を通っ
て地面などに流れるときに光って見えるものである。ま
た，プラスチックのパイプを毛皮でこすってから暗い所
で蛍光灯にふれさせると，一瞬だけ光る。これはプラス
チックのパイプに帯電していた－の電気（電子）が，蛍光
灯の中を流れたために起こる現象である。

参考　下じきで光る蛍光灯

　帯電した下じきにふれると蛍
光灯が一瞬だけ光る。

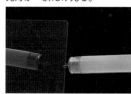

❶ 放　電……帯電していた電子が流れ出す現象や空間
　を電気が移動する現象を放電という。

❷ 電　流……電子の流れを電流という。蛍光灯が一瞬
　しか光らないのは，パイプにたまっていた電子が放電
　でなくなり，電流が流れなくなったからである。乾電
　池に豆電球をつなぐと光り続けるのは，電池が消耗す
　るまでの間，電子がたえず移動して豆電球に流れ続け
　ているからである。

Episode

1800年後半から1900年前半は，原子構造の研究が進んだ。日本人の長岡半太郎（1865～
1950年）は，原子を＋の電気のまわりに－の電気があるという土星のようなモデルで説明
した。これは，ラザフォードによって原子核と電子というモデルに引きつがれた。

3 静電気の利用

〜身のまわりの静電気〜

私たちはさまざまなところで静電気を利用している。

❶ **コピー機**……静電気の力で，トナーとよばれる微細(びさい)な粉を回転するドラムに引きつけて文字や画像をつくり，紙に転写している。

❷ **空気清浄機**(せいじょうき)……高電圧をかけて空気中のちりやほこりを帯電させ，静電気の力で引きつけて集める方式のものがある。

❸ **食品用のラップ**……ラップは何種類かの力を利用して貼(は)りつき，その中の1つに電気の力がある。ラップをロールからはがすときに帯電している。

↑ コピー機

🔍 **実験・観察** ┃ 静電気の帯電と放電

ねらい

静電気をためて，放電することを調べる。

方法

❶ プラスチックのコップのまわりにアルミニウムはくを巻きつけたものを2個つくる。

❷ リボン状のアルミニウムはくを間にはさみで，2個のコップを重ねる。

❸ 塩化ビニルのパイプをティッシュペーパーでこすって帯電させ，❷のアルミニウムはくのリボンにふれる。これを何度も行うと，コップにたまる電気の量がふえる。

❹ 蛍光灯(けいこうとう)の電極をアルミニウムはくのリボンにふれさせて，蛍光灯のようすを観察する。

❺ ❸と同じようにコップに静電気をためて，リボンを外側のコップのアルミニウムはくにふれさせる。このときゴム手袋(てぶくろ)などを使うようにする。

プラスチックコップ

塩化ビニルのパイプ

アルミニウムはく

⚠ 感電するので，静電気がたまったコップに直接手をふれてはいけない。ふれるときは，一度放電させてからふれるようにする。

結果

• 蛍光灯がアルミニウムはくのリボンにふれたとき，一瞬(いっしゅん)光る。

• リボンが外側のコップのアルミニウムはくにふれると，放電の光と音が発生する。

短文記述対策！

Q 2種類の異なる物質をこすり合わせると，静電気が生じるのはなぜですか。

A 摩擦(まさつ)により一方の物質からもう一方の物質へ電子が移動し，電子が少なくなったほうは＋，多くなったほうは－の静電気を帯電するから。

第1編 エネルギー

第1章 光と音

第2章 力

第3章 電流

第4章 運動とエネルギー

第5章 科学技術と人間

8 ▶ 電流と電子

Point
❶ 真空放電と陰極線について理解しよう。
❷ 電子の流れと電流の流れについて理解しよう。
❸ 放射線の性質について理解しよう。

1 真空放電 入試重要度 ★★☆

1 空気中を流れる電流

~空気と電流~

　空気は電気抵抗が非常に大きく，ふつうは電気を通さない。しかし，高い電圧が加わると電流が流れ，雷のような放電が起きる。

❶ **誘導コイルによる放電**……誘導コイルで，2つの電極の間に高い電圧を連続的に加えると，火花を飛ばして放電が起こり，空気中を電流が流れ続ける。空気中で火花を飛ばす放電を**火花放電**という。

❷ **雷と放電**……雷は，雷雲の中にたまった静電気が雲と雲の間，あるいは雲と地上の物体との間に流れることで起こる放電である。一時的に大きい電流が流れ，その電圧が10億ボルト以上になる場合もある。

2 真空放電

~真空中の電気の流れ~

　放電管の電極間に数千〜数万ボルトの電圧を加え，管の中の空気を真空ポンプで抜いて気圧を低くすると，放電が起こるようになる。

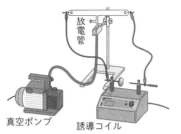
真空ポンプ　　誘導コイル

　このような放電を**真空放電**といい，放電管内の真空の度合いが大きいと，低い電圧でも起きるようになる。また，放電管内の気圧の違いにより，放電の状態が変化する。

zoomup 電気抵抗→ p.69

zoomup 放　電→ p.89

Words 誘導コイル
電磁誘導(→ p.105)を利用して数万ボルトの電圧をつくる。

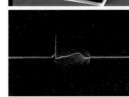
⬆ 誘導コイルと火花放電

Words 放電管
ガラス管に2つの電極を封じこめたものを放電管という。

Episode 積乱雲のことを雷雲ともいい，上昇気流が原因で発生することが多い。雲の中では水や氷の粒が激しくこすれ合って帯電し，放電が起こると雷となる。

下の写真は，真空の度合いによる真空放電のようすの違いを表したものである。

↑ 5300 Pa

↑ 1300 Pa

↑ 400 Pa

↑ 4 Pa

① 5000 Pa 程度…赤紫色のひも状の放電が見られる。

② 1000 Pa 程度…ひも状の放電はなくなり，管全体が赤紫色に光る。

　右の表のように，管内の気体の種類によって色が異なり，ネオンサインはこれを利用している。また，蛍光灯では水銀の気体を利用している。

③ 400 Pa 程度以下…うすい桃色をした，うろこ状の放電となる。

④ 4 Pa 程度…ガラスの壁（特に陽極側）が黄緑色の蛍光を発する。この程度まで圧力を下げた放電管を**クルックス管**ともいう。

気　体	発光色
ネオン	赤　色
空　気	赤紫色
水　素	桃　色
ナトリウム	黄　色

参考 **ネオンサイン**

3 陰極線と電子

～陰極から飛び出すもの～

十字形の金属板を電極としたクルックス管に高い電圧を加えて放電させると，クルックス管の壁に電極と同じ形の影ができる。これは十字形の金属を陽極（＋極）側にしたときにだけに現れる。このことから，陰極（－極）から陽極に向かって何かがまっすぐ飛び出し，壁に衝突して管を光らせていると考えられる。この陰極から陽極に向かう流れを陰極線という。

❶ 陰極線の性質……陰極線には次のような性質がある。

①**直進する**…管の壁に電極と同じ十字形の影ができることや，右の写真のように細いすきまを通った陰極線が陽極に向かうようすから，**直進性**のあることがわかる。

②**蛍光作用がある**…蛍光物質にあたると，光（蛍光）を発する。

↑ 十字形の電極の影

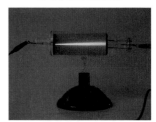

↑ 直進するようす

HighClass

容器に入れた空気を抜いていくと，空気の密度が小さく（空気がうすく）なり，気圧は低くなる。このように，真空の度合いを気圧で示すことができる。気圧が低いほど，真空の度合いが大きい。地表の気圧はおおよそ 101325 Pa である。

③＋の電極に引きよせられる…陰極線の進路に別の電極を置いて電圧を加えると，陰極線は＋極のほうに引きよせられるように曲がる。このことから，陰極線は－の電気をもっていることがわかる。

④磁石によって曲げられる…陰極線に磁石を近づけると曲がり，近づける磁石の極によって曲がる向きが変わる。

↑ 磁石で曲がるようす

❷ 陰極線の正体……陰極線は，－の電気をもった粒子が陰極から陽極に向かって流れているものである。

この粒子を電子といい，陰極線のことを電子線ともいう。

② 電子と電流 ★★☆

1 電子

～原子と電子～

電子は，－の電気をもつ非常に小さな粒子で，原子の構成要素の１つである。

❶ 原子の構造と電子……原子は電子と原子核に分けられ，原子核は陽子と中性子に分けられる。

右の図は，ヘリウム原子の構造を模式的に示している。ヘリウムの原子核は，陽子２個と中性子２個が集まってできている。この原子核を中心として，まわりに２個の電子がある。

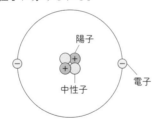

陽子

中性子

電子

↑ ヘリウムの原子構造

電子は－の電気をもち，陽子は＋の電気をもつ。それぞれの電気の量は等しく，原子にある電子と陽子の数は等しいので，原子全体では電気的に中性になる。また，中性子は電気をもたない粒子である。

❷ 自由電子……電子と陽子は電気的に引き合っていて，通常，原子から電子が外に出ることはない。しかし，金属などの原子では，一部の電子は原子核からの束縛力が小さく，隣の原子に移ったり原子間を自由に動き回ったりすることがある。これを自由電子という。

Scientist

ウィリアム・クルックス

〈1832 ～ 1919 年〉

イギリスの物理学者。高真空の放電管を発明した。羽根車入りのクルックス管での放電で知られている。

参考 電気の正負

電気には＋と－の電気があるが，＋の電気のことを正の電気，－の電気のことを負の電気ともいう。

---

zoomup 原子の構造→p.287

Scientist

ジョゼフ・ジョン・トムソン

〈1856 ～ 1940 年〉

イギリスの物理学者でJ.J. トムソンともよばれる。陰極線が電子の流れであることをつきとめた。

HighClass

電子と陽子の電気量は同じだが質量は異なる。また，電子の質量は陽子の約 1840 分の 1 で，中性子の質量は陽子とほぼ同じなので，原子の質量のほとんどは原子核の質量である。

　　金属が電気をよく通すのは，この自由電子が非常に多く存在するからである。反対に，不導体(絶縁体)では自由電子がほとんど存在しない。

2 電子の流れと電流

〜電流は電子の流れ〜

　放電管の電極に高電圧を加えると放電が起こり，電流が流れる。放電は−極から＋極に移動する電子の流れなので，電子の流れが電流であるといえる。

❶ **真空放電における電子の流れ**……真空中には自由電子はない。真空放電では−極の金属から電子が飛び出し，＋極に移動する。電子は−の電気をもつので，同じ−の電気をもつ−極とは反発し，＋の電気をもつ＋極に引かれていく。

❷ **金属中における電子の流れ**……金属は原子が規則正しく並び，それぞれの原子が自由電子をもっている。電圧を加えないときと，加えたときでは自由電子の動き方が違う。

　　①**電圧を加えないとき**…自由電子は，金属原子の間をさまざまな向きに動き回っている。

　　②**電圧を加えたとき**…電子は＋極に引かれ，−極側から＋極側に向かって移動する。

❸ **電子が移動する向きと電流が流れる向き**……電流の流れる向きは電源の＋極から出て，豆電球などを通り，電源の−極に入る向きとなっている。これは電子の存在がわかっていない時代に決めたもので，電子の流れとは逆向きである。現在では，電流の流れは＋極から−極へ向かう，電子の流れは−極から＋極へ向かうというように使い分けている。

3 電圧・電流・抵抗と電子

〜回路を流れる電子〜

　回路に電池をつなぐと電子が移動して電流が流れる。電圧・電流・抵抗はこの電子の流れを用いて説明することができる。

❶ **電　圧**……電池には−極から電子を出して，＋極の向きに動かそうとするはたらきがある。このはたらきの大きさが電池の電圧に相当する。

zoomup 不導体→ p.75

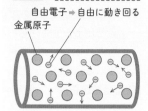

参考 金属の自由電子

自由電子 ⇒ 自由に動き回る
金属原子

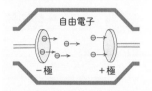

参考 真空放電と電子の流れ

自由電子
−極　＋極

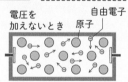

参考 導体中の電子の流れ

電圧を加えないとき　　自由電子　原子

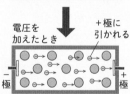

電圧を加えたとき　　＋極に引かれる
−極　＋極

参考 電子の流れと電流の向き

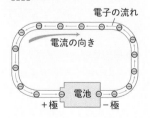

電子の流れ
電流の向き
電池
＋極　−極

HighClass 原子の直径はおよそ1億分の1cm程度であり，原子核の大きさはさらにその10万分の1程度の大きさである。電子の大きさは原子核とほぼ同じなので，原子の内部は大部分が真空の空間であると考えられている。

❷ **電　流**……電子に電圧が加わると，電子は移動する。導線など電子が移動する部分の断面を，一定時間に通過する電子の数が多いほど，電流は大きくなる。

❸ **抵　抗**……金属の場合，原子が規則正しく並んでいて，その位置は変わらない。しかし，個々の原子は振動していて，この振動が自由電子の移動を妨げる。これが抵抗の原因である。

　不導体(絶縁体)には自由電子がほとんどないように，自由電子が少ない物質は抵抗が大きい。

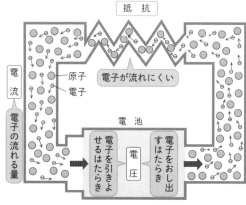

抵　抗

電子が流れにくい

原子
電子

電池

電子を引きよせるはたらき

電圧

電子をおし出すはたらき

電流

電子の流れる量

参考 **熱の伝わり方と自由電子**

金属は電流だけでなく，熱もよく伝える。これも自由電子のはたらきである。

③ 放射線の性質 ★☆☆

① 放射線の発見

～ X線と放射線～

　ドイツの物理学者レントゲンは，クルックス管で真空放電の実験をしているとき，近くにある蛍光紙が光ることに気づいた。レントゲンはクルックス管から目には見えない何かが出ていると考え，**X線**と名づけた。このX線や，そのあとに発見されたX線に似たものを総称して**放射線**という。

② 放射線の種類と性質

～いろいろな放射線～

　放射線とは，**放射性物質**から出る粒子や電磁波のことで，放射線を出す能力のことを**放射能**，受けた放射線の量を**放射線量**(線量)という。放射性物質の原子核は不安定で，こわれるときに放射線を出す。

❶ **放射線の種類**……放射線は主に次の種類がある。

① α　線…粒子がヘリウムの原子核の放射線。原子核なので，陽子による＋の電気をもつ。

② β　線…粒子が電子の放射線。－の電気をもつ。

③**中性子線**…粒子が中性子の放射線。電気的性質はもたない。

Words X　線

方程式の未知数をXとよぶことに由来している。

Words 放射性物質

放射線を出す物質のことを放射性物質という。

Episode レントゲンはX線を発見したとき，ためしに妻の手のX線撮影を行った。このとき，妻の指には金属の指輪がはめられていて，手の骨と指輪だけがうつった写真がとれたといわれている。

第1編 エネルギー

第1章 光と音

第2章 力

第3章 電流

第4章 運動とエネルギー

第5章 科学技術と人間

④γ 線……不安定な状態の原子核が, 安定な状態に移るときに発生する電磁波。電気はもたない。

⑤X 線……電子のエネルギー放出により発生する電磁波。電気はもたない。

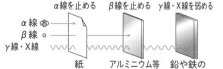

α線を止める β線を止める γ線・X線を弱める

α線
β線
γ線・X線

紙　　アルミニウム等　鉛や鉄の
　　　のうすい金属板　厚い板

中性子線を弱める

中性子線　　　　　　　水やコンク
　　　　　　　　　　リートなど
　　　　　　　　　　の水素を含
　　　　　　　　　　む物質

⬆ 放射線の種類と透過力

❷ **放射線の性質**……放射線には次のような共通の性質がある。

①目に見えない。

②物体を通り抜ける(透過力)。

③原子をイオンにする能力(電離作用)がある。

放射線が生物にあたると, 電離作用によりDNAを傷つけるなどの影響があるので, 大量の放射線を受けることは危険である。放射線を受けることを**被ばく**といい, 外部からの放射線を受けることを**外部被ばく**, 放射線を出す物質が体内にあり, それが出す放射線を受けることを**内部被ばく**という。

3 放射線の利用

〜身のまわりの放射線〜

放射線には, 自然界にある**自然放射線**と人工的につくり出す**人工放射線**がある。人工放射線は身近に利用されている。

❶ **自然放射線**……空気中に含まれるラドン, 火成岩の一種である花こう岩, 食物に含まれる放射性のカリウムや炭素などから出ている。宇宙から飛来してくる放射線もあるが, 大部分は大気の上層で吸収され, 地上にまで届く量は少ない。

❷ **人工放射線**……放射線発生装置などで人工的につくり出された放射線。放射線の種類, 性質, 人体への影響度などは自然放射線と変わらない。私たちの身のまわりでは, 次のような場面で利用されている。

①**医療の分野**……X線撮影, CTによる断層撮影, 手術器具などの滅菌, がん細胞の破壊など。

②**農業の分野**……発芽の防止, 家畜の飼料の滅菌, 植物の品種改良など。

③**工業の分野**……ゴムやプラスチックの耐久性や耐熱性の強化, 新しい素材の開発など。

zoomup イオン→p.288

Why レントゲン検査と被ばく

レントゲン検査には放射線の一種であるX線を利用しているが, 人体に影響があるとされる基準値よりもずっと少ない量の被ばくに抑えられている。

参考 放射線の単位

放射線には次のような単位がある。

・放射能…ベクレル(記号 Bq)で表す。1秒間に1個の原子核がこわれるときが1 Bqである。

・放射線量…グレイ(記号 Gy)で表す。1 kgの物質が放射線から1 Jのエネルギーを吸収したときが1 Gyである。人体への影響度を表すシーベルト(記号 Sv)も使われる。

HighClass 放射性物質は, 放射線を出して別の物質に変わっていく。放射性物質の原子の数が半分になるまでの時間を半減期という。カリウム40は約13億年, ウラン235は約7億年と長く, 反対にヨウ素131は約8日, ラドン222は約4日と短い。

9 電流と磁界

Point
❶ 磁石や電流によってできる磁界について理解しよう。
❷ 磁界の中で電流が受ける力の規則性について理解しよう。
❸ 磁界の変化によって電流が生じるときの規則性について理解しよう。

1 電流による磁界 入試重要度 ★☆☆

1 磁極と磁界

～磁極と磁界を磁力線で捉える～

磁石には，鉄を引きつけるはたらき(磁性)がある。鉄のほか，ニッケルやコバルトなども引きつける。

❶ **磁　極**……磁石の磁性が最も強い部分を磁極という。右の図のように，磁極にはN極とS極があり，異極(N極とS極)間では**引き合う力**(**引力**)がはたらき，同極(N極とN極，S極とS極)間では**反発し合う力**(**斥力**)がはたらく。

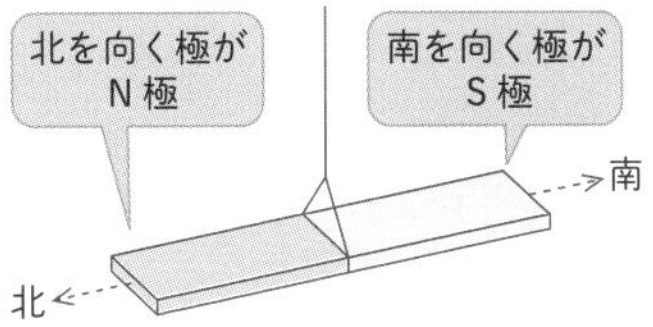

棒磁石は真ん中を糸でつるすと，南北をさして静止する。

❷ **磁力と磁界**……磁石が鉄を引きつける力や，磁極間ではたらく引力や斥力を**磁力**という。磁力は電気の力と同じように，物体どうしが離れていてもはたらく。

右の写真は，磁石の上に厚紙を置き，鉄粉を一様にまいて厚紙を軽くたたくとできる模様である。これは磁石のまわりに，磁力がはたらく空間があるために起こる現象である。このような磁力がはたらく空間を**磁界**または**磁場**という。

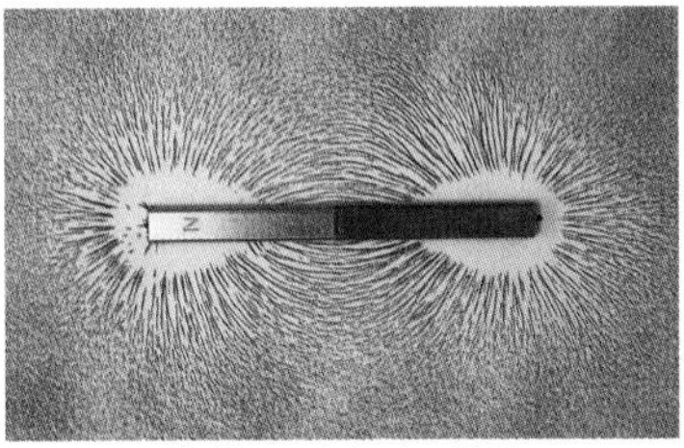
磁石のまわりの磁界

❸ **磁極と磁界**……磁石が鉄を引きつけるように，磁力は離れていてもはたらく力である。これは，磁極から鉄に対して力が直接はたらくわけではなく，磁石がそのまわりに磁界をつくり，鉄はその磁界から力を受けると捉えることができる。

Episode
磁石の性質を磁気ともいい，静電気と磁気は古代ギリシャの時代には発見されていたが，その区別はできていなかった。16世紀，イギリスのウィリアム・ギルバートは方針磁針が北を向くことなどから，電気と磁気が違うものであることを発見した。

　　右の図では，磁界中に置い
た鉄くぎが，磁界によって磁
気を帯びている。これを**磁気
誘導**といい，鉄くぎは磁石と
同じ性質を示す。このように，
磁界の影響で物質が磁石にな
ることを**磁化**という。

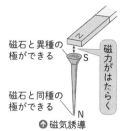

↑磁気誘導

❹ **磁力線**……磁界中の鉄粉は磁石となりN極とS極を
結ぶ曲線をつくるので，磁界のようすを観察すること
ができる。この磁界のようすを線で表したものが磁力
線である。方位磁針をN極近くに置き，N極の針が示
す向きに方位磁針を動かしていくと，S極にたどり着
く。このとき方位磁針の動いた跡が磁力線になる。磁
力線にはS極への向きに矢印をつける。磁力線は途中
で2本に分かれたり，交差したりすることはない。

　▶**磁界の向き**…次の3つが磁界の向きといえるが，ど
　れも内容は同じである。
　①磁石のN極から出てS極に向かう向き。
　②方位磁針のN極の針が示す向き。
　③磁力線の矢印の向き。

　▶**磁界の強さ**…磁力が強いところほど，磁界は強くな
　る。磁力線で判断すると，磁力線の間隔が狭いとこ
　ろほど磁界が強い。例えば，磁石の磁極付近は磁力
　線が密になるので磁界が強いといえる。

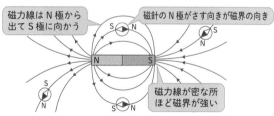

2　電流と磁界

　〜電流と磁界の関係〜

　鉄心に巻いたコイルに電流を流すと，鉄心は**電磁石**に
なる。これは，コイルをつくる導線に電流を流すとその
まわりに磁界ができ，鉄心が磁気誘導により磁化するた
めに起こる現象である。

HighClass

静電気では＋の電気だけ，－の電気だけを帯びる物体があるのに対して，磁石では必ずN
極とS極が対になっている。N極だけ，S極だけの磁石は存在しない。例えば，棒磁石を切
っても，その両端はN極とS極になる。

電流によって生じる磁界は，導線が直線の場合，円形の場合，コイルの場合でそれぞれ異なる。

❶ **直線電流による磁界**……まっすぐな導線を流れる電流を**直線電流**という。このとき，導線のまわりには同心円状の磁力線ができる。

①**磁界の向き**…電流の流れる向きに対して，方位磁針のN極がさす向きは右まわり(時計まわり)になる。これを，ねじを右に回すと前に進んでいくことになぞらえて，**右ねじの法則**という。ねじが進む向きを電流の流れる向き，ねじが回る向きを磁界の向き(磁力線の向き)とする。電流の流れる向きを反対にすると，磁界の向きも反対になる。

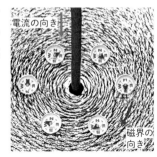

電流の向き

磁界の向き

②**磁界の強さ**…磁界の強さは，導線に流れる電流の大きさに比例する。また，導線からの距離に反比例する。したがって，磁力線の間隔は導線から離れるほど広がる。

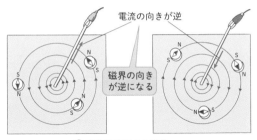

電流の向きが逆

磁界の向きが逆になる

↑ 直線電流による磁界

右ねじを回す向き ➡ 磁界の向き　導線

ねじの進む向き ➡ 電流の向き

↑ 磁界と右ねじの関係

❷ **円形電流による磁界**……円形にした導線に流れる電流を**円形電流**という。右の図のように，円形にした導線を紙にはめこんで，紙の上の磁力線を調べる。右ねじの法則をあてはめると，紙の上から下へ電流が流れる場所は右まわりの磁力線となり，紙の下から上へと電流が流れる場所は左まわりの磁力線となる。そのため，円形にした導線の中心部では，手前から奥に進む磁力線となる。ここに方位磁針を置くと，N極の針は奥側をさす。

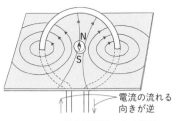

電流の流れる向きが逆

↑ 円形電流による磁界

HighClass

直線電流による磁力線は円になり，始まりや終わりがないのでN極やS極はない。このように，電流による磁界では，磁極という捉え方ができない場合がある。

❸ **コイルによる磁界**……導線を円形に巻いたものがコイルである。コイルに電流を流したときに生じる磁界は，コイルの電流を円形電流が重なったものとして考えることができる。

① **コイルの外側の磁界**…棒磁石と同じような磁力線になる。円形電流が重なったものとして考えると，磁界の向きは円形電流と同じように右ねじの法則の向きになる。

② **コイルの内側の磁界**…ほぼ平行の磁力線になる。磁界の向きは，右の図のように右手の親指以外の4本の指をコイルに流れる電流の向きに合わせて握ると，親指を開いた向きがコイルの内側の磁界の向きになる。

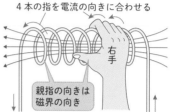

4本の指を電流の向きに合わせる

右手

親指の向きは磁界の向き

⤴ コイルの内側の磁界

③ **磁界の強さ**…磁界の強さはコイルに流れる電流の大きさに比例する。また，電流の大きさが一定なら，コイルの巻き数に比例する。

参考 ソレノイドコイル
導線を円筒状に同じ向きに均等に巻いてつくったコイルをソレノイドという。

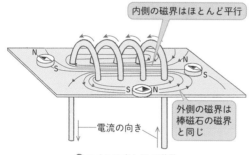

内側の磁界はほとんど平行

外側の磁界は棒磁石の磁界と同じ

電流の向き

⤴ コイルのまわりの磁界

❹ **電磁石**……コイルに鉄心を入れると，磁力が増す。これは，コイルに電流を流すと鉄心が磁化するからである。このようにして，電流を流したときに強力な磁石になるものを**電磁石**という。モーター，スピーカー，鉄回収のクレーンなどに使われている。

❺ **地磁気**……方位磁針が南北を示すのは，地球が1つの磁石で，周囲に磁界をつくっているからである。これを**地磁気**という。地球内部で液体状の鉄などが流れているために電流が発生し，磁界ができるとするダイナモ理論が有力である。

参考 方位磁針の示す向き
方位磁針のN極が示す向きは，正確な北極の向きからずれている。地域によってずれ方が異なり，日本では5～9°のずれがある。

Episode

1820年にデンマークのエルステッドは，導線のまわりで方位磁針が動くことを発見した。これを聞いたフランスのアンペールは，2本の導線に電流を流すと互いに力をおよぼすことを発見している。

第1編 エネルギー

第1章 光と音

第2章 力

第3章 電流

第4章 運動とエネルギー

第5章 科学技術と人間

📖 **例題** コイルによる磁界

右の図のように，電流を流したコイルのまわりにできる磁界の向きを調べるため，A～Cの位置に方位磁針を置きました。各点における方位磁針の向きとして正しいものを，次の**ア**～**カ**から選び記号で答えなさい。

〔同志社女子高一改〕

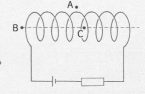

Solution ▷ 電流の向きに着目すると，右の図のような磁力線ができる。このとき，Aはコイルの外側の磁界の向きを示し，BとCはコイルの内側の磁界の向きを示すと考える。各点での方位磁針のN極の向きは，磁力線の向きと同じになる。

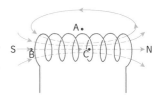

Answer ▷ A…エ

B…ウ

C…ウ

② 磁界から受ける力 ★★★

1 電流が流れる導線が受ける力

～電流・磁界・力の関係～

磁石などの磁界中にある導線に電流を流すと，もとの磁界と電流による磁界の2つの磁界ができる。このように，磁界の中で導線に電流を流したとき，導線は2つの磁界の影響により力を受ける。

❶ **電流，磁界，力の向き**……右の図のように，電流の向きを左右方向，磁界の向きを上下方向としたとき，導線が受ける力の向きは前後方向となる。

この3つの向きは互いに垂直であり，導線が受ける力の向きは電流の向きと磁界の向きによって決まる。

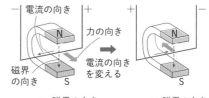

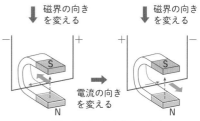

⬆ 電流・磁界の向きと力の向き

HighClass 電磁石は電流が流れたときにだけ磁石の性質をもつので，一時磁石といわれる。これに対して，フェライト磁石やネオジム磁石などのように，磁石の性質を失わない磁石を永久磁石という。

❷ 力の大きさ……磁界の中で電流が流れる導線が受ける力は，電流が大きいほど強くなる。また，磁界が強いほど強くなる。

🔍 **実験・観察** 電流が流れる導線が磁界から受ける力

ねらい

磁界の中で導線に電流を流したときに，導線に力がはたらくようすを調べる。

方法

❶ 右の図のような装置を組み立て，導線に電流を流して導線の動きを調べる。

❷ 電流を❶より大きくしたときの，導線の動きを調べる。

❸ 電流の向きを反対にしたときの，導線の動きを調べる。

❹ 磁界の向きを反対にしたときの，導線の動きを調べる。

(!) 電熱線や導線が熱くなるので，観察するときだけ電流を流すようにする。

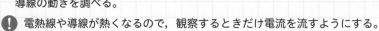

電源装置

導線

N

S

導線を流すと導線が動く

結果

• 導線に電流を流すと，導線が動く。
• 電流を大きくすると，導線の動きは大きくなる。
• 電流の向きを反対にすると，導線の動く向きは反対向きになる。
• 磁界の向きを反対にすると，導線の動く向きは反対向きになる。

---

❸ **フレミングの左手の法則**……電流，磁界，力の向きは互いに直交している。この関係を覚えやすくしたのがフレミングの左手の法則である。左手の中指，人差し指，親指を互いに直角に開くと，中指が電流，人差し指が磁界，親指が力の向きを示す。

参考 電流，磁界，力の向き

電流か磁界の向きを反対にすると，力の向きも反対になる。電流と磁界の向きを2つとも反対にすると力の向きは変わらない。

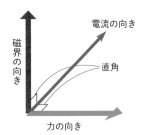

電流の向き

磁界の向き

直角

力の向き

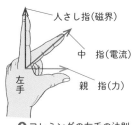

人さし指（磁界）

中 指（電流）

左手

親 指（力）

↑ フレミングの左手の法則

入試Info

問題文に電流が流れたときの力の向きの例が記述されていることもあるが，フレミングの左手の法則は覚えておくとよい。また，右ねじの法則はコイルの磁界の向きにも使えるので，必ず覚えておくこと。

❹ **磁石による磁界と電流による磁界**……下の図は，磁石による磁界の中で，導線に電流を流したときの磁界のようすを表したものである。

図1は，磁石がつくる磁界と，電流がつくる磁界を表し，図2はこれを横から見たようすを表している。図2において，導線の左側では磁石による磁界と電流による磁界が同じ向きになるので，磁界が強くなる。導線の右側ではそれぞれの磁界の向きが反対向きなので磁界が弱くなる。磁界から受ける力には，磁界が同じ強さになるよう，磁界の強いほうから弱いほうへはたらく性質があるので，図3のように導線は右向きの力を受けることになる。

> **参考 電流の向きの表し方**
> 電流の向きを表すのにクロス（⊗）とドット（⊙）を用いる場合がある。クロスは紙面の手前から奥に，ドットは奥から手前に電流が流れていることを表す。

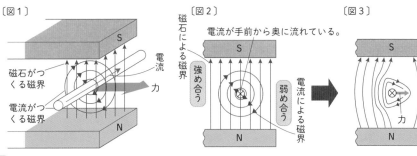

〔図1〕　〔図2〕　磁界による磁界　電流が手前から奥に流れている。　〔図3〕

2 モーター

～コイルが回転する力～

磁界中で電流が流れる導線にはたらく力を利用して，回転運動をつくり出す装置がモーターである。

❶ **モーターのつくり**……モーターはコイル，磁石（界磁），整流子，ブラシでつくられている。また，製品として使われている多くのモーターは，コイルにしんを入れて強い力を得るようにしている。整流子とブラシが接触することでコイルに電流が流れ，コイルが磁界から力を受ける。

↑ モーターのつくり

❷ **モーターの原理**……次の図は，モーターが回転するようすを表している。図1の状態では，コイルの左側には上向き，右側には下向きの力がはたらく。コイルが回転して図2の状態になると，整流子とブラシの接触のしかたが変わる。そのため，コイルに流れる電流

Episode モーターは掃除機や扇風機など，身のまわりの多くのものに利用されている。携帯電話のバイブレーション機能にも利用されていて，小さくて軽いモーターが使われている。

第1編 エネルギー

第1章 光と音

第2章 力

第3章 電流

第4章 運動とエネルギー

第5章 科学技術と人間

が反対向きになり，力の向きも反対になる。このようにして，つねにコイルの左側は上向き，右側は下向きの力がはたらき，モーターは回転を続ける。

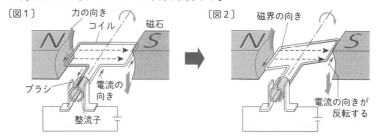

〔図1〕　力の向き　コイル　磁石
ブラシ　電流の向き　整流子

〔図2〕　磁界の向き
電流の向きが反転する

❸ **直流用モーター**……下の図は，直流用モーターのしくみを示したものである。電機子の両側に界磁があり，電機子の中央には整流子とそれにふれるブラシがある。

コイルに電流を流すと，図1の状態では電機子と界磁の間で引き合う力がはたらいて回転する。その後，図2の状態になると，整流子とブラシの接触のしかたが変わり電流の流れる向きが変わる。このとき，電機子の磁界の向きが変わるので，電機子と界磁の間で反発し合う力がはたらいて回転を続ける。

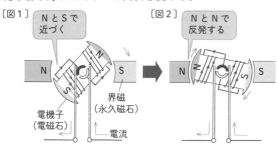

〔図1〕　NとSで近づく
〔図2〕　NとNで反発する
電機子（電磁石）　界磁（永久磁石）　電流

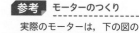

参考　**モーターのつくり**

実際のモーターは，下の図のようなつくりになっている。

コイル　界磁

❹ **交流用モーター**……直流用モーターは，整流子とブラシの接触のしかたで電流の向きを変えて回転している。それに対して，交流用モーターは規則的に電流の向きが変わる交流を利用しているために，整流子やブラシがなくても回転できる。

zoomup　交　流→ p.108

❺ **電流計のしくみ**……電流計は，電流が磁界から受ける力の強さが電流の大きさに比例することを利用している。電流が流れると電磁石が力を受け回転し，ばねがそれをもどそうとする。この2つの力がつりあう位置で指針がとまり，電流の大きさを示す。

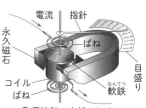

電流　指針
永久磁石　ばね
目盛り
コイル　ばね　軟鉄
⬆電流計の内部のしくみ

HighClass

ハイブリッド車や電車では回生ブレーキというものが使われている。これは，減速するときにモーターを発電機として利用し，発電した電流を充電したり送電線にもどしたりしている。回生ブレーキを使うことで，エネルギーの利用効率を高めることができる。

③ 磁界の変化と電流 ★★☆

① 電磁誘導

第1編 エネルギー

第1章 光と音

第2章 力

〜磁界の変化と電流の関係〜

　右の図のように，磁界の中でコイルを動かすとコイルに電流が流れ，検流計の針が振れる。これは，磁界の変化によってコイル内に電流を流そうとする電圧が生じるために起こる現象である。

　この現象を電磁誘導といい，流れた電流を誘導電流という。磁界の中のコイルが静止しているときは磁界が変化しないので，電磁誘導は起こらない。また，コイルを動かす向きを反対にすると，流れる電流の向きも反対になる。

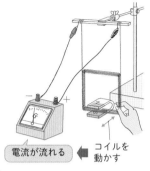

電流が流れる　コイルを動かす

❶ **電磁誘導と磁界の変化**……コイルを動かすと電磁誘導が起こるが，下の図のように磁石を動かした場合も電磁誘導が起こり，誘導電流が流れる。この場合も，コイルの中の磁界が変化して，電磁誘導が起きている。

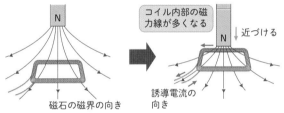

コイル内部の磁力線が多くなる

近づける

磁石の磁界の向き　　誘導電流の向き

第3章 電流

参考 誘導起電力

　磁界が変化するとコイル内に電圧が生じる。この電磁誘導によって生じる電圧を誘導起電力という。

第4章 運動とエネルギー

第5章 科学技術と人間

❷ **誘導電流の大きさ**……コイルや磁石を動かすとき，コイルの中の磁界の変化が大きいほど誘導電流が大きくなる。

　①**磁石の磁力を強くする**…磁石の磁力が強いほど磁界が強くなり，誘導電流は大きくなる。

　②**コイルの巻き数を多くする**…コイルの巻き数が多いほど誘導電流は大きくなる。また，コイルに鉄心を入れるとさらに誘導電流は大きくなる。

　③**磁界の変化をはやくする**……コイルや磁石を動かす速さをはやくすると，同じ時間での磁界の変化が大きくなり，誘導電流は大きくなる。

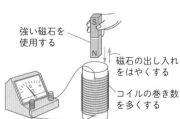

強い磁石を使用する

磁石の出し入れをはやくする

コイルの巻き数を多くする

⬆ 誘導電流を大きくする方法

短文記述対策！

Q コイルの近くに磁石が置いてあるだけでは電流が発生しない理由を簡単に答えなさい。

A コイルの中の磁界が変化するときに電磁誘導が起こり誘導電流が流れるが，磁石やコイルが静止していると磁界は変化しないので，電流は発生しない。

❸ **誘導電流の向き**……下の図のように，コイルの中に磁石のN極を近づけたときと遠ざけたときでは，誘導電流の向きは反対向きになる。また，N極を近づけたときとS極を近づけたときでも，誘導電流の向きは反対向きになる。

誘導電流は，誘導電流による磁界がコイルの中の磁界の変化を妨げる向きにできるように流れる。

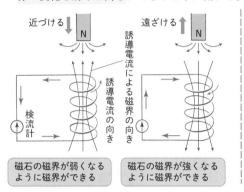

近づける／遠ざける／誘導電流による磁界の向き／誘導電流による磁界の向き／検流計

磁石の磁界が弱くなるように磁界ができる

磁石の磁界が強くなるように磁界ができる

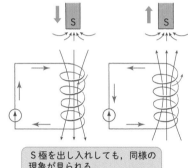

S極を出し入れしても，同様の現象が見られる

①**磁石のN極をコイルに近づけるとき**…検流計の上から下に向けて誘導電流が流れる。このとき，誘導電流によってコイルには上向きの磁界ができる。この誘導電流による磁界は，磁石が近づくことによる磁界の変化を妨げる向きになる。

　　磁極で考えると，コイルの上部がN極になって磁石のN極と反発し合う力がはたらき，磁石が近づくのを妨げる。

②**磁石のN極をコイルから遠ざけるとき**……検流計の下から上に向けて誘導電流が流れる。このとき，誘導電流によってコイルには下向きの磁界ができる。この誘導電流による磁界は，磁石が遠ざかることによる磁界の変化を妨げる向きになる。

　　磁極で考えると，コイルの上部がS極になって磁石のN極と引き合う力がはたらき，磁石が遠ざかるのを妨げる。

③**磁石のS極とコイルの関係**……磁石のS極をコイルに近づけるときや，コイルから遠ざけるときも，N極のときと同じように考えることができる。

参考 レンツの法則

　磁界が変化するとその変化を妨げる向きに誘導電流が流れることを，レンツの法則という。ロシアの物理学者であるレンツによって発見された。

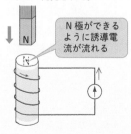

N極ができるように誘導電流が流れる

入試Info　誘導電流の向きを問う問題が出題されている。コイルの中を棒磁石が通過する場合，棒磁石が入るときと出ていくときでは，誘導電流の向きが変わる。磁界の変化と誘導電流の向きを理解しておくとよい。

2 発電機

~電流をつくり出す~

❶ **発電機のしくみ**……電磁誘導を応用して，連続的に電流が流れるようにした装置が**発電機**である。

①**交流発電機**…コイルの中の磁界が連続的に変化すれば，誘導電流も連続的に発生する。下の図のように，コイルの近くで棒磁石を回転させると，コイル内に連続的に誘導電流が発生する。誘導電流の向きは磁石の回転とともに変化する電流となり，このような電流を交流という。多くの発電機は，交流をつくり出す交流発電機である。

zoomup 交 流→ p.108

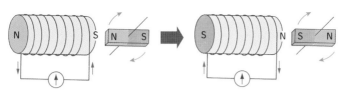

②**直流発電機**…乾電池のような電源からの電流は，流れる向きが一定で変わらない。このような電流を直流という。直流をつくり出す直流発電機では，磁石が半回転するたびにコイルと外部へ電流をとり出す導線のつなぎを変えるしくみがある。これは，モーターの整流子とブラシと同じしくみである。

❷ **発電機とモーター**……モーターは，永久磁石（界磁）の間で電流を流したコイル（電機子）が，磁界から受ける力で回るしくみである。

反対に，コイルを回転させると，永久磁石とコイルの間で電磁誘導が起こり，コイルに誘導電流が発生する。回転するコイルから発生する電流をとり出すことでモーターは発電機になる。

参考 自転車の発電機

自転車の発電機は，タイヤとつながった永久磁石のまわりにコイルがある。タイヤが回転すれば永久磁石も回転し，まわりのコイルに誘導電流が発生する。

永久磁石が回転する

コイルに電流が流れる

4 直流と交流 ★☆☆

1 電流の種類

~流れる向きが変わる電流~

❶ **直 流**……乾電池を回路につないだとき，電流の流れる向きは一定である。このような電流を直流という。発

実験で使う手回し発電機は，模型用のモーターを発電機として利用している。手回し発電機を乾電池につなぐと，モーターが回りハンドルも回転し始める。

光ダイオードが電流を流す向きに直流を流すと，発光ダイオードは点灯し続ける。

❷ **交　流**……発電所の発電機でつくられる電流のように，時間とともに＋極と－極が交互に入れかわる電流を交流という。発光ダイオードに交流を流すと，点灯と消灯をくり返して点滅する。

❸ **オシロスコープによる観察**……右の写真は，オシロスコープで直流と交流を観察したものである。写真の横軸は時間，縦軸は電流の大きさを表している。また，横軸より上と下では，電流の流れる向きが反対である。

① **直　流**…時間が経過しても，同じ向きに同じ大きさの電流が流れる。

② **交　流**…周期的に電流の向きが変わり，電流の大きさも変化している。電流の向きが変わる瞬間は電流が 0 になっている。1 秒間に電流の流れる向きが変化する回数を**周波数**といい，単位は**ヘルツ**(記号 **Hz**)が使われる。

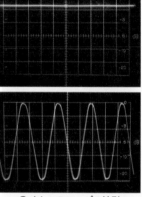

↑オシロスコープの波形

2 電流の利用

～身のまわりの電流～

❶ **送　電**……発電所から事業所や家庭まで電気を送ることを送電という。同じ電気エネルギーを運ぶ場合，電線を流れる電流が小さいほど送電時の熱による電気エネルギーの損失が少ないので，電圧を大きくして電流を小さくしている。

❷ **変圧器**……電圧の大きさを変える装置に変圧器がある。変圧器の一次コイルに交流が流れると磁界の変化によって電磁誘導が起こり，二次コイルに誘導電流が発生する。二次コイルの巻き数を一次コイルの巻き数より少なくすると，二次コイル側の電圧を低くすることができる。

❸ **脈　流**……発光ダイオードに交流を流すと，電流の向きがダイオードの向きと反対のときは電流が流れない。そのときの波形は右の図のようになり，これを**脈流**という。

参考 変圧器のしくみ

下の図のように，変圧器は一次コイルと二次コイルからできていて，次の関係がなりたつ。

$$\frac{n_1}{n_2}=\frac{V_1}{V_2}=\frac{I_2}{I_1}$$

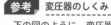

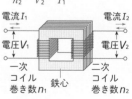

電流 I_1　　　　電流 I_2

電圧 V_1　　　　電圧 V_2

一次コイル　　鉄心　　二次コイル
巻き数 n_1　　　　巻き数 n_2

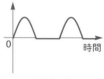

0　　　　　　時間

↑脈　流

Episode
家庭のコンセントの電圧は 100 V や 200 V だが，これは電柱についている柱上変圧器によって電圧を小さくしたものである。発電所で発電される交流の電圧は数千～2 万 V で，発電所から送電するときは 50 万 V もの超高電圧になることもある。

第**1**編 エネルギー

第1章 光と音

第2章 力

第3章 電流

第4章 運動とエネルギー

第5章 科学技術と人間

p.63 **1** 豆電球 2 個の直列と並列つなぎでは，どちらが明るくつくか。

1 並列つなぎ

p.64 **2** 電流計は回路の測定する部分に（　　　）につなぐ。

2 直　列

p.66 **3** 電圧計は回路の測定する部分に（　　　）につなぐ。

3 並　列

p.70 **4** 6 V の電圧を加えたとき，0.3 A の電流が流れる電熱線 A と，0.6 A の電流が流れる電熱線 B で，抵抗が大きいのはどちらか。

4 電熱線A

p.71 **5** 3 Ω の抵抗に 6 V の電圧を加えると，何 A の電流が流れるか。

5 2 A

p.72 **6** 10 Ω と 15 Ω の抵抗を直列につなぐと，合成抵抗はいくらか。

6 25 Ω

p.73 **7** 10 Ω と 15 Ω の抵抗を並列につなぐと，合成抵抗はいくらか。

7 6 Ω

p.79 **8** 電熱線に 10 V の電圧を加えると 2 A の電流が流れた。このとき消費する電力はいくらか。

8 20 W

p.81 **9** 電熱線に 5 V で 2 A の電流を 10 秒間流したときの発熱量は何 J になるか。

9 100 J

p.81 **10** ［100 V － 400 W］と表示されている電気器具に，100 V の電圧で電流を 5 秒間流したときの発熱量は何 J になるか。

10 2000 J

p.86 **11** 摩擦によって起こる電気を何というか。

11 静電気

p.88 **12** 2 種類の異なる物質をこすり合わせると，（　　　）の電気をもった粒子が移動し，（　　　）の電気が少なくなった物質は（　　　）の電気を帯びる。

12 －，－，＋

p.89 **13** 電子の流れを何というか。

13 電　流

p.91 **14** 電極を封じたガラス管内の気体の圧力を小さくしたときに起こる放電を何というか。

14 真空放電

p.93 **15** 陰極線は，（　　　）の電気をもった粒子の－極から＋極への流れである。この粒子を（　　　）という。

15 －，電子

p.93 **16** 原子の間を自由に動き回る電子を何というか。

16 自由電子

p.96 **17** レントゲン検査に利用される放射線を何というか。

17 X　線

p.97 **18** 磁極と磁極の間にはたらく力を（　　　）といい，この力がはたらく空間を（　　　）という。

18 磁力，磁界（磁場）

p.98 **19** 磁界の向きは，磁界の中にある方位磁針の（　　　）の針がさす方向である。

19 N　極

p.102 **20** フレミングの左手の法則は，左手の中指が（　　　），人差し指が（　　　），親指が（　　　）の向きを示す。

20 電流，磁界，力

p.105 **21** コイルのまわりの磁界の変化によって生じる電流を何というか。

21 誘導電流

p.106 **22** コイルに磁石のN極を近づけたときとS極を近づけたときに発生する電流の向きには，どのような関係があるか。

22 反対向きの関係

Level **2**

●図1の装置で，電熱線に6Vの電圧を加えて電流を流したときの発熱について調べた。電熱線は，電熱線a（6V—8W），電熱線b（6V—4W），電熱線c（6V—2W）の3つを用意した。図2は，それぞれの電熱線について，電流を流した時間と水の上昇温度の関係をグラフに表したものである。　〔群馬—改〕

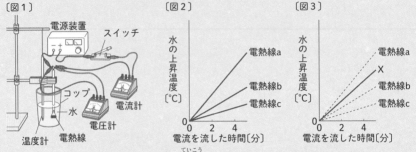

〔図1〕　〔図2〕　〔図3〕

(1) 3つの電熱線a～cのうち，最も抵抗が小さいものはどれか答えなさい。

(2) 3つの電熱線a～cのうち2つをつないだものを用いて，同様に発熱について調べると，図3のXのようなグラフになった。次の文の**ア**～**ウ**にあてはまる記号や言葉を書きなさい。

> グラフの傾きから，電熱線（　**ア**　）と電熱線（　**イ**　）を（　**ウ**　）つなぎにしたことがわかる。

▶Key Point

　電源電圧が一定の場合は，電熱線の抵抗が大きいと電力が小さくなり，発熱量も小さくなる。したがって，電熱線が1つのときと比べて，電熱線を直列につなぐと回路全体の熱量は小さくなり，電熱線を並列につなぐと回路全体の熱量は大きくなる。

▶Solution

(1) 図2より，最も消費電力の大きい電熱線aが最も抵抗が小さいとわかる。または，それぞれオームの法則を用いて抵抗の大きさを求めることもできる。

(2) 図3のグラフから，Xより傾きが大きいものは電熱線aしかないので，Xは電熱線aとほかの電熱線をつないだものではない。また，Xの傾きが電熱線b，電熱線cより大きいので，Xは電熱線bと電熱線cを並列つなぎにしたものである。Xの上昇温度が電熱線bと電熱線cの和になっていることからも考えられる。

Answer

(1) 電熱線a　(2) ア…b，イ…c，ウ…並列

第 1 編　エネルギー

第 1 章　光と音

第 2 章　力

第 3 章　電流

第 4 章　運動とエネルギー

第 5 章　科学技術と人間

● 1 Ω の抵抗 R の一端を 5 V の電源 E の＋極に接続し，抵抗 R の他端と電源 E の－極との間に別の抵抗を接続して回路をつくる。使用できる抵抗は，0.3 Ω の抵抗 R_1，0.5 Ω の抵抗 R_2，0.7 Ω の抵抗 R_3 の 3 つである。回路をつくるときは，3 つの抵抗すべてを使わなくてもよい。　　　　　〔大阪教育大附属池田高－改〕

(1) 抵抗 R に 2.1 A〜2.4 A の間の電流が流れる回路をつくりたい。抵抗 R と電源 E との間に接続する抵抗の接続方法を右の図を用いて，回路図で示しなさい。

(2) 抵抗 R に 4 A〜4.2 A の電流が流れる回路をつくりたい。抵抗 R と電源 E との間に接続する抵抗の接続方法を右の図を用いて，回路図で示しなさい。

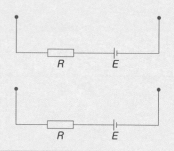

▶ Key Point

直列つなぎの合成抵抗 r は，$r = r_1 + r_2 + r_3 + \cdots$ となる。また，並列つなぎの合成抵抗 r の逆数は，$\dfrac{1}{r} = \dfrac{1}{r_1} + \dfrac{1}{r_2} + \dfrac{1}{r_3} + \cdots$ となる。

▶ Solution

(1) 抵抗 R に流れる電流は，回路全体に流れる電流と同じ大きさになる。

電流が 2.1 A のときの回路全体の合成抵抗 r は，5 V ÷ 2.1 A = 2.38…Ω

電流が 2.4 A のときの回路全体の合成抵抗 r は，5 V ÷ 2.4 A = 2.08…Ω

よって，回路全体の合成抵抗 r が $2.08 < r < 2.38$ となるように回路をつくる。

(2) 電流が 4 A のときの回路全体の合成抵抗 r は，5 V ÷ 4 A = 1.25 Ω

電流が 4.2 A のときの回路全体の合成抵抗 r は，5 V ÷ 4.2 A = 1.19…Ω

よって，回路全体の合成抵抗 r が $1.19 < r \leqq 1.25$ となるように回路をつくる。

このとき，抵抗 R と接続する部分の抵抗を，最も小さい抵抗 R_1 よりも小さくする必要があるので並列つなぎを使う。

Answer

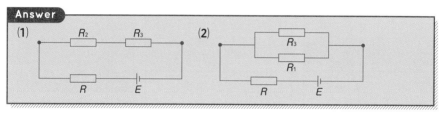

START! 物体に力を はたらかせて運動させたとき，その力は物体に対して仕事をしたといいます。ほかの物体に仕事ができる状態にある物体はエネルギーをもっているといい，そのエネルギーは，力・電気・光・熱など，さまざまな形で移り変わることができます。

ジェームズ・プレスコット・ジュール
（1818〜1889年）

イギリスの裕福な醸造家の家庭に生まれる。

学校へは行かずに，さまざまな家庭教師から教育を受けた。

19歳で家庭教育が終わると，家業を営みながら自宅で実験をくり返した。

そして，電気と熱の関係について興味をもつようになる。

導線に流れる電気で水温を上昇させれば，関係がわかるんじゃないかな

正しい実験結果を得るために水温の測定は慎重にするぞ。

ジュールの実験の精度は非常に高いものだった。

実験結果から，電気と熱の関係がわかったぞ！

$Q=IR^2$

こうして，ジュールの法則が発見された。

仕事と熱の関係も実験して調べよう！

さらに実験は続き…

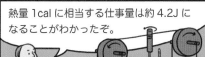

熱量 1cal に相当する仕事量は約 4.2J になることがわかったぞ。

ジュールにより，熱と仕事の本質が同じであることが明らかになった。熱量などの単位ジュール（記号 J）はジュールの名まえに由来している。

第 1 編　エネルギー

第 1 章　光と音

第 2 章　力

第 3 章　電流

第 4 章　運動とエネルギー

第 5 章　科学技術と人間

熱量のほかに，エネルギー，仕事，電力量の単位としてもジュールが使われているよ。

物体を 1N の力で力の向きに 1m 動かしたときの仕事が 1J だよね。

その通り！つまり，熱エネルギーも電気エネルギーも仕事をする能力をもっているといえるよ。

電熱線は，電気エネルギーが熱エネルギーに変わって熱くなるの？

そうだよ。そういうのをエネルギーの移り変わりといって，ジェットコースターで考えるとわかりやすいよ。

電気エネルギーを利用して動き出して…

電気エネルギーが運動エネルギーに変わったね。

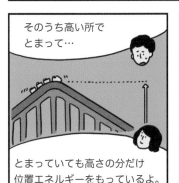

そのうち高い所でとまって…

とまっていても高さの分だけ位置エネルギーをもっているよ。

急降下する！

位置エネルギーが運動エネルギーに変わったね。

どうしたの？

ジェットコースター怖い…

113

10▶ 水圧と浮力

Point
1. 水圧が水にはたらく重力によって生じることを理解しよう。
2. 水中での圧力の伝わり方を理解しよう。
3. 浮力が水圧によって生じることを理解しよう。

1 水 圧 入試重要度 ★★☆

1 水圧の大きさと水の深さ

～水圧の大きさと水にはたらく重力～

手をポリエチレン袋に入れ、水を入れた水槽の中に沈めると、手がまわりからおされるのを感じることができる。これは、水の圧力によるものであり、水の中ではたらく圧力を水圧という。水圧の大きさは容器の大きさや形、水の量には関係なく、水面からの深さだけで決まる。また、水圧は水の中の物体より上にある水の重力によって生じるので、水面からの深さが深くなるほど水圧は大きくなる。

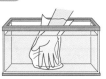

例えば、水を入れた容器の側面に穴をあけると、水圧によって穴から水が飛び出してくる。容器の大きさが異なっていても、穴の位置が水面から同じ深さなら水の飛び出し方は同じである。また、水面からの深さが異なる位置に穴を開けると、深い所ほど水が勢いよく飛び出してくる。このことから、水面から深い所ほど水圧が大きいことがわかる。

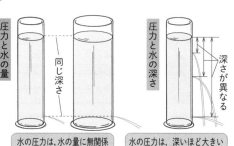

水の圧力は、水の量に無関係　　水の圧力は、深いほど大きい

2 水圧の求め方

～水の重さから水圧の大きさを求める～

大気圧が空気の重力によって生じるように、水圧は水の重力よって生じる。水面から深い所ほど、物体の上にある水の重力が大きくなるため、水圧が大きくなる。

> **参考** 水圧の単位
>
> 水圧の単位は圧力と同じ**パスカル**〔記号 **Pa**〕や**ニュートン毎平方メートル**〔記号 **N/m²**〕で表す。つまり、水圧は圧力と同じように、単位面積あたりをおす力といえる。

Episode 深海魚は水深 200 m 以上の深海に生息している。深海での大きな水圧にからだがつぶされないように、体内の水分の割合が大きかったり、からだがかたい殻でおおわれていたりといった特徴がある。

第**1**編

エネルギー

第1章

光と音

第2章

力

第3章

電流

第4章
運動と
エネルギー

第5章
科学
技術と
人間

水中で，右の図のような底面積 $S(m^2)$ の直方体の柱を考える。この柱の質量は，水の密度×柱の体積　になる。水の密度を $\rho(kg/m^3)$ とし，水1 kg にはたらく重力を 10 N とすると，深さ $h(m)$ の柱の底面にはたらく水圧は次のようになる。

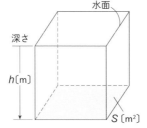

柱の質量〔kg〕 $= \rho(kg/m^3) \times S(m^2) \times h(m)$

$$水圧(Pa(N/m^2)) = \frac{\rho Sh(kg) \times 10(N)}{S(m^2)} = 10\rho h$$

これより，水圧は水の深さ $h(m)$ によって決まることがわかる。水の深さ 1 m の水圧は 10000 Pa となる。

参考　水以外の液体の圧力

水以外の液体の圧力についても，その液体の密度がわかれば水圧と同じように求めることができる。

参考　水圧の大きさ

水圧の大きさを求めるときに，大気圧を考慮する場合がある。この場合は，大気圧が水面をおしていると考えて，水の深さによって求めた圧力に大気圧をたせばよい。

③ 水圧のはたらき方

～水圧とパスカルの原理～

❶ **水圧のはたらく方向**……右の図のように，両端がゴム膜でできたプラスチックの円筒を水中に沈める。AとBを比べると，ゴム膜のへこみから，左右どちらの方向からも水圧がはたらいていることがわかる。同様にCとDを比べると，上下どちらの方向からも水圧がはたらいていることがわかる。このことから，水にはたらく重力は下向きであるが，水圧はあらゆる向きにはたらいているといえる。

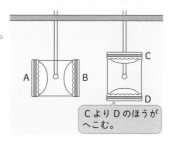

CよりDのほうがへこむ。

❷ **水圧の伝わり方**……右の図のように，水を入れた注射器に気泡を入れて水平に置く。ピストンをおして水圧を大きくすると，中にある気泡はピストンをおした向きに動くことはなく，同じ位置で同じ形のまま小さくなる。このことから，水圧はどの部分にも同じ大きさで伝わることがわかる。

おす前

気泡

注射器に泡を入れる

ピストンをおすと大きさが変わる

同じ形で小さくなる

おした

あと

圧力はどの部分にも等しい大きさで伝わる

❸ **パスカルの原理**……密閉した容器内の液体に加えられた圧力は，各部分に均等に伝わる。このとき，液体にふれている面に対して，圧力は同じ大きさで垂直にはたらく。これを**パスカルの原理**という。

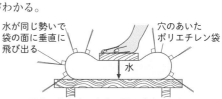

水が同じ勢いで袋の面に垂直に飛び出る

穴のあいたポリエチレン袋

水

圧力はあらゆる向きに面に垂直に伝わる

HighClass

パスカルの原理は液体だけでなく，気体においても同じようになりたつ。ゴムボールに空気を入れるとゴムボール内の圧力が大きくなるが，空気がふれている面に対して圧力が均等に伝わるため，丸い形になる。

❹ **パスカルの原理の応用**……右の図のように, 断面積 S_A〔m²〕と S_B〔m²〕のシリンダーを管でつなぎ, 水を入れる。ピストン A に W_A〔N〕, ピストン B に W_B〔N〕のおもりをのせてつりあっているときのピストンの圧力は, 次のようになる。

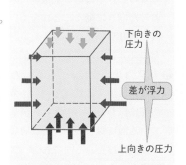

$$ピストン A の圧力 = \frac{W_A}{S_A}$$

$$ピストン B の圧力 = \frac{W_B}{S_B}$$

パスカルの原理から, ピストン A とピストン B の圧力は同じになるので, W_A は次のように表すことができる。

$$\frac{W_A}{S_A} = \frac{W_B}{S_B}$$

$$W_A = W_B \times \frac{S_A}{S_B}$$

これは, 断面積の大きさを変えることで, 一方に加えた力よりも大きな力がもう一方に伝わることを示している。例えば, 断面積 S_A が断面積 S_B の 2 倍であれば, $W_A = 2W_B$ となり, ピストン B に加えた力は 2 倍の大きさになってピストン A に伝わる。

参考 水圧機
- - - - - - - - - - - - - - - -
　パスカルの原理を応用した, 小さな力で大きな力を得る機械に水圧機がある。自動車のブレーキや油圧ポンプなどに利用されている。

2 浮　力 ★★★

1 浮力と水圧

~浮力が生じる理由~

　私たちはプールに入ると, 水に浮くことができる。ゴムボールなどを水の中に沈めようとすると, 下からおし上げようとする力を受ける。これらは, 水中の物体にはたらく力が, 物体の上面にはたらく下向きの力よりも, 物体の底面にはたらく上向きの力のほうが大きいために起こる。

　このように, 水中の物体に上向きにはたらく力を**浮力**という。大きな鉄製の船が水に浮かぶのも, 浮力がはたらくからである。

下向きの圧力

差が浮力

上向きの圧力

入試Info　力や圧力では単位換算をまちがえやすいので注意する。例えば, 1 m³＝1000000 cm³ であれば, 1 m＝100 cm から計算して確認するようにする。補助単位の k(キロ), m(ミリ), h(ヘクト)にも気をつけるとよい。

2 浮力の大きさ

～浮力の大きさに関係するもの～

❶ 水中での深さと浮力の大きさ……右の図のように，空気中で 2 N の物体を水中に入れると 1.5 N になったとする。このときの浮力の大きさは 0.5 N である。物体をさらに深くまで沈めても，ばねばかりの目盛りは 1.5 N のまま変わらないので，浮力の大きさは水中での深さに関係ないことがわかる。

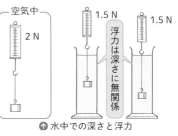

↑ 水中での深さと浮力

❷ 物体の形と浮力の大きさ……同じ物質で同じ質量の形が違う物体を水中に入れると，ばねばかりの目盛りは同じになる。このことから，浮力の大きさは物体の形に関係ないことがわかる。

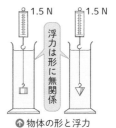

↑ 物体の形と浮力

❸ 物体の体積と浮力の大きさ……浮力の大きさは物体の体積に関係する。浮力の大きさは，水中にある物体の体積と同じ体積の水の重さに等しくなる。これを**アルキメデスの原理**という。

3 浮力の求め方

～水圧から浮力の大きさを求める～

右の図のように，水の中に底面積 S〔m²〕の直方体が沈んでいるときの浮力を水圧から求める。水の密度を ρ〔kg/m³〕とし，水 1 kg にはたらく重力を 10 N とすると，水深 h〔m〕での水圧は

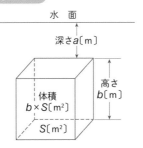

水面
深さa〔m〕
高さb〔m〕
体積 $b \times S$〔m²〕
S〔m²〕

$10\rho h$〔Pa〕となる。このことから，直方体の底面にはたらく力は $10\rho(a+b)S$〔N〕，上面にはたらく力は $10\rho aS$〔N〕となり，浮力は底面にはたらく力と上面にはたらく力の差で求められるので，次のようになる。

$$浮力〔N〕=10\rho(a+b)S-10\rho aS$$
$$=10\rho bS$$

このとき，ρbS は直方体と同じ体積の水の質量である。つまり，浮力の大きさは直方体と同じ体積の水の重さとなり，アルキメデスの原理がなりたつことがわかる。

> **参考** ものの浮き沈み
>
> アルキメデスの原理は水以外の液体でもなりたつ。また，液体に入れた物体が浮くか沈むかは，物体にはたらく浮力と重力によって決まり，浮力のほうが大きければ物体は浮く。これは，物体の密度が液体の密度よりも小さければ浮くともいえる。

アルキメデスの原理は液体だけでなく，気体においても同じようになりたつ。ヘリウムを入れた風船が浮くのは，ヘリウムの密度が空気の密度よりも小さいため，風船に浮力がはたらくからである。

第1編 エネルギー

第1章 光と音

第2章 力

第3章 電流

第4章 運動とエネルギー

第5章 科学技術と人間

11 物体の運動

Point
① 物体にはたらく力の合成と分解について理解しよう。
② 物体の運動の記録を読みとり，活用できるようにしよう。
③ 斜面上の落下運動と自由落下運動について理解しよう。

1 力の合成と分解 ★★☆
入試重要度 ★★☆

1 力の合成

~ 2つ以上の力を1つに合わせる~

1つの物体の一点に2つ以上の力が同時にはたらくとき，それらの力は，同じはたらきをする1つの力におきかえることができる。

❶ **合 力**……2つ以上の力と同じはたらきをする1つの力を合力という。

❷ **力の合成**……2つ以上の力の合力を求めることを，力の合成という。

2 合力の求め方

~合力の向きと大きさ~

力は向きと大きさをもった量であるから，合力を求めるときは，力の向きを表す矢印を描いて求める。

なお，合力の大きさは力の大きさの和であるとは限らない。

❶ **2力が同一直線上にあり，向きが同じとき**

▶合力の向き…2力の向きと同じになる。

▶合力の大きさ…2力の大きさの和になる。

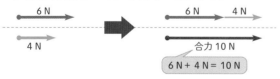

❷ **2力が同一直線上にあり，向きが反対のとき**

▶合力の向き…大きいほうの力と同じ向きになる。

▶合力の大きさ…2力の大きさの差になる。

参考 2人で荷物を持つとき

1つの物体を2人で持つとき，その物体は2人の力と同じはたらきをする1つの力で持ち上げられていると考えることができる。

2つの力と同じはたらきをする1つの力

合力

Episode 運動についての研究は，今から2500年ほど前の古代ギリシャ時代から行われていた。よく知られているのは哲学者のアリストテレス（紀元前384~322年）で，「自然学」という物理に関する研究書を初めて著した。

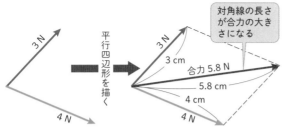

参考 **2力のつりあい**

　大きさの等しい2力が同一直線上にあり，向きが反対のとき，合力が0となり2力はつりあう。

❸**2力が同一直線上にないとき**……下の図のように，合力は2力を表す矢印を2辺とする平行四辺形から求められ，2力のはたらいた点（作用点）を通る対角線で表される。これを，**力の平行四辺形の法則**または**平行四辺形の法則**という。

▶**合力の向き**…平行四辺形の対角線の向きになる。

▶**合力の大きさ**…平行四辺形の対角線の長さになる。

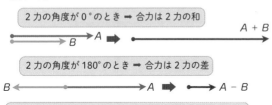

❹**2力の向きと合力の大きさ**……下の図のように，2力の大きさが同じでも，2力のなす角が変わると合力も変わる。

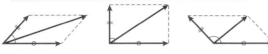

参考 **特定の平行四辺形と対角線の長さ**

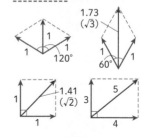

3 力の分解

〜1つの力を2つ以上の力に分ける〜

　力の合成は，2つ以上の力を同じはたらきをする1つの力で表した。これとは反対に，物体にはたらく1つの力を，同じはたらきをする2つ以上の力におきかえることもできる。

力を xy 座標で表すこともできる。力 F_1 を $(x_1,\ y_1)$，力 F_2 を $(x_2,\ y_2)$ と表すと，F_1 と F_2 の合力 F_3 は $(x_1+x_2,\ y_1+y_2)$ となる。

❶**分　力**……1つの力と同じはたらきをする2つ以上の力を分力という。

❷**力の分解**……分力を求めることを力の分解という。

4 分力の求め方

~分力の向きと大きさ~

合力のときと同じように，分力も力の向きを表す矢印を描いて求める。

下の図のように，まずは分力の向きを決め，もとの力を表す矢印が対角線となる平行四辺形を作図する。このとき，平行四辺形の2辺が2つの分力になる。

参考 力の分解のイメージ

①1つの力で持ち上げる場合

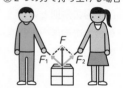

②2つの力で持ち上げる場合

F_1，F_2はFと同じはたらきをする

分力の求め方

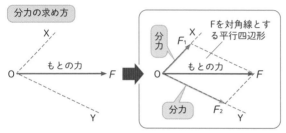

5 3力のつりあい

~3力の合力を求める~

❶**3力のつりあい**……1つの物体に同時に3つの力がはたらいていて，物体が動かない状態にあるとき，3力はつりあっているという。

　3力がつりあうとは，3つの力のうちのどれか2つの力の合力と残りの力が，2力のつりあいの条件を満たしている状態である。右の図では，力F_1と力F_2の合力と力F_3がつりあうので，3力はつりあっている。

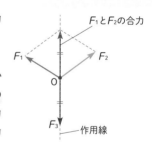

❷**3力の合成**……3力のつりあいの考え方を応用すると，3力の合成のしかたがわかる。3力のうちのどれか2つの力の合力を求め，この合力と残りの力の合力を求めれば3力の合成ができる。3つ以上の力がはたらいているときでも，この方法をくり返して使えば，合力を求めることができる。

　3力がつりあっているときは，3力の合力は0となっている。

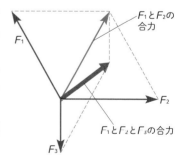

入試Info

合力の作図問題や，3力がつりあっている状態を表す作図問題がよく出題されている。力の平行四辺形の法則を使って，それらの力を作図できるようにしておくとよい。

② 運動を調べる ★★☆

1 運動の種類

～運動の向きと速さ～

毎日の生活の中で，さまざまな運動を見かけることができる。これらの運動を運動の向きや速さの変化で分類すると，次のようになる。

❶ 進む向きの変化……運動の方向が変わらない運動と変わる運動がある。

▶**進む向きが変わらない運動**…水平な床(ゆか)の上をころがるボールや自由落下する物体などは，まっすぐに運動するので進む向きは変わらない。

▶**進む向きが変わる運動**…斜(なな)め上に投げた石や校庭のトラックを1周する競走などは，進む向きが変わっている。

❷ 進む速さの変化……運動の速さが変わらない運動と変わる運動がある。

▶**進む速さが変わらない運動**…水平な床の上をころがる鋼球や水平な床の上を進む摩擦力(まさつ)の小さい台車などは，同じ速さで運動しているように見える。いつかはとまってしまうので，速さは変わらないとはいえないが，これらは速さが変わらない運動として扱(あつか)うことがある。厳密にいうと，この地球上に速さの変わらない運動は，特殊(とくしゅ)な場合を除いて存在しない。

▶**進む速さが変わる運動**…落下運動は刻々と速さが増し，真上に投げたボールは速さが減っていく。

2 運動の記録

～物体の位置を記録する～

運動とは，時間がたつにつれて物体の位置が変わる現象をいい，どの運動でも物体は移動する。この物体の移動を数量的に捉(とら)えることが，運動の記録である。

❶ 記録の方法……記録タイマーは，記録テープに一定の時間ごとに点を打つことができる機械である。東日本では1秒間に50回，西日本では1秒間に60回の点が打たれる。点と点の間の距離(きょり)が大きいほど，物体の運動ははやいといえる。

zoomup 自由落下→p.135

Why 地球上での運動の速さが一定にならない理由

地球上には空気があり，その空気の力が運動を妨げる。また，重力により，運動する物体と床との間には運動を妨げる摩擦力が生じる。真空ポンプなどで空気をとり除いても，重力をとり除くことはできない。

Words 記録タイマー

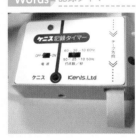

Q 3つの力がつりあうときの条件を簡単に書きなさい。

A 2つの力の合力が残りの力とつりあうとき，3つの力はつりあう。

第1編 エネルギー

第1章 光と音

第2章 力

第3章 電流

第4章 運動とエネルギー

第5章 科学技術と人間

また，メトロノームは一定の時間間隔を知らせる装置である。メトロノームの揺れを利用して，一定の時間間隔での物体の位置を記録することができる。

このように時間と距離（長さ）をはかることによって，その物体の運動を記録することができる。

❷ **時間の測定**……ここでいう時間は，一定の時間間隔を知らせるものである。秒や分の時間の単位のほか，記録タイマーやメトロノームなどの一定の時間間隔を任意の単位時間としてもよい。例えば，メトロノームの2拍を単位時間とし，物体が2拍ごとにいる位置を記録することで，物体の運動を記録できる。

一定の時間でどれだけ移動したかを測定する

↑ 運動の記録

3 記録の整理

〜記録を読みとる〜

❶ **測定結果をグラフに表す**……時間と移動距離を測定してグラフにすると効果的である。グラフにもいろいろあるが，次の2種類のグラフがよく使われる。

①**単位時間に進んだ距離**…横軸に時間をとり，縦軸に物体が任意の単位時間に移動した距離をとる。単位時間に進んだ距離とは，速さを表しているともいえるので，このグラフの最も大きいところで速さが最大となり，最も短いところで速さが最小となる。

②**出発点からの移動距離**…横軸に時間をとり，縦軸に出発点からの移動距離をとる。このグラフから，出発点からの移動距離のふえ方がわかり，グラフの傾

参考 メトロノーム

音楽でよく使う，一定の周期で針が振動する機器である。時間周期は，針についているおもりの位置を変えて決めることができる。

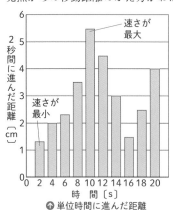

↑ 単位時間に進んだ距離

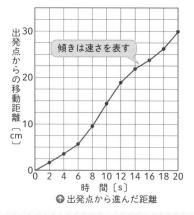

↑ 出発点から進んだ距離

HighClass グラフを描くときは，まず横軸と縦軸に何をとるかを考える。そして，それらの単位をしっかりと決める。例えば，縦軸が移動距離の場合，単位がcmかmかで異なるグラフになるので注意が必要である。

きが急なほど，移動距離の増加は大きいといえる。

❷ 速　さ……単位時間に進む距離を速さという。速さ v
を求めるには，移動した距離 s を移動にかかった時間
t で割ればよい。

$$速さ\ v\,\text{(m/s)} = \frac{移動距離\ s\,\text{(m)}}{移動時間\ t\,\text{(s)}}$$

①**速さの単位**…速さの単位は，長さの単位を時間の単
位で割ったものである。**センチメートル毎秒**（記号
cm/s），**メートル毎秒**（記号 **m/s**），**キロメートル
毎時**（記号 **km/h**）などがある。

②**平均の速さ**…100 m を 10 秒で走ったときの速さは，
次のように求められる。

$$\frac{s}{t} = \frac{100\ \text{m}}{10\ \text{s}} = 10\ \text{m/s}$$

　しかし，これは 100 m の距離をまったく同じ速
さで走り続けたわけではない。この速さは，100 m
を一定の速さで走ったと仮定したときの速さで，**平
均の速さ**という。

③**瞬間の速さ**…自動車などのスピードメーターに表示
される速さは刻々と変化している。このような速さ
を**瞬間の速さ**といい，ごく短い時間の速さとして求
められる。

❸ **移動距離**……速さを求める式を変形すると，移動
距離は次のように表すことができる。

　　移動距離〔s〕＝速さ〔v〕×移動時間〔t〕

①**速さが一定のとき**…時間が経過しても速さが変わ
らなければ，時間と速さのグラフは右の図のよう
になる。このグラフは横軸に平行になり，移動距
離（速さと時間の積）は，図の緑色の部分の面積に
なる。

②**時間と移動距離のグラフ**…30 km/h の一定の速
さで運動する物体が，1 時間，2 時間，…と走っ
たときの時間と移動距離のグラフは，右の図のよ
うになる。速さが一定のときの移動距離は時間に
比例し，グラフの傾きが速さになる。

$$傾き = v = \frac{s}{t} = 30\ \text{km/h}$$

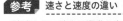

参考 速さと速度の違い

　速度とは，速さに運動の向き
を合わせたものである。速度の
ように，大きさと向きをもつ量
のことをベクトル量という。

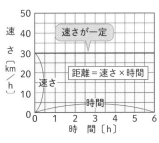

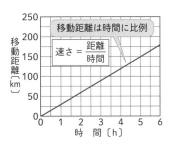

入試Info

グラフから，速さや移動距離を求める問題が出題されている。そのグラフの横軸と縦軸が何
を表しているか，またその単位は何かをしっかりと読みとることが重要である。

第**1**編　エネルギー

第1章　光と音

第2章　力

第3章　電流

第4章　運動とエネルギー

第5章　科学技術と人間

例　題　物体の速さと移動距離

おもちゃの車を6秒間動かしたときの移動距離を1秒間ごとに記録したら、下の表のようになりました。このときの平均の速さを求めなさい。

時間(秒)	1	2	3	4	5	6
距離(cm)	9.2	9.2	9.6	9.8	9.5	9.4

Solution　6秒間での移動距離は、

$9.2\ \mathrm{cm}+9.2\ \mathrm{cm}+9.6\ \mathrm{cm}+9.8\ \mathrm{cm}+9.5\ \mathrm{cm}+9.4\ \mathrm{cm}=56.7\ \mathrm{cm}$

速さは、移動距離をかかった時間で割れば求められるので、

$$\frac{56.7\ \mathrm{cm}}{6\ \mathrm{s}}=9.45\ \mathrm{cm/s}$$

Answer　9.45 cm/s

❹ **周期的な運動**……太陽のまわりを公転する惑星の運動、自動車の車輪の回転運動、振り子の運動などは**周期的な運動**とよばれる。

　周期的な運動は、一定時間経過したあとに、もとの状態(位置や速度)にもどる運動である。

①**周　期**…もとの状態にもどるまでの時間を、**周期**という。

②**振動数**…1秒間あたりのもとの状態にもどる回数(1秒間あたりの振動の回数)を**振動数**という。

③**周期と振動数の関係**…周期と振動数の間には、次の関係式がなりたつ。

$$周期＝\frac{1}{振動数}$$

$$振動数＝\frac{1}{周期}$$

　1秒間に50回の振動をくり返す場合、振動数は50 Hz、周期は$\dfrac{1}{50(\mathrm{Hz})}=0.02(\mathrm{s})$となる。

④**グラフで表す方法**…次の図のように、一定の速さで円運動する物体に平行な光をあて、物体の影をスクリーンに投影する。スクリーンにうつる影を正射影といい、一定時間ごとの正射影の位置を線でつなぐとグラフができる。

　このような方法を使うことで、周期的な運動をグラフに表すことができる。

> **参考**　いろいろな周期
> ・地球の自転周期…約1日
> ・地球の公転周期…約1年
> ・月の公転周期…約27日

> **参考**　振り子の等時性
> 　振り子の周期は振り子の長さで決まり、振幅やおもりの重さには影響されない。この性質を、振り子の等時性という。

HighClass　一定の速さで円運動することを、等速円運動という。気象観測や通信などに使われる人工衛星は地球の自転と同じ速さで等速円運動を行っているため、地球上からはとまっているように見えることから静止衛星といわれる。

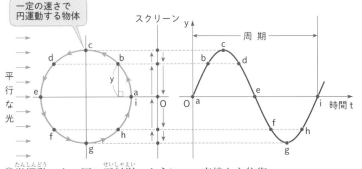

⑤**単振動**…上の図の正射影のように，一直線上を往復する運動を，**単振動**という。

単振動の代表的なものに，振り子（単振り子）やばね振り子などがある。

参考 **単振動の速さ**

単振動は等速円運動の正射影なので，単振動の速さは，上の図のaとeで最もはやくなり，cとgで最もおそくなる。

3 運動の基準 ★★☆

物体の運動を調べるとき，まずは，その運動の基準をどこにとるかを決める。基準のとり方が変わると，運動の表し方も変わるので注意が必要である。

❶ **基準のとり方と運動の表し方**……下の図のように，速さ 40 km/h で走る電車の中に A さんが，地上に B さんがいる。この場合，どちらに基準をとるかによって運動の表し方が変わる。

①**地上の B さんを基準にした場合**…B さんの目には，A さんは40 km/hの速さで前方に進むように見える。

②**電車の中の A さんを基準にした場合**…A さんの目には，B さんは 40 km/h の速さで電車の進む方向とは反対に，つまり後方に動くように見える。

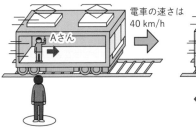

↑ 地上のBさんを基準にする

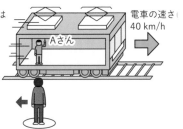

↑ 電車の中のAさんを基準にする

Episode ガリレイは天井からつるされたランプがゆれるのを見て，振り子の周期がゆれ方に関係なく同じ時間になることに気づいた。このとき，振り子の周期をはかるのに自分の脈拍を使ったといわれている。

❷ **基準のとり方と運動の速さ**……下の図のように，速さ 40 km/h で走る電車の中で，A さんは電車の進行方向に 3 km/h の速さで歩いている。この場合，どこに基準をとるかで運動のようすが変わる。

①**電車の一点を基準にした場合**…電車の中で B さんが A さんの動きを見ると，A さんは電車の速さに関係なく，速さ 3 km/h で前に進むように見える。

②**地上の一点を基準にした場合**…地上から A さんの動きを B さんが見ている場合は，電車の速さに A さんが電車内を歩く速さを加えた速さで運動するように見える。つまり，A さんは 43 km/h の速さで前方へ進むように見える。

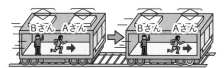

電車40 km/h　Aさん3 km/h

電車の一点に基準をとると，Aさんは
3 km/hの速さで前方に進む

⬆ 電車の一点を基準にする

Bさん

電車40 km/h　Aさん3 km/h

地上の一点に基準をとると，Aさんは
43 km/hの速さで前方に進む

⬆ 地上の一点を基準にする

❸ **相対運動**……運動は，その運動に対する基準のとり方によって表し方が異なるので，絶対的なものではなく相対的なものであるといえる。ある基準に対して相対的に変化する運動を**相対運動**という。

❹ **相対速度**……地面に対して速さ 40 km/h で運動している車 A から，その前方を地面に対して同じ向きに 50 km/h で運動している車 B を見るとき，車 B は 10 km/h の速さで運動しているように見える。この速度を車 A に対する**相対速度**という。宇宙で船外活動をする 2 人は，それぞれに対して相対速度 0 であるが，両者は地球に対して高速で運動している。

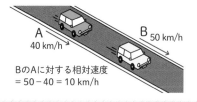

A
40 km/h

B 50 km/h

BのAに対する相対速度
＝ 50 − 40 ＝ 10 km/h

参考 合成速度
- - - - - - - - - - - - - - - - -
　静止している水の上を 10 km/h で進む船がある。この船を 5 km/h の速さで流れる川に浮かべ，流れの向きに船を進めると，陸にいる人からは船が 15 km/h で進むように見える。このような速度を合成速度という。

Episode

駅のホームから動いている電車を見ると，電車に乗っている人の顔などがある程度わかる。しかし，動いている電車に乗っている状態で反対方向に動いている電車とすれ違うと，ほとんど何も見えない。これは電車の相対速度がはやくなった影響である。

第 1 編 エネルギー

第 1 章　光と音

第 2 章　力

第 3 章　電流

第 4 章　運動とエネルギー

第 5 章　科学技術と人間

Break Time　フーコーの振り子

　フランスの物理学者であるフーコーは，1851 年に弦の長さ 67 m，おもりの質量 28 kg の大きな振り子を使った実験で地球が自転していることを証明した。周期の長い振り子を長時間振動させると振動面が回転するようすを観察でき，これをフーコーの振り子という。振動面は地球の自転と反対方向に回転し，北半球では右まわり，南半球では左まわりに振動面が回転する。

　フーコーの振り子は，地球の自転に対する振り子の相対運動を観察している。

4 運動の測定 ★★☆

1 記録タイマーによる運動の記録

〜物体の移動距離を記録する〜

　はやい運動を記録するには，記録タイマーが便利である。運動体に記録テープをはりつけて引かせると，記録タイマーは一定の時間間隔で記録テープに打点をする。記録テープに記録された打点距離と打点間隔から，運動の状態がわかる。

❶ **記録タイマーによる打点**……テープに記録された打点の距離を測定すると，その区間の平均の速さを計算することができる。

　例えば，下の図の記録タイマーの打点で東日本の場合，AB 間の平均の速さは，次のように求められる。

$$\frac{5.0 \text{ cm}}{0.1 \text{ s}} = 50 \text{ cm/s}$$

参考	**記録タイマーの使い方**

①記録タイマーに記録テープを通す。
②記録テープを物体につける。
③記録タイマーのスイッチを入れる。
④物体を動かす。

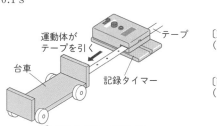

運動体がテープを引く

テープ

台車

記録タイマー

⬆ 記録タイマーの使い方

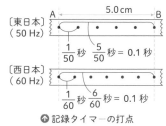

〔東日本〕（50 Hz）

A　　5.0 cm　　B

$\frac{1}{50}$ 秒　$\frac{5}{50}$ 秒 = 0.1 秒

〔西日本〕（60 Hz）

$\frac{1}{60}$ 秒　$\frac{6}{60}$ 秒 = 0.1 秒

⬆ 記録タイマーの打点

HighClass

記録タイマーの打点の回数は，東日本では 1 秒間に 50 回，西日本では 1 秒間に 60 回となっている。これは，東日本と西日本で交流（→ p.108）の周波数が異なるためで，東日本では 50 Hz，西日本では 60 Hz となっている。

❷ **速さの変化**……物体の運動のようすが記録された
ら，東日本の場合なら5打点，西日本の場合なら6
打点ごとにテープを切り，横に並べてグラフをつ
くる。

このとき，縦軸は0.1秒間に移動した距離となり，
この大きさを見れば速さの変化がわかる。テープが
長いほど，そのときの物体の速さがはやいといえる。

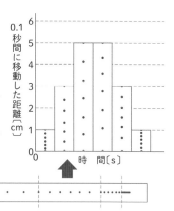

〔西日本の場合〕

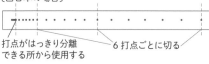

打点がはっきり分離
できる所から使用する ━━ 6打点ごとに切る

2 カメラによる運動の記録

〜運動のようすを連続写真で見る〜

高速シャッターつきのカメラやスマートフォンのアプ
リで撮影し，再生時にコマ送りで再生すると，ストロボ
撮影した写真のように物体の動きを解析することができ
る。また，この映像を画像データに変換すると，コンピ
ュータ上で解析することができる。

3 ストロボ写真による運動の記録

〜運動をストロボ写真で見る〜

運動体の刻々と変わる位置を，1枚の写真にうつし出
したものをストロボ写真という。

❶ **ストロボ写真のしくみ**……ストロボスコープは一定
の時間間隔で光が点滅する。運動体はその光を受け，
運動のようすが1枚の写真にうつし出される。

❷ **ストロボ写真からわかること**……次のストロボ写真
の模式図を見ると，斜面をころがり落ちる鋼球は同じ
時間間隔でも，しだいに移動距離が大きくなっている
ことがわかる。かかった時間は同じでもアとイで移動
距離が異なるということは，速さが異なるといえる。

ストロボスコープの周期が $\frac{1}{10}$ 秒で，**ア**の移動距離
が1.2 cmのとき，この区間の鋼球の平均の速さは，

$$1.2 \text{ cm} \div \frac{1}{10} \text{ s} = 12 \text{ cm/s}$$

Words ストロボ写真

はずむボールの運動のようす
は，下のような1枚の写真にな
る。

Episode デジタルカメラやビデオカメラ，タブレットやスマートフォンのアプリを使った連続撮影や
動画撮影を利用して，物体の運動のようすを記録することもできる。このとき，カメラ用の
三脚を利用するとカメラが固定され，映像がぶれにくくなる。

となり，**イ**の移動距離が 2.0 cm のとき，この区間の平均の速さは，

$$2.0 \text{ cm} \div \frac{1}{10} \text{ s} = 20 \text{ cm/s}$$

となる。

第**1**編　エネルギー

第1章　光と音

第2章　力

第3章　電流

第4章　運動とエネルギー

第5章　科学技術と人間

> **参考**　速さの単位
> ------------------
> cm/s の s は second の頭文字で秒を表し，自動車の速さなどに使われる km/h の h は hour の頭文字で時間を表している。

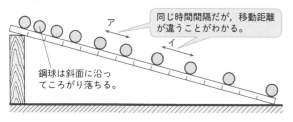

同じ時間間隔だが，移動距離が違うことがわかる。

鋼球は斜面に沿ってころがり落ちる。

⑤ 運動の規則性 ★★★

１ 運動の速さと向き

～運動の大きさと方向～

<ruby>湾曲<rt>わんきょく</rt></ruby>しているカーテンレールの上を鉄球がころがる運動や，<ruby>振<rt>ふ</rt></ruby>り子の運動をストロボ写真で調べると，次のようなことがわかる。

❶ 鉄球の速さ……鉄球の<ruby>間隔<rt>かんかく</rt></ruby>や，振り子の間隔が変わっているのは，速さが変化しているからである。

❷ 運動の向き……鉄球や，振り子の運動する向きを矢印で示している。それぞれの位置によって，向きが変化していることがわかる。

斜面に沿う力

運動の向き

カーテンレール

↑斜面上の球の運動の模式図

↑振り子の運動のストロボ写真

運動の向き

単位時間に動いた距離が異なるので速さが違う。

２ 作用と反作用

～物体にはたらく力～

力がはたらくときは，必ず２つの物体がある。一方の物体が力をはたらかせると，その物体はもう一方の物体から逆向きに同じ大きさの力を受ける。

❶ 作用と反作用……次の図で，物体 A（人）が物体 B に加える力を作用といい，力を受けた物体 B が反対に物体 A をおし返す力を反作用という。

Episode

ストロボ写真を<ruby>撮影<rt>さつえい</rt></ruby>するときは，運動する物体のできるだけ後方に黒い布などを置いて背景を黒くする。これは，ストロボスコープから出る光によって白っぽい画像になるのを防ぐためである。

この場合，物体Bは重い物体で動かないが，力を加えた物体Aのほうは逆におし返されて動く。

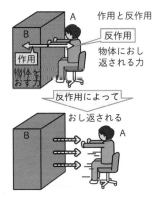

❷ **作用・反作用の法則**……物体に力がはたらくとき，作用があれば必ず反作用があり，たがいに力をおよぼし合っている。作用と反作用は，力の大きさが等しく，同一直線上にはたらき，力の向きは反対である。この関係を作用・反作用の法則という。この関係は直接ふれ合っている物体どうしだけでなく，磁石の力のように離れてはたらく場合もある。

6 力のはたらかない運動 ★★☆

1 力のはたらかない運動

～物体が同じ運動を続ける～

❶ **運動している物体**……記録タイマーを用いて台車が水平な台の上を運動するようすを記録すると，下の図のように記録テープに打点が並んだ。

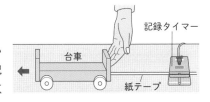

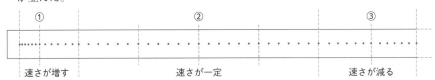

上の図の記録テープを，東日本なら5打点，西日本なら6打点間隔で切り分け，順に台紙に貼ると下の図のようなグラフができる。このグラフは，次の3つの部分からできている。

①台車を手でおしている部分…運動する向きに力が加わり，速さがはやくなる（加速）。

②手が台車から離れたあとの部分…運動する向きに力ははたらいていないので，しばらくの間は同じ速さでの運動を続ける（等速）。

③摩擦力がはたらく部分…運動する向きとは反対方向に摩擦力が加わり，速さがおそくなる（減速）。

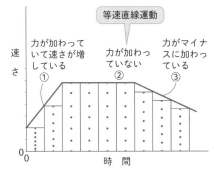

 2力のつりあいは1つの物体にはたらいている2力の関係をいうが，作用と反作用は2つの物体の間ではたらき合う2力の関係である。作用と反作用の力の作用点は，別々の物体内にある。

第**1**編 エネルギー

第1章 光と音

第2章 力

第3章 電流

第4章 運動とエネルギー

第5章 科学技術と人間

摩擦力がはたらいていない水平な平面上で運動している物体は，同じ速さでの運動が続く。物体に力がはたらかないとき，一定の速さで一直線上を進む運動を等速直線運動という。

❷ **静止している物体**……机の上で静止している本に外から力を加えない限り，その本はいつまでも机の上で静止し続ける。本を動かそうとするならば，外から力を加えなければならない。

❸ **慣　性**……一般に，外からの力がはたらかない限り，運動している物体は等速直線運動を続け，静止している物体はそのまま静止し続ける。これを慣性の法則といい，このように物体がそれまでの運動を続けようとする性質を慣性という。

右の写真のだるま落としでは，たたかれた木片だけが横に飛び，上の木片は横には動かずにそのまま下に落ちる。上の木片には，いつまでも静止し続けようとする慣性があるので横には動かず，重力がはたらくため下に落ちる。

⬆ だるま落とし

🔍 **実験・観察** | 慣性の法則を確かめる

ねらい

慣性の法則による糸の切れ方の違いを調べる。

方　法

❶ 100 g ほどのおもりの上下に木綿糸を結ぶ。
❷ 片方を固定してつり下げ，他方を手で引く。
❸ 糸を急に引いたときの，糸の切れ方を調べる。
❹ 同様に，糸をゆっくり引いたときの，糸の切れ方を調べる。

おもり

結　果

• 糸を急に引いたときは，下の糸が切れる。
• 糸をゆっくり引いたときは，上の糸が切れる。

考　察

• 糸を急に引いたときは，おもりは慣性で動こうとしないので，下の糸が切れる。
• 糸をゆっくり引いたときは，おもりはわずかに動く。下の糸には糸を引く力が加わり，上の糸には糸を引く力とおもりにはたらく重力が加わるので，上の糸が切れる。

Episode ガリレイ以前の人々は，「運動している物体には，つねにその運動方向に力がはたらき続けている。力がはたらかなければ運動は静止してしまう。」と考えていたが，ガリレイやニュートンによって誤りが修正された。

2 等速直線運動

〜物体が一定の速さで運動する〜

物体が，一定の速さで一直線上を動く運動を等速直線運動という。水平なガラスの上を走る鋼球やエアパックは等速直線運動をする。

❶ **時間と速さの関係**……等速直線運動をしている物体は一定の速さで運動を続けるので，時間が経過しても速さは変わらない。

❷ **時間と移動距離の関係**……物体の速さが変わらないとき，移動距離は速さと時間の積で求められ，このとき移動距離は時間に比例する。

Words エアパック

エアパックは底から空気を吹き出し，その空気の層の上を動く。そのため，底と床との摩擦力がほとんどなくなる。

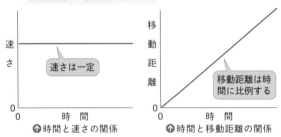

↑時間と速さの関係　　↑時間と移動距離の関係

7 力のはたらく運動 ★★☆

1 斜面をくだる運動

〜運動する方向に力がはたらく運動〜

❶ **運動する方向にはたらく力**……右の図のように，ばねばかりを使って斜面上の台車にはたらく力を調べる。

このとき，ばねばかりには斜面をくだる方向にはたらく力が加わる。

①**斜面方向にはたらく力と斜面の位置**…斜面の角度が変わらなければ，斜面のどの位置でもばねばかりには同じ大きさの力が加わる。

②**斜面方向にはたらく力と斜面の角度**…斜面の角度が大きいほど，ばねばかりに加わる力は大きくなる。

❷ **斜面をくだる運動の記録**……斜面に沿って物体がくだるようすを，記録タイマーを使って次のような手順で記録する。

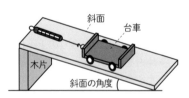

HighClass　斜面上の台車において，斜面をくだる方向にはたらく力は，台車にはたらく重力の分力である。重力を，斜面を垂直におす力と斜面をくだる方向の力に分解することで求めることができる。

第**1**編 エネルギー

第1章 光と音

第2章 力

第3章 電流

第4章 運動と エネルギー

第5章 科学技術と 人間

①記録タイマーを斜面の上部に固定し，記録テープを台車につける。

②記録タイマーのスイッチを入れたあと，台車から手をはなし，斜面をくだらせる。

③記録テープを，一定の打点間隔に切って台紙に貼る。

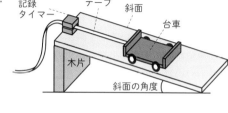

❸ **時間と速さの関係**……記録タイマーで記録したテープを，東日本なら5打点，西日本なら6打点間隔で切って台紙に貼ると，右の図のようになる。

①西日本では6打点で0.1秒となり，これを単位時間とすればテープの長さが台車の速さになる。

②右の図のように，グラフは直線となるので，速さは時間に比例するといえる。

> 速さは時間に
> 比例する

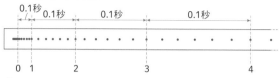

❹ **速さの変化**……台車が斜面をくだる運動をするときの，速さの変化を調べる。

①テープの長さが台車の速さを表すので，単位時間（ここでは0.1秒）あたりの速さの増加量は，下の図のテープの**ア～オ**の部分になる。この長さの分だけ，台車の速さがはやくなっている。

②テープの**ア～オ**の部分を順に並べる。

③速さの増加量は横軸に平行となるので，単位時間あたりの速さの増加量は一定であるといえる。

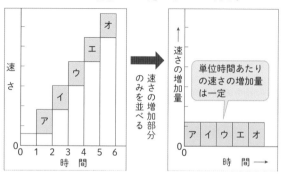

> 単位時間あたり
> の速さの増加量
> は一定

入試Info 記録テープの打点から，グラフを作図する問題が出題されている。まずは問題文中などから，打点の間隔が何秒かを見つけるとよい。

❺ 時間と進む距離の関係……物体が斜面をくだるとき，運動が始まった点からの移動距離が，時間とともにどのように変化しているかを調べる。

①単位時間ごとに，出発点からの台車の移動距離をテープの打点の位置から読みとる。

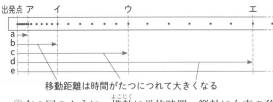

移動距離は時間がたつにつれて大きくなる

②右の図のように，横軸に単位時間，縦軸に台車の移動距離をとり，グラフを描く。このとき，台車の出発点からの移動距離は時間の2乗に比例している。

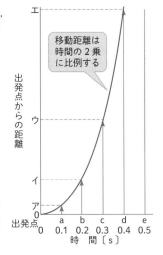

移動距離は時間の2乗に比例する

❻ 斜面の角度や物体の質量と速さの関係……物体が斜面をくだるときの速さの増加量が，斜面の角度や物体の質量によって変わるかを調べる。

斜面の角度を変える

おもりの重さを変える

①斜面の角度と速さ…斜面の角度が20°と30°のときの台車の速さの増加量を，記録タイマーを使って調べる。横軸に時間，縦軸に0.1秒間に進んだ距離（速さ）をとると，右の図のようなグラフになる。

このグラフの傾きから，斜面の角度が大きいほど物体の速さの増加量が大きくなることがわかる。

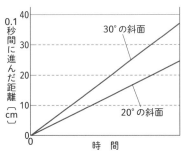

②物体の質量と速さ…台車におもりをのせるなどして，物体の質量を変えたときの速さの増加量の違いを，記録タイマーを使って調べる。斜面の角度が変わらない場合，物体の質量を変えても速さの増加量は同じである。

平面上の物体の運動は，斜面の角度が0°のときの運動といえ，物体の落下運動は斜面の角度が90°のときの運動といえる。

第**1**編 エネルギー

第1章 光と音

第2章 力

第3章 電流

第4章 運動とエネルギー

第5章 科学技術と人間

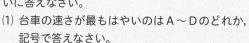 **例　題　斜面をくだる運動**

　斜面をくだる台車の運動のようすを，1秒間に50回打点する記録タイマーを使って調べました。右の図は，記録テープを5打点間隔で切ったものを順に並べたものです。この図を見て，次の問いに答えなさい。

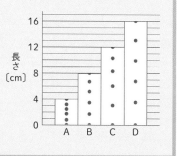

(1) 台車の速さが最もはやいのはA〜Dのどれか，記号で答えなさい。

(2) Cのときの，台車の平均の速さを求めなさい。

Solution ▷ (1) 縦軸は単位時間あたりの移動距離を表すので，記録テープが最も長いDのときが台車の速さが最もはやい。

(2) Cのときの移動距離は，記録テープの長さから12 cm。かかった時間は，記録タイマーの5打点分なので0.1 s。

平均の速さは，$\dfrac{12\ \text{cm}}{0.1\ \text{s}}$＝120 cm/s

Answer ▷ (1) D　(2) 120 cm/s

2 斜面をのぼる運動

〜運動と反対方向に力がはたらく運動〜

　台車を手でおし出して斜面をのぼらせたとき，台車の速さはしだいにおそくなり，一度とまったあと，斜面をくだる運動に変わる。これは，斜面のどの位置でも，台車には斜面をくだる方向に一定の力がはたらいているために起こる。また，水平な机の上を動く台車も，摩擦力により物体の速さはしだいにおそくなり，最後はとまってしまう。

　このことから，運動と反対方向に力がはたらき続けると，物体の速さが減少することがわかる。

3 自由落下運動

〜物体が真下に落下する運動〜

　静止している状態の物体が，初速0で落下する運動を自由落下運動または自由落下という。

❶ **運動する方向にはたらく力**……右の図のように，ばねばかりを使って真下に落下する物体にはたらく力を調べる。

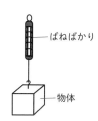

ばねばかり

物体

 短文記述対策！

Q 物体が斜面をくだるとき，物体の速さが一定の割合でふえる理由を簡単に書きなさい。

A 物体には，斜面をくだる方向に一定の力がはたらき続けているから。

このとき，地面からの物体の高さを変えても，ばねばかりには同じ大きさの力が加えられる。

❷ **自由落下運動の記録**……右の図のように，物体の落下運動も記録タイマーを使って，次のような手順で記録することができる。

①記録タイマーを横向きに固定し，おもりに記録テープをつける。

②記録タイマーのスイッチを入れたあと，記録テープの上のほうをはさみで切って，おもりを自由落下させる。

③記録テープを，一定の打点間隔(かんかく)に切って台紙に貼(は)る。

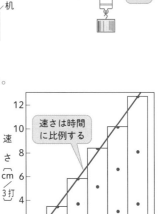

記録タイマー

おもり

机

物体の落下するようすが打点の間隔によってわかる。

❸ **時間と速さの関係**……記録タイマーで記録したテープを一定の打点間隔で切って台紙に貼ると，右の図のようになる。

一定の打点間隔を単位時間とすれば，テープの長さがおもりの速さになる。グラフは原点を通る直線となるので，速さは時間に比例するといえる。

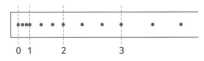

例えば3打間隔ごとに切って台紙に貼る。

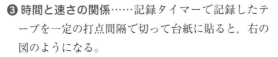

速さは時間に比例する

❹ **速さの変化**……下の図のように，単位時間あたりの速さの増加量の部分を並べると，斜面(しゃめん)をくだる台車の運動と同じように横軸(よこじく)に平行になる。

つまり，自由落下運動をする物体の単位時間あたりの速さの増加量は一定となる。

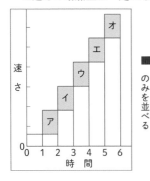

速さの増加部分のみを並べる

単位時間あたりの速さの増加量は一定

Episode 記録タイマーには，打点式と放電式の2種類がある。打点式はハンマーで記録紙に打点しているので，放電式に比べて記録テープの摩擦抵抗が大きくなり，実験結果に誤差が出やすい。

第1編 エネルギー

第1章 光と音

第2章 力

第3章 電流

第4章 運動とエネルギー

第5章 科学技術と人間

❺ 時間と落下距離の関係……単位時間ごとに, 出発点からの落下距離をテープの打点の位置から読みとる。右の図のように, 横軸に単位時間, 縦軸に出発点からの落下距離をとりグラフにすると, 時間と落下距離の関係がわかる。このとき, 出発点からの落下距離は時間の2乗に比例している。

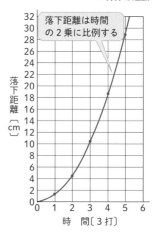

落下距離は時間の2乗に比例する

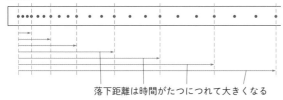

落下距離は時間がたつにつれて大きくなる

❻ 物体の質量と落下運動……落下する物体の質量を変えて, 物体の落下する速さの変化を測定すると, 速さの変化は物体の質量に関係しないことがわかる。つまり, 加速度は物体の質量に関係なく一定であるといえる。

❼ 空気抵抗と落下運動……どのような物体でも, 空気抵抗を無視することはできない。紙片など質量が小さくて表面積が大きいものほど, 空気抵抗の影響を大きく受ける。しかし, 空気を除いた真空中ならば, 小石も紙片もまったく同じように落下する。

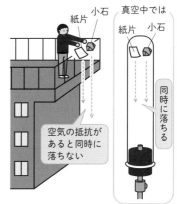

小石 紙片 真空中では 紙片 小石

空気の抵抗があると同時に落ちない

同時に落ちる

📖 例題 　等速直線運動と自由落下運動

　等速直線運動と自由落下運動の時間と速さの関係を表すグラフとして正しいものを, 下のア〜エからそれぞれ1つずつ選び, 記号で答えなさい。

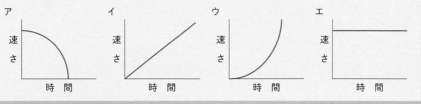

ア　速さ / 時間
イ　速さ / 時間
ウ　速さ / 時間
エ　速さ / 時間

Solution ▷ 等速直線運動では, 物体の速さは一定である。また, 自由落下運動では, 物体の速さは時間に比例する。

Answer ▷ 等速直線運動…エ　　自由落下運動…イ

HighClass　雨粒には重力と反対方向に空気抵抗がはたらき, 雨粒の落下速度がはやくなるほど空気抵抗も大きくなる。地上付近では重力と空気抵抗がつりあい, 雨粒は一定の速さで落下しているので, 建物の屋上と地上で雨粒の速さは変わらない。

4 加速度運動

～速さが変化する運動～

運動している物体の速度が時間とともに変化する運動を**加速度運動**といい，単位時間あたりの速度の変化を**加速度**という。

斜面をくだる台車の運動や自由落下運動などのように，物体の速さが増加する運動の加速度は正になる。反対に，摩擦力などがはたらいて，物体の速さが減少する運動の加速度は負になる。

❶ 加速度の単位……単位は**メートル毎秒毎秒**（記号 m/s²）が用いられる。

❷ 時間と加速度の関係……斜面をくだる台車や落下する物体の加速度は一定である。このような運動を，**等加速度直線運動**という。物体の加速度 a が一定のとき，初速 v_0 の物体の t 秒後の速さ v は次の式で表される。

$$v[\text{m/s}] = v_0[\text{m/s}] + a[\text{m/s}^2] \times t[\text{s}]$$

❸ グラフ上での時間・速さ・加速度の関係……落下運動の加速度はつねに一定であるが，自動車の発進などの運動では加速度は一定ではない。これをグラフで比較してみると，下の図のようになる。等加速度直線運動は速さが時間に比例するので直線となり，等加速度ではない運動では直線にならない。

参考 平均の加速度と瞬間の加速度

速度には，平均の速度と瞬間の速度がある。同じように，加速度にも平均の加速度と瞬間の加速度がある。どちらも，ごく短い時間あたりの速さや加速度を求めれば，それぞれ瞬間の速度や瞬間の加速度が求められる。

参考 自由落下運動の加速度

落下している物体にはたらく加速度を重力加速度といい，g で表す。

$g = 9.8\ \text{m/s}^2$

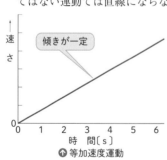

↑ 等加速度運動

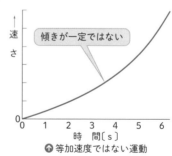

↑ 等加速度ではない運動

等加速度運動において，速さを求める式を変形すると，加速度 a は次のようになる。

$$a[\text{m/s}^2] = \frac{v[\text{m/s}] - v_0[\text{m/s}]}{t[\text{s}]}$$

このとき，$v[\text{m/s}] - v_0[\text{m/s}]$ は速さの変化量を表すので，グラフの傾きが加速度の大きさとなる。

HighClass 加速度運動は，速さではなく速度が変わる運動のことをいう。つまり，等速円運動のように速さが一定の運動でも，速さの向きが変わる運動は加速度運動といえる。

第 **1** 編 エネルギー

第1章 光と音

第2章 力

第3章 電流

第4章 運動とエネルギー

第5章 人間 科学技術と

 例　題　落下運動

右の図は，鉄球の落下するようすをストロボスコープで 0.1 秒間隔に光をあててとった写真を絵にしたものです。この絵を見て，次の問いに答えなさい。

(1) AB 間の長さがわかっているとき，$\dfrac{\text{AB 間の長さ〔cm〕}}{0.1\text{〔s〕}}$ は何を表しますか。次のア～エの中から 1 つ選び，記号で答えなさい。

　ア　A を通過するときの速さ　　イ　B を通過するときの速さ
　ウ　AB 間の平均の速さ　　エ　AB 間の速さの増加

(2) 鉄球の速さが最もはやいのは，AB～DE 間のどこになるか答えなさい。

(3) この絵からわかることを次のア～エから 1 つ選び，記号で答えなさい。

　ア　等速直線運動である。
　イ　等加速度運動である。
　ウ　加速度運動だが，加速度が一定であるかどうかはわからない。
　エ　加速度が増加している運動である。

A ○
B ○
C ○
D ○
E ○

Solution ▷

(1) 速さ ＝ $\dfrac{\text{移動距離}}{\text{移動時間}}$ より，AB 間の平均の速さとなる。

(2) A ～ E の間隔はどこも 0.1 秒なので，鉄球が最もはやいのは，移動距離が最も長い DE 間である。

(3) 落下運動なので等加速度運動であるが，この絵だけでは加速度が一定であるかどうかはわからない。

Answer ▷ (1) **ウ**　　(2) DE 間　　(3) **ウ**

Break Time　ガリレオ・ガリレイと自由落下運動

　紀元前 4 世紀ごろより，「重いものほどはやく落ちる」と約 2000 年間信じられていた。これに対してガリレイは，ピサの斜塔から重い球と軽い球を同時に落として，2 つの球が同じ速さで落下することを示したといわれている。ガリレイはそのほかにも，物体が斜面をくだる運動の研究なども行っていた。

軽い球　　重い球

同時に落ちる

 Episode　月面着陸に成功したアポロ 15 号の船長だったスコットは，月面上でハンマーと羽を同時に手からはなし，2 つの物体が同じ速さで月面に落下することを確認した。

ヒトの運動能力

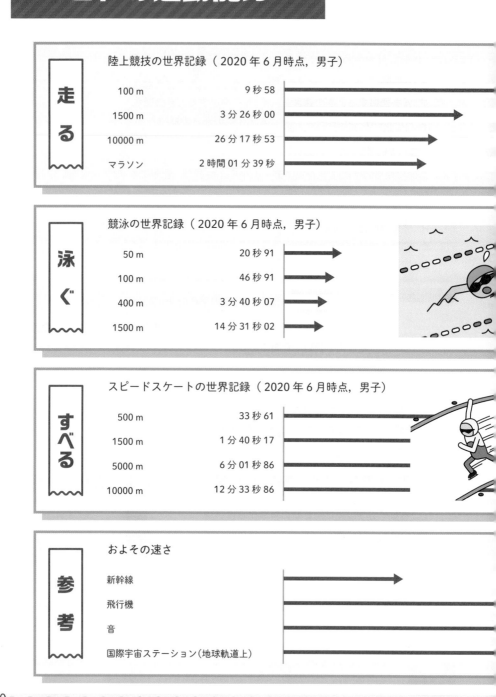

走る 陸上競技の世界記録（2020年6月時点，男子）

100 m	9秒58
1500 m	3分26秒00
10000 m	26分17秒53
マラソン	2時間01分39秒

泳ぐ 競泳の世界記録（2020年6月時点，男子）

50 m	20秒91
100 m	46秒91
400 m	3分40秒07
1500 m	14分31秒02

すべる スピードスケートの世界記録（2020年6月時点，男子）

500 m	33秒61
1500 m	1分40秒17
5000 m	6分01秒86
10000 m	12分33秒86

参考 およその速さ

新幹線

飛行機

音

国際宇宙ステーション（地球軌道上）

	10.4 m/s	37.6 km/h
	7.3 m/s	26.2 km/h
	6.3 m/s	22.8 km/h
	5.8 m/s	20.8 km/h

$$速さ = \frac{距離}{時間}$$

100m走の記録から求めた速さは
平均の速さである。
新幹線の速さは瞬間の速さである。

10 m/sを km/hに換算するには，
$1\,m = \dfrac{1}{1000}$ km, $1\,s = \dfrac{1}{3600}$ h から
考える。
$10\,m/s = 10 \times \dfrac{1}{1000} \times 3600\,km/h$
$\qquad = 36\,km/h$

	2.4 m/s	8.6 km/h
	2.1 m/s	7.7 km/h
	1.8 m/s	6.5 km/h
	1.7 m/s	6.2 km/h

	14.9 m/s	53.6 km/h
	15.0 m/s	53.9 km/h
	13.8 m/s	49.7 km/h
	13.3 m/s	47.8 km/h

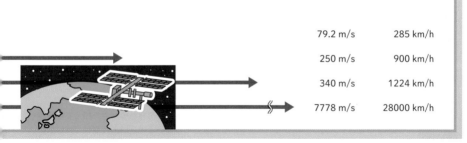

	79.2 m/s	285 km/h
	250 m/s	900 km/h
	340 m/s	1224 km/h
	7778 m/s	28000 km/h

12 仕事

Point
❶ 重力と仕事の関係について理解しよう。
❷ 摩擦力がはたらくときの仕事について理解しよう。
❸ 仕事の原理や仕事率について理解しよう。

1 仕事の表し方 入試重要度 ★★☆

物体に力を加えてその物体を移動させたとき，その力は物体に対して仕事をしたという。

1 仕事

〜物体を動かすエネルギー〜

❶ **仕事の単位**……仕事は，物体に加えた力の大きさと，力の向きに移動させた距離の積で表すことができる。仕事の単位には**ジュール**（記号 J）を用い，物体に 1 N の力を加えて，力の向きに 1 m 移動させたときの仕事が 1 J である。

> **仕事〔J〕＝物体に加えた力〔N〕**
> **×力の向きに移動させた距離〔m〕**

このことから，力の単位ニュートン〔N〕と距離の単位メートル〔m〕の積であるニュートンメートル〔N·m〕が仕事の単位であるジュール〔J〕となることがわかる。

> **参考** 力の単位
>
> 力の大きさはニュートン（記号 N）で表す。1 N は約 100 g の物体にはたらく重力の大きさに等しい。

❷ **重力にさからってする仕事**……右の図のように物体を持ち上げるとき，物体には重力と同じ大きさの力を重力と反対向きに加えている。このとき，物体は重力にさからって仕事をされたといえる。

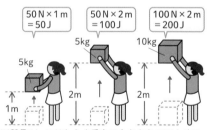

50N×1m ＝50J 50N×2m ＝100J 100N×2m ＝200J

※質量1kgにはたらく重力の大きさを10Nとする。
↑重力にさからってする仕事

重力にさからって仕事をされた物体は位置エネルギーを得たといえ，物体が得る位置エネルギーは，物体がされた仕事と等しくなる。つまり，力を加えて高い所に持ち上げるほど，物体が得る位置エネルギーは大きくなる。また，物体の質量が大きいほど物体を持ち上げるときに

HighClass 仕事は，物体に加えた力と力の向きに移動させた距離の積で求められる。力を加えても物体が動かない場合や，力が加わっていない等速直線運動をしている場合は，仕事はしていない。

12 仕 事

第**1**編 エネルギー

第1章 光と音

第2章 力

第3章 電流

第4章 運動とエネルギー

第5章 科学技術と人間

加える力が大きくなるので，同じ高さまで持ち上げた
ときの仕事は大きくなり，物体が得る位置エネルギー
も大きくなる。

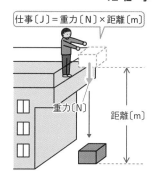

仕事〔J〕＝重力〔N〕×距離〔m〕

❸ **重力がする仕事**……右の図のように，物体が高い所
から真下に落下するとき，物体に対して重力が仕事を
したといえる。物体が落下するときの仕事は，物体に
加わる重力と落下した距離(きょり)の積で求められる。

このとき，物体が失った位置エネルギーと物体が重
力にされた仕事は等しくなる。

2 仕事の表し方

~いろいろな仕事の大きさ~

仕事の単位はジュールを用いて表すことができ，仕事
を W，物体に加えた力を F，物体を移動させた距離を x
とすると，次のように表される。

$$W〔J〕＝F〔N〕×x〔m〕$$

仕事は 1 J＝1 N×1 m を基準にしているので，物体
に加えた力が 1 N の何倍になるか，力の向きに移動さ
せた距離が 1 m の何倍になるかを考えて求めればよい。

① 5 N の荷物を 2 m 持ち上げたときの仕事

5 N×2 m＝10 N·m＝10 J

② 5 N の荷物を 2 m 持ち上げるのを，3 回くり返した
ときの仕事

5 N×2 m×3＝30 N·m＝30 J

③ 5 N の荷物を 6 m 持ち上げたときの仕事

5 N×6 m＝30 N·m＝30 J

④ 5 N の荷物 2 個を 6 m 持ち上げたときの仕事

5 N×2×6 m＝60 N·m＝60 J

参考 力の向きと仕事

力の向きと移動した向きが直
角の場合，力は物体に対して仕
事をしていない。

歩く向き

力の向きと移動した
距離の向きとが直角 | 仕事＝0

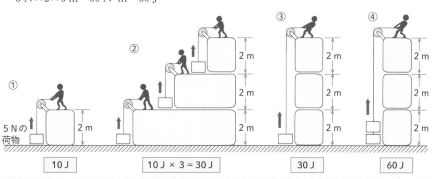

① 5 N の荷物 | 10 J

② 10 J × 3 = 30 J

③ 30 J

④ 60 J

Episode

重量挙げでは，200 kg もあるバーベルを頭上に持ち上げている。このときの高さを 2 m と
すると，バーベルは約 4000 J の仕事をされたといえる。

② 摩擦と仕事 ★★☆

1 物体にはたらく力

～床に置いた物体を動かす～

床の上に置いてある物体をおす力を大きくしていくと，やがてその物体は動き出す。このとき，物体には，**重力**，**垂直抗力**，**おす力**，**摩擦力**の4つの力がはたらいている。

おす力を大きくすると摩擦力も大きくなる

重力と垂直抗力は等しい

重力と垂直抗力はつりあっていて，おす力を大きくすると摩擦力は大きくなる。物体が動かないときは，おす力と摩擦力もつりあっているが，摩擦力には大きさの限界がある。おす力の大きさが摩擦力の限界をこえると，物体は動き出す。摩擦力の大きさは，物体と床がふれあっている面の性質や状態で変わる。

物体が動かないときの摩擦力を**静止摩擦力**といい，物体が動き出す限界の静止摩擦力を**最大摩擦力**という。また，物体が動いているときの摩擦力を**動摩擦力**という。

2 摩擦力の変化

～摩擦力をはかる～

下の図のように，机の上にある物体にばねばかりをかけて力を加えると，摩擦力をはかることができる。物体に加える力を大きくしていくと，静止摩擦力は大きくなっていき，最大摩擦力になると物体が動き出す。動摩擦力は最大摩擦力よりも小さくなるが，つねに一定の大きさになる。

z⊙⊙mup 垂直抗力→ p.45

z⊙⊙mup 摩擦力→ p.45

参考 最大摩擦力と動摩擦力の関係

垂直抗力を N，静止摩擦係数を μ，動摩擦係数を μ' とすると，最大摩擦力と動摩擦力は次のようになる。

最大摩擦力 $F_0 = \mu N$
動摩擦力 $F' = \mu' N$

一般に，$\mu > \mu'$ の関係になるので，最大摩擦力より動摩擦力のほうが小さくなる。

摩擦力ははかりの目盛りで読むことができる

↑摩擦力の大きさ

最大摩擦力

動摩擦力

F_0
F'

静止摩擦力

引く力の大きさ→

↟摩擦力のはかり方 **↟摩擦力の変化**

Episode 摩擦力の大きさは物体がふれあう面の状態で変わり，雨が降っているときの道路の摩擦力は，乾いているときと比べて約6割程度まで小さくなる。自動車は摩擦力を利用して車体を制御しているので，摩擦力が小さくなるとスリップしやすくなる。

第**1**編　エネルギー

第1章　光と音

第2章　力

第3章　電流

第4章　運動とエネルギー

第5章　科学技術と人間

3 摩擦力にする仕事

～摩擦力にさからう仕事～

　床の上に置いた物体を動かすとき，物体にした仕事は摩擦力にした仕事ともいえる。例えば，床の上に置いた質量 500 g の物体の最大摩擦力が 200 N のとき，200 N の力で物体を 1 m 動かしたときの仕事は，次のようになる。

　200 N×1 m＝200 N・m＝200 J

📖 例題 ／ 摩擦力と仕事

　100 g のおもりをつり下げると 4 cm 伸びるつるまきばねがあります。下の図のように，このばねを木片にかけて引き，木片を 30 cm だけ動かしました。木片が動いているときのばねは 6 cm 伸びています。質量 100 g の物体にはたらく重力の大きさを 1 N として，次の問いに答えなさい。

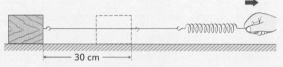

　　⟵ 30 cm ⟶

(1) 動いている木片の動摩擦力を求めなさい。

(2) 木片がされた仕事の大きさを求めなさい。

Solution ▷ (1) 木片に加える力をばねの伸びから求める。質量 100 g の物体にはたらく重力の大きさが 1 N なので，このばねは 1 N の力を加えると 4 cm 伸びることがわかる。物体が動いているときのばねの伸びは 6 cm なので，木片に加わる力は，$1 \text{ N} \times \dfrac{6 \text{ cm}}{4 \text{ cm}} = 1.5 \text{ N}$

　　　　　動摩擦力は動いている木片に加わる力と等しいので，1.5 N となる。

(2) 1.5 N の力で 30 cm 動かしたときの仕事は，1.5 N×0.3 m＝0.45 J

Answer ▷ (1) 1.5 N

(2) 0.45 J

3 仕事の原理 ★★★

1 てこによる仕事

～てこを使って物体を動かす～

　私たちは，物体を動かすのにてこを使うことがある。てこを使って物体を動かすときの仕事の大きさは，次のように考えることができる。

短文記述対策！

Q 1 kg の物体が机の上で静止しているとき，机は物体の重さと等しい力を物体に加えているが，仕事をしたとはいえない理由を答えなさい。

A 物体が力の向きに移動していないので，仕事をしたとはいえない。

❶ **てこのはたらき**……てこには，力を加える場所を支点から離すほど，小さな力で物体を動かすことができるといったはたらきがある。

下の図のように，てこの支点から a〔m〕離れた場所に重さ W〔N〕の物体をのせ，支点から b〔m〕離れた場所に F〔N〕の力を加えて物体が動き出そうとするとき，$aW=bF$ の関係がなりたつ。

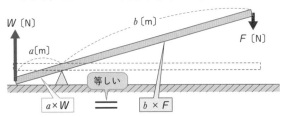

❷ **てこによる仕事**……下の図で，てこが物体にする仕事$_1$ は W〔N〕$\times h$〔m〕となり，手がてこにする仕事$_2$ は F〔N〕$\times H$〔m〕となる。また，三角形の相似の関係から $\dfrac{a}{b}=\dfrac{h}{H}$ となる。ここで，$aW=bF$ を変形して $\dfrac{a}{b}=\dfrac{F}{W}$ とすると，$\dfrac{h}{H}=\dfrac{F}{W}$ となり，$Wh=FH$ となるので，手がてこにする仕事 FH〔J〕と，てこが物体にする仕事 Wh〔J〕は等しくなることがわかる。

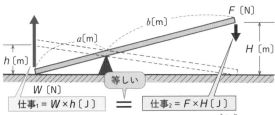

❸ **仕事の原理**……てこを使って物体を同じ距離だけ動かすとき，支点と力点の距離が2倍，3倍，…と大きくなると，加える力の大きさは $\dfrac{1}{2}$，$\dfrac{1}{3}$，…と小さくなる。しかし，てこを動かす距離が2倍，3倍，…と大きくなるので，どの点に力を加えても仕事の大きさは変わらない。

このように，道具を使うと小さな力で物体を動かすことができるが，動かす距離が大きくなるので仕事の大きさは変わらない。これを**仕事の原理**という。

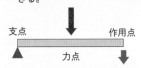

参考 てこの種類
①**第一種てこ**…加えた力よりも大きな力を生み出すことができる。
②**第二種てこ**…加えた力よりも大きな力を生み出すことができる。
③**第三種てこ**…加えた力よりも小さな力を生み出すことができる。

Episode てこは，支点，力点，作用点の関係から，3つの種類に分けられる。このうち，第三種てこといわれるものは，力点に加えた力よりも小さな力が作用点に加わる。大きな力を生み出すことはできないが，ピンセットなど精密な作業をする道具によく見られる。

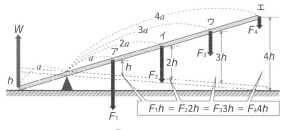

↑ 仕事の原理

力を加える点	支点からの距離	各点に加える力	移動する距離	仕 事
ア	a	F_1	h	F_1h
イ	$2a$	$F_2=\dfrac{F_1}{2}$	$2h$	$2F_2h=F_1h$
ウ	$3a$	$F_3=\dfrac{F_1}{3}$	$3h$	$3F_3h=F_1h$
エ	$4a$	$F_4=\dfrac{F_1}{4}$	$4h$	$4F_4h=F_1h$

2 滑車による仕事

~滑車を使って物体を動かす~

　滑車を使って物体を動かすことで，加える力の向きを変えたり，加える力の大きさを小さくしたりすることができる。

❶ 滑車の種類……滑車には，次のような種類のものがあり，それぞれはたらきが異なる。

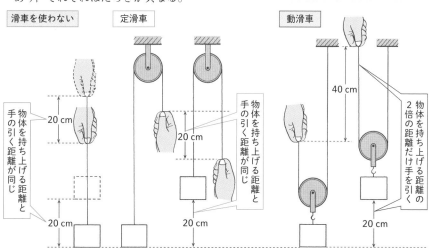

・てこの「力×距離」…てんびんにおもりをつり下げると，てんびんを左や右に傾ける力がはたらく。このはたらきを，**モーメント**という。この大きさは「力×距離」で求められる。このとき，力の向きと長さの向きは垂直の関係にある。モーメントはベクトル量である。

・仕事の「力×距離」…仕事の大きさは「力×距離」で求められる。このとき，力の向きと長さの向きは同じ向きである。仕事はスカラー量である。

力のように，大きさと向きをもった量をベクトル量という。それに対し，仕事のように大きさのみで向きをもたない量をスカラー量という。仕事のほかにも，質量，長さなどがスカラー量である。

①**定滑車**…滑車の軸が天井などに固定されている滑車を定滑車という。物体を動かすのに必要な力の大きさは変わらないが，手で加える力の向きを変えて物体に伝えることができる。

②**動滑車**…滑車の軸が固定されていない滑車を動滑車という。小さい力で物体を動かすことができるが，ひもを引く距離が大きくなる。

③**複合滑車**…定滑車と動滑車を組み合わせた滑車を複合滑車という。

❷ **滑車と力の大きさ**……定滑車を使っても，物体を持ち上げるには物体の重さと同じ大きさの力が必要になる。しかし，動滑車を使うと，物体を持ち上げるのに必要な力は小さくなる。このとき，動滑車1個よりも，複合滑車のように動滑車の数が多いほど物体を持ち上げるのに必要な力は小さくなる。動滑車と1本のひもを使って物体を持ち上げるとき，ひもを引く力の大きさは次のように表すことができる。

ひもを引く力＝物体の重さ÷動滑車にかかるひもの数

参考 **輪軸**

半径の小さな軸に半径の大きな軸を組み合わせ，いっしょに回転するようにしたものを輪軸という。大きい輪に加えた力よりも，大きな力が小さな軸に加わる。

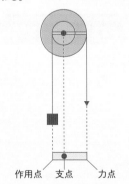

作用点　支点　力点

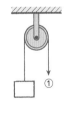  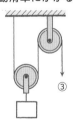 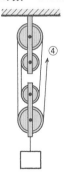 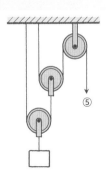

↑滑車の組み合わせ

上の図で，①のひもを引く力の大きさは，物体の重さと変わらない。②と③のひもを引く力は，物体の重さの $\frac{1}{2}$ になる。④と⑤のひもを引く力は，物体の重さの $\frac{1}{4}$ になる。

❸ **滑車による仕事**……滑車を使った場合でも，滑車の重さや摩擦を考えないとすると仕事の原理がなりたつので，手が滑車にする仕事と滑車が物体にする仕事はつねに等しくなる。

HighClass

動滑車を使って物体を持ち上げる場合，動滑車の重さは考えないとすることが多い。動滑車の重さを考えなければ，動滑車を1個使うと，物体を持ち上げるのに必要な力は $\frac{1}{2}$ になる。

第**1**編 エネルギー

第1章 光と音

第2章 力

第3章 電流

第4章 運動とエネルギー

第5章 科学技術と人間

📖 **例題** 滑車と仕事

5 kg の物体を，動滑車 1 個を使用して持ち上げました。質量 1 kg の物体にはたらく重力の大きさを 10 N とし，動滑車とひもの重さや摩擦力は考えないものとして，次の問いに答えなさい。

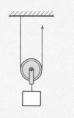

(1) 物体を基準面から 2 m の高さまで持ち上げるとき，ひもに加える力の大きさを求めなさい。

(2) (1)のとき，物体がされた仕事の大きさを求めなさい。

Solution ▷ (1) 5 kg の物体にはたらく重力の大きさは 50 N である。動滑車を 1 個使用する場合，ひもを引く力は物体の重さの $\frac{1}{2}$ になるので，

$$50\,\text{N} \times \frac{1}{2} = 25\,\text{N}$$

(2) 動滑車を 1 個使用する場合，ひもを引く距離は物体が動く距離の 2 倍になるので，

$$25\,\text{N} \times 4\,\text{m} = 100\,\text{N·m}$$
$$= 100\,\text{J}$$

Another ▷ (2) 仕事の原理から，手で 5 kg の物体を 2 m 持ち上げたときの仕事と等しいので，

$$50\,\text{N} \times 2\,\text{m} = 100\,\text{N·m}$$
$$= 100\,\text{J}$$

Answer ▷ (1) 25 N

(2) 100 J

3 斜面を利用した仕事

~斜面を使って物体を動かす~

物体をなめらかな斜面に沿って引き上げたときの仕事は，次のように考えることができる。

❶ **斜面に沿って引き上げる仕事**……重さ W〔N〕の物体を重力にさからって直接 h〔m〕引き上げるときの仕事は，Wh〔J〕となる。同じ物体をなめらかな斜面を使って引き上げると，引き上げるのに必要な力は小さくなる。

次の図のように，なめらかな斜面を使って点 A から点 B まで物体を引き上げるのに必要な力を F〔N〕とし，移動距離を x〔m〕とすると，物体がされる仕事は Fx〔J〕となる。引き上げる力 F〔N〕は，物体にはたらく重力の斜面方向の分力に等しいので，次のよう

入試Info 滑車を使って物体を引き上げる問題が出題されている。動滑車を使う場合は，ひもを引く力は小さくなるが，ひもを引く距離が大きくなることを理解しておくとよい。

に表すことができる。

$$F[N] = \frac{BC}{AB} \times W[N]$$

$$= \frac{h}{x} \times W[N]$$

物体がされる仕事 $= Fx[J]$

$$= \frac{h}{x} \times W[N] \times x[m]$$

$$= Wh[J]$$

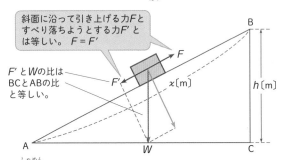

斜面に沿って引き上げる力Fと
すべり落ちようとする力F'と
は等しい。 $F = F'$

F'とWの比は
BCとABの比
と等しい。

参考 三角形の相似

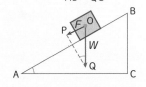

下の図で，∠BCA＝∠OPQ
＝90°，∠BAC＝∠OQP のた
め，△ABC∽△QOP となる。
このとき，対応する各辺の比は
等しいので，$\dfrac{BC}{AB} = \dfrac{OP}{QO}$ となる。

②斜面の仕事の原理……❶から，直接物体を引き上げ
るときと比べて，斜面に沿って物体を引き上げるとき
のほうが，物体に加える力は小さくなるが，物体を動
かす距離は大きくなる。どちらの場合も，仕事の大き
さは $Wh[J]$ と変わらないので，仕事の原理がなりた
つことがわかる。

4 仕事率 ★★☆

人や機械が物体を一定の距離だけ動かすとき，仕事の
速さがはやくてもおそくても，仕事の大きさは同じであ
る。しかし，同じ時間内にする仕事の大きさは，仕事の
速さによって変わる。仕事の能率は，単位時間あたりに
する仕事の大きさで比べることができ，これを仕事率と
いう。

参考 仕事率と速さ

仕事は「力×距離」で求められ，
仕事率は「力×$\dfrac{距離}{時間}$」となる。
これを速さを用いて表すと，仕
事率は「力×速さ」となる。

❶仕事率の求め方……仕事率は，単位時間内あたりに
する仕事の大きさなので，次のようにして求めること
ができる。

$$仕事率 = \frac{仕事の大きさ}{仕事をするのにかかった時間}$$

❷仕事率の単位……仕事率の単位にはワット（記号 W）

斜面に沿って物体を引き上げるとき，斜面の傾きがゆるやかなほど小さい力で物体を引き上
げることができる。これを利用しているのが車いす用のスロープなどで，長い距離をとって
斜面の傾きをゆるやかにしている。

を用い，1秒間に1Jの仕事をするときの仕事率は1Wとなる。このほかに，**ジュール毎秒**（記号 **J/s**）が使われることもある。

　1 W＝1 J/s＝1 N・m/s

❸ **日常生活での仕事率**……私たちが日常生活でしている仕事には，次のようなものがある。

①教室のドアをあける②荷物をおして動かす　③体重40kgの人が2階へ上がる

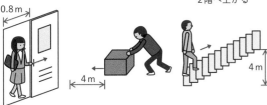

	①	②	③
力 *F* (N)	5	34	約400
距離 (m)	0.8	4	4
仕事 (J)	4	136	約1600
時間 (s)	1	2	5
仕事率 (W)	4	68	320

第1編 **エネルギー**

第1章 光と音

第2章 力

第3章 電流

第4章 **運動とエネルギー**

第5章 科学技術と人間

参考 仕事と電力の関係

　仕事率の単位は，ワットやジュール毎秒で表される。これに時間をかけると仕事になるが，その単位は電力量の単位である**ワット秒**（記号 **Ws**）でも表すことができる。

　1 J＝1 Ws

📖 **例 題** 仕事率を求める

　右の図のように，ひもとばねばかりをつけた質量 400 g のおもりを，3 cm/s の速さで 15 cm 引き上げます。質量 100 g の物体にはたらく重力の大きさを 1 N とし，ひもとばねばかりの重さは考えないものとして，次の問いに答えなさい。

(1) ばねばかりが示す値は何 N になるか求めなさい。

(2) 手がひもにした仕事率を求めなさい。

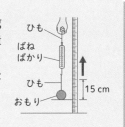

ひも
ばね
ばかり
ひも
おもり
15 cm

Solution ▷ (1) 質量 100 g の物体にはたらく重力の大きさが 1 N なので，質量 400 g の物体にはたらく重力の大きさは 4 倍の 4 N になる。

(2) おもりを引き上げるのにかかる時間は，$\dfrac{15 \text{ cm}}{3 \text{ cm/s}}$＝5 s

　　手がひもにした仕事率は，$\dfrac{4 \text{ N} \times 0.15 \text{ m}}{5 \text{ s}}$＝0.12 N・m/s＝0.12 W

Answer ▷ (1) 4 N　　(2) 0.12 W

入試Info

質量のある動滑車を用いる問題が出題されることがある。ひもを引く力を求めるときに，物体の重さだけでなく動滑車の重さも考えなければいけないので，注意が必要である。

13 エネルギーの移り変わり

Point
❶ エネルギーとは何かを理解しよう。
❷ 力学的エネルギーの保存について理解しよう。
❸ 熱の性質について理解しよう。

1 エネルギー 入試重要度 ★★☆

1 エネルギー

～仕事をする能力～

高い場所からおもりを落として，くいに衝突させると，くいは地面に打ちこまれる。おもりとくいが衝突すると，おもりからくいに対して力がはたらき，くいは力の向きに動かされる。このとき，おもりはくいに対して仕事をしたといえ，高い場所にあるおもりには仕事をする能力があることがわかる。このように，ほかの物体に対して仕事をする能力をエネルギーという。

運動している物体は，ほかの物体に衝突すると，その物体に力を加えて運動のようすを変えることができる。つまり，運動している物体は仕事をする能力をもっているので，エネルギーをもっているといえる。エネルギーの単位は，仕事と同じジュール（記号 J）が用いられる。

zoomup 仕 事→p.142

参考 エネルギーの単位

エネルギーの単位ジュール〔J〕は，仕事，発熱量，電力量の単位でもある。すなわち，仕事，発熱量，電力量はエネルギーと同等のものであることがわかる。

2 位置エネルギー

～高い場所にある物体がもつエネルギー～

高い場所にある物体が落ちたとき，くいに対して仕事をすることから，高い場所にある物体はエネルギーをもっている。このエネルギーを位置エネルギーという。

❶ **物体の高さと位置エネルギー**……斜面の上にある鋼球は，その高さ分の位置エネルギーをもっている。この鋼球を斜面の上からころがして木片に衝突させると，木片は鋼球から仕事をされてレール上を動く。このとき，鋼球の高さを変えると，衝突したときに木片が動く距離が変わる。

参考 位置エネルギーの大きさ

1 N の重力がはたらく物体が，基準面から 1 m の高さにあるとき，その物体は 1 J の位置エネルギーをもつという。

Episode エネルギーという言葉は，ギリシャ語で仕事を意味する言葉が語源となっている。このように，エネルギーと仕事は，その言葉からも深い関係があることがわかる。

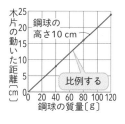

　右の図は，鋼球をはなす高さと，木片の動く距離の関係をグラフに表したものである。グラフより，鋼球の高さと木片の動いた距離は比例していることがわかる。また，木片の動く距離は鋼球がした仕事の大きさを示すので，鋼球の高さと鋼球の位置エネルギーは比例するといえる。

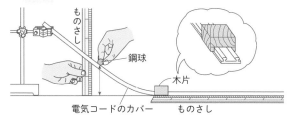

❷ **物体の質量と位置エネルギー**……上の図の装置を使い，同じ高さから質量の異なる鋼球をころがして木片に衝突させる。このとき，鋼球の質量によって木片の動く距離は変わり，その関係をグラフに表すと右の図のようになる。木片の動く距離は鋼球がした仕事の大きさを示すので，鋼球の質量と鋼球の位置エネルギーは比例するといえる。

❸ **位置エネルギーの求め方**……高い場所にある物体が落下するとき，物体はもっていた位置エネルギーに相当する仕事をする。反対に，物体に対して高い場所に引き上げる仕事をすると，物体はされた仕事に相当する位置エネルギーを得るといえる。

　質量 m〔kg〕の物体にはたらく重力の大きさを W〔N〕とすると，この物体を高さ h〔m〕の場所に引き上げるときの仕事の大きさは Wh〔J〕である。物体を引き上げる仕事の大きさと位置エネルギーの大きさは等しいので，この物体が高さ h〔m〕の場所にあるときの位置エネルギーは Wh〔J〕となる。

参考 位置エネルギーの表し方

　重力加速度 g（＝9.8 m/s²）を使うと，質量 m〔kg〕にはたらく重力の大きさは mg〔N〕と表すことができ，位置エネルギーの大きさは mgh〔J〕となる。

③ 運動エネルギー

〜運動している物体がもつエネルギー〜

　動いている鋼球を木片に衝突させると，鋼球から木片に力が加わり木片が動く。このとき，鋼球は木片に対して仕事をしているので，運動している鋼球はエネルギーをもっているといえる。これを運動エネルギーという。

入試Info　位置エネルギーの大きさを調べる実験において，グラフから落下する物体の質量を求める問題が出題されている。衝突した物体の動く距離は，落下する物体の質量に比例することを用いて求めればよい。

第 1 章

光と音

第 2 章

力

第 3 章

電

流

第 4 章
運動と
エネルギー

第 5 章

人
間科学技術と

斜面をころがる鋼球が木片に対して仕事をするときは、高い場所にある鋼球がもっている位置エネルギーが運動エネルギーに変わり、その運動エネルギーによって木片に仕事をしている。

❶ 物体の速さと運動エネルギー……鋼球を木片に衝突させたとき、鋼球の速さがはやいほど木片の動く距離が大きくなる。詳しく調べると、衝突するときの速さが2倍、3倍、…となると、木片の動く距離は4倍、9倍、…になる。このことから、運動エネルギーは速さの2乗に比例することがわかる。

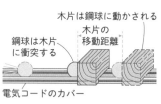

木片は鋼球に動かされる
木片の移動距離
鋼球は木片に衝突する
電気コードのカバー

❷ 物体の質量と運動エネルギー……鋼球の質量が大きいほど、木片の動く距離も大きくなる。詳しく調べると、質量が2倍、3倍、…になると、木片の動く距離は2倍、3倍、…になる。このことから、運動エネルギーは質量に比例することがわかる。

❸ 運動エネルギーの求め方……物体の位置エネルギーがすべて運動エネルギーに変わるとき、運動エネルギーは次のようにして求められる。

　質量 m〔kg〕の物体が高さ h〔m〕の位置にあるとき、この物体のもつ位置エネルギーの大きさは、重力加速度 g〔m/s²〕を用いると mgh〔J〕となる。

　この物体が h〔m〕落下するのにかかった時間を t〔s〕とし、そのときの速さを v〔m/s〕とすると、それぞれ次のようになる。

$$v=gt \quad h=\frac{1}{2}gt^2$$

　これらを使って位置エネルギーを表すと、物体が落下したときの運動エネルギーが求められる。

$$mgh=m\times g\times\frac{1}{2}gt^2$$
$$=\frac{1}{2}m(gt)^2$$
$$=\frac{1}{2}mv^2$$

　このことから、質量 m〔kg〕の物体が速さ v〔m/s〕で運動しているときの運動エネルギーは、$\frac{1}{2}mv^2$〔J〕となる。

参考 自由落下する物体が進む距離

　自由落下では、速さ v〔m/s〕は時間 t〔s〕に比例してはやくなる。

$$v=gt \quad\cdots\text{①}$$

t 秒間に進む距離 h〔m〕を 速さ×時間 で求めると、下のグラフの緑色の部分になる。

$$h=\frac{1}{2}vt \quad\cdots\text{②}$$

①を②に代入する。

$$\frac{1}{2}vt=\frac{1}{2}gt^2$$

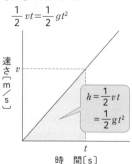

$$h=\frac{1}{2}vt=\frac{1}{2}gt^2$$

速さ〔m/s〕

時　間〔s〕

参考 運動エネルギーの求め方

$\frac{1}{2}mv^2$（運動エネルギー）は、ニュートンの運動方程式を用いて、負の等加速度運動から求めることが多い。

HighClass

ニュートンは、質量の大きい物体を動かすには大きな力が必要になることや、大きな力がはたらくほど速さの変化の割合（加速度）が大きくなることから、力＝質量×加速度 と定義した。これによって表される力の単位がニュートン（記号 N）である。

② エネルギーの移り変わり ★★☆

鋼球が斜面をくだるとき，じょじょに鋼球のころがる速さがはやくなるので，位置エネルギーが小さくなるほど運動エネルギーが大きくなることがわかる。このとき，位置エネルギーの減少分は，運動エネルギーに変換されたと考えられる。

1 振り子の運動

〜位置エネルギーと運動エネルギーの移り変わり〜

右の図で，振り子のAの位置でおもりをはなすと，Eまで動く。このあと，振り子はEからAまで動き，同じ動きをくり返す。

❶ 位置エネルギーの変化……おもりが基準面から高い場所にあるほど，位置エネルギーは大きい。基準面にあるCでは，位置エネルギーは0となる。

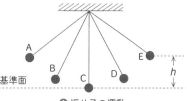

↑ 振り子の運動

❷ 運動エネルギーの変化……おもりの速さはたえず変化している。速さはAとEでは0となり，Cで最大となる。したがって，運動エネルギーはAとEでは0となり，Cで最大となる。

> **参考** エネルギーの基準
>
> 位置エネルギーの高さや運動エネルギーの速さは，何に対しての高さや速さかという基準を設けて考える必要がある。

❸ 位置エネルギーと運動エネルギーの関係……振り子の位置と，位置エネルギーや運動エネルギーの関係をまとめると，下の表のようになる。

位置エネルギーが小さくなると運動エネルギーが大きくなり，位置エネルギーが大きくなると運動エネルギーは小さくなることがわかる。位置エネルギーが0のときは運動エネルギーが最大，運動エネルギーが0のときは位置エネルギーが最大になることから，位置エネルギーと運動エネルギーは相互に移り変わることがわかる。このとき，位置エネルギーと運動エネルギーの和はつねに一定である。

おもりの位置	A	A→B→C	C	C→D→E	E
位置エネルギー	最大	しだいに減少	0	しだいに増加	最大
運動エネルギー	0	しだいに増加	最大	しだいに減少	0

Episode ジェットコースターは位置エネルギーと運動エネルギーの移り変わりを利用した乗り物である。斜面をのぼることで位置エネルギーをもち，斜面をくだるときに位置エネルギーが運動エネルギーに変わって速さが増加している。

2 力学的エネルギー

〜位置エネルギーと運動エネルギーの和〜

物体の運動に関わるエネルギーは，位置エネルギーと運動エネルギーであり，これらの総和を力学的エネルギーという。

力学的エネルギー＝位置エネルギー＋運動エネルギー

❶ **力学的エネルギーの保存**……高い所にある物体が落下するとき，その速さはじょじょにはやくなり，運動エネルギーは増加する。同時に，高さが低くなるので位置エネルギーは減少する。この間，どの点においても位置エネルギーと運動エネルギーの和はつねに一定になる。これを力学的エネルギーの保存という。

❷ **斜面上の落下**……斜面上を鋼球がころがるとき，斜面の角度が変わっても，鋼球の高さが同じなら位置エネルギーは同じである。

❸ **力学的エネルギーが保存されないとき**……床の上をころがるボールは，力学的エネルギーの保存がなりたつなら，いつまでもころがり続ける。しかし，実際にはとまってしまう。これは，力学的エネルギーの一部がほかのエネルギーに移り変わり，最終的に力学的エネルギーが0になるためである。

　例えば，床とボールの間の摩擦や空気とボールの間の摩擦（空気抵抗）などにより，力学的エネルギーが熱に変わっていく。このように，力学的エネルギーがほかのエネルギーに変わっていく場合は，力学的エネルギーは保存されない。

3 物体の衝突

〜衝突の種類と力学的エネルギー〜

❶ **弾性衝突**……衝突の前後で力学的エネルギーの保存がなりたつ衝突を**弾性衝突**という。鋼球どうしの衝突や，ビリヤードの球どうしの衝突は弾性衝突に近い。

❷ **非弾性衝突**……衝突の前後で力学的エネルギーの保存がなりたたない衝突を**非弾性衝突**という。一般に，多くの衝突は非弾性衝突であり，衝突により力学的エネルギーがほかのエネルギーに変わる。

参考 位置エネルギーと運動エネルギーの移り変わり

高い所にある物体が落下するとき，位置エネルギーは減少するが運動エネルギーは増加し，その和はつねに一定になる。

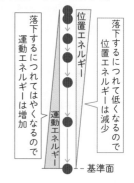

参考 非弾性衝突と熱エネルギー

非弾性衝突では，力学的エネルギーの一部が物体をつくる原子や分子の振動となり，物体の温度が上昇する。つまり，力学的エネルギーが熱エネルギーに変わったといえる。

入試Info 力学的エネルギーの保存についての問題では，「摩擦や空気の抵抗はないものとする」といった説明があることが多い。この記述がないときは，力学的エネルギーが保存されない問題である可能性があるので，問題の条件に気をつける必要がある。

4 エネルギーの種類

～いろいろなエネルギー～

❶ **弾性エネルギー**……縮められたばねは，弾性力によって物体を動かすという仕事ができ，これを弾性エネルギーという。引き伸ばされたばねも弾性エネルギーをもつ。ばねの長さによるエネルギーなので，位置エネルギーの1つである。

❷ **電気エネルギー**……電流を流してモーターを回すことで，物体に対して仕事ができる。

❸ **光エネルギー**……太陽電池に光をあてて発電し，モーターを回すことで物体に対して仕事ができる。

❹ **音エネルギー**……音は，振動が波となって伝わる現象である。物体を振動させるので，物体に対して仕事ができるといえる。

❺ **化学エネルギー**……ガスバーナーでガスを燃やすと熱が発生する。この熱で仕事ができるので，燃やす前のガスはエネルギーをもっているといえる。このような物質がもつエネルギーを，化学エネルギーという。

❻ **熱**……ガスバーナーでフラスコの水を加熱すると，水が水蒸気になる。この水蒸気で羽根車を回して発電するのが火力発電である。羽根車を回すので，物体に対して仕事ができるといえる。

z◯◯mup 弾性力→ p.45

Words 太陽電池

光エネルギーを利用して発電する装置を太陽電池といい，太陽光発電に利用されている。

5 熱

～熱の性質～

❶ **エネルギーの変換**……エネルギーが別の種類のエネルギーに変わることを，**エネルギー変換**という。このとき，投入されたエネルギー量に対する目的のエネルギーに変換されたエネルギー量の割合を，**エネルギー変換効率**という。下の表では，白熱電球は電気エネルギーの10％前後が光エネルギーに変換されていることを示す。このとき，残りの90％前後の電気エネルギーは，熱に変換されている。

	白熱電球	蛍光灯	LED電球
変換効率	8～14	25	30

⬆エネルギー変換効率

HighClass イギリスの科学者ジュール(1818～1889年)は，つり下げたおもりとつないだ羽根車で水をかき混ぜる実験を行い，水の上昇温度を調べた。これにより，仕事が熱に変わること，熱もエネルギーであることをつきとめた。

第1編 エネルギー

第1章 光と音

第2章 力

第3章 電流

第4章 運動とエネルギー

第5章 科学技術と人間

❷ **熱平衡状態と温度**……高温の物体と低温の物体を接触させると，高温の物体から低温の物体へ熱が移動する。このとき，高温の物体の温度は下がり，低温の物体の温度は上がる。

　2つの物体が同じ温度になったとき熱の移動が終わり，この状態を**熱平衡状態**という。

❸ **エネルギーの保存とエネルギーの利用**……エネルギー変換では，つねにエネルギーの一部が熱に変わっている。これを**エネルギーの損失**といい，一次エネルギーの約6割が利用していない熱として排出されている。このような，利用していないエネルギーも含めれば，エネルギー変換の前後でエネルギーの総量は変わらない。これを，**エネルギーの保存**という。

　全体ではエネルギーが保存されていても，目的のエネルギーとしてとり出せる量が小さければ，エネルギー変換効率は低くなる。環境問題などの観点からも，エネルギー変換により排出される熱の削減，再利用，熱電変換などの技術開発が求められているが，いまの技術では難しいことも多く，開発が進められている最中である。

❹ **熱の伝わり方**

①**伝　導**…熱源に接触したところから原子や分子の振動や乱雑な運動による衝突を通して，直接エネルギーが伝わることを**伝導**または**熱伝導**という。熱の伝わりやすさ（熱伝導率）は物質によって異なり，金属は伝わりやすく，空気は伝わりにくい。

②**対　流**…気体や液体の高温部分は，まわりよりも密度が小さくなり，浮力が生じて上昇する。低温部分はまわりよりも密度が大きいので下降する。このように，液体や気体が実際に移動して熱を伝えることを**対流**という。

③**放　射**…物体が赤外線などの光（電磁波）としてエネルギーを放出することで熱が伝わる現象を**放射**または**熱放射**という。太陽からのエネルギーは，放射によって地球まで届いている。

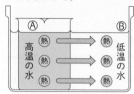
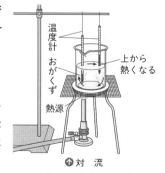

温度計

おがくず

上から熱くなる

熱源

⬆ 対　流

HighClass　熱は高温から低温に対して伝わるので，熱は高温でないと利用することが難しい。そのため，エネルギー変換のときに熱として逃げる量を減らしたり，目的とするエネルギーの変換効率が高い方法を用いたりする必要がある。

第1編 エネルギー

第1章 光と音

第2章 力

第3章 電流

第4章 運動とエネルギー

第5章 科学技術と人間

➡ p.114 **1** 水圧の大きさは容器の大きさや形，水の量には関係なく，水面からの（　　）だけで決まる。

➡ p.116 **2** 水中にある物体が，水から受ける上向きの力を何というか。

➡ p.118 **3** 2つ以上の力と同じはたらきをする1つの力を何というか。

➡ p.120 **4** 1つの力を2つ以上の力に分解したとき，分解された力を何というか。

➡ p.120 **5** 物体に加わる2つ以上の力がつりあっているとき，合力は（　　）になっている。

➡ p.123 **6** 200 m を32秒で走ったときの平均の速さは何 m/s か。

➡ p.123 **7** 60 km/h で走り続ける自動車は，1時間20分で何 km 進むか。

➡ p.128 **8** 物体が運動する速さがはやいほど，記録タイマーで測定したときの記録テープの打点間隔は（　　）なる。

➡ p.129 **9** 力を受けた物体が，反対に力を加えた物体をおし返す力を何というか。

➡ p.131 **10** 一定の速さで一直線上を動いている運動を何というか。

➡ p.131 **11** 外から力がはたらかないとき，物体がそれまでの運動を続けようとする性質を何というか。

➡ p.132 **12** 物体が等速直線運動をするとき，時間と移動距離の間にはどのような関係があるか。

➡ p.136 **13** 物体が自由落下をするとき，時間と速さの間にはどのような関係があるか。

➡ p.142 **14** 仕事は，物体に加えた力と，力の向きに移動させた距離の（　　）で求めることができる。

➡ p.146 **15** 道具を使わずに物体を動かすときと，道具を使って物体を動かすときで，仕事の大きさはどうなるか。

➡ p.148 **16** 物体を同じ距離だけ持ち上げる場合，定滑車1個を使うときと比べて動滑車1個を使うときは，ひもを引く力は（　　）になり，ひもを引く距離は（　　）になる。

➡ p.150 **17** 単位時間あたりにする仕事の大きさを何というか。

➡ p.152 **18** ほかの物体に対して仕事をする能力を何というか。

➡ p.152 **19** 高い所にある物体がもつエネルギーを何というか。

➡ p.153 **20** 運動している物体がもつエネルギーを何というか。

➡ p.156 **21** 力学的エネルギーの保存とは，（　　）と（　　）の和がつねに一定になることをいう。

---

1 深　さ

2 浮　力

3 合　力

4 分　力

5 0

6 6.25 m/s

7 80 km

8 広　く

9 反作用

10 等速直線運動

11 慣　性

12 比　例

13 比　例

14 積

15 変わらない

16 $\dfrac{1}{2}$，2倍

17 仕事率

18 エネルギー

19 位置エネルギー

20 運動エネルギー

21 位置エネルギー，運動エネルギー

Level **2**

●水平な床の上に，図１のような斜面と水平面がなめらかにつながる装置をつくる。小球をＡの位置に置いて静かに手をはなすと，小球は斜面 AB をくだり始め，その後，水平面 BC を運動した。図中の◌印は，0.1 秒ごとに発光するストロボスコープを用いて撮影した小球の位置を示し，BC 間で撮影された小球の間隔はすべて等しく 24 cm であっ

た。小球にはたらく摩擦や空気の抵抗はないものとして，次の問いに答えなさい。〔埼玉－改〕

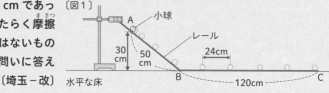
〔図１〕

(1) 小球が A から C まで運動したときの，小球の速さと時間の関係を表したグラフを次のア〜エから１つ選び，記号で答えなさい。

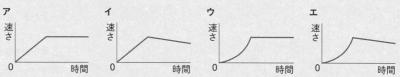

(2) 図２の装置で同じ操作を行ったとき，FC 間の小球の平均の速さを求めなさい。

〔図２〕
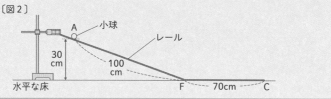

▶ **Key Point**

　斜面をくだる運動では，速さは時間に比例して増加する。水平面での運動では，等速直線運動になる。また，位置エネルギーは高さによって決まる。

▶ **Solution**

(1) 斜面をくだるときは速さが時間に比例して増加し，水平面では速さが一定になるのは，**ア**のグラフである。

(2) 図１と図２で，小球はどちらも床からの高さが 30 cm の位置で動き始めるので，小球のもつ位置エネルギーは等しく，水平面を運動するときの運動エネルギーは等しくなる。つまり，図１と図２では，小球が水平面を運動する速さは等しい。図１では 0.1 秒間に 24 cm 進むことがわかるので，小球の速さは 2.4 m/s となる。

Answer

(1) **ア**　(2) **2.4 m/s**

 難関入試対策 **作図・記述問題** 第4章

Level 3

第 **1** 編　エネルギー

第1章　光と音

第2章　力

第3章　電流

第4章　運動と エネルギー

第5章　科学技術と人間

●下の図のようなレール上の点Aに小物体を置いた。AB 間は水平面に対して傾斜角 45° の斜面，CD 間は水平面に沿った直線である。また，BC 間および DE 間は曲線で，各区間の接続点でレールはなめらかにつながっている。レールの厚みは無視でき，水平面からの高さは，点Aで h，点Bおよび点Eでは l（$l < h$）である。小物体を点 A で静かにはなしたところ，小物体は点 E までレール上を運動し，点 E でレールから離れた。その後，水平面からの高さ h'（$h' < h$）の最高点 k に到達した。小物体とレールの間の摩擦や空気の抵抗を考えないものとして，次の問いに答えなさい。

〔東海高－改〕

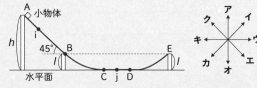

(1) レール上の点 i，j および最高点 k で，小物体にはたらく力の合力の向きとして最も適切なものを図１の**ア〜ク**からそれぞれ選びなさい。ただし，合力が０のときは「0」，はたらく力が１つの場合はその力の向きを選びなさい。

(2) 小物体が点 E を離れてから最高点 k に達するまでの間，小物体の水平面からの高さと小物体のもつ力学的エネルギーの関係は，AE 間を運動していたときと同様となることがわかっている。このことから，$h' < h$ となる理由を説明しなさい。ただし，点 C で小物体がもつ位置エネルギーを０としたとき，点 A で小物体がもつ位置エネルギーを U_A，最高点 k でもつ位置エネルギーを U_K として用いること。

▶**Key Point**

　斜面では重力の分力が斜面方向にはたらく。等速直線運動をしている物体には力ははたらかない。また，位置エネルギーと運動エネルギーの和はつねに等しくなる。

▶**Solution**

(1) 点 i では重力の分力が斜面方向に力がはたらき，点 j では重力と垂直抗力の合力が０になる。点 k では重力のみがはたらく。

(2) 力学的エネルギーが保存されることと，最高点 k では運動エネルギーをもつことから考える。

Answer

(1) 点 i…エ　　点 j…0　　点 k…オ

(2) 小球が運動するとき力学的エネルギーは保存されるので，最高点 k で小物体は運動エネルギーをもつから $U_K < U_A$ となり，位置エネルギーは高さに比例するので $h' < h$ となる。

START! 人類は，科学技術を発展させることで豊かな生活を手に入れてきました。医療，情報，交通などさまざまな分野で科学技術が利用されていますが，その中でも大量の情報を高速で処理するコンピュータの発達は，あらゆる分野の発展に関わっています。

ジョン・フォン・ノイマン
（1903〜1957年）

ハンガリーで生まれ，幼少の頃から英才教育を受ける。

6歳で7桁のかけ算ができ，8歳で微分積分を理解したという。

しかし，運動や音楽は上達しなかった…

数学の本を読みたいな。

17歳で論文を書き，ドイツ数学会誌に掲載される。

30歳ごろにナチスによるユダヤ人迫害を避けてアメリカに移住。

これからはアメリカで研究だ。

そこでコンピュータの開発に参加する。

当時のコンピュータはプログラムによって電子機器の組み立て方が異なった。

違う計算をするたびに組み立て直すのはたいへんだ。

プログラムを内蔵したコンピュータができれば便利そうだな。

こうしてできたのがノイマン型といわれるコンピュータである。

第**1**編　エネルギー

第1章　光と音

第2章　力

第3章　電流

第4章　運動とエネルギー

第5章　科学技術と人間

このノイマン型といわれる方式は，現在でも多くのコンピュータにとり入れられ，科学技術の発展にも大きく貢献（こうけん）している。

ノイマンの暗算（あんざん）のほうが計算機を使うよりも計算がはやかったというくらい，ノイマンの計算力はすごかったんだ。

でも，家の食器棚（だな）の位置は覚えられなかったらしいよ。

興味がないことには無関心だったのかな…

？？？

そのノイマンが発展させたコンピュータは，科学技術の発展に欠かせないものだね。

最近はAIという言葉をよく聞くよ。

AIは人工知能のことだね。

AI

AIはどんなところで利用されているかな？

自動車の運転！

家にあるお掃除（そうじ）ロボットもAIが利用されているって聞いたよ。

研究が進めばAIに何でもしてもらえるようになるかな？

そうなるとちょっと怖（こわ）いかも…

科学技術は使い方が大事だからね。正しく利用できるように，しっかり学習していこう。

はい！！

14 エネルギー資源

① どのようなエネルギー資源が利用されているのか理解しよう。
② 再生可能なエネルギー資源について理解しよう。
③ エネルギーを利用するときの課題を考えよう。

1 エネルギー
入試重要度 ★☆☆

現代社会で広く活用されているエネルギーは電気エネルギーである。電気エネルギーは，次のような発電方法で生み出されている。

❶ **火力発電**……石油や石炭，天然ガスなどを燃料として，ボイラーで水を加熱して水蒸気にする。この水蒸気で発電機にとりつけたタービンを回し，発電する方法を火力発電という。燃料の化学エネルギーが熱エネルギーに変わり，タービンで運動エネルギーになる。そ

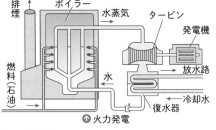
↑ 火力発電

して，発電機で電気エネルギーに変換される。燃料自体に限りがあることや，輸入に頼っている燃料の安定した確保などの課題がある。

❷ **水力発電**……河川の水の流れや，ダムにせきとめた水を放流するときの水の流れて発電機にとりつけた水車を回し，発電する方法を水力発電という。ダムにためた水の位置エネルギーが水の運動エネルギーに変わり，それが電気エネルギーに変換されている。自然の地形を利用してダムをつくるため，建設費用や送電費用が高くなるなどの課題がある。

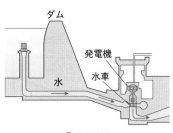
↑ 水力発電

❸ **原子力発電**……火力発電のボイラーを，原子炉に置きかえて発電する方法を原子力発電という。ウランの核分裂で発生する熱で水を加熱し，発生した水蒸気でタービンを回している。ウランの核エネルギーが原子炉で熱に変わり，タービンで運動エネルギー，発電機

Episode 火力発電で発生する排気ガスには，二酸化硫黄や窒素酸化物などの環境汚染の原因となる物質が含まれるため，これらの物質が発生しにくい燃料を使用するなどの対策をして利用している。

で電気エネルギーとなる。

　原子炉内は放射性物質があり，大量の放射線を出している。安全のため，原子炉のある格納容器は壁を厚くするなどして，放射線が外部に出ないようにつくられている。2011 年に発生した東北地方太平洋沖地震による原子力発電所の事故の影響で，稼働を停止している発電所が多く，廃炉が決定した発電所もある。

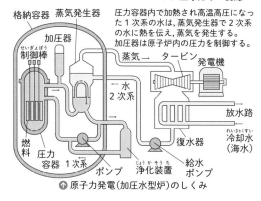

圧力容器内で加熱され高温高圧になった 1 次系の水は，蒸気発生器で 2 次系の水に熱を伝え，蒸気を発生する。加圧器は原子炉内の圧力を制御する。

↑ 原子力発電(加圧水型炉)のしくみ

① **核分裂**…原子力発電では燃料としてウランが使われる。ウランには，中性子の数が異なる，ウラン 238 やウラン 235 などの同位体が存在する。ウラン 235 は，外部から中性子が入ると 2 つの原子核に分裂し，大量の熱エネルギーと 2 〜 3 個の中性子を放出する。このように，1 つの原子核が複数の原子核に分裂する反応を**核分裂**という。

zoomup 中性子→ p.287

　ウラン 235 が核分裂で放出した中性子がほかのウラン 235 に吸収されると，新たな核分裂が次々に起こる。これを**連鎖反応**という。原子炉では連鎖反応が安定して連続的に続くようにコントロールする。この状態を**臨界**という。

② **核融合**…太陽などの恒星では，4 個の水素原子の原子核が結合してヘリウムの原子核になり，そのときに大量のエネルギーを放出する反応が起きている。これを**核融合**といい，太陽は核融合で発生した光エネルギーによって輝いている。

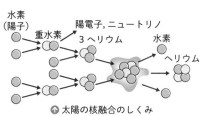

↑ 太陽の核融合のしくみ

③ **被ばく**…人のからだが放射線を受けることを**被ばく**という。外部からの放射線を受けることを**外部被ばく**といい，体内の放射性物質から放射線を受けることを**内部被ばく**という。外部被ばくでは被ばくしたときにだけ放射線を受けるのに対し，内部被ばくでは放射性物質が体内にあるため，被ばくし続けることになる。

HighClass　1 g のウラン 235 がすべて核分裂したとすると，放出するエネルギーは石油換算で約 2000 L 分のエネルギーになる。また，核融合では 1 g の水素から石油換算で約 8000 L 分のエネルギーが得られる計算となる。

④人が受ける放射線…日本人が1年間で自然界から受ける放射線は，平均2.1ミリシーベルト（記号 mSv）である。この中には，食物から受ける放射線，空気中のラドンから受ける放射線，大地から受ける放射線などがある。

参考 放射線の人体への影響

放射線を多量に受けると，人体にさまざまな影響が出る。その中の1つに発がん性があるが，100ミリシーベルト以下の放射線量では自然に発生するがんとの区別がつかないとされている。

2 期待されているエネルギー ★☆☆

日本では，全体の発電量の70％以上を火力発電が占めている。火力発電には石油や石炭などの化石燃料が使われているが，課題も多い。そこで，太陽光などの再生可能エネルギーを利用した発電に期待がよせられている。

1 化石燃料

〜限りある資源の利用〜

石油，石炭，天然ガスなどを化石燃料という。産業革命期から大量に使われるようになったが，化石燃料は大昔の生物由来の物質で，地球上に存在する埋蔵量には限りがあり，永久に使い続けることはできない。

化石燃料を燃やすと二酸化炭素が発生するので，温室効果ガスとして地球温暖化につながる要因の1つと考えられている。また，二酸化硫黄や窒素酸化物も放出され，これらは大気中で硫酸や硝酸に化学変化して降水に溶けこみ，酸性雨の原因となる。

参考 化石燃料のでき方

植物や水中のプランクトンなどの死がいが海や湖の底にたまり，長い年月をかけて変化してできる。植物は石炭になり，プランクトンなどは石油や天然ガスになる。

2 再生可能エネルギー

〜永続的に利用できる資源〜

太陽光，風力，水力などを再生可能エネルギーといい，通常は枯渇することのないエネルギー源として考えられる。再生可能エネルギーを利用した発電では，二酸化炭素や放射線などを出さないので，環境へ与える影響を少なくできるとされている。

❶ **太陽光発電**……太陽からの光を太陽電池で受け，電気に変える発電方法を**太陽光発電**という。太陽電池は，主に半導体のシリコンでつくられる。高価格，エネルギー変換効率の低さ，設置場所，発電量が天候に左右されることなどの課題がある。

❷ **地熱発電**……地下にあるマグマの熱エネルギーを利用した発電方法を**地熱発電**という。火山付近の地下に

参考 太陽光発電

一般家庭でも，屋根に設置するなどして利用されている。

入試Info　発電のしくみを簡単に書かせる問題が出題されている。それぞれの発電方法において，どのようにタービンを回して発電しているかを理解しておくとよい。

は高温のマグマがあり，その熱で地下水が加熱され熱水になっている。これを地熱貯留層といい，地表から深さ1000 m〜3000 m程度のところにある。地熱貯留層から吸い上げた熱水は，地表付近では高温の水蒸気になり，この水蒸気でタービンを回して発電する。発電設備をつくるための調査や建設に，時間と費用がかかることなどが課題である。

参考 地熱発電の種類

地熱貯留層から直接水蒸気をとり出す方法をフラッシュ式といい，温泉水などでアンモニアのように沸点の低い物質を加熱してタービンを回す方法をバイナリ式という。

❸ **風力発電**……風でブレードとよばれる羽根を回し，とりつけた発電機で発電する方法を**風力発電**という。風の吹き方によって発電量が変化するため，安定して発電することに課題がある。

❹ **バイオマス発電**……バイオマスは生物資源量という意味で，生ごみや食品廃棄物，農業廃棄物などがある。これらを利用した発電方法を**バイオマス発電**といい，直接燃焼したり，発酵や熱分解で可燃性ガスをつくって燃料としたりするなど，発電方法もさまざまある。発電コストや発電効率などの課題がある。

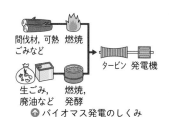

間伐材，可燃ごみなど　燃焼
生ごみ，廃油など　燃焼，発酵
タービン　発電機

↑ バイオマス発電のしくみ

❺ **その他の発電**……**水力発電**のほか，太陽熱で発生させた蒸気でタービンを回す**太陽熱発電**，海で発生する波の上下運動を利用した**波力発電**などがある。

3 エネルギーの利用効率の向上

〜省エネルギーへのとり組み〜

❶ **コージェネレーションシステム**……発電時に発生する熱を，冷暖房や給湯に利用するシステムを**コージェネレーションシステム**といい，事業所や一般家庭で利用されている。

❷ **ヒートポンプ**……通常，熱は高温側から低温側に移動するが，反対に低温側から高温側に熱を移動させることもできる。このようなしくみを**ヒートポンプ**といい，身のまわりでは冷蔵庫やエアコンに使われている。

❸ **分散型エネルギー**……大きな発電所を中心とした電力供給を集中型エネルギーというのに対し，比較的小規模でさまざまな地域に分散しているエネルギーを**分散型エネルギー**という。エネルギー供給のリスクを分散させることや，再生可能エネルギーの有効活用などが考えられる。

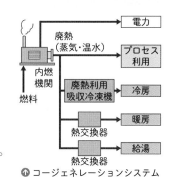

電力
廃熱（蒸気・温水）　プロセス利用
内燃機関　廃熱利用吸収冷凍機　冷房
燃料　暖房
熱交換器　給湯
熱交換器

↑ コージェネレーションシステム

Episode ヨーロッパでは再生可能エネルギーによる発電の割合が高く，デンマークでは国全体の消費電力の50％以上になる。デンマークは偏西風などの影響で風力発電の割合が特に高く，その割合は国全体の消費電力の40％以上となっている。

15 科学技術と人間

1 科学技術の成果

入試重要度 ★☆☆

現代社会の発展には，科学技術の進歩は欠かせないものである。同時に，SDGs（持続可能な開発目標）で示されているように，科学技術のあり方も考えなければならない。

1 プラスチックの利用

～身のまわりにある素材～

20世紀になって科学技術が急速に進歩し，石油を原料として天然には存在しない物質がつくられるようになった。その代表がプラスチックである。

❶ **プラスチック**……プラスチックは，形を自由に変えられるという意味がある。熱を加えてやわらかくし，型に入れて固めることでさまざまな形になる。

❷ **プラスチックの性質**……プラスチックには，電気を通さない，水をはじく，腐りにくいなどの性質がある。これらの性質は素材として使いやすく，石油を使って安価につくることもできるので，プラスチックはさまざまな製品に利用されている。

しかし，その性質のため，自然の中で分解されにくく，廃棄したプラスチックが半永久的に残るともいわれている。特に海洋に流出したプラスチックごみが世界的な問題になっていて，その中でも大きさが小さいマイクロプラスチックの生物への影響が懸念されている。また，プラスチックは石油からできているので，燃やすと二酸化炭素を発生し，地球温暖化につながる可能性があるとされている。

Words SDGs（エスディージーズ）

Sustainable Development Goals の略で，2015年9月の国連サミットで採択された，持続可能でよりよい世界を目ざすために2030年までに達成するとした国際目標。大きく分けて，17個の目標が設定されている。

参考 識別マーク

プラスチック製の容器や包装には，その種類に応じて識別マークの表示が義務づけられている。

1 PET　2 HDPE　3 PVC

4 LDPE　5 PP　6 PS　7 OTHER

Episode 識別マークは，消費者がごみの分別をしやすくし，ごみの分別収集を促進することを目的としている。プラスチックだけでなく，紙製の容器や包装，飲料用のスチール缶やアルミ缶にも識別マークの表示が義務づけられている。

❸ プラスチックの種類……プラスチックは大きく2種類に分けることができる。

① **熱可塑性のプラスチック**…加熱してやわらかくすることで形をつくることができるプラスチック。ポリエチレン，塩化ビニルなど多様なものがあり，身のまわりでもよく使われている。

② **熱硬化性のプラスチック**…加熱することで固めて形をつくるプラスチック。フェノール樹脂，エポキシ樹脂などがある。

種　類	物質名	略　語	特　徴	用　途
熱可塑性	ポリエチレン	PE	油や薬品に強い	ラップ，バケツ
	ポリエチレンテレフタラート	PET	圧力や薬品に強い	ペットボトル，繊維
	ポリスチレン	PS	かたく，断熱性がある	CDケース，透明容器
	ポリプロピレン	PP	熱や折り曲げに強い	ストロー，包装フィルム
	ポリ塩化ビニル	PVC	燃えにくく，薬品に強い	水道管，電気コード
	ポリ酢酸ビニル	PVAC	柔軟性や接着性がある	塗料，接着剤
	メタクリル樹脂	PMMA	衝撃に強く透明度が高い	ガラス，レンズ
熱硬化性	フェノール樹脂	PF	燃えにくく，電気を通さない	鍋の取っ手，電気機器
	エポキシ樹脂	EP	水に強く，電気を通さない	接着剤，プリント基板

❹ プラスチックの分子構造……プラスチックは非常に多くの炭素原子がつながってできている有機物である。

　　例えば，ポリエチレンはエチレン（C_2H_4）が鎖のようにつながってできている。このとき，基本となるエチレンを**モノマー**，モノマーが結びついてできたポリエチレンを**ポリマー**といい，モノマーが結びついてポリマーになる反応を**重合**という。また，ポリマーのように多数の原子からできている分子を**高分子**という。プラスチックは，モノマーの種類や重合のしかたによって多くの種類がある。

❺ 特徴のあるプラスチック……一般に，プラスチックの性質は電気を通さない，腐らないなどがあるが，多様な性質をもつプラスチックが開発されている。

① **導電性プラスチック**…アセチレンを重合する際，わずかにヨウ素を加えると，電気を通す性質をもつポリアセチレンができる。ディスプレイ画面やタッチパネルに利用されている。

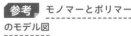
参考 モノマーとポリマーのモデル図

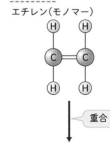
エチレン（モノマー）

重合

ポリエチレン（ポリマー）

HighClass マイクロプラスチックは，もともとの大きさが小さい一次マイクロプラスチックと，紫外線などの外的要因で小さくなった二次マイクロプラスチックがある。食物連鎖の中で魚などの体内に濃縮され，それを食べた人間への影響も懸念されている。

②**生分解性プラスチック**…使用中は通常のプラスチックのように使えるが，廃棄すると自然界で微生物によって分解され，二酸化炭素や水になるプラスチックである。

原料や製造方法がいくつかあり，例えば，化学合成でつくられる PVA（ポリビニルアルコール）は，農業用シート，土木・建設資材，3D プリンタの素材などに使われている。

2 新素材

～素材の変化と科学の発展～

❶ **金　属**……20 世紀初頭，アルミニウムに銅などを添加したアルミニウム合金であるジュラルミンが発明された。アルミニウム合金は高い強度をもつため，さまざまなアルミニウム合金の研究が進んだ。近年は，チタン合金やマグネシウム合金などの製造も行われている。

チタンが酸化した酸化チタンには光触媒のはたらきがあり，光があたると有害物質を分解するので殺菌効果があるとされている。光触媒を用いれば，太陽のエネルギーだけで水から水素を発生させることもでき，新しいエネルギー源としても期待されている。

❷ **ファインセラミックス**……陶器や磁器のように，焼いて固めたものをセラミックスといい，産業用につくられた高精密なセラミックスをファインセラミックスという。セラミックスは陶石，長石，粘土などの天然の物質からつくられるが，ファインセラミックスは高純度に精製した天然原料，人工原料などからつくられる。ファインセラミックスは，使用する原料，粒子の細かさ，焼き方などを変えることで性質が変わるので，目的に合った性質をもたせることができる。

❸ **ナノテクノロジー**……物質を原子や分子といった 10^{-9} m の領域で，自在に制御する技術のことをナノテクノロジーという。六角形の網の目状につながった炭素原子の集まりを，円筒状にしたカーボンナノチューブやサッカーボール状にしたフラーレンなどがあり，半導体の材料や医薬品への応用が研究されている。

Words　生分解性

自然界に存在する微生物のはたらきで，最終的に二酸化炭素と水に完全に分解される性質のことを，生分解性という。

Words　光触媒

光触媒には，防臭や殺菌効果のほかにも汚れを落とす自浄効果があり，窓ガラスや建物の外壁などに使われている。

参考　ファインセラミックスの原料

ファインセラミックスの原料にはアルミナ（Al_2O_3）やジルコニア（ZrO_2）などが使われている。

参考　カーボンナノチューブのイメージ図

Episode　変態点といわれる温度以下で変形しても，変態点以上の温度まで加熱すると，もとの形状にもどる性質をもった合金のことを形状記憶合金という。医療器具や火災報知器などに利用されている。

3 新技術

～技術開発と科学の発展～

❶ **デジタル技術**……アナログ信号（連続的な量）をデジタル信号（飛び飛びの不連続な量）として扱う技術を**デジタル技術**といい，コンピュータの発達にともない発展してきた。

　例えば，レコードから CD，フィルムカメラからデジタルカメラといったように，身のまわりの製品もデジタル技術が使われたものに変化している。通信分野でも，信号のデジタル化が進んでいる。

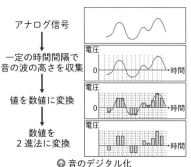

アナログ信号
↓
一定の時間間隔で音の波の高さを収集
↓
値を数値に変換
↓
数値を2進法に変換

⬆ 音のデジタル化

❷ **スピンオフ**……国家レベルで開発された科学技術を民間企業が活用することを**スピンオフ**いう。

　例えば，宇宙開発用の科学技術が，自動車のエアバッグやブレーキ，カプセル型内視鏡などの開発につながっている。また，カーナビゲーションシステムは，全地球測位システム（GPS）を利用している。GPSはアメリカで軍事用に開発されたものだが，いまでは全世界で利用できるようになっている。

Words GPS

Global Positioning System の略で，人工衛星を利用して位置情報を測定している。

❸ **建設・建築・土木技術**……高層建築物，巨大な橋，トンネルの建設などでは専用の大型機械が開発され，安全面の向上，工期の短縮，高精度の工事が行われる。

　例えば，トンネル建設では**シールド工法**という，巨大な円筒形の機械で掘り進む工法が1800年代に開発された。1900年台半ばまで基本的な方法は変わらなかったが，1970年台に密閉型シールド工法が開発されると，シールドマシンによる自動掘削によって安全面も向上された。

Words シールドマシン

シールド工法で使われる掘削機をシールドマシンという。

❹ **医療技術**……私たちは，けがをしたり病気になったりするが，医療技術の進歩によって，病気の早期発見や負担の少ない治療が可能となっている。

①**生体画像診断**…画像診断は，X線撮影から始まった。これは人体の内部を診断するのに有用で，その後，断面画像を撮影できる CT 検査も開発された。そのほかにも，電磁場を利用した MRI や，撮影した二次元画像の三次元化技術も開発されている。

参考 AED

　自動体外式除細動器ともいい，心停止状態の心臓に対して電気ショックを行うことができる機器である。

Episode GPS はもともとアメリカで軍事用に開発されたもので，アメリカ軍に不利になる利用をされないために，その精度を故意に下げて 100 m 程度にしていた。その後，民間利用でも非常に役立っていたことから，もとの精度にもどされた。

第1編 エネルギー

第1章 光と音

第2章 力

第3章 電流

第4章 運動とエネルギー

第5章 科学技術と人間

②検査・診断技術…血液検査では，微量な血液から数十項目以上の全自動測定や遺伝子診断が可能になっている。

③人工臓器・再生医学…心臓・肺・骨などの人工臓器の開発や臓器移植による再生医学が進んでいる。また，iPS細胞（人工性多能性幹細胞）は，あらゆる生体組織の細胞に分化できる万能な細胞として，実用化が期待されている。

4 輸送手段の発達

〜輸送と科学の発展〜

❶ 動力の移り変わり……人やものを輸送する動力には，人力，動物，水力などが利用されてきた。産業革命後には蒸気機関が広く使われるようになり，発電所や送電網が整備されると，蒸気機関にかわって電力を利用したモーターが使われるようになった。1870年代には，石油を利用するガソリンエンジンなどの内燃機関が開発され，その後，ジェットエンジンやロケットエンジンの開発が進み，20世紀には宇宙空間へ出るための動力としても使われた。

❷ 輸送手段の移り変わり……人力車，馬車，帆船などから，産業革命以降は蒸気自動車，蒸気船，蒸気機関車が登場した。蒸気機関車は，馬車と比べて非常に多くの人やものを運ぶことができ，新しい素材が手に入りやすくなることで科学技術もさらに発展していった。1881年には電気機関車を使った鉄道が開通し，じょじょに蒸気機関車から電気機関車へと移り変わった。また，1903年にライト兄弟による飛行機の初飛行が行われ，航空機の開発が進むことになる。

2 コンピュータと生活 ★☆☆

1 コンピュータの発達

〜コンピュータと科学の発展〜

❶ コンピュータの基本構成……コンピュータは複雑な計算をするために開発されたが，現在では数値計算以外にも，多様な情報処理を行っている。

参考　多能性幹細胞

多能性幹細胞にはES細胞というものもある。ES細胞は受精後の胚から細胞をとり出して培養するのに対して，iPS細胞は患者自身の皮膚などの細胞からつくることができるので，拒絶反応が起こりにくいとされている。

参考　輸送手段と科学の発展

輸送手段の発達によって人やものを，大量に，はやく，遠くまで輸送できるようになった。その影響で科学技術も発展し，より効率のよい輸送手段が開発されてきた。

参考　最初のコンピュータ

それまでにも機械的な計算機はあったが，初めて完成したコンピュータは，1946年にアメリカで開発されたENIACという電子計算機である。

HighClass　日本ではリニア中央新幹線が新たな交通手段として注目されている。磁石の引力や斥力を利用して車体を浮上させ，前進させるしくみである。磁石には超伝導磁石を用いて，少ないエネルギーで強い磁力を得ることができるようにしている。

①**入力機能**…キーボードやマウスなどから，コンピュータにデータや命令をメインメモリに送る機能。

②**出力機能**…ディスプレイやプリンタなどへ，演算結果や情報などを表示する機能。

③**制御機能**…CPU で，各装置からのデータを判断し，命令を出して全体を制御する機能。

④**演算機能**…CPU で，数値計算や論理的な演算を行う機能。

⑤**記憶機能**…半導体メモリを用いたメインメモリと，ハードディスクや DVD などの補助記憶装置で，プログラムやデータを記憶して保存する機能。

❷ **コンピュータの動作**……プログラムといわれる命令を CPU が受けとると，コンピュータは具体的に動作を進めていく。プログラムとはコンピュータが動作するための専用言語で，演算の順番に命令が記述される。

プログラム言語は複数あり，CPU が直接読みとる機械語や人間が使う言語に近い言語などがある。CPUはプログラムに沿って，順番にプログラムの命令を実行していく。

❸ **コンピュータの発達と分類**……回路をつくる素子の発達によって，コンピュータの種類も多様になった。

①**素　子**…最も簡単な素子はリレーである。電流が流れるとスイッチが入り，流れないときはスイッチが切れ，この組み合わせで演算回路ができる。その後，真空管，トランジスタ，IC，LSI と素子は発達していき，現在では 1 つのチップに数億個の素子を組みこんだものもある。

②**コンピュータの種類**…ノートパソコン，デスクトップパソコンなどがあり，携帯電話であるスマートフォンもコンピュータの 1 つである。気象予測や科学計算では短時間で非常に多くの計算を行うスーパーコンピュータが利用されている。

2 インターネットの発達

〜インターネットと科学の発展〜

インターネットは複数のコンピュータをネットワークでつなぐという発想から始まった。現在では，インター

第1編　エネルギー

第1章　光と音

第2章　力

第3章　電流

第4章　運動とエネルギー

第5章　科学技術と人間

Words　CPU

中央処理装置ともいわれ，コンピュータの頭脳に例えられることが多い。CPU の能力が高いと，コンピュータの処理速度がはやくなる。

Words　スーパーコンピュータ

科学技術計算を主要目的とする大規模コンピュータのことをスーパーコンピュータという。2012 〜 2019 年の間はスーパーコンピュータ「京」が運用され，後継機には，最大でアプリケーション実行性能が「京」の100 倍に向上したスーパーコンピュータ「富岳」がある。

©RIKEN

Episode

2012 年に運用を開始したスーパーコンピュータ「京」は，コンピュータの性能ランキングで運用開始前の 2011 年に世界 1 位を取得したが，運用開始時には 2 位になっていた。後継機のスーパーコンピュータ「富岳」も，運用開始前の 2020 年に世界 1 位を取得している。

ネットで世界中の人々がつながるようになり，情報の発信や受信をだれでも簡単に行えるようになったことで，新たな社会がつくられたと考えることができる。

❶ **HTTP と WWW**……インターネットでホームページの URL を見ると，http や www の文字がある。コンピュータネットワークには通信手順の規約（プロトコル）が必要であり，その1つに HTTP がある。また，HTML 言語で文字や画像などを記述するシステムをWWW といい，HTTP プロトコルで通信して WWWシステムにあるファイルを指定することを表したのが「http://www. ～」である。

❷ **インターネットの利用**……インターネットを利用して，ホームページの閲覧，電子メール，SNS，インターネットバンキングなど，さまざまなことができる。いずれの場合も，セキュリティ管理や IT リテラシーが非常に重要である。

3 IoT の発達

〜インターネットの活用〜

❶ **基本的機能**……IoT には，次の機能がある。
　①**ものを操作する**…家の外から，スマートフォンでエアコンのスイッチを入れたり，家の鍵をあけたりすることなどができる。
　②**ものの状況を知る**…家の外から，家の中の状況を映像で知ることなどができる。
　③**ものどうしで通信する**…建物内の気温，湿度，人の動きをセンサが読みとり，それに応じて空調や照明を自動で動かすことなどができる。

❷ **IoT の例**……基本的機能をもとに，目的に応じて利用することが可能である。
　①**医療分野**…遠隔地にいる患者の血圧，心拍数，体温などのデータを医師に送り，健康状態をモニタリングすることができる。これにより，在宅医療や遠隔地医療の支援につなげることができる。
　②**農業分野**…日射量，気温，土の水分量などの状態に応じて，適切な水やりや肥料散布を行うことができる。

Words HTTP

Hyper Text Transfer Protocol の略で，サーバーとの間にある通信規約のことである。

Words WWW

World Wide Web の略で，インターネット上で文書，画像，動画などを公開したり閲覧したりできるしくみのことである。

参考 URL

Uniform Resource Locator の略でウェブ上の住所といえる。https://www.zoshindo.co.jp のように表し，co は企業を，jp は日本を意味する。

Words IoT

IoT とは Internet of Things の略で，ものとインターネットをつなぐことである。もののインターネットともいわれ，ものがインターネットを経由して通信できるようになることを表す。

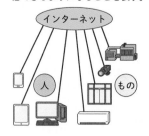

問題の中に，AI，IoT，SDGs などの内容が盛りこまれて出題されることがある。特に，SDGs は環境保全や科学技術と大きく関係するので，理科に関わる目標やそのためのとり組み例をおさえておくとよい。

入試Info

また，離れた場所からハウス栽培の温度調節や空調調節などを行うことも可能である

③**物流分野**…配送車の積載情報や空車情報を集め，効率的な配送を行うことができる。商品に IC チップをとりつければ，商品の在庫状況や配送状況をまとめて管理することもできる。

4 AIの発達

~**人工知能とは**~

AI とは，Artificial Intelligence の略で，人工知能のことである。これは，人間と同様の知能を人工的に再現することとされている。

今後，AI と IoT が連動し，IoT が収集した大量の情報を AI が分析して，その状況に合わせた適切な処理が行われることが期待されている。AI の利用には，次のようなものがある。

❶ **画像認識**……防犯カメラにうつる人影を AI が判断し，不審者と認識した場合は管理者へ連絡するシステムなどがある。

❷ **言語翻訳**……英語の文章を日本語に翻訳するのも AI である。文章として成立させるために，ディープラーニングという AI 自身が学習していくシステムで正確さを向上させている。

❸ **自動車の自動運転**……目的地までの経路，走行位置，通行人，対向車，信号，標識などすべてを認識して，安全に自動で走行する研究が進められている。

5 センサ

~**情報をデジタル信号で伝える**~

IoT や AI が作動するのには，環境情報を電気信号に変えるセンサが必要になる。例えば，温度センサを利用したエアコンでは，部屋の温度が設定温度になっているかを測定し，この情報をもとに AI がエアコンから出す空気の温度と量を決めることができる。

センサには，**加速度センサ，ジャイロセンサ，光センサ，圧力センサ**など，さまざまな種類がある。必要な情報があれば，それを電気信号に変換する素子の開発を行うことで新しいセンサをつくることができる。

参考 IoT の利用

IoT は多くの分野でとり組みが行われている。電気製品に組みこみ，スマホで操作する使い方がよく知られている。都市部から離れた地域での医療や介護支援，後継者が少なくなった農業への支援など，社会的に重要な面でのとり組みも多い。

参考 AI の可能性

AI はすでにさまざまなところで利用されている。今後は，AI のほうが人間よりもはやく正確にできることがふえてくると予想されるので，AI の知識を身につけて，正しく AI を使うことが求められている。

参考 ドローンとセンサ

遠隔操作，または自動操縦ができる無人航空機をドローンという。加速度センサ，ジャイロセンサ，気圧センサなどが使われている。

参考 自動運転とセンサ

自動車の自動運転に使うセンサには，GPS(位置)，カメラ(画像)，LIDAR(レーザー光により対象物の位置や形をとらえる)，加速度センサ，超音波センサ(レーダー)などがあげられている。

第**1**編 エネルギー

第1章 光と音

第2章 力

第3章 電流

第4章 運動とエネルギー

第5章 科学技術と人間

Episode ある範囲内にあるコンピュータを通信ケーブルなどでつないだネットワークのことを LAN (Local Area Network)という。その後，無線 LAN が普及し，無線 LAN の規格の１つを Wi-Fi というようになった。

✅ 重点Check

p.164	**1** 石油，石炭，天然ガスなどを燃料として，ボイラーで水を加熱して発生させた水蒸気でタービンを回す発電方法を何というか。	**1** 火力発電
p.164	**2** 水力発電では，水のもつ位置エネルギーを（　　　）に変えて，水車を回している。	**2** 運動エネルギー
p.164	**3** 原子力発電では，核分裂により熱と（　　　）が発生する。	**3** 放射線
p.165	**4** 人のからだが放射線を受けることを何というか。	**4** 被ばく
p.166	**5** 石油，石炭，天然ガスなどの燃料を何というか。	**5** 化石燃料
p.166	**6** 地球温暖化の要因とされる二酸化炭素などの気体のことを，総称して何というか。	**6** 温室効果ガス
p.166	**7** 太陽光，風力，水力などの，通常は枯渇することがないと考えられるエネルギー源を何というか。	**7** 再生可能エネルギー
p.166	**8** 地下にあるマグマの熱エネルギーを利用した発電方法を何というか。	**8** 地熱発電
p.167	**9** 発電時に発生する熱を，冷暖房や給湯に利用するシステムを何というか。	**9** コージェネレーションシステム
p.167	**10** 熱を低温側から高温側に移動させるしくみを何というか。	**10** ヒートポンプ
p.168	**11** プラスチックの原料は何か。	**11** 石油
p.168	**12** プラスチックは自然の中で（　　　）されにくく，廃棄したごみが半永久的に残るといわれている。	**12** 分解
p.170	**13** 陶器のように焼いて固めたものをセラミックスといい，産業用につくられた高精密なセラミックスを（　　　）という。	**13** ファインセラミックス
p.170	**14** 物質を原子や分子といった領域で，自在に制御する技術のことを何というか。	**14** ナノテクノロジー
p.171	**15** アナログ信号（連続的な量）をデジタル信号（飛び飛びの不連続な量）として扱う技術を何というか。	**15** デジタル技術
p.171	**16** アメリカで軍事用に開発された，人工衛星を利用して位置情報を測定するシステムを何というか。	**16** GPS
p.172	**17** 産業革命後に広く使われるようになった動力を何というか。	**17** 蒸気機関
p.174	**18** もののインターネットともいわれる，ものとインターネットをつなぐことを何というか。	**18** IoT
p.175	**19** 人工知能のことを何というか。	**19** AI
p.175	**20** 人工知能には，どのような利用方法が期待されているか。	**20** 自動運転など
p.175	**21** 環境情報を電気信号に変えるものを何というか。	**21** センサ

難関入試対策 **思考力問題** 第5章

Level 2

第1編 エネルギー

第1章 光と音

第2章 力

第3章 電流

第4章 運動とエネルギー

第5章 科学技術と人間

● 手回し発電機のハンドルの部分を滑車（プーリー）にかえ，豆電球を光らせる実験を行った。右の図のように手回し発電機をスタンドに固定し，豆電球1個と電圧計，電流計を接続した回路を作成した。水の入った500gのペットボトルを滑車に固定して床から1mの高さにつり下げ，ペットボトルを落下させることで滑車を回転させ，電気を発生させた。100gの物体にはたらく重力の大きさを1Nとして，次の問いに答えなさい。

〔沖縄－改〕

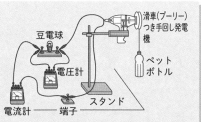

(1) 右の表は，実験を10回行ったときの電圧，電流，ペットボトルが地面に落下するまでの時間の平均値を表したものである。エネルギー変換効率が次の式で求められるとき，この実験のエネルギー変換効率を求めなさい。

実験結果（平均の値）

電圧	電流	時間
0.25 V	0.2 A	8 秒

$$変換効率〔\%〕＝\frac{目的のエネルギー〔J〕}{投入されたエネルギー〔J〕}×100$$

(2) 次の文のア，イにあてはまる語句を書きなさい。

ペットボトルがもっていたエネルギーのうち，目的の電気エネルギーに変換されなかったエネルギーの多くは（　ア　）エネルギーや音エネルギーに変換される。このとき，変換後のエネルギーの総和は（　イ　）。

▶ **Key Point**

物体が地球上で運動するとき，摩擦により熱エネルギーが発生することが多い。この場合でも，エネルギーの総和はつねに一定になる。

▶ **Solution**

(1) 目的のエネルギーは表より，0.25 V×0.2 A×8秒＝0.4 J

投入されたエネルギーはペットボトルの位置エネルギーなので，5 N×1 m＝5 J

エネルギー変換効率は，$\frac{0.4 J}{5 J}×100＝8\%$

(2) 目的の電気エネルギーに変換されなかったエネルギーの多くは，摩擦により熱エネルギーへ変換されたと考えられる。また，エネルギーの総和は変化しない。

Answer

(1) 8 % 　　(2) ア…熱　　イ…変化しない

Level 2

●ケーブルカーは，急な斜面に設けたレール上を，モーターでケーブルを巻き上げることによって運行され，そこには 2 つの方式が考えられる。下の図は，ふもとのM駅と頂上のT駅との間において，2 つの方式P，Qで運行されるケーブルカーを模式的に表したものである。

〔静岡-改〕

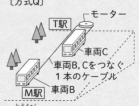

(1) 方式 P で，車両 A は M 駅を出発した直後から T 駅に到着する直前まで一定の速さで動くものとする。このとき，車両 A のもつエネルギーの変化を表したものとして適切なものを，次のア～エの中から 1 つ選び記号で答えなさい。

(2) 方式 P のモーターが車両 A を引き上げるときの仕事と，方式 Q のモーターが車両 B を引き上げるときの仕事では，どちらのほうが仕事が小さくなるか。その理由も合わせて書きなさい。ただし，車両 A ～ C の質量は等しいとする。

▶ Key Point

　速さが一定のとき，運動エネルギーの大きさは変化しない。また，重力にさからって仕事をされた物体は，その仕事と等しい大きさの位置エネルギーを得る。

▶ Solution

(1) 車両Aは一定の速さで動いているので，運動エネルギーは変化せずに位置エネルギーだけが増加する。

(2) 方式 Q では，車両 B と車両 C の位置エネルギーの合計はつねに一定である。

Answer

(1) エ

(2) 方式 P では，車両 A の位置エネルギーが増加しただけモーターは仕事をする。方式 Q では，車両 B と車両 C の位置エネルギーの合計は変化しないので，方式 Q のほうが仕事は小さくなる。

2

第2編　物質

START! アルキメデス（紀元前287〜紀元前212年頃）は，古代ギリシャの科学者です。金と銀の密度の違いを利用して，王冠に含まれる金の量を見破ったといわれるアルキメデスの王冠という逸話があります。このときに，解明したといわれる浮力の原理のことを，アルキメデスの原理といいます。

アルキメデス
（紀元前287〜紀元前212年頃）

シチリア島のシラクサで生まれ，父は天文学者だった。

数学，物理学，天文学など，さまざまな分野で才能を発揮した。

そのころ，王様のヒエロン

黄金の冠をつくろう！

金細工職人よ，この金塊で黄金の冠をつくるのじゃ。

お任せください！

完成しました！

よくやった！

ところでわたした金塊はすべて王冠に使ったのか？

もちろんです！

金の一部を銀にすりかえたといううわさがあるしな…

アルキメデスに頼んでみよう。

アルキメデスよ。王冠を傷つけずに真実を確かめるのじゃ。

かしこまりました。

しかし…全然思いつかない…困ったな…

これだ！この方法で解決できるぞ！

エウレカ，エウレカー！
（わかったぞ，わかったぞー！）

王様，王冠と同じ重さの金と銀の塊をご用意ください。密度の違いを利用するのです。

なに?!どういうことじゃ！

それぞれを水に入れて，あふれた水の量をはかれば金が全部使われているのかわかります！

てんびんを使ったともいわれています。

さっそくやってみるのじゃ。

はい。

これは！

あふれた水の量が違うということは…

コラー！やっぱり銀が混ざっているじゃないか！！許さんぞ！！

ひぇー！ごめんなさい，許してくださいー！

これでゆっくり自分の研究ができるぞ！

コソコソ

このとき，浮力に関するアルキメデスの原理を発見した。

1 物質のすがた

Point
1. 物質を見分ける方法について理解しよう。
2. 金属を見分ける方法について理解しよう。
3. 白い粉末を見分ける方法について理解しよう。

1 身のまわりの物質 入試重要度 ★★☆

1 物質とは何か

~物体を構成するもの~

　私たちは，さまざまな物体に囲まれて生活している。そして，その物体はいろいろな材料でできている。この材料の種類のことを物質という。コップという物体には，ガラス，プラスチック，紙などの物質がある。

⬆ いろいろな物質のコップ

2 金属の区別

~金属の見分け方~

　私たちは，日常生活で出るごみを，びん，アルミニウム缶，スチール缶，ペットボトルなど何種類かに分別している。同じ缶でもアルミニウム缶とスチール缶があるのは，その物質がアルミニウムと鉄で異なるからである。ごみの分別のときには，再生利用しやすくするために物質ごとに分別することが重要である。

⬆ ごみの分別

参考 物質を見分ける方法

　物質の種類によって，適切な方法を選ぶとよい。
1. 形状や状態を注意深く観察する。ルーペや顕微鏡も使う。
2. においをかぐ。
3. 手ざわりを確かめる。
4. 質量や体積をはかる。
5. 水に溶かす。
6. 加熱，冷却する。
7. 電流を流す。
8. 磁石につける。
9. 薬品を使う。

ルーペで観察。　においを調べる。

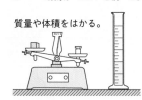

質量や体積をはかる。

Episode 缶の中の圧力が大気圧よりも小さい飲み物には，缶自体の強度が強いスチール缶が使われることが多い。缶の中の圧力が大気圧よりも大きい飲み物（炭酸飲料など）は，その圧力で缶の形状を保てるので，やわらかいアルミニウムの缶が使われることが多い。

金属と非金属（金属でない物質）を区別するには，金属のもっている次の性質が利用できる。

❶ 金属光沢……金属にはみがくと特有の**金属光沢**をもつ性質がある。これは，金属が光を反射しやすいために起こる。

⤴金属光沢

❷ 展　性……金属をたたくと延びて広がり，うすい板やはくの状態になる。このようにうすく広がる性質を，**展性**という。

❸ 延　性……金属を引っ張ると，伸びて細い線になる。このように細く伸びる性質を，**延性**という。

❹ 電気伝導性……ほとんどの金属は電気抵抗が小さく，電流が流れやすい。このように電気を通しやすい性質を**電気伝導性が高い**という。これを利用して，電線には金属が使われている。

❺ 熱伝導性……金属は熱をよく伝えるので，**熱伝導性が高い**。これを利用して，調理器具には金属が使われている。

参考 非金属

　ガラス，プラスチック，木，ゴムなどは非金属である。

参考 金の展性と延性

　金属の中でも，特に展性と延性に優れているのが金である。たたいてうすく広げると約 0.001 mm の厚さのはくにすることができる。また，1 g の金を細く伸ばすと約 2800 m の金の糸をつくることができる。

z∞mup 電気抵抗→ p.69

物　質	電気抵抗 (Ω)
銀	0.016
銅	0.017
金	0.022
アルミニウム	0.027
タングステン	0.054
鉄	0.101
水　銀	0.960
ニクロム	1.075
炭素(黒鉛)	13.75
水	1000～15000

⤴物質の電気抵抗
長さ 1 m，断面積 1 mm^2 の電気抵抗。数値が大きいほど電流が流れにくい。金属は，電気抵抗が小さく，電流をよく流す性質がある。

物　質	熱伝導率 (W/m・K)
銀	428
銅	403
アルミニウム	236
鉄	83.5
水　銀	7.8
コンクリート	1.0
ガラス	1.1
ゴ　ム	0.1～0.2
水	0.561
綿　布	0.08

⤴物質の熱伝導率
厚さ 1 m の板の両面に 1 K の温度差があるときに，その板の面積 1 m^2 の面を通して，1秒間に流れる熱量で表す。数値が大きいほど，熱が伝わりやすい。

物　質	融点 (℃)
タングステン	3422
鉄	1538
銅	1085
金	1064
銀	962
アルミニウム	660
亜　鉛	420
水	0
水　銀	-39
水　素	-259

⤴物質の融点
純粋な物質が固体から液体になるときの温度を融点という。融点が常温(20℃)より高い物質は，ふつう固体である。

第2編
物質

第1章
物質のすがた

第2章
化学変化と原子・分子

第3章
化学変化とイオン

Episode　マサチューセッツ工科大学(MIT)のウッド博士が発明したウッドメタルといわれる金属がある。これは，ビスマス，鉛，スズ，カドミウムを合わせた金属(合金)で，コーヒーの温度で溶けるデモンストレーションで有名になった。

❻ 炎色反応……金属を含む物質を炎の中に入れたとき，金属の種類によって特有の色の炎が現れる現象を**炎色反応**という。花火が赤色や青色などさまざまな色をしているのは，炎色反応によるものである。

塩化銅，塩化ストロンチウム，塩化カルシウム，塩化リチウム，塩化ナトリウム，塩化カリウムの水溶液を白金線の先につけて炎の中に入れたとき，次のような炎の色となる。

参考　白金線

白金でできた針金に柄をつけたもの。白金は安定した物質で炎色反応に影響を与えない。廉価なニクロム製のものもある。

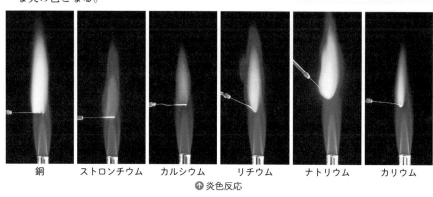

| 銅 | ストロンチウム | カルシウム | リチウム | ナトリウム | カリウム |

↑ 炎色反応

3　ガスバーナーの使い方

～ガスバーナーを正しく使う～

実験器具の操作は正しく行わないと危険なものもあるので，まちがわないようにする。ガスバーナーは下の図の手順で操作する。

❶ 火のつけ方

　①空気調節ねじとガス調節ねじが閉まっているか確認する。

　②ガスの元栓を開く。

　③マッチに火をつけ，ガス調節ねじを少しずつ開いて点火する。

　④ガス調節を回して，炎の大きさを調節する。

　⑤ガス調節ねじをおさえながら空気調節ねじを回して，炎を青色にする。

❷ 火の消し方

　①空気調節ねじを閉める。

　②ガス調節ねじを閉める。

　③ガスの元栓を閉める

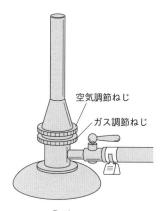

空気調節ねじ
ガス調節ねじ

↑ ガスバーナー

Episode　打ち上げ花火の光の1つ1つは，星といわれる球状のものが燃えたものである。この星の中に入っている金属の炎色反応により，さまざまな色になる。星の中を複数の層にすることで，途中で色の変わる花火ができる。

② 白い粉末の区別 ★★☆

1 白い粉末の区別

〜白い粉末の見分け方〜

私たちが日常生活でよく使う砂糖と食塩は，見た目だけでは区別しにくい。理科の実験で使うさまざまな薬品も，同じような白い粉末の薬品が多い。

このように見た目だけでは区別しにくいものも，それぞれの性質の違いを調べることで，物質を区別することができる。

↑砂糖

↑食塩

↑片栗粉

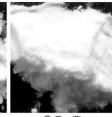
↑重曹

🔍 実験・観察 白い粉末を見分ける

ねらい

砂糖(ショ糖)，食塩(塩化ナトリウム)，片栗粉(デンプン)，重曹(炭酸水素ナトリウム)の性質の違いを五感，化学的方法，物理的方法を使って調べる。

方法

❶ 五感を使って調べる。
　▶視　覚…粉末を薬包紙にとり，ルーペや顕微鏡で色や粒のようすを調べる。
　▶触　覚…粉末の手ざわりを調べる。
　▶嗅　覚…粉末のにおいを調べる。

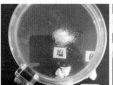

↑ルーペ　　　　↑顕微鏡

❷ 水に溶かしたときのようすを調べる。水を入れた試験管に，粉末を少量入れてよく振り，水に溶けるかどうかを調べる。白い粉が水に溶けると，試験管の中の液体は透明になる。

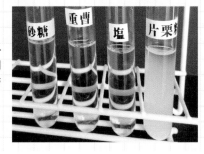

Episode　重曹とは重炭酸曹達の略称であり，身のまわりでは洗浄剤，消臭剤などに使われている。食用としては，発生する二酸化炭素を利用して，クッキーやパンケーキの食感をさくさく，ふわふわさせるのに使われている。

❸ 加熱したときのようすを調べる。

▶粉末の変化…アルミホイルでつくった容器に薬さじ1杯分の粉末を入れる。それをステンレスの金網にのせて，加熱したときの粉末のようすを調べる。

▶発生する気体…集気びんの中に石灰水を入れる。燃焼さじにとった粉末を加熱して集気びんに入れ，火が消えたら燃焼さじをとり出す。蓋をして集気びんを振り，石灰水のようすを調べる。

❹ 密度を調べる。

1 cm³ の容器に粉末をつめて重さをはかり，密度の違いを調べる。

❺ 水溶液が電気を通すかどうかを調べる。

蒸留水に粉末を入れて水溶液をつくる。豆電球，乾電池，水溶液を導線でつなぎ，豆電球が光るかを調べる。

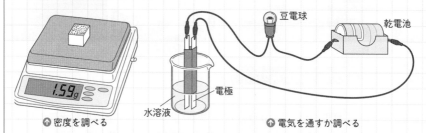

⬆ 密度を調べる　　　　　⬆ 電気を通すか調べる

❗ 調べるものに毒性がある場合もあるので，味を調べてはいけない。

結果

• 食塩は粒の形が立方体の結晶になっている。
• 砂糖は独特の甘いにおいがする。
• 水に溶かすと，砂糖，食塩，重曹は透明な水溶液になる。片栗粉は白く濁る。
• 加熱すると，砂糖と片栗粉は焦げて炭ができる。砂糖は加熱の途中で液化してカルメラ状態になり，甘いにおいを発する。食塩は変化せず，重曹は容器の内側に水滴がつく。
• 砂糖，片栗粉，重曹は，加熱したときに発生する気体が石灰水を白く濁らせる。
• 密度を調べると，砂糖 1.59 g/cm³，食塩 2.17 g/cm³，片栗粉 1.50 g/cm³，重曹 2.20 g/cm³ となる。
• 食塩，重曹の水溶液は電気を通し，砂糖，片栗粉の水溶液は電気を通さない。

考察

• 白い粉は，それぞれの性質の違いを利用して見分けることができる。
• 白い粉の性質が違うのは，物質が違うからである。

Episode　国家資格の1つに，化学分析技能士というものがある。化学分析技能士は，物質を構成している成分の種類や量などを明らかにする化学分析を行い，医療・食品・環境・材料などの幅広い分野で活躍している。

2 物質を特定する方法

~いろいろな方法で見分ける~

物質を見分けるには，その物質だけがもつ性質を探せばよい。

❶ 数　値……性質が数値でわかるものに溶解度や密度がある。

❷ 加　熱……加熱すると焦げて炭になったり，二酸化炭素を発生したりする物質には炭素が含まれている。

❸ 化学的な方法……指示薬などを使い，その反応からも物質を見分けることができる。

①デンプン…ヨウ素液を加えると，**ヨウ素デンプン反応**により青紫色になる。

②食　塩…食塩水に硝酸銀水溶液を加えると，白色の沈殿ができる。

③重　曹…フェノールフタレイン液を無色から赤色に変化させる。

④二酸化炭素…石灰水を白く濁らせる。

このように，物質を見分ける(同定)にはさまざまな方法を用いて，**物質特有の性質**を調べることが有効である。

zoomup 溶解度→ p.213

zoomup 指示薬→ p.305

参考 同　定

化学分野では，対象としている物質の種類を決定することを同定という。

3 有機物と無機物

~物質の分け方~

砂糖や片栗粉(デンプン)は炭素を含み，加熱すると焦げて炭になる。さらに強く熱すると炎を出して燃え，最終的には二酸化炭素と水になる。このような炭素を含む物質を有機物という。例えば，私たち生物のからだは有機物で構成されている。

これに対して，炭素を含まない物質を無機物という。ただし例外もあり，炭素を含んでいるものでも二酸化炭素，一酸化炭素，炭酸水素ナトリウムなどは無機物に含まれる。

①有機物……砂糖，デンプン，プラスチックなど

②無機物……食塩，金属，酸素，水，ガラス，二酸化炭素など

右の図のようにして，有機物を試験管に入れて加熱すると，炭素が含まれているため黒くなることがわかる。

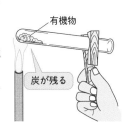

有機物

炭が残る

第2編
物質

第1章
物質のすがた

第2章
化学変化と原子・分子

第3章
化学変化とイオン

HighClass 有機物を加熱すると焦げて炭になり二酸化炭素を出すので，有機物か無機物かは発生した気体が石灰水を白く濁らせるかを確認すればわかる。さらに燃やし続けると，炭も二酸化炭素となり，すべてが気体になる。

基本的な実験操作

④ガス調節ねじをさらに
ゆるめて，炎を適切な
大きさにする。

ガスバーナーの使い方

①上下２つのねじが
閉まっているかを
確かめる。

軽く閉め
ておく。

②ガスの元栓を開く。

（コックつきの
ときはコック
も開く。）

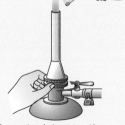

③マッチに火をつけ，ガス
の調節ねじを少しずつ開く。

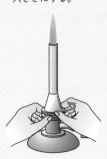

⑤ガス調節ねじをおさえて，
空気調節ねじを少しずつ
開き，青色の安定した炎
にする。

質量のはかり方

物質の質量をはかる

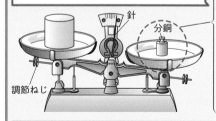

針

分銅

調節ねじ

①はかろうとするものより少し
重いと思われる分銅をのせる。

②次に，その分銅より少し軽い
分銅に変える。これをくり返
して，左右をつりあわせ，分
銅の質量を合計する。

上皿てんびんで薬品をはかりとる

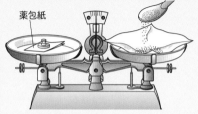

薬包紙

①両方の皿に薬包紙を置き，一方にはかり
とりたい質量の分銅をのせる。
②もう一方の皿に薬品を少しずつのせてつ
りあわせる。

電子てんびんの使い方

0.00 g

①何ものせていないとき，または薬包紙や容
器をのせて，表示を「0」「0.00」にする。
②はかろうとするものをのせて，数値を読み
とる。

容積のはかり方

メスシリンダー

目の高さが液面と違うと，正しく読めない。

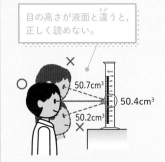

50.7cm³
50.4cm³
50.2cm³

水平な台の上に置き，目の位置を液面と同じ高さにして，1目盛りの10分の1まで読みとる。

こまごめピペット

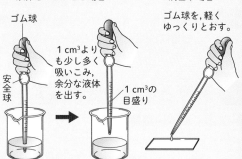

液体を 1 cm³ とる場合

ゴム球

安全球

1 cm³ よりも少し多く吸いこみ，余分な液体を出す。

1 cm³ の目盛り

1 滴出す場合

ゴム球を，軽くゆっくりとおす。

①親指でゴム球をおして，ピペットの先をとり出す液体の中に入れる。
②親指をゆるめて，液体を吸いこむ。
③親指でゴム球をおして，必要な量の液体を出す。

気体の調べ方・集め方

気体のにおいを調べる

手であおぐようにして，においを嗅ぐ。

直接においを嗅がないようにする。

ダーメ！

上方置換法

水に溶けやすく空気より軽い気体を集める。

下方置換法

水に溶けやすく空気より重い気体を集める。

水上置換法

水に溶けにくい気体を集める。

2 状態変化と体積変化

Point
① 物質は，どのように状態を変えるのか理解しよう。
② 物質には，どのような特性があるのか理解しよう。
③ 蒸留とは，どのような方法か理解しよう。

1 温度と物質の変化　入試重要度 ★★☆

1 固体・液体・気体

~物質の状態~

　私たちの身のまわりには，**固体・液体・気体**といろいろな状態の物質がある。

❶ 固体の特徴……氷，金属，木材，布などがあり，外力を加えられたときに手ごたえを示す性質がある。一定の形と体積をもつ状態で，容器によって形や体積は変わらない。

❷ 液体の特徴……水，アルコール，水銀などがあり，流れ動く性質がある。一定の体積をもつが形は決まっていない状態で，容器によって体積は変わらないが形は変わる。

❸ 気体の特徴……水蒸気，酸素，二酸化炭素などがあり，どこまでも広がる性質がある。一定の体積も形ももたない状態で，容器の形に沿って一様に広がり体積も変わる。温度が変化すると体積が変化しやすい。

固　体	液　体	気　体
氷	水	空気
一定の体積と形をもつ状態	一定の体積をもつが形が変わる状態	一定の体積や形をもたない状態

参考　物質の三態

　固体・液体・気体の3つの物質の状態をまとめて，物質の三態という。

参考　融解・凝固

　物質が固体から液体になることを融解，反対に液体から固体になることを凝固という。

参考　蒸発・凝縮

　物質が液体から気体になることを蒸発，反対に気体から液体になることを凝縮という。

参考　昇華・凝華

　物質が固体から直接気体になることを昇華，反対に気体から直接固体になることを凝華という。どちらも昇華という場合もある。

Episode お菓子などの材料に使われる水あめは，どろどろした状態だが液体の一種である。また，小麦粉のような粉末は，固体の小さな粒が集まったものである。

2 物質の粒子性

〜物質の状態を粒子モデルで表す〜

物質は目では見ることのできない非常に小さな粒でできていて，固体・液体・気体もすべて粒子の集まりである。固体から液体，液体から気体に物質の状態が変化すると，粒子の並び方や運動のようすが変わる。

❶ **固体の粒子モデル**……粒子の結びつきが強く，一定の距離を保ちながら，規則正しく並んでいる。

❷ **液体の粒子モデル**……粒子の結びつきが固体に比べて弱く，自由に動く。粒子の間隔は固体よりも広い。

❸ **気体の粒子モデル**……粒子の結びつきがないので，広く自由に動く。粒子の間隔は非常に広い。

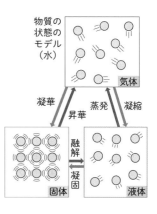

物質の状態のモデル（水）

気体　凝華　昇華　蒸発　凝縮　固体　融解　凝固　液体

3 物質の状態変化と体積・質量の関係

〜物質の状態で体積が変わる〜

物質の状態が温度によって，固体・液体・気体に変わることを状態変化という。状態変化では，体積は変化するが質量は変化しない。また，物質そのものの種類は変わらない。一般に，固体→液体→気体と状態変化するにつれて，体積はふえる。

❶ **水の状態変化**……水が氷や水蒸気に状態変化すると，質量は変わらないが，体積は変化する。水はほかの物質と違い，固体のほうが液体よりも体積が大きい。

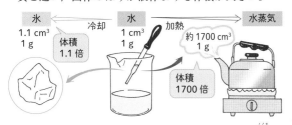

氷　1.1 cm³　1 g　体積 1.1倍　冷却　水　1 cm³　1 g　加熱　約1700 cm³　1 g　体積 1700倍　水蒸気

参考　ロウの状態変化

液体のロウが固体になると，体積は減る。

❷ **エタノールの状態変化**……エタノールが入った袋を湯につけるとエタノールが気体になり，体積がふえる。

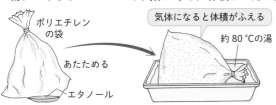

ポリエチレンの袋　あたためる　エタノール　気体になると体積がふえる　約80℃の湯

Episode 気体がイオン化（→ p.288）した状態をプラズマといい，固体・液体・気体のどれとも異なった性質をもつので，物質の三態に続く第四の状態といわれることもある。自然の中では雷やオーロラとして見ることができる。

4 密 度

~単位体積あたりの質量~

❶ **密 度**……物質の単位体積あたりの質量を，その物質の密度といい，次の式で求められる。

$$物質の密度〔g/cm^3〕= \frac{物質の質量〔g〕}{物質の体積〔cm^3〕}$$

密度は，物質の種類ごとに値が決まっているので，物質の種類を特定する手がかりとなる。

❷ **密度の単位**……固体や液体の密度は**グラム毎立方センチメートル**（記号 **g/cm³**）で表すが，気体の密度は小さいので**グラム毎リットル**（記号 **g/L**）も用いる。

❸ **密度とものの浮き沈み**……物体が液体に浮くか沈むかは，物体と液体の密度の大きさで決まる。物体の密度が液体よりも小さい場合，物体は液体に浮き，反対に物体の密度が液体の密度よりも大きい場合，物体は液体に沈む。

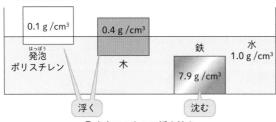

⬆水中でのものの浮き沈み

❹ **固体の密度の求め方**……形が不定形な物体は，液体の中に物体を沈めると体積を求めることができ，質量を上皿てんびんや電子てんびんではかれば，密度を求めることができる。

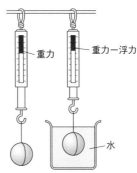

また，ばねばかりを使って，物体にはたらく浮力（→p.116）から密度を求めることもできる。浮力は液体中の物体がおしのけた液体の重さと等しいので，このことから，物体の体積を求めることができる。

物体にはたらく浮力が物体にはたらく重力（→p.46）より大きいときは浮き，小さいときは沈む。浮力は物体がおしのけている液体の重さに等しく，物体の体積が大きいほど浮力も大きくなる。つまり，密度が小さい物体ほど浮きやすいといえる。

参考 固体・液体・気体の密度

①固体の密度（氷以外は室温）

固 体	密度(g/cm³)
氷(0℃)	0.92
ポリエチレン	0.92〜0.97
ガラス	2.4〜2.6
アルミニウム	2.70
鉄	7.87
銅	8.96
鉛	11.34
金	19.30

②液体の密度（室温）

液 体	密度(g/cm³)
エタノール	0.79
灯 油	0.80〜0.83
水	1.00
硫 酸	1.83
水 銀	13.53

③気体の密度（0℃，1気圧）

気 体	密度(g/cm³)
水 素	0.00009
ヘリウム	0.00018
アンモニア	0.00077
一酸化炭素	0.00125
窒 素	0.00125
空 気	0.00129
プロパン	0.00202
二酸化硫黄	0.00293
水蒸気(100℃)	0.00060
酸 素	0.00143
二酸化炭素	0.00198
塩 素	0.00321

❺ 気体の密度の求め方……気体の密度はきわめて小さいので，1Lあたりの質量で表すこともある。単位は**グラム毎リットル**（記号 **g/L**）となる。気体の密度は次のような方法で求められる。

①密閉したスプレー缶に気体を入れる。

②気体を入れたスプレー缶の質量をはかる。

③水を満たして，逆さまにたてたメスシリンダーの中に気体をおし出し，体積をはかる。

④気体をおし出したあとのスプレー缶の質量をはかり，密度を求める。

第**2**編　物質

第1章　物質のすがた

第2章　原子・分子と化学変化と

第3章　イオンと化学変化と

参考 密度の単位の関係

g/cm^3 と g/L の間には次のような関係がある。

　$1\,g/cm^3 = 1000\,g/L$

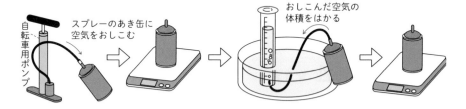

自転車用ポンプ　スプレーのあき缶に空気をおしこむ

おしこんだ空気の体積をはかる

📖 **例題** 混合液の密度

水の密度を $1.0\,g/cm^3$，エタノールの密度を $0.79\,g/cm^3$ とする。水 $50\,cm^3$ とエタノール $50\,cm^3$ を混ぜると $96\,cm^3$ の混合液ができた。この混合液の密度はいくらになるか，四捨五入して小数第2位まで求めなさい。

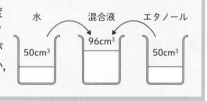

水　　混合液　　エタノール

$50cm^3$　　$96cm^3$　　$50cm^3$

Solution 水とエタノールを混ぜると，エタノールの粒子のすきまに水の粒子が入りこむ。そのため，混合液の体積は，水の体積とエタノールの体積をたした値とは異なる。また，混合液の密度は，混ぜる溶液の割合や濃度の違いによって変わるので，まずは質量を求める。

水 $50\,cm^3$ の質量は，$1.0\,g/cm^3 \times 50\,cm^3 = 50\,g$

エタノール $50\,cm^3$ の質量は，$0.79\,g/cm^3 \times 50\,cm^3 = 39.5\,g$

混合液の体積は $96\,cm^3$ なので，混合液の密度は次のようになる。

$$混合液の密度 = \frac{50\,g + 39.5\,g}{96\,cm^3}$$
$$= 0.932\cdots\ g/cm^3$$

Answer $0.93\,g/cm^3$

短文記述対策！

Q 物質が状態変化したときに密度が変わる理由を，「質量」と「体積」という言葉を用いて簡単に書きなさい。

A 物質が状態変化したとき，質量は変わらないが体積は変わるため。

5 比 重

～基準になる密度との比～

ある物質の質量と，それと同じ体積の基準になる物質の質量との比を比重といい，単位はつけない。ふつうは4℃，1気圧の水を基準とするので，ある物質の密度と4℃，1気圧の水の密度との比ともいえる。

$$比重＝\frac{物質の質量}{物質と同体積の水の質量}$$

$$＝\frac{物質の密度}{水の密度}$$

4℃，1気圧の水の密度は1 g/cm³なので，物質の密度を g/cm³で表せば，その物質の密度と比重の値は同じになる。

参考 液比重

固体や液体の比重を液比重ともいう。基準物質は4℃，1気圧の水が用いられ，1より小さい物質は水に浮き，1より大きい物質は水に沈む。

参考 蒸気比重

気体の比重を蒸気比重ともいう。基準物質は0℃，1気圧の空気が用いられ，1より小さい物質は空気中で上昇し，1より大きい物質は空気中で下降する。

2 物質の特性 ★★★

1 混合物と純物質

～物質の分類～

私たちの身のまわりの物質には，2種類以上の物質が混ざり合ってできている混合物と，1種類の物質だけでできている純物質(純粋な物質)がある。

❶ **混合物**……砂糖水と食塩水は，目で見ただけでは同じように見える。しかし，それぞれの水溶液を少しとって加熱すると異なる現象が見られるため，異なる物質が溶けていることがわかる。

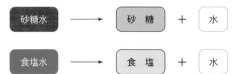

このように，2種類以上の物質が含まれている物質を混合物という。混合物に含まれている物質を，**混合物の成分**という。

❷ **純物質**……食塩水と水は，目で見ただけでは同じように見える。しかし，食塩水は食塩と水が混ざり合ってできている混合物である。ところが，水は1つの物質だけでできていて，ほかの物質を含んではいない。

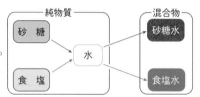

HighClass 二酸化炭素は空気よりも重く，アンモニアは空気よりも軽い。これは，二酸化炭素の比重が1よりも大きく，アンモニアの比重が1よりも小さくなることからわかる。

このように，2種類以上の物質が含まれている混合物に対して，水だけ，食塩だけといった，1種類の物質だけで存在する物質を純物質という。

純物質はさらに単体と化合物に分けられる。

zoomup 単体→p.235
zoomup 化合物→p.235

↑ 物質の分類

2 混合物と純物質の見分け方

〜物質の特徴〜

❶ 密　度……物質はそれぞれ固有の密度をもっている。ある物質の密度を測定したとき，その値が純物質の密度の固有値と一致するかどうかで純物質か混合物かを見分けることができる。

❷ 融点と沸点……物質の融点や沸点は，物質の種類によって一定の値に決まっている。

▶ 融　点…物質がとけるときの温度を融点といい，物質がとけることを融解という。水の融点は0℃である。

▶ 沸　点…物質が沸騰するときの温度を沸点という。水の沸点は100℃である。

参考 凝固点

物質が凝固するときの温度を凝固点という。水の凝固点は0℃である。

Words ナフタレン

白色うろこ状の結晶で，コールタールから分離精製される。固体から直接気体に昇華する性質がある。防虫剤や染料，合成樹脂などの原料に使われている。

融　点(℃)	物　質　名	沸　点(℃)
1538	鉄	2862
801	食塩(塩化ナトリウム)	1485
327.5	鉛	1749
80.5	ナフタレン	217.9
0	水	100.0
－77.7	アンモニア	－33.5
－114.5	エタノール	78.3
－116.3	ジエチルエーテル	34.6
－210.0	窒　素	－195.8
－218.8	酸　素	－183.0
－259.2	水　素	－252.9

↑ 主な物質の融点と沸点

HighClass 混合物にも2種類あり，空気のようにどの部分をとっても同様に混ざっている均一系のものと，岩石のように各部分にそれぞれの成分が分散している不均一系のものがある。

第2編 物質
第1章 物質のすがた
第2章 化学変化と原子・分子
第3章 化学変化とイオン

下のグラフは，水とエタノールの混合物の温度変化と，純物質であるエタノールの温度変化を表したものである。エタノールの沸点は一定だが，混合物の沸点は一定にならないことがわかる。

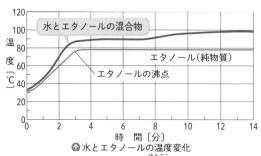
↑ 水とエタノールの温度変化

このように，純物質の沸点や融点は一定の値を示し，混合物の沸点や融点は一定の値を示さないので，その違いで純物質か混合物かを見分けることができる。

3 沸点と圧力の関係

〜沸点の変化〜

富士山の頂上では，カップ麺が上手につくれないということがある。これは大気圧が小さくなることで水の沸点が低くなり，日常よりも低い温度の湯でカップ麺をつくっているからである。

❶ **気液平衡**……密閉した容器に液体を入れて温度を一定に保ったまま放置すると，液体は蒸発する。このとき，目には見えないだけで凝縮も同時に起こっている。しばらくすると，蒸発する粒子と凝縮する粒子の数が等しくなり，蒸発がとまったように見える。この状態を**気液平衡**という。

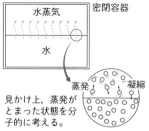
見かけ上，蒸発がとまった状態を分子的に考える。

❷ **蒸気圧**……ある温度において，気体と液体が気液平衡の状態にあるときの蒸気の圧力を，その液体の**飽和蒸気圧**，または単に**蒸気圧**という。一定温度における液体の蒸気圧は物質の種類によって決まっていて，気体や液体の体積によって変化しない。また，ほかの気体が混合していても蒸気圧は変わらない。温度を高くすると蒸気圧も高くなる。

❸ **蒸気圧曲線**……液体を加熱して温度が高くなると，蒸気圧も高くなる。蒸気圧が大気圧（外圧）に等しくなる

参考 水の蒸気圧

温 度（℃）	蒸気圧（hPa）
0	6
20	23
40	74
60	199
80	474
100	1013
120	1985

Episode
飛んでいる飛行機内の気圧は約 800 hPa で標準大気圧よりも低いが，この飛行機内用に開発されたカップ麺がある。これは，気圧が低い所でも上手につくることができるカップ麺である。

と，液体の内部に気泡(きほう)が生じ，内部からも盛んに蒸発が起こる。この現象を**沸騰**(ふっとう)といい，沸騰するときの温度が沸点である。

　下のグラフのように，温度と飽和蒸気圧の関係を示したグラフを**蒸気圧曲線**という。このグラフより，外圧が低くなるほど沸点が低くなることがわかる。例えば，外圧が標準大気圧の1013 hPaのときの水の沸点は100℃だが，富士山の頂上での大気圧（約640 hPa）では沸点が約87℃になる。

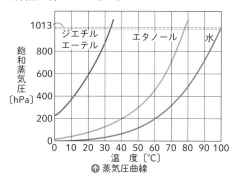

飽和蒸気圧〔hPa〕／温度〔℃〕
↑ 蒸気圧曲線

参考　圧力鍋(なべ)

　密閉した鍋を加熱して蒸気圧を大きく（約1500 hPa）しているので，約120℃で沸騰する。

参考　純物質の三重点

　純物質が3つの状態で存在できる環境(かんきょう)を三重点という。水の場合，温度は0.01℃で圧力は約610 Paになる。物質の種類によって，三重点は固有の値となる。

参考　リービッヒ冷却器(れいきゃく)

　筒(つつ)が2重になった冷却器で，蒸留の際に用いる。

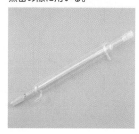

4 物質の分離(ぶんり)

～混合物から純物質をとり出す～

❶ **蒸　留**……液体を加熱して沸騰させ，沸騰した液体から出てくる気体を冷やして再び液体として集めることを蒸留という。蒸留を利用して混合物に含(ふく)まれる物質を分離することができる。

▶**液体と固体の混合物**…加熱して先に出てきた気体を冷やすと，液体を分離することができる。例えば，食塩水を加熱すると水蒸気が出てくるため，それを冷やすと純粋(じゅんすい)な水（**蒸留水**）が得られる。

▶**液体と液体の混合物**…加熱して先に出てきた気体を冷やすと，沸点の低い液体を分離することができる。例えば，エタノールと水の混合物を加熱すると沸点の低いエタノールを多く含んだ気体が先に出てきて，そのあと，水を多く含んだ気体が出てくる。

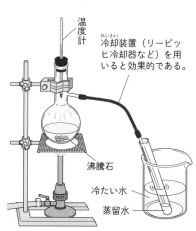

温度計
冷却装置（リービッヒ冷却器など）を用いると効果的である。
沸騰石
冷たい水
蒸留水
↑ 蒸留による分離

入試Info

水とエタノールの混合物を蒸留する実験がよく出題される。蒸留は物質の沸点の違いを利用していること，沸点の低いエタノールを多く含んだ気体が先に出てくること，エタノールは燃えやすいことなどを覚えておくとよい。

❷ 分　留……2種類以上の混合物において，沸点(ふってん)の違(ちが)いを利用して順に蒸留することを分留という。分留とは，分別蒸留の略称(りゃくしょう)である。

　例えば，石油(原油)はさまざまな液体が混ざった混合物として発掘(はっくつ)される。これを分留することで，石油ガス，ガソリン，灯油などに分離(ぶんり)している。

35〜180 ℃ ── 石油ガスなど
170〜250 ℃ ── ガソリンなど
240〜350 ℃ ── 灯油など
── 軽油など
原油
350 ℃以上
加熱
── 重油など

↑ 精留塔(とう)

❸ ろ　過……液体の中に固体の微粒子(びりゅうし)が含(ふく)まれている場合，ろ紙などを使ってそこに含まれている固体の物質をこし分ける操作をろ過という。

　例えば，コーヒーを入れるときはフィルターを使ってろ過することで，コーヒー豆の粉とコーヒーの溶液(ようえき)を分離している。

2つ折りにする

ろうとより少し小さいろ紙を使用。

4つ折りにする

少量の水を注ぎ，ろ紙をろうとに密着させる。

円錐形(えんすい)に開く

ろ紙の折り方には，ひだ付き折りもある。

↑ ろ紙の折り方

ろ過する液を，ガラス棒に伝わらせてろ紙に注ぐ。

ガラス棒の先は，ろ紙が重なっている所にあてる。

ろうとのあしの先は，ビーカーの壁(かべ)にくっつける。

正三角形
45度
ふつうのろうと

分液(ぶんえき)ろうと

保温ろうと

吸引ろうと

長脚(ちょうきゃく)ろうと

あしが長いので，ろ過の効率がよい。

↑ ろうとの種類

❹ 蒸発乾固(かんこ)……固体が液体に完全に溶(と)けている場合は，ろ過しても液体に含まれる物質を分離することはできない。この場合，混合物を加熱し液体を蒸発させると，あとに残る固体の結晶(けっしょう)をとり出すことができる。これを蒸発乾固という。

　例えば，食塩水を蒸発皿に入れて加熱すると，水が蒸発したあとの蒸発皿には食塩の結晶だけが残る。

❺ 再結晶……固体が溶けた水溶液(すいようえき)を冷やしたり，加熱して水を蒸発させたりすると，水溶液に溶かすことの

Words 蒸発皿

沸騰(ふっとう)したときに液が飛び散らないように，蒸発皿に入れる液量は7分目以下にする。

zoomup 溶解度→ p.213

zoomup 再結晶→ p.215

HighClass

純粋(じゅんすい)な窒素(ちっそ)や酸素などの気体を得る場合も分留を行う。液体にした空気を分留することで，沸点の違いにより窒素や酸素などの気体を大量に得ることができ，工業用に使われている。

できる固体の質量が小さくなる。このとき，溶けきれなくなった固体を結晶としてとり出すことができ，これを再結晶という。主に，温度による溶解度の差が大きい物質をとり出すときに使われる。

🔍 **実験・観察** パルミチン酸の融点測定

ねらい

パルミチン酸が固体から液体に変化するときの温度を調べる。

方法

❶ パルミチン酸を乳鉢で細かい粉末にする。

❷ 細いガラス管の口を下にして，パルミチン酸の粉末の中にさしこむ。ガラス管の口を上にして軽くたたき，パルミチン酸の粉末をガラス管の中に入れる。

❸ パルミチン酸の粉末が入った細いガラス管を，温度計の横に輪ゴムでとりつける。このとき，パルミチン酸の粉末と温度計の液だめの高さが合うように，先端をそろえる。

❹ パルミチン酸の粉末が入った細いガラス管をとりつけた温度計を，スタンドにつるし，水の入ったビーカーの中に入れてゆっくりと加熱する。

❺ パルミチン酸の温度を温度計で読みとり，1分ごとに記録する。

❻ 測定結果をグラフで表す。

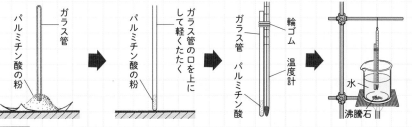

結果

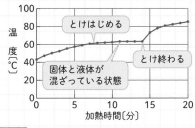

考察

• 固体がすべて液体に変化するまでは，温度はゆるやかに上昇する
• パルミチン酸の融点は 63℃ だと考えられる。

 Episode 物質を分離する方法に，デカンテーション（傾しゃ）というものがある。これは，沈殿している固体と液体を分離する方法で，赤ワインのおりをとり除くときに使われる。容器内の上ずみ液を違う容器に移すだけなので簡単にできる。

3 気体の発生とその性質

Point
❶ 身のまわりにある気体を理解しよう。
❷ 気体を発生させる方法と気体を集める方法を理解しよう。
❸ いろいろな気体の性質を理解しよう。

1 身のまわりの気体　入試重要度 ★★★

1 空　気

〜空気に含まれる物質〜

ふつう，気体は目に見える形をもっていない。空気は地表付近にある気体で，その中に含まれる気体にはそれぞれ特有の性質がある。

アルゴン 0.93 ── その他
酸素 20.95
大気の組成
窒素 78.08 %

参考　空気の組成

空気は主に窒素と酸素の混合物であるが，ほかにも次のような物質が含まれる。

成　分	体積百分率(%)
窒　素	78.08
酸　素	20.95
アルゴン	0.93
二酸化炭素	0.04
ネオン	0.0018
ヘリウム	0.0005

2 酸　素

〜空気中に約 21% 含まれる〜

酸素は生物の生命を支えている気体であり，自然界では植物や藻類などがつくっている。

❶ **酸素の発生方法**……下の図のように，二酸化マンガンにうすい過酸化水素水を加えると酸素が発生する。この化学変化では，二酸化マンガンは量も質も変化せず，過酸化水素を分解することだけに役立っている。このような物質を**触媒**という。また，酸化銀や塩素酸カリウムの加熱でも酸素が発生する。

　　発生した酸素は，水上置換法で集める。

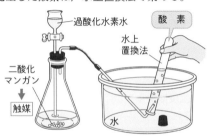

過酸化水素水
酸　素
水上置換法
二酸化マンガン
↓
触媒
水

z00mup 分　解→ p.223

z00mup 水上置換法→ p.208

参考　触　媒

化学変化をする物質とともに少量用いる。触媒そのものは化学変化の前後において変化せず，その化学変化の速さにのみ影響を与える。化学変化を促進させるものを正触媒，減退させるものを負触媒という。

Episode
空気以外の気体として最初に発見されたのは二酸化炭素である。1750 年頃，イギリスのブラックという化学者が，石灰石を加熱したり石灰石に酸をかけたりすると，空気とは異なる性質をもった気体が発生することを発見した。

❷ **酸素の性質**……酸素には次のような性質がある。
　①無色，無臭である。
　②水に溶けにくい。
　③空気より少し密度が大きい。
　④ものを燃やすはたらき(助燃性)がある。

3 二酸化炭素

~空気中に約 0.04 % 含まれる~

炭酸飲料水やドライアイスから発生する気体が，二酸化炭素である。近年，二酸化炭素の増加が地球温暖化の原因の 1 つとされている。

❶ **二酸化炭素の発生方法**……下の図のように，石灰石(炭酸カルシウム)にうすい塩酸を加えると二酸化炭素が発生する。また，石灰石のかわりに炭酸水素ナトリウムを用いても，二酸化炭素が発生する。

　発生した二酸化炭素は，下方置換法や水上置換法で集める。

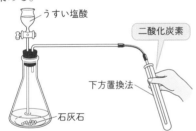

うすい塩酸
二酸化炭素
下方置換法
石灰石

❷ **二酸化炭素の性質**……二酸化炭素には次のような性質がある。
　①無色，無臭である。
　②水に少し溶ける。
　③空気より密度が大きい。
　④ものを燃やすはたらきはない。
　⑤石灰水を白く濁らせる。
　⑥水溶液は酸性になる。

4 水 素

~最も軽い物質~

水素は最も密度の小さい気体である。空気中にはごくわずかしか存在しないが，水の成分の一部として地球上には非常に多く存在する。

参考 **助燃性**

酸素にはものを燃やすはたらきがあるが，酸素そのものは燃えない。

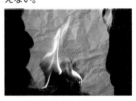

zoomup 下方置換法→p.208

参考 **石灰水の白濁**

石灰水は水酸化カルシウムの飽和水溶液(→ p.213)である。二酸化炭素と反応すると炭酸カルシウムができるので白く濁る。

 HighClass ドライアイスは乾いた氷というように，ものをぬらすことのない−79℃の二酸化炭素の固体である。工場での製法は，二酸化炭素を加圧し液化させ，これを急速に気化する。気化熱が奪われて冷えた二酸化炭素は固体になる。

❶ 水素の発生方法……下の図のように，亜鉛やマグネシウムなどの金属にうすい塩酸やうすい硫酸を加えると水素が発生する。

　発生した水素は，水上置換法で集める。

参考 水素の爆発

火を近づけると爆発して水ができる。

水滴で内側がくもる。

❷ 水素の性質……水素には次のような性質がある。

①無色，無臭である。

②水に溶けにくい。

③空気より密度が小さい。

④燃える気体である。

⑤酸素と混ざった状態で火を近づけると，爆発して燃え，水ができる。非常に危険なので，実験は注意しながら少量で行う。

5 アンモニア

〜刺激臭が特徴の気体〜

アンモニアは窒素肥料の原料として，農業で使われている。

❶ アンモニアの発生方法……下の図のように，濃アンモニア水を加熱するとアンモニアが発生する。

　また，塩化アンモニウムと水酸化カルシウムを混ぜたものを加熱してもアンモニアが発生する。

　発生したアンモニアは，上方置換法で集める。

zoomup 上方置換法→p.208

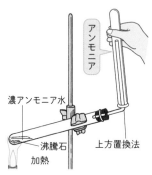

❷ アンモニアの性質……アンモニアには次のような性質がある。

①無色で刺激臭がある。

②水に非常に溶けやすい。

③空気より密度が小さい。

④水溶液はアルカリ性になる。

Episode アンモニアの生産にはハーバー・ボッシュ法が使われ，鉄を主体とした触媒上で水素と窒素を反応させるとアンモニアができる。パンの原料となる小麦を育てる肥料として使われるので，「空気からパンをつくる」ともいわれる。

② いろいろな気体 ★★☆

1 窒　素

～空気中に約78%含まれる～

　窒素は空気中に最も多く含まれている気体である。ゴムタイヤの中に入れる空気などに使われ，液体窒素は低温実験の冷却剤に使われている。

❶ **窒素の発生方法**……硝酸アンモニウムの水溶液を加熱分解すると窒素が発生する。また，空気を冷やして液体にしたものを分留することで，大量の窒素を得ることができる。

❷ **窒素の性質**……窒素には次のような性質がある。
　①無色，無臭である。
　②水に溶けにくい。
　③空気より少し密度が小さい。
　④常温では非常に安定した気体で，反応しにくい。

2 塩　素

～消毒などに使われる刺激臭のある気体～

　塩素は殺菌作用や漂白作用があり，水道水の消毒剤や衣類などの漂白剤などに使われる。

❶ **塩素の発生方法**……二酸化マンガンに濃塩酸を加えると発生する。
　　発生した塩素は，下方置換法で集める。

❷ **塩素の性質**……塩素には次のような性質がある。
　①黄緑色で刺激臭がある。
　②水に非常に溶けやすい。
　③空気より密度が大きい。
　④水溶液は酸性になる。

3 その他の気体

～その他の気体の特徴～

　地球上には，ほかにもさまざまな気体が存在し，それぞれ特有の性質がある。

❶ **塩化水素**……無色で刺激臭のある有毒気体で，水に非常に溶けやすく，水溶液は酸性を示す。塩化水素の水溶液を塩酸という。塩酸はヒトの胃液にも含まれていて，食物を消化するはたらきがある。

参考 液体空気の分留

　物質の沸点の違いを利用して，大量の窒素，酸素，アルゴンをとり出すことができる。

物　質	沸点(℃)
窒　素	−195.8
酸　素	−183.0
アルゴン	−185.8

Words 漂白剤

　食器や衣類などの汚れを落とすのに使う。塩素系漂白剤と酸素系漂白剤があり，この2つを混ぜると有毒な塩素が発生して危険なので，いっしょに使ってはいけない。

⬆塩素系漂白剤　⬆酸素系漂白剤

入試Info　気体の発生方法と性質についての問題が出題されている。代表的な気体については，発生方法と捕集方法，におい・色・水への溶けやすさなどの性質を理解しておくとよい。

❷ **硫化水素**……無色で腐卵臭のある有毒気体で，還元作用を示す。火山ガスや温泉に含まれ，金属イオンと反応して硫化物の沈殿をつくる。水に少し溶けて，水溶液は酸性になる。

❸ **二酸化硫黄**……燃焼さじに少量の硫黄をのせて，空気中や酸素中で燃焼させると発生する無色の気体である。刺激臭のある有毒気体で，水に溶けやすく，水溶液は酸性になる。水と反応すると亜硫酸となり，酸性雨の原因となる物質の1つである。

参考　硫黄泉（硫化水素型）

温泉の泉質の1つで，硫化水素が含まれる。

二酸化硫黄の発生

燃焼さじ

硫黄

硫黄を空気中（酸素中）で燃焼

水を入れてよく振る

青いリトマス紙

赤色に変わるので酸性

蒸留水

❹ **二酸化窒素**……赤褐色の有毒気体。水に溶けやすく，水溶液は酸性になる。銅に濃硝酸を加えると発生する。水と反応すると硝酸となり，酸性雨の原因となる物質の1つである。

> Break Time **酸性雨**
>
> 　雨水には，空気中に含まれる二酸化炭素が溶けこんでいるため，酸性を示すのがふつうである。しかし，異常に酸性の強い雨が降ることがあり，そのような雨を酸性雨という。
> 　酸性雨の発生源は，石油・石炭の燃焼や火山の噴煙などに含まれる硫黄を含む物質と，自動車の排気ガスなどに含まれる窒素を含む物質である。これらの物質は，空気中の水（雨）と反応して亜硫酸，硫酸，硝酸などになり，強い酸性を示す酸性雨になると考えられている。

❺ **プロパン**……無色，無臭で水に溶けにくい気体。液化石油ガス（LPG）の主成分である。液化石油ガスはプロパンのほかにも，ブタンなどが含まれている。

Episode
液化石油ガスは家庭で使われているガスの一種である。本来は無色，無臭の気体だが，ガスもれの際にすぐに気がつくように，においがつけてある。ガスボンベで供給される。

❻ **メタン**……無水酢酸ナトリウムと水酸化ナトリウムの混合物を加熱すると発生する，無色，無臭の気体。池や沼の底から発生する泡にも含まれる。水には溶けにくいが，灯油や有機溶媒によく溶ける。天然ガスの主成分で都市ガスに使われている。

❼ **オゾン**……淡青色で特徴的な刺激臭のある有毒気体であり，強い酸化力をもつ。酸素に強力な紫外線を照射すると発生する。成層圏でオゾン層を形成し，太陽からの有害な紫外線を吸収している。

❽ **ヘリウム**……無色，無臭で，水素の次に密度の小さい気体である。ほかの物質とは反応せず，気球や飛行船に使われている。沸点が－268.9℃とすべての物質の中で最も低く，液体ヘリウムは低温実験の冷却剤として使われる。

❾ **ネオン**……無色，無臭の気体である。ほかの物質とは反応せず，水には溶けにくい。放電管に封入して電圧を加えると発光し，これをネオン管という。ネオンサインは，封入する気体の種類を変えることで，さまざまな色に発光している。

❿ **アルゴン**……空気中に3番目に多く含まれている，無色，無臭の気体である。ほかの物質とは反応せず，蛍光灯や電球，金属の溶接などに使われている。

第2編 物質

第1章 物質のすがた

第2章 化学変化と原子・分子

第3章 化学変化とイオン

Words 都市ガス

天然ガスなど，道路下のガス管から供給されるガス。ガスもれ時にすぐに気がつくように，においがつけてある。

Words ネオンサイン

ネオン管を利用した看板や広告。

Break Time 怠け者の気体

130年ほど前までは，空気中には酸素や窒素以外は存在しないと思われていた。しかし，空気にはほかの物質と反応しにくい未知の気体が約1％含まれていることがわかり，ギリシャ語で不活性・怠け者という意味のアルゴンと名づけられた。その後，ヘリウム，ネオンなどのアルゴンと似た性質の気体が発見されている。

アルゴンは，イギリスの物理学者レイリー卿（ジョン・ウィリアム・ストラット）とスコットランドの化学者ウィリアム・ラムゼーによって発見され，それぞれノーベル物理学賞とノーベル化学賞を受賞している。

ヘリウム，ネオン，アルゴンといった周期表（→p.236）の18族に配置される物質を貴ガス（希ガス）といい，ほかの物質と反応しにくい気体を総称して不活性気体や不活性ガスという。

Episode メタンと水が結びついてできる氷状の物質をメタンハイドレートという。火を近づけると燃えるため，「燃える氷」ともいわれる。海底に大量に存在するとされ，新しいエネルギー資源として注目されている。

いろいろな気体の性質

気 体 名	酸 素	二酸化炭素
色	無 色	無 色
に お い	無 臭	無 臭
密 度(g/L)	1.43	1.98
空気に対する比重	1.11	1.53
水への溶け方	溶けにくい	少し溶ける
水溶液の性質	中 性	酸 性
気体の集め方	水上置換法	水上置換法,下方置換法
その他の性質など	助熱性がある。	石灰水を白濁させる。

気 体 名	塩 素	塩化水素
色	黄緑色	無 色
に お い	刺激臭	刺激臭
密 度(g/L)	3.21	1.64
空気に対する比重	2.49	1.27
水への溶け方	溶けやすい	非常に溶けやすい
水溶液の性質	酸 性	酸 性
気体の集め方	下方置換法	下方置換法
その他の性質など	漂白,殺菌作用がある。	水溶液は塩酸になる。

※密度は標準状態（0 °C，1 気圧）での値である。

水　素	アンモニア	窒　素
無　色	無　色	無　色
無　臭	刺激臭	無　臭
0.09	0.77	1.25
0.07	0.60	0.97
溶けにくい	非常に溶けやすい	溶けにくい
中　性	アルカリ性	中　性
水上置換法	上方置換法	水上置換法
酸素を混ぜて火をつけると，爆発して燃える。 	水への溶けやすさを利用した噴水実験ができる。 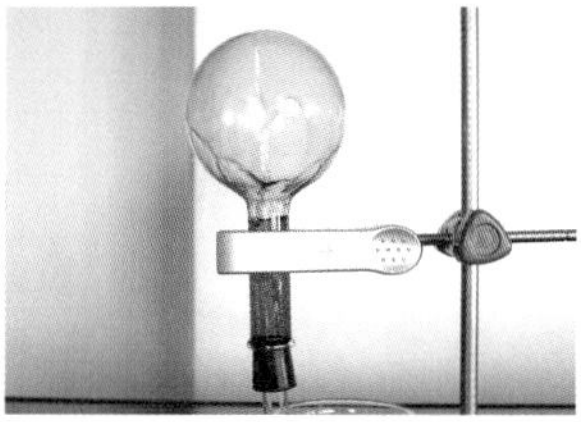	液体窒素は冷却剤に使われる。 

硫化水素	二酸化硫黄	メタン
無　色	無　色	無　色
腐卵臭	刺激臭	無　臭
1.54	2.93	0.72
1.19	2.26	0.56
溶けやすい	非常に溶けやすい	溶けにくい
酸　性	酸　性	―
下方置換法	下方置換法	水上置換法
火山ガスや温泉に含まれる。 	漂白・殺菌作用がある。酸性雨の原因物質の１つ。 	燃える気体で，都市ガスなどに使われる。 

3 気体の集め方 ★★☆

1 水上置換法

・水に溶けにくい気体の集め方

　水に溶けにくい，または水に少ししか溶けない気体は，集気びん内の水と捕集する気体を置きかえる，水上置換法で集めることができる。

水上置換法

参考　気体の捕集方法

気体

水に溶けにくい　　水に溶けやすい
（水上置換法）

空気より重い　　空気より軽い
（下方置換法）　（上方置換法）

2 下方置換法

～空気より重い気体の集め方～

　水に溶けやすく，空気より密度の大きい気体は，集気びん内の空気と捕集する気体を置きかえる，下方置換法で集めることができる。

下方置換法

参考　純粋な気体の捕集

　実験で発生した気体は，不純物が含まれていることがある。水に溶ける不純物は，気体を洗気びんに入れた水の中に通すことでとり除くことができる。

↑ 洗気びん

3 上方置換法

～空気より軽い気体の集め方～

　水に溶けやすく，空気より密度の小さい気体は，集気びん内の空気と捕集する気体を置きかえる，上方置換法で集めることができる。

上方置換法

短文記述対策！

Q 水素の捕集方法として適しているものとその理由を簡単に答えなさい。

A 水素は水に溶けにくい気体なので，水上置換法で集めるのが適している。

4 ▶ 水溶液

⑥ Point
❶ 物質が液体に溶ける現象と,水溶液の性質について理解しよう。
❷ 水溶液の濃度とその表し方について理解しよう。
❸ 物質が液体に溶ける量の限度について理解しよう。

① 水溶液 入試重要度 ★★☆

1 水溶液とは

〜物質が溶けている水〜

水に砂糖や食塩を入れてガラス棒でよくかき混ぜると,砂糖や食塩は水と混ざり合って目に見えなくなり,砂糖水や食塩水ができる。これを,砂糖や食塩が水に溶けたといい,このように,物質が溶けた水のことを水溶液という。

参考 泥水と水溶液

水に泥を入れてよくかき混ぜると,均一に混ざった液体になる。しかし,時間がたつと,底に泥の粒がたまるので泥水は水溶液ではない。

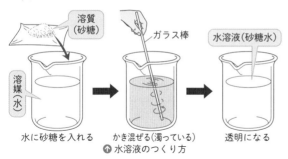

水に砂糖を入れる　　かき混ぜる(濁っている)　　透明になる
↑ 水溶液のつくり方

砂糖水は,砂糖という物質が水という液体の中に,目に見えないほどの小さな粒になって均一に混ざったものであり,砂糖がなくなったわけではない。見た目は水と区別がつかないが,性質を調べると,水ではないことがわかる。

❶ **溶 解**……物質が液体に溶けることを**溶解**という。
❷ **溶 質**……砂糖や食塩のように,液体に溶けている物質を溶質という。
❸ **溶 媒**……水のように,物質を溶かしている液体を溶媒という。

参考 有機溶媒

アルコールなどの有機物(→ p.187)の溶媒のことを有機溶媒といい,水に溶けにくい有機物を溶かすことができる。

Episode
溶液の名まえは溶質と溶媒の種類で決まる。塩化ナトリウムを水に溶かした溶液は塩化ナトリウム水溶液といい,硫酸銅を水に溶かした溶液は硫酸銅水溶液という。溶媒がアルコールの場合は,水溶液ではなくアルコール溶液となる。

❹ 溶　液……溶媒に溶質が溶けた液体を溶液といい，溶媒が水の溶液を水溶液という。

参考 水溶液のろ過

　水溶液はろ過することができない。砂糖や食塩といった溶質も水といっしょにろ紙を通り抜けてしまう。泥水はろ紙に泥が残るので，水溶液ではない。

2 水溶液の特徴

～物質が水に溶けるということ～

❶ 透明性……濁りがない，透明な液体である。無色透明の水溶液と，色がついた有色透明の水溶液がある。

❷ 均一性……水溶液のどの部分をとっても，水溶液の濃さは同じである。

❸ 持続性……時間がたっても沈殿せず，水溶液の濃さはどの部分をとっても変わらない。

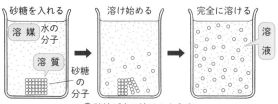

↑砂糖が水に溶けるようす

参考 水溶液の色

　溶質の色がそのまま水溶液の色になることが多い。
▶無色の砂糖
　→無色の水溶液（砂糖水）
▶青色の硫酸銅
　→青色の硫酸銅水溶液

↑硫酸銅

3 溶質の種類と水溶液

～固体・液体・気体の水溶液～

❶ 溶質が固体の水溶液……角砂糖などを水の中に入れると固体のまわりからもやもやしたものが流れ出てきて，固体は小さくなっていく。しばらく放置すると，液全体が均一に混ざって水に溶けた状態になる。

①拡　散…1つの物質がほかの物質に溶けこんでいく現象を拡散という。拡散は，水に液体や気体が溶けるときや，気体と気体が混ざり合うときにも起こる。

↑硫酸銅水溶液

②熱運動…液体や気体の分子は，互いに衝突するなどして不規則に動いている。この不規則な運動を熱運動といい，拡散は粒子の熱運動によって起こる。温度が高くなると，熱運動は激しくなる。

zoomup 分　子→ p.231

Episode　氷砂糖などを水に溶かすとき，氷砂糖のまわりにもやもやした模様が見えることがある。これは，シュリーレン現象といい，透明な物質の中で屈折率(→p.23)の違うところがある場合に起こる現象である。

❷ **溶質が液体の水溶液**……アルコールの一種であるメタノールやエタノールは，水によく溶ける。メタノールやエタノールの分子は，水の分子と結合しやすい性質をもち，これらが結合することで水に溶けた状態になる。

❸ **溶質が気体の水溶液**……アンモニアや塩化水素は水によく溶けるが，酸素や水素は水にあまり溶けない。二酸化炭素は水に少し溶け，その水溶液は炭酸水といわれる。

Words メタノール

アルコールランプの燃料などに使われている。

Words エタノール

お酒に含まれているアルコールや，消毒用のアルコールなどに使われている。

4 コロイド

~粒子が大きい物質が混ざる状態~

直径が1～数百nm(ナノメートル)程度の大きさの粒子を**コロイド粒子**といい，コロイド粒子がほかの物質に均一に混ざる状態をコロイドという。

コロイド粒子が液体中に均一に混ざったものをコロイド溶液という。

❶ **コロイド溶液**……私たちの身のまわりには，次のような，さまざまなコロイド溶液がある。

▶**石けん水**…石けんを水の中に入れてしばらく放置すると，溶液全体が白く濁ったようなコロイド溶液になる。

▶**牛 乳**…牛乳は，水の中にタンパク質や脂肪の粒子が溶けこんでいるので乳白色に見えるコロイド溶液である。

▶**ドレッシング**…ドレッシングは油と水を使ったコロイド溶液である。

▶**墨 汁**…炭素と水を混ぜたコロイド溶液である。コロイド粒子が沈殿するのを防ぐために，にかわを加えている。

❷ **コロイド溶液の状態**……コロイド溶液を加熱したり冷却したりすると流動性を失って固まることがある。例えば，寒天を湯に溶かすと流動性のあるコロイド溶液になり，これを冷やすと固まって流動性のない固体になる。流動性のあるコロイドを**ゾル**といい，流動性を失って固まったものを**ゲル**という。ゲルを乾燥させたものを**キセロゲル**という。

参考 コロイド溶液のようす

↑ 牛 乳

参考 保護コロイド

墨汁に加えるにかわのように，コロイド粒子の沈殿を防ぐはたらきをするコロイドを保護コロイドという。

↑ にかわ

HighClass ゲルを乾燥させたキセロゲルには，空気中の水分と結合しようとする性質がある。シリカゲル(乾燥剤)は，この性質を利用したキセロゲルである。

↑ゾル   ↑ゲル   ↑キセロゲル

❸ **チンダル現象**……コロイド
溶液に光をあてると，光を
強く散乱し，光の通路が一
直線になって見える。これ
を**チンダル現象**という。水
に光をあてても光の通路は
見えない。

↑チンダル現象

❹ **ブラウン運動**……水の分
子は，熱運動によって不規
則に動く。この水の分子に
衝突されたコロイド粒子は
不規則に運動し，この運動
を**ブラウン運動**という。

↑ブラウン運動

2 水溶液の濃さ ★★★

1 溶液の濃度

～溶液中の溶質の割合～

溶液中に含まれる，溶質の質量の割合による濃さの程
度を濃度という。

❶ **溶液の質量**……水に食塩を入れると無色透明の食塩
水になるが，食塩そのものがなくなったわけではない
ので，食塩の質量がなくなることはない。溶液全体の
質量は，溶質の質量と溶媒の質量の和になる。

溶液の質量＝溶質の質量＋溶媒の質量

❷ **濃度の表し方**……溶液の濃度を表すとき，よく使わ
れるのは，溶液全体の質量に対する溶質の質量の割合
を％（パーセント）で表したものである。これを質量パ
ーセント濃度といい，次の式で求めることができる。

$$質量パーセント濃度〔\%〕＝\frac{溶質の質量〔g〕}{溶液の質量〔g〕}×100$$

参考 濃度の単位

全体に対して百万分の一の割
合を 1 ppm，十億分の一の割
合を 1 ppb として表す。ごく
わずかしか含まれない物質の濃
度を表すときに用いる。

溶質が液体や気体のときに用いる濃度の表し方に，体積パーセント濃度がある。溶液の濃度
を体積の割合で表したもので，単位は〔体積%〕，〔vol%〕，〔v/v %〕などの書き方がある。

例題　水溶液の濃度

次の文章を読み，あとの問いに答えなさい。

(1) 水 100 g に食塩 25 g を溶かしました。このときの，食塩水の質量パーセント濃度を求めなさい。

(2) 質量パーセント濃度が 15 % の食塩水 200 g をつくるには，水と食塩がそれぞれ何 g 必要か求めなさい。

Solution ▷ (1) 溶質の質量は食塩の質量なので，25 g

　　　　　溶媒の質量は水の質量なので，100 g

　　　　　溶液の質量は，25 g＋100 g＝125 g

　　　　　質量パーセント濃度は，$\dfrac{25\,g}{125\,g} \times 100 = 20\,\%$

　　　　(2) 食塩の質量を x g とすると，$\dfrac{x\,g}{200\,g} \times 100 = 15\,\%$

　　　　　よって，$x = 30$

　　　　　溶液全体の質量が 200 g なので，水の質量は，次のようになる。

　　　　　200 g－30 g＝170 g

Answer ▷ (1) 20 %

　　　　(2) 水…170 g，食塩…30 g

2　物質の溶解度

〜物質の溶けやすさ〜

水 100 g（100 mL）に食塩を少しずつ加えながらガラス棒でよくかき混ぜる。最初のうちは食塩がよく溶け無色透明の水溶液になるが，しだいに溶け残りができるようになり，それ以上溶けなくなる。これは，一定量の水に溶ける食塩の量には限りがあることを示していて，このことは水に溶けるすべての固体にあてはまる。

❶ **飽和溶液**……物質を溶媒に溶かす場合，溶ける量には限度がある。そして，溶ける量は温度や溶質，溶媒の種類によって異なる。ある一定の温度の溶媒に物質を溶かすとき，これ以上溶けないという量まで溶けた状態を**飽和**したといい，この溶液を**飽和溶液**という。また，溶媒が水の飽和溶液を飽和水溶液という。

❷ **溶解度**……ある温度の水 100 g に物質を限界まで溶かし飽和水溶液をつくる。このとき，溶けている物質の質量を水に対する溶解度といい，グラム数で表す。

参考　溶解度の単位

溶解度は，一般に 100 g の溶液に何 g の物質が溶けるかを表しているので単位はつけない。

入試Info　水溶液の濃度に関する問題がよく出題されているので，濃度を求める式を理解し計算できるようにしておく。また，問題文の数値が，溶質・溶媒・溶液のどの質量を表しているのかを注意して読むとよい。

❸ **溶解度曲線**……一般に，固体の物質は溶媒である水の温度が高くなるほど溶解度が大きくなる。このように，温度による溶解度の変化をグラフで表したものを溶解度曲線という。

　右のグラフより，20℃の水における砂糖の溶解度は約200であることがわかる。

❹ **固体・液体・気体の溶解度**……物質の状態によって，溶解度の変化のしかたが変わる。

　①**固体の溶解度**…一般に，水の温度が高いほど溶解度は大きくなる。

　　例外として，水酸化カルシウムのように温度が高くなると，逆に溶解度が低くなる物質もある。また，食塩（塩化ナトリウム）の溶解度は，温度が高くなってもあまり変わらない。

　②**液体の溶解度**…溶質が液体のときは，どのような割合でも溶けるもの，溶ける量に限度があるもの，溶けないものなどさまざまなものがある。

　　例えば，水とアルコールは完全に溶けて一様になる。水とエーテルは互いに少しずつ溶け，上下の2層になる。水と油は互いにほとんど溶けないで，2層に分離する。

　③**気体の溶解度**…二酸化炭素や塩化水素などの気体は，固体とは逆に水の温度が低いほどよく溶ける。また，水の温度が同じときは，圧力が大きいほどよく溶ける。

　　例えば，炭酸飲料水の栓を抜くと泡が出るのは，容器内の圧力が急に下がり，圧力をかけて溶かしていた二酸化炭素が気体となって出てくるからである。

❺ **物質が溶ける速さ**……固体の物質を水に溶かすとき，溶かし方によって，溶ける速さが変わる。

　①**かき混ぜる**…物質が溶けている最中，物質のまわりの濃度はそれ以外のところよりも高くなっている。溶液をかき混ぜて物質のまわりの濃度を低くすると，はやく溶かすことができる。

　②**物質を細かく砕く**…水と物質のふれ合う表面積が大きくなり，はやく溶かすことができる。

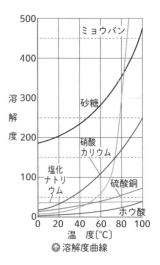

⬆ 溶解度曲線

参考　いろいろな溶解度曲線

　炭酸ナトリウムや硫酸ナトリウムは，40℃くらいまでは温度を上げていくと溶解度が大きくなる。しかし，それ以上温度を上げると，溶解度が少しずつ小さくなる。

参考　気体の溶解度の表し方

　気体の水に対する溶解度は，各物質が各温度において，気体の圧力が1atm（＝101325Pa）のときに水1cm³中に溶解できる容積を，0℃・1atmのときの容積に換算した値で表す。

炭酸飲料は，冷やした液体の中に圧力をかけながら二酸化炭素を溶かすことでつくられる。このように，ふつうの状態では溶けない量の二酸化炭素が溶けているので，容器を振って物理的な衝撃を加えただけで二酸化炭素が気体として出てきてしまう。

③温度を高くする……一般に，固体の物質は温度を高くすると溶解度が大きくなるので，はやく溶かすことができる。

📖 例題 | 溶解度

右のグラフは，塩化ナトリウム，塩化カリウム，硝酸カリウム，硫酸銅の 4 種類の物質が各温度で水 100 g に溶ける量（溶解度）を表したものです。

水 200 g を入れたビーカーを 4 つ用意し，各ビーカーに 4 種類の物質のうち 1 つを 80 g 入れてよくかき混ぜました。水溶液の温度が 80℃のとき，沈殿を生じる物質をすべて答えなさい。

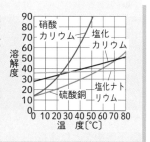

Solution ▷ 沈殿が生じるのは，溶解度をこえた量の物質が水の中に入ったということである。ビーカーに入っている水が 200 g なので，このグラフの 2 倍の量の物質が水に溶ける。つまり，水 100 g あたり 40 g の物質を入れたと考えて，グラフから溶解度が 40 以下のものを探すと，該当するのは塩化ナトリウムとなる。

Answer ▷ 塩化ナトリウム

3 再結晶

〜溶液を冷やして固体をつくる〜

固体の物質が溶けた高温の飽和水溶液を冷やしたり，加熱して水を蒸発させたりすると，水溶液に溶けている固体が結晶となって出てくる。これは，温度が下がったり水の量が減ったりして，溶解度が小さくなり，溶けきれなくなった溶質が結晶になる現象である。このように，固体の物質が溶けている水溶液から溶解度の差を利用して，固体の物質を再び結晶にもどすことを再結晶という。

❶ 温度による溶解度の差が大きい物質……硝酸カリウムのように，温度による溶解度の差が大きい物質は，水溶液の温度を下げることで再結晶が起こる。

❷ 温度による溶解度の差が小さい物質……食塩（塩化ナトリウム）のように，温度による溶解度の差が小さい物質は，水溶液を加熱して水を蒸発させることで再結晶が起こる。

❸ 結晶の形と色……結晶の形や色は，物質の種類によ

参考 析出
再結晶のように，溶液から物質が固体として出てくる現象を析出という。

📝 短文記述対策！

Q 同じ水の量でできた食塩と硝酸カリウムの 60℃の飽和水溶液を 20℃まで冷やしたとき，硝酸カリウムのほうが出てくる結晶の質量が大きい理由を答えなさい。

A 食塩に比べて，硝酸カリウムのほうが 60℃と 20℃の溶解度の差が大きいから。

って異なるので，結晶を見れば物質の種類を見分ける

ことができる。

▶食塩(塩化ナトリウム)…立方体で無色の結晶になる。

▶ミョウバン…正八面体で無色の結晶になる。

▶硫酸銅…ひし形で青色の結晶になる。

 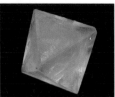 

↑食塩　　　　↑ミョウバン　　　　↑硫酸銅

❹ 不純物をとり除く……不純物を含む固体の物質でも，

再結晶を利用することで不純物をとり除いた純度の高

い結晶をとり出すことができる。

📖 例題　溶解度と再結晶

　ある物質は，20℃の水 100 g に対して 40 g まで溶け，30℃の水 100 g に対して 50 g まで溶けます。この物質の 30℃の飽和水溶液 300 g を 20℃に冷やすと，何 g の結晶ができるか答えなさい。

Solution ▷ 30℃の水 100 g に対して 50 g 溶かしたときの飽和水溶液全体の質量は 150 g なので，30℃の飽和水溶液 300 g には水 200 g とある物質 100 g が含まれる。

　また，20℃の水 100 g にはある物質が 40 g まで溶けるので，20℃の水 200 g にはある物質が 80 g まで溶ける。

　このことから，30℃の飽和水溶液 300 g を 20℃に冷やしたときにできる結晶は次のようになる。

　100 g － 80 g ＝ 20 g

Another ▷ 30℃の水 100 g に対して 50 g 溶かしたときの飽和水溶液の質量は 150 g なので，この飽和水溶液を 20℃に冷やしたときに出てくる結晶の質量は，

　50 g － 40 g ＝ 10 g

これより，30℃の飽和水溶液 300 g を 20℃に冷やしたときにできる結晶の質量は次のようになる。

$$10 \text{ g} \times \frac{300 \text{ g}}{150 \text{ g}} = 20 \text{ g}$$

Answer ▷ 20 g

Episode　飽和水溶液に衝撃を加えないようにして，ゆっくり冷やしたり，ゆっくり蒸発させたりすると，大きくて純度の高い結晶ができる。反対に，衝撃を加えたり，急激に冷やしたり，急激に蒸発させたりすると，小さな不純物の混じった結晶ができる。

p.182	1	物体をつくる材料の種類のことを何というか。	1	物質
p.183	2	金属をみがくと現れる金属特有の性質を何というか。	2	金属光沢
p.187	3	砂糖やデンプンのように加熱すると焦げる，炭素を含む物質を何というか。	3	有機物
p.187	4	金属，水，食塩，酸素のように，炭素を含まない物質を何というか。	4	無機物
p.191	5	物質の状態が温度によって，固体・液体・気体に変わることを何というか。	5	状態変化
p.191	6	水はほかの物質と違い，固体と液体では（　　　　）のほうが体積が大きくなる。	6	固体
p.192	7	物質の単位体積あたりの質量を何というか。	7	密度
p.194	8	砂糖水や食塩水のように，2種類以上の物質が混ざり合ってできているものを何というか。	8	混合物
p.194	9	砂糖や食塩のように，1種類の物質だけでできているものを何というか。	9	純物質（純粋な物質）
p.195	10	物質が固体から液体になるときの温度を何というか。	10	融点
p.197	11	混合物に含まれる物質の沸点の違いを利用して，物質を分離する方法を何というか。	11	蒸留
p.197	12	水とエタノールで，沸点が低いのはどちらか。	12	エタノール
p.200	13	空気に含まれる主な成分を2つ答えよ。	13	窒素，酸素
p.200	14	酸素を集めるのに適した捕集方法を何というか。	14	水上置換法
p.201	15	石灰石にうすい塩酸を加えると発生する気体を何というか。	15	二酸化炭素
p.202	16	亜鉛やマグネシウムなどの金属に，うすい塩酸を加えると発生する気体を何というか。	16	水素
p.202	17	アンモニアを集めるのに適した捕集方法を何というか。	17	上方置換法
p.208	18	水に溶けやすく，空気より密度の大きい気体を集めるのに適した捕集方法を何というか。	18	下方置換法
p.209	19	溶液に溶けている物質のことを何というか。	19	溶質
p.209	20	物質を溶かしている液体のことを何というか。	20	溶媒
p.212	21	50gの水に，50gの砂糖を溶かした水溶液の濃度（質量パーセント濃度）はいくらか。	21	50%
p.213	22	物質を溶けるだけ溶かした水溶液を何というか。	22	飽和水溶液
p.213	23	ある温度の水100gを飽和させる溶質のグラム数を何というか。	23	溶解度
p.215	24	溶解度の差を利用して，結晶をとり出すことを何というか。	24	再結晶

●次の文章を読み，あとの問いに答えなさい。　　　　　　　　【四天王寺高－改】

(1) 気体の捕集（ほしゅう）方法について誤っているものはどれか。次の**ア～エ**から１つ選び，記号で答えなさい。

　　ア　水上置換（ちかん）法を行うとき，気体を集める試験管は水で満たしておく。

　　イ　気体が発生する実験を行うときは，換気（かんき）をする必要がある。

　　ウ　水に溶（と）けやすく，空気より軽い気体は上方置換法で集める。

　　エ　窒素（ちっそ）は空気より重いので，下方置換法で集めるのが最適である。

(2) 気体**A～E**について実験や調査を行い，以下の結果が得られた。気体**A～E**が，水素，酸素，二酸化炭素，窒素，塩素，塩化水素のいずれかであるとき，**A**，**C**，**E**にあてはまる気体を答えなさい。

　〔結果１〕　**A**には色がついていた。

　〔結果２〕　水を電気分解すると**B**と**C**が生成される。

　〔結果３〕　炭酸カルシウムに塩酸を反応させると**D**が生成される。

　〔結果４〕　**B**は無臭（むしゅう）で空気よりも軽い。

　〔結果５〕　**E**は食品の変質を防ぐためにお菓子（かし）などの袋（ふくろ）に封入（ふうにゅう）されている。

▶**Key Point**

　水上置換法は水に溶けにくい気体，上方置換法は水に溶けやすく空気より軽い気体，下方置換法は水に溶けやすく空気より重い気体を集めるのに適している。また，水を電気分解すると，酸素と水素が発生する。

▶**Solution**

(1) 気体が発生する実験では，有毒ガスが発生する場合があるので，換気が必要である。窒素の性質は，無色，無臭，空気より軽い，水に溶けにくいなどがある。

(2) **A**…色がついているので，黄緑色の気体である塩素となる。

　　B…水の電気分解で発生し，空気より軽い気体なので水素となる。

　　C…水の電気分解で発生し，空気よりも重い気体である酸素となる。

　　D…炭酸カルシウムは石灰石の主成分である。これと塩酸を反応させると，二酸化炭素が発生する。

　　E…窒素は安定した気体で反応しにくいため，お菓子などの袋に封入されている。

Answer

(1) **エ**　　(2) **A**…塩素　　**C**…酸素　　**E**…窒素

難関入試対策 作図・記述問題 第1章

Level 2

第2編 物質

第1章 物質のすがた

第2章 化学変化と原子・分子

第3章 化学変化とイオン

●次の文章を読み，あとの問いに答えなさい。

【高 知】

アンモニアを満たした丸底フラスコ，ガラス管，水の入ったスポイト，フェノールフタレイン液を数滴加えた水を入れたビーカーを用いて，右の図のような装置をつくった。スポイトから少量の水を丸底フラスコに加えたところ，ビーカーの水は勢いよく吸い上げられてガラス管の先から噴水のように飛び出し，アルカリ性を示す赤色に変色した。丸底フラスコ内に水が勢いよく吸い上げられたのはなぜか。その理由を，アンモニアの性質を説明したうえで，「圧力」の語を使って書きなさい。

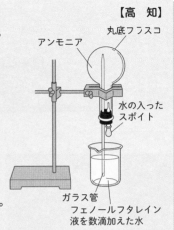

丸底フラスコ
アンモニア
水の入ったスポイト
ガラス管
フェノールフタレイン液を数滴加えた水

▶ **Key Point**

圧力とは，単位面積あたりの面に垂直に加わる力である。気体にも圧力があり，フラスコ内の気体の密度が小さくなるほど，フラスコ内の気体の圧力は小さくなる。

アンモニアの性質は，刺激臭がある，空気より軽い，水によく溶ける，水溶液はアルカリ性を示すなどがある。

フェノールフタレイン液は，アルカリ性で赤色に変わる指示薬である。噴水が赤色になることから，噴水にはアンモニアが溶けていることがわかる。

▶ **Solution**

アンモニアは，水によく溶ける性質をもっている。スポイトから丸底フラスコ内に水を加えると，アンモニアが水に溶けて丸底フラスコ内のアンモニアの密度が小さくなり，丸底フラスコ内の圧力が小さくなる。すると，丸底フラスコの外の空気がビーカー内の水をガラス管におす力のほうが大きくなり，噴水ができる。

Answer

例 アンモニアは水によく溶ける性質をもつため，スポイトから加えた水によく溶け，丸底フラスコ内の圧力が小さくなったから。

第2章 化学変化と原子・分子

`1年` **`2年`** `3年`

START! 私たちの身のまわりにある物質は，目には見えない小さな粒子が集まってできたものです。ドルトンはこの粒子を原子と名づけ，最小の粒子としました。その後，原子が結びついた分子という概念をアボガドロが提案し，現在の原子と分子の考え方の基礎ができました。

ジョン・ドルトン
（1766〜1844年）

小学校で勉学に励み

12歳頃には教師となっていた。

その後，気象学に興味をもったドルトンは

これから毎日，気象観測の結果をノートに記録しよう。

これは亡くなるまでの57年間続けられた。

そんなある日

各元素によって，原子の重さが異なるはずだ。

つまり，原子の重さで原子の種類を判別できるぞ。

それぞれの原子を記号で表してみよう。

ELEMENTS

ドルトンの原子記号はあまり広まらなかったが

なぜだ…．

原子説は重要な概念となった。

アメデオ・アボガドロ
（1776～1856年）

法律家の家に生まれ，法律家となったが

これからは物理や数学の研究をするぞ。

ある日，こんな疑問が出てくる。

う～ん。

ドルトンの原子説とゲーリュサックの気体反応の法則には矛盾点があるな。

ドルトンの原子説

物資を形づくる最小の粒子は原子である。

ゲーリュサックの気体反応の法則

水素 ＋ 酸素 → 水

水素と酸素が反応して水ができるときの体積比は2：1：2になる。

これを合わせると

水素 ＋ 酸素 → 水？

左辺と右辺で○の数が違う。

そこで，物質を形づくる最小の粒子は，原子が結びついた分子だと考えた。

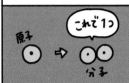

これで1つ

原子 → 分子

アボガドロの分子説

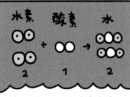

水素 ＋ 酸素 → 水

2　　1　　2

これで2：1：2もなりたつ

アボガドロの分子説が評価されたのは

アボガドロが亡くなってから4年後のことでした。

221

5 物質の分解

Point
① 物質の変化の種類について理解しよう。
② 物質の分解とは、どのような変化か理解しよう。
③ 物質の分解の種類について理解しよう。

1 物質の変化の種類 入試重要度 ★★☆

物質は、原子や分子といった粒子が集まってできている。物質の変化は、大きく2つの種類に分けることができ、物質の粒子の集まり方の変化と、物質の粒子の組み合わせの変化がある。

(zoomup) 原 子→p.229

(zoomup) 分 子→p.231

1 物理変化

~物質そのものは変わらない変化~

物質の粒子の集まり方が変化することで起こり、物質そのものの本質は変わらない変化を物理変化という。物理変化には、次のような種類のものがある。

❶ 状態変化……固体、液体、気体のように物質の状態が変化することを状態変化という。

例えば、水はその温度によって氷や水蒸気に状態変化するが、これは水分子の集まり方が変化して起こっている。

❷ 変 形……物質の形や大きさが変わることを、変形という。

例えば、ばねが伸びたり縮んだりする変化も物理変化といえる。

❸ 溶 解……物質が液体に溶けることを溶解という。

例えば、食塩は食塩水になり、砂糖は砂糖水になるが、それぞれ物質そのものは変化していないので、食塩水はしょっぱく、砂糖水は甘い。

このように、2種類以上の物質がその性質を保ったまま混ざったものを混合物という。空気も、窒素、酸素、二酸化炭素などが混ざった混合物である。

参考 水の状態変化

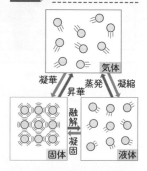

(zoomup) 溶 解→p.209

(zoomup) 混合物→p.194

固体のロウを加熱すると液体になる変化や、衝撃を加えたコップが割れる変化なども物理変化である。物理変化は、物質そのものは変化しないので、化学反応式(→p.244)で表すことができない。

2 化学変化

~物質そのものが変わる変化~

物質の粒子の組み合わせが変化することで起こり，物質のもっていた性質も変わって別の物質に変化することを化学変化という。化学変化には，次のような種類のものがある。

❶ **化合物が分かれる化学変化**……2種類以上の物質が結びついた化合物が，別の2種類以上の物質に分かれる化学変化を分解という。

例えば，炭酸水素ナトリウムを加熱すると，炭酸ナトリウム，二酸化炭素，水の3種類の物質に分解される。

分解

物質A ⟶ 物質B ＋ 物質C ＋ 物質D ＋ ・・・

❷ **化合物ができる化学変化**……2種類以上の物質が結びついて，別の新しい性質をもつ物質(化合物)ができる化学変化もある。

例えば，鉄と硫黄を混ぜて加熱すると，硫化鉄という新しい物質ができる。

化合物ができる反応　物質A ＋ 物質B ⟶ 物質C

2 分解の種類 ★★☆

物質を分解するには，外から熱，電気，光などのエネルギーを加えて物質を分解する。

1 熱分解

~熱による分解~

熱による分解を，熱分解という。

❶ **炭酸水素ナトリウム**……炭酸水素ナトリウムを加熱すると，炭酸ナトリウム，二酸化炭素，水の3種類の物質に分解される。

炭酸水素ナトリウム ⟶ 炭酸ナトリウム ＋ 二酸化炭素 ＋ 水

参考　化学反応

物質が別の物質に変化することを，化学反応ともいい，化学反応式(→ p.244)で表すことができる。

zoomup 化合物→ p.238

参考　化合

単体どうしが反応して化合物ができる化学反応のことを，化合ということもある。

Words　炭酸水素ナトリウム

重曹ともいい，水に少し溶けるが，エタノールには溶けない。消火剤や医薬品として使われている。

第2編 物質
第1章 物質のすがた
第2章 化学変化と原子・分子
第3章 化学変化とイオン

Episode 炭酸水素ナトリウムを熱分解すると発生する炭酸ナトリウムは，白色の粉末で炭酸ソーダともいわれる。石けんや洗剤の原料，こんにゃくの凝固剤などとして使われている。

🔍 実験・観察 炭酸水素ナトリウムの熱分解

ねらい

炭酸水素ナトリウムを熱分解すると、どのような物質ができるのかを調べる。

方法

❶ 乾いた試験管に炭酸水素ナトリウム 2 g を入れ、試験管の口を下に傾けるようにして弱火で加熱する。

❷ 試験管を 3 本用意し、発生した気体をそれぞれの試験管に、水上置換法で捕集する。

❸ 発生した気体が何かを調べる。
  - ▶ 1 本目の試験管に、石灰水を入れてよく振る。
  - ▶ 2 本目の試験管に、火のついた線香を入れる。
  - ▶ 3 本目の試験管に、マッチの火を近づける。

発生した気体を調べる

石灰水 線香 マッチの火を近づける

❹ 試験管の口付近についた液体に、青色の塩化コバルト紙をつける。

❺ 試験管に入れた炭酸水素ナトリウムと、加熱後に残った固体の物質の性質の違いを調べる。
  - ▶ 見た目の違いを調べる。
  - ▶ 水への溶け方のようすとにおいを調べる。
  - ▶ フェノールフタレイン液を加えたときの変化を調べる。

結果

- 発生した気体は、石灰水を白く濁らせ、線香の火を消す。近づけたマッチの火に変化は見られない。
- 発生した液体を、塩化コバルト紙につけると、青色から赤色に変化する。
- 炭酸水素ナトリウムは、水に少し溶け、フェノールフタレイン液を加えるとうすい赤色になる。
- 残った固体の物質は、水によく溶け、フェノールフタレイン液を加えると赤色になる。見た目は白い粉末で、炭酸水素ナトリウムと区別はつかない。

考察

- 発生した気体は、二酸化炭素であると考えられる。
- 発生した液体は、水であると考えられる。
- 残った固体は、炭酸水素ナトリウムとは異なる性質の物質であると考えられる。

熱分解の実験などで火を消すときは、ガラス管を水の中から出してから火を消すようにする。試験管の中に水が流れこみ試験管が割れる危険があるため、先に火を消してはいけない。

❷ 炭酸アンモニウム……炭酸アンモニウムを加熱する
と，アンモニア，二酸化炭素，水の3種類の物質に分
解される。

 ⟶ アンモニア ＋ 二酸化炭素 ＋  水

 実験・観察 炭酸アンモニウムの熱分解

ねらい

炭酸アンモニウムを熱分解すると，どのような物質ができるのかを調べる。

方法

❶ 乾(かわ)いた試験管に炭酸アンモニウム5gを入れ，試験管の口を下に傾(かたむ)けるように
して弱火で加熱する。

❷ 加熱を続けていくと，試験管内の炭酸アンモニウムが少しずつ減少する。炭酸
アンモニウムが見えなくなったらBTB液を入れた試験管からガラス管を出し，
ガスバーナーの火を止める。

❸ それぞれの試験管を観察する。

❹ 試験管の口付近についた液体に，青色の塩化コバルト紙をつける。

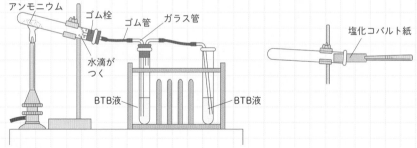

結果

• 発生した気体は，1つ目の試験管に入ったBTB液を青色に変え，2つ目の試験
管に入ったBTB液を黄色に変える。

• 発生した液体を塩化コバルト紙につけると，青色から赤色に変化する。

• 試験管の中には，液体以外のものは残らない。

考察

• 発生した気体は，2種類あると考えられる。1つ目は水溶液(すいようえき)がアルカリ性を示す
ことからアンモニア，2つ目は水溶液が酸性を示すことから二酸化炭素であると
考えられる。

• 発生した液体は，水であると考えられる。

 短文記述対策！

Q 上の実験で，1つ目の試験管がアルカリ性を示す理由を簡単に説明しなさい。

A この実験ではアンモニアと二酸化炭素が発生するが，1つ目の試験管には，水によく溶(と)
けるアンモニアが多く含まれるため。

❸ **酸化銀**……下の図のように，酸化銀を加熱する。酸化銀は黒色だが，加熱後に試験管に残る物質は白色である。この白色の物質は金属の銀であり，みがくと金属光沢を示したり，たたくと伸びたり，電気を通したりする性質をもっている。また，発生した気体を水上置換法で捕集し，火のついた線香を入れると激しく燃えるので，この気体は酸素であるといえる。

　このように，酸化銀を加熱すると，銀と酸素の2種類の物質に分解される。

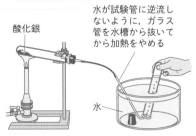

↑酸化銀の熱分解

みがくと，　　たたくと，　　電気を通す
銀の光沢　　　伸びる
が出る

→ 加熱後の物質は金属の銀

火のついた線
香を入れると
激しく燃える

→ 酸素が発生

↑加熱後に残る物質や発生する気体の性質

酸化銀 —→ 銀 ＋ 酸素

❹ **木**……右の図のように，外気が入らないようにして木片を加熱し，蒸し焼きにする。木片は黒くなり，しばらくすると白い煙が発生する。この白い煙を木ガスといい，一酸化炭素，メタン，水素が混合した可燃性のガスで，火をつけると燃える性質をもつ。試験管の中には，黄色の木酢液と黒色の木タールという2種類の液体が発生し，加熱された木片は黒色の木炭になる。

　このように，木を蒸し焼きにすると，木炭，木ガス，木酢液，木タールに分解される。

　また，外気が入らないようにして行う熱分解を**乾留**という。

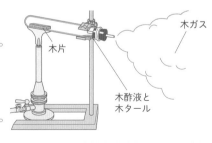

参考 **石炭の乾留**

　石炭を乾留すると，多孔質の炭素のかたまりであるコークスができる。コークスは，主に鉄の製錬に利用される。

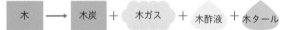

木 —→ 木炭 ＋ 木ガス ＋ 木酢液 ＋ 木タール

木炭はバーベキューなどで燃料として使われ，あまり炎を上げずに赤く光るように燃える。炎は出ていなくても，十分な量の酸素を送りこめば1000℃近くまで温度を上げることができる。

2 電気分解

〜電気による分解〜

電気エネルギーによる分解を，電気分解という。

❶ 水……水に電流を流すと，水素と酸素の2種類の物質に分解される。

水 ⟶ 水素 ＋ 酸素

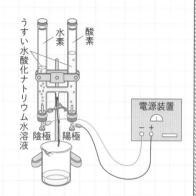

🔍 **実験・観察** 水の電気分解

ねらい

水を電気分解すると，どのような物質ができるのかを調べる。

方法

❶ うすい水酸化ナトリウム水溶液を電気分解装置に入れる。

❷ 電気分解装置と電源装置をつなぎ，5V程度の電圧を加えて電流を流す。

❸ 陰極と陽極のようすを観察する。

❹ 気体が集まったら，電源装置を切る。

❺ 陰極側に集まった気体に，マッチの火を近づける。

❻ 陽極側に集まった気体の中に，火のついた線香を入れる。

❗ 水酸化ナトリウム水溶液がからだなどにつかないように注意する。ついてしまった場合は，すぐに大量の水で洗い流す。

❗ 火を近づけるのは，電源装置を切ってからにする。

結果

・陰極側から発生する気体の体積は，陽極側から発生する気体の体積より大きく，陽極側の2倍の量が発生している。

・陰極側に集まった気体にマッチの火を近づけると，「ポン」と音を出して燃える。

・陽極側に集まった気体の中に火のついた線香を入れると，激しく燃える。

考察

・陰極側に集まった気体は，水素であると考えられる。

・陽極側に集まった気体は，酸素であると考えられる。

入試Info 炭酸水素ナトリウムの熱分解や水の電気分解などがよく出題されている。それぞれの実験方法と結果をまとめておき，どのような物質が発生するのか理解しておくとよい。

❷ **塩化銅**……下の図のように，塩化銅水溶液に電極として炭素棒を固定する。電流を流すと，陰極と陽極に次のような反応が起こる。

　▶**陰　極**…銅が炭素棒の表面に付着する。色は赤褐色をしている。

　▶**陽　極**…塩素が発生する。炭素棒に細かい泡が付着し，刺激臭がある。

　このように，塩化銅水溶液に電流を流すと，銅と塩素の2種類の物質に分解される。

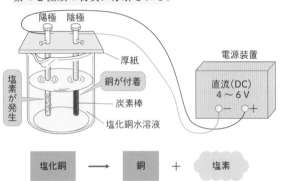

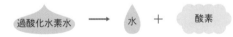

Words 陰極，陽極

　電源装置の－極側につないだ電極が陰極で，＋極側につないだ電極が陽極になる。

3 光分解

〜光による分解〜

光エネルギーによる分解を，光分解という。

❶ **過酸化水素水**……過酸化水素水に光をあてると，少しずつ水と酸素に分解される。

　過酸化水素水を保管するときは，発生した気体の圧力で容器が破損しないように栓に小さな穴をあけ，冷暗所で保管する。また，分解反応を促進するような物質が混合しないように注意する必要がある。

❷ **塩化銀・臭化銀**……写真フィルムの感光材料に使われていて，光をあてると，それぞれ銀と塩素，銀と臭素に分解される。

　また，光分解しやすい物質は光があたるのを防ぐため，褐色の容器に入れて保管する。

Words 炭素棒

　電気分解の電極として使われたり，マンガン乾電池の材料として使われたりする。

参考 酸素の発生方法

　二酸化マンガンに過酸化水素水を加えると，二酸化マンガンが触媒（→ p.200）としてはたらき，分解反応がはやくなる。

Episode　過酸化水素が3％程度含まれている過酸化水素水はオキシドールといわれ，医療器具の消毒液などとして使われている。

6 ▶ 物質と原子・分子

Point
❶ 原子と元素の違い（ちが）について理解しよう。
❷ 原子と分子がどのようなものか理解しよう。
❸ 化学式について理解しよう。

1 元素・原子・分子 入試重要度 ★★☆

1 元素

～物質を構成する成分～

物質を構成している基本的な成分を**元素**という。元素は成分の種類を表し、現在では 115 種類以上の元素が確認されている。

2 原子

～物質を構成する最小の単位～

物質は何からできているのかという問題について、人類はいろいろな論争をくり広げてきた。イギリスの科学者ドルトンは、物質はこれ以上分けることのできない最小の粒子（りゅうし）からなるとした原子説を提唱した。この粒子を**原子**といい、次のような性質があるとした。

①物質は、これ以上分けられない微小（びしょう）な粒子からなる。

②同じ元素の原子は、同じ大きさ、同じ質量、同じ性質をもつ。

同じ原子　質量は同じ

③原子は種類によって、それぞれ質量や大きさが決まっている。

違う原子　質量が違う

④化学変化とは、原子の結びつき方が変わるだけである。原子の種類が変わる、原子がなくなる、新しい原子ができるなどが起きたりはしない。

結びつき方が変わる

原子の種類は変わらない

> **🔬 Scientist**
>
> **ジョン・ドルトン**
> 〈1766 ～ 1844 年〉
>
> イギリスの科学者。混合気体の分圧の法則を発見し、これに原子の新しい考えを入れた原子説を提唱した。

> **参考** 原子の構造
>
> ドルトン以降の研究で、原子は電子・陽子・中性子からできていることがわかっている。

HighClass 原子はそれぞれ固有の質量をもっているが、その質量は非常に小さいため、そのまま単位をつけて扱（あつか）うことが難しい。そこで、炭素原子の質量を 12 とし、それと比べた相対質量で表すことにしている。これを原子量（→ p.277）といい、水素は 1.0、酸素は 16 となる。

⑤化合物は，異なる数種類の原子が，一定の割合で結合している。

| | | | | | | | |
|水素|窒素|酸素|炭素|硫黄|鉄|銅|金|銀|

| | | | | |
|水|アンモニア|二酸化炭素|一酸化炭素|メタン|

⬆ ドルトンの原子モデル

zoomup 化合物→ p.235

zoomup 質量保存の法則
→ p.270

ドルトンの原子説は仮説であり，現在の考えからするといくつかの誤りや矛盾があるが，ドルトンの原子説によって化学変化の量的きまりである**質量保存の法則**や**定比例の法則**などが矛盾なく説明できた。いまではあたり前となっている物質を粒子で考える粒子概念は，ドルトンによって築かれたといえる。

zoomup 定比例の法則
→ p.277

現在では，原子の存在を電子顕微鏡などで捉えることができる。原子1個の質量や大きさもかなり正確に測定し，制御もできるようになっている。

Words 電子顕微鏡

　光のかわりに電子をあてて拡大する顕微鏡。原子や分子の並び方などを観察できる。

水素原子の大きさ

水素原子の直径 = 1.2×10^{-8} cm

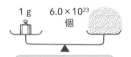

1 g　　6.0×10^{23} 個

1 g の分銅とつりあう水素原子の個数は 6.0×10^{23} 個

酸素原子の大きさ

酸素原子の直径 = 1.4×10^{-8} cm

⬆ 原子の大きさ

3 元素記号

～原子の種類を表す記号～

元素とは原子の種類のことであり，物質の基本的な成分である。元素は天然には約90種類存在し，それ以外に30種類近くが人工的につくられている。

元素はアルファベット1文字もしくは2文字からなる元素記号として表し，世界共通で使われている。

一般に，元素記号の由来はラテン語，英語，ドイツ語，フランス語の単語からきている。1文字目はその頭文字をとっているので大文字で書き，2文字目はつづりの中の適当な文字を使っているので小文字で書く。主な元素記号として，次のようなものがある。

参考 元素「ニホニウム」

　原子番号113の元素は日本の研究者である森田浩介らが発見した。元素名はニホニウム（Nihonium）と名づけられて，元素記号は Nh と表す。

Episode 気象学者でもあったドルトンは死の前日まで気象観測を行っていた。その回数は20万回以上にもなり，ノートの最後には「本日小雨」としるされていたといわれている。

日本語名	元素記号	英語名（　）はラテン語	日本語名	元素記号	英語名（　）はラテン語	日本語名	元素記号	英語名（　）はラテン語
水素	H	Hydrogen	ヘリウム	He	Helium	炭素	C	Carbon
窒素	N	Nitrogen	酸素	O	Oxygen	ナトリウム	Na	Sodium (Natrium)
マグネシウム	Mg	Magnesium	アルミニウム	Al	Aluminium	塩素	Cl	Chlorine
カルシウム	Ca	Calcium	鉄	Fe	Iron (Ferrum)	銅	Cu	Copper (Cuprum)

⬆主な元素記号

原子は陽子，中性子，電子で構成されている。陽子の数を**原子番号**といい，陽子と中性子の数の合計を**質量数**という。原子番号と質量数は，右のように元素記号の左側に示す。

$$\text{質量数} \longrightarrow {}_{2}^{4}\text{He} \longleftarrow \text{原子番号}$$

⬆原子番号と質量数を示したヘリウムの元素記号

4 周期表

～似た性質の元素でまとめる～

ロシアの化学者メンデレーエフは，性質が似ている原子ごとに整理し，それを質量順に並べかえた表をつくった。これを原形とする表を**周期表**という。

原子を質量の小さい順に並べると，ある周期で規則的に性質が変化する。これを**周期律**といい，周期表はこの規則性をもとに元素を整理したものである。

zoomup 周期表→ p.236

5 分子

～原子説から分子説へ～

ドルトンは，物質を形づくる最小の粒子は原子であると考えた。しかし，ゲーリュサックの**気体反応の法則**では，水素と酸素を反応させて水蒸気ができるときの体積比は 2：1：2 となる。これは，それぞれの物質を構成する粒子の数の比と等しいが，これをドルトンの原子説で説明すると矛盾が生じる。

> 🔬 **Scientist**
>
> **ジョセフ・ルイ・ゲーリュサック**
> 〈1778 ～ 1850 年〉
>
> フランスの科学者。熱による気体の膨張の法則（シャルルの法則といわれる）を確立し，気体反応の法則を発表した。

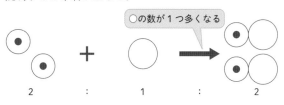

○の数が1つ多くなる

2 ： 1 ： 2

zoomup 気体反応の法則 → p.278

Episode メンデレーエフが発表した周期表には，いくつかの空欄があった。これは未発見の原子があることを予言していて，実際にその空欄にあてはまる新しい原子が次々に発見されたことで，メンデレーエフの周期表の評価が高まった。

第2編 物質

第1章 物質のすがた

第2章 化学変化と原子・分子

第3章 化学変化とイオン

これらの矛盾を解消したのが，アボガドロである。ドルトンは物質が原子で存在すると考えていたが，アボガドロによって，原子がいくつか結びついた**分子**という粒子が，物質の性質を備えた最小単位の粒子であると考えられるようになった。

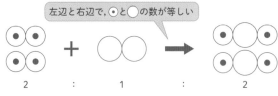

左辺と右辺で，⦿と◯の数が等しい

2 ： 1 ： 2

6 原子や分子で存在する物質

～物質を形づくるもの～

地球上には，原子が集まって存在する物質と，分子で存在する物質がある。地球上に存在する物質のほとんどは分子の状態で存在していると考えてよい。

❶ **原子が集まって存在する物質**……炭素，マグネシウム，ケイ素，鉄，銅，亜鉛，銀，金，鉛など。

❷ **分子が集まって存在する物質**……水素，ヘリウム，窒素，酸素，塩素，リン，ヨウ素など。

2 原子・分子のモデルと化学式 ★★★

1 原子・分子の表現

～モデルで表す～

原子や分子は非常に小さく，私たちの目では直接見ることができない。このように目で見えないものを考えるとき，より単純に表した**モデル**（模型）を使って考える方法がある。

なお，次に示す各物質が存在している状態は，日常生活（25℃，1気圧）においての状態である。

❶ **水　素**……気体分子として存在している。

水素分子

H H ——水素原子

Scientist

アメデオ・アボガドロ
〈1776～1856年〉

イタリアの法律家（法学博士）だったが，24歳頃から物理学や数学を学ぶようになった。物質を細分するときに原子の前に分子の段階があるとしたアボガドロの法則（同温・同圧・同体積中のすべての種類の気体には，同数の分子が含まれる）を発表したが，最初は評価されず，この法則は1860年になって広く認められた。

参考 高分子

デンプンは炭素原子6個，水素原子10個，酸素原子5個のかたまりが数千個以上結合したものである。このような物質を高分子といい，タンパク質なども高分子である。

zoomup 気　圧→ p.55

ドルトンは原子を最小単位の粒子としたが，その後の研究で原子は電子，陽子，中性子からできていることがわかり，いまでは陽子と中性子はさらに小さい単位の粒子に分けられるとされている。現在考えられている最小単位の粒子を総称して素粒子という。

❷ **二酸化炭素**……気体分子として存在している。

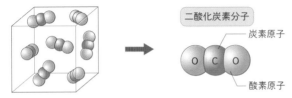

二酸化炭素分子

炭素原子
酸素原子

❸ **水**……液体分子として存在している。

水分子

酸素原子
水素原子

❹ **銅**……原子が集まって固体として存在している。

銅原子1個

Cu — 銅原子

> **参考** 金属原子
>
> 銅のような金属原子は分子を
> つくらず，原子が規則正しく並
> んでいる。銀や金など，ほかの
> 金属原子も銅と同じように原子
> が集まった状態で存在している。

❺ **塩化ナトリウム**……分子をつくらず，原子が集まっ
て存在している。

原子の集まり（Na:Cl = 1:1）

ナトリウム原子
塩素原子

> **参考** 塩化ナトリウム
>
> ナトリウム原子と塩素原子が
> 1：1の割合で結合している。
> ナトリウム原子1個と塩素原
> 子1個が結合した分子が存在
> するわけではない。

2 水の状態変化とモデル

～氷・水・水蒸気のモデル～

　水は，酸素原子1個と水素原子2個が結びついた水分
子として存在している。液体の水は，冷やすと氷（固体）
になり，あたためると水蒸気（気体）になる。この状態変
化を水の粒子モデルで表すと，次のようになる。

> **参考** 氷の体積
>
> 一般に，固体→液体→気体と
> 状態変化するにつれて体積はふ
> える。しかし，水は氷になると
> すきまの大きな構造になるため，
> 液体よりも固体のほうが体積は
> 大きい。

⬆ 固 体

⬆ 液 体

⬆ 気 体

Episode

物質の数はアメリカ化学会（ACS）の情報部門（CAS）のデータベースで知ることができ，登
録数は1億以上になる。これらの物質は，わずか120種類程度の元素から構成されている。

3 化学式

~物質を元素記号で表す~

　世界共通の元素記号を使って，物質を表したものを化学式という。物質に含まれる原子の種類を元素記号で表し，原子の数が2個以上になるときは，その右下に小さい数字を書いて表す。

種　類	物質名	モデル		化学式
分子をつくる物質	水　素	H H	水素原子が2個	H_2
	二酸化炭素	O C O	炭素原子が1個 酸素原子が2個	CO_2
分子をつくらない物質	銅	Cu	銅原子1個を代表させる	Cu
	塩化ナトリウム	Na Cl	ナトリウム原子1個と塩素原子1個を代表させる	$NaCl$

❶ **分子式**……二酸化炭素の分子は炭素原子1個と酸素原子2個が結びついたもので，CO_2 と表す。このように1つの分子に含まれる原子の種類と数を表した化学式を**分子式**ともいう。

❷ **組成式**……塩化ナトリウムは，ナトリウム原子と塩素原子（厳密にはナトリウムイオンと塩化物イオン）が多数結合している。固体全体のナトリウム原子と塩素原子の数の比が1：1なので $NaCl$ と表し，このような化学式を**組成式**ともいう。

参考 化学式の数字

　化学式において，数字の前に（ ）がある場合は，（ ）内のそれぞれの原子がその数あることを表している。$Ca(OH)_2$ は，Ca が1個と OH が2個あることを表している。

zoomup イオン→ p.288

物質名	化学式	物質名	化学式	物質名	化学式
酸　素	O_2	メタン	CH_4	水	H_2O
窒　素	N_2	塩　素	Cl_2	水酸化ナトリウム	$NaOH$
アンモニア	NH_3	塩化水素	HCl	硝　酸	HNO_3
一酸化炭素	CO	炭酸ナトリウム	Na_2CO_3	硫　酸	H_2SO_4
二酸化炭素	CO_2	炭酸水素ナトリウム	$NaHCO_3$	硫化水素	H_2S

⬆主な物質の化学式

入試Info　主な元素記号，化学式は書けるようにしておくとよい。ドルトンの原子モデルを使って物質を表す問題が出題されることもあるが，化学式を記号に置きかえて対応するとよい。

③ 物質の分け方 ★☆☆

1 物質の分類

～物質のなかま分け～

　物質は，混合物と純物質に大きく分けることができる。混合物は純物質が任意の割合で混ざり合ったものである。混合物の性質を調べるときは，それぞれの純物質に分けなければ，それぞれの物質がどのような性質をもっているかを理解することができない。

　混合物には，塩化ナトリウム水溶液，空気などがある。それぞれ混ざっている純物質の性質をもち，1つの化学式で表すことができない。

2 純物質の分類

～純物質のなかま分け～

　塩化ナトリウム水溶液（食塩水）は，純物質の水と純物質の塩化ナトリウム（食塩）が任意の割合で混ざった混合物である。水（H_2O）や塩化ナトリウム（$NaCl$）は，それぞれ2種類の原子からできている。1種類の原子からできている純物質を単体といい，2種類以上の原子からできている純物質を化合物という。

❶ 単　体……水素，炭素，窒素，酸素，ナトリウム，マグネシウム，塩素，鉄，銅など。

❷ 化合物……水，塩化ナトリウム，アンモニアなど。2種類以上の物質が化学変化により別の物質になっていて，1つの化学式で表すことができる。

　同一の単体からできている純物質で，互いの性質が異なる物質を同素体という。同素体の例として，酸素とオゾン，ダイヤモンドと黒鉛などがある。

zoomup 混合物・純物質 → p.194

参考 物質の分離

混合物から純物質をとり出すには，次のような方法がある。
- ▶ろ　過…液体と，その液体に溶けない固体を分離する。
- ▶蒸　留…塩化ナトリウム水溶液などから，沸点の違いを利用して液体をとり出す。
- ▶分　留…石油のような3種類以上の混合物を蒸留して順番に分離する。

zoomup 化合物→ p.238

Words 同素体

同じ原子からできている単体だが，原子と原子の結びつき方やその構造が異なるもので，化学的・物理的な性質が異なる。

物　質 ┬ 混合物 （塩化ナトリウム水溶液，石油，空気など）
　　　└ 純物質 ┬ 単　体 （水素，酸素，ナトリウムなど）
　　　　　　　└ 化合物 （水，塩化ナトリウムなど）

⬆物質の分類

HighClass 同素体と似た言葉に同位体（→ p.287）というものがある。これは同じ元素でできているが中性子の数が異なる物質である。中性子の数が異なると質量数も異なるので，元素記号では質量数の数字で区別することが多い。

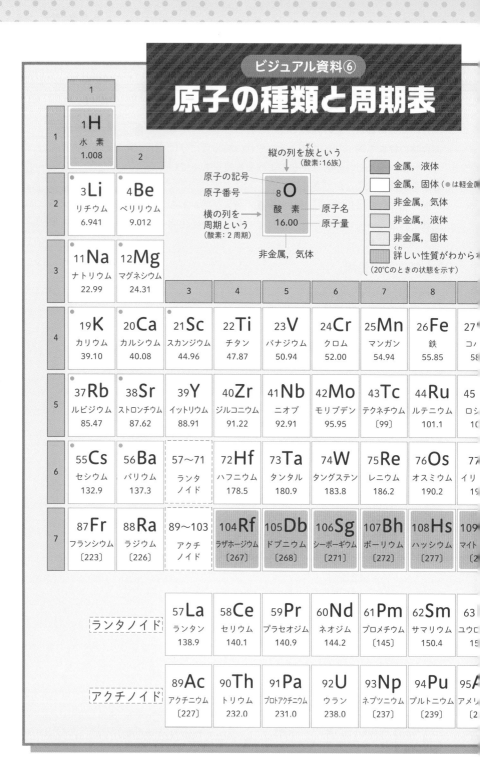

原子の種類と周期表

縦の列を族という
（酸素：16族）

原子の記号

原子番号

横の列を
周期という
（酸素：2周期）

₈O
酸素
16.00

原子名

原子量

非金属，気体

金属，液体

金属，固体（●は軽金属）

非金属，気体

非金属，液体

非金属，固体

詳しい性質がわからない

（20℃のときの状態を示す）

1							
₁H 水素 1.008							
₃Li リチウム 6.941	₄Be ベリリウム 9.012						
₁₁Na ナトリウム 22.99	₁₂Mg マグネシウム 24.31						

		3	4	5	6	7	8
₁₉K カリウム 39.10	₂₀Ca カルシウム 40.08	₂₁Sc スカンジウム 44.96	₂₂Ti チタン 47.87	₂₃V バナジウム 50.94	₂₄Cr クロム 52.00	₂₅Mn マンガン 54.94	₂₆Fe 鉄 55.85
₃₇Rb ルビジウム 85.47	₃₈Sr ストロンチウム 87.62	₃₉Y イットリウム 88.91	₄₀Zr ジルコニウム 91.22	₄₁Nb ニオブ 92.91	₄₂Mo モリブデン 95.95	₄₃Tc テクネチウム〔99〕	₄₄Ru ルテニウム 101.1
₅₅Cs セシウム 132.9	₅₆Ba バリウム 137.3	57〜71 ランタノイド	₇₂Hf ハフニウム 178.5	₇₃Ta タンタル 180.9	₇₄W タングステン 183.8	₇₅Re レニウム 186.2	₇₆Os オスミウム 190.2
₈₇Fr フランシウム〔223〕	₈₈Ra ラジウム〔226〕	89〜103 アクチノイド	₁₀₄Rf ラザホージウム〔267〕	₁₀₅Db ドブニウム〔268〕	₁₀₆Sg シーボーギウム〔271〕	₁₀₇Bh ボーリウム〔272〕	₁₀₈Hs ハッシウム〔277〕

ランタノイド

₅₇La ランタン 138.9	₅₈Ce セリウム 140.1	₅₉Pr プラセオジム 140.9	₆₀Nd ネオジム 144.2	₆₁Pm プロメチウム〔145〕	₆₂Sm サマリウム 150.4

アクチノイド

₈₉Ac アクチニウム〔227〕	₉₀Th トリウム 232.0	₉₁Pa プロトアクチニウム 231.0	₉₂U ウラン 238.0	₉₃Np ネプツニウム〔237〕	₉₄Pu プルトニウム〔239〕

・同じ族の原子は，化学的性質がよく似ている。
・18族の原子は不活性気体といわれ，化学反応を起こしにくい。
・原子量は各原子の原子量の値を有効数字4けたに四捨五入してあり，この数字は IUPAC原子量委員会で承認されたものである。

18
$_2$He ヘリウム 4.003

13	14	15	16	17
$_5$B ホウ素 10.81	$_6$C 炭素 12.01	$_7$N 窒素 14.01	$_8$O 酸素 16.00	$_9$F フッ素 19.00	$_{10}$Ne ネオン 20.18

・原子量は$^{12}_{6}$C＝12を基準とする。
・〔 〕は放射性同位体の質量数の一例を示す。

| 13Al アルミニウム 26.98 | 14Si ケイ素 28.09 | 15P リン 30.97 | 16S 硫黄 32.07 | 17Cl 塩素 35.45 | 18Ar アルゴン 39.95 |

10	11	12

$_{28}$Ni ンケル 8.69	$_{29}$Cu 銅 63.55	$_{30}$Zn 亜鉛 65.38	$_{31}$Ga ガリウム 69.72	$_{32}$Ge ゲルマニウム 72.63	$_{33}$As ヒ素 74.92	$_{34}$Se セレン 78.97	$_{35}$Br 臭素 79.90	$_{36}$Kr クリプトン 83.80
$_{46}$Pd ジウム 06.4	$_{47}$Ag 銀 107.9	$_{48}$Cd カドミウム 112.4	$_{49}$In インジウム 114.8	$_{50}$Sn スズ 118.7	$_{51}$Sb アンチモン 121.8	$_{52}$Te テルル 127.6	$_{53}$I ヨウ素 126.9	$_{54}$Xe キセノン 131.3
$_{78}$Pt 金 95.1	$_{79}$Au 金 197.0	$_{80}$Hg 水銀 200.6	$_{81}$Tl タリウム 204.4	$_{82}$Pb 鉛 207.2	$_{83}$Bi ビスマス 209.0	$_{84}$Po ポロニウム 〔210〕	$_{85}$At アスタチン 〔210〕	$_{86}$Rn ラドン 〔222〕
$_{110}$Ds スタチウム 281〕	$_{111}$Rg レントゲニウム 〔280〕	$_{112}$Cn コペルニシウム 〔285〕	$_{113}$Nh ニホニウム 〔278〕	$_{114}$Fl フレロビウム 〔289〕	$_{115}$Mc モスコビウム 〔289〕	$_{116}$Lv リバモリウム 〔293〕	$_{117}$Ts テネシン 〔293〕	$_{118}$Og オガネソン 〔294〕

| $_{64}$Gd ニウム 57.3 | $_{65}$Tb テルビウム 158.9 | $_{66}$Dy ジスプロシウム 162.5 | $_{67}$Ho ホルミウム 164.9 | $_{68}$Er エルビウム 167.3 | $_{69}$Tm ツリウム 168.9 | $_{70}$Yb イッテルビウム 173.0 | $_{71}$Lu ルテチウム 175.0 |
| $_{96}$Cm リウム 247〕 | $_{97}$Bk バークリウム 〔247〕 | $_{98}$Cf カリホルニウム 〔252〕 | $_{99}$Es アインスタイニウム 〔252〕 | $_{100}$Fm フェルミウム 〔257〕 | $_{101}$Md メンデレビウム 〔258〕 | $_{102}$No ノーベリウム 〔259〕 | $_{103}$Lr ローレンシウム 〔262〕 |

7 化合物と化学反応式

❶ 物質が結びつく化学変化について理解しよう。
❷ 金属の化合物には，どのような物質があるのか理解しよう。
❸ 化学反応式について理解しよう。

1 物質が結びつく化学変化 入試重要度 ★★☆

　下の図のように，物質 a と物質 b が結びついて，新しい物質 c というものになる場合がある。また，物質 A と物質 B が結びついて，新しい物質 C と新しい物質 D になる場合もある。

　このとき，新しい物質 c，C，D の中には，もとの物質 a，b，A，B の成分が含まれているが，その結びつき方は違ったものになっている。そのため，新しい物質の性質は，もとの物質の性質とは違ったものになる。

　このように，2 つ以上の物質が結びついてできる物質を**化合物**という。化合物は，2 つ以上の物質が結びつく化学変化によって生じる。化学変化のことを**化学反応**ともいう。

zoomup 化学変化→ p.223

| 物質a | ＋ | 物質b | ⟶ | 物質c |

| 物質A | ＋ | 物質B | ⟶ | 物質C | ＋ | 物質D |

⬆ 2 つ以上の物質が結びつく化学変化

1 金属と硫黄の反応

〜金属と硫黄が反応してできる物質〜

　物質が硫黄と結びついて化合物をつくる化学変化を**硫化**といい，できた化合物を**硫化物**という。

❶ **鉄と硫黄の反応**……鉄と硫黄が反応すると，**硫化鉄**という硫化物ができる。鉄は磁石にくっつくが，硫化鉄は磁石にくっつかない。また，鉄には金属光沢があるが，硫化鉄になると金属光沢のない黒色になる。

Words 鉄(Fe)

　地球上では，アルミニウムについで多量に産出する金属元素で，赤鉄鉱，磁鉄鉱，褐鉄鉱，黄鉄鉱などに含まれる。

Words 硫黄(S)

　天然に単独でも存在するほか，黄鉄鉱，方鉛鉱，セン亜鉛鉱などの硫化物として地球上に分布する。また，火山ガスや温泉中に，硫化水素，二酸化硫黄，硫酸などの形で存在する。

HighClass
化合物ができる反応のことを化合ということがある。例えば，銅と硫黄が化合して硫化銅ができるということもあるが，化合という言葉はじょじょに使われなくなっている。

🔍 **実験・観察** | **鉄と硫黄の化学変化**

ねらい

鉄と硫黄（いおう）の反応のようすと，できた化合物の性質を調べる。

方法

① 鉄粉 7 g と硫黄 4 g を乳鉢（にゅうばち）でよく混ぜて半分に分け，試験管Aと試験管Bにそれぞれ入れる。

② 試験管Bに入れた混合物の上部を加熱し，加熱した部分が赤くなったら加熱をやめる。

③ 試験管Bが完全に冷えたら，試験管Aに入っている反応前の物質と，試験管Bに入っている反応後の物質に，フェライト磁石を近づけたときのようすを観察する。

④ 試験管Aに入っている反応前の物質と，試験管Bに入っている反応後の物質に，少量のうすい塩酸を加えたときのようすを観察する。

鉄粉と硫黄の混合物 / 脱脂綿（だっしめん）の栓（せん）/ 上部を強熱

磁石につくか調べる / 気体のにおいをかぐ / うすい塩酸

結果

• 試験管Bに入れた混合物の上部を加熱すると，加熱した部分が赤くなって鉄と硫黄が激しく反応する。また，加熱をやめても反応は進んでいく。

↑加熱直後

↑加熱中

↑加熱をやめたあと

• 磁石を近づけると，試験管Aの物質は磁石にくっつくが，試験管Bの物質は磁石にくっつかない。

• 試験管Aの物質にうすい塩酸を加えると，においのない気体が発生する。試験管Bの物質にうすい塩酸を加えると，腐卵臭（ふらんしゅう）のする気体が発生する。

考察

• 加熱をやめても反応が続くのは，反応時に多量の熱が発生し，その熱で次々と反応が起こるためと考えられる。

• 加熱前の物質と加熱後の物質は，性質の違い（ちが）から別の物質と考えられる。

Episode

火山地帯や温泉地にいくと独特のにおいがするが，このにおいは硫黄ではなく，硫化水素（りゅうか）のにおいである。硫化水素は，毒性があり空気より比重が大きい。このにおいがしたら，しゃがまずにその場から離（はな）れるようにしよう。

❷ 銅と硫黄の反応……銅と硫黄が反応すると，**硫化銅**という硫化物ができる。銅は曲げることができるが，硫化銅は曲げると折れてしまう。また，銅には金属光沢があるが，硫化銅になると輝きのない黒色になる。

① **激しい反応** 試験管に硫黄を入れ，ガスバーナーで加熱すると硫黄の蒸気が発生する。この蒸気に先端を熱した銅線をかざすと，赤色に輝きながら激しく反応する。この結果，銅線は黒っぽい色に変色する。

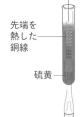

先端を熱した銅線

硫黄

② **おだやかな反応**…銅板の上に硫黄の粉末を置き，室温でそのまま放置すると反応がゆっくりと進行する。1日後には，銅板が黒っぽい色に変色し，変色した部分にさわるとはがれ落ちる。

↑ 銅と硫黄の反応

Words 銅（Cu）

赤色光沢のある金属で，乾燥した空気中では安定しているが，湿った空気中に長時間置くと緑色のさび（緑青）が表面につく。

参考 銅と硫黄の反応

銅板の上に硫黄を置くとき，銅板をカイロなどであたためると，1時間ほどで銅板が変色する。

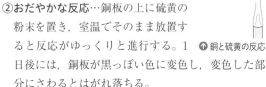

硫黄

銅板

1日後

銅板が黒くなる

↑ 硫黄を置いた銅板　　↑ 硫黄をとった銅板

❸ 硫化物の特徴……硫化鉄や硫化銅には，次のような特徴がある。

① **硫化鉄（FeS）**…鉄と硫黄が反応してできる。天然には，磁硫鉄鉱として火成岩の周辺部に鉱脈として産出する。実験室で鉄と硫黄を混ぜて反応させるとできる硫化鉄は灰黒色になるが，純粋な硫化鉄は淡黄褐色をしている。水には溶けにくいが，うすい酸に溶けて硫化水素を発生させる。

② **硫化銅（CuS）**…銅と硫黄が反応してできる。天然には，銅藍として産出する。鉄灰色の光沢のある結晶で，水に少し溶け，水溶液は電気をよく通す。

Words 磁硫鉄鉱

鉄の硫化鉱物で磁性をもつ。

2 金属と酸素の反応

〜金属と酸素が反応してできる物質〜

酸素は非常に活発な物質で，金属と反応しやすい。ふつうは燃えない金属も，条件を整えると激しい熱や光を出して酸素と反応し，新しい物質をつくる。

短文記述対策！

Q 鉄粉と硫黄の混合物を加熱して反応させると，加熱をやめたあとも反応が続く理由を簡単に書きなさい。

A 鉄と硫黄が反応したときに熱が発生し，その熱により反応が進行するから。

物質が酸素と結びついて化合物をつくる化学変化を**酸化**といい，酸化によってできた化合物のことを**酸化物**という。

zoomup 酸　化→p.252

❶ **さ　び**……酸素との反応がおだやかな物質も自然界に多くあり，金属がさびるのもその1つの例である。さびは，金属の表面が空気や水にふれてできる酸化物で，赤茶色や黒色になってもろくなる。金属がさびるのを防ぐために，表面に油や塗料を塗るなどして，表面を保護する。

↑ 金属のさび

参考　酸素と硫黄

酸素や硫黄は，いろいろな物質と結びつきやすいなど似ているところがあり，これは周期表の位置関係からも確認できる。周期表で比較的端の位置にある元素は，同じ縦の列に並ぶものどうしで性質が似ていることが多い。酸素と硫黄は同じ16族の元素である。

❷ **鉄と酸素の反応**……鉄と酸素が反応すると，**酸化鉄**という酸化物ができる。しかし，くぎなどの鉄をガスバーナーで加熱しても，鉄の表面が赤くなり冷やすと少し黒くなるが，燃えることはない。鉄を燃やすには，次のように工夫が必要である。

①集気びんを酸素で満たす。

②鉄を細くしたスチールウールをガスバーナーで加熱する。

③赤く燃えているスチールウールを集気びんの中に入れる。

④加熱されているスチールウールは激しく燃え，まぶしいほどの光と熱を出す。

⑤集気びんの中には黒い小さなかたまりが飛び散っていて，これは，鉄と酸素が結びついてできた酸化鉄である。

❸ **マグネシウムと酸素の反応**……マグネシウムと酸素が反応すると，**酸化マグネシウム**という酸化物ができる。マグネシウムにうすい塩酸を加えると水素が発生するが，酸化マグネシウムにうすい塩酸を加えても気体は発生しない。マグネシウムと酸素は，次のようにして反応する。

①マグネシウムリボンをガスバーナーで加熱する。

Words　マグネシウム(Mg)

やわらかい金属で，アルミニウムや鉄よりも軽い。アルミニウム合金の添加材としても使われる。

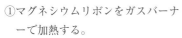

HighClass　理科で使う薬品名に「硫化鉄」，「酸化マグネシウム」のように，「化」という文字を使った物質がある。「化」とは，結びつくという意味があり，「酸化〇〇」という物質は酸素と「〇〇」が結びついてできた物質と考えることができる。

②マグネシウムリボンは激しく燃え，まぶしいほどの光と熱を出して酸素と反応する。

③酸素と反応したマグネシウムリボンは，白い粉状の酸化マグネシウムに変化する。

❹**酸化物の特徴**……酸化鉄や酸化マグネシウムには，次のような特徴がある。

①**酸化鉄**…鉄と酸素が反応してできる。酸化鉄には酸化鉄(Ⅱ)，酸化鉄(Ⅲ)，酸化鉄(Ⅱ，Ⅲ)がある。

▶**酸化鉄(Ⅱ)(FeO)**…酸化第一鉄ともいう。発火性の黒色粉末で，酸化鉄(Ⅲ)を一酸化炭素や水素で還元することで得られ，さらに還元を進めると純鉄が得られる。また，シュウ酸鉄(Ⅱ)を真空中で加熱しても得られる。

zoomup)　還　元→ p.256

▶**酸化鉄(Ⅲ)(Fe_2O_3)**…酸化第二鉄ともいう。赤色粉末で，鉄が自然に酸化してできる赤さびでもある。水酸化鉄や硝酸塩を加熱することでも得られ，天然には赤鉄鉱として産出する。赤色顔料や研磨材に使われ，一酸化炭素や水素とともに加熱し続けると鉄に還元される。

▶**酸化鉄(Ⅱ，Ⅲ)(Fe_3O_4)**…四酸化三鉄や酸化二(Ⅲ)鉄(Ⅱ)ともいう。天然には磁鉄鉱として産出し，酸化鉄(Ⅲ)を一酸化炭素や水素で還元することでも得られる。いわゆる黒さびであり，鉄の表面を黒さびで保護すると，赤さびによる腐食を防ぐことができる。

②**酸化マグネシウム**…マグネシウムと酸素が反応してできる。白色の粉末で，水に溶けにくい。胃薬や便秘薬として利用されている。また，燃えにくいことから耐火剤としても利用されている。

Words 磁鉄鉱

　強い磁性をもち，黒色をしている。砂鉄は岩石に含まれる磁鉄鉱などが風化によって分離したものである。

3 その他の反応

～いろいろな反応と化合物～

❶ **マグネシウムと二酸化炭素の反応**……マグネシウムと二酸化炭素が反応すると，炭素と酸化マグネシウムができる。二酸化炭素には物質を燃やす性質はないが，次のような方法で，マグネシウムと二酸化炭素を反応

硫黄と金属や，酸素と金属を反応させる実験で，反応してできた化合物の名まえや性質について出題されている。それぞれの化合物の名まえと性質を覚えておくとよい。

させることができる。

①広口の集気びんに二酸化炭素を満
　たす。

②マグネシウムリボンをピンセット
　ではさんで火をつけ，集気びんの
　中に入れる。

③マグネシウムリボンは激しく燃え，
　集気びんの中は白い煙(けむり)でいっぱいになる。

④マグネシウムリボンが燃えたあと，集気びんの中に
　は黒い粒(つぶ)(炭素)が飛び散っている。

❷ **有機物と酸素の反応**……有機物は，炭素(たんそ)を含む化合
物である。有機物を燃やすと，二酸化炭素が発生する。
これは，有機物に含まれる炭素原子が酸素原子と結び
ついて，二酸化炭素ができている。

　また，有機物を燃やすと，二酸化炭素のほかに水が
できることが多い。これは，有機物に含まれる水素原
子が酸素原子と結びついて，水ができている。

❸ **ろうそくが燃える化学変化**……ろうそくのロウをつ
くっている物質は，炭素や水素を含んでいる有機物で
ある。そのため，ろうそくが燃えると，すす，二酸化
炭素，水ができる。

①**す　す**…ろうそくの炎(ほのお)に金網(かなあみ)をかぶせるように近づ
　けると，金網にすすがつく。すすは炭素でできてい
　る黒い粉で，金網についたすすを加熱し続けると二
　酸化炭素になる。すすは，ロウの成分が分解されて
　できた炭素からできていると考えることができる。

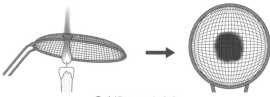

⬆ 金網についたすす

②**二酸化炭素**…広口の集気びんの中でろうそくを燃や
　し，ろうそくをとり出してから石灰水を入れて集気
　びんを振(ふ)ると，石灰水は白く濁(にご)る。このことから，
　ろうそくを燃やすと，二酸化炭素ができることがわ

参考　**マグネシウムと二酸化炭素の反応**

　マグネシウムと二酸化炭素が
反応して酸化マグネシウムがで
きる反応は，マグネシウム原子
が二酸化炭素に含まれる酸素原
子と結びつく反応である。酸化
マグネシウムは，マグネシウム
と酸素の化合物である。

zoomup 有機物→ p.187

zoomup 分　解→ p.223

参考　**すすの集め方**

　スライドガラスなどでも集め
ることができる。すすがついた
ようすが見やすいが，やけどを
したりガラスが割れたりするこ
とがあるので，注意が必要であ
る。(→ p.249)

第
2
編

物

質

第 1 章

物質のすがた

第 2 章

化学変化と
原子・分子

第 3 章

化学変化と
イオン

Episode　イギリスの科学者マイケル・ファラデーは，子どもたちに科学のすばらしさと面白さを伝え
るため，英国王立研究所で講演を行った。この講演はクリスマスレクチャーといわれ，ろう
そくについての講演を編集した「ロウソクの科学」というものがある。

かる。二酸化炭素は炭素と酸素でできているので，ロウの成分が分解されてできた炭素が，空気中の酸素と結びついてできると考えることができる。

③**水**…ろうそくの炎に水を入れた金属の容器を近づけると，容器に水滴がつく。このことから，ろうそくを燃やすと水(水蒸気)ができることがわかる。水は水素と酸素でできているので，ロウの成分が分解されてできた水素が，空気中の酸素と結びついてできると考えることができる。

水
水滴

❹ **アルコールが燃える化学変化**……アルコールをつくっている物質は，炭素や水素を含んでいる有機物である。アルコールを燃やすと，二酸化炭素や水(水蒸気)が発生するのはそのためである。

2 化学変化の表し方 ★★★

1 化学反応式

～化学変化を式で表す～

物質を化学式で表したように，化学変化も記号を使って表すことができる。化学式を使って，物質の化学変化を表した式を**化学反応式**という。

zoomup 化学式→ p.234

化学変化が起きると，物質をつくる原子の組み合わせが変わり，新しい物質ができる。このとき，化学変化の前後で原子の種類と数は変化しない。化学反応式でも，化学変化の前後で原子の種類と数が変わらないように表すことが重要である。

❶ **化学反応式の表し方**……化学反応式は，次のようにして表すことができる。

①化学反応式の左辺に反応する物質の化学式を書き，右辺に反応してできた物質の化学式を書く。

②左辺と右辺を矢印(→)で結ぶ。

③それぞれの化学式に係数をつける。

化学反応式において，それぞれの化学式の前につく数字を**係数**という。化学変化の前後で原子の種類と数は変化しないので，化学反応式の左辺と右辺の原子の種類と数が等しくなるように係数をつける。係数が1

参考　反応物

化学反応式の左辺にある，反応する物質のことを反応物という。

参考　生成物

化学反応式の右辺にある，反応してできた物質を生成物という。

Episode

ろうそくのロウはクレヨンの材料にも使われ，石油からとれるパラフィンを主成分としたものが多い。ハゼノキなどの植物からつくられたものは木ロウといい，整髪料などにも使われている。

の場合は省略し，係数は最も簡単な整数の比となるようにする。

❷ **化学反応式で表す**……いろいろな化学変化を化学反応式で表すと，次のようになる。

① **銅と酸素の反応**…銅と酸素が反応して酸化銅が生成されるときの化学反応式は，次のようになる。

$$2Cu + O_2 \longrightarrow 2CuO$$

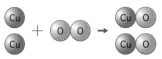

▶ 左　辺…銅原子2個，酸素原子2個
▶ 右　辺…銅原子2個，酸素原子2個

　化学反応式の係数は最も簡単な整数の比となるので，$4Cu + 2O_2 \longrightarrow 4CuO$ などとは表さない。

② **水素と酸素の反応**…水素と酸素が反応して水が生成されるときの化学反応式は，次のようになる。

$$2H_2 + O_2 \longrightarrow 2H_2O$$

▶ 左　辺…水素原子4個，酸素原子2個
▶ 右　辺…水素原子4個，酸素原子2個

③ **炭酸水素ナトリウムの熱分解**…炭酸水素ナトリウムを熱分解して，二酸化炭素，水，炭酸ナトリウムが生成されるときの化学反応式は，次のようになる。

$$2NaHCO_3 \longrightarrow CO_2 + H_2O + Na_2CO_3$$

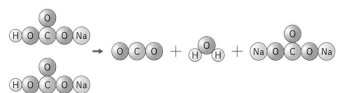

▶ 左　辺…水素原子2個，炭素原子2個，
　　　　　酸素原子6個，ナトリウム原子2個
▶ 右　辺…水素原子2個，炭素原子2個，
　　　　　酸素原子6個，ナトリウム原子2個

参考　**化学反応式の考え方**

$2Cu+O_2 \rightarrow 2CuO$ におけるそれぞれの化学式は次のように考える。

① **2Cu**…酸素分子1個との化学反応に関与（かんよ）する銅原子が2個それぞれ独立していると考える。実際には，下の図のような状態で存在している。

② **O₂**…酸素原子が2個結びついて，酸素分子1個として存在している。

③ **2CuO**…銅原子2個と酸素分子1個が反応して酸化銅が2個できたと考える。実際には，下の図のような状態で存在している。

HighClass　CuO は Cu と O が単にくっついているわけではなく，それぞれが＋や－の電気を帯びたイオン（→ p.288）となって，＋や－の引き合う力によって結合している。このとき，＋と－の大きさは等しく，CuO は電気的に中性である。

④**水の電気分解**…水の電気分解で，水素と酸素が生成

されるときの化学反応式は，次のようになる。

$$2H_2O \longrightarrow 2H_2 + O_2$$

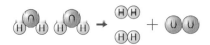

▶左　辺…水素原子4個，酸素原子2個

▶右　辺…水素原子4個，酸素原子2個

2 化学反応式の係数の求め方

〜化学変化の量的な関係を表す〜

　化学反応式の係数は，その化学変化における物質の量
的な関係を示す重要な値である。例えば，水素と酸素が
反応して水が生成されるときの化学反応式の係数を，次
のような2種類の方法で求めることができる。

❶**目算法**……どれか1つの物質の係数を仮定し，それ
をもとにほかの物質の係数を求めて，最後にすべての
係数が整数となるように調整する方法を**目算法**という。

①左辺に反応する物質の化学式，右辺に反応してでき
る物質の化学式を書き，左辺と右辺を矢印で結ぶ。

$$H_2 + O_2 \longrightarrow H_2O$$

②いずれか1つの物質の係数を1と仮定する。いまは，
H_2 の係数を1と仮定する。（ここでは，どの物質の
係数が決まったかをわかりやすくするため，係数を
決める途中では1を省略していない。）

$$1H_2 + O_2 \longrightarrow H_2O$$

③左辺の H の数が2個になったので，右辺の H の数
も2個になるように，H_2O の係数を1とする。

$$1H_2 + O_2 \longrightarrow 1H_2O$$

④右辺の O の数が1個になったので，左辺の O の数
も1個になるように，O_2 の係数を $\frac{1}{2}$ とする。

$$1H_2 + \frac{1}{2}O_2 \longrightarrow 1H_2O$$

⑤すべての係数を簡単な整数とするため，全体を2倍
すると，化学反応式となる。

$$2H_2 + O_2 \longrightarrow 2H_2O$$

参考 原子の数の求め方

　原子の数は，係数と元素記号
の後ろの小さな数字の積で求め
られる。係数や元素記号の後ろ
に数字がない場合は，1が省略
されているので，1とする。
$3H_2O$ の場合，水素原子は 3×2 より6個，酸素原子は 3×1
より3個となる。

Words 目算法

　水素と酸素の反応について，
酸素の係数を1と仮定すると
次のような手順となる。
①化学式を書く。

$$H_2 + O_2 \longrightarrow H_2O$$

②酸素の係数を1と仮定する。

$$H_2 + 1O_2 \longrightarrow H_2O$$

③左辺と右辺で酸素原子の数を
等しくする。

$$H_2 + 1O_2 \longrightarrow 2H_2O$$

④左辺と右辺で水素原子の数を
等しくする。

$$2H_2 + 1O_2 \longrightarrow 2H_2O$$

⑤係数が簡単な整数の比になっ
ているので，化学反応式がで
きたといえる。

$$2H_2 + O_2 \longrightarrow 2H_2O$$

化学反応式は，左辺の反応物が化学変化を起こして右辺の生成物ができることを表している
が，生成物ができはじめると，やがて逆方向の反応が起こることもある。このような反応を
可逆反応といい，左辺と右辺を「→」ではなく「⇄」で結ぶ。

❷ **未定係数法**……すべての物質の係数を未知数に置きかえ，左辺と右辺で原子の種類と数が等しくなるように連立方程式を解いて係数を求める方法を**未定係数法**という。

①左辺に反応する物質の化学式，右辺に反応してできる物質の化学式を書き，左辺と右辺を矢印で結ぶ。

$$H_2 + O_2 \longrightarrow H_2O$$

②3つの係数を，未定の x, y, z とする。

$$xH_2 + yO_2 \longrightarrow zH_2O$$

③左辺と右辺の H の数は等しくなるで，$2x=2z$ より，$x=z$ となる。

④左辺と右辺の O の数は等しくなるので，$2y=z$ となる。

⑤いずれか1つの未知数を1として，ほかの未知数を求めていく。$y=1$ とすると，$x=2$, $z=2$ となり，それぞれの係数が求められる。

$$2H_2 + O_2 \longrightarrow 2H_2O$$

Words 未定係数法

未定の係数を a, b, c, d, …と，4つ以上にしてもよい。例えば，アルミニウムに硫酸を加えて水素が発生するときの化学反応式は，次のようにして求められる。

$$aAl + bH_2SO_4$$
$$\longrightarrow cAl_2(SO_4)_3 + dH_2$$

Al について：$a=2c$
H について：$2b=2d$
S について：$b=3c$
O について：$4b=12c$
$c=1$ とすると，$a=2$, $b=3$, $d=3$ となり，化学反応式が求められる。

$$2Al + 3H_2SO_4$$
$$\longrightarrow Al_2(SO_4)_3 + 3H_2$$

第2編 物質

第1章 物質のすがた

第2章 化学変化と原子・分子

第3章 化学変化とイオン

📖 **例題** 化学反応式で表す

次の化学変化を，化学反応式で表しなさい。
(1) 鉄と硫黄の反応… 鉄 ＋ 硫黄 ⟶ 硫化鉄
(2) マグネシウムの酸化（燃焼）… マグネシウム ＋ 酸素 ⟶ 酸化マグネシウム
(3) 酸化銀の熱分解… 酸化銀 ⟶ 銀 ＋ 酸素
(4) 炭酸水素ナトリウムの熱分解…炭酸水素ナトリウム
⟶ 二酸化炭素 ＋ 水 ＋ 炭酸ナトリウム

Solution ▷ 正しい化学式を書き，左辺と右辺が等しくなるように係数をつける。
(1) 鉄は Fe，硫黄は S，硫化鉄は FeS である。
(2) マグネシウムは Mg，酸素は O_2，酸化マグネシウムは MgO である。
(3) 酸化銀は Ag_2O，銀は Ag，酸素は O_2 である。
(4) 炭酸水素ナトリウムは $NaHCO_3$，炭酸ナトリウムは Na_2CO_3，二酸化炭素は CO_2，水は H_2O である。

Answer ▷ (1) $Fe + S \longrightarrow FeS$
(2) $2Mg + O_2 \longrightarrow 2MgO$
(3) $2Ag_2O \longrightarrow 4Ag + O_2$
(4) $2NaHCO_3 \longrightarrow CO_2 + H_2O + Na_2CO_3$

入試Info 化学反応式の係数を求めるとき，未定係数法のほうが計算をともなうために時間がかかることが多い。まずは目算法で考え，解けないときに未定係数法を使うとよい。

8 ▶ 酸化と還元

Point
1. 物質の燃焼という現象について理解しよう。
2. 物質の酸化という現象について理解しよう。
3. 物質の還元という現象について理解しよう。

1 燃 焼　入試重要度 ★★☆

1 燃 焼

〜物質が燃える化学変化〜

　激しい熱や光を出しながら燃えて，酸素と結びつく化学変化を燃焼という。有機物には炭素が含まれているため，有機物が燃焼すると二酸化炭素が発生する。

zoomup 有機物→ p.187

●燃える物質……身近な物質では，木炭，木片，紙，エタノール，プロパンガス，都市ガスなどがよく燃える。また，特殊なものとして，スチールウール，マグネシウムなどの金属も燃える。

●燃える物質の種類……物質が燃えるかどうかは，物質そのものの性質によって決まる。
　①固　体…木炭，木片，スチールウール，マグネシウム
　②液　体…エタノール
　③気　体…プロパンガス，都市ガス

●燃えたあとの状態……物質が燃えたあと，どのような物質が残るかは，燃えた物質の種類によって変わる。
　①かたいかたまりが残る…スチールウール
　②灰のようなやわらかい物質が残る…木炭，木片，紙，マグネシウム
　③何も残らない(二酸化炭素と水蒸気が発生)…エタノール，プロパンガス，都市ガス

参考 燃 料

　火を得るために燃焼させる物質を燃料という。古くは薪などの木材から始まり，その後，石炭，石油，天然ガスなどが燃料として使われている。これらの物質は，主に水素，酸素，炭素の成分からできている有機物である。

参考 特別な燃え方をする物質

・硫黄…融解した硫黄が燃えると青い炎が上がる。このとき，刺激臭のある二酸化硫黄が発生する。
・黄リン…ふつうは水の中に蓄えられている。空気中に置くと乾いてすぐに燃え，毒性も強いため危険な物質である。

Episode 人類は火が使えるようになって，生活のようすが大きく変化した。生では食べることができなかった食物も火で加熱することで食べられるようになり，また，火を使って熱を確保することで住める地域が拡大した。

8 酸化と還元

第
2
編

物

質

第1章
物質のすがた

第2章
化学変化と
原子・分子

第3章
化学変化と
イオン

❷ ろうそくの燃焼

〜ろうそくが燃える反応〜

　ろうそくに火をつけると，炎を上げてまわりを明るくし，ろうそくをつくっているロウをとかしながら，ロウのある限り燃え続けようとする。ろうそくが燃えているとは，ロウの気体が燃焼しているということである。

❶ 炭素の発生……右の図のように，ろうそくの炎の上部にガラス板をかざすと，ガラスの表面に黒い粉（すす）がつく。これは炭素であり，白いロウが燃焼してできる物質の1つである。

ピンセット
ガラス板
黒いすす（炭素）がつく

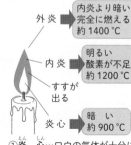

参考　ろうそくの炎

外炎 → 内炎より暗い　完全に燃える　約1400℃

内炎 → 明るい　酸素が不足　約1200℃

すすが出る

炎心 → 暗い　約900℃

①**炎　心**…ロウの気体が十分に燃えずに残っている部分。温度が最も低く，暗い。
②**内　炎**…酸素の供給が不足しているため，ロウの気体が完全には燃えていない部分。炭素の粒が熱せられて，明るく輝いている。
③**外　炎**…空気に最もよくふれているため，酸素の供給が十分であり，ロウの気体が完全に燃えている部分。温度が最も高い。

❷ 二酸化炭素の発生……下の図のようにして，ろうそくが燃えたときに発生する気体を調べると，石灰水を白く濁らせることがわかる。このことから，二酸化炭素が発生していることが確かめられる。

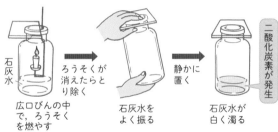

石灰水　広口びんの中で，ろうそくを燃やす
ろうそくが消えたらとり除く
石灰水をよく振る
静かに置く
石灰水が白く濁る
二酸化炭素が発生

❸ 水の発生……ろうそくが燃えたときに発生する気体を集めて冷やすと水滴ができることから，水が発生していることがわかる。

❹ ろうそくの燃焼と空気……ろうそくは物理変化や化学変化によって燃焼という現象を起こすが，そのためには空気（酸素）の供給が必要である。

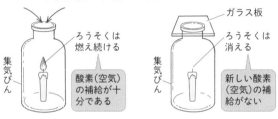

集気びん
ろうそくは燃え続ける
酸素（空気）の補給が十分である
ガラス板
集気びん
ろうそくは消える
新しい酸素（空気）の補給がない

HighClass　ろうそくが燃えるとき，ロウが固体→液体→気体と状態変化し，気体になったロウが燃えている。火のついたろうそくを観察すると，ろうそくのしんの近くには液体のロウがあり，その少し上の部分から炎が出ているようすを確認することができる。

③ アルコールの燃焼

〜アルコールが燃える反応〜

　消毒用や飲料用として，アルコールの1種であるエタノールが使われている。エタノールは燃焼する液体であり，これをステンレス皿に少し入れて燃やすと，次のような物質が発生する。

❶ 水の発生……エタノールの炎の上から，ビーカーをかぶせるとビーカーがくもる。ビーカーの内側に，塩化コバルト紙をつけて同じようにかぶせると，塩化コバルト紙が青色から赤色に変化する。このことから，エタノールが燃焼すると水が発生することがわかる。

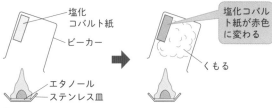

❷ 二酸化炭素の発生……下の図のようにして，エタノールが燃えたときに発生する気体を調べると，ろうそくのときと同じように石灰水が白く濁る。このことから，二酸化炭素が発生していることが確かめられる。

　二酸化炭素は炭素と酸素の化合物であることから，エタノールの成分として炭素が含まれていると考えることができる。

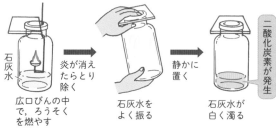

④ 有機物の燃焼

〜炭素を含む化合物が燃える反応〜

　ロウやエタノールなどの有機物を燃焼させると，有機物に含まれる水素や炭素がそれぞれ酸素と反応して，水素は水になり，炭素は二酸化炭素になる。

参考　水の検出

　塩化コバルト紙に水がつくと，塩化コバルト紙は青色から赤色（桃色）に変化する。

参考　塩化コバルトの利用

　乾燥剤には半透明で粒状のシリカゲルがよく使われる。このとき，シリカゲルに塩化コバルトを添加した青い粒をいっしょに入れることで，乾燥剤のはたらきを知ることができる。水分を多く吸って乾燥剤のはたらきがなくなると，青色の粒はうすい赤色に変化する。

牛肉などの肉を加熱すると褐色になる。また，タマネギをいためたり，パンをトースターで焼いたりしても褐色になる。肉，タマネギ，パンはすべて有機物であり，これらを加熱すると化学変化により褐色になる。このことを，メイラード反応という。

5 スチールウールの燃焼

~炎が上がらない燃焼~

鉄板を加熱しても燃えないが，鉄を繊維のように細くしたスチールウールは燃やすことができる。

❶ 燃焼のようす……ろうそくの燃焼と異なり，スチールウールが燃焼するときは炎が出ない。しかし，空気を送り続けると黒色のかたまりになる。

❷ 燃焼による変化……スチールウールが燃焼すると，黒色のかたまりになる。この物質の質量や性質は，燃焼前のスチールウールと比べて，次のように変化している。

▶ **質　量**…燃焼後のほうが大きくなる。
▶ **性　質**…燃焼前のスチールウールに塩酸を加えると泡が発生して溶けるが，燃焼後の物質に塩酸を加えても反応しない。

❸ 燃焼によってできる物質……スチールウールは燃焼して酸素と結びつく。スチールウールが燃焼してできた物質の質量がスチールウールよりも大きいのは，結びついた酸素の分だけ質量が大きくなったからである。塩酸を加えたときの反応の違いからも，スチールウールは燃焼して別の物質になったといえる。

このようにして，鉄と酸素が結びついてできる物質を酸化鉄といい，鉄とは見た目や性質が異なる。

> **参考　燃焼の三条件**
>
> 　燃焼が起きるには，次の3つの条件が必要になる。
> ①燃える物質がある。
> ②酸素の供給がある。
> ③物質の温度が引火点以上である。

> **参考　消　火**
>
> 　燃焼している物質を消火するには，燃焼の三条件の中から1つをとり除けばよい。
> ①燃える物質をとり除く。
> ②酸素の供給をなくす。
> ③燃えている物質の温度を下げる。

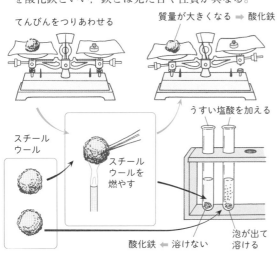

てんびんをつりあわせる　　質量が大きくなる ➡ 酸化鉄

うすい塩酸を加える

スチールウール

スチールウールを燃やす

酸化鉄 ⇐ 溶けない　　泡が出て溶ける

HighClass

鉄板をガスバーナーで強く加熱すると黒くなり，さらに加熱を続けると赤くなる。しかし，同じ鉄でもスチールウールに火を近づけると火花を散らして燃える。これは，スチールウールのほうが鉄板よりも表面積が大きいからである。

6 燃焼と物質の種類

～燃焼を化学反応式で表す～

燃焼とは，物質が激しい熱や光を出しながら酸素と結びつく化学変化である。このとき，物質の種類によって燃焼後にできる物質が変わる。

❶ **金属の燃焼**……金属が燃焼すると，燃焼した金属と酸素が結びついた物質ができる。例えば，鉄や銅が燃焼すると，酸化鉄や酸化銅ができる。

❷ **有機物の燃焼**……有機物を十分に燃焼させると，有機物に含まれる炭素や水素が酸素と結びついて，二酸化炭素や水ができる。ロウ，エタノール，プラスチックなどは有機物である。

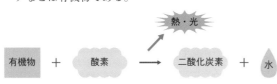

2 酸 化 ★★★

1 酸 化

～酸素と結びつく化学変化～

金属を空気中で加熱すると，酸素と結びついて新たな化合物ができる。例えば，銅を空気中で加熱すると，銅と酸素が結びついて酸化銅ができる。このように，酸素と結びつく化学変化のことを酸化といい，酸素と結びついた化合物のことを酸化物という。つまり，酸化銅は銅が酸化されてできた酸化物である。

❶ **燃焼と酸化**……燃焼も酸素と結びつく化学変化なので酸化の一種である。物質が多量の熱や光を出しながら激しく酸化することを燃焼という。

❷ **酸化が起こる条件**……酸化が起こるには，次の3つのものが必要になる。

爆発とは，「非常に激しく急激な燃焼」である。爆発が起きると，急に熱が出てまわりの気体の体積が膨張し，大きな音を出しながら器物をこわすことがある。危険なイメージもあるが，ガソリン自動車のエンジンなどは爆発のエネルギーを利用している。

①**酸化される物質**…金属や有機物など，酸素と結びつく物質で，燃焼においては燃えるものとなる。

②**物質と結びつくための酸素**…空気中に含まれる酸素のほか，物質中に含まれる酸素もあてはまる。

③**酸化を起こすためのエネルギー**…一部の酸化反応を除いて，熱，電気，光などのエネルギーが必要になる。燃焼においては，点火に必要な熱源となる。

2 酸化の種類

～酸素と結びつくはやさ～

鉄が酸化して酸化鉄ができる反応は，燃焼のような**激しい酸化**と，鉄がゆっくりさびていくような**おだやかな酸化**がある。一般に，激しい酸化ははやい酸化であり，おだやかな酸化はおそい酸化である。

❶ **激しい酸化**……スチールウール，マグネシウム，木炭，エタノール，都市ガスなどは熱や光を出しながら激しく酸化する。つまり燃焼しているといえ，これらは，はやい酸化である。

▶**スチールウールの燃焼**…酸素で満たした集気びんの中に加熱したスチールウールを入れると，光を発しながら激しく燃える。

　鉄と酸素が結びついた酸化物を**酸化鉄**という。

▶**マグネシウムの燃焼**…マグネシウムをテープ状にしたマグネシウムリボンを空気中で加熱すると，強い光を発して激しく燃える。

　マグネシウムに酸素が結びついた酸化物を**酸化マグネシウム**という。

▶**木の燃焼**…木材を加熱すると，白い煙が発生する。この白い煙を木ガスといい，木ガスに引火すると炎を上げて燃焼する。このようにして燃焼を続けると，木材は炭になったあと灰になる。

参考 引火点

濃度の高い可燃性蒸気が発生し，火を近づけると燃焼する最低の温度を引火点という。

物質名	引火点(℃)
ガソリン	−43 以下
メタノール	11
エタノール	13
灯　油	40 ～ 60
軽　油	50 ～ 70
重　油	60 ～ 100
機械油	106 ～ 270
オリーブ油	225
菜種油	313 ～ 320

参考 写真のフラッシュ

暗い場所で写真を撮影するために，1800年代後半頃は閃光粉(フラッシュパウダー)というものが使われた。これは，マグネシウムが燃焼するときに多量の光を出すことを利用したものである。フラッシュをたくという表現は，フラッシュパウダーを燃焼させていたときの名残である。

HighClass 物質が酸素と結びつくことを酸化というが，単体の酸素ではなく物質中の酸素原子と結びつくことも酸化という。鉄がさびるとき，鉄と水が反応して $Fe(OH)_2$ や $Fe(OH)_3$ といった水酸化鉄ができるが，この場合も鉄は酸化されたという。

❷ **おだやかな酸化**……金属がさびる化学反応はおだやかな酸化である。銅を空気中で加熱して酸化銅ができるときも，激しく熱や光を出すことはないのでおだやかな酸化といえ，これはおそい酸化である。

▶**銅の酸化**…銅板をガスバーナーで加熱すると，表面がしだいに黒色になる。このとき，金属光沢は失われ，銅とは別の物質になっていることがわかる。銅に酸素が結びついた酸化物を酸化銅といい，黒色のものは酸化銅(Ⅱ)という。10円玉のさびも，主な成分は酸化銅である。

▶**鉄の酸化**…スチールウールを加熱すると燃焼して激しく酸化するが，鉄板や鉄くぎなどを加熱するとおだやかな酸化となる。また，空気中に放置された鉄くぎなどのさびもおだやかな酸化によってできたものである。鉄に酸素が結びついた酸化物を酸化鉄といい，酸化鉄(Ⅱ)，酸化鉄(Ⅲ)，酸化鉄(Ⅱ，Ⅲ)がある。酸化鉄(Ⅲ)は赤さびといわれ，酸化鉄(Ⅱ，Ⅲ)は黒さびといわれる。

3 酸化と質量変化

〜酸化物の質量を調べる〜

❶ **金属の酸化と質量変化**……金属が酸化されて酸化物ができると，結びついた酸素の質量分だけ酸化物の質量はもとの金属よりも大きくなる。

下の図のように，てんびんにスチールウールをつるしてつりあわせる。この状態で片方のスチールウールに火をつけると，てんびんは火がついたスチールウールのほうに傾く。このことから，酸化により質量が大きくなったことがわかる。

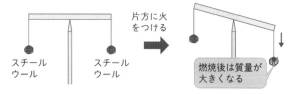

片方に火をつける

燃焼後は質量が大きくなる

スチールウール　スチールウール

参考　貴金属と卑金属

・**貴金属**…金，白金(プラチナ)，銀などの金属のことを貴金属という。貴金属とは，空気中でも酸化されにくく，酸などとも反応しにくい化学的に安定した金属のことをいう。
・**卑金属**…貴金属以外の金属のことを卑金属といい，酸化されやすく反応性に富む金属である。例えば，ナトリウムは卑金属に分類され，水に入れると激しく反応し，多量の熱と水素を発生しながら水酸化ナトリウムに変化する。

鉄さびの成分にはたくさんの種類があり，一般に，水酸化鉄，オキシ水酸化鉄，酸化鉄の3つに大別される。鉄さびは，さびの進行とともに，水酸化鉄→オキシ水酸化鉄→酸化鉄とその成分が変わっていく。

❷ **有機物の酸化と質量変化**……ろうそくやエタノール
を燃焼すると，二酸化炭素と水（水蒸気）が発生して空
気中に出ていくため，燃焼前よりも質量が小さくなる。

下の図のように，てんびんにろうそくをつるしてつ
りあわせる。この状態で片方のろうそくに火をつける
と，てんびんは火のついていないろうそくのほうに傾
く。このことから，ろうそくは酸化により質量が小さ
くなったことがわかる。

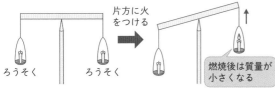

片方に火
をつける

ろうそく　　　　ろうそく

燃焼後は質量が
小さくなる

❸ **酸化のようす**……スチールウールが燃焼により空気
中の酸素と結びつくようすは，下の図の装置で確かめ
られる。酸素で満たした集気びんの中でスチールウー
ルを燃焼させると，少しずつ水位が上がり，集気びん
の中に水が入ってくる。これは，集気びんの中の酸素
がスチールウールと結びつくことで集気びんの中の気
体の圧力が小さくなり，外側の大気圧によって水がお
しこまれることで水位が上がると考えられる。

> **参考　気体の膨張**
>
> 集気びんの中でスチールウー
> ルを燃焼させると，集気びんの
> 中から気体が出てくることがあ
> る。これは，スチールウールの
> 燃焼によって発生する多量の熱
> により，集気びんの中の気体が
> あたためられて体積が膨張する
> ために起こる現象である。

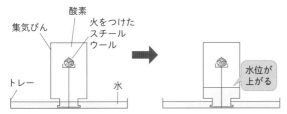

酸素
火をつけた
スチール
ウール

集気びん

トレー　　　　　　　　水

水位が
上がる

❹ **酸化と化学反応式**……物質が酸化して酸化物ができ
る化学変化は，化学反応式で表すことができる。

▶ **銅の酸化**…銅を空気中で加熱すると，酸素と結びつ
いて酸化銅になる。

$$2Cu + O_2 \longrightarrow 2CuO$$

▶ **エタノールの燃焼**…エタノールを燃焼させると，エ
タノールに含まれる炭素や水素が酸素と結びついて，
二酸化炭素と水（水蒸気）が発生する。

$$C_2H_5OH + 3O_2 \longrightarrow 2CO_2 + 3H_2O$$

> **参考　酸化銅**
>
> 酸化銅には赤色粉末の酸化銅
> （Ⅰ）と，黒色粉末の酸化銅（Ⅱ）
> の２つがある。空気中で銅を
> 加熱してできるのは，酸化銅
> （Ⅱ）である。

Episode　私たちの生活の中にある酸素を用いた化学変化で，最も大切な化学変化の１つに呼吸がある。
体内で有機物を酸素によって酸化する際のエネルギーで，私たちは生命活動を営んでいる。

🔍 実験・観察 銅の酸化と質量変化

ねらい

銅を酸化させて酸化銅ができるとき，質量が変化するかを調べる。

方法

❶ 銅粉をステンレス皿にのせて，ステンレス皿ごと質量をはかる。

❷ 銅粉をステンレス皿ごとガスバーナーで加熱する。

❸ 銅粉が黒色になったら，再びステンレス皿ごと質量をはかる。

銅粉

結果

• 加熱後のほうが，質量が大きくなる。

考察

• 加熱後の黒色の物質は，酸化銅だと考えられる。

• 酸化銅は，結びついた酸素の質量分だけ，もとの銅より質量が大きくなったと考えられる。

③ 還 元 ★★★

① 還元（かんげん）

～酸素をとる化学変化～

物質が酸素と結びつく化学変化を酸化といい，酸素と結びついた化合物を酸化物というが，反対に酸化物から酸素がとれる化学変化を還元という。つまり，酸化と還元は正反対の化学変化である。

❶ **酸化銅の還元**……酸化銅を炭素や水素で還元すると，銅が得られる。

▶ **炭素による還元**…黒色の酸化銅を炭素の粉末と混ぜて加熱すると，赤色の銅ができる。また，このとき二酸化炭素が発生する。

$$2CuO + C \longrightarrow 2Cu + CO_2$$

> **Why** 酸化銅を還元するときの炭素の割合
>
> 理論値として，酸化銅 1.3 g を還元するのに必要な炭素は約 0.1 g だが，実験の際は炭素を少し多めに用いることで，酸化銅を十分に反応させることができる。

Episode 還元という言葉を逆から訓読みすると「元へ還る（かえる）」と読める。自然界の多くの金属は，酸素や硫黄（いおう）などと結びついて，酸化物や硫化物として岩石などの形態で存在している。金属の酸化物から酸素をとり，元の金属に還すという意味から還元という。

▶**水素による還元**…銅線を加熱すると黒色の酸化銅ができる。この酸化銅を水素で満たした試験管の中に入れると，加熱前の色の銅線になり，試験管には水滴がつく。

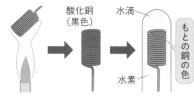

$$CuO + H_2 \longrightarrow Cu + H_2O$$

🔍 **実験・観察** 酸化銅の還元

ねらい

酸化銅と炭素粉末を混ぜて加熱したときにできる物質を調べる。

方法

❶ 酸化銅 1.0 g と炭素粉末 0.2 g を乳鉢でよく混ぜる。炭素が固まっていたら，乳鉢で粉末になるようにすりつぶし，2つの物質を十分に混ぜる。

❷ 下の図のようにして，酸化銅と炭素粉末の混合物を入れた試験管 A を，ガスバーナーで十分に加熱する。

❸ 加熱しながら，試験管 B に入れた石灰水のようすを観察する。

❹ 反応が終わったら，石灰水からガラス管をとり出して加熱をやめ，ピンチコックでゴム管をとめて空気とふれないようにしてから試験管 A を冷やす。

❺ 試験管 A の中にできた物質をろ紙の上にとり出して観察し，薬さじでこする。

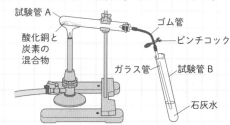

❗ ガラス管をとり出す前に加熱をやめると，石灰水が逆流して試験管が割れることがあるので注意する。

結果

- 試験管 B の石灰水は白く濁る。
- 試験管 A の中に赤褐色の物質ができ，薬さじでこすると金属光沢がある。

考察

- 石灰水が白く濁ることから，二酸化炭素が発生したと考えられる。
- 赤褐色の物質は金属光沢があることから，銅であると考えられる。
- 酸化銅の酸素が炭素と結びついて二酸化炭素が発生したことから，炭素と銅では，炭素のほうが酸素と結びつきやすいと考えられる。

入試Info

実験においての注意事項について，その理由を問う問題が出題されている。よく出てくる注意事項については，安全のためにもその理由まで理解しておくとよい。

❷ 水の還元……水を還元すると，水分子から酸素がとり除かれて水素が発生する。下の図のように，水を含んだ脱脂綿とマグネシウムリボンを試験管に入れ，脱脂綿を加熱して試験管内を水蒸気で満たす。この状態でマグネシウムリボンを加熱すると，マグネシウムリボンがまばゆい光を出しながら反応する。このとき，ガラス管の先に火を近づけると，ポンと音を出して燃えるのが観察でき，水素が発生したことがわかる。

$$Mg + H_2O \longrightarrow MgO + H_2$$

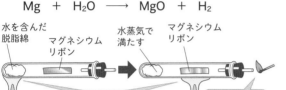

水を含んだ脱脂綿　マグネシウムリボン　水蒸気で満たす　マグネシウムリボン

加熱位置を変える　ポンと音を出して燃える

❸ 酸化還元反応……酸化と還元は同時に起こるので，これらを，酸化還元反応という。例えば，酸化銅と炭素を加熱して反応させるとき，酸化銅は銅へと還元されるが，炭素は二酸化炭素へと酸化される。酸化銅を水素で還元するときや，水をマグネシウムで還元するときも，酸化と還元が同時に起こる。

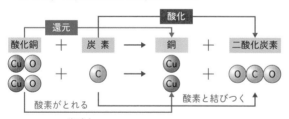

還元　酸化

酸化銅 ＋ 炭素 → 銅 ＋ 二酸化炭素

酸素がとれる　酸素と結びつく

2 金属の製錬

〜鉱石から金属をとり出す〜

鉱石には，金属の酸化物が含まれている。還元反応を利用して，この金属の酸化物から金属をとり出すことを製錬という。

❶ 鉄の製錬……赤鉄鉱などの鉄鉱石をコークス（炭素）や石灰石と混ぜて高炉で強く熱すると，炭素によって酸化鉄は還元され，銑鉄を得ることができる。銑鉄は含まれている炭素の割合が大きいので，衝撃に弱く利

参考　酸素との結びつきやすさと還元

炭素は銅よりも酸素と結びつきやすい物質である。これを利用すると，炭素の化合物であるエタノール（C_2H_5OH）や砂糖（ショ糖，$C_{12}H_{22}O_{11}$）を酸化銅と反応させると，酸化銅は還元されて銅が得られる。

参考　酸化剤と還元剤

・酸化剤…物質が酸化するとき，酸素を供給する物質を酸化剤という。一般に，酸化剤は酸素を含み，自らは還元されやすい物質である。

・還元剤…物質が還元するとき，酸素をとり除く物質を還元剤という。一般に，還元剤は酸素と結びつきやすく，自らは酸化されやすい物質である。

短文記述対策！

Q 酸化銅を炭素と混ぜて加熱すると銅が得られる理由を，酸素との結びつきやすさを使って簡単に説明しなさい。

A 銅よりも炭素のほうが酸素と結びつきやすいので，酸化銅の酸素がとれるから。

用できる用途が少ない。そのため，さらに銑鉄をとかした溶銑を転炉に入れ，酸素を吹きこんで不純物である炭素を酸化してとり除くことで，不純物の少ない鋼にして加工している。

このように，鉄の製錬では炭素によって鉄鉱石を還元することで銑鉄をとり出し，銑鉄に含まれる余分な炭素を酸化させることでとり除いている。

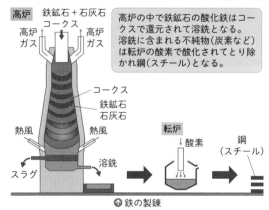

高炉の中で鉄鉱石の酸化鉄はコークスで還元されて溶鉄となる。溶鉄に含まれる不純物（炭素など）は転炉の酸素で酸化されてとり除かれ鋼（スチール）となる。

↑ 鉄の製錬

❷ **アルミニウムの製錬**……アルミニウムの原料は，ボーキサイトとよばれる酸化アルミニウムを多く含む鉱石である。ボーキサイトには鉄やケイ素なども多く含まれるため，非常に濃い水酸化ナトリウムなどを用いて不純物を除去することで酸化アルミニウム（アルミナ，Al_2O_3）を得る。アルミナに氷晶石を加えて融解し，電気分解を行うことでアルミニウムをつくる。

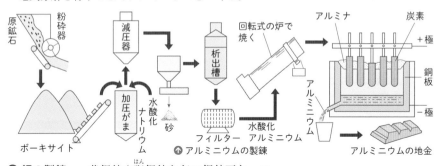

↑ アルミニウムの製錬

❸ **銅の製錬**……黄銅鉱や斑銅鉱などの銅鉱石と，コークスや石灰石を混ぜて，溶鉱炉で強く熱すると硫化銅ができる。その後，転炉で強く空気を吹きこむと粗銅ができ，粗銅を電解精錬することで純粋な銅が得られる。副産物として，金・銀・白金などを回収している。

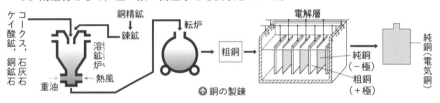

↑ 銅の製錬

酸化アルミニウムを融解して電気分解する方法は，溶解塩電解（ホール・エルー法）とよばれている。酸化アルミニウムの融点は2000℃強にもなるが，氷晶石を融剤とするとその融点は約1000℃まで下がる。

鉄の製錬と化学変化

鉄鉱石

銑鉄の原料となるのは，赤鉄鉱・磁鉄鉱・褐鉄鉱などの粉鉱石が主である。

鉄鉱石

粉状の粉鉱石をそのまま高炉に入れると目づまりを起こすため，石灰石を混ぜて焼結鉱にしてから高炉に入れる。

焼結鉱

鉄鉱石の粒と石灰石を約1300℃の高温で固めて，5〜25mm程度の均一のかたまりにしたもの。

コークス

石炭を蒸し焼きにしてできる炭素のかたまり。還元剤や熱源として使われる。

高炉の構造

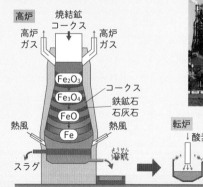

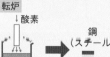

鉄の化学変化のようす

鉄の黒さび
（主成分がFe₃O₄で表面に
さびの膜をつくり赤さび
を防ぐ。）

鉄の赤さび
（主成分がFe₂O₃で内部に
進行してボロボロになる。）

酸素中で燃える細い鉄線

スチールウールの燃焼

（加熱した細い鉄線を酸素中に入れると、化学変化を起こして
酸化鉄ができる。スチールウールは空気中でも加熱すると化
学変化を起こす。）

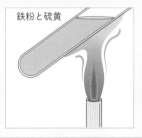

鉄粉と硫黄

鉄粉と硫黄を混ぜ
て加熱すると，化
学反応を起こして
硫化鉄ができる。

Fe ＋ S ⟶ FeS
（鉄）（硫黄）（硫化鉄）

その他の物質の化学変化

銅（銅粉）を加熱すると化学変化を起こして酸化
銅（右側の部分）ができる。

マグネシウムを加熱すると，酸化マ
グネシウムができる。

9 化学変化と熱

Point
❶ 化学変化と熱の出入りについて理解しよう。
❷ 発熱反応について理解しよう。
❸ 吸熱反応について理解しよう。

1 化学変化とエネルギー ★★☆
入試重要度 ★★☆

1 物質とエネルギー

〜物質がもつエネルギーを捉える〜

エネルギーには，熱エネルギー，電気エネルギー，光エネルギー，力学的エネルギー，化学エネルギーなどがある。物質は，原子や分子などの粒子からできていて，粒子は振動していることから，各粒子は運動によるエネルギーをもっていると考えることができる。つまり，それぞれの物質はエネルギーをもっているのである。

物質の状態変化において，加熱することで物質が固体→液体→気体に変化するとき，物質を構成する各粒子の動きは激しくなる。これは，物質がもつエネルギーは固体→液体→気体と状態変化することで増大したと考えることができる。

> **参考　エネルギー**
>
> 物質が相手の物体を動かすなどの仕事をする能力をもっていれば，その物質はエネルギーをもっているという。

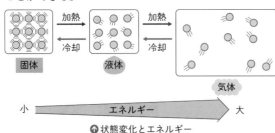

↑状態変化とエネルギー

物質のエネルギーは，温度によって観察できる熱エネルギーで捉えると扱いやすい。ただし，熱エネルギーと温度は異なるもので，温度はエネルギーではない。温度は熱エネルギーを平均化した尺度であり，熱エネルギーによって温度が変化する。

> **参考　温度と熱エネルギー**
>
> 30℃の水 500 g と 30℃の水 100 g があるとき，同じ温度であってもこの 2 つの水がもつ熱エネルギーは異なる。

HighClass 絶対温度とは，−273℃ を温度の基準 0 K とした温度の尺度であり，物質のもつエネルギーから考えられたものである。理論上，0 K では物質を構成する分子や原子の運動が完全にとまった状態であり，これを絶対零度という。

② 化学変化と熱

～化学変化とエネルギー～

物質は化学変化によって，まったく違った物質に変化する。物質がもつエネルギーは物質の種類によって異なるので，化学変化によって物質の種類が変化すると，物質がもっているエネルギーも変化する。したがって，化学変化が起こるときにはエネルギーの出入りが生じると考えることができる。

❶ 発熱反応……化学変化が起こるときに，周囲にエネルギーを出す反応を発熱反応という。

下の写真は，酸素の中でろうそくや木炭が，熱や光を出しながら燃焼しているようすである。

↑ろうそく　　↑木 炭

ろうそくや木炭などの有機物の燃焼は，熱や光を出す化学変化なので，次のように表すことができる。

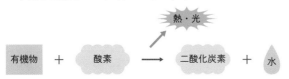

また，この化学変化は，化学エネルギーの大きさを考えると，下の図のように表すことができる。

第2編 物質

第1章 物質のすがた

第2章 化学変化と原子・分子

第3章 化学変化とイオン

参考　エネルギーの単位

エネルギーの単位には**ジュール**（記号 J）を用いる。ジュールは次のように定義されているが，いずれもエネルギーをもつことは仕事をする能力をもっていることを示している。

① 1 J とは，1 N の力がその方向に物体を 1 m 動かしたときの仕事である。
1 J＝1 N×1 m
② 1 J とは，1 C（クーロン）の電荷を電圧 1 V の区間動かすのに必要な仕事である。
1 J＝1 C×1 V
③ 1 J とは，1 W の仕事率で 1 秒間した仕事である。
1 J＝1 W×1 s

参考　音のエネルギー

音は振動が波となって伝わる現象で，物体を振動させることができるのでエネルギーの一種である。音の出し方を工夫することで，音で物体を浮かせたり，移動させたりすることができる

Episode ケミカルライトは，容器の中の2種類の物質を混ぜることで発光させている。化学変化が起こるときに光エネルギーを放出しているので，発熱反応を利用しているといえる。

　化学変化において，反応前の物質がもつエネルギーの総和よりも，反応後の物質がもつエネルギーの総和が小さくなるときに，発熱反応が起こる。これは，化学変化によって物質のもつエネルギーが小さくなるため，物質の内から外へエネルギーが放出されたといえる。物質が燃焼するときに発生する熱や光は，熱エネルギーや光エネルギーの放出である。

❷ 吸熱反応……化学変化が起こるときに，周囲からエネルギーを奪う反応を吸熱反応という。

　下の図は，水酸化バリウムと塩化アンモニウムを反応させるときのようすである。ビーカーに水酸化バリウムと塩化アンモニウムを入れて，温度をはかりながらガラス棒でかき混ぜる。反応が進むにつれてアンモニアのにおいがするとともに，温度が下がっていくことが確認できる。

　この化学変化は，周囲から熱を奪う化学変化なので，次のように表すことができる。

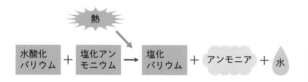

　また，この化学変化を化学エネルギーの大きさで考えると，下の図のように表すことができる。

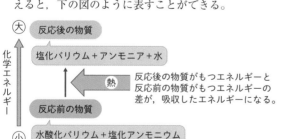

参考　反応物と生成物の関係

　化学変化において，反応前の物質を反応物といい，反応後にできた物質を生成物という。化学変化における関係は，次のようになる。

・発熱反応…反応物のエネルギーのほうが，生成物のエネルギーより大きくなる。
・吸熱反応…反応物のエネルギーのほうが，生成物のエネルギーより小さくなる。

参考　アンモニアの吸収

　水酸化バリウムと塩化アンモニウムを反応させるときに，ぬれたろ紙をかぶせるのは，発生したアンモニアを吸収させるためである。アンモニアは毒性がある気体だが，水に非常に溶けやすい性質があるため，ぬれたろ紙をかぶせることで安全に実験を行うことができる。

入試Info　化学反応式を見て，発熱反応か吸熱反応かを答えさせる問題が出題されている。代表的な化学変化が発熱反応か吸熱反応かを覚えておくとよい。

③ 化学エネルギーの利用

～身近な製品と化学エネルギー～

❶ 化学かいろ……化学かいろは，鉄の酸化反応を利用
したものである。このときに利用している酸化反応は，
激しい酸化反応ではなく，おだやかな酸化反応を利用
している。酸化反応の続く時間が長いほど，化学かい
ろとして利用できる時間も長くなる。激しい酸化反応
は光や熱を出しながら急激に進む発熱反応だが，おだ
やかな酸化反応はゆるやかに進む発熱反応である。

🔍 **実験・観察** 化学かいろをつくる

ねらい

鉄の酸化によって発生する熱を利用して，化学かいろをつくる。

方法

❶ 紙コップに，鉄粉 8 g，活性炭の粉末 4 g，バーミキュライト 2 g を入れてよく
混ぜる。

❷ 紙コップに，濃度が 5 ％程度の食塩水を少量入れる。

❸ 紙コップの中身を封筒に移し，封筒を軽く振って温度変化を調べる。

❗ かいろが熱くなることがあるので，やけどに注意する。

結果

・封筒を振ると，温度が上がる。

考察

・鉄粉が酸化する発熱反応によって，温度が上がったと考えられる。

・食塩水は，鉄の酸化を促進するために入れている。

・封筒の中の粉がさらさらしていて振りやすいのは，バーミキュライトが水をとり
こむ保水剤の役割をしているからである。

・活性炭は酸素を吸着して，かいろの酸素濃度を高くしている。

化学かいろではさまざまな鉄の酸化反応が起こって
いると考えられるが，主な反応は次のようになる。

$$4Fe \ + \ 3O_2 \ + \ 6H_2O \ \longrightarrow \ 4Fe(OH)_3$$

短文記述対策！

Q 吸熱反応とはどのような化学変化かを，反応物（反応前の物質）と生成物（反応後の物質）
のエネルギーの大きさに着目して簡単に説明しなさい。

A 反応物より生成物のエネルギーが大きくなる化学変化を吸熱反応という。

❷ 冷却パック……市販の瞬間冷却パックの主な成分は，尿素，硝酸アンモニウム，水である。冷却パックの中には，水が入っている袋があり，そのまわりに白色の尿素の粒と半透明の硝酸アンモニウムが入っている。尿素と硝酸アンモニウムは，水に溶けるときに多量の熱を吸収する。冷却パックは，この化学エネルギーの変化を利用したものである。

🔍 実験・観察　冷却パックをつくる

ねらい

尿素と硝酸アンモニウムが水に溶けるときに熱を吸収することを利用して，冷却パックをつくる。

方法

❶ チャックのついたポリ袋に，尿素と硝酸アンモニウムを同じ量入れる。

❷ チャックのついた小さめのポリ袋に，水を尿素や硝酸アンモニウムと同じ量だけ入れる。

❸ ❷の袋を❶の袋の中に入れて，チャックを閉める。

❹ ポリ袋をひっくり返したり軽くおしつぶしたりして，尿素や硝酸アンモニウムと水を混ぜて温度変化を調べる。

結果

• 尿素や硝酸アンモニウムと水が混ざると，温度が下がる。

考察

• 尿素や硝酸アンモニウムが水に溶けるときに熱を吸収するので，温度が下がったと考えられる。

　一般に，固体が水に溶けるときに熱を吸収することが多い。それは，固体の溶解度が温度の上昇とともに大きくなることでもわかる。固体が水に溶けるときには，固体をつくる粒子の間にはたらく互いに引き合う力をたち切って，ばらばらにしなければならない。そのためのエネルギーとして熱を吸収するのである。

zoomup　溶解度→ p.213

HighClass　化学反応式に，出入りする熱量を加えたものを熱化学方程式といい，両辺は＝で結ぶ。例えば，エタノールが燃焼するときの熱化学方程式は次のようになる。
$C_2H_5OH + 3O_2 = 2CO_2 + 3H_2O(液) + 1368\ kJ$

2 化学変化の利用 ★☆☆

1 化学変化の利用

～生命活動と化学変化～

人類の発展には火の利用が関係していて，火は人類が最初に利用した化学変化だと考えられる。また，生物が行う呼吸や植物が栄養分をつくり出す光合成も化学変化の1つである。このように，化学変化は生物が生きていくうえで欠かせないものである。

❶ **発熱反応の利用**……私たちが利用している化学変化は，吸熱反応よりも発熱反応が多い。これは，化学変化の際に発生するエネルギーを利用して，科学が発展してきたからである。特に，火の利用から始まった有機物の燃焼は，今でも私たちの生活に大きく関わっている。

下の表は，物質1gを燃焼させたときに発生するエネルギーを示したものである。表の値を比較すると，科学の発展とともに扱うエネルギーが大きくなっていることがわかる。

物質名	発生する熱量 (kJ/g)	物質名	発生する熱量 (kJ/g)
水　素	142	デンプン	17.5
炭素(黒鉛)	32.8	メタン	55.5
メタノール	23.3	プロパン	50.3
エタノール	29.7	灯　油	約46
ショ糖	16.5	木　炭	約8

※灯油や木炭は混合物であるため概数を示す。
⬆物質1gを燃焼させたときに発生するエネルギー

▶**化石燃料**……化石燃料も有機物であり，燃焼させることで熱や光といったエネルギーを放出する。私たちは，このエネルギーを利用して生活している。

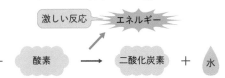

参考　水素エネルギー

水素は非常に大きなエネルギーを発生するため，ロケットの燃料などに利用されている。二酸化炭素を発生しないエネルギー源としても注目されている。水素が燃焼するときの化学反応式は，次のようになる。

$$2H_2 + O_2 \longrightarrow 2H_2O$$

⬆ロケットの打ち上げ

Words　化石燃料

石炭，石油，天然ガスなどがある。植物や水中のプランクトンなどの死がいが海や湖の底にたまり，長い年月をかけて変化したものである。植物は石炭になり，プランクトンなどは石油や天然ガスになる。

Episode 18世紀に起こった産業革命により，化石燃料の消費が急増した。化石燃料を燃焼すると発生する二酸化炭素は温室効果ガスといわれ，大気中の二酸化炭素濃度が高まったことが，地球温暖化の原因の1つとされている。

▶呼　吸…生物が有機物を分解して，生命活動を行うための生命エネルギーをとり出すことを**呼吸**という。呼吸と有機物の燃焼は，化学反応式で考えると同じであり，どちらも有機物と酸素が反応して二酸化炭素と水ができる。しかし，燃焼は激しい反応により急激にエネルギーを放出するのに対し，呼吸はさまざまな化学変化が連続して起こることでおだやかにエネルギーを放出している。

❷ **吸熱反応の利用**……吸熱反応は，化学変化が起こるとエネルギーが吸収される反応なので，発熱反応と吸熱反応は逆の反応といえる。

▶**光合成**…生物は有機物と酸素を体内にとり入れ，呼吸によって生命エネルギーをとり出している。この有機物と酸素は，植物の光合成によりつくられている。植物は，太陽からの光エネルギーと水や二酸化炭素を使った光合成によって，有機物（栄養分）と酸素をつくる。このように，光合成は光エネルギーを吸収する吸熱反応であり，次のように表すと呼吸とまったく逆の反応であることがわかる。

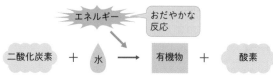

2 反応熱

〜化学変化におけるエネルギーの種類〜

化学変化が起こるときに出入りするエネルギーを熱量として捉えたものを**反応熱**という。反応熱は化学変化の種類によって分けられ，主に次のようなものがある。

❶ **燃焼熱**……ある物質が完全燃焼したときに発生する熱量を**燃焼熱**という。完全燃焼とは，有機物に含まれる炭素や水素がすべて二酸化炭素や水になることである。燃焼熱は，発熱反応によって生じる。

参考 内呼吸と外呼吸

・**内呼吸**…生物の組織や細胞は，有機物を分解して生きていくためのエネルギーを得る。これが本来の呼吸であり，内呼吸という。

・**外呼吸**…内呼吸に必要な酸素をとり入れるためのガス交換を外呼吸という。

参考 呼吸の化学反応式

一般に，呼吸の化学反応式は次のように表される。

$$C_6H_{12}O_6 + 6O_2 + 6H_2O$$
$$\longrightarrow 6CO_2 + 12H_2O$$

$C_6H_{12}O_6$ は有機物をグルコースの化学式を用いて表している。また，左辺の H_2O は連続する化学変化の途中で水が用いられることを表し，右辺の H_2O は化学変化の最後に水が生じることを表している。

参考 反応熱

反応熱は，着目する物質 1 mol あたりの熱量である。1 mol とは，原子や分子といった粒子が 6.02×10^{23} 個集まった状態のことで，化学反応式では係数で表される。

Episode 人工的に光合成を行う研究は，世界中の研究者が「人類の夢」として研究している。人工光合成が実現すれば，究極のクリーンエネルギーとして使えるだけでなく，食糧問題も解決できる可能性があるとされている。

❷ **中和熱**……酸とアルカリが中和して，水ができるときに発生する熱量を**中和熱**という。中和熱は，発熱反応によって生じる。

(z00mup) 中　和→p.308

❸ **生成熱**……化合物が，その成分である元素の単体から生成されるときの反応熱を**生成熱**という。生成熱は，発熱反応と吸熱反応のどちらによっても生じる。

❹ **溶解熱**……物質が多量の水に溶けるときの反応熱を**溶解熱**という。溶解熱は，発熱反応と吸熱反応のどちらによっても生じる。

3 化学変化とエネルギーの種類

～その他のエネルギーに変わる化学変化～

発熱反応や吸熱反応はエネルギーが熱の形で出入りする化学変化であるが，熱以外のエネルギーに変わる化学変化もある。

❶ **電気エネルギー**……電気エネルギーは，私たちの生活の中で最も利用されているエネルギーの１つである。電気エネルギーを生みだす装置を**電池**といい，その中でも，化学エネルギーを電気エネルギーに変換する電池を**化学電池**という。

化学電池は，酸化還元反応を利用して電気エネルギーを生み出している。マンガン乾電池やアルカリ乾電池のような使い切りのものは**一次電池**といわれ，鉛蓄電池やリチウムイオンバッテリーのような充電してくり返し使えるものは**二次電池**といわれる。

❷ **光エネルギー**……マグネシウムの燃焼では，熱とともに強い光が発生する。これは，エネルギーが熱と光の２種類のエネルギーに変わったといえる。

また，生物の体内で起こる化学変化でも，光を発することがある。光を発生する生物として，ホタル，クラゲ，イカ，魚などがある。

❸ **力学的エネルギー**……化石燃料などのもつ化学エネルギーを力学的エネルギーに変えるしくみを**熱機関**という。燃料を機関内部で燃焼させる**内燃機関**と，燃料を機関外部で燃焼させる**外燃機関**がある。内燃機関は自動車などに，外燃機関は火力発電所の蒸気タービンなどに利用されている。

参考 電気エネルギーの利用

私たちは，乾電池や発電所から送られてくる電気エネルギーをほかのさまざまなエネルギーに変換して生活している。例えば，ドライヤーなら熱エネルギーに，蛍光灯なら光エネルギーに変換している。

参考 化学電池と物理電池

化学電池のほかに，物理電池というものがある。物理電池とは，熱エネルギーや光エネルギーなどを電気エネルギーに変換する装置のことで，太陽電池などがある。

HighClass　状態変化が起こるときにも熱の出入りがあり，これも反応熱の１つと考えることができる。例えば，蒸発は吸熱反応であり，運動をしたときに汗が出るのは，汗が蒸発するときに体温を奪う吸熱反応により，体温調節をしているからである。

第2編

物質

第1章
物質のすがた

第2章
化学変化と原子・分子

第3章
化学変化とイオン

10 化学変化と質量

Point
- ❶ 化学変化の前後で，物質の質量がどのように変化するかを理解しよう。
- ❷ 化学変化における物質の質量の割合について理解しよう。
- ❸ 化合物をつくる成分の質量比について理解しよう。

1 化学変化と質量の関係 入試重要度 ★☆☆

1 化学変化と質量の関係

～化学変化が起こると質量は変化するか～

物質Aと物質Bで化学変化が起こり物質Cと物質Dができるとき，物質Cや物質Dの質量は物質Aとも物質Bとも異なる。しかし，密閉された容器（**閉じた系**）で化学変化が起こる場合，その容器全体の質量は化学変化の前後で変わらない。このことは，すべての化学変化にあてはまり，これを**質量保存の法則**という。

このように，化学変化と質量の関係を考えていくうえで，その化学変化が起こる場所が閉じた系であるかどうかが重要である。閉じた系での化学変化であれば化学変化の前後で質量保存の法則がなりたち，開いた系の化学変化では質量保存の法則がなりたたないこともある。

化学反応式で，左辺と右辺の原子の種類と数が同じになるように示したのは，質量保存の法則により化学変化の前後で物質全体の質量が変わらないためである。

①化学変化を起こさせない場合 ②化学変化を起こさせた場合

つりあっている ➡ 質量が等しい　つりあっている ➡ 質量が等しい

zoomup 化学変化→p.223

参考 閉じた系・開いた系

密閉された容器のように，物質の出入りがない空間のことを**閉じた系**という。反対に，物質の出入りがある空間のことを**開いた系**という。

zoomup 化学反応式→p.244

HighClass 閉じた系や開いた系のことを，閉鎖系や開放系ともいう。閉じた系は物質の出入りはないが，エネルギーの出入りは存在する。密閉された容器の中に入れた金属を外からのエネルギーで燃焼させるのも，閉じた系での化学変化である。

2 化学変化の種類と質量保存の法則

〜質量保存の法則を考える〜

化学変化によってできる化合物には，さまざまな種類がある。化学変化の前後で質量が変わっているように見える反応もあるが，一般に，すべての化学変化において質量保存の法則はなりたつ。

❶ 沈殿ができる化学変化と質量保存の法則……うすい硫酸とうすい塩化バリウム水溶液を混ぜ合わせると，硫酸バリウムの白い沈殿ができる。このとき，化学変化の前後で原子の組み合わせは変わるが，原子の種類と数は変わらないので，質量保存の法則がなりたつ。

zoomup 沈　殿→p.313

$$H_2SO_4 \ + \ BaCl_2 \ \longrightarrow \ 2HCl \ + \ BaSO_4$$

🔍 実験・観察　沈殿ができる化学変化と質量

ねらい

うすい硫酸とうすい塩化バリウム水溶液を反応させたとき，質量保存の法則がなりたつかを調べる。

方法

① 別々の容器に，うすい硫酸とうすい塩化バリウム水溶液を入れる。

② 全体の質量をはかる。

③ うすい硫酸とうすい塩化バリウム水溶液を混ぜ合わせる。

④ 反応後，全体の質量をはかる。

うすい硫酸　うすい塩化バリウム水溶液　混ぜ合わせる。　全体の質量をはかる。

❗ 水溶液が手や目につかないように注意し，ついた場合はすぐに水で洗い流す。

結果

	反応前の質量	反応後の質量
容器全体	117.2 g	117.2 g

考察

• 全体の質量は反応の前後で変わらないので，質量保存の法則がなりたつことがわかる。

Episode 硫酸バリウムは，食道，胃，腸などの検査に使う造影剤として利用されている。通常はX線写真にうつらない消化器官も，造影剤を利用することでX線写真による画像診断を行うことができるようになる。

❷ **気体が発生する化学変化と質量保存の法則**……石灰
石にうすい塩酸をかけると二酸化炭素が発生する。こ
のとき，石灰石が小さくなるので化学変化の前後で質
量は変化しているように見える。実際，密閉されてい
ない容器で反応させると，反応後の容器全体の質量は
小さくなる。

　しかし，これは反応により発生した二酸化炭素が外
に逃げたため質量が小さくなっただけであり，このよ
うに気体が発生する化学変化でも，閉じた系において
は質量保存の法則がなりたつ。

$$CaCO_3 + 2HCl \longrightarrow CaCl_2 + H_2O + CO_2$$

🔍 **実験・観察　気体の発生する化学変化と質量**

ねらい

密閉した容器内で石灰石とうすい塩酸を反応させたとき，質量保存の法則がなりた
つかを調べる。

方法

① 密閉できる容器の中に石灰石を入れる。
② 小さい容器にうすい塩酸を入れて，①の容器に入れる。
③ 蓋を閉めて密閉し，容器全体の質量をはかる。
④ 容器を傾けて，石灰石とうすい塩酸を反応させる。
⑤ 反応後，容器全体の質量をはかる。
⑥ 一度蓋を開けてから，容器全体の質量をはかる。

石灰石　うすい塩酸

結果

	反応前の質量	反応後の質量	蓋を開けたあとの質量
容器全体	92.5 g	92.5 g	92.2 g

考察

・密閉した容器全体の質量は反応の前後で変わらないので，質量保存の法則がなり
　たつことがわかる。
・蓋を開けると質量が小さくなるのは，発生した二酸化炭素が外に逃げたためだと
　考えられる。

HighClass　塩酸は石灰石や鉄などを溶かす塩化水素の水溶液である。この塩酸は私たちの胃液にも含ま
れていて，体内に入ってきた食物の殺菌を行っている。

❸ **金属の酸化と質量保存の法則**……空気中で鉄を燃焼
させると，鉄は酸化して酸化鉄となる。これを閉じた
系で考えると，酸化鉄はもとの鉄に比べて酸素が結び
ついた分だけ質量が大きくなるが，化学変化の前後で
全体の質量は変化しない。

🔍 実験・観察 | 鉄の酸化と質量

ねらい

密閉した容器内でスチールウールを燃焼させたとき，質量保存の法則がなりたつか
を調べる。

方法

❶ スチールウールの質量をはかる。
❷ スチールウールを銅線につなぎ，丸底フラスコに砂と酸素を入れて密閉する。
❸ 容器全体の質量をはかる。
❹ 電源装置と銅線をつないで電流を流し，スチールウールを燃焼させる。
❺ 燃焼後，容器が冷えてから容器全体の質量をはかる。
❻ 容器からとり出した，燃焼後のスチールウールの質量をはかる。

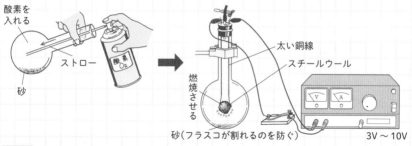

結果

	燃焼前の質量	燃焼後の質量
スチールウール	2.5 g	2.9 g
容器全体	227.4 g	227.4 g

考察

● 密閉した容器全体の質量は燃焼の前後で変わらないので，質量保存の法則がなり
たつことがわかる。
● スチールウールを燃焼すると酸化鉄になり，結びついた酸素の分だけ質量が大き
くなると考えられる。

HighClass　鉄を空気中で燃焼させると酸化鉄ができるが，酸化鉄(Ⅱ)，酸化鉄(Ⅲ)，酸化鉄(Ⅱ，Ⅲ)と
いった複数の酸化鉄ができる。そのため，銅やマグネシウムが燃焼するときの化学反応式の
ように，$2Fe + O_2 \longrightarrow 2FeO$ と単純に表すことはあまりない。

❹ **物理変化と質量保存の法則**……質量保存の法則は，
化学変化だけでなく物理変化でもなりたつ。つまり，
物質の状態が固体，液体，気体と変化する状態変化や，
物質の形や大きさが変わる変形，物質が液体に溶ける
溶解においても，その変化の前後で質量は変わらない。

Break Time

質量保存の法則の発見

　フランスの化学者であるアントワーヌ・ラボアジエ
（1743〜1794年）によって，質量保存の法則は発見され
た。その当時は，すべての物質が火・空気・水・土の4
種類の物質からできているとする四元素説が信じられてい
た。ガラス製の蒸留器で水を蒸留すると蒸留器の底に水に
溶けない土状の物質が残り，この物質は水からできた土だ
と考えらたため，「水から土ができる」といわれていた。
ラボアジエはペリカンという器具を使い，密閉された容器
内で蒸留水を101日間熱し続け，実験の前後で全体の質
量が変わらないことを確かめた。また，ペリカンの質量が
減っていること，ペリカンの底に残った物質の質量と水に
含まれる不純物の質量の合計がペリカンの減った質量と等
しいことを確かめ，蒸
留器の底に残る物質は水からできたものではないとした。

↑ペリカン

　また，「物質の燃焼はフロギストン（燃素）という物質の放出である」とするフ
ロギストン説についても，レトルトという器具を使い，密閉された容器内でスズ
を燃焼させてもその前後で全体の質量は変わらないことを確かめ，燃焼とは物質
と空気（酸素）が結びつくことであるとした。

　このように，ラボアジエによる精密な定量実験の結果，化学変化の前後で物質
の質量は変わらないということがわかった。

2　化学変化における質量の割合 ★★☆

　化学変化において，物質Aと物質Bが結びつくとき，
物質Aと物質Bの質量は一定の割合で結びつく。この割
合は物質の種類により異なる。どちらか一方の物質がこ
の割合よりも多く存在する場合，多いほうの物質の一部
は化学変化せずにそのまま残る。

Episode　ラボアジエは多くの功績を残したが，貴族出身であり市民から税を徴収する仕事もしていた
ため，フランス革命が起こったとき処刑されてしまった。当時から多くの人に惜しまれ，認められて
いたため，同じ頭脳をもつものが現れるには100年かかるともいわれた。

❶ **酸化における質量の割合**……金属を加熱して酸化させたときにできる酸化物は，反応した酸素の分だけもとの金属よりも質量が大きくなる。しかし，一定量の金属と結びつくことができる酸素には限りがあり，酸化させる金属の種類や質量によって結びつくことができる酸素の質量は変わる。金属がこれ以上酸素と結びつくことができない状態まで酸化したとき，この金属は完全に酸化されたといえる。金属が完全に酸化するとき，金属と結びつく酸素の割合は決まっていて，その割合は金属の種類によって変わる。

参考　金属粉の加熱

実験で金属の粉末を加熱すると，その質量はじょじょに大きくなるが，やがて加熱してもそれ以上質量が大きくならないようになる。このとき，金属は完全に酸化したと考えられる。

①銅の酸化と質量の割合…化学反応が起こるときの，それぞれの質量は，右の表のようになる。このとき，反応する銅と酸素の質量比はおよそ 4:1 になる。

銅の質量 a (g)	酸化銅の質量 b (g)	酸素の質量 c (g)	割合（比） a/c
0.40	0.49	0.09	4.44
0.60	0.75	0.15	4.00
0.80	1.00	0.20	4.00
1.00	1.25	0.25	4.00
1.20	1.50	0.30	4.00

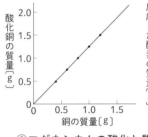
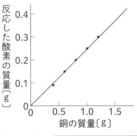

②マグネシウムの酸化と質量の割合…化学反応が起こるときのそれぞれの質量は，右の表のようになる。このとき，反応するマグネシウムと酸素の質量比はおよそ 3:2 になる。

マグネシウム の質量 a (g)	酸化マグネシウ ムの質量 b (g)	酸素の質量 c (g)	割合（比） a/c
0.40	0.64	0.24	1.67
0.60	0.97	0.37	1.62
0.80	1.33	0.53	1.51
1.00	1.65	0.65	1.54
1.20	2.00	0.80	1.50

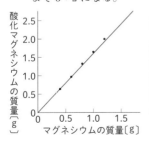
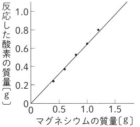

入試Info　金属を酸化させたときの金属と酸化物の質量を表すグラフから，それぞれの質量を読みとったり，反応した酸素の質量を求めたりする問題が出題されている。酸素の質量は，酸化物の質量と金属の質量の差で求めることができる。

実験・観察 銅の酸化と質量の割合

ねらい

銅が酸化するときの銅と酸素の質量の関係を調べる

方法

① ステンレス皿の質量をはかる。
② ステンレス皿に，0.4 g の銅粉をうすく広げるように入れる。
③ ステンレス皿を含めた全体の質量をはかる。
④ 銅をステンレス皿ごと強い火で5分間加熱する。
⑤ よく冷やしてから，全体の質量をはかる。
⑥ ④，⑤を全体の質量が一定になるまでくり返す。
⑦ 酸化前後の質量の差から，銅と結びついた酸素の質量を求める。
⑧ 銅粉の質量を 0.6 g，0.8 g，1.0 g と変えて，②～⑦をくり返す。

! 銅粉は，酸化していない，粒の細かいものを使う。

結果

銅の質量（g）	酸化銅の質量（g）	酸素の質量（g）
0.40	0.49	0.09
0.60	0.75	0.15
0.80	1.00	0.20
1.00	1.25	0.25

考察

・銅が酸化するとき，反応する銅と酸素の質量比はおよそ 4:1 になることがわかる。

❷ **化学変化における質量の割合**……金属の酸化に限らず，化学変化においてそれぞれの物質は決まった質量の割合で反応する。

例えば，水素 0.25 g を燃焼して酸素と反応させると，2.25 g の水ができる。水素と反応した酸素の質量は 2.25 g－0.25 g＝2.00 g となるので，水素1に対して酸素8の割合で反応していることがわかる。この

Q ステンレス皿の上で銅の加熱をくり返し行った。このとき，ある回数からステンレス皿の上にある物質の質量が増加しなくなった理由を答えなさい。
A 銅と酸素が完全に酸化して酸化銅となったため。

割合は水素の質量を変えても一定であり，水素と酸素が反応して水ができるとき，反応する水素と酸素の質量比はつねに1：8となる。

一般に，化学変化において，それぞれの成分は一定の割合で反応するので，その結果できる化合物の成分の質量の割合も一定となる。このことは，フランスの化学者ジョゼフ・プルースト(1754〜1826年)によって明らかにされ，**定比例の法則**ともいわれる。

❸ **原子量**……原子1個の質量はとても小さく，実際に取り扱うには不便なことがある。そこで，特定の原子の質量を基準とした比を用いて，相対的に原子の質量を表したものが**原子量**である。原子量はある基準に対する相対質量なので，単位はない。原子量は，^{12}C原子1個の質量を12とすることを基準としていて，^1H原子はおよそ1，^{16}O原子はおよそ16となる。

周期表などで示される各元素の原子量は，地球上に存在する同位体の割合などを考慮した値となっているので，炭素原子の原子量は12.01となる。

❹ **分子量**……分子を構成するすべての原子の原子量の総和を**分子量**という。分子量も，^{12}C原子1個の質量を12とすることを基準とした相対質量なので，単位はない。

例えば，水は水素原子2個と酸素原子1個からなる分子である。水素の原子量を1，酸素の原子量を16とすると，水の分子量は18となる。

❺ **化学変化における質量の割合と原子量**……化学変化における質量の割合は，原子量を用いると化学反応式からも求めることができる。

①**銅と酸素の反応**…銅と酸素が反応して酸化銅ができるとき，化学反応式は次のようになる。

$$2Cu + O_2 \longrightarrow 2CuO$$

これより，銅原子2個に対して，酸素分子が1個の割合で反応していることがわかる。銅の原子量を64，酸素の原子量を16とすると，$2Cu=128$，$O_2=32$となり，質量比は$2Cu：O_2=4：1$となることがわかる。

z00mup 原 子→p.229

Words 同位体

同じ元素でできているが，中性子の数が異なる物質のことを同位体という。中性子の数が異なれば質量数(→p.231)も異なるので，^{12}Cや^{13}Cのように表して区別することが多い。

第2編 物質

第1章 物質のすがた

第2章 化学変化と原子・分子

第3章 化学変化とイオン

Episode プルーストは，化学変化において反応する物質の質量の割合が一定であり，その結果できる化合物の成分の質量も一定であるとした。しかし，当時は化合物の成分の質量の割合は一定ではないとされていたため，8年間も論争が続いたとされている。

②**マグネシウムと酸素の反応**…マグネシウムと酸素が反応して酸化マグネシウムができるとき，化学反応式は次のようになる。

$$2Mg + O_2 \longrightarrow 2MgO$$

これより，マグネシウム原子2個に対して，酸素分子が1個の割合で反応していることがわかる。マグネシウムの原子量を24，酸素の原子量を16とすると，$2Mg=48$，$O_2=32$となり，質量比は$2Mg : O_2 = 3 : 2$となることがわかる。

❻**同じ元素と結びつく物質の質量の割合**……銅と酸素からできている化合物には，銅を燃焼して得られる酸化銅(II)とは別に，酸化銅(I)というものがある。酸化銅(II)の銅と酸素の質量比は4：1であり，酸化銅(I)の銅と酸素の質量比は8：1である。つまり，酸化銅(II)と酸化銅(I)において，一定量の酸素と結びつく銅の質量比は1：2となる。

このように，AとBの2種類の元素からできる異なる化合物があるとき，一定量のAと反応しているBの質量比は簡単な整数比となる。このことは，イギリスの科学者ドルトンによって提唱され，**倍数比例の法則**ともいわれる。

❼**気体の化学変化と体積**……水素10 cm³と酸素10 cm³を入れた容器に火花放電を起こし，水素と酸素を反応させて水をつくると，酸素が5 cm³残る。このことから，水素10 cm³と反応する酸素は5 cm³であることがわかる。また，この反応で生じた水を気体(水蒸気)にして体積をはかると10 cm³となる。つまり，水素と酸素が反応して水蒸気ができるときの体積比は，水素：酸素：水蒸気＝2：1：2となる。

水素　＋　酸素　→　水蒸気
　2　：　1　：　　2

このように，2種類以上の気体が反応して別の気体が生じる化学変化において，同じ温度で同じ圧力の場合，その体積比は簡単な整数比となる。このことは，フランスの科学者ゲーリュサックによって発表され，**気体反応の法則**ともいわれる。

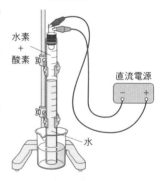

参考　**酸化銅の違い**
・**酸化銅(II)**…黒色の粉末で，化学式は **CuO** となる。空気中で銅を加熱して得られる酸化銅はこの酸化銅(II)である。
・**酸化銅(I)**…赤色の結晶性粉末で，化学式は **Cu₂O** となる。湿った空気中ではじょじょに酸化されて酸化銅(II)になる。

水素＋酸素

直流電源

水

Episode 日本化学会では化学用語の検討も行っており，定比例の法則は一定組成の法則に，倍数比例の法則は倍数組成の法則に，気体反応の法則は反応体積比の法則に，名称を変更することが提案されている。

☑ 重点Check

↪ p.222	1	物質そのものの本質は変わらない，物質の粒子の集まり方が変わる変化を何というか。	1 物理変化
↪ p.223	2	物質の粒子の組み合わせが変化し，別の物質になる変化を何というか。	2 化学変化
↪ p.223	3	化合物が，別の2種類以上の物質に分かれる化学変化を何というか。	3 分　解
↪ p.223	4	炭酸水素ナトリウムを熱分解すると，炭酸ナトリウムのほかに何ができるか。	4 二酸化炭素と水
↪ p.225	5	炭酸アンモニウムを熱分解すると，二酸化炭素のほかに何ができるか。	5 アンモニアと水
↪ p.226	6	酸化銀を熱分解すると，何ができるか。	6 銀と酸素
↪ p.227	7	水の電気分解で，陽極側に発生する気体は何か。	7 酸　素
↪ p.227	8	水の電気分解で，陰極側に発生する気体は何か。	8 水　素
↪ p.228	9	塩化銅水溶液の電気分解で，銅はどちらの電極に付着するか。	9 陰　極
↪ p.229	10	ドルトンが名づけた物質の最小単位を何というか。	10 原　子
↪ p.230	11	原子の種類を表す記号を何というか。	11 元素記号
↪ p.231	12	アボガドロが提唱した，物質の性質を備えた最小の単位を何というか。	12 分　子
↪ p.234	13	元素記号を使って物質を表したものを何というか。	13 化学式
↪ p.234	14	水の分子を化学式で表すとどうなるか。	14 H_2O
↪ p.234	15	二酸化炭素の分子を化学式で表すとどうなるか。	15 CO_2
↪ p.235	16	1種類の原子からできている純物質を何というか。	16 単　体
↪ p.238	17	2種類以上の物質が結びついてできる物質を何というか。	17 化合物
↪ p.238	18	物質が硫黄と結びついてできる化合物を何というか。	18 硫化物
↪ p.244	19	化学式を使って，物質の化学変化を表した式を何というか。	19 化学反応式
↪ p.248	20	激しい熱や光を出しながら燃えて，酸素と結びつく化学変化を何というか。	20 燃　焼
↪ p.250	21	有機物を燃焼させると，何が発生するか。	21 二酸化炭素と水
↪ p.252	22	物質が酸素と結びついてできる化合物を何というか。	22 酸化物
↪ p.256	23	酸化物から酸素がとれる化学変化を何というか。	23 還　元
↪ p.263	24	周囲にエネルギーを出す化学変化を何というか。	24 発熱反応
↪ p.264	25	周囲からエネルギーを奪う化学変化を何というか。	25 吸熱反応
↪ p.270	26	閉じた系では，化学変化の前後で全体の質量が変化しないという法則を何というか。	26 質量保存の法則

●うすい塩酸 40.0 g に，炭酸水素ナトリウムを加えて，発生した二酸化炭素を空気中に逃がしてから，ビーカー内の質量をはかった。加えた炭酸水素ナトリウムの質量とビーカー内の質量の関係は下の表のようになった。また，表をもとに，加えた炭酸水素ナトリウムの質量と発生した二酸化炭素の質量の関係をグラフにまとめた。あとの問いに答えなさい。　【和歌山－改】

加えた炭酸水素ナトリウムの質量〔g〕	0	1.0	2.0	3.0	4.0	5.0	6.0
ビーカー内の質量〔g〕	40.0	40.5	41.0	41.5	42.0	42.5	43.5

この実験について考察した文として正しいものを，次のア～エから 2 つ選び，記号で答えなさい。

ア 加える炭酸水素ナトリウム 6.0 g をすべて反応させるためには，同じ濃度のうすい塩酸が 48.0 g 必要である。

イ 炭酸水素ナトリウムを 5.0 g 以上加えたときに，初めてビーカー内の水溶液に塩化ナトリウムが生じる。

ウ 発生した二酸化炭素の質量は，加えた炭酸水素ナトリウムの質量につねに比例する。

エ グラフで，発生した二酸化炭素の質量が変わらなくなったとき，ビーカー内の塩酸はすべて反応している。

▶Key Point

うすい塩酸と炭酸水素ナトリウムを反応させると，塩化ナトリウムと水と二酸化炭素が生じる。

▶Solution

ア グラフより，うすい塩酸 40.0 g と炭酸水素ナトリウム 5.0 g が過不足なく反応していることがわかる。炭酸水素ナトリウム 6.0 g をすべて反応させるのに必要なうすい塩酸の質量は，$40.0 \, g \times \dfrac{6.0 \, g}{5.0 \, g} = 48.0 \, g$ となる。

イ 加える炭酸水素ナトリウムの質量に関係なく，塩化ナトリウムは生じる。

ウ グラフより，比例しているのは 5.0 g までである。

エ 炭酸水素ナトリウムはすべて反応していないが，うすい塩酸はすべて反応している。

Answer

ア，エ

難関入試対策 作図・記述問題 第2章

Level 2

第2編 物質

第1章 物質のすがた

第2章 化学変化と原子・分子

第3章 化学変化とイオン

●試験管に入れた酸化銀を十分に加熱すると，気体Xが発生し，試験管には物質Y が残った。その後，試験管が十分に冷めてから試験管に残った物質Yをすべてとり出し，質量をはかった。下の表は，試験管に入れる酸化銀の質量と，試験管に残る物質Yの質量の関係をまとめたものである。あとの問いに答えなさい。

【京都教育大附高】

酸化銀の質量〔g〕	1.00	2.00	3.00	4.00
物質Yの質量〔g〕	0.93	1.86	2.79	3.72

(1) 実験で起こった化学変化を，化学反応式で表しなさい。

(2) 表をもとに，酸化銀から生じた気体Xと物質Yの質量の関係を表すグラフを描きなさい。

(3) 同様の実験を行った結果，試験管に物質Yが 2.50 g 残った。このことから，初めに試験管に入れた酸化銀は何gであったと考えられるか。ただし，答えは小数第3位を四捨五入し，小数第2位まで求めなさい。

▶ **Key Point**

　酸化銀を加熱すると，銀と酸素に分解される。また，質量保存の法則により，酸化銀の質量と，発生した酸素と残った銀の質量の合計は等しくなる。

▶ **Solution**

(1) 酸化銀，銀，酸素を化学式で表すと，それぞれ，Ag_2O，Ag，O_2 となる。

(2) 酸化銀の質量＝気体Xの質量＋物質Yの質量　を使って，表から関係を読みとる。

(3) 表より，酸化銀 1.00 g で物質Yが 0.93 g 残るので，物質Yが 2.50 g 残るのに必要

　な酸化銀の質量は，$1.00\ g \times \dfrac{2.50\ g}{0.93\ g} = 2.688\ g\cdots\ \rightarrow 2.69\ g$ となる。

Answer

(1) $2Ag_2O \longrightarrow 4Ag + O_2$　(2) 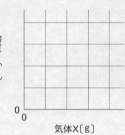　(3) **2.69 g**

ここからスタート！ 第2編 物 質

第3章 化学変化とイオン 1年 2年 3年

START! 私たちのからだには，生きていくうえで大切なはたらきをしているイオンが含まれています。また，このイオンのはたらきを利用することで，化学エネルギーを電気エネルギーに変換してとり出す電池が発明され，さまざまな場面で使用されています。

アレッサンドロ・ボルタ
（1745〜1827年）

イタリア北部に生まれる。

電気について研究し，30歳頃には物理学の教授となった。

ある日，ガルバーニの「動物電気」に興味をもつ。

カエルのあしに電気が流れるとはどういうことだ？

その後，実験をくり返し

重要なのはカエルではなく，2種類の金属のほうにありそうだな。

電気はカエルの中にあるんだ！

生物を使わなくても電流は流れるはずだ。

ボルタはこの論争に自ら決着をつける。

食塩水に鉛と銀を入れると電流が流れることがわかったぞ！

これを改良して，もっと安定した装置をつくるぞ。

こうしてできたのが，ボルタの電堆である。

ボルタの電堆を使えば，電気を必要とする研究が進められるぞ！

こうして，さまざまな発見がされた。

☑ Learning Contents

水の電気分解もボルタの電堆を使って行われたそうだよ。

でも，ボルタの電池はすぐに劣化するって教えてもらったことがあるよ。

そのとおり。それをいろいろな人が改良して，いまの電池ができたんだ。

いまの電池といえば乾電池があるね。

乾電池を発明したのは日本人なんだよ。

そうだね。屋井先蔵という人が開発したんだ。乾電池王といわれていたらしいよ。

乾電池以外にもリチウム電池，鉛蓄電池などもあるね。

鉛蓄電池は充電してくり返し使える電池だよ。

僕の携帯電話の電池もくり返し使える電池だよ。

最初の携帯電話は肩からかけるほど大きくて重かったんだ。

そんなに大きかったんだ。技術の進歩はすごいね。

僕もしっかり勉強してすごい発明をするぞ！

期待しているよ！

11 ▶ 水溶液とイオン

1 水溶液と電流 入試重要度 ★☆☆

1 電流を流す水溶液

〜水溶液と電流の流れやすさ〜

純粋な水に電流を流そうとしても，電流は流れない。水の電気分解のときは，水に少量の水酸化ナトリウムなどを溶かし，電流が流れるようにして実験を行った。このように，物質を水に溶かすと電流を流す水溶液となることがある。しかし，すべての水溶液が電流を流すわけではない。砂糖水などは，電流を流さない水溶液である。

❶ **電解質**……水に溶かしたときに電流が流れる物質を，電解質という。水酸化ナトリウム，塩化ナトリウム，塩化水素などがある。

❷ **非電解質**……水に溶かしても電流が流れない物質を，非電解質という。砂糖，エタノールなどがある。

> **参考 電解質の状態と電流**
> 電解質が水に溶けている水溶液の状態では電流を流すが，水に溶けていない固体の状態では電流を流さない。

2 電解質による電流の流れやすさ

〜電解質の種類や濃度と電流の流れやすさ〜

電解質を水に溶かすと電流が流れるが，電解質の種類によって電流の流れやすさが変わる。

❶ **強電解質**……水溶液に電流を流したとき，電流がよく流れる電解質を**強電解質**という。塩酸，硫酸，硝酸，水酸化ナトリウム，水酸化カルシウム，水酸化バリウム，塩化ナトリウムなどがある。

❷ **弱電解質**……水溶液に電流を流したとき，電流が少ししか流れない電解質を**弱電解質**という。酢酸，硫化水素，アンモニア，水酸化アルミニウムなどがある。

> **参考 水溶液の濃度と電流**
> 硫酸や酢酸などは，水溶液の濃度が高すぎると電流が流れにくくなる。

Episode 純粋な水は電流を流さないが，水道水などは不純物を含んでいるため電流を流す。そのため，電気製品にはぬれた手でさわらないように注意書きがしてある。

実験・観察 電流を流す水溶液

ねらい

さまざまな物質とその水溶液を使って，電流が流れるかを調べる。

方法

❶ 砂糖，塩化ナトリウム，塩化銅，硫酸，塩酸，エタノールをそれぞれ水に溶かす。

❷ 下の図のような装置で，精製水や❶でつくった水溶液に電流が流れるかを調べる。

❸ 電流を流したときの，電極のようすを観察する。

❹ ❷と同じようにして，水に溶けていない固体の状態の砂糖，塩化ナトリウム，塩化銅に電流が流れるかを調べる。

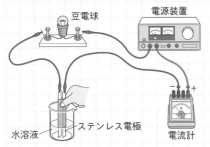

豆電球　電源装置

水溶液　ステンレス電極　電流計

精製水

精製水で
電極を洗う

ステンレス電極　水溶液

❗ 調べる水溶液を変えるときは，電極を精製水で洗って，水溶液が混ざらないようにする。

❗ 水溶液が皮膚につかないようにし，ついた場合はすぐに水で洗い流す。

❗ 電流が流れるかを調べるときだけ，電極を水溶液の中に入れるようにする。

❗ ぬれた手で装置にさわらないようにする。

結果

- 塩化ナトリウム水溶液，塩化銅水溶液，うすい硫酸，うすい塩酸は電流を流す。精製水，砂糖水，エタノール水溶液には電流が流れない。
- 水溶液に電流が流れるとき，電極付近で気体が発生する。
- 塩化銅水溶液に電流を流すと，一方の電極付近から気体が発生し，もう一方の電極の表面の色が変わる。
- 砂糖，塩化ナトリウム，塩化銅の固体には，電流が流れない。

考察

- 水に溶かしたときに電流が流れる物質と，電流が流れない物質がある。
- 電極付近のようすから，電流が流れるときに化学変化が起こっていると考えられる。
- 水に溶かしたときに電流が流れる物質であっても，水に溶けていない状態だと電流は流れない。

HighClass

電解質であっても，水に溶けていない状態だと電流は流れない。つまり，電解質の水溶液は電流を流すが，その溶媒や溶質だけでは電流を流さないといえる。

285

③ 水溶液を流れる電流

～金属を流れる電流との違い～

電解質の水溶液に電流が流れるときの特徴は，次のようになる。

①電解質自体は電流を流さない。

②電解質の水溶液は電流を流す。

③純粋な水は電流を流さない。

このことから，水溶液に流れる電流は，金属中を流れる電流とは異なるものであると考えられる。

❶ 金属と電流……金属中の電子の動きにより，電流が流れる。電流を流しても金属に化学変化は起こらない。

❷ 塩化銅水溶液と電流……塩化銅水溶液に電流を流すと，電極付近で気体が発生したり，電極の表面の色が変わったりして，化学変化が起こる。このとき，陽極では塩素が発生し，陰極の表面には銅が付着する。この化学変化を化学反応式で表すと，次のようになる。

$$CuCl_2 \longrightarrow Cu + Cl_2$$

> **参考** 自由電子
>
> 金属中を自由に動くことができる電子を自由電子（→ p.93）という。金属は自由電子が存在するため，電流が流れる。

🔍 実験・観察 水溶液を流れる電流

ねらい

塩化銅水溶液に電流を流したときに起こる化学変化を調べる。

方法

❶ 約5％の塩化銅水溶液をつくり，右の図のようにして電流を流す。

❷ 陽極で発生する気体のにおいを調べる。

❸ 陰極に付着した物質をろ紙にとり，薬品さじでこする。

⚠ 気体のにおいを調べるときは，手であおぐようにしてかぐ。

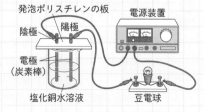

発泡ポリスチレンの板　陰極　陽極　電源装置　電極（炭素棒）　塩化銅水溶液　豆電球

結果

・陽極で発生した気体には，刺激臭がある。

・陰極には赤色の物質が付着し，こすると金属光沢がある。

考察

・陽極で発生した気体は，刺激臭があるので塩素であると考えられる。

・陰極に付着した赤色の物質は，こすると金属光沢が見られるので銅であると考えられる。

HighClass 水溶液に電流が流れるかを調べるとき，電流の大きさが小さいと豆電球では点灯しないが発光ダイオードだと点灯する場合がある。このことから，発光ダイオードは豆電球よりも小さい消費電力で点灯することがわかる。

❸ 塩酸と電流……塩酸は塩化水素の水溶液である。う
すい塩酸に電流を流すと、電極付近から気体が発生す
る。陽極から発生する気体には刺激臭があり、陰極か
ら発生する気体にマッチの火を近づけると音を出して
燃える。このとき、陽極では塩素が発生し、陰極では
水素が発生する。この化学変化を化学反応式で表すと、
次のようになる。

$$2HCl \longrightarrow H_2 + Cl_2$$

❷ 原子とイオン ★★☆

電解質の水溶液に電流が流れるしくみを、原子の構造
から考える。

❶ 原子の構造

~原子を構造する粒子~

原子は、大きさが 10^{-8} cm ほどの微小な粒子であり、
その中心には大きさが 10^{-13} cm ほどの**原子核**がある。
原子核は、＋の電気を帯びた**陽子**と電気的に中性の**中性子**が集まってきている。この原子核のまわりに、－の
電気を帯びた**電子**がある。

❶ **原子の電気的特性**……陽子1個がもつ電気の量と、
電子1個がもつ電気の量は等しい。1個の原子がもつ
陽子と電子の数は等しいので、＋の電気と－の電気は
打ち消し合い、原子全体では電気を帯びていない。つ
まり、原子は電気的に中性であるといえる。

❷ **原子の質量**……陽子と中性子の質量はほぼ等しく、
電子の質量は陽子の質量の 1840 分の 1 ほどしかない
ので、原子の質量のほとんどは原子核の質量といえる。

❸ **原子番号**……原子のもつ陽子の数を**原子番号**という。
原子の種類は原子核にある陽子の数で決まり、これを
原子番号順に並べたものを周期表という。

❹ **質量数**……陽子と中性子の数の和を**質量数**といい、
原子の質量を比較できるようになっている。

❺ **同位体**……同じ元素だが、中性子の数が異なる原子
を同位体という。同じ元素であれば、中性子の数が異
なっていても化学的な性質はほとんど等しい。

参考 原子の構造

① 水素原子
原子核　陽子
電子

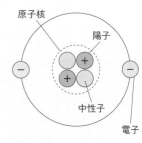

② ヘリウム原子
原子核　陽子
中性子
電子

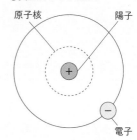

参考 同位体の構造

① 質量数1の水素原子
原子核　陽子
電子

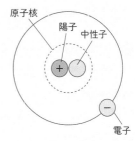

② 質量数2の水素原子
原子核　陽子　中性子
電子

Episode　原子は非常に小さく、原子1つ1つの存在をからだで感じることは難しい。大きさの比較
として、かりに原子がゴルフボールくらいの大きさだとすると、ゴルフボールは地球くらい
の大きさになる。

287

2 原子とイオン

〜電気を帯びた原子〜

原子は電気的に中性であるが，電子を失ったり，受けとったりすることで＋やーの電気を帯びる。このように，電気を帯びた原子を**イオン**という。

❶ **陽イオン**……原子が電子を失い，＋の電気を帯びたイオンを陽イオンという。

例えば，銅原子はイオンになるとき，電子2個を失い，＋電気を帯びた2価の陽イオンになる。

❷ **陰イオン**……原子が電子を受けとり，ーの電気を帯びたイオンを陰イオンという。

例えば，塩素原子はイオンになるとき，電子1個を受けとり，ーの電気を帯びた1価の陰イオンになる。

❸ **イオンを表す化学式**……イオンは化学式で表すことができる。陽イオンを表すときは元素記号の右上に＋をつけ，陰イオンを表すときはーをつける。銅イオンのようにやりとりした電子の数が2個以上のときは，その数を＋やーの前に書く。また，電子は e^- で表すことが多い。

| 参考 | 陽イオンと陰イオン |

陽イオンのことを正イオンや＋イオン，陰イオンのことを負イオンやーイオンということがある。

| 参考 | 電子の表し方 |

電子は e^- と表すことが多い。これは，electron の頭文字に由来している。

| 参考 | イオン式 |

イオンを表す化学式をイオン式ということがある。

$$Cu \rightarrow Cu^{2+} + 2e^-$$

銅原子
電子を失う
銅イオン（陽イオン）

$$Cl + e^- \rightarrow Cl^-$$

塩素原子
電子を受けとる
塩化物イオン（陰イオン）

3 電子配置とイオンのでき方

〜イオンができるときの電子の動き方〜

❶ **電子配置**……原子は，原子核のまわりに電子をもつ。電子は**電子殻**という複数の層に分かれて配置され，原子番号が進んで電子の数がふえると，内側の層から順番に配置される。これを**電子配置**という。

| 参考 | いろいろなイオン |

イオンの種類	化学式
水素イオン	H^+
ナトリウムイオン	Na^+
マグネシウムイオン	Mg^{2+}
亜鉛イオン	Zn^{2+}
カルシウムイオン	Ca^{2+}
炭酸イオン	CO_3^{2-}
硫酸イオン	SO_4^{2-}
硝酸イオン	NO_3^-
水酸化物イオン	OH^-

Episode イギリスの科学者であるファラデーは，電磁誘導（→p.105）の発見などで功績を残したことで有名である。また，電解質，イオン，陽イオン，陰イオンなどの用語もファラデーによってつくられた。

周期＼族	1	2	13	14	15	16	17	18
1	(1+) 水素 ₁H							(2+) ヘリウム ₂He
2	(3+) リチウム ₃Li	(4+) ベリリウム ₄Be	(5+) ホウ素 ₅B	(6+) 炭素 ₆C	(7+) 窒素 ₇N	(8+) 酸素 ₈O	(9+) フッ素 ₉F	(10+) ネオン ₁₀Ne
3	(11+) ナトリウム ₁₁Na	(12+) マグネシウム ₁₂Mg	(13+) アルミニウム ₁₃Al	(14+) ケイ素 ₁₄Si	(15+) リン ₁₅P	(16+) 硫黄 ₁₆S	(17+) 塩素 ₁₇Cl	(18+) アルゴン ₁₈Ar

↑ 電子配置

❷ **イオンのでき方**……原子がイオンになるとき，出入りする電子の数が原子によって異なる。これは，原子の電子配置が影響している。18 族の元素は貴ガスといい，非常に安定した電子配置をしている。貴ガス以外の原子は，貴ガスと同じ安定した電子配置になろうとする性質があり，このときにイオンができる。

▶ **陽イオンのでき方**…ナトリウム原子 Na は，最も外側の電子殻の電子を 1 個失うと 18 族のネオン原子 Ne と同じ電子配置となり安定するので，1 価の陽イオン Na^+ になりやすい。

▶ **陰イオンのでき方**…塩素原子 Cl は，最も外側の電子殻に電子を 1 個受けとると 18 族のアルゴン原子 Ar と同じ電子配置になり安定するので，1 価の陰イオン Cl^- になりやすい。

❸ **原子の数とイオン**……1 個の原子からなるイオンを**単原子イオン**といい，2 個以上の原子からなるイオンを**多原子イオン**という。

▶ **単原子イオン**…ナトリウムイオン，マグネシウムイオン，銅イオンなどがある。

▶ **多原子イオン**…水酸化物イオン，硝酸イオン，硫酸イオンなどがある。

参考 価 数

原子がイオンになるときに，失ったり受けとったりした電子の数を価数という。電子を 1 個失うと 1 価の陽イオンとなり，電子を 1 個受けとると 1 価の陰イオンとなる。

参考 貴ガスの性質

貴ガスは安定した状態のため，ほかの物質と反応しにくい性質がある。

第 2 編 物 質

第 1 章 物質のすがた

第 2 章 原子・分子

第 3 章 化学変化とイオン

HighClass 最も外側の電子殻に入っている電子を，最外殻電子という。最外殻電子は，原子がイオンになったり，ほかの原子と結びついたりするときに重要な役割を果たす。最外殻電子の数が同じ元素は，似た性質をもっている。

4 電解質とイオン

～電気の力で結びつく物質～

塩化銅や塩化ナトリウムは，陽イオンと陰イオンが電気的な力で引き合い，結びついている。これを**イオン結合**といい，イオン結合でできる化合物を**イオン結晶**という。電解質の多くはイオン結晶であり，電解質が水に溶けてイオンになることで電流が流れる。

参考 水に溶けにくい電解質
一般に，イオン結晶は水に溶けやすいが，塩化銀や炭酸カルシウムのように水に溶けにくい電解質もある。

❶ **塩化銅とイオン結合**……塩化銅は，銅原子と塩素原子の間で電子のやりとりをしてイオンになり，イオン結合によってできたイオン結晶である。

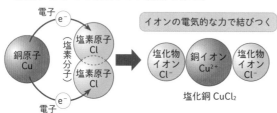

これを化学式で表すと，次のようになる。

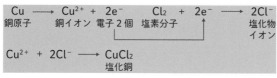

参考 イオン結晶の化合物と用途

・**塩化銅**…花火の発色剤に使われる。有毒である。
・**塩化ナトリウム**…食塩の主成分である。
・**炭酸水素ナトリウム**…重曹ともいわれ，ベーキングパウダーとして使われる。
・**水酸化ナトリウム**…化学薬品の製造に使われる。
・**水酸化カルシウム**…消石灰ともいわれ，水に溶かすと石灰水になる。

❷ **塩化ナトリウムとイオン結合**……塩化ナトリウムは，ナトリウム原子と塩素原子の間で電子のやりとりをしてイオンになり，イオン結合によってできたイオン結晶である。

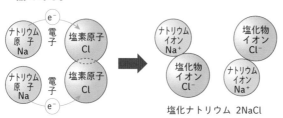

これを化学式で表すと，次のようになる。

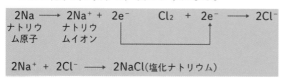

HighClass 電子や陽子がもつ電気量の絶対値を電気素量という。電気素量は電気量の最小単位であり，1.602×10^{-19} C（クーロン）である。一般に記号 e で表すことが多い。

❸ **組成式とイオン結合**……塩化銅や塩化ナトリウムのように，イオン結合によってできたイオン結晶を化学式で表すときは，イオンの種類とその割合を簡単な整数の比にした**組成式**を用いる。

▶**塩化銅**…多数の銅イオン（Cu^{2+}）と塩化物イオン（Cl^-）が 1：2 の割合で結合しているので，組成式は $CuCl_2$ となる。

▶**塩化ナトリウム**…多数のナトリウムイオン（Na^+）と塩化物イオン（Cl^-）が 1：1 の割合で結合しているので，組成式は $NaCl$ となる。

zoomup 組成式→ p.234

参考 イオン結晶以外の組成式

炭素 C，鉄 Fe，銅 Cu などの単体を表すときにも組成式が用いられる。

 Break Time
スポーツドリンクでイオン補給

汗をかくと，水分といっしょにナトリウムイオンや塩化物イオンも体外に出る。スポーツドリンクは水分といっしょにこれらのイオンも補給できるが，芝をいためるため，サッカー場の芝の上には水だけが置かれている。

5 電解質と電流

～水溶液中でイオンになる物質～

イオン結晶でできた電解質の水溶液に電流が流れるのは，電解質の結晶をつくっていたイオンが水の中でばらばらになって広がるからである。また，イオン結晶ではない電解質は，電解質の分子が水に溶けるとイオンに分離していくので，水溶液に電流が流れる。

❶ **電　離**……物質を水に溶かしたときに，陽イオンと陰イオンに分かれることを**電離**という。

例えば，塩化銅や塩化ナトリウムの電離は，次のように化学式で表すことができる。

$$CuCl_2 \longrightarrow Cu^{2+} + 2Cl^-$$
$$NaCl \longrightarrow Na^+ + Cl^-$$

❷ **電離のしやすさ**……電解質には，水に溶かしたときによく電流が流れる**強電解質**と，あまり電流が流れない**弱電解質**がある。これを電離のしやすさから捉えると，強電解質は電離しやすい物質で，弱電解質はあまり電離しない物質であるといえる。

参考 代表的な電解質の電離を表す化学式

$CuSO_4 \rightarrow Cu^{2+} + SO_4^{2-}$
硫酸銅　銅イオン　硫酸イオン

$H_2SO_4 \rightarrow 2H^+ + SO_4^{2-}$
硫酸　水素イオン　硫酸イオン

$HCl \rightarrow H^+ + Cl^-$
塩酸　水素イオン　塩化物イオン

$CH_3COOH \rightarrow H^+ + CH_3COO^-$
酢酸　　　　水素　　酢酸
　　　　　　イオン　イオン

$NaOH \rightarrow Na^+ + OH^-$
水酸化　　ナトリウム　水酸化物
ナトリウム　イオン　　　イオン

$NH_3 + H_2O \rightarrow NH_4^+ + OH^-$
　　　　　　　　アンモニウ　水酸化物
アンモニア水　ムイオン　　イオン

 入試Info

電解質が電離するようすを化学式で書かせる問題が出題されている。代表的な電解質の電離はしっかりと書けるようにし，それぞれのイオンの価数も覚えておくとよい。

❸ **電流が流れるしくみ**……電解質が電離してイオンに
なっている水溶液に電圧を加えると，陽極では電子を
わたす反応が起こり，陰極では電子を受けとる反応が
起こる。このとき，水溶液中を電子が移動するわけで
はないが，陽極と陰極での電子の出入りの量が等しい
ので，水溶液中を電子が移動したのと同じことになる。
電流を流し続けると水溶液中のイオンの量が少なくな
り，イオンがなくなれば電流は流れなくなる。

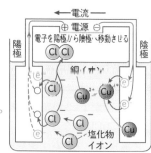

📖 **例 題**　**電離を表す化学式**

　次の電解質が電離するときのようすを，化学式で表しなさい。
(1) 塩化銅
(2) 水酸化ナトリウム
(3) 硫酸

Solution ▷ (1) 塩化銅は $CuCl_2$ で表す。
　　　　　(2) 水酸化ナトリウムは $NaOH$ で表す。
　　　　　(3) 硫酸は H_2SO_4 で表す。

Answer ▷ (1) $CuCl_2 \longrightarrow Cu^{2+} + 2Cl^-$
　　　　　(2) $NaOH \longrightarrow Na^+ + OH^-$
　　　　　(3) $H_2SO_4 \longrightarrow 2H^+ + SO_4^{2-}$

③ 電流とイオン ★★★

１ 金属とイオン

　～金属の種類とイオンへのなりやすさ～

❶ **イオンへのなりやすさと化学変化**……亜鉛やマグネ
シウムなどの金属にうすい硫酸や塩酸を加えると水素
が発生する。このとき，亜鉛やマグネシウムはそれぞ
れ亜鉛イオンやマグネシウムイオンになる。

　このように，金属は陽イオンになりやすいが，金属
の種類によってイオンへのなりやすさに違いがある。

①**硫酸銅水溶液と鉄の反応**…硫酸銅水溶液の中に鉄く
　ぎを入れると，鉄くぎの表面に赤褐色の物質が付着
　するのがわかる。この赤褐色の物質は銅で，電離の
　ようすを化学式で表すと次のようになる。

Episode　私たちのからだに含まれる水分には，電解質（イオン）が含まれている。主なイオンに，ナト
リウムイオン，マグネシウムイオン，カルシウムイオンなどがあり，これらは五大栄養素の
１つであるミネラルに分類される。

まず，硫酸銅水溶液は銅イオンと硫酸イオンに電離する。

$$CuSO_4 \longrightarrow Cu^{2+} + SO_4^{2-}$$

この中に鉄くぎを入れると，鉄が電子を失って鉄イオンになる。

$$Fe \longrightarrow Fe^{2+} + 2e^-$$

銅イオンはこの電子を受けとり，銅になる。

$$Cu^{2+} + 2e^- \longrightarrow Cu$$

このことから，鉄は銅よりもイオンになりやすいといえ，次のように表すことができる。

$$Fe + Cu^{2+} \longrightarrow Fe^{2+} + Cu$$

↑銅　樹

②硝酸銀水溶液と銅の反応…硝酸銀水溶液の中に銅線を入れると，銅線の表面に白色の物質が付着するのがわかる。この白色の物質は銀で，電離のようすを化学式で表すと次のようになる。

まず，硝酸銀水溶液は銀イオンと硝酸イオンに電離する。

$$AgNO_3 \longrightarrow Ag^+ + NO^{3-}$$

この中に銅線を入れると，銅が電子を失って銅イオンになる。

$$Cu \longrightarrow Cu^{2+} + 2e^-$$

銀イオンはこの電子を受けとり，銀になる。

$$2Ag^+ + 2e^- \longrightarrow 2Ag$$

このことから，銅は銀よりもイオンになりやすいといえ，次のように表すことができる。

$$Cu + 2Ag^+ \longrightarrow Cu^{2+} + 2Ag$$

↑銀　樹

③酢酸鉛水溶液と亜鉛の反応…酢酸鉛水溶液の中に亜鉛を入れると，亜鉛の表面に灰色の物質が付着するのがわかる。この灰色の物質は鉛で，電離のようすを化学式で表すと次のようになる。

まず，酢酸鉛水溶液は鉛イオンと酢酸イオンに電離する。

$$Pb(CH_3COO)_2 \longrightarrow Pb^{2+} + 2CH_3COO^-$$

この中に亜鉛を入れると，亜鉛が電子を失って亜鉛イオンになる。

$$Zn \longrightarrow Zn^{2+} + 2e^-$$

↑鉛　樹

HighClass

金属イオンが溶けている水溶液に，その金属イオンよりもイオンになりやすい金属を入れると，もともと溶けていた金属イオンが金属樹といわれる樹枝のような金属結晶になって析出する。

第2編　物質

第1章　物質のすがた

第2章　化学変化と原子・分子

第3章　化学変化とイオン

鉛イオンはこの電子を受けとり，鉛になる。

$$Pb^{2+} + 2e^- \longrightarrow Pb$$

このことから，亜鉛は鉛よりもイオンになりやすいといえ，次のように表すことができる。

$$Zn + Pb^{2+} \longrightarrow Zn^{2+} + Pb$$

❷ **イオン化傾向**……金属を水溶液に入れると，電子を放出して陽イオンになることがある。この性質を，金属の**イオン化傾向**という。イオン化傾向の小さい金属イオンが入っている水溶液の中にイオン化傾向の大きい金属の単体を入れると，イオン化傾向の大きい金属が金属イオンになり水溶液に溶け，イオン化傾向の小さい金属が析出する。

❸ **イオン化列**……金属は種類によってイオンへのなりやすさ，つまりイオン化傾向の大きさに違いがある。金属をイオン化傾向の大きさ順に並べたものを**イオン化列**という。イオン化傾向の大きさと化学変化には関係性があり，イオン化傾向の大きい金属ほど，空気（酸素），水，酸性の物質などと反応しやすい。

参考　電子と酸化還元反応

酸化還元反応（→ p.258）は，電子の移動からも考えることができる。このとき，電子を失う変化を酸化といい，電子を受けとる変化を還元という。

$2Cu+O_2 \to 2CuO$ では，CuO を Cu^{2+} と O^{2-} からなる化合物と考えると，Cu は電子を失って Cu^{2+} になるので酸化されたといえる。

イオン化傾向	(大) ←												(小)			
イオン化列	Li	K	Ca	Na	Mg	Al	Zn	Fe	Ni	Sn	Pb	(H₂)	Cu	Hg	Ag	Pt	Au
常温の空気中での反応	すみやかに酸化される			酸化される。表面に酸化物の被膜を生じる									酸化されない			
水との反応	常温で反応する			熱水と反応	高温の水蒸気と反応する	反応しない										
酸との反応	塩酸やうすい硫酸と反応して水素を発生する										硝酸や熱濃硫酸には溶ける			王水にだけ溶ける		
天然での存在状態	酸化物や塩化物，硫酸塩，炭酸塩，水溶液中では陽イオンとして存在する				酸化物や硫化物などとして存在する									単体として存在する		

2　電　池

～化学エネルギーから電気エネルギーを生み出す～

電池は，化学エネルギーを電気エネルギーに変換してとり出す装置である。

❶ **電池の原理**……イオン化傾向の大きい金属はイオンになりやすい。これは，イオン化傾向の大きい金属ほど電子を放出しやすいともいえる。このことを，硝酸銀水溶液の中に銅を入れた

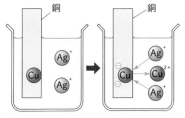

⬆ 金属とイオン

乾電池は，日本の屋井先蔵によって明治時代に発明された。屋井先蔵は電池で動く連続電気時計を発明したが，電池の性能が低く扱いにくいものだったことから，自分で電池の開発にとりかかったといわれている。

ときのようすで考える。水溶液中の銀イオンが銅から電子を受けとって銀になり，銅は電子を失って銅イオンになり水溶液に溶ける。これを化学式で表すと，次のようになる。

$$Cu + 2Ag^+ \longrightarrow Cu^{2+} + 2Ag$$

この変化を銅と銀に分けて表すと，次のようになる。

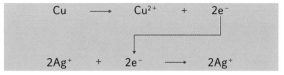

この電子をとり出し，導線の中を移動できるようにしたものを電池または化学電池という。

❷ 電流のとり出し方……金属のイオン化傾向の違いを利用して電流をとり出すには，次のような方法がある。

①ボルタ電池…うすい硫酸に亜鉛板を入れると，亜鉛板の表面から盛んに水素が発生する。

$$Zn + H_2SO_4 \longrightarrow ZnSO_4 + H_2$$

ここに銅板を入れて，亜鉛板と銅板を導線でつなぐと，銅板の表面から水素が発生するようになる。これは，イオン化傾向の大きい亜鉛がうすい硫酸の中で電子を失って亜鉛イオンになり，この電子が導線を伝って銅板のほうに移動することで起こる。銅板の表面では，水素イオンが移動してきた電子を受けとり水素が発生する。これを**ボルタ電池**という。

この変化を亜鉛と銅に分けて化学式で表すと，次のようになる。

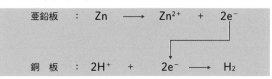

このとき，電子が流れる向きは，亜鉛板→導線→銅板に流れる向きである。電流の流れる向きは電子の流れる向きと逆向きなので，銅板→導線→亜鉛板の向きになり，銅板が＋極で亜鉛板が－極になる。ボルタ電池の起電力は 1.1 V ほどだが，電流を流すとすぐに 0.4 V ほどに下がる。

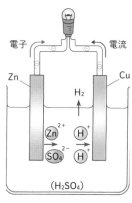

電子　　　　　電流

Zn　　　　　　　Cu

H_2

Zn^{2+}　H^+

$SO_4{}^{2-}$　H^+

(H_2SO_4)

⬆ 電流のとり出し方
（ボルタ電池）

参考 電池と電極

一般に，イオン化傾向の大きいほうの金属が電池の－極になる。

zoomup 電流の向き→ p.94

HighClass　電解質の水溶液に 2 種類の金属を入れると，イオン化傾向の違いから電池になる。2 種類の金属をイオン化傾向の差が大きい組み合わせにすると，電池の起電力が大きくなる。

②**ダニエル電池**……ボルタ電池の問題点を改良したものが，**ダニエル電池である。**

　硫酸銅水溶液に入れた銅板と，硫酸亜鉛水溶液に入れた亜鉛板を導線でつなぎ，2つの水溶液を素焼き板で区切る。素焼き板は＋極と－極の水溶液が混ざるのを防いでいるが，小さな穴があいていて，イオンはその穴を通り抜けることができる。

　－極では，亜鉛板の亜鉛が電子を失って亜鉛イオンになり水溶液に溶け，この電子が導線を伝って＋極の銅板に移動する。＋極では，硫酸銅水溶液中の銅イオンが移動してきた電子を受けとって銅となり，銅板に付着する。

　この変化を亜鉛と銅に分けて化学式で表すと，次のようになる。

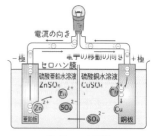

↑ダニエル電池

Why ダニエル電池で素焼き板を使って水溶液を区切る理由

　2つの水溶液が混ざると，銅イオンが亜鉛板の亜鉛原子から直接電子を受けとるため，電流が流れなくなる。

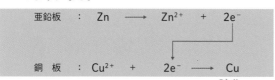

$$\text{亜鉛板} : Zn \longrightarrow Zn^{2+} + 2e^-$$

$$\text{銅　板} : Cu^{2+} + 2e^- \longrightarrow Cu$$

　電流が流れると，－極では亜鉛イオンの濃度が少しずつ大きくなり，＋極では銅イオンの濃度が少しずつ小さくなる。ダニエル電池の起電力は 1.1 V ほどで，長時間安定して放電できるのでボルタ電池よりも優れている。

❸ **電池の種類**……私たちの身のまわりには，さまざまな大きさ，形，能力の電池がある。

①**一次電池**…充電できない電池を一次電池という。

　▶**マンガン乾電池**…使っていない間に電圧が少しずつ回復するので，休み休み使うと長もちし，リモコンなどへの使用に向いている。電圧は約 1.5 V である。

　▶**アルカリ乾電池**…大きな電流を長時間とり出すことができ，懐中電灯などへの使用に向いている。電圧は約 1.5 V である。

　▶**リチウム電池**…電圧が高く，小型で寿命が長い。腕時計，心臓のペースメーカーなどに使用されている。電圧は約 3.0 V である。

Words 素焼き板

　陽イオンや陰イオンが少しずつ移動して，電気的なかたよりができるのを防いでいる。

炭素棒　　　＋極

二酸化マンガン，黒鉛の粉末と塩化アンモニウムを含む塩化亜鉛水溶液を練り合わせたもの

亜鉛板
－極

↑乾電池のつくり

HighClass

ダニエル電池では，硫酸亜鉛水溶液の濃度はうすいほうがよく，硫酸銅水溶液の濃度は濃いほうがよい。これは，亜鉛の電離と銅の析出が起こりやすくなるからである。

② 二次電池…充電してくり返し使える電池を二次電池
という。

▶ 鉛蓄電池…＋極に二酸化鉛，－極に鉛を用い
た電池で大きな電圧が得られ，自動車のバッ
テリーなどに使用されている。電圧は約
2.0 V である。

↑ 自動車のバッテリー

▶ リチウムイオン電池…小型・軽量で高性能の
電池で，電圧が安定していて，大きな電流が
得られる。携帯電話や携帯ゲーム機などに使用さ
れている。電圧は約 3.7 V である。

▶ ニッケル水素電池…電気の容量が大きい電池で，
乾電池と同じように使用できる。電圧は約 1.2 V
である。

③ 燃料電池…水の電気分解と逆の化
学変化を利用した電池を燃料電池
という。水素と酸素のもつ化学エ
ネルギーを電気エネルギーとして
とり出すことができ，使用後には
水ができる。

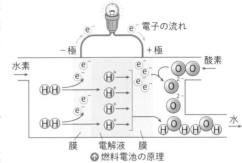
↑ 燃料電池の原理

　燃料電池は，燃料の水素を供給
すれば継続して電気エネルギーを
とり出すことができる。また，直
接電気エネルギーをとり出すのでエネルギー効率が
高く，有害な物質を出さないので環境に対する悪影
響が少ないと考えられている。

④ 電気分解とイオン ★★★

水溶液に電流を流したときに，化合物が分解される化
学変化を電気分解という。電気分解は電気エネルギーを
使って，自然には起こりにくい化学変化を起こしている。

参考 電気分解の電極

　電気分解には，化学的に安定
している白金電極や炭素電極を
使う場合が多い。

❶ **塩化銅水溶液の電気分解**……塩化銅水溶液に電流を
流すと，陽極と陰極では次のような変化が起こる。

▶ **陽極での変化**…塩化物イオンが電子を失って塩素が
発生し，電子は導線を伝って陰極へと移動する。

$$2Cl^- \longrightarrow Cl_2 + 2e^-$$

短文記述
対策！

Q うすい塩酸に電極として銅板と亜鉛板を用いて電池をつくった。このとき，どちらの金
属板が電池の＋極になるか。その理由も合わせて答えなさい。

A 銅のほうが亜鉛よりイオン化傾向が小さいので，銅板が＋極になる。

第2編 物質

第1章 物質のすがた

第2章 化学変化と原子・分子

第3章 化学変化とイオン

▶陰極での変化…陽極から導線を伝って移動してきた
電子を銅イオンが受けとり，銅となって陰極の表面
に付着する。

$$Cu^{2+} + 2e^- \longrightarrow Cu$$

したがって，塩化銅の電気分解は次のように表すこ
とができる。

$$CuCl_2 \longrightarrow Cu + Cl_2$$

❷ **塩酸の電気分解**……うすい塩酸に電流を流すと，陽
極と陰極では次のような変化が起こる。

▶**陽極での変化**…塩化物イオンが電子を失って塩素が
発生し，電子は導線を伝って陰極へと移動する。

$$2Cl^- \longrightarrow Cl_2 + 2e^-$$

▶**陰極での変化**…陽極から導線を伝って移動してきた
電子を水素イオンが受けとり，水素が発生する。

$$2H^+ + 2e^- \longrightarrow H_2$$

したがって，塩酸の電気分解は次のように表すこと
ができる。

$$2HCl \longrightarrow H_2 + Cl_2$$

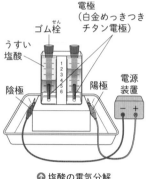

↑ 塩酸の電気分解

❸ **水の電気分解**……水は電流を流しにくい物質だが，
少量の水酸化ナトリウムを加えると電流を流すように
なる。このとき，水酸化ナトリウムはナトリウムイオ
ンと水酸化物イオンに電離し，水は少しだが水素イオ
ンと水酸化物イオンに電離している。電流が流れると
陽極と陰極では次のような変化が起こる。

▶**陽極での変化**…水酸化物イオンが電子を失って酸素
が発生し，電子は導線を伝って陰極へと移動する。

$$4OH^- \longrightarrow O_2 + 2H_2O + 4e^-$$

▶**陰極での変化**…陽極から導線を伝って移動してきた
電子を水分子が受けとり，水素と水酸化物イオンが
発生する。このとき，ナトリウムイオンはイオン化
傾向が非常に大きいため，電子を受けとらずにイオ
ンの状態のままでいる。

$$4H_2O + 4e^- \longrightarrow 2H_2 + 4OH^-$$

したがって，水の電気分解は次のように表すことが
できる。

$$2H_2O \longrightarrow 2H_2 + O_2$$

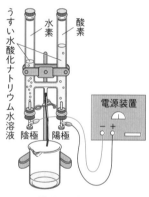

↑ 水の電気分解

参考 水の電気分解と硫酸
- - - - - - - - - - - - - - - - -

水の電気分解のとき，水酸化
ナトリウムのかわりにうすい硫
酸を加えてもよい。

HighClass

塩酸の電気分解で陽極に発生する塩素と陰極に発生する水素の体積は同じである。しかし，
塩素は水に溶けやすいので，塩素のほうが集まる体積は小さくなる。

12 酸・アルカリの性質とイオン

Point
❶ 酸と水素イオンについて理解しよう。
❷ アルカリと水酸化物イオンについて理解しよう。
❸ 酸とアルカリの見分け方や強さの表し方について理解しよう。

① 酸の性質とイオン ★★☆ 入試重要度

1 酸性の水溶液と金属の反応

～水素が発生する反応～

うすい塩酸とマグネシウムが反応すると，水素が発生する。このとき，うすい塩酸をうすい硫酸にかえても水素が発生する。また，マグネシウムを亜鉛にかえても水素が発生する。このことから，酸性の水溶液には金属と反応して水素を発生する性質があると考えられる。

🔍 **実験・観察** 酸性の水溶液と金属の反応

ねらい
酸性の水溶液に金属を入れたときの反応を調べる。

方法
❶ 試験管にうすい塩酸，うすい硫酸，酢酸水溶液を入れる。
❷ マグネシウムリボンの小片を試験管に入れる。
❸ 発生した気体にマッチの火を近づけたときのようすを観察する。

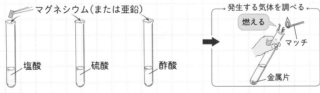

結果
• マグネシウムリボンの小片を入れると，どの試験管も無色の気体が発生する。
• 発生した気体にマッチの火を近づけると，ポンという音を出して燃える。

考察
• 発生した気体は水素であると考えられる。

HighClass 上の実験では，マグネシウムのかわりに亜鉛の小片を使っても同じような結果が得られるが，マグネシウムを使ったほうが反応は激しくなる。これは，マグネシウムのほうが亜鉛よりもイオン化傾向(→ p.294)が大きいためである。

② 酸性の水溶液とイオン

-- 酸と水素イオンの関係 --

塩酸や硫酸などの酸性の水溶液には，水素イオンが含まれている。水に溶かしたときに電離して水素イオンを生じる化合物を酸という。

❶ **塩化水素の電離**……塩化水素の水溶液を塩酸といい，水溶液中では次のように電離している。

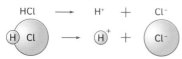

$$HCl \longrightarrow H^+ + Cl^-$$

❷ **硫酸の電離**……硫酸は水溶液中で，次のように電離している。

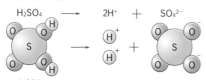

$$H_2SO_4 \longrightarrow 2H^+ + SO_4^{2-}$$

❸ **硝酸の電離**……硝酸は水溶液中で，次のように電離している。

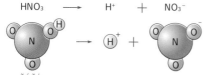

$$HNO_3 \longrightarrow H^+ + NO_3^-$$

❹ **酢酸の電離**……酢酸は水溶液中で，次のように電離している。

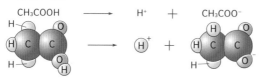

$$CH_3COOH \longrightarrow H^+ + CH_3COO^-$$

❺ **水素イオンと金属の反応**……酸は水に溶けると電離して水素イオンを生じる。そのため，水素よりもイオンになりやすい金属を酸性の水溶液に入れると，金属と水素イオンの間で電子のやりとりが行われ，水素が発生する。

例えば，硫酸とマグネシウムの反応は，次のように表すことができる。

$$Mg + H_2SO_4 \longrightarrow MgSO_4 + H_2$$

参考 酸の分子と電離のようす

－－－－－－－－－－－－－－

左の図のように，電離して水素イオンとなる水素原子は，塩化水素は例外として，中心にある原子（**S**，**N**，**C** など）と酸素原子を間にはさむことで結びついている。

このように，酸の物質の中にある水素原子のうち，水素イオンとなるのは，特別な結びつき方をしているものである。

HighClass

どの酸も電離すると水素イオンを生じるが，それぞれ固有の性質をもっているのは，それぞれに塩化物イオン，硫酸イオン，硝酸イオン，酢酸イオンなどが含まれるためである。

この変化を，マグネシウムと硫酸で分けて表すと，次のようになる。

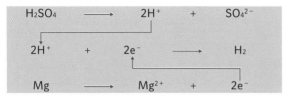

このことから，金属と反応して水素を発生する酸の性質には水素イオンが関係していることがわかる。

3 酸性の水溶液の性質

～酸性の特徴～

酸性の水溶液には水素イオンが存在するため，次のような性質を示す。

①青色のリトマス紙を赤色に変える。

② BTB 液を黄色にする。

③うすい水溶液はすっぱい味がする。

4 酸の強さ

～物質の種類と酸としてのはたらき～

同じ酸であっても電離のしやすさに違いがあり，電離しやすいほど水素イオンを生じやすいので，酸としてのはたらきが強くなる。

❶ 強　酸……水溶液中でほぼ完全に電離していて，酸としてのはたらきが強い化合物を**強酸**という。強酸には次のような酸がある。

▶**塩化水素**…水溶液は塩酸といわれる。無色で刺激臭のある気体である。

▶**硫　酸**…粘り気のある無色の液体で，水に溶けるときに発熱する。脱水性，吸水性がある。

▶**硝　酸**…無色で刺激臭のある液体で，発煙する。

❷ 弱　酸……水溶液中で一部しか電離していないため，酸としてのはたらきが弱い化合物を**弱酸**という。弱酸には次のような酸がある。

▶**酢　酸**…無色で刺激臭のある液体である。

▶**二酸化炭素**…無色，無臭の気体である。

▶**硫化水素**…無色で腐卵臭のある有毒の気体である。

参考　酸性雨

雨は空気中の二酸化炭素が溶けこむため酸性になるが，二酸化硫黄や窒素酸化物の影響で酸性の度合いが強くなった雨を酸性雨という。酸性雨の原因となる二酸化硫黄や窒素酸化物は，化石燃料の燃焼や火山活動で空気中に放出される。

参考　酸性の強さと濃度

同じ酸であっても，その濃度でははたらきが変わる。また，濃度が濃くなると電離しにくくなり，溶けている酸の物質に対する電離した水素イオンの割合が小さくなる場合がある。

Episode 食物に含まれるクエン酸も酸の１つである。梅干し，レモン，オレンジなどに多く含まれ，これらを食べるとすっぱいと感じる。クエン酸には疲労回復など，さまざまなはたらきがあるとされている。

2 アルカリの性質とイオン ★★☆

1 アルカリ性の水溶液と二酸化炭素の反応

~二酸化炭素を吸収する反応~

　水酸化ナトリウム水溶液は，二酸化炭素を吸収する性質がある。このとき，水酸化ナトリウムと二酸化炭素の反応で炭酸ナトリウムができる。また，水酸化カルシウム水溶液にも，二酸化炭素を吸収する性質がある。このことから，アルカリ性の水溶液には二酸化炭素を吸収する性質があると考えられる。

2 アルカリ性の水溶液とイオン

~アルカリと水酸化物イオンの関係~

　水酸化ナトリウム水溶液や水酸化カリウム水溶液などのアルカリ性の水溶液には，水酸化物イオンが含まれている。水に溶かしたときに電離して水酸化物イオンを生じる化合物をアルカリという。

❶ **水酸化ナトリウムの電離**……水酸化ナトリウムは水溶液中で，次のように電離している。

$$NaOH \longrightarrow Na^+ + OH^-$$

❷ **水酸化カリウムの電離**……水酸化カリウムは水溶液中で，次のように電離している。

$$KOH \longrightarrow K^+ + OH^-$$

❸ **水酸化カルシウムの電離**……水酸化カルシウムは水溶液中で，次のように電離している。

$$Ca(OH)_2 \longrightarrow Ca^{2+} + 2OH^-$$

❹ **水酸化バリウムの電離**……水酸化バリウムは水溶液中で，次のように電離している。

$$Ba(OH)_2 \longrightarrow Ba^{2+} + 2OH^-$$

❺ **アンモニアの電離**……アンモニアは水溶液中で，次のように電離している。

$$NH_3 + H_2O \longrightarrow NH_4^+ + OH^-$$

❻ **水酸化物イオンと二酸化炭素の反応**……アルカリは水に溶けると電離して水酸化物イオンを生じる。この水酸化物イオンと二酸化炭素(もしくは電離した水素イオン)が反応して水ができるため，アルカリは二酸化炭素を吸収しやすい。

参考　濃いアルカリ性の水溶液の性質

　濃いアルカリ性の水溶液にはタンパク質を分解する性質があるので，手につくと皮膚の表面を溶かすなど危険である。

参考　水酸化ナトリウムの性質

　うすい水酸化ナトリウム水溶液を手につけると，手がぬるぬるする。これは，手が石けんのような成分でおおわれるからであり，皮膚が溶けているわけではない。

参考　アンモニアとアルカリ性

　アンモニア分子には OH が存在しないが，アンモニア水はアルカリ性を示す。これは，アンモニアが水に溶けるときに，水分子から水素イオンを奪うので，水素イオンを失った水分子が水酸化物イオンとなるからである。

HighClass　グラウンドなどに白線を引く材料は水酸化カルシウムが使われていたが，失明などの危険性があることから，より安全な炭酸カルシウムが使われるようになった。

第 **2** 編

物

質

第1章

物質のすがた

第2章

原子・分子
化学変化と

第3章

化学変化と
イオン

例えば，二酸化炭素と水酸化ナトリウムの反応は，次のように表すことができる。

$$2NaOH + CO_2 \longrightarrow Na_2CO_3 + H_2O$$

この変化を，二酸化炭素と水酸化ナトリウムで分けて表すと，次のようになる。

$$2NaOH \longrightarrow 2Na^+ + 2OH^-$$

$$CO_2 + 2OH^- \longrightarrow CO_3^{2-} + H_2O$$

$$2NaOH \longrightarrow 2Na^+ + 2OH^-$$

$$2H^+ + 2OH^- \longrightarrow 2H_2O$$

$$CO_2 + H_2O \longrightarrow 2H^+ + CO_3^{2-}$$

このことから，二酸化炭素を吸収するアルカリの性質には水酸化物イオンが関係していることがわかる。

3 アルカリ性の水溶液の性質

〜アルカリ性の特徴〜

アルカリ性の水溶液には水酸化物イオンが存在するため，次のような性質を示す。

①赤色のリトマス紙を青色に変える。

②BTB 液を青色にする。

③フェノールフタレイン液を赤色にする。

④うすい水溶液は苦い味がする。

4 アルカリの強さ

〜物質の種類とアルカリとしてのはたらき〜

アルカリは電離しやすいほど水酸化物イオンを生じやすいので，アルカリとしてのはたらきが強くなる。

❶ **強アルカリ**……水溶液中でほぼ完全に電離していて，アルカリとしてのはたらきが強い化合物を**強アルカリ**という。強アルカリには次のようなアルカリがある。

▶**水酸化ナトリウム**…白色の固体で，空気中の水分を吸収して溶ける潮解性を示す。

▶**水酸化カリウム**…水酸化ナトリウムとよく似た性質や形状をしているが，より激しい性質がある。

▶**水酸化カルシウム**…消石灰ともいわれ，水溶液は石灰水といわれる。

▶**水酸化バリウム**…白色の粉末状の固体で，二酸化炭素と反応すると炭酸バリウムの沈殿ができる。

参考 リトマスゴケ

リトマス紙はリトマスゴケという生物から抽出した色素を使ってつくられている。この色素は酸性だと赤色，アルカリ性だと青色になる性質がある。

参考 アルカリと塩基

酸と対になる用語として塩基というものがある。水に溶ける塩基を特にアルカリということが多い。

入試Info 酸とアルカリの性質についての問題が出題されている。酸とアルカリでそれぞれ共通の性質を理解するとともに，代表的な水溶液については特有の性質も覚えておくとよい。

❷ **弱アルカリ**……水溶液中で一部しか電離していない

ため，アルカリとしてのはたらきが弱い化合物を弱ア

ルカリという。弱アルカリには次のようなアルカリが

ある。

▶ **アンモニア**…無色で刺激臭のある気体である。水溶
液に濃塩酸を近づけると，塩化アンモニウムが発生
して白煙が生じる。

▶ **水酸化マグネシウム**…白色の固体で，水にあまり溶
けない。

▶ **水酸化鉄(Ⅱ)**…空気中で容易に酸化し，赤さびとい
われる酸化水酸化鉄(Ⅲ)になる。

例 題 酸とアルカリの性質

異なる4つの水溶液A～Dがあり，これらは次のa～fのいずれかです。水溶
液A～Dについて行った実験①～④の結果から，あとの問いに答えなさい。

a うすい塩酸	b 砂糖水	c 塩化ナトリウム水溶液
d 石灰水	e 塩化銅水溶液	f 水酸化ナトリウム水溶液

〔実験①〕A～Dは，すべて無色透明の水溶液である。

〔実験②〕A～Dに電流が流れるか調べると，Aは電流が流れなかった。

〔実験③〕リトマス紙で調べると，Bはアルカリ性，Cは中性，Dは酸性であること
がわかった。

〔実験④〕Bに二酸化炭素を吹きこんだが，見た目の変化はなかった。

(1) 水溶液Aは，a～fのうちのどれか答えなさい。

(2) 右の図のように，Bをしみこませたろ紙を
中央に置いて直流の電流を流すと，図中の
ア～エのうち1つだけ色が変わった。それ
はどれか答えなさい。

(3) 水溶液Cに溶けている物質の化学式を書き
なさい。

Solution ▷ (1) 実験②から，Aは非電解質の物質が溶けているbとなる。

(2) Bは，実験③からdかfとわかり，実験④からfとなる。水酸化物イ
オンが陽極のほうに移動して，赤色のリトマス紙(イ)を青色に変える。

(3) Cは，実験③からbかcとわかり，実験②からcとなる。塩化ナトリ
ウムの化学式はNaClである。

Answer ▷ (1) b (2) イ (3) NaCl

HighClass

水溶液中における酸やアルカリの強さは，水に溶けた物質に対する電離した物質の量で表す
ことができ，これを電離度という。強酸や強アルカリの電離度は1に近くなり，弱酸や弱
アルカリの電離度は1よりかなり小さくなる。

3 酸性とアルカリ性 ★☆☆

酸性とアルカリ性の強さは，それぞれ水素イオンと水酸化物イオンの数が多いほど強くなる。水素イオンと水酸化物イオンには，一方がふえればもう一方が減るという関係がある。

❶ 酸性とアルカリ性の見分け方……水溶液（すいようえき）の性質を調べるとき，リトマス紙や BTB 液などを使うと色の変化で酸性・中性・アルカリ性のどの性質かがわかる。このような薬品を指示薬という。

❷ 酸性やアルカリ性の強さを表す……酸性やアルカリ性の強さを表したものを pH（ピーエイチ）といい，0 ～ 14 の数値で表す。pH 7 が中性で，pH 0 に近づくほど酸性が強くなり，pH 14 に近づくほどアルカリ性が強くなる。

pH は水素イオン指数ともいい，水素イオンの濃度（のうど）を表している。水素イオン濃度が高いほど pH は小さい値になり，pH の値が 1 小さくなると水素イオンの濃度が 10 倍高くなる。

> **参考 pH 指示薬**
> 酸性かアルカリ性かは pH の値で決まることから，指示薬のことを pH 指示薬ともいう。

性質	酸性			中性		アルカリ性			
pH	0 1	3	5	7	9	11	13 14

身のまわりの物質のpH	レモン リンゴ ソース 胃液 酢 しょうゆ 牛乳	酸性雨 真水	石けん水 植物の灰を入れた水 パイプ洗浄剤

❸ 酸性やアルカリ性の強さを調べる……pH の値は，次のようなものを使って調べることができる。

▶ **pH 試験紙**…ろ紙にいくつかの指示薬をしみこませて乾燥（かんそう）させたものを pH 試験紙という。pH の値によって変化する色が異なるので，色見本と比べることで pH を調べることができる。

⬆ pH試験紙

▶ **pH メーター**…pH をはかる装置を pH メーターという。ガラス電極と比較（ひかく）電極の 2 本の電極からできていて，溶液と内部液の pH の差によって生じる電圧を測定することで pH を求めている。一般（いっぱん）に，溶液の温度が 25℃のとき，2 つの溶液の pH の差が 1 あれば，約 59 mV の起電力が発生する。

⬆ pHメーター

HighClass pH 指示薬には BTB 液やフェノールフタレイン液などさまざまなものがあるが，その種類によって色が変化する pH の範囲（はんい）が異なる。BTB 液は pH6.0 ～ 7.6，フェノールフタレイン液は pH8.3 ～ 10.0 の範囲で色が変化し，これを変色域という。

指示薬と色の変化

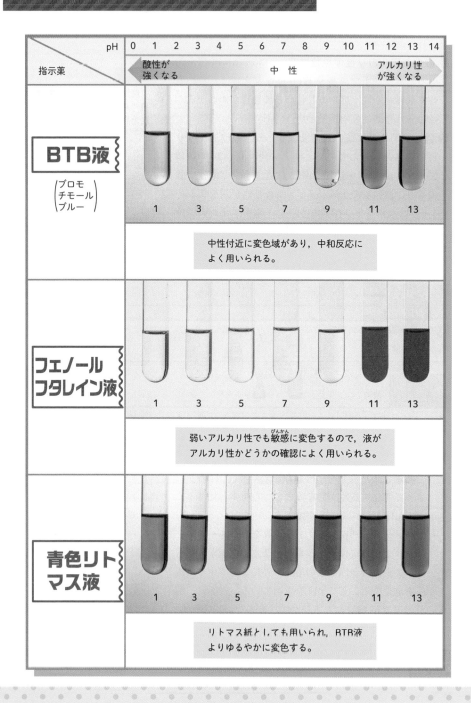

pH	0 1 2 3 4 5 6 7 8 9 10 11 12 13 14
指示薬	酸性が強くなる　　　　中 性　　　　アルカリ性が強くなる

BTB液
(ブロモ
チモール
ブルー)

1　3　5　7　9　11　13

中性付近に変色域があり，中和反応によく用いられる。

フェノールフタレイン液

1　3　5　7　9　11　13

弱いアルカリ性でも敏感に変色するので，液がアルカリ性かどうかの確認によく用いられる。

青色リトマス液

1　3　5　7　9　11　13

リトマス紙としても用いられ，BTB液よりゆるやかに変色する。

第
2
編

物
質

第1章

物質のすがた

第2章

化学変化と
原子・分子

第3章
化学変化と
イオン

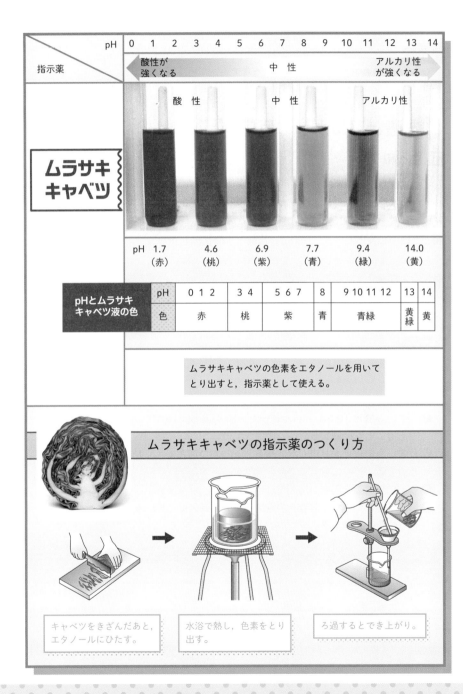

pH	0	1	2	3	4	5	6	7	8	9	10	11	12	13	14

指示薬　　酸性が強くなる　　中性　　アルカリ性が強くなる

酸　性　　　中　性　　　アルカリ性

ムラサキ
キャベツ

pH	1.7 (赤)	4.6 (桃)	6.9 (紫)	7.7 (青)	9.4 (緑)	14.0 (黄)

pHとムラサキキャベツ液の色	pH	0 1 2	3 4	5 6 7	8	9 10 11 12	13	14
	色	赤	桃	紫	青	青緑	黄緑	黄

ムラサキキャベツの色素をエタノールを用いて
とり出すと，指示薬として使える。

ムラサキキャベツの指示薬のつくり方

キャベツをきざんだあと，
エタノールにひたす。

水浴で熱し，色素をとり
出す。

ろ過するとでき上がり。

13▶ 酸とアルカリの反応

⚙ Point
❶ 酸とアルカリの中和と，生成物の性質について理解しよう。
❷ 沈殿が生じる化学変化について理解しよう。
❸ 酸とアルカリの反応で発生する熱について理解しよう。

1 酸とアルカリの反応 入試重要度 ★★★

1 中 和

～酸とアルカリを混ぜる～

　酸性の水溶液とアルカリ性の水溶液を混ぜ合わせると，互いの性質を打ち消し合う反応が起こる。この反応を中和または中和反応という。例えば，塩酸と水酸化ナトリウム水溶液を混ぜ合わせると，中性の水溶液をつくることができる。

🔍 実験・観察　酸とアルカリの反応

ねらい

酸性の水溶液とアルカリ性の水溶液を混ぜ合わせると，どのような変化が起こるか調べる。

方法

❶ うすい塩酸を10 mL入れたビーカーにBTB液を加えて，水溶液が酸性（黄色）であることを確認する。

❷ うすい水酸化ナトリウム水溶液を2 mLずつ加えてよくかき混ぜ，水溶液がアルカリ性（青色）になるまで色の変化を観察する。

❸ うすい塩酸を1滴ずつ加えてよくかき混ぜ，水溶液を中性（緑色）にする。

❹ ❸で中性になった水溶液を少量スライドガラスにとり，水を蒸発させたあとに残る物質を観察する。

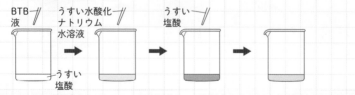

入試Info　酸とアルカリの中和反応における指示薬の色の変化について問われることがある。それぞれの指示薬が，酸性・中性・アルカリ性でどのような色の変化をするのか覚えておくとよい。

⚠ 水溶液が手などの皮膚につかないように注意する。

結果

- うすい塩酸にうすい水酸化ナトリウム水溶液を加えていくと、じょじょに色が変化して中性の水溶液になり、さらに加えるとアルカリ性の水溶液になる。
- アルカリ性になった水溶液に、うすい塩酸を加えていくと中性の水溶液になる。
- 中性になった水溶液の水を蒸発させると、白色の結晶が残る。

考察

- 酸性の水溶液にアルカリ性の水溶液を加えていくと、水溶液の酸性の強さが弱まると考えられる。
- アルカリ性の水溶液に酸性の水溶液を加えていくと、水溶液のアルカリ性の強さが弱まると考えられる。
- うすい塩酸とうすい水酸化ナトリウム水溶液を混ぜ合わせて中性にした水溶液には、塩化ナトリウムが溶けていると考えられる。

❶ **中和とイオン**……塩酸と水酸化ナトリウム水溶液を混ぜ合わせて中和が起こるときの反応をイオンで考えると、次のようになる。

塩化水素は、水溶液中で水素イオンと塩化物イオンに電離している。

$$HCl \longrightarrow H^+ + Cl^-$$

水酸化ナトリウムは、水溶液中でナトリウムイオンと水酸化物イオンに電離している。

$$NaOH \longrightarrow Na^+ + OH^-$$

塩酸と水酸化ナトリウム水溶液を混ぜ合わせると、水素イオンと水酸化物イオンが結びついて水になる。

$$H^+ + OH^- \longrightarrow H_2O$$

残された塩化物イオンとナトリウムイオンは、塩化ナトリウムが水に溶けているのと同じ状態である。つまり、塩酸と水酸化ナトリウム水溶液を混ぜ合わせると、塩化ナトリウムができるといえる。

これらの反応を1つの化学反応式で表すと、次のようになる。

$$HCl + NaOH \longrightarrow NaCl + H_2O$$

このように、酸とアルカリの中和とは、水素イオンと水酸化物イオンが結びついて水ができ、互いの性質を打ち消し合う反応である。

参考 塩化ナトリウムの結晶

塩酸と水酸化ナトリウム水溶液を混ぜ合わせて中性にした水溶液の水を蒸発させると、塩化ナトリウムの結晶が残る。

⬆ 塩化ナトリウムの結晶

 Episode トイレの消臭剤には、中和を利用しているものがある。例えば、においの原因であるアンモニアの水溶液はアルカリ性を示すので、酸性のクエン酸で中和させて消臭しているものがある。

②塩……中和は，酸とアルカリの間で起こる化学変化である。この反応では，水素イオンと水酸化物イオンが結びついて水ができるが，そのほかに，酸が電離してできる陰イオンとアルカリが電離してできる陽イオンが結びついた物質もできる。この物質のことを塩といい，中和とは，酸とアルカリが反応して塩と水ができる反応ともいえる。

酸とアルカリが反応しても，互いの性質を完全に打ち消し合わないと水溶液は中性にはならないが，塩と水はできているので中和は起こっているといえる。

2 いろいろな中和

～塩と水ができる反応～

中和が起こる反応には，次のようなものがある。いずれの反応も，酸の陰イオンとアルカリの陽イオンが結びついて塩ができ，酸の水素イオンとアルカリの水酸化物イオンが結びついて水ができる。

▶硫酸と水酸化ナトリウム水溶液の反応

$$H_2SO_4 + 2NaOH \longrightarrow Na_2SO_4 + 2H_2O$$

▶塩酸と水酸化バリウム水溶液の反応

$$2HCl + Ba(OH)_2 \longrightarrow BaCl_2 + 2H_2O$$

▶塩酸と水酸化カルシウム水溶液の反応

$$2HCl + Ca(OH)_2 \longrightarrow CaCl_2 + 2H_2O$$

3 イオンの濃度と体積の関係

～中和とイオンの数～

酸の水溶液とアルカリの水溶液を混ぜ合わせて中性の水溶液ができるとき，酸の水溶液の水素イオンの数とアルカリの水溶液の水酸化物イオンの数は等しい。

①濃度とイオンの数……酸の水溶液の濃度が2倍になると，水素イオンの数も2倍になる。また，アルカリの水溶液の濃度が2倍になると，水酸化物イオンの数も2倍になる。

②体積とイオンの数……酸の水溶液の体積が2倍になると，水素イオンの数も2倍になる。また，アルカリの水溶液の体積が2倍になると，水酸化物イオンの数も2倍になる。

参考 広い意味での中和

アンモニアと酸の反応は，水ができないが中和ということがある。そのほかにも，水素イオンと水酸化物イオンの反応はないが，塩と水ができる場合も中和ということがある。

① $2NH_3 + H_2SO_4$
アンモニア　硫酸
　　　$\rightarrow (NH_4)_2SO_4$
　　　硫酸アンモニウム

② $CO_2 + 2NaOH$
二酸化炭素　水酸化ナトリウム
　　　$\rightarrow Na_2CO_3 + H_2O$
　　　炭酸ナトリウム　水

③ $CaO + 2HCl$
酸化カルシウム　塩酸
　　　$\rightarrow CaCl_2 + H_2O$
　　　塩化カルシウム　水

④ $SO_2 + 2NaOH$
二酸化硫黄　水酸化ナトリウム
　　　$\rightarrow Na_2SO_3 + H_2O$
　　　亜硫酸ナトリウム　水

Episode 温泉の泉質の1つに硫酸塩泉というものがあり，これは硫酸イオンを含む塩を主成分とした温泉である。硫酸ナトリウムが含まれていることが多く，傷などに効果があるとされている。

このように，水溶液の濃度や体積が変わると，そこに含まれるイオンの数も変化する。

例えば，塩酸と水酸化ナトリウム水溶液を混ぜ合わせて中性の塩化ナトリウム水溶液をつくるとき，塩酸の体積や濃度が2倍になると，必要な水酸化ナトリウム水溶液の体積は2倍になる。

第2編　物質

第1章　物質のすがた

第2章　化学変化と原子・分子

第3章　化学変化とイオン

参考　中和滴定

濃度のわかっている酸（またはアルカリ）との中和反応を利用して，濃度のわからないアルカリ（または酸）の濃度を決める操作を中和滴定という。

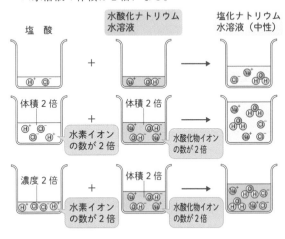

2　塩とその性質 ★★☆

1　塩ができる化学変化

〜塩と化学変化の種類〜

塩酸と水酸化ナトリウム水溶液の反応で生じる塩は塩化ナトリウムである。塩化ナトリウムは，塩酸の水素イオンを水酸化ナトリウム水溶液のナトリウムイオンで置きかえた化合物と見ることができる。

このように，酸の水素イオンを金属イオンなどの陽イオンと置きかえた化合物をまとめて塩ということができ，酸とアルカリの中和以外の化学変化でも塩が生じる。

参考　塩とイオン

塩に含まれるイオンの種類によって，次のような名まえで表すことがある。

・炭酸塩…炭酸イオン（$CO_3{}^{2-}$）を含む塩を総称して炭酸塩という。
・硝酸塩…硝酸イオン（$NO_3{}^-$）を含む塩を総称して硝酸塩という。
・硫酸塩…硫酸イオン（$SO_4{}^{2-}$）を含む塩を総称して硫酸塩という。

化学変化	化学反応式の例
酸とアルカリの反応	$HCl + NaOH \longrightarrow NaCl + H_2O$
酸と金属の単体の反応	$2HCl + Zn \longrightarrow ZnCl_2 + H_2$
酸性酸化物とアルカリの反応	$CO_2 + 2NaOH \longrightarrow Na_2CO_3 + H_2O$
非金属の単体と金属の単体	$Cl_2 + 2Na \longrightarrow 2NaCl$

⬆塩を生じる化学変化の例

入試Info　2種類の水溶液の中和において，混ぜ合わせた水溶液が中性になるときの水溶液の体積について問われることがある。まずは，2種類の水溶液がどのような割合で混ざると中性になるかを考えればよい。

2 塩の水溶液の性質

～塩の水溶液のはたらき～

　塩酸と水酸化ナトリウム水溶液の中和によってできる塩は，塩化ナトリウムである。この塩化ナトリウムの水溶液は中性を示すが，塩の中には水と反応して水素イオンや水酸化物イオンを生じるものがある。このような反応を塩の加水分解という。

❶ 中性を示す塩の水溶液……塩酸と水酸化ナトリウム水溶液の中和で生じる塩化ナトリウムは，水溶液中で水と反応せずにナトリウムイオンと塩化物イオンの状態で存在している。

$$NaCl \longrightarrow Na^+ + Cl^-$$

❷ 酸性を示す塩の水溶液……塩酸とアンモニア水の中和で生じる塩化アンモニウムは，水溶液中で電離してアンモニウムイオンと塩化物イオンになる。

$$NH_4Cl \longrightarrow NH_4^+ + Cl^-$$

　このとき，アンモニウムイオンの一部が水の電離によってできた水酸化物イオンと反応して，アンモニアになる。

$$H_2O \longrightarrow H^+ + OH^-$$

$$NH_4^+ + OH^- \longrightarrow NH_3 + H_2O$$

　これらの反応をまとめると次のようになり，水素イオンを生じるので酸性を示す。

$$NH_4^+ \longrightarrow NH_3 + H^+$$

❸ アルカリ性を示す塩の水溶液……酢酸水溶液と水酸化ナトリウム水溶液の中和で生じる酢酸ナトリウムは，水溶液中で電離してナトリウムイオンと酢酸イオンになる。

$$CH_3COONa \longrightarrow Na^+ + CH_3COO^-$$

　このとき，酢酸イオンの一部が水の電離によってできた水素イオンと反応して，酢酸になる。

$$H_2O \longrightarrow H^+ + OH^-$$

$$CH_3COO^- + H^+ \longrightarrow CH_3COOH$$

　これらの反応をまとめると次のようになり，水酸化物イオンを生じるのでアルカリ性を示す。

$$CH_3COO^- + H_2O \longrightarrow CH_3COOH + OH^-$$

参考 酸とアルカリの組み合わせと塩の性質

　塩の水溶液の性質は，中和に用いる酸やアルカリの強さの組み合わせによって変わる。

①**中性を示す塩**…強酸と強アルカリからできた塩は中性になる。また，弱酸と弱アルカリからできた塩も中性になることが多い。

②**酸性を示す塩**…強酸と弱アルカリからできる塩は酸性になる。

③**アルカリ性を示す塩**…弱酸と強アルカリからできる塩はアルカリ性になる。

HighClass 酸とアルカリの水溶液を反応させたとき，酸とアルカリが過不足なく反応して中和が完了する点を中和点という。酸とアルカリの組み合わせによってできる塩の性質が変わるので，中和点の pH は 7 にならないこともある。

③ 沈殿をつくる反応 ★★☆

■ 沈殿をつくる反応

～水に溶けにくい塩～

水溶液中のイオンが結びついて，水に溶けにくい塩ができることがある。この塩は，目で見ることができる。このように水に溶けにくい物質が生じる反応を，沈殿反応という。

① 硝酸銀と塩化ナトリウムの反応……硝酸銀と塩化ナトリウムは，水溶液中でそれぞれ電離している。

$$AgNO_3 \longrightarrow Ag^+ + NO_3^-$$
$$NaCl \longrightarrow Na^+ + Cl^-$$

このとき，銀イオンと塩化物イオンが結びついて，水に溶けにくい白色の塩化銀ができる。

$$Ag^+ + Cl^- \longrightarrow AgCl$$

残された硝酸イオンとナトリウムイオンは，硝酸ナトリウムが水に溶けているのと同じ状態である。つまり，硝酸銀水溶液と塩化ナトリウム水溶液を混ぜ合わせると，塩化銀の沈殿ができるといえる。

これらの反応を1つの化学反応式で表すと，次のようになる。

$$AgNO_3 + NaCl \longrightarrow NaNO_3 + AgCl$$

② 塩化バリウムと硫酸銅の反応……塩化バリウムと硫酸銅は，水溶液中でそれぞれ電離している。

$$BaCl_2 \longrightarrow Ba^{2+} + 2Cl^-$$
$$CuSO_4 \longrightarrow Cu^{2+} + SO_4^{2-}$$

このとき，バリウムイオンと硫酸イオンが結びついて，水に溶けにくい白色の硫酸バリウムができる。

$$Ba^{2+} + SO_4^{2-} \longrightarrow BaSO_4$$

残された塩化物イオンと銅イオンは，塩化銅が水に溶けているのと同じ状態である。つまり，塩化バリウム水溶液と硫酸銅水溶液を混ぜ合わせると，硫酸バリウムの沈殿ができるといえる。

これらの反応を1つの化学反応式で表すと，次のようになる。

$$BaCl_2 + CuSO_4 \longrightarrow CuCl_2 + BaSO_4$$

参考 イオン反応式

化学変化の中で，関係するイオンの反応だけを表したものをイオン反応式ということがある。硝酸銀水溶液と塩化ナトリウム水溶液の反応では，次のようになる。

$$Ag^+ + Cl^- \longrightarrow AgCl$$

参考 沈殿を表す方法

化学変化で沈殿ができることを，化学反応式で↓を使って表すことがある。例えば，硝酸銀水溶液と塩化ナトリウム水溶液を混ぜ合わせて塩化銀の沈殿ができるときの化学反応式は，次のようになる。

$$AgNO_3 + NaCl$$
$$\rightarrow NaNO_3 + AgCl \downarrow$$

参考 気体の発生を表す方法

化学変化で気体が発生することを，化学反応式で↑を使って表すことがある。例えば，硫酸とマグネシウムが反応して水素ができるときの化学反応式は，次のようになる。

$$Mg + H_2SO_4$$
$$\rightarrow MgSO_4 + H_2 \uparrow$$

Episode 私たちの身のまわりにある鉄は，鉄鉱石を製鉄して利用したものである。この鉄鉱石は，海中に溶けていた鉄イオンが酸化されて酸化鉄になったものが沈殿し，長い年月をかけて堆積することでできたといわれている。

❸ 水酸化カルシウムと二酸化炭素の反応……水酸化カルシウムと二酸化炭素は，水溶液中でそれぞれ電離している。

$$Ca(OH)_2 \longrightarrow Ca^{2+} + 2OH^-$$

$$CO_2 + H_2O \longrightarrow 2H^+ + CO_3^{2-}$$

このとき，カルシウムイオンと炭酸イオンが結びついて，水に溶けにくい赤味を帯びた白色の炭酸カルシウムができる。

$$Ca^{2+} + CO_3^{2-} \longrightarrow CaCO_3$$

残された水酸化物イオンと水素イオンは，結びついて水になる。つまり，水酸化カルシウム水溶液と二酸化炭素を混ぜ合わせると，炭酸カルシウムの沈殿ができるといえる。

これらの反応を1つの化学反応式で表すと，次のようになる。

$$Ca(OH)_2 + CO_2 \longrightarrow CaCO_3 + H_2O$$

参考 二酸化炭素の検出

水酸化カルシウム水溶液は石灰水ともいわれ，二酸化炭素と反応すると白く濁ることから，二酸化炭素の検出に用いられる。

🔍 **実験・観察** 沈殿ができる反応

ねらい

2種類の水溶液を混ぜ合わせたときに，沈殿を生じるかを調べる。

方法

❶ 塩化ナトリウム水溶液，塩化バリウム水溶液，水酸化カルシウム水溶液をそれぞれ試験管に入れる。

❷ 塩化ナトリウム水溶液の入った試験管に硝酸銀水溶液を加えて，ようすを観察する。

❸ 塩化バリウム水溶液の入った試験管に硫酸銅水溶液を加えて，ようすを観察する。

❹ 水酸化カルシウム水溶液の入った試験管に二酸化炭素を吹きこんで，ようすを観察する。

❗ 水溶液が手などの皮膚につかないように注意する。

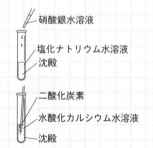

硝酸銀水溶液
塩化ナトリウム水溶液
沈殿

二酸化炭素
水酸化カルシウム水溶液
沈殿

結果

・❷〜❹のいずれの場合も，白色の沈殿ができた。

考察

・❷では，塩化銀の沈殿ができたと考えられる。

・❸では，硫酸バリウムの沈殿ができたと考えられる。

・❹では，炭酸カルシウムの沈殿ができたと考えられる。

Episode

野菜などの作物は，弱酸性の土でよく育つものが多い。そのため，酸性の強い土には水酸化カルシウムをまいて，土の性質を改良している。水酸化カルシウムは，酸性の強い川や湖の性質を改良するのにも使われている。

2 イオンの検出

〜沈殿を利用してイオンを特定する〜

　水溶液中のイオンが結びついて，水に溶けにくい塩ができると沈殿が生じる。このように，特定の元素を含む物質どうしが反応したときに沈殿が生じることを利用して，物質中に含まれる元素を検出することができる。

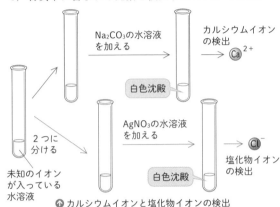

↑ カルシウムイオンと塩化物イオンの検出

　上の図は，カルシウムイオンと塩化物イオンを検出する方法を表している。

❶ **カルシウムイオンの検出**……未知のイオンが入っている水溶液に炭酸ナトリウム水溶液を加えて，沈殿が生じるかを調べる。沈殿が生じるときは炭酸カルシウムができたとすると，未知の水溶液にはカルシウムイオンが含まれていたと考えられる。

$$Ca^{2+} + CO_3^{2-} \longrightarrow CaCO_3$$

❷ **塩化物イオンの検出**……未知のイオンが入っている水溶液に硝酸銀水溶液を加えて，沈殿が生じるかを調べる。沈殿が生じるときは塩化銀ができたとすると，未知の水溶液には塩化物イオンが含まれていたと考えられる。

$$Ag^+ + Cl^- \longrightarrow AgCl$$

　❶と❷から，上の図の未知の水溶液には塩化カルシウムが溶けていたと考えられる。それぞれの沈殿を生じる化学反応式は，次のようになる。

$$CaCl_2 + Na_2CO_3 \rightarrow 2NaCl + CaCO_3$$
$$CaCl_2 + 2AgNO_3 \rightarrow Ca(NO_3)_2 + 2AgCl$$

参考 水に溶けにくい塩

　水に溶けにくい塩には，次のようなものもある。

・**酸化銀**…化学式は Ag_2O で，褐色の沈殿ができる。
・**水酸化銀**…化学式は $AgOH$ で，白色の沈殿ができる。
・**硫化銀**…化学式は Ag_2S で，黒色の沈殿ができる。
・**水酸化銅**…化学式は $Ca(OH)_2$ で，青白色の沈殿ができる。
・**硫化銅**…化学式は CuS で，黒色の沈殿ができる。
・**水酸化アルミニウム**…化学式は $Al(OH)_3$ で，白色の沈殿ができる。

参考 イオンの色

　有色のイオンには，次のようなものがある。

イオン	色
Cu^{2+}	青　色
Ni^{2+}	緑　色
Fe^{2+}	淡緑色
Fe^{3+}	黄褐色
MnO_4^-	赤紫色
CrO_4^{2-}	黄　色
$Cr_2O_7^{2-}$	だいだい色

HighClass　試料にどのような成分が含まれているかを分析することを，定性分析という。イオンを検出するために行う塩の沈殿も定性分析の1つだが，実際にはイオンクロマトグラフ法などが用いられることが多い。

3 水溶液の濃度と沈殿の質量

~沈殿する質量の変化~

混ぜると沈殿を生じる A と B の水溶液において，B の水溶液の濃度や体積を変えたときの，濃度や体積と沈殿する質量の関係は，次のようになる。

❶ **濃度と沈殿する質量の関係**……B の水溶液の濃度と沈殿する質量の関係は，右の図のようになる。このとき，A の水溶液の濃度は一定なので，A の水溶液に含まれるイオンの数も一定である。このイオンがすべて沈殿すると，それ以上 B の水溶液に含まれるイオンがふえても沈殿する質量は変わらない。つまり，B の水溶液の濃度に比例して沈殿する質量はふえるが，ある一定以上の濃度になると沈殿する質量は変わらなくなる。

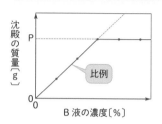

❷ **体積と沈殿する質量の関係**……水溶液の体積がふえると，そこに含まれるイオンの数も比例してふえる。したがって，濃度と沈殿する質量の関係と同じようになる。

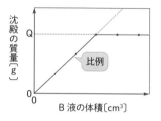

4 中和と熱 ★★★

❶ **中和と熱**……右の図のように発泡ポリスチレンのコップを使って，塩酸と水酸化ナトリウム水溶液を反応させる。水酸化ナトリウム水溶液を塩酸に少しずつ加えていくと水溶液の温度が上がっていき，これは中和が終了するまで続く。

このことから，酸とアルカリが中和するときには熱が発生することがわかる。この反応は，次のように表すことができる。

温度計

発泡ポリスチレンのコップ

水酸化ナトリウム水溶液をこまごめピペットで少しずつ入れる。

塩酸は中和されていく。その間発熱する。

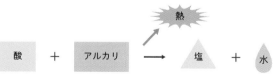

❷ **中和と熱とイオン数**……酸とアルカリの中和によってできる塩は，水溶液中で電離したまま反応していないものが多い。したがって，中和によって発生する熱

HighClass 強酸と強アルカリの中和によって発生する熱は，水素イオンと水酸化物イオンが結びついて水ができるときに発生しているといえる。このとき，水が 18 g できるごとに，56.5 kJ の熱が発生する。

は水素イオンと水酸化物イオンの反応で発生している
といえるので，酸やアルカリの水溶液に含まれる水素
イオンと水酸化物イオンの数が多いほど，発生する熱
量は大きくなる。

📖 例 題 ／ 酸とアルカリの反応

　下の表に示す体積の組み合わせで，塩酸と水酸化ナトリウム水溶液をA〜Dの4
つのビーカーに入れてよく混ぜ合わせると，温度が上昇しました。また，それぞれ
の混合液の性質は表のようになりました。ただし，塩酸と水酸化ナトリウム水溶液
の温度は同じであるとします。これについて，あとの問いに答えなさい。

	A	B	C	D
塩　酸(cm³)	10	20	30	40
水酸化ナトリウム 水溶液(cm³)	50	40	30	20
性　質	アルカリ性	中性	酸性	酸性

(1) ビーカーA〜Dのうちで，温度の上昇が最も大きかったのはどれですか，記号
で答えなさい。

(2) ビーカーAの混合液を中性にするには，この実験に用いた塩酸をあと何 cm³ 加
える必要があるか求めなさい。

Solution ▷ (1) ビーカーBは中性になっているので，塩酸と水酸化ナトリウム水溶液
　　　　　　　　は1：2の割合で反応することがわかる。このことから，反応した塩
　　　　　　　　酸の体積を求めると，ビーカーAは 10 cm³，ビーカーBは 20 cm³，
　　　　　　　　ビーカーCは 15 cm³，ビーカーDは 10 cm³ となる。反応した体積
　　　　　　　　が大きいほど温度の上昇も大きくなるので，温度の上昇が最も大きか
　　　　　　　　ったのはビーカーBとなる。

　　　　　　 (2) 塩酸と水酸化ナトリウム水溶液は1：2の割合で反応することから，
　　　　　　　　水酸化ナトリウム水溶液 50 cm³ を中性にするには塩酸 25 cm³ が必
　　　　　　　　要になる。ビーカーAにはすでに塩酸が 10 cm³ 入っているので，塩
　　　　　　　　酸をあと 15 cm³ 加えると中性にすることができる。

Answer ▷ (1) B　　(2) 15 cm³

HighClass　弱酸や弱アルカリが反応する中和では，強酸と強アルカリの中和よりも，生成される水の量
に対する発熱量は小さくなる。これは，弱酸や弱アルカリは電離するときに熱を吸収するか
らである。

☑ 重点Check

p.284 **1** 水溶液になると電流を流す物質を何というか。 | **1** 電解質

p.284 **2** 水溶液になっても電流を流さない物質を何というか。 | **2** 非電解質

p.288 **3** 原子は(　　)を失ったり受けとったりしてイオンになる。 | **3** 電　子

p.291 **4** 電解質を水に溶かしたとき，陽イオンと陰イオンに分かれることを何というか。 | **4** 電　離

p.294 **5** 金属のイオンへのなりやすさを何というか。 | **5** イオン化傾向

p.295 **6** 化学エネルギーを電気エネルギーに変換してとり出す装置を何というか。 | **6** 電池(化学電池)

p.297 **7** 充電してくり返し使える電池を何というか。 | **7** 二次電池

p.297 **8** 燃料電池の燃料は，何という物質か。 | **8** 水　素

p.298 **9** 水の電気分解では，陽極に何ができるか。 | **9** 酸　素

p.200 **10** 水の電気分解では，陰極に何ができるか。 | **10** 水　素

p.299 **11** 酸とマグネシウムが反応して発生する気体は何か。 | **11** 水　素

p.300 **12** 酸は，電離して(　　)イオンを生じる化合物である。 | **12** 水　素

p.301 **13** 酸性の水溶液は，BTB液を何色に変えるか。 | **13** 黄　色

p.302 **14** アルカリは，電離して(　　)イオンを生じる化合物である。 | **14** 水酸化物

p.303 **15** アルカリ性の水溶液は，BTB液を何色に変えるか。 | **15** 青　色

p.305 **16** リトマス紙やBTB液などのように，水溶液の性質を調べる薬品を何というか。 | **16** 指示薬

p.305 **17** 酸性やアルカリ性の強さを表す記号は何か。 | **17** pH

p.305 **18** pH5の水溶液は，(　　)性の水溶液である。 | **18** 酸

p.308 **19** 酸とアルカリの反応を何というか。 | **19** 中　和

p.310 **20** 中和反応は，酸とアルカリが反応して(　　)と(　　)ができる化学変化である。 | **20** 塩, 水

p.310 **21** 水溶液の濃度が2倍になると，水溶液に含まれるイオンの数は何倍になるか。 | **21** 2　倍

p.310 **22** 水溶液の体積が2倍になると，水溶液に含まれるイオンの数は何倍になるか。 | **22** 2　倍

p.313 **23** 2種類の水溶液を混ぜ合わせて，水に溶けにくい物質ができる反応を何というか。 | **23** 沈殿反応

p.313 **24** 硝酸銀と塩化ナトリウムの反応でできる沈殿は何か。 | **24** 塩化銀

p.313 **25** 塩化バリウムと硫酸銅の反応でできる沈殿は何か。 | **25** 硫酸バリウム

p.314 **26** 水酸化カルシウムと二酸化炭素の反応でできる沈殿は何か。 | **26** 炭酸カルシウム

p.316 **27** 酸とアルカリの反応によって発生する熱を何というか。 | **27** 中和熱

難関入試対策 **思考力問題** 第3章

Level 2

第2編 物質

第1章 物質のすがた

第2章 原子・分子 化学変化と

第3章 化学変化と イオン

●塩化銅水溶液の電気分解について，陰極に付着する銅の質量は，電流を流す時間に比例することがわかっている。塩化銅水溶液の質量と電流を流す時間を一定にしたとき，陰極に付着する銅の質量が，「電極に流す電流の大きさに関係があるのか」，「塩化銅水溶液の質量パーセント濃度に関係があるのか」を確かめるため，質量パーセント濃度が 10 ％ と 20 ％ の塩化銅水溶液 80 g を用意し，それぞれに1 Aと2 Aの電流を5分間流した。ア～エは，この実験を模式図で表したものである。この実験について，次の問いに答えなさい。ただし，アのときに陰極に付着する銅の質量を 0.1 g とする。　【静岡－改】

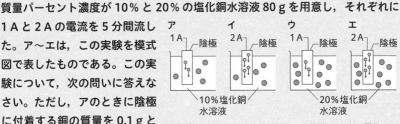

(注) ●は銅イオン，◦は電源から移動してくる電子のそれぞれ 1 個を示している。

(1) 模式図から考えると，陰極に付着する銅の質量が最も大きくなるのはどれか。ア～エから 2 つ選び，記号で答えなさい。

(2) ア～エの実験のうち，ア～ウの 3 種類の実験を行うだけでも，陰極に付着する銅の質量を大きくするための条件を確認することができる。その理由を簡単に書きなさい。

▶ **Key Point**

　問題文より，陰極に付着する銅に対して，水溶液中の銅イオンは十分な量が存在すると考えられる。また，電流を流す時間に比例するということは，電極に流れてくる電子の数が陰極に付着する銅の質量に関係していることがわかる。

▶ **Solution**

(1) アは銅原子 1 個，イは銅原子 2 個，ウは銅原子 1 個，エは銅原子 2 個が陰極に付着する。また，銅イオンが十分存在することから，質量パーセント濃度には関係なく，電流の大きさに関係することがわかる。

(2) 同じ質量パーセント濃度の水溶液に異なる大きさの電流を流す実験，異なる質量パーセント濃度の水溶液に同じ大きさの電流を流す実験ができればよい。

Answer

(1) イ，エ

(2) アとイで電流の大きさとの関係がわかり，アとウで質量パーセント濃度との関係がわかるから。

難関入試対策 作図・記述問題 第3章

●電池について，次の問いに答えなさい。 【立命館高】

(1) 鉛蓄電池は＋極に酸化鉛，－極に鉛を使い，これらの電極を硫酸にひたしたものである。この鉛蓄電池を使用すると，＋極・－極ともに質量が増加する。水溶液の体積が変わらなかったとして，水溶液の密度はどうなると考えられるか。「増加」・「減少」・「変化なし」のいずれかで答えたうえで，その理由を説明しなさい。

(2) ボルタ電池は，使用するときの変化のようすが右の図のような模式図で表される。（図の e⁻ は電子を表す）。ボルタ電池が充電して再利用することができない理由を，この模式図を参考に説明しなさい。

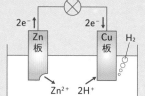

▶Key Point

(1) 密度は，単位体積あたりの質量で求められる。また，鉛蓄電池の全体の反応は $Pb+PbO_2+2H_2SO_4 \longrightarrow 2PbSO_4+2H_2O$ となる。鉛蓄電池を放電していくと，両方の電極に白色の硫酸鉛（Ⅱ）が付着する。硫酸は消費されて水になるので，放電がじょじょに小さくなる。電流を逆向きに流すと，逆向きの化学変化が起こるので，充電してくり返し使うことができる。

(2) ボルタ電池で使う硫酸は，水溶液中に水素イオンと硫酸イオンが存在する。ここに亜鉛と銅の電極を入れると，水素よりもイオン化傾向の大きい亜鉛が電子を失って亜鉛イオンとなり，水素イオンは電子を受けとり水素分子となる。

▶Solution

(1) ＋極と－極の質量が増加しているので，質量保存の法則より，水溶液の質量は減少していると考えられる。

(2) 水素イオンが電子を受けとると，気体の水素が発生して空気中に出ていく。

Answer

(1) 減少

（理由）例 質量保存の法則により，水溶液の質量は減少するが，体積が変わらないとすると，密度は減少する。

(2) 例 発生した水素が外に逃げるため，使用前の状態にもどす反応を起こせないから。

3

第3編　生命

ここからスタート！ 第3編 生命

第1章 生物のつくりと分類 1年 2年 3年

START! 地球上の生物の種は、なんと175万種！！私たちヒトは、そのうちの1種にすぎません。生物はそれぞれ姿形が違います。これらの生物を、似たような特徴をもつものでグループに分けると、生物の整理整頓ができそうです。

うわー、ぐちゃぐちゃ。

どこに何があるかわからないね。

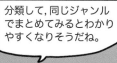

分類して、同じジャンルでまとめてみるとわかりやすくなりそうだね。

確かに！やってみよう！

えっと…これは科学の本だからこっちに、文学の本はこっちだったよね…

だいぶスッキリしたね！

整理されているね。分類されて、すごくわかりやすくなったね。

分類することって、役にたちますね！

そうだね。このように分類することは、生物を理解するのにも役にたつよ。

どういうことですか？

じゃあ、水族館に行って考えてみよう。

やった!!水族館♪

この水槽の中のものを、いろいろな基準で2つのグループに分類してみよう。例えば、生物とそうじゃないものでグループがつくれるね。

生物は、カニ、カメ、魚、コンブだね。生物でないものは岩、水かな？

じゃあ、今度は生物を2つのグループに分類してみると、どんな基準になるかな？

動物かどうか、とか？

じゃあ、動物はカニ、カメ、魚になるね。

第 3 編

生 命

第 1 章
生物のつくりと
分類

第 2 章
生物のからだの
つくりとはたらき

第 3 章
生物の成長と
進化

第 4 章
自然と人間

じゃあ，さらにカニ，カメ，魚を
2つのグループに分類すると，
どんな基準で分けられるかな？

えー，何だろう…

☑ Learning Contents

1. 身近な生物の観察

2. 植物のなかま

3. 動物のなかま

からだのかたさ，
とかどうかな？

カニとカメは
かたそうだよね？
魚はやわらかい？

カメは，こうらはかたいけど
手足はやわらかそうじゃない？

悩んでいるようだね。
これらの生物のレントゲン
写真を見てみようか。

カニは殻の部分はかたそうだけど，
からだの中はそうでもないんだね。

カメと魚は，からだの
中心に背骨があるよ！

そっか！背骨がある
かどうかという基準
でも分類できるね。

よいところに気づいたね！
では，このなかまにはほかに
どんな生物が入るかな？

"背骨"

人間も背骨があるから
同じなかまですね！

ピーン

あとは，
アザラシ，ペンギン，イルカ
…全然違う生物に見える
けど，どれも背骨をもって
いるんだね。

このように分類することで，
いろいろな生物の共通する
点がすぐわかるね。

確かに，分類前の本は
わかりにくかったもんね…

もっとたくさん
の生物を分類
したいなー。

次は陸の生物を
調べたいね！

先生！いまから動物園に
連れていってください！

えぇー…

1 身近な生物の観察

Point
① 身のまわりにどのような生物が生活しているのか知ろう。
② 生物の生活と環境はどのような関連があるのか考えよう。
③ 観察器具の操作や記録のしかたを習得しよう。

1 身のまわりの生物の生活 入試重要度 ★☆☆

1 校庭や道端，花壇や植えこみに見られる生物

~身近なところに目を向けてみる~

校庭や道端には，いろいろな生物が生活している。春には次のような生物が見られる。

① 校庭のまわりや道端の植物……タンポポ・カラスノエンドウ・ハルジオン・カタバミ・オオバコなど。

② 花壇や植えこみの草花や樹木……アブラナ・パンジー・チューリップ・ツツジ・アオキ・サクラなど。

③ 校庭や道端に見られる小動物……アゲハ・アリ・ミツバチ・アブラムシ・スズメ・ヒヨドリなど。

↑ハルジオン

↑アオキ

↑アゲハ

↑ヒヨドリ

2 草原や森林の生物

~草原や森にはたくさんの生物がくらしている~

日本の多くの地域で見られる草原や森林には，次のようなものがあり，いろいろな生物が生活している。

① 草原……ササ・ススキ・スギナ・アカザなどの植物が見られ，キリギリス・コオロギ・バッタ・テントウムシ・ノネズミなどがいる。

② 森林……シイ・カシ・タブノキ・ナラ・ブナ・マツ・スギなどの樹木が見られ，カブトムシ・カミキリムシ・セミ・ミミズ・ヘビ・モグラなどがいる。

参考 植物の種類

植物は冬ごしの状態で，次のように分けられる。

・**一年生植物**…種子で冬をこし，春から秋までの間だけ育つ。アサガオ・ヒマワリなど。

・**越年生植物**…秋に発芽して冬を苗でこし，翌年花が咲き実がなる。ムギ，ダイコン，アブラナなど。

・**多年生植物**…根や茎が何年も残り，毎年花が咲き実を結ぶ。アヤメ，キクなど。

参考 昆虫の冬ごしの状態

昆虫は次のような方法で冬ごしを行う。

・**卵**…バッタ・カマキリ・コオロギなど。

・**幼虫**…ミノムシ(ミノガ)・オオムラサキなど。

・**さなぎ**…モンシロチョウ・アゲハなど。

・**成虫**…アリ・ミツバチ・テントウムシなど。

Episode 季節が変わると，見られる生物も変わってくる。同じ場所で，季節を変えて観察を続け，見られる生物を地図に記入した生物マップをつくってみよう。生物マップから，狭い範囲でもたくさんの生物がくらしていることがわかる。

1 身近な生物の観察

第**3**編

生

命

第1章 生物のつくりと分類

第2章

第3章

第4章

③ 土の中の生物

〜普段気がつかないところにも生物はすんでいる〜

　草や木の根もとを掘ったり，落ち葉や石をかき分けてみると，普段気がつかない，いろいろな生物が見られる。

❶ **土の中の小動物**

　　アリ・クモ・ダンゴムシ・ヤスデ・ムカデ・ミミズ・モグラなど。

❷ **その他，土の中にい**

↑ ダンゴムシ

↑ モグラ

るいろいろな生物……土の中には，いろいろな植物の種子や地下茎などにある芽，カビやキノコ，目に見えない細菌などもすんでいる。

④ 水辺の生物

〜水辺にもえさを求めてたくさんの生物が集まる〜

　池や小川，川や湖などの淡水の動植物には，次のようなものがあり，いろいろな生物が生活している。

❶ **池や小川の植物**……ウキクサ・クロモ・フサモ・スイレン・ヒシ・ハスなど。

❷ **池や小川の動物**……アメンボ・ミズスマシ・ゲンゴロウ・ヤゴ(トンボの幼虫)・タニシ・ザリガニ・ドジョウ・カエルなど。

❸ **川や湖の植物**……クロモ・セキショウ・ヒルムシロ・アシ(ヨシ)・ガマなど。

❹ **川や湖の動物**……カゲロウ・サワガニ・カワニナ・フナ・コイ・カモ・サギ・オオヨシキリなど。

↑ スイレン

↑ サワガニ

⑤ 海辺の生物

〜海の中にもたくさんの生物がかくれている〜

　海岸では，海藻などの間に多くの生物がすんでいる。磯と砂浜では，すんでいる生物の種類が違っている。

❶ **海藻類**……アオサ・アオノリ(**緑藻類**)，コンブ・ヒジキ・ワカメ(**褐藻類**)，アサクサノリ・フノリ・テングサ(**紅藻類**)など。

❷ **磯の生物**……フジツボ・カメノテ・ヤドカリ・ウニ・

↑ アオサ

HighClass

集まってくる生物から，その地域の環境を知ることができる。特に，水生生物の場合，川底にすんでいる生物から，その川の水質を知ることができる。水の汚れの程度の判定に使う生物を指標生物といい，川の水質を知るためのめやすとなる。

イソギンチャク・イワガニ・ハゼなど。

❸ 砂浜の生物……アサリ・ハマグリ・ゴカイ・ヒトデ・スナガニ・テッポウエビなど。

↑ イソギンチャク

6 生育場所の違いによる植物の分布

〜見つかる場所は，その生物がすみやすい所〜

　場所による日あたりや湿り気などの違いから，そこに生える植物も変化する。

❶ 日あたりと植物

▶ 日なたの植物…アブラナやヒマワリのように茎が上に伸び，葉もよく茂って光合成を盛んに行う。花が咲き，種子ができる。

▶ 日かげの植物…イヌワラビのようにあまり茎が伸びず，うすい葉をもつものが多い。また，ゼニゴケやスギゴケのように地面をはったり，背が低いものもある。花が咲かずに胞子でふえる植物が多い。

❷ 水分と植物

▶ 湿地に育つ植物…スイレン・ミズゴケ・モウセンゴケなどのように水中や湿原に育つ植物では，根はあまり発達せず，葉は水に浮いたり，水の流れによる抵抗が小さくなるように細くなったりしている。

▶ 乾地に育つ植物…海岸に育つイソギク・コウボウムギや高山に生えるタカネタンポポ・シャクナゲなどは，根が地中の水を求めて深く伸びている。葉も小さく，裏に毛がついていて水分の蒸散を防いでいる。

7 天候や季節による植物の変化

〜植物は環境の変化に敏感〜

　植物の生活は，日照，気温，湿度の条件や，季節の移り変わりに応じて変化している。

❶ 開花運動……チューリップは，温度が 18℃ 付近を境にして高くなると開き，低くなると閉じる。タンポポのように光の強さによって開閉するものもある。

❷ 植物の冬ごし……植物は，冬の低温と乾燥から身をまもるためにいろいろ工夫している。冬芽もその1つで，あたたかくなると化や芽が中から出てくる。

zoomup　光合成→ p.379
　　　　種　子→ p.334
　　　　胞　子→ p.342

参考　地中の水分と根

　高山のタンポポは，平地のタンポポよりも根が長く伸びている。

平地のタンポポ

地上部は大きく根が短い。

高地のタンポポ

根が長く地上部は短い。

18℃

↑ チューリップの花の開閉

EPISODE　同じ植物でも，環境の違いで生活のようすが異なる。例えば，セイヨウタンポポはふつう日中に開花するが，くもりや雨の日など，日があたってないときは，花を閉じている。

第**3**編

生命

第1章
分類 生物のつくりと

第2章
つくりとはたらき 生物のからだの

第3章
進化 生物の成長と

第4章
自然と人間

2 観察器具の操作と記録のしかた ★★☆

1 ルーペの使い方

〜持ち運べる手軽な観察道具〜

ルーペを用いると，立体的なものを手軽に観察することができる。

観察物を動かす。

❶ 観察物が動かせるとき

ルーペは目に近づけて固定し，観察するものを前後に動かしてピントを合わせる。

顔を動かす。

❷ 観察物が動かせないとき

ルーペを目に近づけたまま，顔を動かしてピントを合わせる。

2 双眼実体顕微鏡の使い方

〜立体的に見るにはこれがいちばん〜

倍率が 20 〜 40 倍で，ルーペより詳しく，立体的なものをそのまま見るのに適している。

❶ 双眼実体顕微鏡の構造

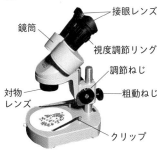

接眼レンズ
鏡筒
視度調節リング
調節ねじ
粗動ねじ
対物レンズ
クリップ

❷ 双眼実体顕微鏡の操作

①	②	③

> **参考** ルーペの使い方
>
> ルーペはレンズの口径が狭いので，目から離して見ると視野が極端に狭くなる。

> **参考** 双眼実体顕微鏡の見え方
>
> 観察物の反射光を見ることで観察している。
>
>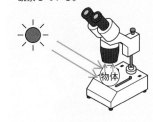
>
> 物体

Episode

厚紙やプラスチックの板を2枚用意し，小さな穴を開け，ガラスビーズをはさむと「レーウェンフック」の顕微鏡と同じように観察できる。スマートフォンのカメラのレンズ上にこれをセロハンテープでとりつけると「スマホ顕微鏡」として使うことができる。

①**接眼レンズの幅を調節する**…接眼レンズを左右に動かしてレンズが目の幅に合うように間隔を調節し，左右の視野が重なり1つに見えるようにする。

②**ピントを合わせる**…粗動ねじをゆるめて鏡筒を上下に動かし，観察しようとするものがだいたい見えるようにする。

③**細かい調整をする**…調節ねじを回して，観察するものにピントを合わせる。左右の視力差が大きい人は，**視度調節リング**を左右に回して調節する。

3 顕微鏡の使い方

〜うすくできるものを細かく見たいときに最適〜

倍率は40倍から600倍で，肉眼で見えないものを詳しく観察することができる。観察する際は，プレパラートを作成し，観察物をうすく平らにし，均一に光が入るようにする。

❶ 顕微鏡の構造

↑ 鏡筒上下式顕微鏡　　↑ ステージ上下式顕微鏡

❷ 顕微鏡の操作

①・②　　③　　④　　⑤・⑥

Scientist

アントニ・ファン・レーウェンフック
〈1632〜1723年〉

オランダのアマチュアの生物学者。金属板に1mm程度の穴を開け，球形のレンズをはさんだ自作の顕微鏡をつくり，歴史上で初めて微生物を観察した。「微生物の父」といわれている。

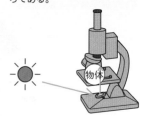

↑ レーウェンフックの顕微鏡（複製）

参考　**顕微鏡の見え方**

顕微鏡で観察する際，観察物をうすく平らにする理由は，反射鏡や光源からの光を観察物に透過させ，その光を観察するからである。

入試Into

観察操作の中で最も入試で出題が多いのは，顕微鏡の操作である。その中でも，操作の順番を問われる問題が頻出である。また，倍率を上げて視野が暗くなった場合，どのような操作が必要かといった，器具を使いこなせるかを理解できているかの問題も出題されている。

①接眼レンズをはめてから対物レンズをつける。

②反射鏡としぼりを調節して，視野全体が明るくなるようにする。

③プレパラートをステージにのせる。

④真横から見ながら調節ねじを回して対物レンズとプレパラートを近づける。

⑤接眼レンズをのぞきながら調節ねじを④と逆方向に回し，ピントを合わせる。

⑥倍率を変えるときは，ピントを合わせた状態でレボルバーを回す。

❸ **顕微鏡観察のポイント**

▶観察するときは，はじめに視野が広く明るい低倍率で観察する。詳しく観察したいときは観察物を中央に移動させ，レボルバーを回して倍率を高くする。

▶顕微鏡で見える像は，上下左右が反対である。端に見える像を視野の中央に移動させるときは，顕微鏡の像を見ながら動かしたい方向と逆の方向にプレパラートを動かす。

▶実物の大きさを知るには，方眼シートや目盛りつきスライドガラスを使い，目盛りと像の大きさを比べる。ミクロメーターを用いてもよい。

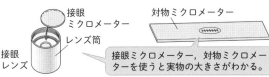

接眼ミクロメーター，対物ミクロメーターを使うと実物の大きさがわかる。

▶太陽の光が目に入ると危険なので，直射日光を避ける。

▶顕微鏡の倍率は，次のように求めることができる。

倍率＝接眼レンズの倍率×対物レンズの倍率

4 記録のしかた

〜ヒトの目はすごい！植物学者もスケッチで記録〜

ルーペや顕微鏡の観察でわかったことは，スケッチや写真などで記録しておくとよい。

❶ **スケッチのしかた**……次のような点に注意して行う。

▶見えるもの全体を描くのではなく，目的とするものだけを正確に描く。

参考 顕微鏡の操作手順

接眼レンズをはめてから対物レンズをつけるのは，鏡筒の中にゴミやホコリが入るのを防ぐためである。そのため，顕微鏡を片づけるときは先に対物レンズをはずしてから，接眼レンズをはずす。

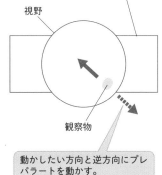

プレパラート

視野

観察物

動かしたい方向と逆方向にプレパラートを動かす。

参考 スケッチ

スケッチは，ヒトの目で観察してわかった事実を正確に伝達する手段として優れている。

短文記述対策！

Q プレパラートを対物レンズに近づけるとき，対物レンズを真横から見ながら操作するのはなぜか。

A 対物レンズとプレパラートがぶつかってプレパラートが割れないようにするため。

▶絵画のように線をぼかしたり，影をつけたりせず，
線ではっきりと示す。

▶鉛筆は HB よりかためのもので，先を細く削って細
部まではっきり描く。

> 細い線ではっ
> きりと描く。

> ぼかしや影を入れ
> ないようにする。

⬆正しいスケッチ　　⬆誤ったスケッチ

❷ 写真や動画……顕微鏡にアダ
プターを用いて直接デジタル
カメラやスマートフォン，タ
ブレットをとりつけ，静止画
や動画を撮影して記録を残す
方法もある。

⬆デジタル顕微鏡

📖 例題　顕微鏡の操作法

顕微鏡とその操作について，次の問いに答えなさい。

(1) 図中の**A〜D**の名称を書きなさい。

(2) 次の**ア〜カ**について，顕微鏡を使うときの手順に
正しく並べかえなさい。

ア **B**をとりつける。　　**イ** **A**をとりつける。

ウ **A**をのぞきながら**D**の角度を調節し視野を明
るくする。

エ **A**をのぞきながら**C**を回し，ピントを合わせる。

オ 真横から見ながら**C**を回し，**B**をプレパラートに近づける。

カ プレパラートをステージにのせる。

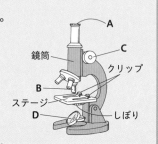

| Solution | ▷ | (2) 接眼レンズ**A**は鏡筒の中にホコリが入るのを防ぐ役割も果たしている。
そのため，**A**，**B**のとりつけは，**A**が先となり，とりはずすときは**B**，
Aの順となる。また，**A**をとりはずしたあとは，ふたをとりつけてお
く必要がある。ピントを合わせるときは，対物レンズ**B**とプレパラー
トがぶつからないように，真横から見て近づけたうえで，**B**とプレパ
ラートを遠ざけながらピントを合わせる。 |

| Answer | ▷ | (1) **A**―接眼レンズ　**B**―対物レンズ　**C**―調節ねじ　**D**―反射鏡
(2) **イ→ア→ウ→カ→オ→エ** |

Episode　タイムラプス機能（一定間隔で撮影した一連の写真をつなぎ合わせて動画にする機能）がつ
いているスマートフォンやタブレットを使用して，観察物の変化のようすを観察することが
できる。例えば，花が開花するとき，どこから開くかなどを確認できる。

5 野外の生物の観察法

〜実際に生物を観察してみよう〜

❶ **事前学習の準備**……野外観察に出る前に，次の事前学習を行っておくことが大切である。

▶ **観察のねらいを決める**…例えば，「日なたと日かげで育った植物の違い」，「昆虫の行動に午前と午後では差があるのではないか」のように決める。

▶ **予想を立てる**…観察をする前に結果の予想を立てて記録する。自分で予想を立てたら友達と話し合って考えを深めるのもよい。

▶ **準　備**…観察に必要な用具や，結果を記録する用具をそろえる。

❷ **野外での観察と記録のしかた**……野外で動植物を直接観察するときは，ルーペを用い，拡大して記録する。なお，観察記録には次の項目を記入する。

▶ **年月日，時刻，天候，温度〔℃〕**

▶ **場所と環境**

▶ **観察のねらい**

▶ **観察結果(図やグラフを含む)**

▶ **考察と課題(まとめ)，感想**

❸ **植物の採集と標本のつくり方(おし葉標本)**……植物は，むやみにとらないで，必要な量だけを採集する。

①草本の場合は，根・茎・葉と花や実が完全にそろっているものを選んで採集する。樹木の場合は，花や実がついたものを選ぶ。

②形を整えて新聞紙の間にはさみ，さらに吸取紙を使って水分をとり，乾燥させる。

③乾燥した標本を画用紙などに貼り，名まえや観察記録などを記入する。

↑ 植物標本

参考 おし葉標本のつくり方

①採取した植物を花や実がよく見えるようにし，いらない葉や茎をとり除く。根についている土もていねいにとり除く。

②新聞紙を4つ折りにして，その中に植物を形を広げてはさむ。

③植物をはさんだ紙(新聞紙)と水分を吸いとる新聞紙(吸取紙)を交互に重ね合わせ，下図のように2枚の板の間にはさみ，おもしをのせる。

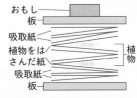

おもし
板
吸取紙
植物をは
さんだ紙
吸取紙
板
植物

④毎日，吸取紙用の新聞紙をとりかえ，水分をとっていく。このとき，植物をはさんだ新聞紙はなるべくかえない。

⑤1週間ほどたって完全に植物が乾燥したら，画用紙やケント紙の上に形よく広げて置き，紙テープやセロハンテープを使ってきれいにとめる。

⑥画用紙の片すみに名札の欄をつくり，そこに植物名，採取期日，採取場所，採取者名，気づいたことなどを記入する。

Episode おし葉やおし花標本は，歴史が古く，江戸時代にはすでに行われていたことがわかっている。日本最古のおし花は，諏訪市で発見された，約300年前に高島藩(諏訪藩)の藩士が関西で採集したものであるといわれている。

❹ 昆虫の採集と標本のつくり方……植物採集の場合と同じように、むやみにとらないで、採集は必要最小限にとどめる。

①チョウ・トンボ・ハナなどを採集するときは、捕虫網を使って傷つけないように採取する。

②胸を圧迫したり薬品を注射したあと、胸に針をさして展翅板にはねを十分伸ばして貼り、1週間ほど置く。

③乾燥したら標本箱に納め、名札をつける。

④コガネムシ・バッタ・セミなどは殺虫管に入れる。標本は、胸に針をさして、標本箱に納める。

❺ 名まえの調べ方……観察したり、採集した生物は必ず名まえを調べておく。名まえは次のような方法で調べることができる。

▶教科書や植物図鑑、昆虫図鑑などの図と照らし合わせて、どのような植物や動物のなかまなのか判断する。また、生物の特徴をまとめた検索表を使うことで、正確に生物の名まえを調べることができる。

▶インターネットなどで細かい特徴を調べ、詳しい生物名を確認する。

❻ 観察結果の整理とまとめ……観察した結果は次のようにまとめる。

①できるだけ図やスケッチを描いたり写真を撮ったりして、特徴を書き入れる。

②測定した数量はグラフに表す。

③図やグラフをもとに、観察のねらいに対する答えの案(仮説)をつくる。

④仮説が正しいかどうか、同様の観測記録や資料などを調べて確かめる。

⑤仮説が正しいと確かめられれば、観察の結論とすることができる。

種子を散らした日

開花した日

↑ タンポポの花軸が1日に伸びる量

参考　チョウの採取と標本づくり

①チョウを捕虫網で採取するときは、はねなどを傷つけないように、下からすくい上げるように採取する。

↑ 網のふり方

②網の中に入ったチョウの胸を外から親指と人さし指で軽く2〜3分おさえる。動かなくなったら外へ出し、セロハン紙でできた三角紙の中に、胸を折り目のほうにして入れて持ち運ぶ。

③採集したチョウはその日のうちに、胸に針をさして展翅板や紙箱の上に羽を広げてとめて乾かす。

④菓子のあき箱などの底に、チョウの腹の幅に合わせて切れこみを入れる。この切れこみに胸や腹を入れ、はねを箱の底に広げる。セロハン紙を細く切り、ところどころに止め針をさしながら、広げたはねをセロハン紙でおさえてとめる。完全に乾いてはねが動かなくなったら箱からはずし標本箱に納める。防虫剤を入れておく。

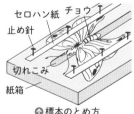

セロハン紙　チョウ

止め針

切れこみ

紙箱

↑ 標本のとめ方

Episode

上記「❻観察結果の整理とまとめ」を使って、自由研究をやってみよう。このとき、パソコンを使うと、写真のとりこみやグラフ作成が簡単にでき、まとめやすくなる。

③ 水中の微小生物 ★☆☆

池や川などをはじめ，家の中の花びんの水の中にも，1つ1つの個体は目に見えないが，微小な生物がたくさん生活している。池や水槽の水が緑色になるのは，大量の微小生物が発生したからである。

1 プレパラートのつくり方

~見やすいプレパラートをつくろう~

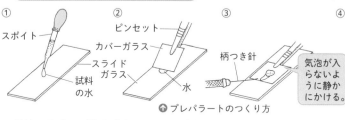

↑ 緑色になった池

↑ プレパラートのつくり方

①池からくんできた水をスポイトで吸いとり，**スライドガラス**の上に1滴落とす。

②**カバーガラス**をピンセットではさみ，観察物にかける。

③カバーガラスをかけるときは**柄つき針**を使い，空気の泡（気泡）が入らないようにする。

④カバーガラスからはみ出た水をろ紙で吸いとる。

2 水中のいろいろな微小生物

~ミクロの世界にもたくさんの生物~

❶ **植物性の微小生物**……運動せずに光合成をする。
　①淡水産…アオミドロ・ミカヅキモ・イカダモ・ハネケイソウ・アオコ・ユレモ・ツヅミモなど。
　②海水産…クモノスケイソウ・キートケロス・コアミケイソウなど。

❷ **動物性の微小生物**……活発に運動する。
　①淡水産…アメーバ・ゾウリムシ・ツリガネムシ・ヒルガタワムシ・ミジンコなど。
　②海水産…ウミホタル・ケンミジンコのなかま，カニ・貝・ウニの幼生など。

❸ **中間的性質の微小生物**……光合成をし，運動をする。
　ミドリムシ・ボルボックス・ツノモなど。

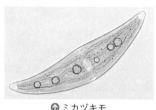

↑ ミカヅキモ

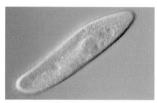

↑ ゾウリムシ

Episode

ミジンコなど，比較的大きい微小生物の場合，ふつうのスライドガラスを用いるとつぶれてしまう。真ん中がへこんだ「ホールスライドガラス」を使用すると，生きたまま観察することができる。

2 植物のなかま

1 花のつくりとはたらき　入試重要度 ★★☆

植物の種類によって、花の色や形はさまざまである。花が終わるとやがて種子ができる。花は子孫を残す生殖器官である。

1 花の基本のつくり

〜花のつくりにはきまりがある〜

サクラを例にして観察すると、花にはめしべ、おしべ、花弁、がくがある。これを花の四要素という。

いろいろな花を観察すると、花は中心から、めしべ、おしべ、花弁、がくという順番で並んでいる。

↑ サクラの花の構造

参考　頭状花

タンポポなどのキクのなかま（キク科）の花は、1つの花のように見えるが、実は多数の花の集まりである。このような花を頭状花とよぶ。

↑ 頭状花　　↑ 1つの花

❶ **がく・花弁**……おしべやめしべなどの内部のつくりを保護している。また、花弁は昆虫などをよびよせるように目立った色をもつものが多い。

　サクラの花弁は5枚ある。がくは花の根もとに5枚あり、くっついている。

❷ **おしべ**……やくと花糸からできている。やくは花粉がたくさん入った袋で、熟すと中から花粉が出てくる。花糸は糸状の柄で、やくを支えている。

Episode 花の基本的なつくりをもとに、花を観察してみると、必ずしも花弁が最も大きな部位でないことがわかる。例えば、アジサイの花では、いちばん外側にあるがくが最も大きい。このがくは美しく色づき、花弁のように見える部分である。

❸ めしべ……花の中央に1本あり，柱頭，花柱，子房（しぼう）からできている。柱頭はめしべの先端部（せんたんぶ）でふくらみがあり，化粉がつきやすくなっている。子房はめしべの基部のふくれた部分である。子房の中に胚珠（はいしゅ）があり，受粉（受精）すると胚珠は種子になる。花柱は柱頭と子房をつなぐ部分であり，花粉管が伸びて通っていく。

zoomup 花粉管→ p.438

🔍 実験・観察 花のつくりの観察

ねらい

いろいろな花を集めて構造を観察することで，花に共通するつくりを見つける。

方法

❶ いろいろな花のつくりを観察し，花の構造を調べる。

❷ 花を外側から，がく，花弁，おしべ，めしべとはずしていき，下の図のように順にセロハンテープに貼りつけていく。

❸ 最後に台紙に貼って保存する。

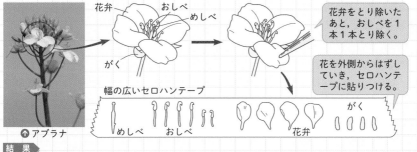

花弁をとり除いたあと，おしべを1本1本とり除く。

花を外側からはずしていき，セロハンテープに貼りつける。

↑アブラナ

幅の広いセロハンテープ

めしべ　おしべ　花弁　がく

結果

• 植物は，花弁やがくの形，おしべの本数などに注目してなかま分けをすることができる。

▶花弁が1枚1枚離れている花（はな）
・花弁は4枚（アブラナのなかま）
・花弁は5枚（エンドウ・バラのなかま）

▶花弁がくっついている（ツツジ，アサガオのなかま）

• 花の構造は，中心からめしべ，おしべ，花弁，がくと並んでいる。

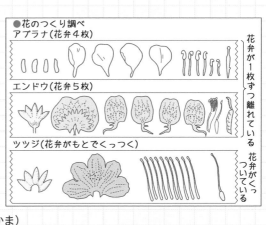

●花のつくり調べ
アブラナ（花弁4枚）

エンドウ（花弁5枚）

ツツジ（花弁がもとでくっつく）

花弁が1枚ずつ離れている

花弁がくっついている

Episode めしべには糖度5〜15%くらいの蜜（みつ）があり，先端（せんたん）から分泌（ぶんぴつ）されている。この花の蜜をえさにしている昆虫（こんちゅう）は多い。ミツバチは花の蜜を集め，巣の中で集めた蜜を凝縮（ぎょうしゅく）させてハチミツをつくっている。

❹いろいろな花のつくり……花の四要素がそろって
いない花も存在する。花の四要素の有無によ
って次のように分類することができる。

▶**完全花**…花の四要素がすべてそろっている花。

▶**不完全花**…花の四要素がそろっていない花。

- ヘチマのなかま(ウリ科植物)…雄花にはめ
しべがなく，雌花にはおしべがない。
- イネやトウモロコシのなかま(イネ科植物)
花弁やがくがない。

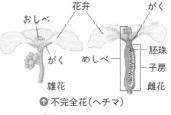

↑ 不完全花(ヘチマ)

↑ 不完全花(イネ)

2 受粉と果実

〜種子でふえる植物〜

花が咲き，種子でなかまをふやす植物を種子植物と
いう。

❶受　粉……めしべの柱頭におしべの花粉がつくこと
を受粉という。

❷種子と果実……受粉すると子房の中の胚珠はやがて
種子になり，子房は**果実**になる。

▶**受粉のしくみ**…同一の花での受粉を避けるため，
おしべとめしべの熟す時期をずらす植物がある。

- ヘラオオバコ…めしべが先に熟し，あとからお
しべが咲き上がっていく。
- ホタルブクロ…おしべが先に熟し，めしべの柱頭

が熟す頃に
は花粉はす
べて放出さ
れている。

このよう
にすること
で，同じ花
の中で受粉

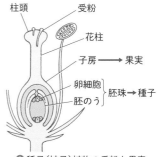

↑ 種子(被子)植物の受粉と果実

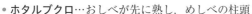

↑ ヘラオオバコ

↑ ホタルブクロの花

が行われず，ほかの花との間で受粉が行われ，多
様な性質をもつ子孫を残すことができる。

❸花粉の運ばれ方……種子植物は，いろいろなものに
めしべや雌花まで花粉を運んでもらい，受粉をしてい
る。花粉の運び手の違いにより，4つのグループに分
けられる。

風媒花は，大量の花粉を風の力で遠くまで飛ばしている。スギ花粉は，風にのって80km
も移動できるといわれている。そのため，ヒトの体内に入りやすく，花粉症を引き起こす原
因となることが多い。

▶**虫媒花**…ミツバチなど，花の蜜を食べる昆虫が運び
手となり受粉が行われる植物のなかま。アブラナ・
ヒマワリ・タンポポ・ツツジなど。

▶**風媒花**…花粉を空気中に大量にまき散らし，風の力
を利用して受粉が行われる植物のなかま。マツ・ス
ギ・イチョウ・ブタクサなど。

▶**鳥媒花**…花の蜜を吸う小鳥が運び手となり受粉が行
われる植物のなかま。昆虫のいない冬に花を咲かせ
る植物に多い。ウメ・ツバキ・モモなど。

▶**水媒花**…池や沼などの水の流れを利用して受粉が行
われる植物のなかま。マツモ・キンギョモなど。

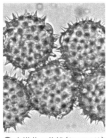 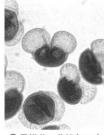 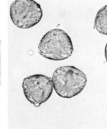 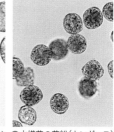

↑ 虫媒花の花粉(ヒマワリ)　↑ 風媒花の花粉(マツ)　↑ 鳥媒花の花粉(ツバキ)　↑ 水媒花の花粉(キンギョモ)

3 種子のつくり

　〜種子には芽になる部分と栄養分がつまっている〜

種子は，種皮，胚，胚乳の３部分からできている。

❶ **種　皮**……種子の表面を包み，内部を保護する。

❷ **胚**……最初の葉になる子葉，最初の根になる幼根と
それを支える胚軸からなり，発芽して苗となる。

❸ **胚　乳**……胚が発芽するときに使われる栄養分。カ
キ・イネなどの種子には胚乳がある。

　エンドウ・アサガオ・クリなどの種子には胚乳がな
いが，子葉に栄養分が蓄えられている。

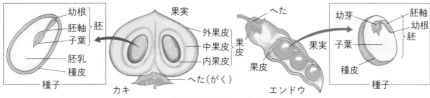

↑種子と果実のつくり

種子のつくりは，枝豆(ダイズ)やソラマメなどの食卓に上がる豆類を使って観察するとよい。
例えば，枝豆であれば，食べるところの大部分は子葉である。また，さやは果実にあたる。

第
3
編

生

命

第1章

分類 生物のつくりと

第2章
生物のからだの
つくりとはたらき

第3章
生物の成長と
進化

第4章
自然と人間

4　子房がない花

～種子が胚珠だけの植物～

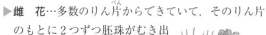

マツやイチョウには子房がなく，胚珠がむき出しになっている。

● **マツの花**……マツの枝の先に咲いた花を見ると，緑色をした新しい枝先に赤い球形の雌花がつき，その枝のもとに多数の雄花がついている。

▶ **雌　花**…多数のりん片からできていて，そのりん片のもとに2つずつ胚珠がむき出しのままついている。

▶ **雄　花**…多数のりん片からできていて，そのもとに黄色い花粉を入れた花粉のうが2つずつついている。花粉は風で運ばれて雌花の胚珠につき，**受粉**が行われる。そのあと雌花に種子ができ，**まつかさ**に変わる。マツの種子は羽根をもっていて，翌々年の秋に熟し，まつかさから離れて飛び，地上に落ちて発芽する。

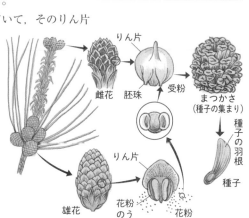

↑ マツの花と受粉

📖 例題　花のつくり

　下の図は，花の断面を表しています。**A**の部分を何といいますか。また，図のような特徴をもつ植物はアブラナとマツのどちらだと考えられますか。その組み合わせとして正しいものを，次の**ア〜カ**から1つ選びなさい。

ア A：胚珠　植物：アブラナ
イ A：子房　植物：アブラナ
ウ A：果実　植物：アブラナ
エ A：胚珠　植物：マツ
オ A：子房　植物：マツ
カ A：果実　植物：マツ

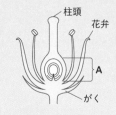

柱頭
花弁
A
がく

| Solution | A は中心にあるものを包んでいることから，胚珠を包んでいる子房である。アブラナには花弁，がくがあり胚珠が子房に包まれている。受粉後，胚珠は種子になり，子房は果実になる。マツには花弁，がく，子房がない。

| Answer | イ

EpIsode

子房がない植物には，マツのほか，イチョウ，オリーブなどがある。マツは，雄花と雌花が1つの木に咲くが，イチョウ，オリーブは，雄花を咲かせる木と雌花を咲かせる木が決まっているため，どちらかしかない場合は花粉が飛んでこない限り，種子をつけない。

2 種子植物の分類 ★★☆

種子植物は裸子植物と被子植物とに分類される。さらに被子植物は単子葉類と双子葉類とに分類される。

1 裸子植物と被子植物

~つくりを比べて違いを理解しよう~

種子植物は，マツ・スギ・イチョウなどの胚珠が子房に包まれず，むき出しになっている裸子植物と，サクラ・カボチャ・ユリなどの胚珠が子房に包まれている被子植物に分けられる。

❶ 裸子植物……胚珠が子房に包まれず，むき出しの裸子植物には，マツ・スギなどの針葉樹や，イチョウ・ソテツなどがある。

裸子植物はすべて雄花と雌花を別々につけている。特にイチョウやソテツは，雄花だけをつける雄株と雌花だけをつける雌株とがある。

裸子植物の花粉は風によって遠くまで運ばれることが多く，イチョウやソテツの花粉は雌花にたどりつくと花粉から精子を出すことが知られている。

裸子植物の雌花の胚珠は子房に包まれていないので，受粉しても果実ができず，種子のみができる。まつかさは果実ではなく花の一部（りん片）がかたくなったものであり，イチョウのギンナンも果実ではなく種子である。

↑ イチョウの雄花

↑ イチョウの雌花

❷ 被子植物……被子植物は，イネ・トウモロコシ・ユリなどの単子葉類と，サクラ・ヘチマ・カボチャなどの双子葉類の2つに分けられる。

▶ 単子葉類…イネ・タマネギ・トウモロコシ・ヤシ・ツユクサ・ユリ・アヤメ・ラン・カンナなどがあり，次のような特徴がある。

参考 次代を育むしくみ

花が咲く植物は陸上の生活に適したつくりをしているが，できたての子（胚）はまだ水分を吸収する特別なしくみがない。

未熟な子を親のからだで完全に包みこんだ植物が被子植物であり，そのつくりが不完全なものが裸子植物である。

マツ 雌花の断面
↑ 被子植物　↑ 裸子植物

 Episode　イチョウは裸子植物である。成長したイチョウの種子であるギンナンには，やわらかい果実のようなものがあるが，これは種子の皮が発達したもので，果実ではない。

胚乳（食べる所）
◀ ギンナン

339

- 種子が発芽するとき子葉は1枚である。
- 茎は細長く伸びて，節があるが，あまり太くならない。
- 葉は細く，葉脈は平行に並んでいる。
- 根は同じ太さのひげ根が多数出る。
- 花弁の枚数は，3枚か6枚が多い。
- 合弁花，離弁花という区別はしない。

↑ユリ（単子葉類）　↑アヤメ（単子葉類）

▶**双子葉類**…サクラ・カエデ・バラ・アブラナ・エンドウ・ツツジ・リンドウ・アサガオ・ヘチマ・キク・ヒマワリなどがあり，次のような特徴がある。

- 種子が発芽するとき子葉が2枚出る。
- 茎が太く，長く伸びる。また，木になるものがある。
- 葉脈は網目状に広がっている。
- 根は太い主根が1本伸びて，そこから細い側根が何本も出る。
- 花弁の枚数は，4枚か5枚が多い。

　双子葉類は，花弁のつき方によって，さらに合弁花類と離弁花類に分けられる。

▶**合弁花類**…花弁がくっついている。

　例　アサガオ・タンポポ・リンドウ・ツツジ

▶**離弁花類**…花弁が1枚ずつ離れている。

　例　アブラナ・エンドウ・サクラ・バラ

↑アサガオ（合弁花類）　↑ピーマン（合弁花類）　↑ダイコン（離弁花類）

参考 トウモロコシとヘチマの子葉の違い

↑トウモロコシ（単子葉類）の子葉

↑ヘチマ（双子葉類）の子葉

参考 タンポポとイネの根の違い

　主根
　側根
　ひげ根

↑タンポポ（双子葉類）の根　↑イネ（単子葉類）の根

 Episode　離弁花類の花弁は完全に離れているため，花弁が不要になると多くは1枚ずつ散る。合弁花類は花弁が根もとでくっついているため，しおれたり，一度に落ちていく。しかし，ツバキやサザンカは離弁花であるが一度に花弁が落ちていく中間的性質をもつものもある。

❸ 種子植物のなかま分け（分類）

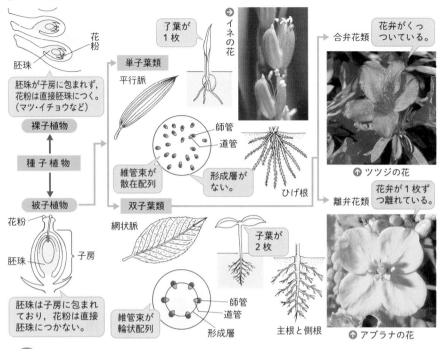

花粉

胚珠

胚珠が子房に包まれず、花粉は直接胚珠につく。（マツ・イチョウなど）

裸子植物

種子植物

被子植物

花粉

胚珠

子房

胚珠は子房に包まれており、花粉は直接胚珠につかない。

子葉が1枚

→ イネの花

単子葉類

平行脈

師管
道管

維管束が散在配列

形成層がない。

ひげ根

双子葉類

網状脈

子葉が2枚

師管
道管

維管束が輪状配列

形成層

主根と側根

合弁花類

花弁がくっついている。

↑ ツツジの花

離弁花類

花弁が1枚ずつ離れている。

↑ アブラナの花

📖 **例 題** ┃ 被子植物の分類

次の**ア～オ**の植物の中から，主根とそこから出る側根をもつ植物をすべて選び，記号を書きなさい。 〔埼玉〕

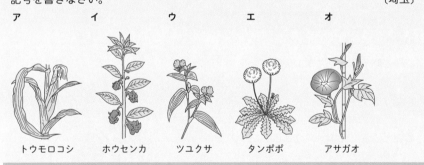

ア　トウモロコシ　　イ　ホウセンカ　　ウ　ツユクサ　　エ　タンポポ　　オ　アサガオ

[Solution ▷] それぞれの葉のつくりに着目すると，**ア・ウ**は平行脈で，**イ・エ・オ**はどれも網状脈である。したがって，**ア・ウ**は単子葉類，**イ・エ・オ**は双子葉類である。根のつくりが主根とそこから出る側根からなるのは双子葉類である。

[Answer ▷] **イ，エ，オ**

入試Info

入試では，生物のそれぞれの特徴に着目し，共通点と違いを見出し，分類していくものが多く出題されている。特に植物は，胚珠，葉，茎，根，子葉の違いから分類できるようにしておこう。

341

3 種子をつくらない植物 ★★☆

種子をつくらない植物は、**シダ植物**や**コケ植物**のように胞子をつくってふえる。これらの植物は、花が咲き種子でふえる種子植物と同様に光合成を行うが、日かげの湿った場所などで生育していることが多い。

1 シダ植物

~維管束がある植物は縦に伸びる~

シダ植物のなかまには、スギナ、ワラビ、ゼンマイ、ウラジロなどがある。

❶ **からだのつくり**……根・茎・葉の区別があり、**維管束**が発達している。葉には葉緑体があり、光合成を行う。

❷ **ふえ方**……葉の裏などに胞子をつくりふえる。

↑ シダ植物のからだとふえ方

参考 ツクシとスギナ

スギナはシダ植物の一種で、枝は棒状で茎の節に輪状についている。ツクシは胞子をつける茎とは別に地下茎から出てくる。ツクシの頭には胞子をつくる袋（胞子のう）が穂のように集まっている。この袋の中から粉のような胞子が飛び出してふえていく。

Words 維管束

植物が根から吸い上げた水や水に溶けた養分が通る道管と、葉でつくられた栄養分が通る師管という管の集まりのこと。

実験・観察 シダの胞子のうと胞子の観察

ねらい

胞子と胞子のうのようすを観察する。

方法

❶ 葉の裏をルーペで拡大すると、胞子のうをおおううすい膜（包膜）がある。

❷ 包膜を柄つき針ではがすと、胞子のうの集まりが見える。

❸ 胞子のうをスライドガラス上にのせ顕微鏡で観察する（100倍以下）。

❹ 胞子のうは乾燥するとさけて中の胞子を放出するため、観察を続けると胞子を放出する動きが観察できる。ヒーターであたためてもよい。

ルーペ　柄つき針　顕微鏡で観察したようす。

包膜　胞子のう　胞子

胞子のうをスライドガラスにのせる。

Episode シダ植物の中には、イヌワラビのようにたけの短い草状のものだけではなく、樹木のように成長するヘゴのようなものもある。ヘゴは熱帯から亜熱帯に約800種が分布していて、大きなものは7~8mに達する。

2 コケ植物

～からだ全体で水を吸収～

コケ植物のなかまには，スギゴケやゼニゴケなどがある。これらの植物も，葉緑体があり，光合成を行う。

❶ からだのつくり……種子植物やシダ植物のような維管束がなく根・茎・葉の区別がはっきりしていない。

根のように見える部分を**仮根**というが，水の通路はなく，水分などはからだの表面からとり入れている。

❷ ふえ方

▶スギゴケのふえ方

①雄株の先端に**造精器**ができ，精子をつくる。雌株の先端には**造卵器**ができ，卵をつくる。

②雨などで水がつくと精子は泳いで造卵器に入り，受精する。やがて，受精卵は成長して胞子のうをつくる。

③胞子のうで胞子をつくり，これが熟して落ちると新しいコケができる。

▶ゼニゴケのふえ方

①雄株に**雄器床**ができ，中の**造精器**で精子がつくられる。また，雌株には**雌器床**ができ，中の**造卵器**で卵がつくられる。

②スギゴケと同じように受精すると胞子のうができ，胞子がつくられる。

③胞子が熟して落ちると新しいコケができる。

zoomup 受　精 → p.438

参考 種子と胞子

種子は花粉がめしべの柱頭につき受粉することによってできる。

胞子は，種子のようにおしべ，めしべなど両親にあたるものからできているのではなく，葉の裏などの胞子のうという場所で分裂によってつくられる。

↑ スギゴケのからだとふえ方

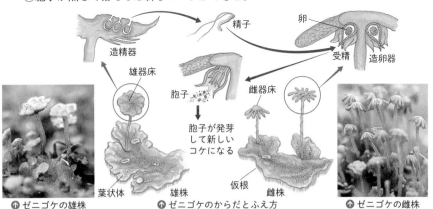

↑ ゼニゴケの雄株　　↑ ゼニゴケのからだとふえ方　　↑ ゼニゴケの雌株

HighClass コケ植物の胞子が発芽するときには，糸状の原糸体という構造を形成する。その上にコケ本体の芽が出る。原糸体は光合成を行うため，本体が発達するまで栄養分をつくることができる。

3 植物の分類

〜種子をつくらない植物を加えた分類〜

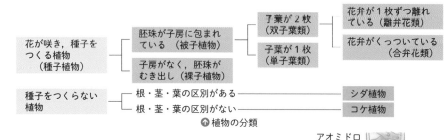

↑ 植物の分類

4 藻類

〜光合成を行う生物〜

　植物には属していないが，光合成を行う生物を藻類という。藻類には，根，茎・葉の区別はない。

① 淡水の藻類……池や沼などに生育している。

▶ **アオミドロ**…糸状の緑藻で，細胞が1列に並んでいる。

▶ **ミカヅキモ**…単細胞の緑藻で，両端が細い棒状や三日月の形をしている。

▶ **クロレラ**…単細胞の緑藻で球状をしている。

② 海の藻類……海藻とよばれる大きなものもある。

▶ **アオノリ(緑藻類)**…岩などにつく緑色をした海草で，同じなかまにアオサやミルなどがある。

▶ **マコンブ(褐藻類)**…褐色をした帯状の海草で，10m以上にもなる。同じなかまにワカメなどがある。

▶ **アサクサノリ(紅藻類)**…暗紫色から紅紫色の葉状の海草で，同じなかまにテングサなどがある。

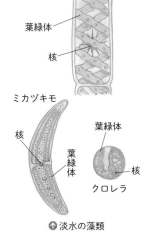

↑ 淡水の藻類

↑ 海の藻類

③ **ケイソウ類**……池や海などに広く分布している藻類で，羽状，棒状，円盤状などいろいろな形のものがある。

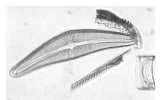

↑ クチビルケイソウ

Episode

　海藻は陸上の植物と同じように光合成を行うが，一律に緑色ではなく，赤や褐色など色とりどりである。これは緑色の光合成色素であるクロロフィルだけではなく，赤やだいだい色の光合成色素を多く含んでいるからである。

例題 植物のなかま

下の図のようにゼニゴケ，イヌワラビ，イチョウ，ツユクサ，アブラナをそれぞれの特徴(とくちょう)をもとに **a～d** に分類しました。これについて，あとの問いに答えなさい。

〔群馬〕

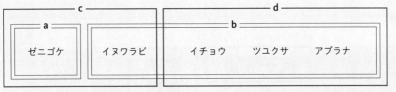

(1) 図中の **a** と **b** は，どのようなからだのつくりの特徴をもとに分類しましたか。

(2) 図中の **c** と **d** は，子孫のふやし方をもとに分類しました。

　①それぞれの子孫のふやし方をそれぞれ答えなさい。

　② **d** に分類できる植物を，次の**ア～エ**からすべて選びなさい。

　　ア スギナ　　　**イ** スギゴケ

　　ウ アサガオ　　**エ** ソテツ

(3) 図中のツユクサとアブラナを比較(ひかく)したとき，アブラナのみに見られる特徴を，次の**ア～エ**から選びなさい。

　ア 主根と側根がある。

　イ 葉脈が平行に並ぶ。

　ウ 子葉が1枚である。

　エ 子房(しぼう)がある。

Solution ▷ (1) イヌワラビはシダ植物である。そのため **b** の植物は，どれも根・茎(くき)・葉の区別がはっきりしていて，維管束(いかんそく)をもっている。**a** のゼニゴケは，根・茎・葉の区別がなく維管束がない。

(2) ① **c** と **d** の子孫のふやし方の違(ちが)いは，種子でふえるかどうかである。

　② ①より，**d** は種子をつくってふえるグループとなるので，**ア～エ**のうち種子をつくってふえる植物を選ぶ。**ア**のスギナはシダ植物，**イ**のスギゴケはコケ植物，**ウ**のアサガオは被子植物(ひししょくぶつ)，**エ**のソテツは裸子植物(らししょくぶつ)である。

(3) ツユクサは単子葉類，アブラナは双子葉類(そうしようるい)である。そのため，アブラナのみに見られる特徴は双子葉類の特徴である。

Answer ▷ (1) 例 維管束をもっているか。

(2) ① **c** 例 胞子(ほうし)をつくってふやす。

　　d 例 種子をつくってふやす。

　② **ウ，エ**

(3) **ア**

短文記述 対策！

Q シダ植物や種子植物とコケ植物を比べたとき，ほかの植物にはないコケ植物だけの特徴について説明せよ。

A シダ植物や種子植物は根・茎・葉に分かれているが，コケ植物にはその区別がない。

345

植物のなかま

コケ植物

種子によらない
ふえ方をする

被子植物

花をつけ,種子を
つくってふえる

胚珠　子房

単子葉類

子葉が
1枚

平行脈

ひげ根

維管束が
散在配列

裸子植物

りん片
胚珠

双子葉類

網状脈

子葉が
2枚

主根と側根

維管束が
輪状配列

離弁花類

マツの雌花

マツの雄花

まつかさ(前年の雌花)

← ソテツの種子

合弁花類

↑ ソテツの雌花　　↑ ソテツの雄花

← イチョウの種子
（ギンナン）

↓ イチョウの雌花　　↓ イチョウの雄花

➡ ツツジ

➡ ヒルガオ

ゼニゴケ
の雌株➡

↑ ゼニゴケの雄株

シダ植物

↑ ウラジロ

↑ イネ

↑ イネの花

↑ ヤマユリ

↑ カトレア

↑ ウメ

↑ アブラナ

↑ タチツボスミレ

↑ ニセアカシア

⬇ キキョウ

⬅ タンポポ

3 ▶ 動物のなかま

1 動物の観察　入試重要度 ★☆☆

　動物を観察するときには，運動のしかた，食物などを獲得する行動，生活場所，からだのつくり，親子や同じなかまとの関係などに注目する。これらは動物を理解するうえで大切な視点である。

1 身近な動物の観察

〜特徴や行動の観察から考えよう〜

❶ **動物の観察例**……動物は，次の例のような視点で観察し記録するとよい。

例　身近な動物の観察カード(ネコ)

観察の視点	観察の記録
①生活場所	自宅やそのまわり
②呼吸のしかた	肺
③運動のしかた	4本あしで歩く，走る，木などにのぼる。からだをふせて歩くこともある。
④からだの表面	全身毛でおおわれている。
⑤子の生まれ方	子を数匹産み，母乳で育てる。
⑥食　物	魚や肉を食べる。昆虫，スズメ，ネズミなどをとらえることもある。
⑦その他の特徴	暗いとひとみは大きくなる。あしに出入りするかぎつめと肉球がある。

❷ **観察の記録と関連づける**……観察の記録をもとに，動物の生活や行動について考察する。

例　• 運動のしかたから，獲物をとらえて食べる習性があるのではないか。

　　• ひとみの大きさの変化から暗い所でも歩けるのではないか。

参考　観察について

　観察する動物は，「ペットとして飼育されている動物」，「水族館や動物園などで飼育されている動物」などがよい。

　「野生の動物」を観察する場合は，ツバメやカナヘビなど人家に近い所で観察できるものを選ぶ。

　どのような動物を観察する場合でも，観察対象の動物に接近しすぎたり，傷つけたりしないように注意する。

Episode　動物園や水族館では，動物のようすを動画配信している所がある。身近な所で観察することが難しい場合は，それぞれの施設の公式サイトの動画を活用するとよい。さらに，動画の視聴で興味をもった動物を実際に観察することで理解が深まる。

② 背骨をもつ動物(セキツイ動物) ★★★

背骨をもつ動物をセキツイ動物という。セキツイ動物は，ホ乳類(ヒトなど)，鳥類(鳥)，ハ虫類(トカゲなど)，両生類(カエルなど)，魚類(魚)の5種類に分類することができる。

1 セキツイ動物のからだのしくみと運動

~背骨はからだのしくみにどう影響するのか~

❶ セキツイ動物のからだ

▶頭，胴，尾の3つの部分からできていて，左右が対称になっている。また，2対(4本)のあし(手)がある。

▶背骨がからだのほぼ中央を通り，からだ全体を支えている。背骨は小さな**脊椎骨**がたくさん連結してできていて，この中を脊髄とよぶ神経の束が通っている。

▶頭には頭骨があり，その中には脳とよぶ神経の束が通っている。

▶手あしにも多数の骨があり，骨は**関節**で連結しているので，なめらかな運動ができる。

▶骨の周囲には弾力性をもった筋肉が多数ついていて，体内をまもるとともに，すばやく複雑な運動ができる。

❷ セキツイ動物の運動……運動は，骨格についた筋肉が収縮することで行われる。

▶**水中生活をする魚類，ホ乳類**…魚類やクジラ(ホ乳類)は水の浮力でからだが支えられているのであしがない。魚類は背骨と筋肉を使い，胴や尾を左右に動かし，水をおして移動する。背や胸，尾などにつくひれは，からだの位置を保ったり，運動の向きを変えるのに役に立つ。クジラは魚類と異なり，胴や尾を上下に動かし推進力を得る。

▶**子は水中，親は陸上で生活する両生類**…カエルの子は水中で生活し，親は陸上で生活する。親は後ろあしの筋肉が発達し，この筋肉の伸縮により飛びはねる。

Words セキツイ

脊椎骨ともいい，背骨をつくる小さな骨である。1つの脊椎骨をみると，中心となる骨の後方に数個の突起が出ている。この脊椎骨が縦に多数連結して背骨ができる。

脊髄の入る穴

⬆ カエルの脊椎骨

zoomup 脊　髄→ p.417

脳→ p.417

関　節→ p.423

参考 ヒトの主な骨格

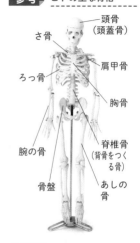

頭骨(頭蓋骨)

さ骨

肩甲骨

ろっ骨

胸骨

腕の骨

脊椎骨(背骨をつくる骨)

骨盤

あしの骨

参考 魚類のひれ

フグなどは，背びれを波動させて前進・後退する。カツオ，マグロなどは，尾びれで前進力をつくり，腹びれと第一背びれを使って方向転換をする。

側線

背びれ

胸びれ

尾びれ

腹びれ

しりびれ

⬆ フナのひれ

Episode 魚類の解剖は，カッターやキッチンバサミで家庭でも行うことができる。また，にぼし(カタクチイワシ)の解剖では，乾いた状態で観察できるため，解剖が苦手でも手軽に取り組みやすい。脊髄や脳などの器官が簡単に観察できる。

▶**陸上生活をするハ虫類**…トカゲ・ワニは，地面との摩擦を小さくするために，からだをもち上げるあしが発達している。からだの動かし方は魚類に似ている。

▶**鳥　類**…前あしが翼に変わり，気のうなどの器官があり，空を飛ぶのに適したからだになっている。

▶**ネコやウマなどのホ乳類**…あしの骨や筋肉が，背骨や胴の筋肉といっしょにはたらいて，強く地面をけってはやく走ることができる。

2 セキツイ動物の食物と消化器官

～何を食べるかで分類しよう～

セキツイ動物は食物によって，ウサギ・ウマなどのような**草食動物**，サメ・ワニ・ライオンなどのような**肉食動物**，コイ・クマ・ヒトなどのような**雑食動物**に分けられる。それぞれ，消化器官が食物をとるのに適した構造になっている。

❶ **草食動物の消化器官**……草や木の葉など，繊維の多い食物をすりつぶして消化できるようなつくりになっている。

▶**歯**…草をかみ切る**門歯**と草をすりつぶす**臼歯**が発達している。

▶**消化管**…植物はふつう消化にかかる時間が長いため，胃や腸といった消化管が発達しており，からだの大きさと比べると長くなっている。

❷ **肉食動物の消化器官**……ほかの動物をとらえて食べるのに都合がよいつくりになっている。

▶**歯**…鋭い**犬歯**が発達し，肉をはさんでおし切るために臼歯は凹凸になっている。

▶**消化管**…肉は植物に比べると消化に時間がかからないため，消化管は，からだの大きさと比べると短くなっている。

❸ **雑食動物の消化器官**……植物と動物のどちらも食べやすいつくりになっている。

▶**歯**…門歯，犬歯，臼歯は平均して発達している。

▶**消化管**…消化管の長さは，草食動物と肉食動物の中間となっている。

参考 チーターとウマの運動のようす

　チーターは，背骨まで使うため瞬発力があるが，すぐに疲れる。ウマは首を前後に移動させるため，背骨を使わない。そのため耐久力がある。

zoomup 消化器官→p.394

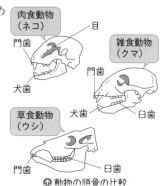

肉食動物（ネコ）
目
門歯
犬歯

雑食動物（クマ）
門歯
犬歯
臼歯

草食動物（ウシ）
門歯
臼歯

⬆動物の頭骨の比較

ウシやヒツジなどの動物は，反すう胃をもつ。反すう胃は4つに分かれていて，一度胃に入れたものを口にもどすことをくり返し，食物を細かくする工夫をしている。

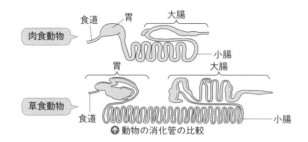

↑ 動物の消化管の比較

3 セキツイ動物の感覚器官

〜食物や環境に適したつくりになっている〜

セキツイ動物では，生活のしかたにより，それぞれに適した感覚器官をもっている。

❶ 水中生活する動物の感覚器官

▶多くの魚類のからだには**側線**があり，水流の方向，水圧，振動などを感じる。目は広い範囲を見ることができる（**魚眼レンズ**）。耳は内耳をもっている。

▶両生類は鼓膜，中耳，内耳をもっている。瞬膜があり，水陸両方の生活に適している。

❷ 陸上生活する動物の感覚器官

▶**目**…瞬膜やまぶたがあり，眼球の乾燥を防ぐことができる。**肉食動物**は顔の前方に両目があるため，立体視できる範囲が広く獲物までの距離を的確に知ることができる。**草食動物**は目が顔の側方に離れてついているため，広い視野をもつが立体視できる範囲は狭い。捕食者の動きを敏感にとらえることができる。

▶**耳**…外耳，中耳，内耳をもつものが多い。多くのホ乳類は耳殻が発達しているため音を集めることができる。両耳に届く時間のずれから音源の方向がわかる。

▶**鼻**…ホ乳類は特に敏感で，ごくわずかなにおいもかぎ分ける。モグラなどはこの感覚で獲物をとらえる。

▶**その他の感覚器官**…舌で味を感じ，有害なものを区別する。皮膚で温度，圧力などを感じる。

Words ┊ **瞬膜**

眼球を保護する透明または半透明の膜。まぶたとは異なり，水平方向に動く。多くのセキツイ動物に見られるが，ヒトにはない。

↑ 肉食動物の目のつき方

↑ 草食動物の目のつき方

Episode

日本の固有種で，西日本で見られる特別天然記念物のオオサンショウウオは，世界最大の両生類である。体長は約 60 cm ほどで大きいものでは 1 m をこえるものもいる。3000 万年前といまの姿がほとんど変わっていないため，「生きた化石」といわれている。

4 セキツイ動物の呼吸

~生活場所は水中？陸上？~

生活する場所によってそれぞれ適した呼吸を行っている。

❶ 水中生活する動物の呼吸

▶ **えら呼吸**…魚類は胸の部分にえらがあり、水に溶けている酸素を吸収することができる。

▶ **肺呼吸**…カメやワニ(ハ虫類)、クジラ(ホ乳類)なども水中にすむが、肺をもつため時々水面に出て空気中の酸素を吸う。

❷ 陸上生活する動物の呼吸……トカゲ(ハ虫類)、ハト(鳥類)、イヌ・モグラ(ホ乳類)などの陸上で生活するセキツイ動物には肺があり、**肺呼吸**をする。

> **zoomup** えら呼吸→ p.409
> 肺呼吸→ p.408

> **参考** 皮膚呼吸
>
> 体表で呼吸を行う方法もある。カエルの成体は、肺呼吸とあわせて皮膚呼吸も行っている。

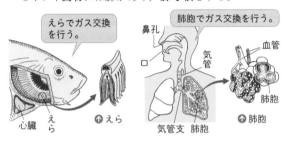

えらでガス交換を行う。

心臓　えら　↑えら

肺胞でガス交換を行う。

鼻孔　気管　血管
口　　　　肺胞
気管支　肺胞　↑肺胞

5 セキツイ動物の体温

~環境に合わせる？体温を保つために工夫する？~

一般に、水中の温度はあまり大きく変化しないが、陸上の気温は季節や天候で大きく変化する。そこで、陸上生活をするホ乳類や鳥類の多くは体温を一定に保つしくみをもっており、これらを恒温動物という。これに対し、体温を保つしくみがなく、外気温とともに体温が変化する動物を変温動物という。

❶ 恒温動物が体温を保つしくみ

▶ **寒いとき**

・からだの表面の羽毛や体毛をたて空気層を多くして熱が逃げるのを防ぐ。

・活発に運動して発熱する。

・体内に脂肪を蓄え、エネルギーを保つ。

> **参考** セキツイ動物の体表
>
> 魚類、ハ虫類は**うろこ**におおわれている。両生類は**しめった皮膚**をもつ。鳥類は**羽毛**に、ホ乳類は**毛**におおわれている。

> **参考** 外界の温度と体温

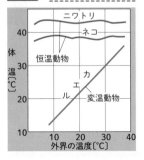

動物のなかまでも、植物と同様、生物のからだの特徴から分類につなげる問題が数多く出題される。動物の場合は、さらに特徴どうしの関連についても考え、その特徴をもつ理由も推測するとよい。

▶暑いとき

- 夏はかためで密度の低い夏毛に変える。
- 汗を出してその気化熱で体温を下げる。
- 呼吸を激しくして呼気により熱を体外に逃がす。

❷ 変温動物の生活……変温動物は，気温が下がりすぎ
たり上がりすぎると，活動を停止して休眠する。冬に
カエルやヘビが地中で冬眠したり，コイが水底で休止
するのがその例である。

❸ 恒温動物の体温低下による休眠……ヤマネやコウモ
リ(小型のホ乳類)は，冬季に気温が一定温度以下に下
がると，急に体温が低下して休眠に入り冬眠する。ま
た，ハチドリ(鳥類)は，昼は花の蜜をエネルギー源と
して活発に運動し体温を保つが，からだが小さすぎて
栄養分を体内にためられないので，夜間は昆虫のよう
に体温を下げて休眠する。朝になり気温が上昇すると
体温も上昇する。

参考 鳥類のもつ気のうの役割

　鳥類にある気のうには体温を
下げる役割もある。からだに広
がっている気のうは，汗腺のな
い鳥類が運動により出た熱をは
やく体外に放出する役目をもっ
ている。肺につながっているの
で血液が熱を運んでくれる。

気のう　　　肺

📖 **例題** 　動物のなかま

　右のグラフは，動物 P と動物 Q の気温による体温
の変化を表しています。これについて，次の問いに答
えなさい。　　　　　　　　　　　　　　〔秋田一改〕

(1) 動物 P のように気温が変化しても体温をほぼ一定
に保つことができる動物を何といいますか。

(2) 動物 Q のなかまを，次のア～カからすべて選びな
さい。

　ア イモリ　　イ コイ　　　ウ コウモリ
　エ ヘビ　　　オ メダカ　　カ ワシ

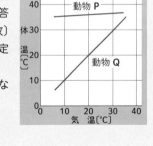

Solution ▷ (1) グラフから，動物 P は体温を一定に保つしくみのある恒温動物である。

　　　　　　(2) 恒温動物は，体毛や羽毛をもつことで体温を一定に保つ工夫をしてい
　　　　　　　　るため，動物 Q は体毛や羽毛をもたない変温動物であることがわかる。

Answer ▷ (1) 恒温動物　　(2) ア，イ，エ，オ

6 セキツイ動物の子の産み方

　～環境に合わせた卵，産むだけか？育てるか？～

　魚類・両生類・ハ虫類・鳥類は，子を卵で産む卵生で
ある。また，ホ乳類は，子がある程度育つまで母親の体
内で育てる胎生である。セキツイ動物の子の産み方は，

入試Info　例題にあるような，グラフを使った問題や表を用いる問題が多く出題されている。生物の特
徴を表から読みとったり，産卵数の表やグラフから何がいえるかなど，表やグラフを読みと
り，考えていく問題に数多くふれることが大切である。

その動物の生活場所と関連している。

❶ **水中で生活する動物の子の産み方・育て方**……魚類や両生類(子)のように, 水中生活をしている動物は, 殻のない卵を一度にたくさん産む。親は子育てをしないため, たくさん卵を産んでも実際に成体になれるのはごくわずかである。

❷ **陸上で生活する動物の子の産み方・育て方**……ハ虫類や鳥類は, 乾燥に強い殻のある卵を数個産む。ホ乳類は母親の体内で育てた子を1匹から数匹産む。鳥類とホ乳類は, 巣などで子育てを行う。

zoomup 動物の産卵(子)数
→ p.440

3 背骨をもたない動物(無セキツイ動物) ★★☆

背骨をもたない動物を無セキツイ動物といい, 陸上, 水中などさまざまな場所で生活している。

❶ **節足動物のからだと運動**……節足動物には, 昆虫類, 甲殻類, クモ類, ムカデ類, ヤスデ類などが含まれる。からだの外側を包む皮膚がかたくからだを支え, 筋肉がついて活発に運動する。これを外骨格という。あしは, 多数の節に分かれていて, よく曲がる。

▶**節足動物のからだの特徴**

	からだの区分	あしの数	呼吸器官	目
昆虫類	頭部・胸部・腹部	胸部に3対(6本)	気管	複眼と単眼
甲殻類	頭胸部・腹部	頭胸部に4〜5対(8〜10本)	えら	複眼
クモ類	頭胸部・腹部	頭胸部に4対(8本)	書肺気管	単眼
ムカデ類ヤスデ類	頭部・胴部	1節に1対(ムカデ類)1節に2対(ヤスデ類)	気管	単眼

※はねは, 昆虫類にのみ2対(4枚)ある

▶**節足動物の運動のしかた**…外骨格の内部の筋肉で, あしやはねを激しく動かすことができる。

❷ **節足動物の呼吸と食物**

▶**呼吸法**…腹部の各体節に小さな穴(気門)があり, そこから細い管(気管)が体内につながっている。そこに空気が出入りして呼吸する。陸上生活をする昆虫・クモ類・ムカデ類・ヤスデ類は**気管呼吸**をする(書肺は気管の変形)。甲殻類は**えら**で呼吸する。また, 水中で生活する昆虫の幼生は**えら呼吸**をする。

Words 無セキツイ動物

背骨(脊椎骨)をもたない動物で, 動物の大部分はこのなかまである。

海綿動物, 刺胞動物, ヘン(扁)形動物, 線形動物, 環形動物, 軟体動物, 節足動物, キョク皮動物などに分けられる。

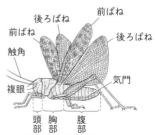

↑バッタ(昆虫類)のからだ

↑エビ(甲殻類)のからだ

Episode

昆虫は単眼と複眼をもつ。複眼は個眼という小さな眼がたくさん集まってできている。中でもトンボの複眼は1万個以上の個眼が集まってできている。昆虫は複眼をもつことで視野が360度となるため, えさをとらえたり, 敵からすばやく逃れることができる。

▶**食物と口の形**…昆虫類は種類によって食物が大きく異なる。そのため，口の形に違いがある。針状のセミ，管状のチョウ，発達したあごをもつカマキリなどがある。

↑ 昆虫の口の形

❸ **軟体動物のからだと運動**……軟体動物には，二枚貝のなかま（二枚貝類），巻貝のなかま（腹足類），イカ・タコのなかま（頭足類）が含まれる。

▶**軟体動物のからだ**…からだの外側は**外とう膜**におおわれ，そこから分泌される石灰質により**貝殻**をつくり，からだをまもっている。

▶**軟体動物の運動のしかた**…二枚貝は砂や泥の中に，斧の形をした筋肉を差しこみ，伸び縮みさせて移動する。巻貝は腹の部分の筋肉を波状に収縮させて移動する。イカ・タコは外とう膜とあしを使って遊泳したり歩行したりする。

↑ マイマイの筋肉運動

❹ **軟体動物の呼吸と食物**

▶**軟体動物の呼吸**…巻貝は**水管**で水を出し入れして，えらで呼吸する。二枚貝は2本の管（**入水管**，**出水管**）で水を出し入れして，えら呼吸をする。イカやタコも水管を用いてえらで呼吸をする。マイマイなど陸生のものは，外とう膜が肺の役割を果たしている。

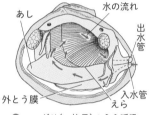

↑ ハマグリ（二枚貝）のえら呼吸

▶**軟体動物の食物**…巻貝は草食性と肉食性のものがいる。草食性のものは，口にやすりのようなものがついた舌（**歯舌**）があり，これで海藻などをこすりとる。肉食性のものはこれが変化して矢の形になり，魚をつかまえるものもいる（イモガイのなかま）。二枚貝はプランクトンをえらで口に運び，食べる。

参考 巻貝（マイマイ）の口の断面

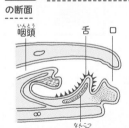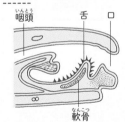

❺ **その他の無セキツイ動物**

▶**キョク皮動物**…からだが放射状。ウニ・ヒトデなど。

▶**環形動物**…細長く，多数の体節。ミミズ・ゴカイなど。

▶**ヘン（扁）形動物**…からだは平たく，肛門をもたない。プラナリア・サナダムシなど。

▶**刺胞動物**…つぼ状で多数の触手に針と毒をもつ。クラゲなど。

▶**海綿動物**…神経や消化管がない。カイメンなど。

参考 イカのからだの観察

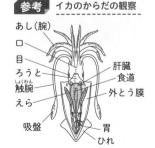

Episode イカのなかまのからだには，外とう膜にかたい筋のようなものが通っている。これは軟甲といい，かつてイカが貝殻をもっていた証拠（痕跡器官）である。また，オウムガイは，イカ類に分類されるイカの祖先で，貝殻をもっている。

系 統 樹

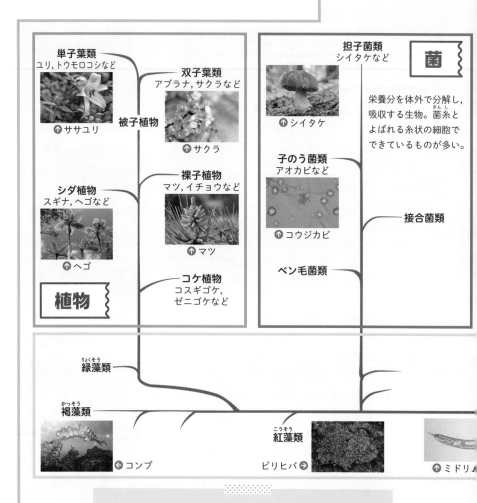

単子葉類
ユリ, トウモロコシなど

↑ ササユリ

双子葉類
アブラナ, サクラなど

↑ サクラ

被子植物

シダ植物
スギナ, ヘゴなど

↑ ヘゴ

裸子植物
マツ, イチョウなど

↑ マツ

コケ植物
コスギゴケ,
ゼニゴケなど

植物

担子菌類
シイタケなど

↑ シイタケ

菌

栄養分を体外で分解し,
吸収する生物。菌糸と
よばれる糸状の細胞で
できているものが多い。

子のう菌類
アオカビなど

↑ コウジカビ

接合菌類

ベン毛菌類

緑藻類

褐藻類

← コンブ

紅藻類

ピリヒバ →

↑ ミドリ

地球上に最初の生物が誕生したのは, 約38億年前と考えられている。
初めはごく簡単な単細胞の形であったが, 何億年もの時間をかけてさ
まざまな形に変化していった。そのため, 地球上の生物は広い意味で
は全部親戚関係にあるといえる。それぞれの生物の特徴を調べ, 近い
ものをつなげていくと, 1本の樹のような図を描くことができる。こ
の図を系統樹という。

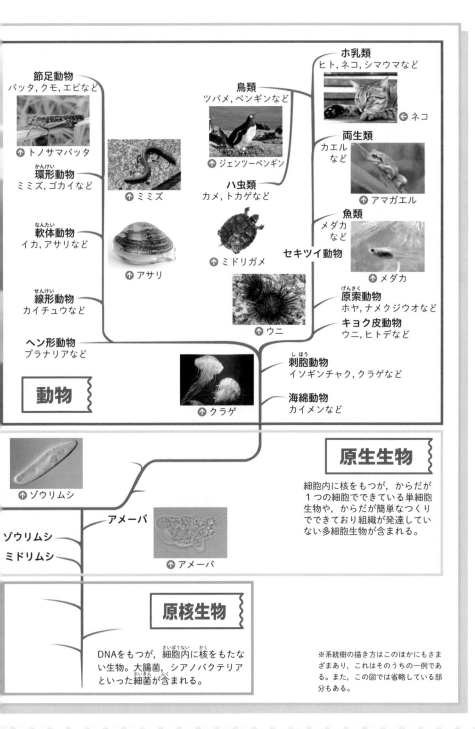

ホ乳類
ヒト, ネコ, シマウマなど

← ネコ

節足動物
バッタ, クモ, エビなど

↑ トノサマバッタ

鳥類
ツバメ, ペンギンなど

↑ ジェンツーペンギン

両生類
カエル
など

↑ アマガエル

環形動物
ミミズ, ゴカイなど

↑ ミミズ

八虫類
カメ, トカゲなど

魚類
メダカ
など

軟体動物
イカ, アサリなど

↑ アサリ

↑ ミドリガメ

セキツイ動物

↑ メダカ

線形動物
カイチュウなど

原索動物
ホヤ, ナメクジウオなど

キョク皮動物
ウニ, ヒトデなど

↑ ウニ

ヘン形動物
プラナリアなど

刺胞動物
イソギンチャク, クラゲなど

動物

↑ クラゲ

海綿動物
カイメンなど

原生生物

↑ ゾウリムシ

細胞内に核をもつが, からだが1つの細胞でできている単細胞生物や, からだが簡単なつくりでできており組織が発達していない多細胞生物が含まれる。

アメーバ

↑ アメーバ

ゾウリムシ

ミドリムシ

原核生物

DNAをもつが, 細胞内に核をもたない生物。大腸菌, シアノバクテリアといった細菌が含まれる。

※系統樹の描き方はこのほかにもさまざまあり, これはそのうちの一例である。また, この図では省略している部分もある。

4 生物の分類法 ★☆☆

1 生物の分類

⋯基準を決めて分けるとわかりやすい⋯

地球は46億年前に誕生した。その中で、生命をもつものが現れたのは約38億年前とされている。現在、地球上には約175万種以上の生物が生活しているといわれている。

❶ **人為分類**……私たちは多様な生物と関わるために、食料となるかどうか、病原菌を媒介したり、危害を加えたりするかどうか、薬用になるかどうかなどといった便宜的に定めた基準によって生物を分類し、利用したり理解する方法を使っている。この分類方法を人為分類という。

❷ **系統分類**……多様な生物が地球上に存在するのは、長い時間をかけてわずかな変化が積み重なった結果である。このことから、からだのつくりやはたらきが大きく異なる生物はずっと昔に分かれ、よく似ている生物は現在に近い時代に分かれたということになる。
　このように、生物相互の共通点や相違点を比較して類縁関係を明らかにしたり、生物の遺伝情報を調べるなど、生物が進化してきた道筋をもとに分類する方法を系統分類という。

参考 生物の分類のしかた

　人為分類は使い方によって非常に便利である。スーパーの野菜売り場では、根を食べる根菜類、葉を食べる葉菜類というように、目的に合わせてわかりやすく並べてある。
　一方、系統分類で並べると、もっている遺伝子がより近いものどうしをまとめているため、○○科や○○属といった分類のまとまりとなる。

参考 自然分類

　人為分類の対をなす言葉で、生物の本質的属性に基づいた分類方法。ここからさらに進化の過程などを考慮に入れた分類を系統分類という。

 zoomup 進化→p.449

> Break Time
自然分類とリンネ

　スウェーデンの博物学者カール・フォン・リンネ (1707-1778) は1735年に「自然の体系」という本を出版した。その中で、植物を顕花植物、隠花植物に分け、花が咲く顕花植物をおしべの数でなかま分けして、生殖器官の構造など、似ている構造をもっている生物どうしで植物を分類することを発表した。これ以後、生物の分類は人為分類から自然分類、系統分類へと改革されて、今日の分類法の土台がつくられた。
　リンネが考えた分類のまとまりは、大きい順に、界・門・綱・目・科・属・種となっている。また、リンネは、生物の名をラテン語の属名と種名の2つを並べて学名とする、二名法を考案した。この方法は現在も受けつがれている。

 生物の進化を1本の樹木に見立て、生物の分類のようすを分かれた枝として表したものを系統樹という。生物がもとは共通の祖先から分かれたものであることを意味しており、近い枝は近縁であるといえる。

❸ **分類の表し方**……現在地球上で発見されている生物は，種ごとに分類されている。

生物の分類の表し方は，大きなまとまりから界，門，綱，目，科，属，種で表すことができる。

▶ **種**…類縁関係が近い生物の１つのまとまり

▶ **属**…類縁関係が近い種のまとまり

▶ **科**…類縁関係が近い属のまとまり

▶ **目**…類縁関係が近い科のまとまり

▶ **綱**…類縁関係が近い目のまとまり

▶ **門**…類縁関係が近い綱のまとまり

▶ **界**…類縁関係が近い門のまとまり

界は植物界，動物界，菌界，原生生物界，原核生物界に分けられる（5つの界に分けているため，**五界説**という）。

生物の命名は，属と種を並べて表す。例えば，ヒトは，ヒト属ヒトになる。

これをラテン語で表すと，ホモ・サピエンス（かしこいヒト）となる。

例 **ヒトの分類**

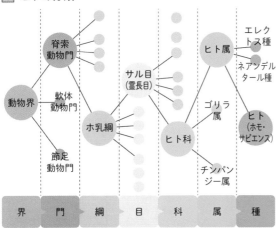

2 **動物の類縁関係**

〜比較すると類縁関係が見えてくる〜

次のような特徴について共通点と相違点を比較して，動物の類縁関係を知ることができる。

❶ **からだの構造**

▶ **背骨のある動物**…セキツイ動物

▶ **背骨のない動物**…無セキツイ動物

❷ **ふえ方**

▶ **胎　生**…セキツイ動物のホ乳類

系統分類は，考え方により新しい説が次々と提唱されている分野であり，上記でとり上げた考え方も変化しつつある。現在は六界説や八界説，遺伝情報により大きく３つのグループに分ける三ドメイン説という考え方もある。

▶卵　生…ホ乳類以外のセキツイ動物，無セキツイ動物のほとんど

- 殻があり，乾燥にたえる卵…鳥類，ハ虫類
- 殻がなく，水中で産まれる卵…両生類，魚類

▶出　芽…刺胞動物（サンゴ，イソギンチャクのなかま）の成長段階の一時期

▶分　裂…刺胞動物（イソギンチャク）

❸ 呼吸法

▶肺…陸上生活をするセキツイ動物

▶え　ら…水中生活をするセキツイ動物や節足動物，軟体動物（イカ，貝のなかま）

▶気　管…陸上生活をする節足動物

▶皮　膚…両生類，ミミズなどの無セキツイ動物

❹ 体　温

▶恒　温…外界の温度と関係なく，一定の体温を保つので，いつでも同じように活動することができる。セキツイ動物のホ乳類や鳥類

▶変　温…外界の温度変化により体温も変化するので，外界の温度が下がると活動が鈍くなる。ホ乳類，鳥類以外の動物。

❺ 体　形

▶放射状…キョク皮動物，刺胞動物

▶体節に分かれる…節足動物，環形動物

❻ 類縁関係をもつ動物の特徴でまとめた例

参考　遺伝子から分類を考える

　現代では，生物の遺伝子の情報を解析できるようになったため，外部の特徴を比べるだけではなく，遺伝情報を比べることで類縁関係を考え，分類に反映させるようになった。

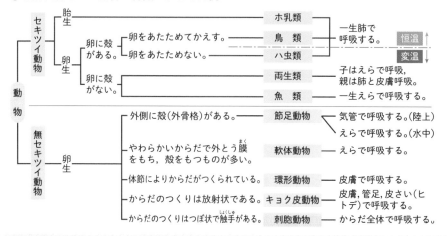

入試Info

生物の特徴から，どの種類にあてはまるかを問う問題が多く出題されている。このとき，翼をもつホ乳類であるコウモリや，卵生だがホ乳類に分類されるカモノハシなど，例外的な特徴をもつ生物に注意する。

☑ 重点Check

➡ p.326　**1** 一般的に，茎が上に伸び，葉もよく茂って光合成を盛んに行う植物は，日なたと日かげのどちらに多いか。

➡ p.327　**2** ルーペを使うとき，ルーペを目と観察する物体のどちらに近づけるか。

➡ p.329　**3** 顕微鏡でピントを合わせるとき，対物レンズとプレパラートを遠ざけるように操作するのはなぜか。

➡ p.329　**4** 顕微鏡で観察するとき，はじめはどのような倍率で観察するか。

➡ p.329　**5** 顕微鏡の倍率を求めるための式は何か。

➡ p.334　**6** **図1**のA〜Dの部分の名称を何というか。

➡ p.336　**7** 果実となる部分と種子になる部分の記号を，**図1**よりそれぞれ選べ。

➡ p.336　**8** 花が咲き，種子をつくってふえる植物を何というか。

図1　花の断面

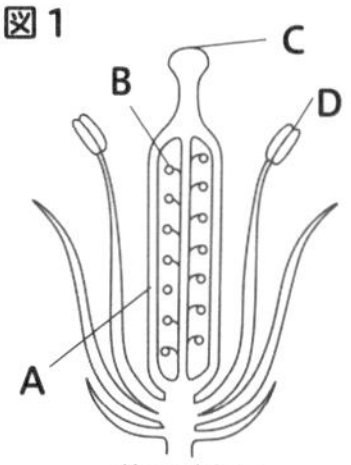

図2　マツの花

➡ p.338　**9** **図2**のEは**図1**のA〜Dのどの部分にあたるか。

➡ p.338　**10** **図2**のFを何というか。

➡ p.339　**11** 種子植物は，何の有無で被子植物と裸子植物に分類しているか。

➡ p.340　**12** 発芽するとき，子葉が1枚のなかまを何というか。

➡ p.340　**13** 発芽するとき，子葉が2枚のなかまを何というか。

➡ p.342　**14** 根・茎・葉の区別がはっきりしているのは，シダ植物とコケ植物のどちらか。

➡ p.349　**15** 背骨をもつ動物のなかまを何というか。

➡ p.352　**16** 気温に関わらず，体温を一定に保つ動物のなかまを何というか。

➡ p.352　**17** 体温を保つしくみがなく，外気温とともに体温が変化する動物のなかまを何というか。

➡ p.353　**18** 親が卵を産んで，その卵から子がかえる生まれ方を何というか。

➡ p.353　**19** 子が母親の体内である程度育った後に，産まれる生まれ方を何というか。

➡ p.353　**20** **19**の生まれ方をする，ヒトやウマなどの動物を何というか。

➡ p.354　**21** 背骨をもたない動物のなかまを何というか。

➡ p.358　**22** 生物を分類するとき，生物が進化してきた道筋などをもとに分類する方法を何というか。

---

1 日なた

2 目

3 プレパラートにレンズをぶつけないため。

4 低倍率

5 接眼レンズの倍率×対物レンズの倍率

6 A—子房　B—胚珠　C—柱頭　D—やく

7 果実—A　種子—B

8 種子植物

9 B

10 花粉のう

11 子房

12 単子葉類

13 双子葉類

14 シダ植物

15 セキツイ動物

16 恒温動物

17 変温動物

18 卵生

19 胎生

20 ホ乳類

21 無セキツイ動物

22 系統分類

●次の文章を読み，あとの問いに答えなさい。 【久留米大附高－改】

　動物は，睡眠時など静止して運動していない状態でも，体温維持，呼吸，心臓の動きなどのさまざまな生命活動を続けている。このような生きていくために必要な最小のエネルギー消費を「基礎代謝」とよぶ。リスやクマなどの一部の恒温動物は，「冬眠」に入ることで基礎代謝を正常時の1～25％まで低下させ，エネルギー消費を節約することで冬期や飢餓を乗りこえることが知られている。マウスは夜行性の動物であるため，明期12時間，暗期12時間の日長条件で飼育すると「正常状態」では暗期のほうが明期よりも酸素消費量が多くなるが，エサを与える量を制限すると著しく低下する。このような状態を「休眠状態」とよぶ。マウスの正常状態，休眠状態それぞれにおける外気温と最低体温の関係を図に示す。

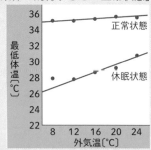

　図において，休眠状態における最低体温と外気温の差は，外気温の低下にともなってどのように変化しているか。次の**ア**～**カ**の中から適切なものを選び，記号で答えよ。

ア 外気温が低下するほど大きくなる。

イ 外気温が低下するほど小さくなる。

ウ 12℃までは外気温が低下するほど大きくなり，12℃以下では一定になる。

エ 12℃までは外気温が低下するほど小さくなり，12℃以下では一定になる。

オ 12℃までは外気温が低下しても一定であるが，それ以下では大きくなる。

カ 12℃までは外気温が低下しても一定であるが，それ以下では小さくなる。

▶ **Key Point**

　グラフからマウスの休眠状態の最低体温と外気温をとり出して考える。

▶ **Solution**

　グラフから，外気温24℃のときは，休眠状態のマウスの体温は約30℃。したがって，最低体温と外気温の差は30－24＝6℃となる。同様に計算すると，20℃，16℃，12℃，8℃のときの差はそれぞれ約9℃，12℃，16℃，19.5℃となる。

Answer

ア

● 難関入試対策 **作図・記述問題** 第1章 ●

Level 2

第**3**編　生命

第1章　分類　生物のつくりと

第2章　からだのつくりとはたらき

第3章　生物の成長と

第4章　自然と人間

●次の文章を読み，あとの問いに答えなさい。

【熊本－改】

絢香さんは，種子をつくらない植物であるコケ植物の特徴について調べるため，**図1**のスギゴケについて，**X** の部分ではほとんど水を吸収せず，**Y** の部分でおもに水を吸収するという予想を立て実験を行った。4本のスギゴケを **A**，**B**，**C**，**D** として，日あたりのよい場所に1時間放置したところ，すべてしおれていた。次に **A** ～ **D** の質量を測定した後，**図2**のように **A** は全体を，**B** は **X** の部分を，**C** は **Y** の部分を，それぞれ水で湿らせた綿でおおう操作を行い，**D** はそのままにしておいた。15分後に綿をはずして再び質量を測定したところ，操作前と比べて **A** は2.0倍，**B** は1.7倍，**C** は1.3倍，**D** は1.0倍になっていた。また，**X** の部分を観察したところ，**A**，**B** は**図1**と同様の状態になっていたが，**C**，**D** はしおれたままであった。実験結果から，下線部の予想は①（**ア** 正しく　**イ** 誤りで），**C** の **X** の部分がしおれたままであったのは，**Y** の部分で水を吸収しても（　②　）からと考えられる。

①の**ア**，**イ**から正しいものを選び，記号で答えよ。また，②にあてはまる理由を維管束という語を使って書け。

図1

図2
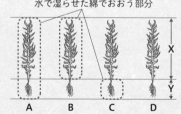

水で湿らせた綿でおおう部分

A　B　C　D

▶ **Key Point**

②コケ植物は，シダ植物や種子植物と違って維管束がない。

▶ **Solution**

②水で湿らせた綿でスギゴケをおおう実験の結果から，綿で全体をおおっていた **A** が，最も質量が大きく，次に **X** をおおった **B** が質量が大きいこと，そして **C** でも **B** より少ないものの水を吸収していることから，からだ全体で水を吸収していることがわかる。また，**X** の部分の観察結果では，**C**，**D** がしおれたままであったことから，**Y** と **X** につながりがないことが推測される。

Answer

①　**イ**
②　例　コケ植物は維管束がないため，**X** の部分に水が移動しにくい

START! { 地球上には，数多くの生物が存在し，それぞれが複雑な構造のからだをもっています。しかし，どの生物も構造の最小単位は，細胞という小さな単位です。ここでは，細胞から始まる生物のからだのしくみや構造を見ていきましょう。

ブン
スカ
また負けた…
力がない僕なんて，勝てっこないよ…
諦めるのはまだはやいぞ！

からだのことを学べば，力をつけるヒントが見つかるかもしれないよ。
本当ですか!?僕，頑張ります！

よし！じゃあ各分野のスペシャリストを紹介しよう！まずはきみのからだをつくっている細胞のスペシャリストだ！
CELL！
君のからだはすべて細胞でできているから，細胞の力を最大限発揮することが大切だよ！そのためには，生物の細胞の形やしくみを勉強しないとね！

1つ1つの細胞が強くなれば，僕も強くなれるってことですね！

細胞が元気になるためには，たくさん栄養をとらないとダメね！たくさん日光を浴びて光合成をした野菜が必要よ。
肉や魚ももとは太陽の恵みでできているのよ。
FOOD !!
なるほど！食べ物も大切なんですね！

食べたものは, 消化・吸収によってからだにとりこまれます。どんなふうに消化・吸収しているのかを勉強することも肝心ですよ！

効率よく吸収できれば, スタミナもつきそうですね！

吸収した栄養分は, 僕たち血液が運んでいくよ！

いつもおせわになっております！

血液をからだのすみずみまで運ぶ動力は, 心臓にまかせて！

動物が強くなるには, まわりの状況を目や耳で感じとり, その情報を神経で伝え, 脳で適切に判断をすることも大切よ！

見る　聞く　考える

ウオォー！チカラが湧いてきたぞ！

先生, ありがとうございます！これで負けない体力がつきました！！

ウンウン

よし！この体力を活かして, できなかったゲームをクリアだ！

連打をバッチリ

4 ▶ 生物のからだと細胞

1 生物のからだと細胞 入試重要度 ★★☆

1 植物のからだと細胞

～細胞は生物の基本単位～

　植物のからだは，葉・茎・花・根などからできている。そのそれぞれは，細胞というからだをつくる基本単位からできている。

● 植物の構成……ツバキの葉は，表皮，細胞が規則正しく並ぶ層，やや大型の細胞が不規則に並ぶ層などからできており，それぞれは同じ形・大きさ・はたらきをする細胞からできている。この細胞の集まりを組織といい，何種類かの組織が集まって一定の形・はたらきをするものを器官という。いろいろな器官が結びついて，1つのからだをつくっている。

▶ 細胞から個体までの構成（例　ツバキ）

Words 柵状組織と海綿状組織

● 柵状組織…葉の表側（光があたる側）にあり，細胞が規則正しく並んでいる。葉緑体を多く含み，光合成を盛んに行っている。

● 海綿状組織…葉の裏側にあり，やや大型の細胞が不規則に並んでいるため，すきまがある。このすきまがあることで，二酸化炭素や水蒸気が通過しやすいと考えられる。

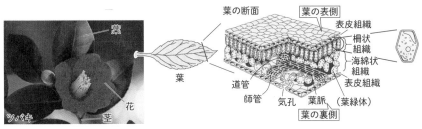

個　体	器　官	組　織	細　胞
1本の植物全体のこと。葉（栄養分をつくる），茎（からだを支え，水分や栄養分を運ぶ），花（子孫を残す）というように，それぞれの役割をもった器官で構成され，独立して生きている。	葉，茎，花，根などの，ある決まった形やはたらきをもつまとまりのこと。葉という器官では，主に光合成により栄養分をつくり出すはたらきを行っている。	器官を構成する，同じような細胞の集まり。器官はいくつかの組織からできている。葉は，表皮組織，柵状組織，海綿状組織，通道組織からできている。	それぞれの組織は細胞が集まってできている。

ツバキの葉の表面をおおっている膜をクチクラ層という。ワックスのように光沢があり，水分を通さないため，乾燥から内部の細胞をまもるはたらきがある。シイやカシなどの常緑広葉樹などで発達している。

2 動物のからだと細胞

～動物も細胞からできている～

　動物のからだも，植物と同じように細胞を単位としてできている。さらに同じ形・大きさ・はたらきをする細胞が集まって組織をつくり，何種類かの組織が集まって一定の形・はたらきをする小腸などの器官をつくる。いろいろな器官が互いに結びついて，生命活動をする1つの個体ができている。

▶ 細胞から個体までの構成（例 カエル）

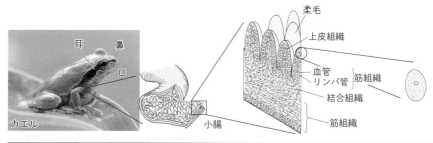

個　体	器　官	組　織	細　胞
あし，小腸，胃，心臓，肺，脳，目，耳などの器官で構成され，独立して生きている。	小腸という器官は，消化や吸収というはたらきを主に行っている。	上皮組織，血管・リンパ管，筋組織，結合組織からできている。	それぞれの組織は細胞が集まってできている。

3 単細胞生物と多細胞生物

～1つの細胞で生きる？たくさんの細胞で協力する？～

❶ 単細胞生物……からだが1個の細胞からできている生物のなかまをいう。ゾウリムシやアメーバなどは，消化・運動・老廃物の排出などのしくみが1つの細胞に備わっている。

　ケイソウ類・クロレラなどは光合成により自ら栄養分をつくることができる。

❷ 多細胞生物……多数の細胞が集まってからだができている生物のなかまをいう。からだのつくりが簡単なものから複雑なものまである。

▶ 群　体…アオミドロ・クンショウモ・パンドリナなどは，同形・同大・同じはたらきの細胞が集まり**群体**をつくり，ボルボックスでは運動に関わる細胞と生殖に関わる細胞が集まって群体をつくっている。

参考 単細胞から群体へ

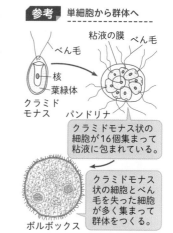

クラミドモナス状の細胞が16個集まって粘液に包まれている。

クラミドモナス状の細胞とべん毛を失った細胞が多く集まって群体をつくる。

 HighClass クラミドモナスは単細胞生物で，細胞1つで生命を維持し分裂して個体をふやす。クラミドモナスが分裂して多くの細胞が集まった状態になり，群体を形成してくると，ボルボックスのように運動する細胞・生殖する細胞というような役割分担が起こる。

2 細胞のつくり ★★☆

1 細胞の観察

～細胞のつくりの共通点を見つけよう！～

顕微鏡を用いると，細胞のようすを観察することができる。細胞は，葉緑体のように色がついていてそのまま観察できる部分もあるが，多くは無色透明のため，そのままでは見ることができない。そこで，染色液で核に色をつけて観察を行う。

染色液には，**酢酸カーミン液**や**酢酸オルセイン液**を用いる。

参考　染色液

細胞を光学顕微鏡で観察するときに使う染色液は，特定の物質と結合するものを用いる。酢酸カーミン液や酢酸オルセイン液は，どちらも核内にある核酸と結合する特徴がある。酢酸カーミン液は濃い赤色，酢酸オルセイン液は赤紫色を示す。

🔍 **実験・観察**　植物細胞の観察

ねらい

タマネギの表皮細胞を顕微鏡で観察し，細胞のようすを知る。

方法

① タマネギの表皮に 3 ～ 5 mm四方の切りこみを入れ，切りこみから表皮をはがす。

② 水を 1 滴落としたスライドガラスに表皮を入れ，カバーガラスをかける。

③ 酢酸カーミン液を加え，はみ出した水を吸いとり紙で吸収しながら染色する。

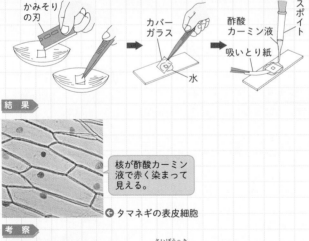

かみそりの刃　カバーガラス　スポイト　酢酸カーミン液　吸いとり紙　水

結果

核が酢酸カーミン液で赤く染まって見える。

← タマネギの表皮細胞

考察

- 顕微鏡で観察できるものは，細胞壁，染色液で染まる核である。
- 細胞内にはその他さまざまな器官（細胞小器官）があるが，透明であるため光学顕微鏡では観察できない。

短文記述対策！

Q 顕微鏡で観察するときに低倍率で観察してから高倍率にするのはなぜですか。

A 低倍率のほうが視野が広く，広範囲を観察できるため。低倍率で観察に適したところをさがし，観察したいところが視野の中央になるようにしてから高倍率で観察する。

実験・観察 動物細胞の観察

ねらい

動物細胞(ヒトのほおの粘膜細胞)を顕微鏡で観察し,細胞のようすを知るとともに,植物細胞と比較してみる。

方法

① 綿棒でほおの内側の粘膜をこすりとる。

② 綿棒をスライドガラスにこすりつけて細胞を広げ,酢酸カーミン液や酢酸オルセイン液で染色する。

③ カバーガラスをかけ,はみ出した水は吸いとり紙で吸収する。

酢酸カーミン液　カバーガラス

結果

染色された核が中央に見える。

← ほおの粘膜細胞

考察

- 動物細胞では,顕微鏡で細胞の外形と染色液で染まる核が観察できる。
- 動物細胞には細胞壁や葉緑体はない。その他さまざまな器官(細胞小器官)があるが,透明であるため光学顕微鏡では観察できない。

2 細胞の形と大きさ

〜肉眼で観察できる細胞も!〜

● **細胞の形と大きさ**……細胞は生物の種類やからだの部分によって異なり,さまざまな形や大きさのものが見られる。中にはニワトリの卵黄のように肉眼で観察できるものもある。

[1μm(マイクロメートル) = 10^{-3}mm = 10^{-6}m]

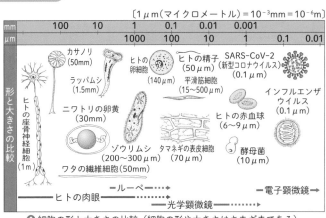

↑ 細胞の形と大きさの比較(細胞の形や大きさはさまざまである)

Episode

生物のからだが細胞でできていることは,ロバート・フック(英:1635〜1703年)によって1665年に発表された。フックは,自作の顕微鏡でコルクの切片を観察し,それが多数の"小さな部屋"からできていることに気づいた。

← フックが観察した細胞

3 細胞（さいぼう）のつくり

～細胞のつくりには共通点がある～

　細胞は，さまざまな形や大きさをしている。しかし，どの細胞にも共通したつくりがみられる。細胞は，一般（いっぱん）的に核と細胞質からできており，細胞質を細胞膜（さいぼうまく）が包んでいる。

❶ 核……核は，ふつう直径数 μm（マイクロメートル）から数 10 μm の大きさの球形またはだ円形をしており，原則として 1 個の細胞に 1 個の核がある。

　▶核の外側は小さい穴のある核膜で包まれ，内部には球形をした核小体と糸状の染色体を含（ふく）んでいる。染色体には，親の形質を子に伝える遺伝子がある。

　▶核は生命活動を調節し，ふつう核がないと生きていられない。核の成分は，タンパク質と核酸であり，酢（さく）酸カーミン液や酢酸オルセイン液で染色できる。

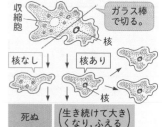

参考　細胞のつくりと核

　細胞は，一般的に 1 個の核をもつ。細胞から核をとり除くと，次のようになる。

収縮胞　｜　ガラス棒で切る。　｜　核

核なし　↓　↓　核あり

死ぬ　｜　生き続けて大きくなり，ふえる

zoomup　染色体→ p.437

参考　核のない細胞

　ホ乳類の血液中にある赤血球は，核を消失している。

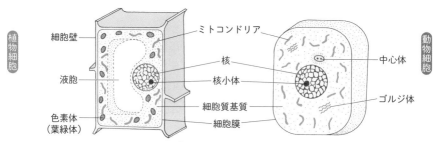

植物細胞

細胞壁
液胞
色素体（葉緑体）

ミトコンドリア
核
核小体
細胞質基質
細胞膜

動物細胞

中心体
ゴルジ体

↑ 光学顕微鏡によるつくり

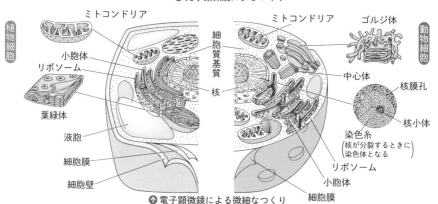

植物細胞

ミトコンドリア
小胞体
リボソーム
葉緑体
液胞
細胞膜
細胞壁

細胞質基質
核

ミトコンドリア
ゴルジ体

動物細胞

中心体
核膜孔
核小体
染色糸（核が分裂するときに染色体となる）
リボソーム
小胞体
細胞膜

↑ 電子顕微鏡による微細なつくり

※最近の電子顕微鏡による詳しい観察では，液胞→動物細胞にもあるが未発達，ゴルジ体→植物細胞にもあるが未発達，中心体→藻類・コケ植物などの一部には見つかっている。

（P369 の続き）フックは発見した 1 つ 1 つの小部屋を Cell（細胞）とよび，観察したものを『ミクログラフィア』という本にまとめた。実際にフックが見たものはコルクの細胞壁であり，核や細胞質には気づかなかったが，生物のつくりを理解する貴重な一歩となった。

❷**細胞質**……細胞質とは，細胞から核を除いた残りの総称である。この中には，ミトコンドリアや色素体などの細胞小器官とそれを満たす液がある。また，植物細胞はデンプン粒や結晶，油滴などの貯蔵物質も含んでいる。

▶**ミトコンドリア**…球形または棒状の小体で，**細胞のエネルギーを発生させる**ところである。

▶**色素体**…植物の細胞だけに存在し，**葉緑体，白色体，有色体**の3種類がある。葉緑体は，円盤形または凸レンズ形をした層状のつくりの中に葉緑素（**クロロフィル**）を含んでいる。葉緑体は，光エネルギーを使って糖またはデンプンをつくる光合成の重要な場である。有色体には，カロテンやキサントフィルを含むものがあり，カロテンは橙赤色（だいだい色）の色素で，ニンジンの根に多く含まれている。キサントフィルは黄色の色素で，イチョウの葉，タンポポやヒマワリの花弁の細胞に含まれている。

▶**細胞膜**…細胞質を包む膜で，細胞内外の物質の出入りを調節している。特に生命活動に必要な物質を吸収し，老廃物のような不必要な物質を選択的に排出する。

▶**ゴルジ体**…動物，植物どちらの細胞にも存在するが，植物細胞のゴルジ体は小さく観察しにくい。細胞内で合成された物質を濃縮し，一時的に蓄え，細胞外へ分泌したり排出したりする。

▶**中心体**…高等植物の細胞には存在しない。細胞分裂をするとき，中心体を構成している中心小体が両極に移動し，染色体を分けるはたらきに関わる。中心
└→紡錘糸の形成
体は，2つの中心小体からできており，その構造は，原生生物からホ乳類まで共通している。

▶**小胞体**…袋を積み重ねたような構造で，細胞内の物質の輸送路としてはたらく。

▶**リボソーム**…核の中の染色糸の情報をもとに，タンパク質を合成する。小胞体に付着していたり，細胞質の液体部分（**細胞質基質**）にある。

参考 ゾウリムシ
- - - - - - - - - - - - - - - -
単細胞生物であるゾウリムシは，「移動する」「食べて消化・吸収する」「排出する」といった生物が行う活動を1つの細胞でできるようになっている。

からだをとりまいている繊毛という多数の毛では，運動することができる。また，口から食物をとり入れ，食胞で食物を消化・吸収する。老廃物は収縮胞に集められ排出される。

多細胞生物では，細胞どうしが分業して行っている活動を，単細胞生物では，いろいろな細胞小器官になっている。

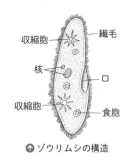

収縮胞　　　　繊毛
核　　　　　　口
収縮胞　　　　食胞

↑ ゾウリムシの構造

zoomup 紡錘糸→ p.433

第**3**編

生命

第1章
生物のつくりと分類

第2章
生物のからだのつくりとはたらき

第3章
生物の成長と進化

第4章
自然と人間

HighClass

細胞質の各器官は，核にある遺伝子の情報にしたがって，はたらいている。核は生命の設計図をもち，リボソームと小胞体は物質の生産工場の役割をになっている。もとになる設計図がないと生産ができなくなるため，核をとり除くと生命活動が維持できなくなる。

❸ 液　胞……成長した植物の細胞では大きく発達している。成熟した植物細胞では，細胞内体積の90％以上は液胞によって占められている。これは，植物細胞が大きくなるとき，細胞内の液胞の体積が増えることが主な要因である。

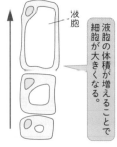

液胞

液胞の体積が増えることで細胞が大きくなる。

また，植物では老廃物の排出組織が未発達のため，これらは液胞にためられる。また，液胞には物質を貯蔵する役割もあり，果実では液胞に糖類が貯蔵されている。花弁の細胞では，花の色をつくり出す色素を含んでいる。

❹ 貯蔵物質……細胞質のはたらきによってつくられ，細胞内に貯蔵されている物質のこと。細胞質の栄養分となるものが多く，特に植物の根や地下茎，種子などの細胞に多く含まれている。主な物質として，ジャガイモの細胞にあるデンプン粒，ニンジンの細胞にあるカロテン，ダリアの塊根の細胞にあるイヌリン（食物繊維），トウゴマの種子の細胞にある糊粉粒，サトイモの葉柄細胞にあるシュウ酸カルシウムの結晶などがある。

参考　原形質流動

ムラサキツユクサのおしべの毛やすすカナダモの葉を顕微鏡で観察すると，細胞質が一定方向に流れ，動いているのが見られる。これを原形質流動といい，生きた細胞のみに見られる現象の1つである。原形質流動は植物の成長と関係していると考えられているが，そのしくみや役割は明確にわかっていない。この現象は200年前にはすでに発見されている。

液胞の間を流れていることが確認できる。

液胞

↑ムラサキツユクサのおしべの毛

液胞の周囲を葉緑体が回っている。

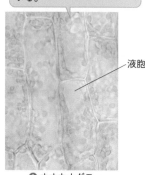

液胞

↑オオカナダモ

デンプン粒

ジャガイモの細胞

カロテンの結晶

ニンジンの細胞

イヌリンの結晶

ダリアの塊根の細胞

糊粉粒

トウゴマの種子の細胞

シュウ酸カルシウムの結晶

サトイモの葉柄細胞

↑貯蔵物質

HighClass

貯蔵物質にはデンプンやカロテン，脂肪などがある。これらの物質は水に溶けずにかたまりで存在するため，細胞膜を通過しない。もしショ糖のように水に溶けやすい物質で貯蔵すると，細胞内の濃度が高くなってしまう。そのため，デンプンに変えて濃度調節をしている。

⑤ **細胞壁**……植物細胞だけに見られるもので，細胞質がつくりだした**セルロース**を主成分とし，細胞膜と比較すると物質を自由に通す性質がある。セルロースは繊維状をしており，細胞内を保護したり，形を保つ役割をになっている。

　細胞壁を人工的にとり除くと，植物細胞はばらばらになり，1つ1つの細胞は丸くなる。つまり，細胞壁は，細胞の形を決める箱のようなものであると同時に，細胞どうしを接着させ，個体としての形を維持するはたらきがある。

　動物細胞には，細胞膜の表面に接着するための物質がある。このため，動物細胞は，細胞壁がなくても同じ種類の細胞どうしが接着し，個体を形成できる。

⑥ **細胞質基質**……細胞内の液体部分を細胞質基質という。約 60 ～ 90 ％が水であり，その中に糖やアミノ酸，有機酸などが溶けていて，大きい分子であるタンパク質，脂肪，核酸などは浮遊している状態である。その濃度は一定になるように調整されている。

参考　原形質分離

　原形質分離とは，細胞を濃いショ糖液に入れると細胞膜が細胞壁から離れる現象である。細胞内より濃い濃度の液につけると，細胞内の水が外に出てしまい，細胞が収縮してしまうために起こる。この細胞を再び水に入れると，もとにもどる。野菜を塩漬けにすると縮むのはこの現象が起こるためである。（※細胞の中で活動しているところを原形質ということがある。）

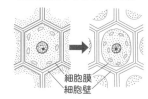

細胞膜
細胞壁

Break Time　細胞小器官と生体膜

　細胞内にあるミトコンドリアなどの器官を細胞小器官といい，その多くは膜でできた袋状の構造でできている。

　細胞小器官の1つである小胞体は，細胞全体に広がり，その中をタンパク質などの物質が輸送される。また，ゴルジ体は，袋の中に細胞内で合成された物質を蓄積していて，必要なときに細胞の外に放出する。

　このような，細胞小器官を構成している膜を生体膜という。生体膜は，リン脂質とタンパク質でできており，膜を通して，必要な物質をとりこんだり排出したりできる。そのほかにも，刺激を受容したり細胞内に情報を伝えたりといった，重要な活動を行っている。

細胞膜
中心体
核
小胞体
リボソーム
生体膜
タンパク質
ゴルジ体
ミトコンドリア
リン脂質

↑ ミトコンドリア

HighClass　ミトコンドリアや葉緑体には内部にも膜があり，細胞質基質との境界が2重の膜になっている。これは，進化の過程でほかの細胞をとりこんだ結果，もとの膜が内膜に，とりこんだ細胞の膜が外膜となったためである。

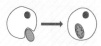

4 動物細胞と植物細胞の比較

〜共通のつくり，異なるつくりを確認しよう〜

動物細胞と植物細胞を比較すると，次のようになる。

	共通して存在	一方だけに特有のもの
動物細胞	●核 核小体，核膜，核液，染色体	中心体（※1）
植物細胞	●細胞質 ミトコンドリア，細胞膜，小胞体， ゴルジ体（※2），リボソーム， 細胞質基質	細胞壁 液胞（※3） 葉緑体（色素体）

（※1：緑藻類などにある　※2：動物細胞で発達　※3：動物細胞にもみられるが未発達）

5 細胞小器官のはたらき

〜細胞での活動のようす〜

細胞小器官にはそれぞれの役割がある。それらが協調してはたらくことで，細胞は生命活動を行っている。

例えば細胞でタンパク質を生産するとき，動物・植物に共通な器官は次のようなはたらきをする。

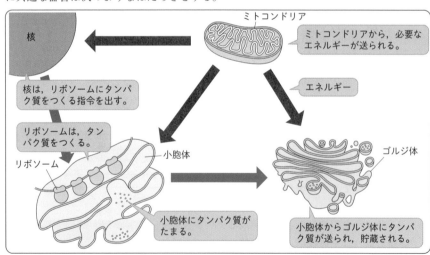

ミトコンドリア

ミトコンドリアから，必要なエネルギーが送られる。

エネルギー

核

核は，リボソームにタンパク質をつくる指令を出す。

リボソームは，タンパク質をつくる。

リボソーム

小胞体

ゴルジ体

小胞体にタンパク質がたまる。

小胞体からゴルジ体にタンパク質が送られ，貯蔵される。

⬆ 細胞の活動例（タンパク質の合成から放出までのモデル図）

このように，非常に小さな細胞1つ1つが，体内の環境に合わせて，適切に物質を生産・分解する「小さな化学工場」としてはたらくしくみをもっている。そして，この細胞の活動によって生命が維持されている。

入試Info

植物細胞と動物細胞の違いは，細胞分裂の分野でも出題されることが多い。植物では，細胞分裂の終期に新しい細胞壁が形成されることで2つの細胞ができる。動物では，染色体が移動するときに中心体が星状体になり，筋収縮をつくるはたらきをする。

5 植物のからだのつくりとはたらき

Point
① 葉の気孔と蒸散について理解しよう。
② 光合成のしくみを知ろう。
③ 根や茎のつくりを確かめよう。

1 葉のつくりとはたらき ★★☆ 入試重要度

1 葉の構造

〜葉は光合成に適した構造になっている〜

被子植物の葉の多くは，次の3つからできている。

① 葉　身……緑色の平らな部分で，中央に葉脈，周辺に切れこみがある。
② 葉　柄……葉を支える柄で，水分や栄養分の通路でもある。
③ たく葉……葉が開く前に，葉の芽を包んでいたもの。

葉脈
葉身
蜜腺
葉柄　たく葉
（サクラの葉）
↑ 葉の基本のつくり

参考　**葉脈の観察**

サクラは双子葉類で，葉脈が網目状である。

↑ サクラ

トウモロコシは単子葉類で，葉脈は平行状である。

↑ トウモロコシ

🔍 **実験・観察** ツバキの葉の断面の観察

ねらい
葉の断面を顕微鏡で観察し，内部のつくりを調べる。

方法
① 葉の一部をかみそりの刃で切りとる。
② 葉をピスではさみ，できるだけうすく何片か切る。
③ 切片を水の中に入れたあと，プレパラートをつくり，顕微鏡で観察する。

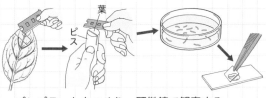
葉
ピス

結果

柵状組織
海綿状組織

HighClass

葉柄は，葉を支えるとともに道管と師管で水分や養分を運ぶところである。落葉するときには，葉の養分が枝や根に回収されたあとに，離層というしきりができる。それが道管や師管をふさいでから，葉が落ちる。

2 葉の内部構造

〜表と裏で違いがある！〜

ツバキの葉の断面図を顕微鏡で見ると，葉の表側と裏側で，細胞の並び方が異なっている。

zoomup 維管束→p.392

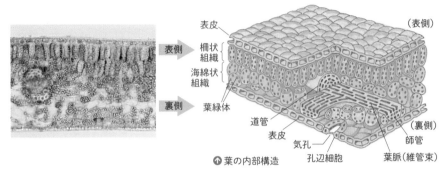

表皮
柵状組織
海綿状組織
葉緑体
道管
表皮
気孔
孔辺細胞
（表側）
（裏側）
師管
葉脈（維管束）

↑ 葉の内部構造

❶ 葉の断面からわかること……葉の表面にはじょうぶで光沢がある表皮があり，その内側に葉緑体を多く含んでいる細胞でつくられた組織がある。

❷ 葉の表側……細胞がそろって並んでおり，**柵状組織**といわれる。

❸ 葉の裏側……細胞が不規則に並び，すきまが多く，**海綿状組織**といわれる。

　裏側の表皮には**気孔**があり，水蒸気や空気の出入りを調整している。

❹ 葉脈部分……葉脈の部分は維管束という，水や栄養分を運ぶ管（**道管**，**師管**）が通っている。

3 陽葉と陰葉

〜光をとりこむ植物のくふう〜

同じ植物でも，日あたりのよい所で生育した葉は**陽葉**，日あたりの悪い所で生育した葉は**陰葉**になる。

❶ 陽　葉……小型で，柵状組織が発達しているため厚い。葉緑体を多く含んだ細胞が重なっていたり，細胞自体が長くなっていたりする。

❷ 陰　葉……大型でうすい。柵状組織はあまり発達しておらず，葉緑体を含んだ細胞が重ならずに広がっている。

参考 陽葉と陰葉の形の理由

　陽葉は葉が厚いが小さく，陰葉は葉がうすいが大きい。光が強い場合，吸収するためにはたくさんの葉緑体が必要なので，葉が厚くなる。しかし，厚い葉は細胞が密に並んでいる状態になるため，細胞が空気に触れる面積が小さくなる。葉が大きすぎると，光合成に使われる二酸化炭素を細胞まで多く運べなくなるため，陽葉は小さい。

　一方，弱い光をできるだけ多く吸収するには，葉をうすくし面積を広くする必要がある。陽葉も陰葉も，光を効率よく利用できる構造になっている。

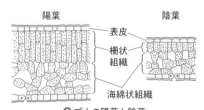

陽葉
陰葉
表皮
柵状組織
海綿状組織

↑ ブナの陽葉と陰葉

葉が成長するとき，細胞分裂で細胞が増える。陰葉の場合は，葉の平面方向に分裂して増えるため，うすくて大きい葉になる。陽葉の場合は，縦方向に分裂したり細胞が縦に伸長することで柵状組織が発達して厚い葉ができる。

4 蒸散と気孔

〜とりこんだ水を放出するしくみ〜

　陸上で生きている植物は，根から吸収した水を，水蒸気として空気中に放出している。このはたらきを蒸散という。この水蒸気は，葉の気孔を通って放出されており，気孔の開閉で調節されている。

❶ 気　孔……気孔は，葉の裏側に多く分布しており，下の図のように2つの孔辺細胞に囲まれている。孔辺細胞には葉緑体が含まれている。

▶気孔は光合成が盛んに行われる晴天のときに多く開き，蒸散が起こる。また，気孔は，二酸化炭素や酸素の出入り口としてもはたらく。

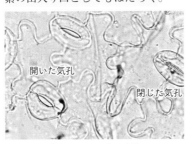

開いた気孔

閉じた気孔

↑気孔の開閉(200倍)

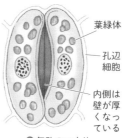

葉緑体

孔辺細胞

内側は壁が厚くなっている

↑気孔のつくり

▶植物の葉の表側と裏側の気孔の数を調べると，単位面積あたりの数は裏側のほうが多い。また，双子葉類では裏側に気孔が多いが，単子葉類では表側にも同じくらいの数の気孔がある種類もある。

参考　気孔の開閉のしくみ

　気孔の開閉は，孔辺細胞の膨張により行われている。孔辺細胞の細胞壁は，外側がうすく内側が厚い。この細胞に水が入ってきて細胞がふくれてくると，うすい外側が膨張し，内側の細胞壁がゆがんで気孔が開く。
　孔辺細胞の膨張は，細胞の中の溶液の濃度が関係している。光があたると細胞内の濃度が周囲より高くなる。すると周囲から水が入ってくる。そのため細胞が膨張し，結果として気孔が開く。

Break Time　ウキクサやハスの気孔

　ウキクサは，池や沼に生息し，葉は水に浮いている。そのため，気孔は葉の裏側にはなく，表側にあり，蒸散や二酸化炭素のとりこみは葉の表側で行われる。同じように，水生植物であるハスの葉の気孔も，裏側ではなく表側にある。

↑ウキクサ

Episode

乾燥した環境に生息するサボテンは，昼間は水の放出を防ぐため気孔を閉じて蒸散を抑えている。夜になると気孔を開き，水を吸い上げておくとともに，二酸化炭素をとりこんで有機物に結合させておく。そして，昼間に光合成で利用している。

❷ 蒸散……気孔から**水蒸気**が放出される蒸散によっ
て，植物は葉から水を放出するとともに，その力を使
って根から水を吸収している。そのときに水以外の養
分（無機質）も吸収し，からだ全体に運んでいる。光が
強くあたると光合成が盛んになり，同時に蒸散も盛ん
に行われ，養分の吸収も盛んになる。

▶葉にワセリンを塗ると，気孔をふさぐことができる。
　それにより蒸散がとまる。その結果，根から水を吸
　収できなくなる。

参考　植物と蒸散

　草本植物（草）では，吸収され
た水のほとんどが蒸散で放出さ
れる。蒸散するとともに吸い上
げられた水によって，葉や茎の
細胞は水で満たされ，植物のか
らだは維持されている。水不足
になると，植物は気孔を閉じて
蒸散をとめて，水分が放出され
ないようにする。

実験・観察　蒸散と吸水の関係

ねらい

葉によって水が吸い上げられていることを
確かめる。

方法

❶ 葉の大きさや数，茎の長さがほぼ同じ
　小枝を2本用意する。それぞれに次の
　操作をする。
　Ａ：何もしない。
　Ｂ：葉をすべてとり除く。

❷ ピペットにポリエチレン管をつなぎ，
　空気が入らないように，それぞれの小
　枝を差しこむ。

❸ 明るい所にＡとＢの装置を置き，時間
　を決めてピペット内の水の減り方を測
　定する。

❹ また，Ａの葉の裏にワセリンを塗り，❸の
　時間と同じ時間で水の減り方を測定する。

⚠ 蒸散が起こるためには，気孔が開いて
　いることが必要であるため，必ず光が十分にあたる環境で実験を行う。

結果

・ピペットの水の量は，Ａでは大きく減少し，Ｂではほとんど減少しない。
・Ａの葉の裏にワセリンを塗ると，蒸散の量は少なくなる。

考察

・葉がないと，水はほとんど放出されない。
・気孔が多い葉の裏面のほうが蒸散の量が大きいと考えられる。

 入試Info　蒸散と気孔の関係を調べる実験は，入試でよく出題される。気孔は葉の裏側に多くあること，ワセリンなどは気孔をふさぎ蒸散を妨げることを理解して，実験結果を説明できるようにしておこう。

2 光合成 ★★★

1 光合成に必要なもの

~植物が栄養分をつくるしくみ~

❶ **光合成**……植物が光エネルギーを使って、**デンプン**などの栄養分をつくるはたらきを**光合成**という。

▶光合成は、葉の細胞の**葉緑体**の中で行われる。種子植物やシダ植物・コケ植物のほかに藻類やシアノバクテリアなども葉緑体をもち、光合成を行っている。
→植物には含まれない

zoomup 植物細胞の構造 → p.370

❷ **葉緑体**……だ円形をした小さい細胞内器官である。電子顕微鏡でみると、うすい袋状のものが積み重なっている。大きさは2~4μmで、光があたる柵状組織、海綿状組織の細胞内に多く含まれる。気孔の孔辺細胞にも含まれているが、ほかの表皮細胞には含まれない。

↑ 葉緑体

▶葉緑体の緑色は、葉緑体の中の袋状の膜に含まれている**葉緑素**という色素によるものである。葉緑素は、赤色や青紫色の光エネルギーを吸収して、緑色の光を透過したり反射したりする。その反射光を見るため、葉緑素は緑色に見える。

　藻類の中には褐色や紅色のものがあるが、これは水中に届きやすい青色や緑色の光エネルギーを吸収するためと考えられている。

zoomup 光の色→ p.19

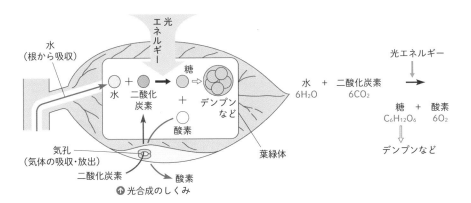

水（根から吸収）
光エネルギー
水
二酸化炭素
糖
⇒
デンプンなど
酸素
気孔（気体の吸収・放出）
二酸化炭素
酸素
葉緑体

水 + 二酸化炭素
$6H_2O$ 　 $6CO_2$

光エネルギー →

糖 + 酸素
$C_6H_{12}O_6$ 　 $6O_2$

→

デンプンなど

↑ 光合成のしくみ

❸ **光、二酸化炭素、水**……光合成が行われるためには、葉緑体以外に次のものが必要である。

▶光…自然界で光源になるものは太陽である。野菜な

HighClass 太陽光は、いろいろな波長の光が混ざってできている。植物の葉緑素は、緑色の光を透過したり反射したりするため、緑色光がヒトの目に届き、緑色に見える。カエデの葉は秋になると葉緑素が分解されるため、赤く紅葉する。

どの人工栽培では電灯や蛍光灯，LED（発光ダイオード）の人工光源が使われる。植物が光合成に利用する特定の色（波長）の光を使った専用の光源もある。

▶二酸化炭素…光合成でつくられるデンプンは，空気中の二酸化炭素を使ってつくられた化合物である。二酸化炭素は主に葉の気孔からとり入れられている。光合成は細胞内の葉緑体で行われるため，二酸化炭素は水に溶けることで，細胞内に入り葉緑体に届く。

▶水…土の中の水が根から吸収され，道管を通って葉まで運ばれる。吸収した水は，光合成によってつくられるブドウ糖に含まれる，水素としても使われている。

🔍 実験・観察 | 光合成の行われる場所

ねらい

葉緑体がある部分とない部分で，光合成が行われたかどうか調べる。

方法

❶ アサガオ，ゼラニウムなどのふ（葉の一部が白くなっているところで，葉緑体がない）が入っている葉を用意する。実験の前日に，ふ入りの葉をアルミニウムはくで帯状に包み，光があたらないようにする。次の日の朝に，光があたる場所に置く。半日程度時間をおいて，葉をとる。

❷ この葉を熱湯につけ，葉の細胞をやわらかくしてから，あたためたエタノールにひたし，葉緑素を溶かしだして脱色する。

❸ 脱色した葉を水洗いし，ペトリ皿の中に広げてヨウ素液を加え，デンプンが含まれているか確かめる。

結果

・アルミニウムはくで光があたらなかった部分とふの部分はデンプンができていない。

・緑色の部分で光があたったところは青紫色になっていることから，デンプンができている。

光合成では，光により水を分解している。生じた酸素は放出し，水素はブドウ糖をつくるために利用される。光合成を行う細菌の中には，水ではなく硫化水素（H_2S）を分解して水素をとり出す紅色硫黄細菌や緑色硫黄細菌がいる。この場合，酸素ではなく硫黄ができる。

❹ 光合成と二酸化炭素……二酸化炭素は植物に吸収さ
れ，光合成に使われる。これは，次の実験からもわかる。

🔍 **実験・観察** ／ 水中の植物と二酸化炭素の吸収

ねらい

水の中に溶けている二酸化炭素の変化を，BTB 液を使って調べる。

方　法

❶ 青色の BTB 液に息を吹きこみ，二酸化炭素を溶け
こませて緑色（中性）にする。

❷ 用意した 3 本の試験管のうち，2 本にオオカナダモ
を入れてゴム栓をする。片方はそのままにし（A），
もう片方は試験管をアルミニウムはくでおおい，光
があたらなくする（B）。残りの 1 本は何もせずにゴ
ム栓をする（C）。

❸ この 3 本の試験管を，光のあたる場所に置き，しば
らくして色の変化をみる。

❗ B の変化には時間がかかる。

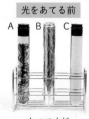

光をあてる前

A　B　C

すべて中性

光をあてたあと

A　B　C

A：青色（アルカリ性）に変化
B：黄色（酸性）に変化
C：緑色（中性）のまま変化なし

結　果

- 結果は次のようになった。

試験管	A	B	C
オオカナダモ	あり	あり	なし
光	あり	なし	あり
結果	青色 （アルカリ性）	黄色 （酸性）	緑色 （中性）
結果から推測される二酸化炭素の増減	減	増	変化なし

考　察

- オオカナダモに光があたることで光合成が行われ，二酸化炭素が減少した。

▶ **対照実験**…上の実験で，試験管 **A** と **C** の違いは，オ
オカナダモがあるかどうかだけで，ほかの条件はす
べて同じである。「オオカナダモによって BTB 液
の色が変わった」とするには，このようなオオカナ
ダモ以外の条件が同じ試験管と比べなければならな
い。この試験管 **C** のように，調べること以外は同じ
条件にした実験を対照実験という。

参考 BTB 液

　BTB 液を使うと，弱い酸性
や弱いアルカリ性を検出するこ
とができる。BTB 液は弱いア
ルカリ性に調整されているので，
最初は青色であるが，二酸化炭
素を吹きこむと中性になる。

短文記述
対策！

Q オオカナダモの実験で，試験管 B は BTB 液の色が黄色になった。これから何がわかるか？
A 試験管 B が黄色になったことから，酸性になったことがわかる。オオカナダモに光があた
らない条件では，呼吸によって二酸化炭素が増えて酸性になったと考えられる。

▶気体検知管での濃度の測定…呼気を吹きこんだポリエチレン袋を植物にかぶせ，二酸化炭素濃度を測定し，十分に光をあててから再び二酸化炭素濃度を測定すると，濃度は減少している。このことから，二酸化炭素は光合成に使われたと推測される。また，気体検知管を使うと，二酸化炭素の減少と同時に酸素が増加していることがわかる。

気体検知管
ポリエチレン袋

	二酸化炭素濃度	酸素濃度
初め	3.5 %	18.2 %
1時間後	2.6 %	18.7 %
2時間後	1.8 %	19.5 %

2 光合成でできるもの

～光合成ではデンプンと酸素が生成される～

❶ 光合成と酸素の発生

　右の図のような実験装置により，光合成で出てきた気体を集め，火のついた線香を入れると炎をあげて燃える。これより，光合成では酸素が発生することがわかる。

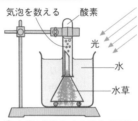
気泡を数える　酸素
光
水
水草
↑ 水草の気泡による光合成実験

❷ 光合成とデンプンの生成……光合成でつくられたデンプンが葉緑体に含まれていることは，オオカナダモの細胞で観察できる。

　強い光をあてたオオカナダモの細胞をヨウ素液にひたし，デンプンのようすを観察すると，葉緑体が青紫色に染まっているのが観察できる。

強い光をあてる前。
ヨウ素液にひたす前。

→ ヨウ素液

強い光にあてたあとヨウ素液にひたす。
葉緑体が青紫色に染まる。

光をあてないでヨウ素液にひたす。
色の変化は見られない。

（約320倍）　（約320倍）　（約320倍）

参考　デンプンと糖

　光合成では，二酸化炭素と水からブドウ糖などの糖類がつくられる。そのブドウ糖が多数結合して，デンプンができる。

　光合成でつくられたブドウ糖は水に溶けやすいので，そのままでは細胞の中の濃度が大きくなってしまい，細胞の活動に支障がでてしまう。しかし，デンプンは水に溶けにくい性質がある。そのため，光合成で生産されるブドウ糖は，溶けにくいデンプンの形で細胞内に一時的にためられている。これを同化デンプンという。同化デンプンは，夜間に再び糖に分解されて水に溶けた状態で師管を使って植物体内に運ばれる。

　また，糖をデンプンではなくショ糖（砂糖の成分）として葉にためる植物もある。ネギやトウモロコシなどの単子葉類は，ショ糖として葉に蓄えている。このようにショ糖をためる葉を糖葉という。

↑ トウモロコシ

HighClass　トウモロコシは，二酸化炭素をいったん有機物と結合させて，維管束の周囲の細胞にためておくことができる。強い光で温度が適切な条件では，光合成が盛んに行われて二酸化炭素がたりなくなる。そこでためておいた二酸化炭素を利用して，さらに光合成をしている。

3 光合成産物の移動と利用

〜つくられたデンプンを移動させる方法〜

日光のよくあたった午後にとった葉には多くのデンプンが確かめられるが，日の出前にとった葉にはデンプンの存在を示す反応は見られない。これは，デンプンが夜の間にほかの部分に移動したためである。

❶ 光合成産物の移動……日中に光合成でつくられたデンプンは，水に溶けないのでそのままでは輸送できない。そこでブドウ糖などに変えられてから，師管を通って植物の各部に運ばれる。

参考 師管での栄養分の輸送

光合成によってつくられた栄養分は師管によって植物のからだのすみずみに運ばれる。光合成を行う細胞は，エネルギーを使って，栄養分を細胞外に送り出している。このとき，師管の周囲にある細胞(伴細胞)の助けを受け，栄養分は師管に送られる。送られた栄養分は，濃度の違いを利用しながら必要な所に送りこまれる。

Break Time 光合成の研究の歴史

①ヘルモントの実験……17世紀前半に，ベルギーのヘルモント(1579〜1644)は，アリストテレスの主張していた「植物は，生活や成長に必要なすべての物質を土の中から得ている」という説を確かめるため，5年間ヤナギの成長実験を行った。

彼は，植木鉢に乾燥した土90.72 kgを入れ，2.27 kgのヤナギを植えた。

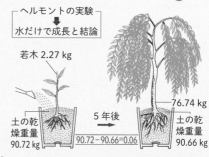

ヘルモントの実験
水だけで成長と結論
若木 2.27 kg
5年後
76.74 kg
土の乾燥重量 90.72 kg
90.72−90.66=0.06
土の乾燥重量 90.66 kg

そして5年間水だけで育てると，ヤナギは76.74 kgになり，植木鉢の土は60 g減っただけであった。このことから，植物の成長はすべて水から得たものであると結論した。彼は，ヤナギの成長には水のほかに無機物が吸収されて加わっていることや植物体は炭素が多量に含まれていることを見落としており，結論は誤りであったが，植物の成長に水が必要なことを証明した。

②プリーストリの実験……18世紀末にイギリスの科学者プリーストリ(1733〜1804)は，密閉したガラスの器の中でネズミを飼うとき，中に水とえさに加え植物の小枝を入れておくと長時間生きていることに気づき，植物が酸素を放出することを発見した(1774年)。

③インゲンホウスの実験……オランダのインゲンホウス(1730〜1799)は，緑色植物による空気の浄化に興味をもち，植物の光合成および呼吸を発見した(1779年)。植物が日中に限り酸素を放出すること，光合成のために大気中の二酸化炭素を用いていること，酸素を放出しているのは葉緑体のある部分であることを調べた。

Episode 師管の師は，もともとは篩(ふるい)という字であった。これは，細胞がつながっているところが「ふるい」のようになっていることから「篩管」と名づけられたためである。篩の字が常用漢字ではないため，「師」の字があてられ，師管という漢字で表記されるようになった。

❷ 光合成産物の利用

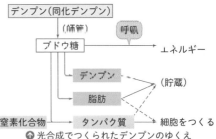

▶**エネルギー源としての利用**　すべての生物の細胞は，生命活動を行うためにエネルギーが必要である。光合成を行っている細胞であっても，細胞を維持し成長するために，エネルギーを使っている。このエネルギーをとり出す反応が**呼吸**である。

　そのため，光合成を行っている細胞も，たえず呼吸を行っている。光合成でつくられたブドウ糖は，呼吸で分解されてエネルギーをとり出すときに利用される。

↑ 光合成でつくられたデンプンのゆくえ

▶**タンパク質の合成**…細胞に送られたブドウ糖の一部は，根からとり入れられた窒素化合物とともにタンパク質の合成に使われる。タンパク質は細胞をつくる主成分である。また，ブドウ糖の一部は脂肪にも変えられる。

▶**栄養分の貯蔵**…光合成によってつくられた**同化デンプン**は，エネルギー源として利用されたり，脂肪やタンパク質に合成されたりして細胞の成長に使われるほか，デンプン，糖，タンパク質，脂肪といった栄養分として，種子や果実・地下茎・根などに貯蔵される。

貯蔵物質		貯蔵器官	例
炭水化物	デンプン	種子	イネ・ムギ・トウモロコシ
		地下茎	ジャガイモ・サトイモ・ハス
		根	サツマイモ・ダイコン
	ショ糖	根・茎	サトウキビの茎，サトウダイコンの根
	ブドウ糖	果実	ブドウ・モモ・ナシ
タンパク質		種子	コムギ・ダイズ・ラッカセイ
脂肪		種子	アブラナ・ゴマ・トウゴマ

↑ 植物に貯蔵される物質と貯蔵器官

　落葉樹は，秋に落葉する前に葉の栄養分を枝や幹に移して貯蔵する。この栄養分は，春になって芽吹くときに利用される。枝や幹に栄養分を蓄えることで，葉が成長し自ら光合成ができるまで，貯蔵した栄養分で成長できる。

参考　貯蔵デンプン

　種子・地下茎・根などに蓄えられたデンプンを貯蔵デンプンという。光合成によって葉でつくられる同化デンプンは葉緑体の中にできて粒も小さいが，貯蔵デンプンはブドウ糖分子がたくさんつながって非常に大きな粒となっている。顕微鏡で見るとその形は植物によって違っている。

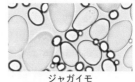

ジャガイモ

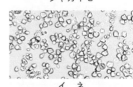

イネ

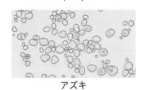

アズキ

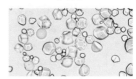

サツマイモ
↑ 貯蔵デンプン

HighClass　タンパク質は生物が成長するために重要な物質である。タンパク質の合成には，根からとり入れた窒素化合物が利用される。植物は，空気中の窒素を直接利用できないので，肥料として窒素を与える必要がある。マメ科の植物では，微生物と共生して窒素を得ているものもある。

③ 光合成とまわりのようす ★★☆

光合成には，光エネルギーと材料となる二酸化炭素が必要である。光の強さや二酸化炭素の濃度（のうど）は，光合成に影響（えいきょう）を与（あた）える。どれだけ光合成が行われたかは，葉のヨウ素デンプン反応の違（ちが）いを調べたり，水草が発生させる気泡（きほう）の数を調べることで確かめられる。

光合成が行われる量は，時間を一定にすることで比較（ひかく）できる。そのため，時間あたりの光合成の量，つまり**光合成速度**で計測する。

参考 光の強さと光合成

光源からの距離が 2 倍になると，光は $2 \times 2 = 4$ 〔倍〕の面積に広がるので，光の強さは $\frac{1}{4}$ 倍に，距離が 3 倍なら $\frac{1}{9}$ 倍になる。この関係を使って，下の実験の気泡の数をグラフにしたものが結果の図である。なお，光をあてる距離が 5 cm のときを 1 として，光の強さ〔ルクス〕を示している。

1 光の強さと光合成

～光の強さで光合成速度はどう変わるだろうか～

🔍 実験・観察 光の強さと光合成速度を調べる

ねらい

光のあて方を変えて，光合成速度を調べてみる。

方法

❶ 容器の中に水を入れてガラス管で息を吹（ふ）きこみ，二酸化炭素を多く溶（と）かしこんでおく。

❷ オオカナダモやクロモを，容器の中に切り口を上にして入れ，光をあてる距離（きょり）を変えて出てくる気泡の数を数える。

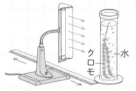

距離(cm)	1 分間の気泡の数
5	132
10	110
15	75
20	60
25	48

⚠ 発生する気体は，空気よりも多くの酸素を含（ふく）んでいる。気泡の発生量＝光合成速度とはいえないが，光があまり強くないときは，気泡の発生量は光合成速度と比例していると考えられる。

結果

• 光源からの距離が大きくなると，クロモにあたる光は弱くなる。光が弱くなると 1 分間に発生する気泡の数が減ってくることから，光合成速度は減少していることが観察できる。

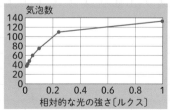

🏠 **HighClass** 光合成には，大きく分けて 2 つの段階がある。はじめに，光エネルギーを吸収して利用できるようにするとともに，水を分解する段階がある。次に，そのエネルギーを利用して，二酸化炭素と水素からブドウ糖をつくり出す反応が起こる。

❶ 光飽和点……光をしだいに強くしていくと，それに比例して光合成速度は大きくなる。しかし，ある強さになると光合成速度は

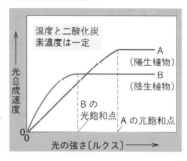

温度と二酸化炭素濃度は一定

光合成速度

A（陽生植物）

B（陰生植物）

Bの光飽和点

Aの光飽和点

光の強さ〔ルクス〕

一定になり，それ以上光を強くしても光合成速度は変化しない。このとき植物が利用できる限界となる光の強さに達しており，これを**光飽和点**という。

❷ 陽生植物……上のグラフのAは光飽和点が高い。この植物は，弱い光では光合成速度が小さく，強い光では光合成速度が大きい。よって，日あたりのよい環境に適した植物である。このような植物を**陽生植物**という。

❸ 陰生植物……グラフのBは，光飽和点が低い。この植物は，弱い光では効率よく光合成を行えるが，強い光では光合成速度が小さい。よって日陰に適した植物である。このような植物を**陰生植物**という。

2 二酸化炭素濃度，温度と光合成

〜二酸化炭素濃度，温度変化と光合成の関係〜

❶ **二酸化炭素濃度と光合成**……空気中の二酸化炭素濃度は約 0.04 ％だが，二酸化炭素濃度が増加するほど光合成速度も増加することが実験によってわかっている（約 0.3 ％まで）。このことから，植物が利用できる二酸化炭素には，まだ余裕がある。

❷ **温度と光合成**……光合成は，温度の影響も受ける。右のグラフのように，光が強いときは，30℃付近が最も光合成速度が大きい。しかし，それ以上では光合成速度は小さくなる。これは，二酸化炭素からデンプンをつくるときの酵素のはたらきが弱くなるからである。また，弱い光では温度の影響は小さい。これは，温度が最適で反応を進める状態になっていたとしても，光が弱いために，デンプンの材料となる物質が十分につくられないためと考えられる。

参考　陰生植物と陽生植物

陰生植物には，アオキやシダ，ゼニゴケなどがある。これらは林の中の下層や谷など，光が弱い環境で育つ。また，シイやカシのように，幼木が日陰で育つ樹木も陰生植物である。

陽生植物は，日あたりを好み，日陰では生育が悪い。樹木のシラカバや，ススキなどの背の高い草には陽生植物が多い。

参考　最大光合成速度

光合成曲線はゆるやかに変化するので，光飽和点が明確にならないことがある。そのため，植物の光合成の能力を最大光合成速度で示すこともある。

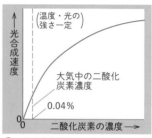

（温度・光の強さ一定）

光合成速度

大気中の二酸化炭素濃度

0.04%

二酸化炭素の濃度

⬆ 二酸化炭素濃度と光合成速度の関係

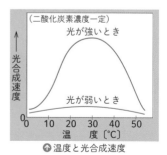

（二酸化炭素濃度一定）

光合成速度

光が強いとき

光が弱いとき

0　10　20　30　40　50
温　度〔℃〕

⬆ 温度と光合成速度

HighClass

植物に二酸化炭素を多く与えても，それを利用するための光がなければ二酸化炭素は利用できない。十分に強い光を与えても低温では反応が進まない。このように光合成速度は最もたりない要因によって制限される。このような要因を限定要因という。

④ 植物の呼吸と光合成 ★★★

1 光合成とエネルギー

～光合成においてのエネルギーの移り変わり～

光合成では，二酸化炭素や水などの無機物からブドウ糖などの有機物をつくり，デンプンにして貯蔵している。このとき，葉緑素が吸収した**光エネルギー**が用いられている。葉緑素には光エネルギーを**化学エネルギー**に変えるはたらきがあり，この化学エネルギーで二酸化炭素と水からブドウ糖などがつくられる。つまり，光合成は光エネルギーを，ブドウ糖などの炭水化物がもつ化学エネルギーに変えるはたらきと考えることができる。

2 呼吸と光合成

～光合成と呼吸の違いに注意！～

光合成と呼吸では，使われる物質と出される物質の関係が逆になる。また物質の変化，エネルギーの変化からみても逆のはたらきである。光合成は光エネルギーを使ってブドウ糖を合成し，呼吸はブドウ糖を分解して生命活動に必要なエネルギーを得るはたらきである。

二酸化炭素 + 水 ⇄（光合成 / 呼吸）糖 + 酸素

① 昼間
光合成
呼吸
光合成と呼吸を同時に行っているが，光合成のほうが大きいので，二酸化炭素を外部から吸収している。

② 夜間
呼吸
光合成をせず，呼吸だけを行っているので，二酸化炭素を外部に放出している。

3 光の強さと呼吸・光合成

～光によってどちらのはたらきが大きいか考える～

植物について，光の強さと二酸化炭素の吸収・放出に

参考 呼吸と光合成

日光
放出 光合成 吸収
酸素 二酸化炭素
吸収 吸収／放出 呼吸
呼吸

↑ 光合成と呼吸

呼吸は，酸素を吸って二酸化炭素を出す反応であるが，それは生命活動に必要なエネルギーを得るためのものである。

光合成によって光エネルギーを利用できるのなら，光合成と呼吸の両方を行わなくてもいいように思えるかもしれない。

しかし，細胞の中では光合成は**葉緑体**で，呼吸は**ミトコンドリア**で行われている。細胞はさまざまな変化に対応するために，必要とするときにエネルギーをとり出さなければならない。そのために，ミトコンドリアでブドウ糖からエネルギーをとり出せるようになっている。

呼吸と光合成を別々に行うことは，エネルギーの貯蔵と利用に適したしくみと考えることができる。

Episode 血液を用いて酸素を運ぶ動物とは異なり，植物は細胞のすきまを使って酸素を送っている。根では，酸素を表皮細胞が土壌中のすきまから直接とりこみ，地上部では気孔だけでなく，表皮のすきまからもとりこんでいる。

ついて調べてみると，次のようなグラフになる。

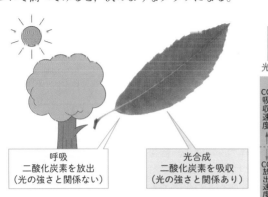

↑ 光の強さと呼吸速度・光合成速度

❶ 光があたらないとき……呼吸だけを行うので，
植物は二酸化炭素を放出する。

❷ 光が弱いとき……光合成で二酸化炭素を吸収するが，
呼吸で放出する二酸化炭素のほうが多いので，植物全
体としては，二酸化炭素を放出している。

　光をじょじょに強くしていくと，光合成で吸収する
二酸化炭素量と呼吸で放出する二酸化炭素量が同じに
なり，見かけ上二酸化炭素の出入りがないように見え
る。このときの光の強さを**補償点**という。

❸ 光が強いとき……呼吸で放出される二酸化炭素量よ
り光合成で吸収する二酸化炭素量のほうが多くなるの
で，全体としては二酸化炭素を吸収する。さらに光を
強くしていくと，植物が利用できる光の限界である**光
飽和点**に達し，光合成は一定となる。

❹ 補償点……呼吸はブドウ糖などを分解する反応で，
光合成はブドウ糖をつくる反応であるから，補償点と
なる光の強さでは，ブドウ糖の生産と分解が同じと考
えることができる。補償点より強い光では，ブドウ糖
の生産が上回るため植物の中に蓄えることができる。
補償点より弱い光では，分解が上回るため，ブドウ糖
は減っていく。

　昼の強い光では光飽和点を上回っているので最大光
合成速度に近くなり，夜間に呼吸で消費したとしても
多くの栄養分が残る。そのため植物はブドウ糖を成長
や貯蔵，種子をつくることなどに利用できる。

参考 補償点と光飽和点

　光合成速度と呼吸速度が等し
いときの光の強さである補償点
は，植物の種類によって異なる。

　陽生植物は，明るい場所を好
んで生息するが，補償点が高く，
光飽和点も高い特徴がある。そ
のために，多くの光を利用する
が，呼吸量も大きい。

　陰生植物は，補償点が低く光
飽和点も低い。光合成量は少な
いが，呼吸量も小さいことから，
暗い場所でも生育できる植物で
ある。

入試Info 光合成と呼吸の関係は，光合成速度＝見かけの光合成速度＋呼吸速度 となる。
見かけの光合成速度を二酸化炭素の吸収量として表したグラフが出題されることがある。こ
のときの呼吸速度は光があたらないときの二酸化炭素の放出量だと考える。

4 発芽した種子の重量変化と呼吸・光合成

~種子も呼吸をしている！～

🔍 実験・観察 植物の呼吸を調べる

ねらい

植物が呼吸によって二酸化炭素を放出していることを実験で確かめる。

方法

❶ 発芽しかけた種子をポリエチレン袋に入れ，図Aのような装置に1日入れる。

❷ 袋の中の空気を図Bのようにして，うすい青色にしたBTB液（または石灰水）に通す。

結果

● BTB液は黄色（石灰水は白く濁る）になる。

❗ 対照実験として，種子を入れない空気だけのポリエチレン袋を用意し，同様に1日おいてBTB液や石灰水に通して比較すると，よりはっきりとした結果となる。

図A ピンチコック 二酸化炭素の発生

図B 二酸化炭素の確認 BTB液 うすい青色の → 黄色（または石灰水） → 白濁

考察

● 発芽した種子は二酸化炭素を発生させていることがわかる。

種子の中にはタンパク質や脂肪，デンプンなどが蓄えられている。これらの栄養分は種子の発芽のために利用されるので，上の実験で放出された二酸化炭素は，種子の栄養分が使われたことで生じたと考えられる。

そこで，種子が発芽するときの重量変化と呼吸や光合成との関係を調べると，次のようになる。

zoomup
BTB液の色の変化→p.306
石灰水による二酸化炭素の検出
→p.201

❶ 発芽と種子の重さの変化……バーミキュライトやよく洗った砂を入れた植木鉢を2つ用意し，ダイズの種子をまく。1つは日あたりのよい所に置き（A），1つは暗室内に置く（B）。3日ごとに芽生えた種子をとり出して乾燥させ，重さをはかってみると，右のグラフのようになる。

（※バーミキュライト（肥料の入っていない土）やよく洗った砂を使うのは，有機物などが含まれないようにし，種子の重さに影響しないようにするためである。）

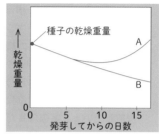

種子の乾燥重量

乾燥重量

発芽してからの日数

HighClass
胚や胚乳が成長して種子をつくるとき，貯蔵物質の蓄積や脱水が起こり，種子は乾燥に耐えられるようになる。その後胚は休眠して長い時間生き続け，発芽の条件がそろうまで待つ。休眠した種子が吸水すると胚乳中のデンプンが分解され，胚に送られて呼吸に使われる。

389

❷ 種子の重さが減少する理由……植木鉢Ａ，Ｂとも呼吸によって種子の中の栄養分が使われたため，発芽直後の重さは減る。呼吸により，栄養分の中の炭素は，二酸化炭素として空気中に放出される。

❸ 種子の重さが増加する理由……植木鉢Ａでは，本葉ができると光合成を行い，栄養分をつくって蓄積できるようになる。そのため，乾燥重量は増加している。

　植木鉢Ｂでは，光があたらないため光合成ができず，種子の中の栄養分が発芽後も使われ続ける。そのため，乾燥重量は減少している。

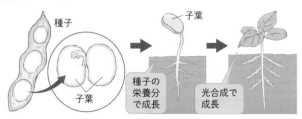

種子
子葉
子葉
種子の栄養分で成長
光合成で成長

Break Time　**光合成と植物ホルモン**

　これまで学んだように，植物は光合成で栄養分をつくって成長する。そのために，より多くの光合成ができるようなしくみをもっている。

　例えば，発芽したあと，茎は光に向かって伸びていくことが知られている。これは，光のあたらない側の細胞が伸長して大きくなり，その結果として，茎が光の方向に傾くからである。細胞の伸長を調節しているのはオーキシンという物質である。また，根は光と反対方向に伸びていくが，これもオーキシンがはたらくからである。根の細胞は，茎の細胞とは逆で，オーキシンがたくさんあると伸長が阻害される。

　このように，植物は光合成を支える巧妙なしくみをもっており，光を感知する受容体と反応を調節する物質が機能している。茎の成長だけでなく，発芽や開花など，植物の生命活動を調節している物質を植物ホルモンとよんでいる。

光に向かって伸びる。

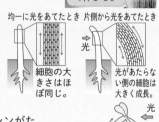

均一に光をあてたとき　片側から光をあてたとき
光
細胞の大きさはほぼ同じ。
光があたらない側の細胞は大きく成長。

光
茎
オーキシン
根

HighClass　発芽を調節する要因は植物の種類によって異なるが，光や温度が影響する。例えば，休眠から目覚めるのに，吸水させたあと数日以上低温にさらされることで発芽ができるようになる植物がある。これは，四季がある所の植物が越冬して春に発芽するためのしくみとされる。

⑤ 根や茎のつくりとはたらき ★★☆

① 根のつくりとはたらき

～植物の土台となる～

❶ **根の構造**……タンポポやホウセンカなどの双子葉類の根は主根と側根に分かれている。またイネやトウモロコシなどの単子葉類の根は，ひげ根になっている。どちらの場合も，根の先端部には細かな根毛がついている。

根毛は発芽後の若い根を観察すると，生えているようすがよくわかる。

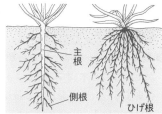

↑ 双子葉類の根　↑ 単子葉類の根

↑ ダイコンの根毛

❷ **根の内部構造**……根の横断切片を顕微鏡で観察すると，外側を表皮が囲み，その内側に皮層があり，その内側に内皮がある。内皮の中には，道管と師管を含む**維管束**が放射状に並んでいる。

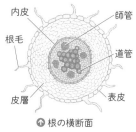

↑ 根の横断面

根の構造を縦方向に見てみると，最も先端に**根冠**があり，その後方に成長点がある。成長点では，細胞分裂が盛んで，細胞の数が増え，その1つ1つの細胞が大きくなることで，根が伸びる。

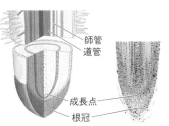

↑ タマネギの根の縦断面（約50倍）

❸ **根のはたらき**……根には次のようなはたらきがある。
- ▶地中に伸びて，茎，葉，花などの地上部を支える。
- ▶地中の水や養分（無機物）を吸収する。
- ▶吸収した水や養分を地上部まで運ぶ。
- ▶デンプンなどの栄養分を貯蔵する。

根は，先端に成長点があるので，先端ほど新しい。水や養分の吸収は，根毛で行われる。

zoomup 双子葉類，単子葉類 → p.339

参考 シダ植物とコケ植物

シダ植物は，種子植物と同じように，葉，茎，根という区別があり，維管束もある。茎は，地下や地表にあることが多く，葉の柄の部分が長くなって地上部分の葉がついている。

維管束

↑ イヌワラビ（シダ植物）

コケ植物は，葉，茎，根の区別がなく，維管束もない。根のような形の仮根があるが，からだを土や岩に固定させるためのもので，吸水などの根の機能はない。コケ植物もシダ植物も胞子でふえる。

↑ コスギゴケ（コケ植物）

Q 根の先端付近にある根毛は，どのようなことに役立つか？
A 根毛は，土の粒子の間に入りこむことができるので，土と接する面積が広くなる。そのために，多くの水分や養分をとりこむことができる。

2 茎のつくりとはたらき

〜水や栄養分を運ぶ〜

❶ 茎の構造……茎は，やわらかいものを草(草本茎)，かたいものを木(木本茎)とよぶ。木の茎では中の道管の集まり(木部)が発達しており，このような茎は幹とよばれている。

❷ 茎の内部構造

▶双子葉類の茎……ホウセンカなどの茎を横断して，その切片を顕微鏡で観察すると，右の図のような断面が見える。

　外側を表皮が囲み，その内部に皮層があり，中心部に髄がある。皮層と髄の間に師管，形成層，道管が輪状に並んだ維管束がある。

師管：光合成によってつくられた栄養分を通す。

道管：根から吸収した水や水に溶けた養分を通す。

形成層：この部分の細胞は，盛んに分裂して増え，師管，道管，皮層の細胞をつくり，茎を太くする。

▶単子葉類の茎……イネなどの単子葉類の茎の維管束は，双子葉類のように輪状に並ばず，茎全体に散在している。また，形成層をもたない。

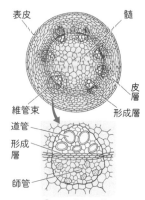

↑ 双子葉類の茎

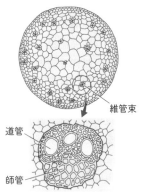

↑ 単子葉類の茎

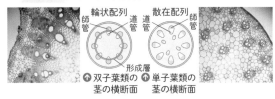

↑双子葉類の茎の横断面　↑単子葉類の茎の横断面

❸ 茎のはたらき……茎は，葉や花をつけ，根とつながり，植物のからだを支える役割がある。根から葉まで道管が水を運び，師管で栄養分を運んでいる。形成層では細胞が分裂して茎を太くしている。また，地下茎のジャガイモのように茎に栄養分をためる植物もある。

　樹木では，幹が太くなると新しい道管ができ，古い道管は木質化して蓄積していく。さらに成長していくと，道管の機能はなくなり，木材として利用されるようなかたい幹ができる。

　茎の維管束は，双子葉類では輪のように並び，単子葉類では散らばっている。

　しかし，根の維管束は，どちらも共通で中心に位置している。主根・側根とひげ根というように形態は違っても根の維管束の配置は同じである。

HighClass

双子葉類や裸子植物の維管束にある形成層によって，樹木の幹は太くなる。春から夏にかけて，形成層は活発にはたらき，成長の幅が広くなる。冬になると形成層のはたらきが弱まり，成長の幅がせまくなる。これが1年周期でくり返され，幹に年輪ができる。

🔍 実験・観察 水の通り道の観察

ねらい

色水を植物に吸わせることで茎や葉の断面を観察し，水の通り道を調べる。

方法

❶ トウモロコシやヒマワリの苗を用意する。

❷ 三角フラスコに水を入れ，赤インクを溶かす。❶の苗の茎を切って，フラスコにさし，2〜3時間ほど色水を吸わせる。

❸ 葉の部分をとり，カッターナイフなどで葉を横に切り，双眼実体顕微鏡などで維管束を観察する。

❹ 茎の部分をとり，カッターナイフなどで茎を横に切ったり，縦に切ったりして，それぞれ色水で染まっている部分を観察する。

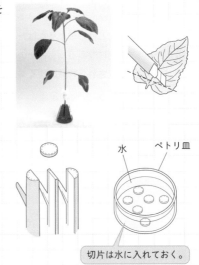

水　ペトリ皿

切片は水に入れておく。

結果

- 色水は道管を通って吸い上げられることから，赤く染まったところは道管であると考えられる。
- トウモロコシ（単子葉類）の道管は茎全体に散在し，葉では葉脈にあるようすが観察できる。
- ヒマワリ（双子葉類）の茎では道管は輪状になっていて，葉では葉脈にあるようすが観察できる。

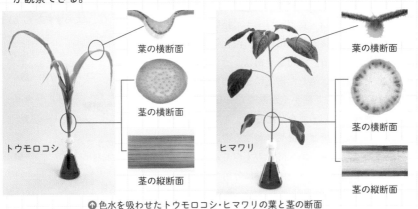

葉の横断面
茎の横断面
茎の縦断面
トウモロコシ

葉の横断面
茎の横断面
茎の縦断面
ヒマワリ

⬆ 色水を吸わせたトウモロコシ・ヒマワリの葉と茎の断面

入試Info

この実験では水の通り道が観察でき，道管の配置が単子葉類と双子葉類で違うことがわかる。この水を吸い上げる力は蒸散によるもので，葉の気孔の開閉で調整されていることを関連づけて理解しておくことが大切である。

393

6 食物の消化と吸収

Point
❶ 消化とはどのようなはたらきか理解しよう。
❷ 消化に関わる器官とそのはたらきを確認しよう。
❸ 吸収された物質のゆくえはどうなるのかを理解しよう。

1 消化と消化器官 入試重要度 ★★☆

1 消化

〜食べたものをからだにとり入れるはたらき〜

食物をかみくだき、分解することで、小腸から吸収できるような小さい物質（分子）にすることを消化という。消化には、**機械的消化**と**化学的消化**がある。

❶ **機械的消化**……食物を歯でかみくだいたり、舌や胃、小腸で食物と消化液を混ぜ合わせたりして、食物を移動させるはたらきをいう。

❷ **化学的消化**……消化液に含まれる消化酵素で食物を化学的に分解し、小さい物質（分子）にすることをいう。

2 消化器官とはたらき

〜消化管と消化腺の違いに注意！〜

消化器官には、口・食道・胃・十二指腸・小腸・大腸のように食物が直接通る**消化管**と、消化管に消化液を分泌する**消化腺**がある。消化管や歯は、それぞれの動物によって食べる食物に適した構造に発達している。

❶ **口**……食物を歯で細かくかみくだくはたらきをする。また、**唾液腺**から唾液を分泌し、デンプンを分解する。舌は、食物と唾液とを混ぜ合わせるのに役立っている。

▶唾液のはたらき…消化酵素の1つである**アミラーゼ**によって、**デンプンを麦芽糖**に分解する。

❷ **食道**……ぜん動運動によって、食物を胃に運ぶはたらきをする。

❸ **胃**……食物が入ってくるとぜん動運動を行い、**胃腺**から分泌される胃液と混ぜ合わせるはたらきをする。

Words 消化酵素

生物がつくる、化学反応を起こしやすくする物質を**酵素**といい、消化に関わる酵素を**消化酵素**という。酵素には以下の性質がある。

①酵素自体、反応の前後で変化しない。

②酵素は決まった物質だけにはたらく。

③酵素は体温近くで最もよくはたらくものが多い。

④酵素によって、酸性ではたらくもの、中性ではたらくもの、アルカリ性ではたらくものが決まっている。

⑤酵素はタンパク質でできているため、高温で熱すると変性し、はたらきを失う。

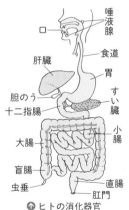

↑ ヒトの消化器官

HighClass 唾液腺とは、陸生のセキツイ動物において発達した唾液を分泌する腺の総称のことで、舌下腺、顎下腺、耳下腺が主なものである。耳下腺は木乳類でのみ見られる。

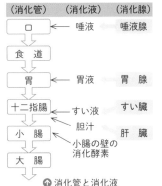

↑ 胃の断面

胃の運動

胃のぜん動運動

食物と胃液の混ぜ合わせ

（消化管）	（消化液）	（消化腺）
口	← 唾液	唾液腺
食 道		
胃	← 胃液	胃 腺
十二指腸	← すい液	すい臓
	← 胆汁	肝 臓
小 腸	← 小腸の壁の消化酵素	
大 腸		

↑ 消化管と消化液

▶ **胃液のはたらき**…胃液は酸性であり，消化酵素の**ペプシン**によって，タンパク質を**ペプトン**に分解する。

④ **十二指腸**……胃に続く 20 ～ 30 cm の C 字形に曲がった管で，すい臓から分泌されるすい液，胆のうからくる胆汁の出口がつながっている。

⑤ **すい臓**……消化液であるすい液を分泌する器官。すい液はアルカリ性であり，タンパク質をポリペプチドに分解する**トリプシン**，脂肪を脂肪酸とモノグリセリドに分解する**リパーゼ**，デンプンを麦芽糖に分解する**アミラーゼ**が含まれている。

⑥ **肝 臓**……暗赤色をした左右に広がる葉状の大きな器官で，胆汁を分泌する。胆汁は一時胆のうに蓄えられ，その後十二指腸へ送られる。胆汁には酵素は含まれないが，脂肪を乳化して，消化と吸収を促進するはたらきがある。また，肝臓には，**タンパク質の合成，尿素の合成**，グリコーゲンなどの栄養分の合成・貯蔵，**解毒作用，血液成分の合成や血液量調節，体温保持**などのはたらきがある。

参考 肝臓とアルコール

　肝臓の解毒作用の1つとして，アルコール（エタノール）の分解も行っている。エタノールはアルコール脱水素酵素によってアルデヒドに，その後，アルデヒド脱水素酵素によってさらに分解される。アルデヒドには強い毒性があり，これが血中に多くあると，頭痛や吐き気などのいわゆる二日酔いの症状が起こる。日本人や中国人にはアルデヒド脱水素酵素をつくらない遺伝子を持つ人が多く，お酒に弱い人が多いといわれる。

⑦ **小 腸**……5 ～ 7 m の長い管で，消化と吸収のはたらきを行う。小腸の内面には多くのひだがあり，その表面には長さ 1 mm 程度の毛のような柔毛が無数にある。栄養分はこの柔毛から吸収される。小腸では水分の約 95 ％が吸収される。小腸の壁からは，次の消化酵素が分泌される。

▶ **マルターゼ**…麦芽糖をブドウ糖に分解。

▶ **ペプチダーゼ**…ポリペプチドをアミノ酸に分解。

　小腸では，食物と消化酵素を混ぜ合わせる**分節運動**，食物を大腸へ送る**ぜん動運動**も行っている。

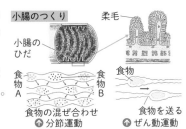

小腸のつくり　柔毛　小腸のひだ　食物

食物A　食物B　食物

食物の混ぜ合わせ
↑ 分節運動

食物を送る
↑ ぜん動運動

入試Info

小腸に多数のひだや柔毛がある理由がよく問われる。これらがあるため小腸は表面積が広く，すべて広げると約 200 平方メートル（テニスコート 1 面分）になるといわれる。小腸はこの広い表面積を利用して，吸収を行っている。

❽大　腸……小腸から続く盲腸から肛門までの 1.5 m 程

度の太い管で、内部に多数の横ひだがある。大腸では、

水分の吸収と、無機塩類の吸収が行われている。また、

腸内細菌による食物繊維の発酵も行われている。

消化器官 消化液	口 唾液	胃 胃液	十二指腸 すい液	小腸 壁の消化酵素	（最終分解物）	吸収
炭水化物 デンプン	〔アミラーゼ〕麦芽糖		〔アミラーゼ〕	〔マルターゼ〕	ブドウ糖	小腸の柔毛の毛細血管
			麦芽糖			
				〔サッカラーゼ〕	ブドウ糖　果糖	
ショ糖						
タンパク質	〔ペプシン〕		ペプトン〔トリプシン〕ポリペプチド	〔ペプチダーゼ〕	アミノ酸	
脂肪			〔リパーゼ〕		脂肪酸 モノグリセリド	パ毛小管の腸リのン柔

⬆ 炭水化物・タンパク質・脂肪の消化の過程

🔍 実験・観察　唾液のはたらきを調べる

ねらい

唾液はどのような条件のときに、デンプンを分解し糖にするのかを調べる。

方法

❶ うすいデンプンのりを 4 本の試験管に分け、約 10 倍にうすめた唾液を加える。

❷ 2 本の試験管（A と C）は 30 〜 40℃のお湯で 10 分間あたため、残りの 2 本（B と D）は氷水（0℃）で 10 分間冷やす。

❸ A と B についてはヨウ素液でデンプンの有無を確認し、C と D についてはベネジクト液で糖の有無を確認する。

結果

結果	A	B	C	D
結果	変化なし	青紫色	赤褐色の沈殿	変化なし

考察

・唾液は 30 〜 40℃のときデンプンを糖にしたが、0℃では糖にできなかった。

・唾液は、一定の温度範囲でないと、デンプンを糖にできないといえる。

短文記述対策！

Q なぜ唾液は 30 〜 40℃のときにデンプンを糖にすることができるようにしているのか。

A ヒトの体温（35 〜 37℃）でいちばんよくはたらくため。

② 栄養分の吸収とそのゆくえ ★★★

① ブドウ糖のゆくえ

～デンプンはブドウ糖に分解される～

● **ブドウ糖(グルコース)**……デンプンが分解されてできた**ブドウ糖**は，小腸の柔毛内の毛細血管に吸収され，**肝門脈**を経て**肝臓**に運ばれる。ブドウ糖の一部は肝臓でグリコーゲンに合成され貯蔵されるが，残りは血管を通じて全身の細胞に送られ，エネルギー源となる。

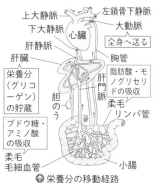

↑ 栄養分の移動経路

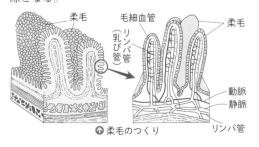

↑ 柔毛のつくり

参考 糖の構造

糖の構造を簡単に描くと次のようになる。

ブドウ糖(単糖類)○

麦芽糖(二糖類) ○○

デンプン(多糖類)○○○○○○○○

🔍 実験・観察 デンプンとブドウ糖の分子の大きさの比較

ねらい

半透膜であるセロハンを使って，デンプンとブドウ糖の分子の大きさの違いを確認する。(※半透膜…小さな分子だけが通り抜けられるような穴が開いている膜)

方法

❶ デンプンののりとブドウ糖の混合液をつくる。

❷ ペトリ皿に水を入れ，その上からセロハン紙をかぶせる。さらにその上から❶の液を加え，7～10分ほど放置する。

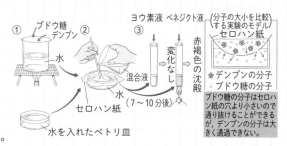

❸ セロハン紙の下にたまった水を2つに分け，1つにはヨウ素液を，もう1つにはベネジクト液を加えて加熱する。

結果

• ヨウ素液では変化は見られず，ベネジクト液では赤褐色の沈殿が見られた。

考察

• ブドウ糖の分子は小さいため，セロハン紙を通り抜けた。

デンプンは多くのブドウ糖(グルコース)がグリコシド結合によって結合した多糖類である。そのためデンプンの分子はブドウ糖の分子と比べ，とても大きい。

2 アミノ酸のゆくえ

～吸収されたアミノ酸はからだの材料になる～

● アミノ酸……タンパク質が分解されてできた**アミノ酸**は，ブドウ糖と同様に，柔毛内の毛細血管に吸収される。その後，肝門脈→肝臓→心臓を経て全身の細胞に送られ，細胞をつくるタンパク質の材料になる。また，一部はエネルギー源にもなる。タンパク質をつくるアミノ酸は 20 種類ある。

▶**タンパク質**…からだを構成する成分であり，動物では全成分中の約 15 ％を占める。酵素やホルモンなどにも使われる。各個体のもつ遺伝情報にしたがって，アミノ酸を組み合わせて各個体独自のタンパク質がつくられる。

3 脂肪酸・モノグリセリドのゆくえ

～脂肪は脂肪酸とモノグリセリドに分解される～

● 脂肪酸・モノグリセリド……脂肪は，すい液中のリパーゼによって**脂肪酸**と**モノグリセリド**に分解され，柔毛内で再び脂肪になってリンパ管へ吸収され，胸管を通って血管に入り，心臓を経て全身の細胞に送られる。エネルギー源として使われ，一部は**皮下脂肪**として貯蔵される。

脂肪酸は，**飽和脂肪酸**と**不飽和脂肪酸**に分類される。飽和脂肪酸は，肉，牛乳，バターなどに多く含まれ，エネルギー源として活用されるが，過剰な摂取は健康に悪いとされる。一方，不飽和脂肪酸は，サラダ油や魚などに多く含まれ，生きるために摂取が必須な栄養素である。不飽和脂肪酸には DHA(ドコサヘキサエン酸)や EPA(エイコサペンタエン酸)などがある。

◀ 飽和脂肪酸を含む食品（バター）

◀ 不飽和脂肪酸を含む食品(イワシ)

▶ **脂　質**…水に溶けず，その他の有機溶媒に溶ける物質の総称である。脂肪は最も効率の高いエネルギー源となる。リン脂質は，細胞膜の成分になる。

参考 必須アミノ酸

ヒトの体内でつくることができないため，食物として摂取する必要があるアミノ酸を必須アミノ酸という。必須アミノ酸は以下の 9 種類である。

・バリン　　・トレオニン
・ロイシン　・イソロイシン
・リシン　　・メチオニン
・フェニルアラニン
・トリプトファン
・ヒスチジン

さらに成長過程では上記に加えて，アルギニンも必要である。

参考 ウシのなかまの胃

ウシは食物を口と胃とで何回も行き来させて消化する。このことを反芻という。反芻はヤギ，ヒツジ，キリンなどでもみられる。彼らの胃は 4 つに分かれており，その中には細菌類などがすみついている。胃の中の細菌類は，ウシが食べた植物を胃の中で発酵させ，利用する。

ウシのなかまの唾液には，細菌類の生育が促進する物質が含まれている。そして最終的にウシは，細菌類ごと吸収するため，肉を食べたときと同じような栄養分をとることができる。

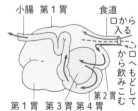

小腸　第 1 胃　　食道
　　　　　　　　　口から入る
　　　　　　　　　口へもどして口から飲みこむ
第 1 胃　第 3 胃　第 4 胃　第 2 胃

Episode　青魚に多く含まれる不飽和脂肪酸 DHA や EPA は，魚自身がつくっているものではなく，魚のえさとして食べられている動物プランクトンがエネルギーを貯蔵するためにつくっている油である。魚はたくさんの動物プランクトンを食べることで，油を蓄積している。

4 無機物・ビタミン

～からだにはほかにも必要なものがある～

❶ 無機物(ミネラル)……エネルギー源にはならないが，からだのはたらきに重要な役割を果たす。

▶水…さまざまな物質を溶かすことができるため，化学反応のなかだちとなる。流動性に優れ，比熱が大きい。体温を一定にする上でも重要である。ヒトのからだの約70％は水でできている。

▶無機塩類…金属元素などで，無機塩類として水に溶けているものが多く，細胞の状態やはたらきを調節する作用がある。カルシウム，ナトリウム，カリウム，鉄，塩素，硫黄，リンなどがあり，胃，大腸，小腸から吸収される。

❷ ビタミン……エネルギー源にはならないが，体内のいろいろな機能の調節に重要な役割を果たす。不足するとさまざまな病気になる。水に溶ける水溶性ビタミンと油に溶ける脂溶性ビタミンがある。ヒトのからだに必要なビタミンは13種が認められている。 ビタミンはほとんどの場合，からだの中で十分な量を合成することができないので，主に食料から摂取され，小腸で吸収される。

▶ビタミンの種類と欠乏症の例

種　類	性　質	含む食物	欠乏症
ビタミンA	熱に不安定，光に弱い	牛乳・卵黄バターなど	夜盲症(とり目)，角膜乾燥症
カロテン	ニンジンなど赤や黄の野菜に含まれている。動物体内では肝臓で分解されビタミンAになる。		
ビタミンB(B₁，B₂，B₆，B₁₂などの複合)	水に溶け，熱やアルカリに不安定	胚芽(米・小麦)，酵母，卵黄肝臓(レバー)	脚気，疲労感，発育不良，貧血，神経障害
ビタミンC	酸化されやすく，熱に弱い	新鮮な果実，野菜	歯茎や皮膚から出血する壊血病
ビタミンD	熱に強い	肝油，卵黄	骨の発育不良
エルゴステロール	シイタケ，酵母菌に含まれており紫外線があたるとビタミンD₂になる。		

このほかにビタミンE，K，L，Pなどがある。

参考 肉食動物とビタミン

肉食動物が植物を食べずにビタミンをとり入れることができるのは，生のまま草食動物の内臓や肉を食べるからである。そのため，えさになった動物の体内にあったビタミンをそのまま利用できる。イヌイットの人達も，昔は生肉を食べたので，冬でもビタミン欠乏症にならなかったといわれている。

参考 ビタミンと脚気

脚気はビタミンB₁(チアミン)不足で引き起こされる病気であり，重度の場合は死にいたる。特に白米を中心としていた日本の軍隊では，脚気患者が多く，大きな問題になっていた。海軍軍医であった高木兼寛は，1883年に白米を麦飯に変えることで脚気を防ぎ，感染率減少に大きな効果をもたらした。しかし，陸軍は，脚気の原因は伝染病だと考えていたため，多くの被害を出し，日露戦争では戦死者の約2割が脚気による死者であった。陸軍が麦飯に変更したのは1913年である。ちなみに日露戦争当時陸軍第2軍軍医部長で，後に陸軍軍医総監を勤めたのは，森 林太郎(森鷗外)である。

◀高木兼寛

森 林太郎→
(森鷗外)

7 ▶ 血液循環と呼吸・排出

1 血液の成分とそのはたらき ★★☆ 入試重要度

1 血液の成分

～血液にはいろいろなものが含まれる～

血液は，ヒトの体重の約 7 ％を占め，**血しょう**とよばれる液体と，**赤血球，白血球，血小板**とよばれる血球（固形の部分）からなる。

❶ **赤血球**……ヒトの赤血球は，直径が 7 ～ 8 μm（= 0.007 ～ 0.008 mm）で，**核が無いため中央がへこんだ円盤状**をしている。ヒトの血液 1 mm³ 中に，男性では約 500 万個，女性では約 450 万個存在している。赤血球の寿命は 100 ～ 120 日といわれ，骨髄でつくられ，古くなるとひ臓や肝臓で破壊される。

▶ **赤血球のはたらき**…赤血球は，ヘモグロビンという鉄を含む色素をもつ。ヘモグロビンは**酸素**を肺などの呼吸器官から全身の組織へ運搬するはたらきをしている。これは，ヘモグロビンには酸素の多い所では酸素と結合し，酸素の少ない所では酸素をはなす性質があるからである。

一方，ヘモグロビンは**一酸化炭素**とも結びつきやすい。酸素との結びつきよりも 230 倍も強く，一度結びつくと離れにくいので，一酸化炭素を吸うことはたいへん危険である。

❷ **白血球**……ヒトの白血球は，大きさが 7 ～ 15 μm（0.007 ～ 0.015 mm）あり，不定形で**核をもつ**。血液 1 mm³ 中に約 6000 ～ 8000 個ある。白血球は体内に侵入した細菌などからからだをまもるはたらきをして

Words 血清と血ぺい

血液を試験管に入れて放置しておくと，上にうすい黄色を帯びた透明な液体と，下に暗赤色をした固体に分かれる。この液体を**血清**，固体を**血ぺい**という。

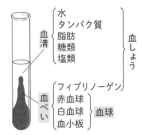

参考 赤血球と高地トレーニング

マラソン選手などが高地トレーニングをするが，これは酸素のうすい高地（1300 ～ 2000 m）でトレーニングをすると，それに対応するために赤血球数が増え，持久力の向上につながるからである。

参考 二酸化炭素の運搬

組織で生じた二酸化炭素は，血しょうから赤血球に入り，水と反応して水素イオン（H^+）と炭酸水素イオン（HCO_3^-）に分かれる。水素イオンはヘモグロビンと結合して，炭酸水素イオンは血しょう中に溶けた状態で，肺まで運ばれる。

Episode ヒトの赤血球は無核で小さいが，鳥類やハ虫類，両生類などの赤血球には核がある。また，両生類からホ乳類へと進化するにつれ，赤血球は小形となり，数が多くなる傾向がある。これによって表面積が大きくなり，酸素の運搬量も増える。

いる。白血球はその形やはたらきによって，以下の5種類に分けられる。

▶リンパ球…骨髄・胸腺で形成され，リンパ節・ひ臓で増殖する。

B細胞，T細胞とNK細胞（ナチュラルキラー細胞）とに分かれ，B細胞は体内に侵入した細菌を攻撃する抗体をつくる細胞に，T細胞は細菌に感染した細胞を攻撃する細胞になる。NK細胞もT細胞と同様に侵入した細菌を攻撃するが，T細胞と異なり，すぐに攻撃に入ることができる。

▶単　球…骨髄で形成され，ひ臓で破壊される。**マクロファージ**などに変化し，体内に侵入した細菌を食べて殺す**食作用**を行うとともに，侵入してきた細菌の情報をリンパ球に伝える役割をしている。

▶好中球…骨髄で形成され，ひ臓で破壊される。

白血球の中でいちばん多く，体内に侵入した細菌を食べて殺す食作用を行う。寿命は血液内で約1日である。

▶好酸球…骨髄で形成され，ひ臓で破壊される。寄生虫卵に対する攻撃やアレルギー反応の制御を行っている。

▶好塩基球…骨髄で形成され，ひ臓で破壊される。アレルギー反応に関与している。

❸ **血小板**……血小板は，大きさが1〜5 μm（0.001〜0.005 mm）で，不定形で核がない。骨髄で形成され，ひ臓で破壊される。寿命は7〜10日である。血小板のはたらきとして，血液を凝固させる役割がある。出血したとき，血しょう中のフィブリノーゲンとともに，血液を凝固させ，出血をとめる。

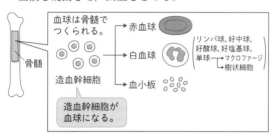

ヒトの赤血球は直径が7〜8 μm（＝0.007〜0.008 mm）なのに対し，毛細血管の直径は8 μm（＝0.008 mm）しかない。そのため，赤血球は毛細血管内を折るように変形しながら流れている。

Words B細胞

B細胞は，骨髄で生まれ，ひ臓で成熟するリンパ球の一種である。抗体をつくる形質細胞（抗体産生細胞）と，侵入してきた細菌やウイルスを記憶しておく記憶細胞（メモリーB細胞）に分かれる。記憶細胞の寿命は数十年にわたるといわれている。

Words T細胞

T細胞は，骨髄で生まれ，胸腺に移動して選別されるリンパ球の一種である。寿命は半年ぐらいである。免疫の指令役であるヘルパーT細胞，感染した細胞を殺すキラーT細胞（細胞障害性T細胞），B細胞の抗体生産をコントロールする制御性T細胞の3つに分かれる。

Words マクロファージ

単球が変化してマクロファージになる。体内に侵入したものを何でも食べてしまうため，大食漢細胞といわれている。寿命は数か月である。

Words 樹状細胞

体内に細菌やウイルスが入ってくると，その情報をはりつけて，T細胞にいちはやく伝える。寿命は数日から数か月である。

Words 好中球

好中球の動きは，単細胞生物のアメーバに似ている。病原体が体内に侵入すると，好中球は感染部位にすばやく移動する。

❹ **血しょう**……うすい黄色を帯びた液体で，水が約90 %，タンパク質が約7 %，脂肪が約1 %，糖類が約0.1 %，その他の塩類を含んでいる。栄養分や老廃物を溶かして運搬する。

2 血液のはたらき

〜全身をめぐり，体内の環境を維持する〜

血液は，全身の細胞に酸素や栄養分を運び，できた二酸化炭素や老廃物を排出器官に運搬している。また，血液は体温保持の役割も果たしている。そのため，血液の流れが悪くなると，毛細血管に血液が流れにくくなり，手足などが冷えることがある。

❶ **止血のしくみ**……出血があると，そこから細菌が侵入するおそれがあるため，まず血小板で破れた穴に栓をし（一次止血），その後血液が凝固して細菌の侵入を防ごうとする（二次止血）。血液凝固は血小板のほか，赤血球なども関与して**血ぺい**をつく

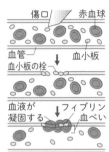

ることによって行われる。血管が修復されると，今度は不要になった血ぺいを溶かす作業（**線溶**）が行われ，もと通りの血管にもどる。

▶ **血液凝固のしくみ**…血しょう中にあるプロトロンビンが血小板や血液凝固因子，カルシウムイオン，組織にあるトロンボプラスチンなどにより，トロンビンになる。トロンビンは，フィブリノーゲンを網目構造のフィブリンに変える。そのフィブリンの網目に，赤血球や白血球などがからまり，血ぺいとなる。

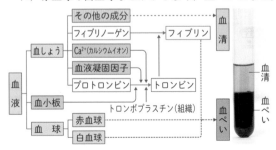

参考 エコノミークラス症候群

飛行機などで，長い間同じ姿勢で座っていると，血の流れが悪くなり血管の中に血のかたまりがつくられる。そこに痛みや腫れが生じたり，できた血のかたまりがはがれ，肺の血管につまることで，胸が痛い，呼吸が苦しいなどの症状を起こす。これをエコノミークラス症候群という。時折からだの筋肉を動かし，血の流れを促進することで予防できる。

Words 線溶（フィブリン溶解）

血しょう中のプラスミノゲンがプラスミンになり，フィブリンを分解することによって，血ぺいが溶かされ，血流が正常に回復する。

参考 血液凝固の阻止

血液は数分で固まり始めるため，血液検査や輸血の際は，血液凝固を阻止することが必要である。その方法をいくつか紹介する。

① **クエン酸ナトリウムを加える**→カルシウムイオンがクエン酸ナトリウムと結合するため，トロンビンができなくなる。

② **肝臓でつくられるヘパリンを加える**→トロンビンの形成を阻害する。

③ **低温に保って，酵素のはたらきをとめる**→トロンビンやフィブリンの形成を阻害する。

④ **棒でかき混ぜる**→できたフィブリンの網目構造をこわす。

Episode 吸血性のヒルの唾液腺からはヒルジンという物質が分泌されている。ヒルジンはトロンビンのはたらきを阻害する物質で，血液凝固を阻止する作用がある。ヤマビルの多い山に入ると，気づかないうちに刺され，服が血だらけになることもある。

❷ 免　疫……免疫とは，細菌やウイルスからからだをまもる防御システムのことをいう。自然免疫と獲得免疫（適応免疫）の2段階がある。

▶ **自然免疫**…生まれつき備わっている生体防御で，体内に侵入した細菌やウイルスに対してすみやかに攻撃する。

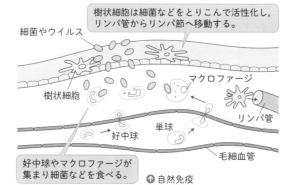

> 樹状細胞は細菌などをとりこんで活性化し，リンパ管からリンパ節へ移動する。

細菌やウイルス
マクロファージ
樹状細胞
リンパ管
好中球
単球
毛細血管

> 好中球やマクロファージが集まり細菌などを食べる。

↑ 自然免疫

- **食作用**…体内に細菌やウイルスが侵入すると，好中球やマクロファージ（単球が変化したもの），好酸球などが細菌やウイルスを食べて駆除する。

細菌
↑ 食作用

- **NK細胞**…常時からだの中を巡回して，侵入した細菌やウイルス，がん細胞などを破壊する。

▶ **獲得免疫（適応免疫）**…侵入してきた細菌やウイルスに合わせて対応する免疫。どんな相手にもほぼ対応できるが，少し時間がかかる。しかし，侵入した細菌やウイルスを記憶しているので，2回目以降はすみやかに攻撃できる。

- **抗原提示**…侵入してきた細菌やウイルスに関する情報を，樹状細胞は若いT細胞に，マクロファージはヘルパーT細胞に伝える。これにより，獲得免疫反応が起こる。
  獲得免疫には，次の2種類がある。

参考　細菌やウイルスを防ぐ

ヒトのからだは，皮膚や粘膜，涙や唾液によって，細菌やウイルスが体内に入るのを防いでいる。

涙
皮膚
粘膜
咳・鼻水くしゃみ

参考　炎症反応

からだが傷ついたときに起こる一連の反応を**炎症**という。症状としては，①赤くなり熱をもつこと（血管が拡張して血流が増加したため），②かゆみ，痛み（毛細血管の透過性が上がり，痛覚受容器が活性化したため），③腫れ（毛細血管の透過性が上がり，組織へ血しょうがもれ出したため）がある。細胞が傷つくと，キニンやヒスタミンという物質が放出され，このような変化が起こる。

Words　自然免疫

生体防御機構のうち，自然免疫はすべての動物に備わっている。一方，獲得免疫は，一部の無セキツイ動物にもみられるが，微生物が増殖しやすいセキツイ動物でとてもよく発達している。

Words　抗原

細菌やウイルスなど，免疫を引き起こす物質のこと。

Episode　免疫に関する細胞がいちばん多いのは小腸の粘膜である。小腸と大腸をあわせると，免疫に関する細胞の50%以上が集まっている。これは，皮膚と同じようにつねに外界の敵にさらされているからである。

①**細胞性免疫**…細菌やウイルスに感染した細胞を殺すことで感染を阻止する免疫を**細胞性免疫**という。樹状細胞から抗原提示を受けた若いT細胞はヘルパーT細胞，キラーT細胞に変わる。ヘルパーT細胞は，マクロファージを活性化し，食作用をさらに活発にさせる。キラーT細胞は感染してしまった細胞を殺す。

参考 自己免疫疾患

キラーT細胞が，自分自身に対して攻撃するようになる病気を自己免疫疾患という。これは免疫寛容というシステムが破綻することによって起こると考えられている。

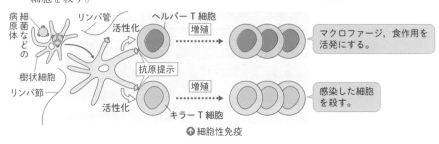

↑ 細胞性免疫

②**体液性免疫**…抗体をつくり，細菌やウイルスに対して直接攻撃をする免疫を**体液性免疫**という。抗原提示を受けたヘルパーT細胞は，B細胞を形質細胞(抗体産生細胞)に変化させ，その細菌やウイルスに合った抗体をつくらせる。抗体は細菌やウイルスに直接攻撃をして，排除する。

参考 エイズ(後天性免疫不全症候群)

エイズはHIVというウイルスによって起こる。HIVはT細胞に感染して細胞を破壊するため，免疫反応が起こらずにさまざまな病気になってしまう。

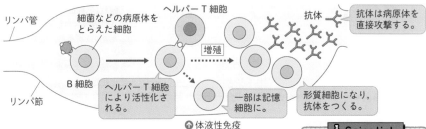

↑ 体液性免疫

・**免疫記憶**…B細胞の一部は記憶細胞(メモリーB細胞)として残り，次の侵入に備える。そのため，2度目以降の侵入ではすみやかに攻撃が開始できる。

Scientist

利根川 進
〈1939年〜〉

細菌やウイルスを直接攻撃する抗体について，多様な抗体ができるしくみは，日本の利根川 進によって解明された。彼はこの業績によって，1987年にノーベル医学・生理学賞を受賞した。

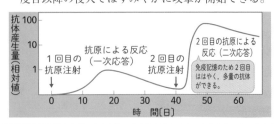

Episode 細菌やウイルスに感染したとき，リンパ節が腫れて痛くなることがある。これはリンパ節が細菌やウイルスをとり除くフィルターとなってはたらき，そこでリンパ球などが細菌やウイルスを攻撃しているからである。

❸ **免疫の応用**……免疫のしくみを応用した治療法が開発されている。

　▶**予防接種**…あらかじめ無毒化，弱毒化した病原体を注射して獲得免疫がすみやかに発動するようにした治療法。ポリオ，インフルエンザ等で利用されている。

↑ 予防接種

　▶**血清療法**…特定の抗体を多量に含んだ血清を注射する治療法。ハチに刺されたときや，ヘビにかまれたときなどに利用される。

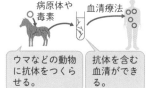

病原体や毒素　血清療法

| ウマなどの動物に抗体をつくらせる。 | 抗体を含む血清ができる。 |

↑ 血　清

❹ **アレルギー**……免疫反応が過剰に起こり，からだに不利にはたらくことを**アレルギー**という。アレルギーを引き起こす物質を**アレルゲン**といい，花粉やハウスダスト，特定の食物などさまざまなものがある。アレルギーでは鼻水やくしゃみ，目の充血やかゆみが起こるほか，下痢や発疹，呼吸困難に陥る場合もある。

↑ スギ花粉

❺ **拒絶反応**……臓器移植手術などで移植した臓器は，そのままにしておくと異物と認識され，キラー T 細胞によって攻撃され（細胞性免疫），壊死したり脱落してしまう。これを**拒絶反応**という。そのため手術を受けた患者は免疫を抑制する薬を飲み続ける必要がある。

❻ **血液型**……血液型とは血球や血しょうから血液を分類する方法で，現在ヒトの血液型としては 37 種類ある。**ABO 式血液型**は，赤血球表面の凝集原と血しょう中の凝集素が結合するかどうかをもとに分けた分類で，血液型分類としては最初のものである。おおむねメンデルの法則にしたがう。

z00mup メンデルの法則
→ p.445

参考　インフルエンザワクチン

　インフルエンザは毎年少しずつ性質を変化させて流行するため，現在の医学では，毎年インフルエンザワクチンを接種するのが最良であると考えられている。

参考　アレルギーの原因

　石坂公成は，1966 年にアレルギー反応の正体が免疫の過剰反応であることを示し，発症のしくみを明らかにした。石坂公成，照子夫妻は，自分たちの皮膚などで実験し，アレルギー発症の鍵となる抗体「免疫グロブリン（IgE）」を発見した。

参考　カに刺されたかゆみ

　カに刺されると，ふつうは数分でかゆくなり腫れてくる。これを即時型アレルギーといい，体液性免疫の 1 つである。一方，虫に刺されてもすぐには変化がなく，1 日後ぐらいに固く腫れて水ぶくれなどができたりすることがある。これを遅延型アレルギーといい，細胞性免疫の 1 つである。

参考　Rh 式血液型

　赤血球膜による血液の分類で，一般に Rh（＋）と Rh（－）として表示することが多い。Rh（－）型の人に Rh（＋）型の血液を輸血すると，血液の凝集，溶血などのショックを起こす可能性がある。

Episode　特定の食品等が原因で，急激な血圧低下などの激しい症状を起こすアレルギー反応をアナフィラキシーショックという。対処法としてはアドレナリンの筋肉注射（商品名：エピペン）が有効である。

2 血液の循環 ★★☆

1 心臓のつくり

～血液循環の中心～

心臓は，血管の一部が発達してできたもので，血液を循環させるポンプの役目をしている。

❶ **心房と心室**……心臓に血液が流入する部屋を**心房**，血液を送り出す部屋を**心室**とよぶ。これらは交互に収縮と拡張をくり返し，血液を一定方向に循環させる。

❷ **いろいろな心臓**……**魚類**は１心房１心室，**両生類**は２心房１心室，**ハ虫類**は不完全な２心房２心室，**鳥類**と**ホ乳類**は２心房２心室である。

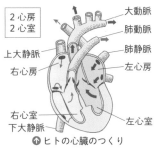

↑ヒトの心臓のつくり

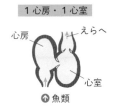

↑魚類

↑両生類

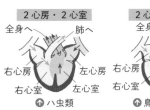

↑ハ虫類

↑鳥類・ホ乳類

2 血管のつくり

～動脈，静脈，毛細血管に分けられる～

❶ **動　脈**……心臓からからだの各部に流れる血液が通る血管。からだの深い所を通る。心臓から血液を送り出すときの圧力に耐えるため，壁は厚く弾力性に富む筋肉でできている。動脈内は静脈よりも血液の圧力（**血圧**）が高い。比較的太い動脈は心臓の拍動に合わせて流れるため，脈を打つ。

❷ **静　脈**……からだの各部から心臓にもどる血液が通る血管。皮膚の近くを通る。壁は動脈よりうすく，動脈内より血圧はずっと低い。静脈内にはところどころに弁（**静脈弁**）があり，血液の逆流を防ぐ。静脈は脈を打たない。

❸ **毛細血管**……動脈と静脈をつなぐ細い血管で，組織内に網目状に分布している。組織内に栄養分や酸素を与え，二酸化炭素や老廃物を受けとり運搬する。

参考 血圧が上がる原因

血液がスムーズに流れなくなると，血圧が上がる。ストレスで心臓から送り出される血液量が増えたり，血管の壁にコレステロールなどがたまって血液が流れにくくなったりして起こる。

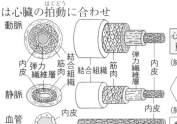

↑血管の構造

↑静脈弁

ゾウとネズミの体重と寿命はそれぞれ大きく異なるが，一生の間に心臓が拍動する回数はどちらも約20億回であるといわれ，両者の拍動回数はほぼ等しい。

実験・観察 血液の流れの観察

ねらい

血液の流れるようすを確認する。

方法

❶ メダカを水と一緒にポリエチレンの袋に入れる。

❷ ポリエチレンの袋ごと顕微鏡のステージに乗せて，尾びれの血管や血管の中に見えるもの，血液の流れを観察する。

❗ 手の熱で魚が弱るため，直接手で魚を触らない。できるだけはやく観察を終える。

少量の水を入れる

チャック付き
ポリエチレン袋

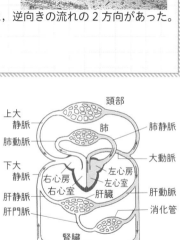

毛細血管

骨

結果

• 血管の中を赤い丸いものが流れていた。
• 血液の流れには，尾びれの先端に向かう流れと，逆向きの流れの2方向があった。

考察

• 赤血球は心臓の拍動で血管内を移動している。

3 血液の循環

～どのような血液が流れているかに注意～

ヒトの血液循環は，体循環と肺循環に分けられる。また，酸素を多く含む血液を動脈血，二酸化炭素を多く含む血液を静脈血という。

❶ **体循環**……血液が左心室から出て全身をめぐり，右心房にもどる循環を体循環という。体循環により，からだの各組織の細胞に酸素や栄養分を送り，二酸化炭素や老廃物を受けとっている。

▶**大動脈**…心臓から毛細血管へ向かう血管。**動脈血**が流れる。

▶**大静脈**…毛細血管から心臓へ向かう血管。**静脈血**が流れる。

▶**肝門脈**…消化管で吸収された栄養分を運ぶ血管。

▶**腎静脈**…腎臓でこしとられた血液が流れている血管。

❷ **肺循環**……血液が右心室から出て肺へ行き，左心房へもどる循環を肺循環という。肺循環により，二酸化炭素を肺で放出し，酸素を体内にとり入れている。

頭部
上大静脈
肺
肺静脈
肺動脈
大動脈
下大静脈
左心房
右心房
左心室
右心室
肝臓
肝静脈
肝動脈
肝門脈
消化管
腎臓
腎静脈
腎動脈
足部

⬆ ヒトの血液循環の経路

参考 動脈血と静脈血の色

赤血球中のヘモグロビンは，酸素と結合すると明るい赤色（鮮紅色）になり，酸素を放出すると黒ずんだ赤色（暗紅色）になる。そのため動脈血は明るく，静脈血は暗い色をしている。

Episode

心臓の血管がつまる現象を心筋梗塞という。その治療法として，手首や足の付け根の血管から細い管（カテーテル）を入れ，つまっている血管の部分を風船で膨らませたり，ステントという金具を入れたりして血流のつまりを解消する方法がある。

▶肺動脈…心臓から肺へ向かう血管。酸素が少ない**静脈血**が流れる。

▶肺静脈…肺から心臓へ向かう血管。酸素が多い**動脈血**が流れる。

4 血液の循環様式

> ～生物によって血液の循環は異なる～

❶ 閉鎖血管系……血液が血管の中だけを流れている血管系を**閉鎖血管系**という。動脈と静脈が毛細血管によってつながっている。セキツイ動物，環形動物，頭足類（イカやタコなど）がこの血管系をもつ。

❷ 開放血管系……動脈と静脈をつなぐ毛細血管がない血管系を**開放血管系**という。動脈の末端から出た血液は，組織内を通り，静脈で吸収される。節足動物，軟体動物（頭足類以外）がこの血管系をもつ。

5 リンパ液の循環

> ～からだの中のもう1つの流れ～

血液中の血しょうの一部が毛細血管からしみ出したものは，細胞と細胞の間を満たす組織液となる。組織液は酸素や栄養分を細胞に与え，細胞でできた二酸化炭素や老廃物を受けとっている。組織液のほとんどは毛細血管に吸収されるが，一部はリンパ管に入りリンパ液となる。からだの各部位のリンパ管は合流して**胸管**となり，**鎖骨下静脈**に合流する。リンパ管にも**弁**がある。

3 呼吸と排出のしくみ ★★☆

1 呼　吸

> ～生きるために必要なエネルギーをとり出す～

動物がえらや肺などで，酸素を体内にとり入れ二酸化炭素を体外に排出することを呼吸という。呼吸は，体内の栄養分から生きるために必要なエネルギーをとり出すために行っている。呼吸の方法は動物によって違い，ヒトや多くの陸上動物は**肺呼吸**，魚類など水中生活をするものの多くは**えら呼吸**をしている。

❶ 肺呼吸……肺を使って呼吸することを**肺呼吸**という。ホ乳類の肺は特に発達している。

参考　第二の心臓，ふくらはぎ

心臓は血液をおし出すが，吸い上げる力はもっていないため，心臓より下にある血管は，筋肉の助けを借りて心臓にもどる。このはたらきは特にふくらはぎで大きく，第二の心臓とまでよばれる。ふくらはぎの筋肉が収縮・弛緩し，その筋肉におされて血液は上におし出される。

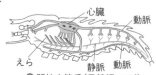
↑ 開放血管系（甲殻類・エビ）

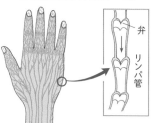
↑ 手のリンパ管の分布

参考　鳥の呼吸器官

鳥類では呼吸の効率化のために，肺の前後に**気のう**をもつ。これにより，息を吸うときもはくときも肺にはつねに新しい空気が送られる。この方式は呼吸効率が良いため，鳥類は，はるか1万m上空の空気密度の低い空間でも呼吸が可能である。

↑ 鳥の肺と気のう

HighClass ヒトの血管の全長は約10万km（地球約2周半分），血液が全身をめぐる時間は約30秒，拍動数は毎分約70回（1日に約10万回），血液の総循環量は1日約7000Lとされている。

▶**ヒトの肺のつくり**…ヒトの肺は，下の図のように気管から分かれた気管支の先に肺胞という小さな袋が多く集まった構造をしている。肺胞には，網の目のように毛細血管が分布し，ここで酸素と二酸化炭素のガス交換を行っている。

参考　肺の大きさ

心臓がからだの中心より左側によっているため，左肺は右肺より小さく，形も異なる。右肺は三葉に，左肺は二葉に分かれている。

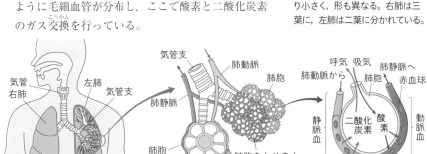

↑ヒトの肺のしくみ

↑肺胞でのガス交換（断面）

▶**肺呼吸をするセキツイ動物**…ホ乳類，鳥類，ハ虫類は，一生を通じて肺呼吸をする。両生類は，幼生（おたまじゃくし）では**えら呼吸**をし，成体では**肺呼吸**を基本に，不足分は**皮膚呼吸**で補う。

❷ **えら呼吸**……えらを使って呼吸することを**えら呼吸**という。えら呼吸をする動物は，魚類や両生類の幼生（おたまじゃくし）など，水中生活をするものが多い。

▶**えらのつくりと呼吸のしくみ**…下の図のように，えらの表面には多くのひだがあり，水と接触する面積を広くしている。えらの内部には，肺の肺胞と同じように毛細血管が多く分布し，ここで水中の酸素を吸収し，血管内の二酸化炭素を放出するガス交換を行っている。

参考　セキツイ動物の肺

セキツイ動物は，進化の過程で水中から陸上に進出し，水中の酸素をとり入れるえらから，空気中の酸素をとり入れる肺へと進化した。下の図のように，両生類の肺は簡単な袋状であるが，進化するにしたがいひだが発達し，肺胞ができてより表面積が広くなった。ヒトの大人の肺では，空気に触れる面積は約 $100 \, \mathrm{m}^2$ といわれている。

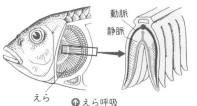

↑えら呼吸

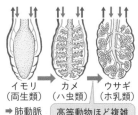

イモリ（両生類）→ カメ（ハ虫類）→ ウサギ（ホ乳類）

➡肺動脈　➡肺静脈　高等動物ほど複雑

❸ **その他の呼吸**……陸上生活をする節足動物は，気門から酸素や二酸化炭素を出入りさせ，気管を使って呼吸をする**気管呼吸**を行う。環形動物のミミズは**皮膚呼吸**をしている。

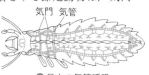

↑昆虫の気管呼吸

Episode

魚が空気中で呼吸ができないのは，空気中では二酸化炭素の排出ができないためである。えら呼吸では，えらで水中に二酸化炭素を溶けこませることで排出を行っている。

❹ 細胞による呼吸……とり入れた酸素は，各細胞に送られ，栄養分からエネルギーをとり出すことに利用される。この各細胞が行う呼吸を内呼吸(細胞の呼吸)という。炭水化物からエネルギーをとり出す内呼吸の反応を化学反応式で示すと，下のようになる。

$$\begin{array}{l}
\text{ブドウ糖＋ 水 ＋酸素} \longrightarrow \text{二酸化炭素＋ 水 ＋エネルギー} \\
C_6H_{12}O_6 + 6H_2O + 6O_2 \longrightarrow 6CO_2 + 12H_2O + 約2880\,kJ
\end{array}$$

② 心臓と肺の動き方

~動きのようすを確認しよう~

❶ 心臓の動き方と血液の流れ方……心房と心室は交互にふくらんだり縮んだり(拍動)して，血液を送り出す。

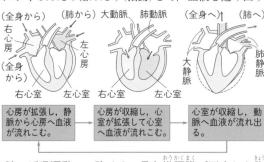

| 心房が拡張し，静脈から心房へ血液が流れこむ。 | → | 心房が収縮し，心室が拡張して心室へ血液が流れこむ。 | → | 心室が収縮し，動脈へ血液が流れ出る。 |

❷ 肺の呼吸運動……肺はろっ骨と横隔膜で囲まれた胸腔の中にある。胸腔が狭まったり，広がったりすることにより，空気が出たり，入ったりする。

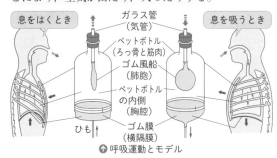

↑ 呼吸運動とモデル

▶ 息をはくとき…ろっ骨が下がり横隔膜が上がって胸腔が狭くなると，肺胞内の空気の圧力が大気圧より大きくなるため，空気がおし出される。

▶ 息を吸うとき…ろっ骨が上がり横隔膜が下がって胸腔が広くなると，大気圧で肺胞が膨らみ空気が入る。

参考 心臓の拍動の調節

心臓の拍動は，右心房の上側にあるペースメーカー(洞房結節)とよばれる部分で，意志とは無関係に調節されている。洞房結節には，延髄から伸びる2つの神経が接続しており，それぞれ拍動をはやくしようとする交感神経(A)と，拍動を遅くしようとする副交感神経(B)によって，拍動数が調節されている。

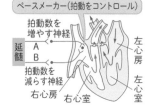

ペースメーカー(拍動をコントロール)

参考 1日に吸う空気の量

安静にしているとき，大人は1分間に15~20回ほど呼吸をしている。1回の呼吸で吸う空気の量は，約400~500mL(コップ2杯分)である。そのため，1分間に約8L，1日だと約12kLの空気が必要になる。

Episode

息を最大限吸いこんだあとに，肺からはき出すことができる空気量のことを肺活量という。ヒトでは大人の男性で4000~6000mL，大人の女性で3000~4000mLであるといわれている。

3 排 出

～不要なものを出すはたらき～

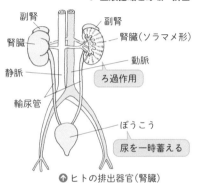

↑ ヒトの排出器官（腎臓）

動物は，体内でできた有害な物質，余分な水分や無機物を体外に排出している。

❶ **排出物**……炭水化物や脂肪はからだの中で利用され分解されると，**水**と**二酸化炭素**になる。一方，タンパク質には窒素が含まれるため，利用されて分解されると，水と二酸化炭素のほかに窒素化合物である**アンモニア**が出てくる。アンモニアは有害であるため，ヒトでは肝臓で毒性の低い**尿素**に変え，排出される。

❷ **排出方法**……ヒトの排出方法には，尿と汗がある。また，肺からは二酸化炭素と水の一部が排出される。

▶ **腎 臓**…腎臓は血液中に含まれる老廃物を排出し，あわせて血液成分の濃度調節を行う器官である。ヒトの腎臓は，長さが約 10 cm のソラマメ形をしており，腰の背面に一対ある。腎臓に入る血液は，腎小体というところで血球やタンパク質以外はすべて**ろ過**され**原尿**となる。原尿中に含まれるからだに必要な成分は，その後，毛細血管へもどされ（**再吸収**），残ったものが尿となる。尿は，**細尿管，腎う，ぼうこう**を経て，**尿道**を通って体外に排出される。

> **参考** 1日で排出される尿
>
> 腎小体では 1 日に約 170 L もの原尿がつくられるが，そのほとんどは再吸収され，約 1.5 L が尿として排出される。

↑ 尿ができるまで

▶ **汗 腺**…皮膚の表面に開いている管で，ここから老廃物を汗として排出する。汗腺は右の図のようなつくりで，まわりをとり巻いている毛細血管から，水分，塩分，老廃物をこしとっている。

- **汗と体温調節**…汗は蒸発するとき，多量の蒸発熱を体表から奪うので，**体温調節**の役割も果たしている。

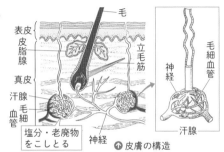

↑ 皮膚の構造

HighClass 肝臓ではオルニチン回路という反応系で，アンモニアを尿素に変えている。アンモニアの毒性は高く，血液中に 0.005 % 含まれると死にいたるが，尿素が 4 % 含んでいてもほとんど害はない。

8 刺激に対する反応

Point
① 刺激はどこで受け止められ，どのように伝えられるかを理解しよう。
② 刺激に対し，どのように反応するかを理解しよう。
③ 運動のしくみはどのようになっているかを理解しよう。

1 刺激を受けとめるしくみ ★★☆

入試重要度 ★★☆

動物は，えさを見つけたり，敵から身をまもったり，環境の変化に対応するため，外界の刺激(光，音，熱，化学物質，圧力，重力など)を受け入れる目，耳，鼻，舌，皮膚などの感覚器官(受容器)が発達している。

1 ヒトの目のしくみ

〜ものを見ることができる理由〜

目は光を受けとる**視覚器官**で，ひとみからとり入れた光の刺激を網膜にある視細胞が受けとっている。

① **ガラス体**……眼球内を満たしている透明なコロイド状の部分。光をよく通し眼球の形を保つはたらきをしている。

② **角　膜**……眼球の正面をおおっている透明な膜で，レンズを保護している。角膜にひずみがあると乱視になりやすい。

③ **レンズ(水晶体)**……光を屈折させて網膜上に像を結ばせる役割をする。透明で弾力性があり，厚さを変えることができる。

↑ ヒトの目(右目の水平断面)
角膜・ひとみ・虹彩・毛様体・結膜・ガラス体・網膜・脈絡膜・強膜・黄斑(黄点)・視神経・盲斑(盲点)・レンズ

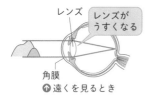
↑ 遠くを見るとき
レンズ／レンズがうすくなる／角膜

↑ 近くを見るとき
レンズ／レンズが厚くなる／角膜

参考 五　感

視覚，聴覚，嗅覚，味覚，触覚の5つの感覚を五感という。古代ギリシャのアリストテレスが提唱した分類に由来する。現在，ヒトの感覚は平衡感覚など，五感以外の感覚があることがわかっている。

参考 いろいろな生物の目

・**感光点・眼点**
…明暗と光の方向をある程度感じることができる。

ミドリムシの目
眼点

・**視細胞**…体表に存在する視細胞によって，からだ全体で光の方向を感じとる。

ミミズの目
上皮・視細胞・視神経

・**杯状眼**…視細胞を杯状に色素細胞がおおって光を通さないため，光の方向を感じることができる。

プラナリアの目
視細胞・色素細胞・視神経

Episode ヒトのレンズは，年齢を重ねるごとにかたくなり濁ってくる。白内障は，レンズが混濁し，目がかすんだり，見えなくなったりする病気である。治療法には，濁ったレンズをとり出し，眼内レンズをうめこむ方法などがある。

④ **虹 彩**……ひとみ(瞳孔)を囲み，レンズに入る光の量を調節する役割をする。

⑤ **毛様体**……近くを見たり，遠くを見たりする遠近調節のため，毛様体の筋肉である**毛様筋**を使って，レンズの厚さを変えるはたらきをしている。

▶**遠近調節のしくみ**…毛様体とレンズとの間には，**チン小帯**という部分がある。ここで，遠近調節に関する毛様体，チン小帯，レンズの動きを見てみよう。毛様筋は収縮するか弛緩するかしかできないため，次のようにしてレンズの厚さを調節している。

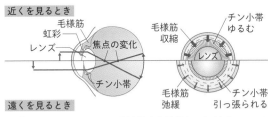

近くを見るとき

毛様筋 / 虹彩 / レンズ / 焦点の変化 / チン小帯 / 毛様筋収縮 / レンズ / チン小帯ゆるむ

遠くを見るとき

毛様筋弛緩 / チン小帯引っ張られる

①**近くを見るとき**…毛様体(毛様筋)が収縮する➡チン小帯は外側からおされるのでゆるむ➡レンズも外側からおされて膨らむ(レンズが厚くなる)➡レンズの焦点距離が短くなり，近くのものが網膜上に像を結ぶ。

②**遠くを見るとき**…毛様体(毛様筋)が弛緩する➡チン小帯は外側に引っ張られる➡レンズも外側に引っ張られる(レンズがうすくなる)➡レンズの焦点距離が長くなり，遠くのものが網膜上に像を結ぶ。

⑥ **網 膜**……光を感じる**視細胞**と神経細胞が集まった眼球の内側の膜で，レンズで屈折した光が網膜上に像を結ぶ。網膜に光があたると視細胞が興奮し，連絡神経細胞を経て**視神経**に伝わる。視神経が大脳に信号を送ることで，大脳で視覚としての感覚が生まれる。

⑦ **脈絡膜**……黒い色素を含む膜で，網膜の外側にあり，外からの光をさえぎったり，レンズからの光の反射を防ぎ，網膜に像をはっきり結ばせるはたらきをもつ。

⑧ **黄斑(黄点)**……網膜の中心部で視細胞が密に分布している部分をさす。ここに像を結ぶと，ものをはっきりと見ることができる。

・**ピンホール眼(穴眼)**…レンズはないが，ピンホールカメラの原理で物体の像を結ぶ。

視神経 / 網膜 / 視孔 / オウムガイの目

・**複眼**…個眼が集まってできており，多数の個眼に結ばれた部分像をまとめて全体像を感じとる。

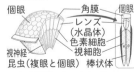

個眼 / 角膜 / 個眼 / レンズ(水晶体) / 色素細胞 / 視神経 / 視細胞 / 昆虫(複眼と個眼) / 棒状体

・**カメラ眼**…レンズを前後に移動させて遠近調節をする。

レンズ / 網膜 / 虹彩 イカの目

参考 目が疲れるとき

私たちは近くを見るとき，毛様筋を収縮させて(力を入れて)レンズを厚くし，遠くを見るときは毛様筋を弛緩させて(力を抜いて)レンズをうすくする。そのため，遠くを見るよりも近くを見るときのほうが目は疲れる。

参考 網膜の視細胞

網膜にある視細胞には，**桿体細胞**と**錐体細胞**の2種類がある。桿体細胞は弱い光でも感じることができるが，色彩は区別できない。一方，錐体細胞は明るい場所ではたらき，色彩を区別できる。うす暗くなると色がわかりにくいのは錐体細胞がはたらいていないためである。

Episode カメラで撮影するときに暗い所でフラッシュをたくと，目が赤くうつることがある。これは暗い所ではひとみ(瞳孔)が大きくなっており，赤い毛細血管が通る脈絡膜で光が反射するためである。

❾ 盲斑(盲点)……網膜から視神経が外へ出る部分のため，視細胞がない部分である。ここでは光を感じることができない。

2 ヒトの耳のしくみ

～音を聞くことができる理由～

耳は音を受けとる**聴覚器官**で，**外耳，中耳，内耳**の3つの部分からできている。

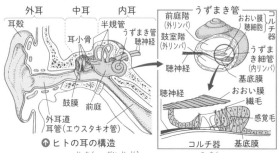

↑ヒトの耳の構造

❶ 外　耳……耳殻，外耳道からなり，鼓膜で中耳としきられている。音波は，耳殻で受けとめられて外耳道に入り，鼓膜を振動させ，その振動が中耳に伝えられる。

❷ 中　耳……鼓膜に続く鼓室，**耳小骨**，耳管からできている。

▶**耳小骨**…鼓膜の振動を増幅して内耳に伝える役割をしている。**つち骨，きぬた骨，あぶみ骨**の3つの骨はそれぞれ特殊な形をしている。

▶**耳管(エウスタキオ管)**…鼓室と口をつないでおり，鼓膜がよく振動するよう，中耳と外気の圧力を調節している。ユースタキー管ともいう。

❸ 内　耳……うずまき管，前庭，半規管(三半規管)の3つの部分からできている。うずまき管は音を，前庭は傾きを，半規管は回転を認識する。

▶**うずまき管**…耳小骨から伝えられた振動を受けとる聴覚器官(聴覚器)である。カタツムリ状の細い管の中は基底膜があり，感覚毛をもつ**聴細胞**が並んでいる。耳小骨から伝わった振動はリンパ液を振動させ，基底膜を振動させる。その結果，基底膜上にある聴細胞が振動を感知し，聴神経が興奮する。聴神経の

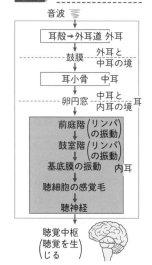

HighClass
耳殻には，パラボラアンテナのように音波を集めるはたらき以外に，外気にふれる面積が広いため，ラジエーターのように熱を放射する効果もある。

興奮は大脳に伝えられ，大脳で音の感覚が起こる。

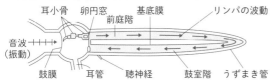

↑ 音波の伝わる経路（うずまき管を伸ばしたようす）

▶ 前庭…傾きの方向とその変化を感じる平衡感覚器官（平衡器）である。前庭の中にある感覚細胞の毛の上に平衡石（耳石）が乗っている。からだが傾くと平衡石が動くため，その動きで感覚細胞が傾きの方向や変化を感じとる。

▶ 半規管…からだの回転の方向やその速さを感じる平衡感覚器官（平衡器）である。管の内部にはリンパ液が入っていて，そのリンパ液の動きを感覚細胞の毛が感じとる。3本の管が互いに直角に交わるようについている。

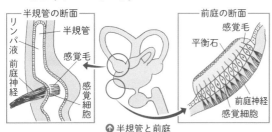

↑ 半規管と前庭

3 ヒトの鼻のしくみ

～においを感じることができる理由～

鼻はにおい（気体の化学物質）を感じる嗅覚器官（嗅覚器）である。

● 鼻のつくり……鼻こうの上部表面（嗅上皮）は粘膜におおわれ，そこに嗅細胞が分布している。においを含んだ空気が入ると嗅細胞が興奮し，嗅神経によって大脳に伝えられ，においを感じる。

嗅細胞は鋭敏な器官ではあるが，疲労しやすく，同じにおいの中にいるとすぐに感じなくなる。

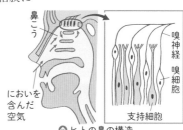

↑ ヒトの鼻の構造

参考 モスキート音

ヒトは年をとるにつれて，波長が短い高音域の音を感知しにくくなる。それを利用したのがモスキート音で，17 kHzという高音域の音をスピーカーから流すと，20 代後半以降の大人にはほとんど聞こえなくなる。この音は若者には聞こえるが，耳ざわりになるので，公園やコンビニエンスストアの前などでたむろする若者を排除する効果がある。

参考 乗り物酔いと半規管

乗り物による不規則なゆれなどが過度に生じると，半規管から脳への情報量が多くなり，目からの情報とのズレが生じるようになる。その結果，脳が情報を処理しきれなくなり，からだをコントロールしている自律神経のはたらきが乱れ，さまざまな乗り物酔いの症状が出る。

短文記述対策！

Q からだを何回も回転させると，その後しばらく回っているような感覚がある理由は何か。
A 回転は半規管内のリンパ液の動きによって感じている。そのため，回転をやめても，半規管内のリンパ液が動いていると回っている感覚がある。

4 ヒトの舌のしくみ

～味を感じることができる理由～

舌は味（液体の化学物質）を受けとる**味覚器官**（味覚器）である。

● **舌のつくり**……舌の表面の舌乳頭には**味細胞**を含む味覚芽がある。味の刺激を感じると興奮し，味神経によって大脳に伝えられ味を感じる。ヒトが感覚できる味は，甘味，塩味，苦味，酸味，うま味の5種類である。

▶魚類の味覚器官は口だけでなく口付近の体表面にもあり，昆虫では口のまわりやあしの先端にもある。

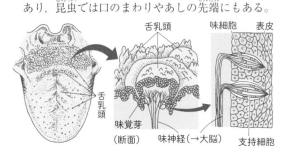

↑ヒトの舌の構造

5 ヒトの皮膚のしくみ

～皮膚ではさまざまな感覚がわかる～

皮膚には，温点，冷点，圧点，痛点の4種類の感覚点がある。温点では温覚を，冷点では冷覚を，圧点では触覚を，痛点では痛覚をとらえる。これらの感覚点の分布密度は，皮膚の場所により違いがあるが，一般に痛点が最も多く，温点が最も少ない。

	圧　点	温　点	冷　点	痛　点
感覚点の数（個/cm²）	20-25	0-3	6-23	100-200

↑皮膚におけるいろいろな感覚神経

Episode
ヒトはさまざまな味を感じるが，それらは，甘味，塩味，苦味，酸味，うま味の5種類の基本味の組み合わせである。「辛味」は，味覚器で感じるのではなく，嗅覚や口の中で感じる痛覚，温覚などが複合されて感じられるため，生理学的には味覚ではない。

参考　味覚修飾物質

味細胞に作用して一時的に味覚を変えるはたらきをもつ物質を味覚修飾物質という。西アフリカ原産のミラクルフルーツに含まれるミラクリンはその一例で，酸っぱいものを甘く感じさせる作用をもっている。また，ギムネマ茶に含まれるギムネマ酸も味覚修飾物質で，こちらは甘い味覚を感じさせない作用をもつ。

↑ミラクルフルーツ

↑ギムネマ茶

参考　その他の生物の感覚器

貝類のあしや甲殻類の第一触角の付け根には，「平衡胞」という平衡感覚を感知する感覚器官がある。これは，ヒトの前庭によく似た器官である。

バッタやセミの腹部，コオロギやキリギリスのあし，ガの胸部には，「鼓膜器」とよばれる聴覚器官があり，カには触角の基部に「ジョンストン器官」という聴覚器官がある。

魚類には，側線（側線器）という触覚器官があり，水圧の強弱や水流の強さ，方向を感知している。

② 刺激の伝わり方 ★★☆

① 神経系のつくり

~情報を伝える経路~

感覚器官からの情報を伝え，判断し，運動器官に指示を与える役割をになうのが神経系である。神経系は，長い突起をもった細長い細胞（神経細胞）から構成される。神経系は中枢神経と末しょう神経に大別される。

① 中枢神経……大脳，小脳，延髄などの脳と脊髄からなる。

▶ 大　脳…大脳は外側をおおう灰白質と内側の白質からできている。

- 灰白質…やや灰色っぽい色をしている部分で，細胞体が集中している。大脳の外側をおおう部分なので，大脳皮質ともいう。中枢としてのはたらきを行う部分で，運動，感覚，記憶，思考，意志，感情の作用を支配する。

- 白　質…白っぽい色をしている部分で，灰白質に出入りする神経繊維が集まっている。

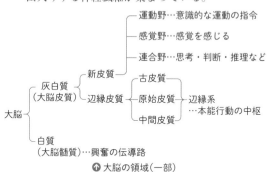

```
　　　　　　　　　　　運動野…意識的な運動の指令
　　　　　　　　　　　感覚野…感覚を感じる
　　　　　　　　　　　連合野…思考・判断・推理など
　　　　　　　　新皮質　　　古皮質
　　　　灰白質　　　　　辺縁皮質　原始皮質　辺縁系
　　　　（大脳皮質）　　　　　　　　中間皮質　…本能行動の中枢
大脳
　　　　白質
　　　　（大脳髄質）…興奮の伝導路
```

↑ 大脳の領域（一部）

▶ 小　脳…運動やからだの平衡を調節する。

▶ 間　脳…自律神経の中枢で，体温，水分，血圧などの調節をする。

▶ 延　髄…呼吸，心臓の拍動，消化管の運動などの生命活動の調節をする。

▶ 脊　髄…脊髄反射の中枢。大脳とは逆で，外側に白質，内側に灰白質がある。

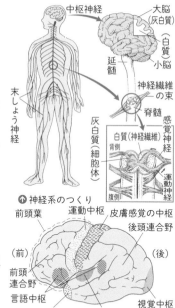

↑ 神経系のつくり

↑ ヒトの大脳の中枢

参考 脳活動の画像化

脳の活動が活発になると，血流量などが増加する。そのため，脳内の血流量，酸素消費量などを調べることで，脳が活動している部分がわかる。

参考 動物の進化と脳の発達

セキツイ動物は，魚類から進化する中で，大脳が下の図のように発達した。これにより複雑な行動が可能となり，環境への適応を広めたと考えられている。

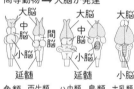

高等動物 ➡ 大脳が発達

魚類　両生類　ハ虫類　鳥類　ホ乳類

↑ セキツイ動物の脳

HighClass

大脳の灰白質にある前頭連合野は，計画性，意欲，決断，創造，感情をつかさどる中枢である。前頭連合野がこわれると，性格が粗暴になり，将来に対する計画性を欠くようになる。このことから，前頭連合野は，「人間を人間たらしめる脳」ともよばれる。

第3編 生命　第1章 生物の分類と…　第2章 生物のからだのつくりとはたらき　第3章 生物の移りかわりと進化　第4章 自然と人間

❷ 末しょう神経……末しょう神経は，**体性神経と自律神経**に分けられる。体性神経には，感覚器官からの刺激を脳や脊髄などの中枢に伝える感覚神経と，中枢からの命令を運動器官に伝える運動神経がある。

❸ 記憶と脳……記憶するとは，脳内の神経回路を変化させ，新しい神経回路のパターンをつくることである。その結果，神経細胞間の伝達効率が変化する。

▶ **長期記憶と短期記憶**…記憶は，保持できる時間によって**短期記憶**と**長期記憶**に分けられる。短期記憶は数十秒ほどしか保持できず，覚えられる量にも限界がある。長期記憶は言葉で表せる**陳述記憶**と，言葉で表せない**非陳述記憶**に分けられる。

▶ **海　馬**…大脳の一部には**海馬**とよばれる部位があり，特に陳述記憶について，短期記憶を長期記憶に変えるはたらきを行う。海馬がないと新しい記憶をすることはできない。

▶ **前頭連合野**…前頭連合野では，脳のあちこちに保存されている情報を集めて，一時的に保存すること（ワーキングメモリ）ができる。その情報を組み合わせることで，今後の行動を決定する。

▶ **運動の記憶と小脳**…小脳には運動が記憶されており，運動の調節を行う役割がある。大脳が送った運動の指令について，小脳はからだの状態についての情報と行いたい運動との誤差を大脳に返すことによって，大脳はより適切な運動指令を送ることができる。

2 刺激の伝わり方

〜集めた情報に対応するしくみ〜

動物は外からの刺激を情報として受けとり，それに応じた反応や行動を起こす。

● 刺激が伝わる例……前から来た自転車を避ける場合を例にして考えてみよう。まず，前から走ってくる自転車の像を感覚器官である目で受けとる。次に目から感覚神経である視神経によって，中枢神経である大脳に

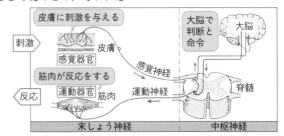

💬 **Episode**　脳では，眠気を誘発するメラトニンという物質がつくられている。夕方から夜にかけて分泌が始まり，やがて全身にいきわたることで眠気を感じる。その分泌には光が影響することがわかっていて，500ルクス以下の明るさでないと分泌できない。

伝えられる。情報が伝わった大脳では自転車を認識し，避けるように判断をする。その命令は運動神経を通じて足に伝わり，運動器官である足の筋肉が動き「避ける」という行動を起こす。これが，ふつうに行動する場合の刺激（しげき）の伝わり方である。

🔍 **実験・観察** 刺激に対する反応時間の実験

ねらい

ものさしをつかむ時間をはかることで，ヒトの刺激に対する反応時間を測定する。

方　法

❶ 2人でペアを組む。1人がものさしの上端（じょうたん）をつまみ，もう1人がものさしの0の目盛りの位置に，いつでもつかめるように指をそえる。

❷ ものさしを持った人は，合図をせずにものさしをはなす。もう1人はものさしが落ちるのを見たらすぐにものさしをつかむ。

ものさしをはなす。

ものさしをつかむ。

❸ ものさしが何cm落ちたときにつかめたかを調べ，下の表を参考にかかった時間を求める。

距離 (cm)	4	6	8	10	12	14	16	18	20	22	24	26	28	30
時間 (s)	0.09	0.11	0.13	0.14	0.16	0.17	0.18	0.19	0.20	0.21	0.22	0.23	0.24	0.25

---

③ 反　射

〜脳で判断しない反応〜

❶ **反射とは**……私たちは，目の前にボールが飛んでくると目を閉じ，指先に熱いものがふれると思わず手を引っこめる。このように，大脳で判断することなく無意識にすばやい行動を行うしくみを**反射**という。反射は型にはまった行動であるが，瞬間的（しゅんかんてき）に反応できるので，危険から身をまもったり，無意識にからだのはたらきを調節するのに役立つ。

❷ **脊髄反射**（せきずいはんしゃ）……反射が起こるとき，受けた刺激は大脳に達する前に運動神経に伝わる。刺激が大脳へ伝わる途中（とちゅう）の脊髄から，運動神経に伝わる場合を脊髄反射といい，そのときの刺激の伝わる経路（感覚器官➡感覚神経➡脊髄➡運動神経➡筋肉）を**反射弓**（はんしゃきゅう）という。脊髄反

短文記述対策！

Q 上のような実験をするとき，何回か同じ実験を行ってその平均値を求める方法を行うことが多いのはなぜか。

A 測定値の誤差を少なくするため。

射以外にも，運動神経に刺激が伝わる場所によって，延髄反射，小脳反射，中脳反射などがある。

▶**反射の例**

- 熱いものにふれると思わず手を引く。
  →屈曲（屈筋）反射（脊髄反射の1つ）
- ひざ下をたたくと，足がはね上がる。
  →しつがいけん反射（脊髄反射の1つ）
- 食物を口に入れると唾液が出る。
  →延髄による反射の1つ
- 目に強い光をあてるとひとみが小さくなる。
  →瞳孔反射（中脳反射の1つ）

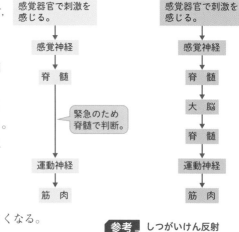

反射（脊髄反射）
感覚器官で刺激を感じる。
↓
感覚神経
↓
脊髄
↓
緊急のため脊髄で判断。
↓
運動神経
↓
筋肉

ふつうの行動
感覚器官で刺激を感じる。
↓
感覚神経
↓
脊髄
↓
大脳
↓
脊髄
↓
運動神経
↓
筋肉

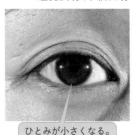

ひとみが小さくなる。

↑明るい所

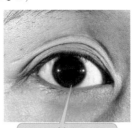

ひとみが大きくなる。

↑暗い所

参考　しつがいけん反射

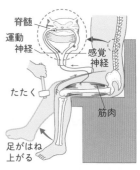

脊髄
運動神経
感覚神経
たたく
筋肉
足がはね上がる

↑しつがいけん反射

4 走性

〜刺激に対して意識せず行動する〜

ある刺激に対して，決まった方向に移動する行動のことを**走性**という。例えば，水の流れにさからって泳ぐメダカの行動，光から逃げる方向に移動するミミズの行動などが走性である。この行動は生まれつき備わっている行動である。

5 古典的条件づけ

〜学習によって反応が起きる〜

上の走性のように生まれつき備わっている行動ではなく，ある種の学習によって獲得された，ほとんど無意識に起こる行動のことを**古典的条件づけ**という。例えば，

↑静止した水の中のメダカ

水の流れ
メダカの泳ぐ向き

↑流水中のメダカ

入試Info

刺激を受けてから行動を起こすまで，どのような経路で情報が伝わっていくかが多く出題されている。反射の場合は大脳を経由しないことに注意が必要である。

梅干しと聞いただけで，唾液が出てくるような行動のことをさす（ただし，梅干しを食べたことのない人は酸っぱい味を知らないので唾液は出ない）。古典的条件づけは，何回もの経験によって，反応の回路が大脳につくられることによって生じるため，大脳がないと起こらない。

▶古典的条件づけの例

- パブロフの犬（この実験によって発見された）
- いつも手をたたいてからコイにえさを与えていると，手をたたいただけでコイが集まってくるようになる。

6 神経細胞（ニューロン）

～神経系を構成する細胞のつくり～

❶ 神経細胞のつくり……神経細胞（ニューロン）は核をもった細胞体と長い突起である神経繊維と樹状突起からできている。

❷ 神経細胞の種類……動物の神経細胞は，そのはたらきから次の３つに分けられ，それぞれが下の図のようにつながっている。

▶感覚神経細胞…感覚神経をつくっている神経細胞で，感覚器官からの刺激を中枢に伝えるはたらきをする。

▶運動神経細胞…運動神経をつくっている神経細胞で，中枢からの命令を運動器官に伝えるはたらきをする。

▶介在神経細胞…中枢神経の神経細胞で，感覚神経と運動神経をつなぐ細胞。情報を伝達する。

7 自律神経系

～生命を維持するはたらきをつかさどる～

自律神経系は，末しょう神経の１つで，主に内臓に分布している。意志とは関係なく内臓のはたらきを自律的に調節している。自律神経には，交感神経と副交感神経の２種類があり，多くの器官ではその両方が分布して，それぞれ逆のはたらきをしている（きっ抗的にはたらく）。

Words パブロフの犬

ロシアのイワン・パブロフ（1849～1936）は，イヌに「ベルの音を聞かせたあとに食物を与えること」を何回もくり返し行った。すると，食物がなくてもベルの音を聞いただけで唾液を分泌するようになることを発見した。この実験によって，古典的条件づけが発見された。

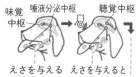

えさを与える→唾液の分泌　えさを与えるときベルを鳴らす→条件づけ

条件反応の回路

条件づけをくり返す→条件反応の回路形成　ベルを鳴らすだけで唾液分泌→条件づけ成立

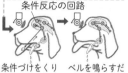

⬆ 神経細胞のつながり

Episode お酒を飲むと，アルコールが血液に入り，脳にも送られる。その結果，アルコールが，シナプスでの情報のやりとりをぐちゃぐちゃにしてしまう。これが「酔い」の状態である。

❶ 交感神経……エネルギーを消費して活動的に行動していたり，敵と戦っていたり，緊張（きんちょう）しているときにはたらく神経。

❷ 副交感神経……栄養分を吸収し，エネルギーを蓄（たくわ）え，休息のようなリラックスしている状態のときにはたらく神経。

種類＼作用	ひとみ	心臓拍動	血圧	気管支	消化作用	排尿
交感神経	拡大	促進	上昇	拡張	抑制	抑制
副交感神経	縮小	抑制	下降	収縮	促進	促進

▶自律神経が意志に反してはたらく例
- 楽しいことがある前日はなかなか眠（ねむ）れない。
- 昼食を食べたあとは，消化作用が促進（そくしん）するため眠くなる。

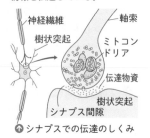

Words シナプス

神経細胞と神経細胞をつなぐ部分をシナプスという。下の図のように直接接しているのではなく，シナプス間隙（かんげき）というすきまを伝達物質が移動することで情報を伝達している。

神経繊維／軸索／樹状突起／ミトコンドリア／伝達物質／樹状突起／シナプス間隙

↑ シナプスでの伝達のしくみ

8 神経系の種類と発達

～ヒトとは異なる形の神経系もある～

❶ 散在神経系……ヒドラやクラゲなどの刺胞動物（しほうどうぶつ）には中枢神経（ちゅうすうしんけい）(脳や脊髄（せきずい))がない。このような神経系を散在神経系という。

❷ 集中神経系……ヒトのように，中枢神経をもつ神経系を集中神経系という。これは，散在神経系より発達した神経系といえる。

▶海綿動物など，神経系が存在しない動物もある。

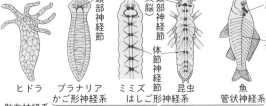

ヒドラ　散在神経系
プラナリア　かご形神経系
ミミズ　はしご形神経系
昆虫
魚　管状神経系
集中神経系

頭部神経節／頭部神経節(脳)／体節神経節／脳／脊髄

9 ホルモンとそのはたらき

～化学物質による体内環境の調整～

● ホルモン……体内環境（たいないかんきょう）の調整は自律神経系だけでなく，ホルモンでも行われている。ホルモンとは，ごく微量（びりょう）で，からだの機能を整えるなどの特別なはたらきがある物質である。ホルモンは，体内の内分泌腺（ないぶんぴつせん）という特定の場所でつくられ，血管に直接分泌され，血液によって必要な器官に運ばれる。

私たちのからだは一定の生体リズムに従ってはたらいている。慢性的（まんせいてき）な寝不足（ねぶそく）や昼夜逆転，不規則な食生活などの不摂生（ふせっせい）を続けていると，生体リズムが狂って自律神経のバランスを乱す原因になるといわれている。

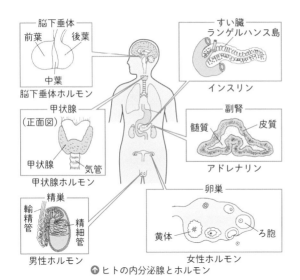

脳下垂体
前葉　後葉
中葉
脳下垂体ホルモン

すい臓
ランゲルハンス島
インスリン

甲状腺
（正面図）
甲状腺
気管
甲状腺ホルモン

副腎
髄質　皮質
アドレナリン

精巣
輸精管
精細管
男性ホルモン

卵巣
黄体
ろ胞
女性ホルモン

↑ヒトの内分泌腺とホルモン

参考 糖尿病とインスリン

　血糖値を下げる唯一のホルモンとして，インスリンがある。インスリンが正常に分泌できなかったり，分泌量が追いつかなかったりすると，血糖値が高い状態が続く糖尿病になる。糖尿病の完治は難しいが，食事療法や運動療法，インスリン注射などによって，症状を抑えることができる。

参考 性ホルモン

　男性の精巣からは男性ホルモン（アンドロゲン）が，女性の卵巣からは女性ホルモン（エストロゲン，プロゲステロン）が分泌され，それぞれ第二次性徴の発現などに関与している。また，精巣からも少量の女性ホルモンが，卵巣からも少量の男性ホルモンが分泌されているため，どちらか一方の性ホルモンしかもたないということはない。

③ 運動のしくみ ★★☆

1 内骨格と外骨格

〜からだを支えるしくみ〜

❶ **骨　格**……セキツイ動物は内骨格があり，たくさんの骨が結合してからだを支えている。一方，節足動物（昆虫類など）はからだの外側に外骨格といわれる殻がある。骨格はからだを支えたり運動の支点となるほかに，内臓などをまもる役割をもつ。

❷ **内骨格をもつ動物の運動**……内部の骨格を外にある筋肉で動かす。筋肉の両端はけんになっており，関節をはさんで2つの骨についている。一方が収縮するともう一方がゆるみ，屈伸ができるようになっている。

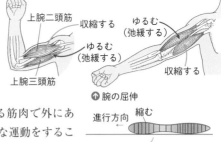

上腕二頭筋
収縮する
ゆるむ
（弛緩する）
ゆるむ
（弛緩する）
収縮する
上腕三頭筋

↑腕の屈伸

❸ **外骨格をもつ動物の運動**……中にある筋肉で外にある骨格を動かし，敏速に力強く，複雑な運動をすることができる。しかし，骨格内の容量が決まっているため，成長にともなって脱皮をしなければならない。

進行方向
縮む

↑ミミズのぜん動運動

❹ **骨格をもたない動物の運動**……ミミズ・ヒルなどの骨格をもたない動物は，筋肉の収縮だけで運動する。

Episode

オキシトシンは，女性特有のホルモンとして発見されたが，その後，男性にも普遍的に存在することが判明している。オキシトシンは良好な対人関係が築かれているときに分泌され，闘争欲や恐怖心を減少させる。

ミミズでは環状筋と縦走筋を交互に収縮させ，ぜん動運動でからだを前進させるため，敏速な運動ができない。また，軟体動物の一部がもつかたい殻（貝殻など）は外とう膜といい，外骨格とはいわない。

2 運動と骨・筋肉

〜骨と筋肉によりからだを動かす〜

❶ 運　動……動物の運動は，刺激を感覚器官で受けとめ，大脳で感覚を起こし，脳の命令が運動神経を経て運動器官（筋肉）に伝えられ，筋肉が収縮することで起こる。

❷ セキツイ動物の骨……セキツイ動物の骨には，次のような役割がある。

▶ からだの支持…多数の骨が関節や軟骨での連結，縫合（頭骨）などによってつながり，筋肉のはたらきによりからだを支持している。

▶ 運　動…筋肉と連動することにより，敏速で力強く，複雑な運動をすることができる。

▶ 内臓の保護…頭骨は複数の骨が縫合により結びついて脳を保護している。また，背骨は多数の椎骨（脊椎骨）が結びついて脊髄を保護している。ろっ骨は胸骨や背骨と連動して肺や心臓などを保護している。

▶ 血球の生産…血液中の血球（赤血球，血小板，白血球）は，主に骨髄でつくられる。

▶ カルシウムの貯蔵…からだのカルシウムの約99％は骨や歯に貯蔵されている。血液中のカルシウムが不足すると，骨のカルシウムが血液中に放出される。

❸ 筋肉の種類とはたらき……セキツイ動物の筋肉は，骨格につく横紋筋（骨格筋）と，内臓や血管を運動させる平滑筋（内臓筋）がある。また，心臓の筋肉（心筋）は横紋筋の一種であるが，枝分かれした構造をもつ。

▶ 横紋筋（骨格筋）…意識的に動かせる随意筋である。収縮ははやいが疲労しやすい。

▶ 平滑筋（内臓筋）…意識的には動かせない不随意筋である。収縮はゆっくりだが持続力がある。

▶ 心筋（横紋筋）…不随意筋であるが，収縮ははやく持続性がある。

参考　関　節

セキツイ動物の骨は，関節により連結されている。関節には動かない不動性結合と動く可動性結合とがある。

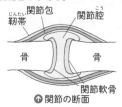

↑ 関節の断面

参考　筋肉の種類と構造

横紋筋　　平滑筋

核

心筋

Episode
筋肉は，トレーニングによる筋繊維の破壊とその再生のくり返しによって太く大きくなる。トレーニングをしすぎると筋繊維の再生が間に合わなくなるため，かえって筋肉が細くなってしまう。

→ p.366 **1** 生物のからだをつくる基本単位は何か。 | **1** 細胞

→ p.367 **2** からだが1個の細胞からできている生物を何というか。 | **2** 単細胞生物

→ p.368 **3** 細胞のつくりで，酢酸カーミン液などの染色液で染色するとよく見えてくるのは，何という部分か。 | **3** 核

→ p.371 **4** 細胞から核を除いた残りの総称を何というか。 | **4** 細胞質

→ p.373 **5** 植物細胞だけにみられる，セルロースを主成分とした，細胞内を保護したり形を保つ役割をしているものを何というか。 | **5** 細胞壁

→ p.377 **6** 植物が空気中に水蒸気を放出するはたらきを何というか。 | **6** 蒸散

→ p.377 **7** 気孔が多いのは一般的に葉のどこか。 | **7** 裏側

→ p.379 **8** 植物が光エネルギーを用いて，デンプンなどをつくるはたらきを何というか。 | **8** 光合成

→ p.379 **9** **8**のはたらきは，どこで行われるか。 | **9** 葉緑体

→ p.383 **10** 葉でつくられた栄養分の通路を何というか。 | **10** 師管

→ p.391 **11** 植物の根の先端付近にある，細胞分裂が盛んな部分を何というか。 | **11** 成長点

→ p.394 **12** 食物を小腸から吸収できるような小さい物質にすることを何というか。 | **12** 消化

→ p.394 **13** 唾液に含まれていて，デンプンを麦芽糖に分解する消化酵素を何というか。 | **13** アミラーゼ

→ p.395 **14** 脂肪はすい液中のリパーゼによって脂肪酸と何に分解されるか。 | **14** モノグリセリド

→ p.396 **15** タンパク質は消化されると，最終的に何という物質になるか。 | **15** アミノ酸

→ p.400 **16** 赤血球は酸素を運ぶために何という色素をもっているか。 | **16** ヘモグロビン

→ p.406 **17** ホ乳類の心臓は何心房何心室か。 | **17** 2心房2心室

→ p.407 **18** 心臓から出て，からだの各部を回ってまた心臓にもどってくる血液循環を何というか。 | **18** 体循環

→ p.408 **19** 血液中の血しょうの一部が毛細血管からしみ出し，細胞と細胞の間を満たしている液を何というか。 | **19** 組織液

→ p.410 **20** 肺は呼吸運動をするとき，ろっ骨と何の運動で，胸腔を広げたり狭めたりするか。 | **20** 横隔膜

→ p.411 **21** ヒトは，タンパク質の分解で出てくる有害なアンモニアを何という物質に変えて排出しているか。 | **21** 尿素

→ p.413 **22** ヒトの目で，視細胞があるところを何というか。 | **22** 網膜

→ p.424 **23** ヒトの筋肉の中で，意志の力で動かすことができず，収縮がはやく持続性がある筋肉を何というか。 | **23** 心筋

●次の文章を読み，あとの問いに答えなさい。答えが割り切れない場合は，四捨五入して小数第1位まで求めること。

体内に酸素を運ぶのは，赤血球中のヘモグロビンという色素である。ヘモグロビンは，肺で酸素と結びつき，酸素ヘモグロビンとなって血液中を移動する。酸素ヘモグロビンは，からだの組織で酸素をはなすことによってヘモグロビンにもどる。ヘモグロビンがどれだけ酸素と結合しているか(酸素ヘモグロビンの割合)は，そのときの酸素分圧と二酸化炭素分圧によって決まっている。

右のグラフはある酸素分圧と二酸化炭素分圧のときの酸素ヘモグロビンの割合を示している。ここで，肺胞での酸素分圧を 100 mmHg，二酸化炭素分圧を 40 mmHg，組織での酸素分圧を 20 mmHg，二酸化炭素分圧を 70 mmHg とする。

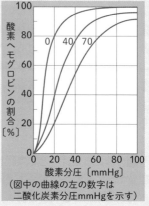

（図中の曲線の左の数字は
二酸化炭素分圧mmHgを示す）

(1) 肺胞と組織での酸素ヘモグロビンの割合をそれぞれ答えよ。

(2) 肺胞から組織に行くまでに酸素をはなしたヘモグロビンは，肺胞の酸素ヘモグロビンのうちの何％か。

(3) 肺胞から組織に行く間に血液 100 mL あたり何 mL の酸素が放出されたか。ただし，血液 100 mL あたり 20 mL の酸素と結合することができるものとする。

▶ Key Point

肺から体内にとり入れられた酸素は，血液中の赤血球により全身に運ばれる。

▶ Solution

(2) (1)より，肺胞では 95％，組織では 20％のヘモグロビンが酸素と結びついている。よって，酸素をはなしたヘモグロビンの割合は，

$$\frac{95-20}{95} \times 100 = 78.94 \cdots (\%)$$

(3) 肺胞での酸素量と組織での酸素量を求め，前者から後者を引いた値が放出した酸素量である。よって，$(20 \times 0.95) - (20 \times 0.2) = 15 (mL)$

Answer

(1) 肺胞—95 ％　組織—20 ％　(2) 78.9 ％　(3) 15 mL

Level 3

第3編 生命

第1章 生物のつくりと

第2章 生物のからだの つくりとはたらき

第3章 生物の成長と

第4章 自然と人間

●唾液のはたらきを調べるため，次の実験を行った。これについて，あとの問いに答えなさい。

実験 1. 濃度 0.5 % のデンプンのりを 2 本の試験管①，②にとり，①には唾液を，_a_②には水を加える。

2. 試験管①，②を 40℃のお湯につけて 10 分間あたためる。

3. 試験管①，②の一部をとり，それぞれヨウ素液を加えて反応を見ると，試験管②のみが青紫色に変化した。

4. 試験管①，②の一部をとり，それぞれベネジクト液を加えて加熱したときの反応を見ると，試験管①のみが赤褐色に変化した。

参考資料 酵素反応とpH

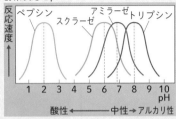

(1) 下線部 a について，デンプンのりに水を加えた②を用意したのはなぜか。

(2) 胃の中で唾液に含まれる消化酵素がどのようにはたらくかを調べるため，試験管①，②のそれぞれのデンプンのりにうすい塩酸を少量加えて上と同様の実験を行った。このとき，ヨウ素液，ベネジクト液に対する試験管①の結果はどうなるか。参考資料のグラフを根拠にして，その理由も含めて説明しなさい。

▶**Key Point**

試験管①ではデンプンが糖に変化している。

▶**Solution**

(2) 胃液には酸性の塩酸が含まれている。参考資料のグラフより，アミラーゼは中性付近でのみ反応することがわかる。

Answer

(1) 例 デンプンをあたためただけでは糖に変化しないことを確かめるため。

(2) 例 参考資料のグラフより，唾液中に含まれるアミラーゼは酸性では反応しないため，デンプンは糖に変化しない。そのため，ヨウ素液を加えると青紫色になり，ベネジクト液とは反応しない。

ここからスタート！ 第3編 生命

第3章 生物の成長と進化 1年 2年 3年

START! 生物はどのように命をつなぎ，どのように成長するのだろうか。いま生きている生物は，はじめから同じ形をしていたのだろうか。19世紀のヨーロッパで，2人の人物によりその謎に対する答えの一端が示されました。

グレゴール・ヨハン・メンデル
（1822〜1884年）

オーストリア（現在はチェコ）で生まれた。

修道院の司祭をするかたわら，1851年から2年間，ウィーン大学で物理，数学，植物学などを学んだ。

1856年から，司祭をしていた教会の庭で，エンドウを用いて遺伝の研究を重ねた。

当時，遺伝は両親の特徴が液体のように混ざり合って子どもに引きつがれる複雑な現象と考えられていた。

丸形の種子をつけるエンドウとしわ形のものをかけ合わせると丸形ができる…

だが，できた丸形どうしをかけ合わせると丸形としわ形の両方ができるのはなぜだ…？

そうか！両親の特徴は液体のようなものでなく，粒子のようなもので伝わるんだ！

$$Aa \quad Aa$$
$$AA \ Aa \ Aa \ aa$$
$$(A+a)^2 = AA + 2Aa + aa$$

数式にすればよくわかる！

メンデルの研究結果は1865年に発表されたが，神秘的なものだと考えられていた遺伝現象に対して数学的な分析を用い，簡潔な法則性があるということが当時の生物学者たちには受け入れられなかった。メンデルの説が再発見されたのはメンデルの死後16年たった1900年のことだった。

ちなみに，当時は作物の品種改良が盛んに行われており，メンデルもワインづくりのため，ブドウの品種改良にとり組んでいた。そのときのブドウの株は株分けされ，東京の小石川植物園にある「メンデルのブドウ」として知られている。

おいしくな〜れ！

チャールズ・ダーウィン
(1809 ～ 1882年)

子どものころから博物学的趣味を好み, 植物, 貝殻, 鉱物などを収集していたダーウィン。1831年から5年にわたり, 海軍の測量船であるビーグル号に乗って南米大陸や南太平洋の島々をまわった。ビーグル号は1835年, ガラパゴス諸島を訪れる。

ガラパゴス諸島にて

すんでいる島によって, こうらの形が違うゾウガメがいるなぁ…

そうか！島によってゾウガメのえさになる食物が違うから, このようなこうらの形をしているんだ！

地上の草を食べるドーム型のカメ　高い所にあるサボテンを食べるくら型のカメ

下船後も…

ハトを品種改良すると, いろいろな形質のハトが産まれるなぁ…

ということは, ガラパゴス諸島で見つけた, 島ごとに口ばしの形が違う鳥も, 大陸から来た共通の祖先が食物の違いによっていろいろな口ばしに変化したんじゃないか？

当時, 生物は神がつくったもので, 種は不変だと考えている人がほとんどだった。

種は不変ではない！進化するんだ！

1859年, 多様な生物は「環境に適した種が子孫を残す」という自然選択によって産まれたことを提唱した「種の起源」を刊行した。これは生物は進化することを示しており, 大きな反響をうんだ。教会は, 進化論について神を冒涜しているとし, 強く非難した。

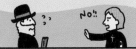

オーストリアの教会の庭で地道に実験して, 遺伝の法則性を考えたメンデル。世界をめぐり, 長い時間をかけて種は変わってきたと考えたダーウィン。当時は認められず死後に再発見された遺伝の法則と, 社会の脚光をあびて大きな論争を引き起こした進化論。教会の聖職者のメンデルと教会と対立したダーウィン, といったように, 同じ時代の対照的な2人だが, 品種改良が盛んになってきた時代を背景に, それぞれが現在の生物学の基礎となる大きな発見をした。現在では, 遺伝子の存在によって「遺伝の法則」も「進化」も説明されるようになった。

9 ▶ 生物の成長と細胞

Point
1. 植物はどの部分が大きく成長するか，確認しよう。
2. 体細胞分裂の順序を確認しよう。
3. 体細胞分裂の観察方法を確認しよう。

1 生物の成長と細胞　入試重要度 ★★☆

1 植物の成長のしくみ

〜植物には成長の中心となる場所がある〜

　植物の成長は，細胞分裂によって細胞の数が増え，増えた細胞が大きくなることによって起こる。植物の成長には，長く伸びる伸長成長と，太くなる肥大成長があり，それぞれに成長する場所がある。

1. **伸長成長**……根や茎の先端近くにある成長点（頂端分裂組織）で細胞分裂を行い，増えた細胞が大きくなることで背丈を伸ばしたり，根を長くすることができる。
　茎では，先端に茎頂の分裂組織があり，そこで細胞が増えていき，茎や葉が形成される。葉では全体の形が決まってくるまでつけ根のほうを中心に分裂して，それから細胞が伸長して葉が大きくなる。しかし，葉全体や葉の先端で細胞分裂をする例もある。

Words　成長点

　細胞分裂が盛んに行われる部分。根や茎の先端部分にある。

参考　成長帯

　植物には上に成長するための成長点があるが，タケはそれぞれの節に成長帯とよばれる帯状の組織があり，細胞分裂して成長する。1本のタケの節の数は種類によって異なるが，タケノコの段階ですでにすべての節がそろっている。その1つ1つの節が一気に成長するため，節の間隔が長くなりタケは急速に伸びることができる。

Break Time　植物の成長

　鹿児島県の屋久島には，樹齢が1000年以上の屋久杉とよばれるスギが多く生えている。その中でも最大の1本のスギが縄文杉である。このスギの樹齢は2170〜7000年とされている。このような樹齢1000年をこえるものでも，葉や幹は成長を続けている。しかし，樹木を形成している幹の大部分は道管が木質化したもので，細胞としてはたらいていない。植物は，限られた細胞が生命を維持している。

⬆ 縄文杉

HighClass　成長点では，細胞分裂が次々と起こり，新しい細胞が生まれる。その後細胞の数が増えていくと，新しくできた細胞のいくつかは分裂をやめて大きくなり，根や茎の細胞になっていく。分裂した細胞は，組織の中に組みこまれて役割をもっていくようになる。

実験・観察　ソラマメの根の伸長成長の観察

ねらい

発芽してまもないソラマメの根が伸びていくようすを調べる。

観察

① 発芽して1cmぐらいにのびたソラマメの根に，根の先端から等間隔に印をつける。

② 右の図のような装置をつくり，ピンでソラマメをとめる。

③ 根が伸長するときに，印の間隔がどのように変化するか観察し，記録する。

暗室に置く

結果

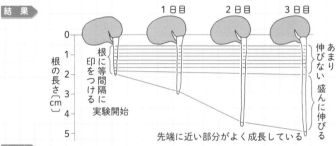

考察

・先端部分の印とその次の印との間に成長点があり，その細胞が分裂して数が増え，そのあとで細胞1つ1つが伸長したと考えられる。

▶**植物の伸長と細胞**…植物が伸長成長するときの細胞のようすを顕微鏡で観察すると，分裂した小さい細胞1つ1つが大きくなるようすがわかる。

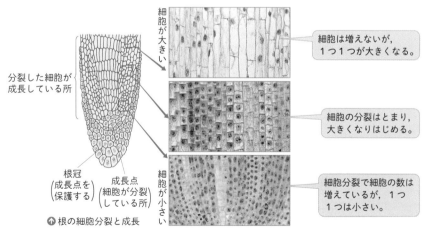

↑ 根の細胞分裂と成長

Q 根の細胞の写真をもとに，タマネギの根が成長するしくみを説明しなさい。

A 根の先端にある成長点で細胞が盛んに分裂して，細胞の数が増える。分裂している細胞は小さいが，そのあとに細胞が伸長していくので，根全体が伸びていく。

❷ 肥大成長……茎や根には形成層があり，そこで細胞分裂を行って茎や根が太くなる。

▶双子葉類の形成層の細胞分裂でできた細胞は，茎の内側のものは道管になり，さらに古くなると木質化していく。形成層の外側のものは，師管などの細胞になり，さらに古くなっていくと樹皮になっていく。

▶ほとんどの単子葉類は形成層をもたない。単子葉類は草本類（草のなかま）で，樹木となることはない。

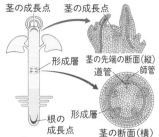

茎の成長点　茎の成長点

形成層

茎の先端の断面（縦）

道管　師管

形成層

根の成長点

茎の断面（横）

⬆ 植物の伸長成長と肥大成長

2 動物の成長のしくみ

〜植物と動物の成長のようすは異なる〜

　動物の成長は，植物の成長と異なり，組織によって細胞分裂のようすが異なる。神経や筋肉はほとんど分裂せず，ほかの組織では，古くなると細胞が死んだりこわされたりして，新しい細胞と置きかわるようになっている。

❶ 脱　皮……節足動物である昆虫類や甲殻類（エビやカニ）は，からだの外側の外骨格というかたい殻でからだをまもり支えている。また，ヘビなどのハ虫類は，体表がかたい皮膚（うろこ）でおおわれている。そのため，からだを大きくするには，外側の殻やかたい皮膚を脱ぐ必要があり，このことを**脱皮**という。

❷ 変　態……動物が子（幼生）から親（成体）になるまでに，からだのつくり，呼吸のしかた，食物や生活などを大きく変化させることを**変態**という。

▶両生類の変態（例 カエル）

　卵→幼生（おたまじゃくし：尾びれで運動，えら呼吸）→成体（あしで運動，肺と皮膚で呼吸）

▶昆虫類の変態（例 アゲハ）

　卵→幼虫（葉を食べ，あしで歩く）→さなぎ→成虫（みつを吸う，はねで飛ぶ）

卵　えら　肺　おたまじゃくし　カエル
⬆ カエルの変態

アゲハ　卵　最初の幼虫　幼虫　さなぎ
⬆ アゲハの変態

参考　アポトーシス

　ヒトでは，外側の皮膚がはがれおち，内側から新しい皮膚ができるためには，細胞が置きかわる必要がある。この場合，古い細胞は死ぬことで，新しい細胞と置きかわる。

　動物細胞は，植物細胞のようにじょうぶな細胞壁がないので，細胞が死ぬと形が残らない。細胞のタンパク質や核酸などは小さく分解され，最後は細胞膜がとけて，内側の物質が放出されていく。

　外傷ややけどなどで細胞が死ぬと，細胞の内容物が放出されて炎症を起こす。しかし，おたまじゃくしの変態で尾が消失するときのように，成長するために細胞が死ぬ場合は，細胞の内容物を分解する準備ができているので，炎症などが起こらず細胞がスムーズに置きかわっている。

　このようなプログラムされた細胞の自然な死を**アポトーシス**という。

Episode

ヒトの形ができあがるときにも自然な細胞死が起こる。例えば，胎児のときに手が形成されるが，指の間の水かきのような部分が自然に消滅して指ができる。これも，アポトーシスである。

② 体細胞分裂のしくみ ★★★

① 細胞分裂

~核と染色体に注目しよう~

❶ **細胞分裂**……1個の細胞が2つに分かれて2個の細胞になることを細胞分裂という。細胞分裂には，からだをつくる細胞が増えるときの体細胞分裂のほかに，精子や卵などの生殖に関係した細胞をつくる減数分裂という分裂がある。

zoomup 減数分裂→ p.443

❷ **細胞分裂と核**……細胞内の**核**には細胞の形や性質を決めるはたらきがある。そのため，細胞分裂ではもとの核と同じ核を2つの細胞に分ける必要がある。

zoomup 核→ p.370

❸ **間期と分裂期**……細胞が通常の状態のときを**間期**といい，細胞分裂を行っているときを**分裂期**という。分裂期は4つの段階に分けられる。

▶**間　期**…通常の細胞の状態をさす。この時期に，核の中の遺伝子を複製して，次の分裂の準備をしている。そのため，細胞分裂で2つに分かれても，遺伝子が半分にならず，同じ遺伝子をもち続けることができる。

▶**分裂期**

• **前　期**…核の中にひも状の**染色体**が見られるようになる。この染色体に遺伝子がある。染色体は分裂前（間期）には複製されていて，2本分がくっついている状態になっている。

前期の終わりには核膜が消えていく。また，紡錘糸が現れる。

• **中　期**…染色体が細胞の中央に並んでいく。

• **後　期**…2本がくっついていた染色体が2つに分かれ，紡錘糸に引かれるようにして両側に移動する。

• **終　期**…染色体は見えなくなり，紡錘糸が消えていく。核膜が現れ，細胞が2つに分かれていく。

Words **核　膜**

通常の状態のときに核の外側にある膜で，核と細胞質を分けている。細胞分裂のときには，前期で消失し終期に現れる。

Words **紡錘糸**

紡錘糸は細胞分裂のときに染色体を移動させ，正しく2つに分けるはたらきをしている。

参考 **中心体**

動物細胞と一部の植物細胞に見られ，微小管というもので構成されている。細胞分裂のときに微小管が伸び，紡錘糸となる。中心体は分裂後の新しい核となる所の中心に位置する。また，細胞分裂のときにできる紡錘糸が中心体の周囲に集まった構造を星状体という。

高等植物の細胞では，中心体はないが，動物細胞と同じように紡錘糸が集まる領域ができる。

核　間期　　　前期　　　中期　　　後期　　　終期

HighClass 細胞分裂によってできた細胞が，次の分裂を起こすまでを細胞周期という。細胞周期は，分裂期をM期として，さらに間期を分裂後のG1期，DNAを複製するS期，分裂前のG2期に分けている。

2 植物の体細胞分裂

〜細胞分裂のようすを観察しよう〜

　植物の体細胞分裂は，茎の形成層，根や茎の先端にある成長点などの分裂組織で行われている。

　タマネギを発根させ，根の先端にある成長点をとり出して染色すると染色体のようすを観察することができる。

参考　塩酸のはたらき

　塩酸には，細胞壁の主成分であるセルロースを分解するはたらきがある。塩酸で処理することで細胞どうしの結合がゆるくなる。

実験・観察　タマネギの根の細胞分裂の観察

ねらい

根の先端にある成長点で起こる細胞分裂の各段階を観察する。

観察

1. タマネギの根の先端から約 5 mm を切りとり，うすい塩酸に入れる。塩酸を入れた試験管を約 60℃の湯で数分間あたためる。
2. 根をスライドガラスにのせ，柄つき針でほぐし，酢酸カーミン液や酢酸オルセイン液などの染色液を 1 滴落とす。そのまま数分間おいておく。
3. カバーガラスをかけ，ろ紙をのせておしつぶす。
4. 顕微鏡で観察する。最初に低倍率で観察し，核が糸状になっている所をさがして，高倍率で観察する。

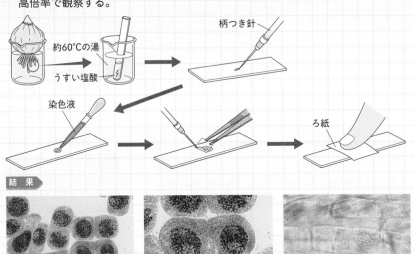

結果

50 倍　　　100 倍

おしつぶす前の根では細胞が重なって，観察できない。

短文記述対策！

Q タマネギの根の細胞分裂を観察するとき，塩酸にひたすのはなぜか？

A そのまま使うと，細胞が重なっていて観察しにくい。塩酸のはたらきで細胞壁をやわらかくし，おしつぶして細胞を一層に広げることで細胞1つ1つを観察できるようになるから。

● 植物の細胞分裂のようす……下の図と写真は，植物の体細胞分裂を示している。最初に染色体が形成され，移動して核が2つになるのは動植物共通であるが，植物細胞は外側に細胞壁があり，それが細胞どうしをしきっているので，終期には細胞板がつくられ，それが細胞壁となって2つの細胞になる。

参考 細胞周期と時間

タマネギの根の先端にある分裂組織では，分裂してできた細胞が次の細胞分裂を始めるまでに20〜24時間程度かかる。

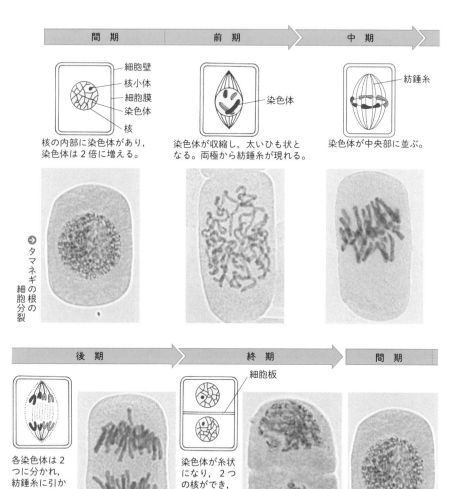

間　期	前　期	中　期
細胞壁／核小体／細胞膜／染色体／核	染色体	紡錘糸
核の内部に染色体があり，染色体は2倍に増える。	染色体が収縮し，太いひも状となる。両極から紡錘糸が現れる。	染色体が中央部に並ぶ。

→ タマネギの根の細胞分裂

後　期	終　期	間　期
	細胞板	
各染色体は2つに分かれ，紡錘糸に引かれるように両極に移動する。	染色体が糸状になり，2つの核ができ，中央に細胞板ができ，細胞質が2つに分かれる。	

⬆ 植物の体細胞分裂

HighClass

次の分裂まで20時間かかる細胞について，200個のうち分裂している細胞が10個のとき，細胞分裂に要する時間は，$\dfrac{\text{分裂期の細胞10個}}{\text{全細胞数200個}} = \dfrac{\text{細胞分裂の時間}}{\text{細胞の周期20時間}}$ という式で求められる。

③ 動物の体細胞分裂

~植物と異なる点を確認しよう~

❶ 動物の体細胞分裂……動物の場合，からだができあがったあとでも各器官の組織で細胞分裂が行われるが，分裂が盛んな組織とそうでない組織がある。ヒトの場合，赤血球をつくる細胞や皮膚の近くの上皮細胞など，細胞の置きかわりが盛んな組織で細胞分裂は盛んである。

❷ 植物細胞との違い……動物細胞では，**中心体**が細胞分裂の前期に，分裂する新しい細胞の中心に移動して星状体になり，**紡錘糸**を形成して**染色体**を移動させる。また，細胞壁がないため細胞はくびれるようにして分かれる。

> **参考** 幹細胞
>
> 動物の組織には，組織を維持するために細胞を増やす役割をもつ**幹細胞**がある。この幹細胞が分裂し，組織の細胞に分化していく。例えば，赤血球は骨髄にある造血幹細胞が増え，その細胞が赤血球に分化していくことでつくられている。赤血球の寿命は約120日なのでたえずつくられている。

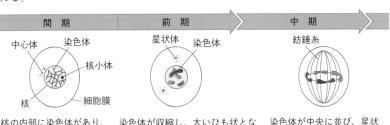

間　期	前　期	中　期

核の内部に染色体があり，染色体は2倍に増える。

染色体が収縮し，太いひも状となる。中心体が分裂し，両極に移動して星状体をつくる。

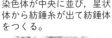

染色体が中央に並び，星状体から紡錘糸が出て紡錘体をつくる。

後　期	終　期	間　期

各染色体は2つに分かれ，紡錘糸に引かれるように両極に移動する。

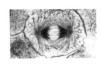

染色体が糸状にもどり，核膜と核小体が現れて2つの核ができる。細胞表面の中央がくびれ，細胞質が2つに分かれる。

細胞膜が形成され，2個の細胞になる。次の細胞分裂に向けて物質の合成が起こる。

⬆ 動物の体細胞分裂

Episode 動物では，組織によって細胞分裂の状況は異なる。例えば，神経組織や筋肉組織は，個体が成熟すると分裂しなくなる。運動することで腕や足の筋肉が発達するのは，細胞が増えるのではなく筋繊維が太くなるためである。

4 細胞分裂と染色体

～染色体には細胞の情報が含まれる～

❶ 染色体……細胞の核の中には，染色体というひも状のつくりがある。染色体は，その生物の情報である遺伝子を含んでいて，生物の種類によりその数は異なる。個体の体細胞は，すべて同じ染色体をもっている。

❷ 細胞分裂と染色体……細胞分裂の前期では，染色体はすでに複製されているので，2本分がまとまっている。細胞分裂が起こると，複製された染色体が2つの細胞に移動していく。そして，分裂後には通常の核の状態になり，次の分裂に向けて複製される。この複製と分裂のくり返しによって細胞が増えていく。細胞分裂を何回行っても細胞が機能できるのは，このようなしくみで同じ染色体をもつ細胞ができるからである。

参考 体細胞の染色体数

動　物		植　物	
ヒ　ト	46本	タマネギ	16本
ネ　コ	38	アサガオ	30
ウ　シ	60	ソラマメ	12
イ　ヌ	78	エンドウ	14
ニワトリ	78	アブラナ	38
アマガエル	24	イチョウ	24
メダカ	48	スギナ	216

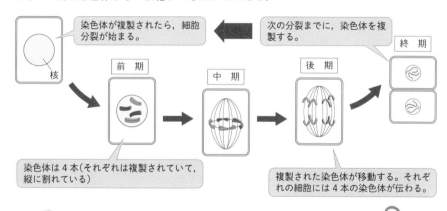

染色体が複製されたら，細胞分裂が始まる。

次の分裂までに，染色体を複製する。

核

前期

中期

後期

終期

染色体は4本（それぞれは複製されていて，縦に割れている）

複製された染色体が移動する。それぞれの細胞には4本の染色体が伝わる。

Break Time 染色体の構造

　右の写真はヒトの染色体の電子顕微鏡写真である。遺伝子であるDNAは細長い高分子であり，核の中ではヒストンというタンパク質に巻きついて染色糸となっている。細胞分裂のときには，染色糸が折りたたまれて凝縮し，染色体の形をとる。染色糸は複製されているので，2本分の染色体が一部でつながった形をしている。細胞分裂の中期には，これが分離して両極に移動するため，新しい2つの細胞は，もとの細胞と同じ染色体をもつ。

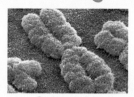

↑ ヒトの染色体

入試Info 染色体と遺伝子という言葉を使い分けられるようにしておこう。遺伝子は染色体に含まれるもので，生物の情報（形質）のもとである。染色体は核の中にある。

10 ▶ 生物のふえ方と遺伝

1 植物のふえ方　入試重要度 ★★☆

1 有性生殖でふえる植物

〜植物の種子ができるまで〜

　種子植物は，花を咲かせ，おしべでつくる精細胞とめしべでつくる卵細胞が受精し，種子の中に胚をつくる。この胚が成長し，種子が発芽して成長を始める。このように受精によって子孫をふやす方法を有性生殖という。

2 植物の受精

〜受粉が起こり，受精する〜

① 受粉と受精……おしべでつくられた花粉が，虫や風で運ばれてめしべの柱頭につくことを**受粉**という。受粉した花粉は花粉管を伸ばし，花粉の中の精細胞を子房内の胚珠にある卵細胞に送り，そこで受精する。

② 重複受精……被子植物では，花粉管の中に精細胞が2つある。1つは卵細胞と，もう1つは極核と受精する。このように二重に受精するので，**重複受精**という。

参考　花粉管の観察

溶かした寒天液

寒天液をうすく流し固める。

筆で花粉をうすくまき，カバーガラスをかける。

水で湿らせたろ紙

木

水で湿らせたろ紙をしいたペトリ皿に入れ，顕微鏡で観察する。

花粉管は，細胞内部で激しい原形質流動を起こしながら伸びていく。

↑ 花粉管の観察方法

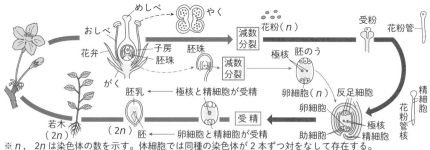

※ n，2n は染色体の数を示す。体細胞では同種の染色体が2本ずつ対をなして存在する。これを2倍体といい，2n で表す。生殖細胞は染色体数が体細胞の半分となり n で表す。

↑ 被子植物（サクラ）のふえ方

Episode
　被子植物の花の多くは，虫によって花粉が運ばれ受粉が行われる虫媒花である。虫媒花は，特定の虫が利用しやすいようになっていて，花に来た虫が同じ種類の花に行くことで受粉する率を高め，少ない花粉でもほかの個体の花に届くように進化している。

③ 胚と胚乳

～受精した後の変化のようす～

カキの場合，めしべの根もとにある子房が果実（食べる部分）になり，胚珠が種子になる。受精した卵細胞は分裂をくり返して胚になり，子葉，胚じく，幼根が形成される。一方，受精した極核は胚乳となって栄養分をため，種子が発芽し胚が成長するときの養分となる。

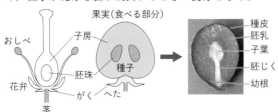

(zoomup)
花のつくりとはたらき
→ p.334

> **参考** 胚乳と子葉
>
> 種子には，カキのように胚乳に栄養分をためるものと，エンドウのように子葉に栄養分をためるものがある。

④ 胞子生殖

～種子をつくらない植物のふえ方～

❶ 胞子生殖……シダ植物，コケ植物，菌類，藻類は，胞子という生殖細胞をつくってふえる。胞子には，体細胞と同じ染色体をもつ胞子と減数分裂により染色体数が半分の胞子があるが，どちらも受精せずに次の世代の個体になる。また，胞子による生殖と精子と卵細胞による生殖を交互に行うものもある。

❷ シダ植物の生殖……シダは，胞子体にある胞子のうで胞子をつくる。胞子は飛び散って前葉体という卵細胞と精子をつくるものになる。その後卵細胞が受精して若いシダができる。このようにシダ植物は，胞子生殖と受精による生殖を交互に行ってふえる。

(zoomup)
種子をつくらない植物
→ p.342

↑ シダの前葉体（イヌワラビ）

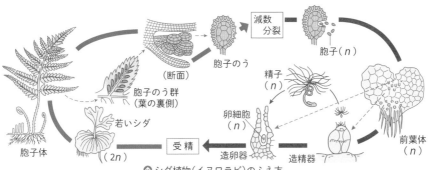

↑ シダ植物（イヌワラビ）のふえ方

HighClass シダのように，受精卵からできて胞子をつくるものを胞子体，胞子からできて卵や精子をつくるものを配偶体という。コケ植物では，配偶体には雌株と雄株がある。雌株の先端にある卵細胞が受精して成長すると，雌株の上に胞子体がつくられ，そこで胞子がつくられる。

② 動物のふえ方 ★★☆

1 有性生殖でふえる動物

〜精子と卵で受精卵ができる〜

多くの動物は，有性生殖を行う。雄の精巣でつくられる精子と，雌の卵巣でつくられる卵が受精して受精卵ができ，次の世代の個体になる。

❶ **生殖細胞**……卵も精子も減数分裂でつくられ，染色体の本数は体細胞の半分となる。受精して合体することで，染色体の本数は親の体細胞と同じになる。

精子は精巣でつくられる。精巣に多くの精子のもとになる細胞（**精母細胞**）があり，減数分裂でできる4個の細胞がそれぞれ精子となる。

卵は精子より数が少なく，細胞としては大きいものが多い。卵巣にある卵のもとになる細胞（**卵母細胞**）が減数分裂を行って卵細胞をつくる。このとき減数分裂でできる4個の細胞は，1つが卵となり，ほかの3つの細胞は極体となって消失する。

❷ **受　精**

▶**体外受精**…魚類や両生類，水中で生活する無セキツイ動物に多く見られる。卵・精子は，親の体外に放出されて受精するので，水がある環境で行われる。

▶**体内受精**…ホ乳類，鳥類，ハ虫類は，雌の体内にある卵に，雄が精子を送りこみ，雌の体内で受精する。水がない環境でも受精できる。体内受精は昆虫類でもみられる。

▶**動物の産卵数**…体内受精のほうが，より確実に卵を受精させることができることから産卵数は少ない。受精した卵は雌の体内にあるので，受精後も親の保護を受けやすい。体外受精の生物のほうが産卵数は多い。

体外受精では，ウニやサンゴのようにタイミングを合わせて集団でいっせいに卵と精子を放出する種類もあれば，サケのように雌雄がペアをつくって受精を行ったり，魚でも受精卵を保護したりする種類もある。

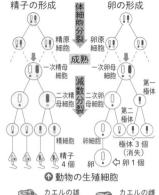

↑ 動物の生殖細胞

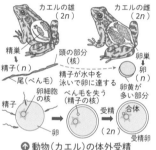

↑ 動物（カエル）の体外受精

参考 動物の産卵（子）数

産卵（子）数を比較してみると，体外受精は多く，体内受精は少ないことがわかる。

動物名	産卵（子）数
カマキリ	約250
サ　ケ	2000〜3000
トノサマガエル	約1000
アオウミガメ	60〜200
キ　ジ	9〜12
ウ　マ	1
ライオン	2〜3

※産卵（子）数はおよその数

 卵細胞は，受精後の成長に必要な栄養分を多量に蓄えているので大きい。また，精子と比較して数は少ない。精子はとても多くつくられるが，細胞は非常に小さい。精子は細胞質の大部分を失っていて，核とべん毛があり，栄養分をほとんどもっていない。

2 動物の発生

~多細胞生物もはじめは 1 つの細胞~

❶ 発　生……受精卵が体細胞分裂により個体に成長することを**発生**といい，発生の初期段階のものを**胚**という。カエルの受精卵の場合，次のような段階がある。

▶**卵　割**…初期の段階は，細胞が割れるように分裂し，1 つ 1 つの細胞は小さくなる。この分裂が進むと，胚の中に空洞ができる**胞胚**という段階になる。

▶**原腸胚**…胞胚の一部がへこみ始め，反対側に突き抜けて，胚に管ができる。この管は消化管になる(最初のへこみが肛門で，突き抜けたところが口)。

▶**神経胚**…胚の上部の表面が厚くなって盛り上がり，しまいに閉じて管になる。これは神経管という，脊髄や脳になる部分である。

参考 発生と分化

カエルの受精卵の発生では，はじめは分裂して細胞が増えていくが，胞胚の段階あたりから，からだの体表や神経になる細胞，消化器などになる細胞，骨格や心臓などになる細胞というように，細胞の役割が分かれていく。このような現象を分化という。

また，カエルの 2 細胞期で，片方の細胞をとり除いても完全なカエルとなる。このことから，2 細胞期では，まだ受精卵と同じ細胞(未分化)であることがわかる。

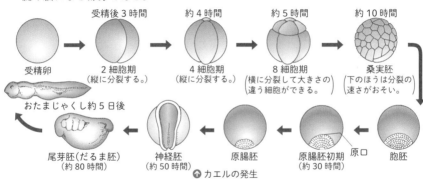

↑ カエルの発生

受精卵 → 2 細胞期(受精後 3 時間,縦に分裂する。) → 4 細胞期(約 4 時間,縦に分裂する。) → 8 細胞期(約 5 時間,横に分裂して大きさの違う細胞ができる。) → 桑実胚(約 10 時間,下のほうは分裂の速さがおそい。) → 胞胚 → 原腸胚初期(約 30 時間) 原口 → 原腸胚 → 神経胚(約 50 時間) → 尾芽胚(だるま胚)(約 80 時間) → おたまじゃくし約 5 日後

❷ いろいろな卵割

動物の卵細胞には，胚の発生に必要な栄養分として，多くの卵黄が含まれている。卵黄の分布には 4 種類があり，それぞれ卵割の方法が異なる。しかし，どの卵割でも，細胞の数は増えるが細胞 1 つ 1 つは小さくなり，胚全体の大きさはほぼ同じである。

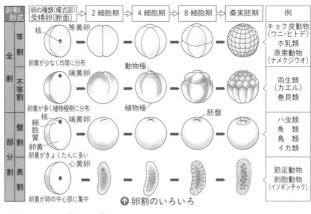

↑ 卵割のいろいろ

HighClass ニワトリの卵の卵黄は卵細胞であるが，ほとんどが栄養分である。核のあるところのみが細胞分裂をして胚になる。その後，卵黄全体に血管がはりめぐらされていき，成長のための栄養分をとりこんでいく。

③ 無性生殖でふえる生物 ★☆☆

1 無性生殖

～無性生殖では，親と子は同じ遺伝子をもつ～

● 無性生殖……生物が生殖細胞によらず，性に関係なく新しい個体をつくるしくみを無性生殖という。

▶ 分裂…ゾウリムシ，アメーバ，細菌類などは，からだ（細胞1つ）が分裂して2つの個体になる。

▶ 出芽…親となる個体の一部に突起ができ，それが大きくなって分離し，子の個体となる。酵母菌，ヒドラ，サンゴ，ウキクサなどで見られる。

▶ 栄養生殖…右の写真のように，根，茎，葉などの栄養器官の一部に芽ができ，新しい個体をつくる方法をいう。さし木やつぎ木，株分けなどもこの方法を利用している。

・ 塊根…サツマイモ，ダリアなど，根の一部
・ 塊茎…ジャガイモ，サトイモなど，茎の一部
・ リン茎…ユリ，タマネギなど
・ 珠芽（むかご）…オニユリ，ヤマノイモなど

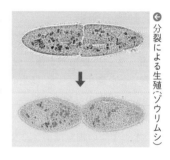

← 分裂による生殖（ゾウリムシ）

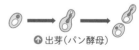

↑ 出芽（パン酵母）

↑ セイロンベンケイソウ（栄養生殖）

塊根（サツマイモ）　塊茎（ジャガイモ）
↑ 栄養生殖

④ 単為生殖 ★☆☆

1 単為生殖

～動物は条件によって生殖法を使い分ける～

❶ 単為生殖……未受精卵が単独で発生して個体となる生殖を単為生殖という。

❷ ミツバチの生殖……ミツバチは，女王バチ（雌）と雄バチが交尾をして受精卵ができる。この受精卵は，通常は生殖能力のない雌であるはたらきバチになる。同じ受精卵でも，ロイヤルゼリーなどをえさにして成長すると生殖能力のある女王バチになる。繁殖期には，女王バチは受精していない卵を産み，その未受精卵は雄バチになる。

❸ その他の単為生殖を行う生物……アブラムシやミジンコは，環境条件がよいときには単為生殖を行う。植物では，ヒメジョオンやセイヨウタンポポなどが単為生殖を行う。

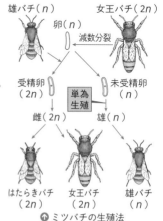

↑ ミツバチの生殖法

Episode

ミツバチの女王バチは，交尾の期間が限られているが，雄バチの精子をからだの中にためることができる。この精子を使って受精させ，受精卵を産み続けて，多くのはたらきバチが産まれる。このはたらきバチはすべて雌である。受精させないで産んだ卵は雄バチとなる。

5 相同染色体と減数分裂 ★★★

zoomup 体細胞分裂→p.433

1 相同染色体

〜対になった染色体〜

● 相同染色体……右の図はヒトの染色体で，全部で46 本ある。染色体は同じ形・同じ大きさのものが 2本ずつ対になっており，この染色体の対を相同染色体という。染色体の構成を示すときには，相同染色体の種類の数を n で表す。ヒトの染色体は $2n=46$ と表すが，これは「$n=23$ 本のセットを 2 組もっている」ということである。タマネギでは 16 本の染色体があるが，8 本で 1 組となっているので，$2n=16$ と表す。

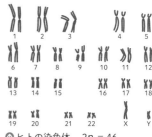

⬆ ヒトの染色体 $2n = 46$
（1〜22 の相同染色体と性を決める性染色体 1 組で構成されている）

2 減数分裂

〜生殖細胞は，減数分裂でできる〜

● 減数分裂……卵や精子をつくる細胞分裂は，減数分裂という特殊な分裂である。下の図のように，第一分裂で体細胞分裂と同じように染色体がつくられるが，そのときに相同染色体が合わさり（対合），それが両極に移動して 2 つの細胞に分かれる。引き続き第二分裂が起こり，体細胞分裂と同じように染色体が分かれて両極に移動して，4 つの細胞ができる。

参考 二価染色体

相同染色体は，減数分裂の第一分裂のときに合わさり，4 本分となっている。これを二価染色体という。これは，相同染色体が対合しているものである。それぞれが複製されているので，分裂後は 4 本の染色体になる。

第一分裂➡

核の中の染色体が太く短くなる。

父・母から由来した染色体が平行に並んで対合する。

各染色体が縦に割れ，4 本ずつの染色体となる。

紡錘体が完成し，染色体は中央に並ぶ。

紡錘糸に引かれ，対合した染色体は離れ，両極へ移動する。

➡ 第二分裂

染色体の周囲に核膜ができ，染色体数がもとの半分の細胞ができる。

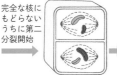

2 個の細胞の染色体が太く短くなる。

染色体が中央に並び，割れ目ができる。

割れ目から分かれ，両極へ移動する。

核膜ができ，4 つの細胞ができる。

⬆ 植物の生殖細胞の分裂（減数分裂）

短文記述対策！

Q 減数分裂の特徴は何か？

A 生殖細胞をつくるときの分裂である。もとの 1 個の細胞から，染色体の数が半分である 4 個の細胞ができる。

第3編 生命
第1章 生物のふえ方と
第2章 生物のからだのつくりとはたらき
第3章 生物の成長と進化
第4章 自然と人間

6 染色体の伝わり方と遺伝 ★★☆

親の形質(形や性質)を子に伝えるのが遺伝子である。遺伝子は染色体にあり, 卵や精子が染色体を受けつぐことで, 遺伝子は親から子に伝わる。

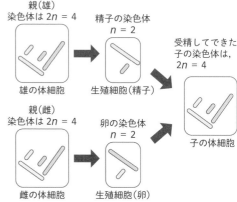

zoomup 遺伝子→ p.437

1 有性生殖の染色体の伝わり方

～遺伝子は染色体によって伝わる～

体細胞では染色体は $2n$ であるが, 減数分裂をすると, 染色体 n 本の精子と卵になる。このとき, 対になっている相同染色体のうち, 1本が精子や卵に伝わっている。これが受精すると, それぞれの親から1本ずつ染色体を受けつぐため, 親の体細胞と同じ $2n$ になる。このように受精してできた子の細胞では, 相同染色体のうち, 1本は雌の親, もう1本は雄の親から受けついている。

また, 相同染色体は形や大きさだけでなく, もっている遺伝情報も対になっており, 同じ形質に関する情報をもつ。

ヒトの染色体は $2n=46$ で, 23組の相同染色体は, それぞれの親から1本ずつ受けついている。そのため, 同じ親どうしでも, 子に伝わる相同染色体の組み合わせはいろいろとある。

親(雄)
染色体は $2n = 4$
雄の体細胞

精子の染色体
$n = 2$
生殖細胞(精子)

親(雌)
染色体は $2n = 4$
雌の体細胞

卵の染色体
$n = 2$
生殖細胞(卵)

受精してできた子の染色体は, $2n = 4$
子の体細胞

1本ずつ受けついている。
↑ ヒトの1番の相同染色体

2 無性生殖の染色体の伝わり方

～親と子が同じ形質になる～

無性生殖の分裂, 出芽, 栄養生殖は体細胞分裂で新しい個体が産まれるので, 染色体の構成は変わらない。親と子は同じ染色体をもつ。

親の体細胞
染色体は, $2n = 4$

子の体細胞
分裂してできた子の染色体は, $2n = 4$

参考 ゲノム

生物がもつ最小限の n 本の染色体の組, あるいはそこにある遺伝子のセットをゲノムという。

参考 胞子の染色体

シダ類などが行う胞子生殖では, $2n$ の体細胞から減数分裂で胞子(n)がつくられ, 胞子が成長して精子(n)や卵細胞(n)をつくるようになり, 受精して体細胞($2n$)になる。

HighClass

無性生殖でできる個体は, 親と同じ染色体をもつことから, 遺伝子も同じと考えられる。この同一な遺伝子をもつ個体をクローンとよぶ。ジャガイモなどの栄養生殖は体細胞分裂で産まれているので, クローンと考えることができる。

7 メンデルの法則 ★★★

19世紀，オーストリアのメンデル（→p.428）は，エンドウを用いて交配実験を行い，遺伝の規則性を研究した。

1 エンドウを使った遺伝の実験

~実験からわかったことは何だろう？~

エンドウは自家受粉する植物である。何世代自家受粉しても形質が同じものを純系という。エンドウの種子の形には「丸」形になるものと「しわ」形になるものがあり，どちらか一方が形質として現れる。これを**対立形質**という。

メンデルは種子の形について，次のような実験を行った。

▶**実験1**…エンドウの丸形の純系としわ形の純系を交配させたとき，できた種子は，すべて丸形になった。

▶**実験2**…実験1でできた種子を育てて自家受粉させると，丸形としわ形の両方の種子ができ，その数の比率は3:1となった。

2 遺伝の法則

~遺伝の規則性を理解しよう~

上の実験から，次のような遺伝のしくみが考えられる。

❶ **実験1における遺伝のしくみ**

①エンドウは種子の形を決めている遺伝子を2つもっている。

種子の形を丸にする遺伝子を**A**，しわにする遺伝子を**a**とすると，丸形の純系の親は**AA**という組み合わせで，しわ形の純系の親は**aa**である。

②精細胞や卵細胞などの生殖細胞には，どちらか1つの遺伝子が伝わる。受精してできた子は，遺伝子があわさって**Aa**となる。

③対立形質の純系どうしを交配したとき，子にはどちらか一方の形質が現れる。この場合，丸形（遺伝子**A**）が現れる形質である。

参考 純系と自家受粉

同じ個体の花粉が受粉して種子をつくることを**自家受粉**という。この場合，遺伝子は変わらないが，虫や風で花粉が運ばれなくても種子をつくることができる。エンドウは自家受粉ができるので，何世代も形質が親と同じになる**純系**をつくることができる。

↑エンドウ

↑エンドウの種子(左:丸形，右:しわ形)

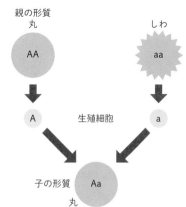

親の形質
丸　　　しわ

AA　　　aa

生殖細胞

A　　　a

子の形質
丸

Aa

入試Info

遺伝を考えるとき，個体の形質より，個体がもっている遺伝子に着目すると，子の形質を推測できる。そこで，もっている遺伝子の構成を**遺伝子型**，個体に現れる形質を**表現型**という。例えば，本文中のエンドウの子の種子の形質は，遺伝子型が「Aa」で表現型が「丸」となる。

② 実験2における遺伝のしくみ

①生殖細胞には，2つの遺伝子のどちらか1つが伝わる。**実験1**でできた子はAとaの遺伝子をもつので，Aの遺伝子とaの遺伝子をもつ生殖細胞ができる。

②自家受粉では，この生殖細胞どうしが受精するので，右の図のように4通りの組み合わせができる。その中で丸形が3通り，しわ形が1通りなので，孫の世代の種子は，丸：しわ=3：1 の比となる。

▶**分離の法則**…エンドウの実験からわかるように，形質を決めている遺伝子は2つが対になっていて，それが分かれて生殖細胞に入る。これを分離の法則という。子には，どちらか一方が伝わる。

▶**顕性形質と潜性形質**…純系どうしを交配したとき，子に現れる形質を顕性形質(**優性形質**)，子に現れない形質を潜性形質(**劣性形質**)という。エンドウの種子の形では，丸形が顕性形質，しわ形が潜性形質である。遺伝子は，慣例として顕性形質の遺伝子を大文字，潜性形質の遺伝子を小文字で表す。

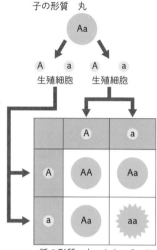

子の形質 丸

A a 生殖細胞 A a 生殖細胞

孫の形質 丸：しわ＝3：1

3 遺伝子と染色体

〜遺伝子が伝わるようす〜

❶ 相同染色体と遺伝子……細胞には，形や大きさが同じ相同染色体がある。相同染色体では，形質に関する2つの遺伝子が対になっている。相同染色体が1本ずつ伝わるので，遺伝子もどちらか一方が伝わる。

❷ 遺伝子で考えるメンデルの法則……エンドウの種子の形を例にすると，純系の丸形は遺伝子Aが相同染色体で対になっている(**AA**)。同じく純系のしわ形はaが対になっている(**aa**)。子は両方の親から1つずつ染色体を受けとるので，Aaの遺伝子になる。

この子が生殖細胞をつくるときも，どちらかの遺伝子が伝わるため，できる生殖細胞はAの遺伝子をもつものとaの遺伝子をもつものが半数ずつである。

この子を自家受粉させると，Aとaの生殖細胞どうしの組み合わせとなるので，右上の表のような組み合わせで孫ができる。

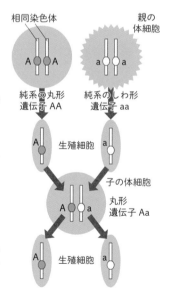

相同染色体 　親の体細胞

純系の丸形 遺伝子 AA 　純系のしわ形 遺伝子 aa

生殖細胞

子の体細胞

丸形 遺伝子 Aa

生殖細胞

HighClass

以前は遺伝する対立形質について，子に現れるものを優性，現れないものを劣性とよぶことが主流だった(いまでも使われることがある)。しかし質が優れている，劣っているという意味だと誤解をまねくおそれがあるため，顕性，潜性と表現するよう提案された。

448

| 例題 | エンドウの遺伝 |

エンドウで，種子が丸形の純系の個体としわ形の純系の個体を交配させると，できた種子(子)はすべて丸形になりました。できた丸形の個体としわ形の個体を交配させたとき，できる種子の形の比はどのようになりますか。

Solution 子の形質を求めるには，子に伝わる遺伝子の組み合わせを考える。この設問では，親は丸形(**AA**)，しわ形(**aa**)より，子の遺伝子は **Aa** となる。
子の個体(**Aa**)としわ形(**aa**)を交配した場合の組み合わせは，右のような表で求めることができる。

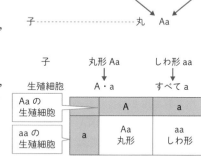

親 ············· 丸形 AA　　しわ形 aa
生殖細胞 ············· A　　　　　a
子 ············· 丸　　Aa

子　　丸形 Aa　　しわ形 aa
生殖細胞　　A・a　　すべて a

Aa の生殖細胞		A	a
aa の生殖細胞	a	Aa 丸形	aa しわ形

Answer 丸形：しわ形＝1：1

4 複数の形質における遺伝

〜染色体と遺伝子の関係〜

エンドウの形質は種子の形だけではない。さまざまな対立形質があり，その形質のもとになる遺伝子がある。メンデルは種子の形以外の対立形質でも遺伝の実験を行っているが，それぞれの形質どうしの関係は独立して遺伝すると考えた(**独立の法則**)。しかし，現在では，染色体が遺伝子を伝えることがわかっているので，異なる相同染色体にある遺伝子は独立して伝わり，同じ染色体にある遺伝子は関連して子に伝わることがわかっている(**連鎖**という)。

エンドウの染色体数は 2n=14 なので，7 本の相同染色体を受けついている。つまり，遺伝子は 7 グループに分けられる。例えば，種子の形と種子の色の遺伝子は，それぞれ異なる相同染色体にあるので独立して伝わる。しかし，子葉の色と種子の色に関する遺伝子は同じ染色体にあるので，連鎖して子に伝わる。

形質		種子の形	さやの色	茎の長さ
親	顕性形質	丸形	緑色	長い
	潜性形質	しわ形	黄色	短い
子の形質		すべて丸形	すべて緑色	すべて長い

↑ メンデルが行ったエンドウの対立形質についての実験の結果(一部)

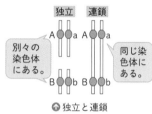

別々の染色体にある。
同じ染色体にある。

↑ 独立と連鎖

Episode 1 本のトウモロコシに，黄色と白色の種子がついているものがある。この種子の割合は黄色(顕性)：白色(潜性)＝3：1 となっている。エンドウの種子の形のしくみと同様に，純系どうしの交配によってできた子世代の交配によってできている。

8 DNA(デオキシリボ核酸) ★★☆

親から子へ伝わる遺伝子の本体は，DNA であることがわかっている。

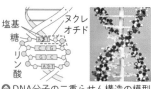

ヌクレオチド
塩基
糖
リン酸

↑ DNA分子の二重らせん構造の模型

1 DNA の構造とはたらき

〜 DNA とはどのようなものだろうか〜

❶ DNA の構造……DNA は図のような，二重らせん構造である。2 本の糖とリン酸の鎖が平行して並び，その間を 4 種類の塩基が対になったらせん形をしている。4 種類の塩基は，A（アデニン），G（グアニン），C（シトシン），T（チミン）であり，A と T，G と C が対になる。これにより，右の図のように片方を鋳型として塩基の並び方が同じ DNA を複製できる。細胞分裂では同じ DNA を 2 つの細胞に分配することから，個体の体細胞はすべて同じ DNA をもつ。

　DNA は，通常の体細胞では核の中に広がっているが，細胞分裂をするときには凝集して染色体を形成する。

❷ DNA のはたらき……DNA は遺伝子としてはたらく。遺伝子がもっている情報は，4 種類の塩基 A，G，C，T の並び方（塩基配列）で，細胞ではその DNA の塩基配列をもとにタンパク質がつくられ，そのタンパク質によって細胞や組織の形やはたらきが決まる。

▶エンドウの種子で丸形としわ形は遺伝するが，その違いは種子に含まれるデンプンの形によって決まる。どのようなデンプンをつくるかは，DNA の塩基配列をもとにつくられたタンパク質で決まる。すべての形質は DNA の塩基配列をもとにつくられている。

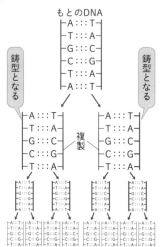

もとのDNA

鋳型となる　　　　　　　　　　　　鋳型となる

複製

2 遺伝子の変化と活用

〜遺伝子を組みかえたり利用したりできる〜

遺伝子は DNA の塩基配列であるが，この並び方が変わることがある。遺伝子が変化し形質が変わることを突然変異という。また，細胞に有用となる遺伝子の DNA を人工的に組みこんだり，特定の遺伝子を選んで編集する研究が進んでいる。

参考 PCR 法

片方を鋳型とする DNA の複製を行うと，1 回の複製で 2 倍になる。2 回の複製で 2×2＝4 倍，3 回複製すると 8 倍，というように複製された DNA ができるため，わずかな DNA の断片を短時間で多量に複製することができる。この技術を PCR 法といい，遺伝子解析を可能にしている。この方法は進化の分析や種間の近縁関係，品種改良，個人の特定など，広く利用されている。

HighClass

DNA からつくられた鋳型をもとにタンパク質がつくられ，形質が現れると考えられている。このような考え方を「中心命題（セントラルドグマ）」といい，生命の基本原則となっている。

11 ▶ 生物の進化

Point
1. セキツイ動物の進化のようすを確認しよう。
2. 進化の証拠にはどのようなものがあるか確認しよう。
3. 地球の環境の変化が生物にどう影響したか知ろう。

1 セキツイ動物の進化　入試重要度 ★★☆

現在の地球上には，さまざまな生物が生きている。これは長い時間をかけて世代を重ねることで，生物のからだの特徴が変化してきたためと考えられている。このことを進化という。

1 生きているセキツイ動物の比較

〜セキツイ動物の進化は陸上生活への適応〜

セキツイ動物は，大きく5つのグループに分類される。それぞれのグループの特徴をもつ化石からわかった，それぞれの出現時期とからだの特徴は，下の図のようになっている。からだの特徴は，魚類からホ乳類まで，段階的に陸上生活に適したものになっている。例えば，魚類や両生類の卵は水中で産まれるが，ハ虫類や鳥類は，陸上で乾燥しないかたい殻の卵を産む。さらにホ乳類の場合は，母体の中で子は成長する。

子の産まれ方	卵(殻なし)		卵(殻)	胎生
体温調節	変温動物			恒温動物
呼吸器官	えら	肺		

		魚類	両生類	ハ虫類	鳥類	ホ乳類
	新生代					
1億年前 2億年前	中生代					
3億年前 4億年前 5億年前	古生代					
46億年前	先カンブリア時代					

約38億年前　最初の生物の誕生
地球の誕生

参考　発生の比較

下の図は，魚類，両生類，ハ虫類，鳥類，ホ乳類の発生のようすである。セキツイ動物の発生初期にはよく似ている時期がある。このことから，共通の祖先から進化してきていることが推察できる。

また，形態だけではなく，タンパク質を分解したときに生じる窒素の排出のしくみでも，胚の初期段階がアンモニアで，その後に尿素(両生類，ホ乳類)から尿酸(ハ虫類，鳥類)に変わっていく現象もみられる。

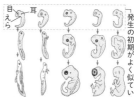

魚類　両生類　ハ虫類　鳥類　ホ乳類
↑ セキツイ動物の発生の比較

Episode　ハ虫類のカメは，水中で生活しているが，肺をもち陸上で卵を産む。ホ乳類のクジラやイルカは，水中で生活しているが肺で呼吸しているために水上に出て息つぎをする。これらは，陸上で生活していた種が水中で生活できるように進化したものと考えられている。

2 化石を比較する

～比較してわかる進化の証拠～

化石を調べることで，生物の変化のようすがわかる。

❶ **シソチョウ（始祖鳥）の化石**……シソチョウは，ドイツ南部の約1億5千万年前の地層から発見された。翼の中程につめがあり，口には歯があるといったハ虫類の特徴をもちながら，鳥類の特徴である羽毛をもっていることから，ハ虫類と鳥類の中間的な特徴をもつ生物といえる。

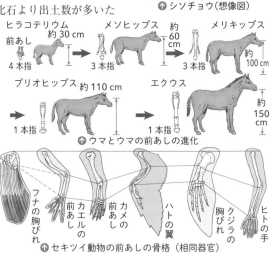

↑ シソチョウの化石

↑ シソチョウ（想像図）

50mm

❷ **ウマの化石**……ウマの化石は，世界各地の地層から見つかっていて，ほかの生物の化石より出土数が多いため，進化の道筋が推定しやすい。

ウマの祖先の背丈は30cmくらいと小さく，森林で生活していた。草原で生活するようになると，大型化するとともに，走ることに適した形であるあしの指が1本指になり，現在のウマのひづめの形に変化していった。

ヒラコテリウム　約30cm　メソヒップス　約60cm　メリキップス
前あし　4本指　3本指　3本指　約100cm
プリオヒップス　約110cm　エクウス　約150cm
1本指　1本指

↑ ウマとウマの前あしの進化

フナの胸びれ　カエルの前あし　カメの前あし　ハトの翼　クジラの胸びれ　ヒトの手

↑ セキツイ動物の前あしの骨格（相同器官）

3 相同器官と相似器官

～生物の共通点は？～

❶ **相同器官**……右上の図のように，セキツイ動物の前あしはその動物の生息している環境に適した形になっているが，骨格を比較すると共通点が多く，もとは同じ共通の祖先から変化してきたと考えられる。このような器官を**相同器官**という。

クジラの胸びれは，陸上のホ乳類の前あしが水中で運動しやすいように進化したと考えられている。

↑ 鳥の翼

❷ **相似器官**……セキツイ動物の前あしから変化してできた鳥の翼と，表皮の一部が変化した昆虫のはねは，起源は異なるが飛ぶことに適した似た形態である。このように進化の過程が違っても，生息環境に適応することで似た形態になった器官を**相似器官**という。

↑ 昆虫のはね

HighClass

生物の遺体やからだの一部だけではなく，巣やあし跡なども化石になる。このような化石を**生痕化石**という。骨や貝殻は死んだあとに流されてから化石になった可能性もあるが，あし跡や巣はその場で化石になったと思われることから，当時の環境を知る手がかりになる。

Break Time 有袋類の進化

　カンガルーなど，子を胎盤ではなくおなかの袋で育てるホ乳類は，有袋類といゆうたいるいう種類に分類される。これらは原始的なホ乳類と考えられ，主にオーストラリア大陸に生息している。

　有袋類はある共通の祖先から，オーストラリア大陸で独自に進化してきた。これは，草原，樹上，地中とそれぞれの環かん境に合わせて，からだの形や生活様式なきょうどが変わっていった結果である。

↑ フクロネコ(有袋類)

別々に進化したが似た形態をもつ。

→ ヤマネコ(真獣類)

　このように同じ祖先から，それぞれの生息環境に合わせて別の種に分かれていくことを適応放散という。また，それぞてきおうほうさんれの環境に適応していくと，同じ環境に適応してきたほかの大陸のホ乳類と形態が似てくると考えられている。

2 地球と生物の進化 ★★☆

1 生命の誕生

〜生命はどこからきたのか〜

❶ 生命の誕生……生物の原型となるものは，細胞膜のさいぼうまくような構造をもち，周囲から物質をとり入れて成長し，自己複製できるものであったと考えられている。

　現在，最古の生物化石とされているのは，約38億年前の微生物の化石である。びせいぶつ

❷ 光合成を行う生物の出現と陸上の生物の出現……約27億年前に，光合成を行う細菌であるシアノバクテさいきんリアが現れ，光合成により有機物と酸素をつくるようになった。そこで，酸素を使って有機物を分解し，効率よく多くのエネルギーをとり出せる酸素呼吸を行う生物が現れた。

　また，光合成によって空気中に生じた酸素からオゾン層が形成されるようになると，生物にとって有害な太陽の紫外線が吸収されたため，陸上に進出する生物しがいせんが現れた。

参考 進化の証拠しょうこ

　DNAの4種類の塩基はすべての生物に共通である。また，すべての生物のからだを構成しているタンパク質は20種類のアミノ酸で構成されており，細胞膜はリン脂質という物質で構成されている。細菌から植物やセキツイ動物までが共通の物質を使っていることは，現存する生物が共通の祖先から生まれてきたことを示していると考えられる。

↑ シアノバクテリアによるストロマトライト

HighClass 光合成を行う最古の生物のシアノバクテリアは粘液を分泌する。そのため砂などの微粒子がねんえき ぶんぴつ びりゅうし付着し，それが成長して石化する。これをストロマトライトという。このストロマトライトは現在もオーストラリアなどで見ることができる。

2 進化が起こるしくみ

～なぜ生物は進化するのだろうか？～

子は親に似て，同じ種として生まれてくる。しかし，進化は，長い時間をかけて生物が特徴を変化させ，新しい種となっていくことである。この新しい種が生まれるしくみについて考えてみよう。

❶ 自然選択……同じ種類の生物でも，その形質は少しずつ異なっている。その形質の中で，環境に適しているので生存する割合が高いものがあるとする。その形質をもつものは，多くの子孫を残すことができるので，数世代後には集団の中で有利な形質をもつ個体の割合がふえてくる。これが新しい種になったと考えられている。

❷ 進化と突然変異……遺伝子は複製されて子に伝わる。しかし，複製の過程で遺伝子や染色体が変化する，突然変異が起こることがある。突然変異て遺伝子が変化することによって形質が変化し，その形質の中で環境に適したものが生き残り，子孫を多く残すようになる。その結果，新しい形質の遺伝子をもった個体がふえて進化が起こると考えられている。

❸ 系統樹とDNA……生物は，共通の祖先が2つ以上の種に分かれることをくり返して進化してきたと考えられる。したがって，現存する生物や絶滅した生物，化石となった生物の近縁関係をたどることで，進化の過程を推定することができる。生物が進化してきた過程を近縁関係で表したものが系統樹である。右の図は，セキツイ動物の系統樹であるが，進化の過程において，どのように分かれてきたかを推定している。

進化は遺伝子の変化をともなっているので，遺伝子を調べることで進化の道筋を調べることができる。具体的には，遺伝子であるDNAの4種類の塩基（A，G，C，T）の配置が一致する率が高いと，近縁の種であると推定できる。

> **Words** 突然変異
>
> 遺伝子の突然変異は，ＤＮＡの塩基配列が変化したり，一部が欠けたりする変化である。多くは遺伝子が機能しなくなるが，まれに有利に機能する場合がある。
>
> また，突然変異には，染色体の本数が，通常は$2n$だったものが倍$(4n)$になったり，染色体の一部が重複したり欠失したりして，染色体の構成が変化する染色体突然変異がある。

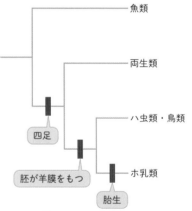

↑ セキツイ動物の系統樹

zoomup 系統樹→ p.356

HighClass　進化のしくみとして，よく使う器官は発達し，使わない器官は退化すると考える説（用不用説）もあったが，現在は否定されている。その主な理由は，「使うことで発達した形質（獲得形質）は遺伝しないので子孫に伝わらない」ということである。

p.430 **1** 植物の根や茎の先端にあり，細胞分裂を行っている組織を何というか。

p.431 **2** 右の図のように植物の根に等間隔で印をつけたとき，伸長して間隔が広がるのはどの部分か。

p.432 **3** 植物の茎で細胞分裂をする組織はどこか。

p.433 **4** 細胞分裂の初期に，核の中に見られるひも状のものを何というか。

p.433 **5** 体細胞分裂のA〜Dの段階を何というか。

A B C D

p.434 **6** タマネギの根で体細胞分裂の観察を行うとき，核を染色するために何を使うか。

p.438 **7** 被子植物の生殖細胞は（　　　）と（　　　）である。

p.438 **8** 花粉は，めしべの柱頭についたあと，何を胚珠に向かって伸ばすか。

p.439 **9** 植物や動物で，受精卵が細胞分裂してできるものは何か。

p.443 **10** 染色体は，同じ形と大きさの（　　　）が2本ずつある。

p.443 **11** 生殖細胞をつくるときの特殊な細胞分裂を（　　　）といい，分裂の前後では，染色体の本数は（　　　）になる。

p.444 **12** 親から伝わり，子の形質を表すもとになるものが（　　　）であり，核の中の（　　　）にある。

p.445 **13** 花粉が同じ花のめしべに受粉することを何というか。

p.445 **14** エンドウの種子の丸形としわ形のように，対になってどちらか一方が表れる形質を何というか。

p.446 **15** 対になっている2つの遺伝子が，生殖細胞に分かれて伝わることを何というか。

p.446 **16** ある形質を決める2つの遺伝子が異なるとき，表面に現れるのが（　　　）形質，現れないのが（　　　）形質である。

p.448 **17** 遺伝子の本体は，（　　　）という物質である。

p.449 **18** 生物が長い年月をかけ，世代を重ねて変化してきたことを何というか。

p.450 **19** もとは同じ器官であったが，長い年月をかけて形やはたらきが異なるように変化した器官を何というか。

---

1 成長点

2 先端

3 形成層

4 染色体

5 A—前期
　 B—中期
　 C—後期
　 D—終期

6 酢酸カーミン液（酢酸オルセイン液）

7 卵細胞，精細胞（順不同）

8 花粉管

9 胚

10 相同染色体

11 減数分裂，半分

12 遺伝子，染色体

13 自家受粉

14 対立形質

15 分離の法則

16 顕性（優性），潜性（劣性）

17 DNA（デオキシリボ核酸）

18 進化

19 相同器官

●次の文章を読み，あとの問いに答えなさい。　　　　　【函館ラ・サール高－改】

　マルバアサガオの花の色は，花を赤くする遺伝子Ａと花を白くする遺伝子ａで決まる。赤い花の純系ＡＡと白い花の純系ａａをかけあわせて種子を育てると，すべての個体が赤と白の中間色である桃色の花をつけた。このような個体は中間雑種とよばれている。

(1) 中間雑種の遺伝子は，どのように表されるか。Ａ，ａを用いて表しなさい。

(2) この中間雑種どうしをかけあわせて，得られた種子を育てたとき，つける花の色の数の比を，「赤色：桃色：白色＝○：○：○」の形に合うように，最も簡単な整数の比で表しなさい。

(3) 桃色の花と白色の花をかけあわせて，得られた種子を育てたとき，つける花はどうなるか。(2)のように，最も簡単な整数の比で表しなさい。

▶ **Key Point**

　この花の色の遺伝は，子に顕性と潜性の中間となる形質が表れる遺伝である。子の形質を決める2つの遺伝子は，親から1つずつ伝わることと，子の形質は，その遺伝子の組み合わせで決まることをおさえておこう。

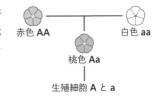

赤色 ＡＡ　　　　　白色 ａａ

桃色 Ａａ

生殖細胞 Ａ と ａ

▶ **Solution**

(1) 右上の図のように，赤色の親からＡ，白色の親からａが伝わり，中間雑種はＡａの遺伝子をもつ。

(2) 中間雑種どうしを交配させるので，遺伝子Ａａの親どうしの交配である。桃色の親Ａａは，Ａとａの遺伝子をもつ卵細胞と精細胞を，ほぼ同数ずつつくると考える。

	A	a
A	AA 赤色	Aa 桃色
a	Aa 桃色	aa 白色

赤色：桃色：白色＝1：2：1

(3) 桃色の遺伝子Ａａと白色の遺伝子ａａの交配を考えればよい。このとき，遺伝子Ａａとａａをもつものが1：1の比でできる。

	A	a
a	Aa 桃色	aa 白色

Answer

(1) Aa　　(2) 赤色：桃色：白色＝1：2：1　　(3) 桃色：白色＝1：1

難関入試対策 作図・記述問題 第3章

Level 1

第3編 生命

第1章 生物のつくりと

第2章 生物のからだの つくりとはたらき

第3章 生物の成長と進化

第4章 自然と人間

●次の文章を読み，あとの問いに答えなさい。　　　　【市川高−改】

　植物の体細胞分裂を観察するため，下のア〜オの処理を行った。下の図は観察した体細胞分裂の各時期を模式的に示したものである。ただし，ア〜オの処理と図のa〜eは，正しい順序では並んでいない。

　ア　根端を60℃のうすい塩酸に1分間ひたす。

　イ　カバーガラスをかけて，その上からろ紙を重ねて，親指で強くおしつぶす。

　ウ　根端を軽く水洗いする。　　エ　先端から1〜2mm切りとる。

　オ　酢酸カーミン液を1〜2滴加えて数分間放置する。

a　　b　　c　　d　　e

(1) ア〜オの処理を正しい順序に並べかえなさい。

(2) 次の①，②の場合，主に(1)のア〜オのどの処理にそれぞれ不備があったと考えられるか。記号で答えなさい。

　　① 核と細胞質が見分けづらい。

　　② 図のような細胞は少なく，もっと細長い細胞が多く見られる。

(3) 図のa〜eを，aを最初として正しい順に並べかえなさい。

(4) 上の図には，染色体が細胞の両端に移動する時期の図が抜けている。図を参考にしてその時期の細胞のようすを描きなさい。

▶ **Key Point**

(2)は，(1)の各操作の目的を考える。(4)は，相同染色体がわかるように図を描く。

▶ **Solution**

(2) ①は，染色液は核を染めるので，染色が不十分だと核と細胞質の区別がつきにくくなる。

　　②は，細長い細胞は，分裂後に細胞が伸長した結果である。切りとった場所が根もとに近いためと考える。

(4) bの図をもとに，長い染色体，短い染色体がそれぞれ2本ずつ，紡錘糸と結合して移動していくようすを描く。

Answer

(1) エ，ア，ウ，オ，イ

(2) ① オ　　② エ

(3) a，d，b，e，c　　(4) 右図

ここからスタート！ | **第3編 生命**

第4章 自然と人間

1年 | 2年 | **3年**

START!

> 自然界では，多くの生物がさまざまなつながりをもって生活しています。そして人間は，自然環境や生物から多くの恵みを受けて生活しています。生物をとり巻く自然環境について学び，それらを大切にしていきましょう。

わぁ！きれいな野原！
お花もたくさんあるね。

平和な風景だねー。

ここで，生物たちの
心の声を聞いてみましょう。

広い緑の野原で，ひときわ
目立つのがワタシ！みんな
ワタシを目当てに集まってくるわ。
ワタシこそ野原の女王ね！！

おいしそうな草がいっぱい
生えてるメェ～。野原全体が
ぼくらのご飯だメェ～。だから
この野原ではぼくらが王だメェ～。

野原のヤギは俺のえさだ！
この野原では俺が王！！
食べちゃうぞ！！

危険を
察知しました！

よし！
みんな逃げるぞ！

群れで行動して，危険を分散！

OK! あっち!

ピュー どっち!? え!? ピュー

あんなにたくさんいたのに，逃げられちゃった。まぁ，今日のところはこれくらいにしといてやるか！

みんな元気だねー。いずれはみんな僕らに分解されちゃうのにね…。ということは，僕らこそ野原の頂点！？

いやいや，分解したものはワタシの栄養分になっちゃうのよ。つまり，みんなワタシのためにありがとう！やっぱりワタシがいちばんね！

なんか，みんな大変だね…。

12 生物どうしのつながり

Point
① 食物連鎖による生物の関係を理解しよう。
② 自然界のつりあいは、どう保たれているかを理解しよう。
③ 自然界での物質の循環やエネルギーの流れを理解しよう。

1 食物連鎖 入試重要度 ★★☆

1 食物連鎖

〜食物による生物のつながり〜

❶ 食物連鎖……自然界の生物どうしは「食べる、食べられる」という関係をもっている。このような食物によるつながりを食物連鎖という。

❷ 生産者と消費者

▶ 生産者…植物や藻類、植物プランクトンは、太陽の光をエネルギーとして光合成を行い、無機物からデンプンなどの有機物をつくっている。このように無機物から有機物をつくり出している生物を生産者という。生産者は食物連鎖の出発点である。

▶ 消費者…動物のように、ほかの生物がつくり出した有機物を食べる生物を消費者という。消費者は、食べているものによって次のように区分できる。

- **一次消費者**…植物を食べて生活している動物（**草食動物**）をさす。アブラムシのような小形のものから、ゾウのような大形のものまである。

- **二次消費者**…草食動物を食べて生活している**小形の肉食動物**のことをさす。一次消費者より大形のものが多い。クモ・カエル・ヘビなど。

- **三次消費者**…二次消費者を食べて生活している**大形の肉食動物**のことをさす。フクロウ・タカなど。

▶ 食物網…肉食動物は何種類かのえさを食べるので、食物連鎖は複雑な網状（**食物網**）となることが多い。環境により、四次・五次消費者もいる場合がある。

消費者

生産者

↑ ドングリを食べるシマリス

参考 食物連鎖の例

バラなどの植物とアブラムシとテントウムシでは、バラの樹液はアブラムシのえさになる。一方で、アブラムシはテントウムシによって食べられてしまう。

食物連鎖の観点でみると、バラが生産者、アブラムシは一次消費者、テントウムシは二次消費者となる。

テントウムシ

アブラムシ

Episode アブラムシは卵生もしくは卵胎生で発生する。卵胎生で発生する場合はメスのみでの単為生殖によるので、親とまったく同じ形質をもつ子が生まれる。生まれてくる子の体内にはすでに次に生まれてくる子がいるため、アブラムシの数は爆発的にふえる。

2 食物連鎖の例

～生活場所や環境によってそれぞれ違いがある～

① 湖沼における食物連鎖

ハネケイソウ　ミジンコ　ウグイ　カワセミ

② 森林における食物連鎖

樹木・下草　チョウ　クモ　ヒガラ　フクロウ　イヌワシ

③ 水田における食物連鎖

イネ　イナゴ　カエル　ヘビ

④ 食物網の例（森林）

⑤ 食物網の例（湖沼）

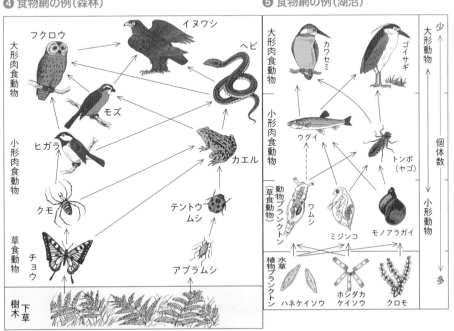

Episode　一次消費者はほぼ一日中食事をしているが，二次消費者以上になるとつねに獲物を捕獲できるわけではないので，空腹に耐えている個体も多い。

② 生物界のつりあい ★★★

1 食物連鎖の数量的な関係

〜生物はバランスのとれた数になっている〜

● **個体数ピラミッド**……食物連鎖において，食べる生物は，食べられる生物に比べて個体数が少ないことが多い。そのため，生物の数量的な関係を調べ，その量を生産者(植物など)，一次消費者(草食動物)，二次消費者(小形の肉食動物)，三次消費者(大形の肉食動物)の順に積み上げると，**ピラミッド形**になる。

（横軸の長さは個体数の量を示す）
⬆ 個体数ピラミッド

▶ **ピラミッド形になる理由**…生産者が得たエネルギーは，①生産者が生きるために使うエネルギー(呼吸量)，②生産者の成長に使うエネルギー(成長量)，③一次消費者が利用できない部分(未利用分)によって減少する。一次消費者の得たエネルギーも，①呼吸量，②成長量，③未利用分のほか，④排出される量(排出量)があるため，二次消費者が利用できるエネルギーはさらに減少する。そのため，伝わるエネルギー量は減り，ピラミッド形になる。

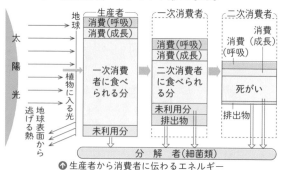

⬆ 生産者から消費者に伝わるエネルギー

Episode 大きな木(生産者)に群がる昆虫(一次消費者)などの場合，生産者より一次消費者の個体数が多くなる場合がある。しかし，この場合も，各生物の重さ(生物量)で比較すると，生産者のほうが大きく，ピラミッド形になる。

参考 **産卵数と食物連鎖**

食物連鎖の下位の動物(小形の魚類など)は成長過程において食べられる率が高いので，確実に子孫を残すためにもたくさんの卵を産む。一方，食物連鎖の上位の大形肉食動物の産卵(子)数は少ない。

zoomup 産卵(子)数→p.440

参考 **生態的効率**

食物連鎖によって移動するエネルギーの効率を生態的効率という。生態的効率は生物によって差があるが，およそ1〜25％といわれている。

仮に10％であったとすると，太陽光が100あるとき，生産者が得るのは10，一次消費者が得るのは1，二次消費者が得るのは0.1となる。

私たち人類が，野菜(生産者)よりも肉(消費者)を多く食べることは，環境に大きな負荷を与えることになる。

2 食物連鎖と生物濃縮

～とり入れた物質が蓄積されていく～

①生物濃縮……生物の体内にとり入れられた物質のうち，分解・排出できないものが蓄積され，食物連鎖によって高次の消費者に濃縮されていく現象を**生物濃縮**という。濃縮される物質として，有機水銀，鉛，カドミウム，PCB，DDT，ダイオキシンなどがある。

▶水銀の生物濃縮(河川のモデル)

数値は水銀濃度〔ppm〕を示す。

| 水 0.004 | → | 藻類 4～8 1000～2000倍 | → | ウグイ 幼魚 20 |
| 1倍 | | | | 5000倍 |

▶DDTの生物濃縮(海のモデル)

数値はDDT濃度〔ppm〕を示す。

| 海水 0.00005 | → | プランクトン 0.04 | → | エビ 0.16 | → | ヒラメ 1.28 | → | カモメ 18.5 |
| 1倍 | | 800倍 | | 3200倍 | | 25600倍 | | 37万倍 |

②生物濃縮による公害の例(新潟水俣病)……新潟水俣病(阿賀野川有機水銀中毒)とは，1965年に確認された公害病であり，四大公害病の1つである。食物連鎖による生物濃縮によりひき起こされた。

▶公害発生の原因…工場からメチル水銀を含む廃液が排出された。廃液は大量の川の水でうすめられたが，生物濃縮によって川魚に高い濃度のメチル水銀が蓄積し，その川魚を食べた人が有機水銀中毒を発症した。

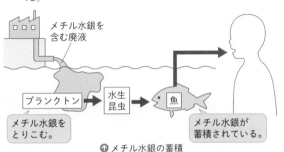

メチル水銀を含む廃液

プランクトン → 水生昆虫 → 魚

メチル水銀をとりこむ。

メチル水銀が蓄積されている。

↑ メチル水銀の蓄積

Words カドミウム

金属めっきや電極の材料として利用されてきた。富山県神通川流域で発生した**イタイイタイ病**の原因物質として知られる。

Words DDT

ジクロロジフェニルトリクロロエタンの略で，有機塩素系の殺虫剤として使われていた。日本では第二次世界大戦後，シラミなどの防疫対策としても用いられた。1962年アメリカのレイチェル・カーソン『沈黙の春』によって，危険性が指摘された。

Words ダイオキシン

ポリ塩化ジベンゾパラジオキシン，ポリ塩化ジベンゾフラン，コプラナーポリ塩化ビフェニルの総称。主にゴミが燃焼するときに生成し，環境中に拡散する。

↑旧昭和電工鹿瀬工場の排水口(メチル水銀を含む廃液を排出した)

Episode

現在，生態系に影響を与える可能性がある化学物質についての評価試験として，OECDでガイドラインが定められている。藻類，ミジンコ，魚類などを使ってさまざまな毒性試験が行われ，生態系への影響を調べたうえで農薬を使用している。

3 自然界における生物のつりあい

～生物の数のバランスはなぜ保たれるのか～

　自然界において，生物の個体数は多少の増減はあるが，食物連鎖の中で数のつりあいが保たれ，ある生物だけが急激に増え続けたり，減り続けることはない。草食動物であるカンジキウサギとその捕食者であるオオヤマネコを例にとり，生産者，一次消費者，二次消費者の個体数を考えてみよう。

↑ オオヤマネコ

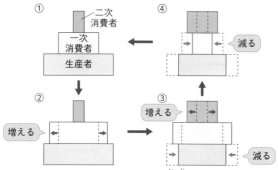

↑ カンジキウサギ

①集団がバランスよく個体数を維持していた。
②何らかの原因で一次消費者(カンジキウサギ)が増えた(赤矢印)。
③二次消費者(オオヤマネコ)はえさが増えるため，数が増える(赤矢印)。一方，生産者(植物)は，より多く食べられるため，数が減る(青矢印)。
④生産者が減るとそれを食べている一次消費者はえさ不足になるため，数が減る(青矢印)。
　その後，生産者は食べられる量が減るため数が増える。
　一方，二次消費者はえさ不足になるため，数が減り，①の状態にもどる。
　このように，それぞれがある幅で増減しながら，全体としてはつりあいが保たれた状態になっている。

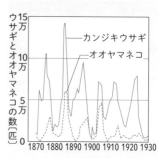

4 生物どうしの関わり

～生物にはいろいろな関わりがある～

　生物は，生物どうしや環境と密接な関係をもって生活している。

Episode
　カンジキウサギとオオヤマネコの記録は，個体数を直接観測したものではなく，毛皮取引を行っていたハドソン湾会社による1845年から1935年までのカンジキウサギとカナダオオヤマネコの毛皮捕獲記録から，間接的に生息個体数を推定したものである。

❶ 天　敵……その生物を食べる生物のことを天敵という。

　　例 アブラムシにはテントウムシ，ヘビにはタカ・

　　　　ワシ，アカネズミにはフクロウ

❷ 群　れ……同じ種類の動物が集まり統一的な行動を

　とる集団のことを群れという。群れをつくることで，

　天敵からの防衛，食物の獲得，生殖の機会が増加す

　るなどの利点がある。

　　例 トナカイ，シカ，マガン，ヌー

❸ 縄張り……動物が食物や巣を確保するため，ほかの

　個体を寄せつけずに占有する場所を縄張りという。

　　例 アユ，ホオジロ，ライチョウ，ホ乳類

❹ 順位制……群れでみられる優劣を順位といい，それ

　によって秩序が保たれる現象を順位制という。

　　例 ニワトリのつつき，サルのマウンティング

❺ リーダー制……リーダー（上位の特定の個体）が群れ

　を統率する現象をリーダー制という。

　　例 ニホンザルのアルファオス（ボスザル），シカ

❻ 競　争……同種または異種の個体が，食物・生活空間・

　配偶者・光・水・栄養分などを競うことを競争という。

　　例 外来種と在来種，つる植物とススキ

❼ すみわけ……生活様式が似た種が，生活場所を別に

　して競争を避けている現象をすみわけという。

　　例 川のイワナ，ヤマメ，ウグイ

❽ 食いわけ……生活様式が似た種が，食物を別にして

　競争を避けている現象を食いわけという。

　　例 カワウとヒメウはどちらも河口付近に営巣してい

　　　　るが，カワウはエビとハゼを，ヒメウはニシンと

　　　　イカナゴを食べることにより競争を避けている。

❾ 共　生……異種の生物がいっしょに生活している現

　象を共生という。互いに利益を得ている場合と，片

　方のみ利益を得ている場合がある。

　　例 クマノミとイソギンチャク，サメとコバンザメ

❿ 寄　生……ほかの生物（宿主）の体内や体表で宿主に

　依存しながら生活している現象を寄生という。宿主

　に利益を与えないばかりか害を与えることもある。

　　例 シャクガに寄生するコマユバチ

↑ マガンの群れ

↑ アユの縄張り

Words ニワトリのつつき

　ニワトリはつつきあうことで順位を決める。上位のニワトリは下位のニワトリをつつく。

Words マウンティング

　ニホンザルは上位の個体が下位の個体に乗るマウンティングを行うことで，順位を確認する。

↑ カクレクマノミとイソギンチャク

Episode　すみわけの理論は，可児藤吉と今西錦司の２人によって京都市の賀茂川における調査から導き出された。しかし，その後，可児藤吉は陸軍に徴兵され，36歳の若さでサイパン島タポチョ山にて戦死した。

5 生態系と環境保全

〜地域の生物を一体にして考えよう〜

● 生態系……生物は自然の中で食物連鎖をはじめ，いろいろな関わりをもって生活している。ある地域に生息する生物とその自然環境について，1つのまとまりをもったシステムとして考えたものを生態系という。

▶生態系の中では生物の数量は一定に保たれているが，人間の活動や自然災害によりつりあいがくずれてしまうことがある。その結果もとの状態にもどらなかったり，もどるのに長い年月を要する場合がある。

3 分解者 ★★☆

1 土の中の動物のはたらき

〜地面の下にも多くの生物がいる〜

雑木林に積もっている落ち葉を掘ると，たくさんの動物が生活していることがわかる。これらの動物は，落ち葉をエネルギー源とした食物連鎖の関係にあり，落ち葉を分解するはたらきを助けている。

↑ 落ち葉の変化

（図中ラベル）
新しい落ち葉や枯れ草（落ち葉の層）
腐りかけた黒い葉（腐葉層）
腐ってぼろぼろになった葉（腐植層）
黒色の土 腐植土（上層の土）
赤色の粘土など 岩石が風化してできた土（下層の土）

❶ 生産者……植物であるナラ・クリなどの落葉樹。

❷ 消費者……**一次消費者**として，落ち葉を食べるトビムシ・センチュウ・ミミズ・ダンゴムシ・ヤスデなどがいる。**二次消費者**として，草食動物を食べるカニムシ・ムカデ・アリヅカムシなどがいる。**三次消費者**としては，これら二次消費者を食べるクモやオサムシなどがいる。モグラは土中の食物連鎖の頂点に位置する。

❸ 採集方法……直接土壌を紙などの上に広げてピンセット等で採集する方法（ハンドソーティング）のほか，**ツルグレン装置**やベールマン装置を用いて採集する。

参考 尾瀬ヶ原

福島・群馬・新潟の3県境の尾瀬地域にある日本最大の湿原。貴重な植物が多く見られる。人々のふみこみや持ちこんだゴミなどによって，湿原の一部に乾燥化・富栄養化などが進行したため，木道以外の立入禁止や汚水処理施設の充実などを行い貴重な植物の植生をまもろうとしている。

木道

↑ 尾瀬ヶ原

40〜60 Wの白熱電球
土
目のあらい金網またはざる
ろうと
100 cm³のビーカー
（70 %のエタノールを入れてもよい）

↑ ツルグレン装置

Episode
日本には4属7種のモグラが生息している。なかでも，センカクモグラ，エチゴモグラは絶滅危惧種であり，サドモグラ，ミズラモグラが準絶滅危惧種である。

▶ **ツルグレン装置**…土の中の動物が乾燥（かんそう）をきらうことを利用して採集する装置である。これにより，ダニや昆虫類（こんちゅうるい）を採集することができる。

▶ **ベールマン装置**…ツルグレン装置で採集できないセンチュウなどを採集する装置である。簡易的には，土をガーゼで包んで水の入ったシャーレにひたすと，センチュウなどは水中に出てくるので観察できる。

↑ ベールマン装置

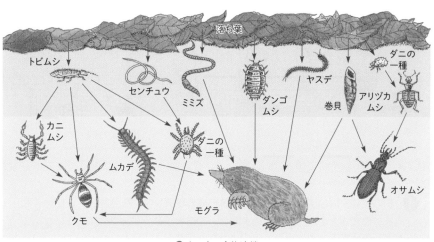

↑ 土の中の食物連鎖

2 分解者のはたらき

〜有機物を分解する〜

❶ **分解者**……落ち葉や倒木（とうぼく），動物の死がいやふんなどの排出物（はいしゅつぶつ）を分解することによって栄養を得ている生物を**分解者**という。分解者は，有機物を二酸化炭素や窒素化合物（そ か こうぶつ）などの無機物に分解する役割をもっている。生物由来の有機物を利用するという側面から，分解者を消費者に含める（ふく）こともある。一般的（いっぱんてき）に**菌類**（きんるい）と**細菌類**（さいきんるい）がこのはたらきをしている。

▶ **菌 類**…カビやキノコのなかまで，からだが菌糸（きんし）からできている。胞子（ほうし）などによってなかまをふやす。

▶ **細菌類**…単細胞生物（たんさいぼうせいぶつ）で1000分の1mmほどの大きさのものが多い。分裂（ぶんれつ）してふえる。

zoomup 胞 子→p.439

zoomup 単細胞生物→p.367

入試Info

生産者，消費者，分解者は，それぞれどのようなはたらきをしているかがよく出題されている。生産者は光合成と呼吸を行い，消費者・分解者は呼吸のみを行っている。

実験・観察 微生物によるデンプンの分解

ねらい

微生物が有機物(デンプン)を分解していることを確認する。

方法

❶ 落ち葉の混ざった土を2つに分け，1つはそのまま蒸留水に入れよくかき回したあと，ガーゼでしぼってしぼり汁Aをつくる。もう1つは土をよく焼いたあと，上記と同様にしぼり汁Bをつくる。

❷ しぼり汁A，B，蒸留水Cに，それぞれ1%のデンプン溶液を入れ，ラップをかけて常温で3日間放置する。

❸ しぼり汁A，B，蒸留水Cの液の一部を試験管にとり，ヨウ素液を加える。

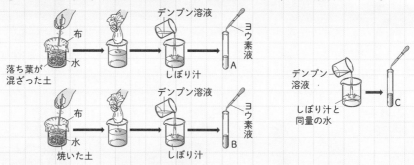

❗ Bの実験は，しぼり汁内の生物以外の成分がデンプンを分解していないことを確認するために行う。Cの実験は，蒸留水がデンプンを分解していないことを確認するために行う。このような実験を対照実験という。

結果

• Aは変化しないが，BとCは青紫色に変化した。

考察

• 土の中に含まれる微生物がデンプンを分解した(A)。土を焼くことで微生物が死滅したため，Bではデンプンが分解されなかった。

❷ 土中の微生物の呼吸……分解者である微生物も，酸素を吸って二酸化炭素を出す**呼吸**を行っている。これは，次のような方法で調べることができる。

▶ポリエチレンの袋に落ち葉の下の土とうすいブドウ糖水溶液を入れ，空気でふくらませて口を輪ゴムでしばる。2～3日後，袋の中の気体を石灰水の中におし出すと石灰水は白く濁るが，同じ実験を焼いた土で行うと濁らない。

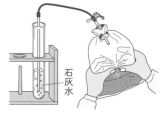

⬆微生物の呼吸を調べる実験

短文記述対策！

Q 上の実験で，試験管Aの一部にベネジクト液を加え，加熱するとどうなるか。

A デンプンが糖に分解されたため赤褐色を示すが，時間がたつと分解者に糖が利用されるため，反応を示さなくなると考えられる。

④ 物質の循環とエネルギーの流れ ★★★

1 物質の循環

～生物のはたらきにより物質は循環する～

❶ 炭素と酸素の循環……空気中の二酸化炭素は，生産者である植物や藻類が行っている**光合成**によってデンプンなどの有機物になる。このとき，酸素が放出される。

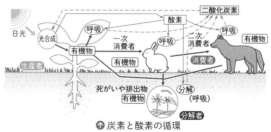
↑ 炭素と酸素の循環

　生産者によってつくられた有機物は，消費者に食物としてとりこまれる。消費者は，空気中の酸素を使って**呼吸**をし，二酸化炭素を放出する。呼吸によって消費者は有機物を分解し，**生きていくために必要なエネルギー**をとり出す。消費者の死がいや排出物の有機物に含まれる炭素は，分解者の**呼吸**によって，二酸化炭素にもどる。

❷ 窒素の循環……空気中にある窒素は，**根粒菌**や一部の細菌によって窒素化合物に固定され，植物の根から吸収される。植物は窒素化合物と光合成で得た炭水化物からタンパク質を合成する。生産者がつくったタンパク質は，消費者に食物としてとりこまれ，からだをつくる材料となる。消費者の死がいや排出物に含まれるタンパク質は，分解者によって分解され，窒素化合物になる。窒素化合物は植物に吸収されるほか，一部は細菌によって窒素にもどされる。

↑ 窒素の循環

2 エネルギーの流れ

～生物はエネルギーをとり出して生きている～

　植物は光合成によって光エネルギーを化学エネルギー（有機物）に変えている。すべての生物は，有機物から生きるために必要なエネルギーをとり出し，最終的に**熱エネルギー**として体外に放出している。生態系の中で，物質は循環しているが，エネルギーは一方向の流れをもっており，循環はしていない。

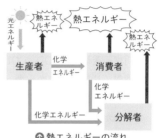
↑ 熱エネルギーの流れ

Episode　植物は，光合成によって光エネルギーを化学エネルギーに変換しているが，その変換効率は低く，0.3 ％程度しか利用できていない。

13 身近な自然環境

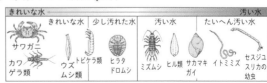

Point
❶ 身のまわりの自然環境をどのように調べるか理解しよう。
❷ 自然環境と自然界のつりあい，環境保全の重要性を理解しよう。
❸ 災害について理解し，その対策を考えてみよう。

1 環境調査 入試重要度 ★★☆

1 身近な環境を調べる

〜どのような調査の方法があるだろうか〜

自然環境を調査するには，調査する項目や場所を決めて，どのような方法で行うかを考える必要がある。

❶ 酸性雨……酸性の強い(pH5.6以下)雨を酸性雨という。工場や車の排気ガスに含まれる硫黄酸化物 (SOx)や窒素酸化物(NOx)が大気中の水蒸気と化学反応すると，硫酸や硝酸を含む強い酸性の雨が降る。酸性雨は，土壌や湖沼を酸性化させ，植物や魚介類を死滅させることがある。雨の酸性の強さは，雨水を採取して，pH計やpH指示薬を使うことで測定できる。

> →雨はふつう空気中のCO₂が溶けているため酸性であり，酸性雨はより強い酸性

❷ 大気の汚染……大気汚染物質として，酸性雨の原因となる硫黄酸化物や窒素酸化物のほか，自動車や火力発電所，火山噴火などによる粒子状物質(PM2.5などのエアロゾル)，工業製品から出る微粒子や排出ガスなどがある。大気の汚染は近隣国からの影響も大きいため，世界的に対応する必要がある。身近に調べる方法として，マツの葉の気孔を顕微鏡で観察したり，アサガオの葉の変化から調べる方法がある。

> →光化学オキシダントにより葉に斑点ができる

❸ 水質の汚染……水質の汚染は，水素イオン濃度(pH)，透明度，透視度，BOD，COD，窒素量，リン量などから調べる。また，水生生物(指標生物)の種類から，汚れの程度を簡易的に調べることができる。

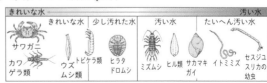

↑ 指標生物の例

zoomup pH → p.305

参考 **日本における酸性雨**

日本は雨が多いため，土壌中のアルカリ性の栄養分が流出しやすく，もともと土壌が酸性化している。そのため，日本では酸性雨による影響が出にくく，いまのところ顕著な被害は報告されていない。

Words **BOD・COD**

BOD(生物化学的酸素要求量)，COD(化学的酸素要求量)は，ともに汚染物質の大部分を占める有機物の量を示す値である。それぞれの値は，BODは微生物の分解により，CODは化学分析によって求め，その値が高いほど，多くの有機物があることを示す。

Episode 水生生物による指標は，簡易的で小学生でも測定できる利点がある。一方，指標生物は季節や生息環境などの影響を受けやすく，誤った判断がされることもある。そのため厳密な根拠というよりは，目安程度に考えるのが妥当である。

🔍 **実験・観察** | 大気の汚れぐあいとマツの葉の気孔との関係を調べる

ねらい

マツの葉の気孔（きこう）を観察して，大気の汚れ（よご）ぐあいとの関係を調べる。

方 法

❶ 交通量が異なる場所の，ほぼ同じ高さの所で，マツの葉を採取する。

❷ 葉を固定し，斜め上から光をあて，60～100倍で気孔を観察する。

　①視野にある気孔の数をすべて数え，その数をAとする。

　②汚れている気孔の数を数え，その数をBとする。

　③Aに対するBの割合をパーセントで求め，気孔の汚れ率とする。

セロハンテープ
光源
マツの葉
スライドガラス

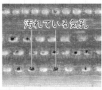

汚れている気孔

$$気孔の汚れ率〔\%〕 = \frac{汚れている気孔の数B}{気孔の総数A} \times 100$$

結 果

	気孔の総数(A)	汚れている気孔の数(B)	気孔の汚れ率
自動車の交通量が多い地点	59	53	90 %
自動車の交通量が少ない地点	56	26	46 %
自動車がほとんど通らない地点	58	8	14 %

考 察

• 自動車の交通量が多い地点ほど，気孔の汚れ率が大きいといえる。

---

② 環境保全 ★☆☆

　人間のさまざまな経済活動の結果，現在世界各地でいろいろな環境問題（かんきょうもんだい）が起こっている。

① 地球温暖化

〜温室効果ガスにより平均気温が上昇する〜

　人口の増加や石油，石炭などの化石燃料の大量消費によって**二酸化炭素**の排出（はいしゅつりょう）量が増加した。一方，開発などによって熱帯雨林などの減少がみられる。これらが原因で大気中の二酸化炭素濃度（のうど）は年々高くなってきている。二酸化炭素は熱を吸収しやすいため，温室効果により地球の平均気温が上昇することを地球温暖化という。その結果，気候の変動や海面上昇などの影響（えいきょう）がみられている。

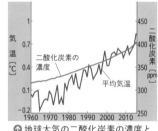

⬆地球大気の二酸化炭素の濃度と地球全体の年平均気温の変化

HighClass

　日本における地球温暖化の影響としては，豪雨（ごうう）の増加，土砂災害（どしゃさいがい）のリスク増大，積雪に由来する水資源の減少，ブナ林の大幅（おおはば）な減少，湿原（しつげん）の減少，米などの作物の生産適地の北上や収穫（かく）量の変化などが国立環境研究所などによって予測されている。

2　オゾン層の破壊

～フロンガスによりオゾン層が破壊される～

　上空にあるオゾン層は，太陽の紫外線から生物をまもっている。スプレーなどに使われていたフロンガスは上空に上がり，オゾン層を壊すはたらきをする。これにより，皮膚がんや白内障の増加など，生物に悪影響が出る。

3　外来種と生物の絶滅

～人間により生態系が破壊されている～

❶ 外来種……人間の活動によって，ある地域にそれまで生息していなかった種類の生物がもちこまれ，それが野生化したものを外来種という。これに対して，もともとその地域に生息している生物を在来種という。外来種によっては，在来種を捕食したり，生活場所や食物を奪ったり，病気をもちこんだりするため，在来種が絶滅に追いこまれることもある。海外から日本にもちこまれたものとして，ミシシッピアカミミガメ，ブルーギル，フイリマングース，ブラックバス（オオクチバス）などがある。逆に日本やその周辺諸国から海外に広まったものとして，クズ，ワカメ，コイなどがある。現在，外来種をとり除くためにさまざまな対策が実施されているが，一度広がってしまうと，完全にとり除くことは非常に難しい。

❷ 生物の絶滅……人間による乱獲や開発による環境の変化によって，多くの生物が絶滅の危機にある。日本では，ニホンオオカミが1905年以降，生息が確認できておらず，絶滅したと考えられている。また，野生で生まれた最後のトキが2003年に佐渡島（新潟県）で死亡した。現在，中国から贈られたトキを佐渡島などで飼育し，繁殖させている。

参考　代替フロン

　フロンにかわる物質として，代替フロンが広く使われるようになった。しかし代替フロンには二酸化炭素の数千倍もの温室効果があることから，生産や消費が規制されつつある。

参考　レッドデータブック

　国際自然保護連合（IUCN）が発行する「危機動物のレッドリスト」のこと。現在は各国や団体等によってもこれに準じるものが多数作成されている。各地で絶滅しそうな動物を紹介している。

ミシシッピアカミミガメ

ブルーギル

フイリマングース

⬆ 海外から日本にもちこまれた生物

クズ

ワカメ

⬆ ニホンオオカミ（はく製）

⬆ トキ

⬆ 日本から海外に広まった生物

Episode　各地で行われている自然保護活動の中には，水質浄化のために魚を放流するなど，科学的な根拠がまったくない活動内容のものもある。その活動の意味を考えたうえで，行動をしていくことが大切である。

4 水質の悪化

～生物の分解能力以上の汚れは水質を悪化させる～

河川や海に汚れ（有機物）が流入すると，一時的に水は濁るが，水中の微生物（分解者）などのはたらきによって分解され，水質はもとの状態にもどる。このようなはたらきを自然浄化という。しかし，大量の汚れが流入すると，水中の微生物が有機物を分解するために多くの酸素を使うため，水中は酸素不足になる。すると魚や水生昆虫は死滅し，微生物も分解ができないため，水は悪臭を放つ。また，窒素やリンなどの栄養分が湖沼や海に大量に流入すると，アオコや赤潮が発生する。どちらも水中にプランクトンが大量に発生した現象である。

↑ アオコ

↑ 赤　潮

3 自然の恩恵 ★☆☆

1 天空からの恵み

～太陽からのエネルギーを利用して生きている～

地球で生命が育まれたのは，地球が生物の生存にとって適した環境であったからである。地球がそのような環境になった理由としては，①太陽からほどよい距離にあり，液体の水が存在できたこと，②地球にはある程度の大きさがあるため引力がはたらき，大気が宇宙空間に逃げなかったこと，③自転の速さが適当で昼夜の長さがほどよいこと，などがあげられている。

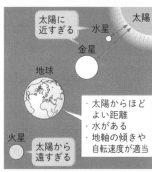

太陽に近すぎる　水星　太陽
金星
地球
・太陽からほどよい距離
・水がある
・地軸の傾きや自転速度が適当
火星　太陽から遠すぎる

❶ 太陽エネルギーの利用……太陽エネルギーは，生態系において生産者が有機物をつくるための大切なエネルギー源になっている。また，太陽光を熱に変換して発電する太陽熱発電や，ソーラーパネルを用いて直接的に電力に変換する太陽光発電など，太陽エネルギーを直接利用することも行われている。

↑ 太陽光（太陽電池）発電

❷ 風の利用……風は，植物の種子の散布や鳥類の飛翔に大きな影響を与える。また，風車を動力源として利用したり，風力発電などの利用がみられる。これらをエネルギー源として使う場合，季節や時刻により風の強さが異なるのが短所である。

↑ 風力発電

HighClass

水の惑星といわれる地球だが，太陽系の惑星形成初期には，地球に水はなかったと考えられている。その後，木星が形成され，その重力の影響で氷におおわれた微惑星が隕石となって地球に降り注ぐようになり，大量の水が加わったと考えられている。

2 海や大地からの恵み

~自然によって生物は生きている~

❶ **海からの恵み**……海にはさまざまな生物が生息し，海産物としての恵みを与えている。また，二酸化炭素の貯蔵や気候変動を抑える役割，水質浄化のはたらきなどの恵みを与えている。エネルギー源としては，波力発電や潮汐発電などが行われている。

↑ 海からの恵み

❷ **大地からの恵み**……大地はヒトが生活する場を提供するとともに，農業や牧畜などを行う場も提供している。また，生活に役立つ鉱物資源やエネルギー源となる石油や石炭などの化石燃料資源も大地からの恵みである。水は生活用水のほか，農業用水，工業用水として利用されている。火山はときには災害をもたらすが，独特な景観や温泉などをもたらす。

↑ 大地からの恵み（地獄谷温泉）

3 生物からの恵み

~ヒトは生態系から多くの恵みを受けている~

　日本列島は温暖湿潤な気候に恵まれ，また，南北に長く広い気候帯を含んでおり，急峻な地形が多いことから山や谷による分断が多く，地域ごとに豊かな生態系が形成されている。私たちはそれら生物から多様な食材，生活様式などたくさんの恵みを受けている。

↑ 生物からの恵み

4 災害とその対策 ★★☆

　日本列島は災害が多い国土であるため，私たちは災害のための対策をつねに意識しておく必要がある。

1 災害

~どんな災害があるか知っておこう~

❶ **気象災害**……集中豪雨とそれによる土石流，河川の氾濫，土砂くずれ，台風による被害や高潮（気圧低下にともなう海水面の上昇），大雪や冷夏，雨不足による干ばつなどの気象災害がある。

↑ 集中豪雨による被害（茨城県）

❷ **火山による災害**……火山の噴火によって，溶岩流，火砕流（火山噴出物が火山ガスといっしょに高速で山をくだる）などがあるとともに，火山灰が広い範囲に降り注ぐことで，農作物への被害などがある。

↑ 火山の噴火（桜島）

HighClass
化石燃料は，何億年も前に地球上にいた植物や水中のプランクトンなどの死がいが海の底にたまり，バクテリアなどによって分解され，地熱で変化する中で生成した。高い圧力を受け，植物は石炭になり，プランクトンなどは石油や天然ガスになった。

❸ **地震による災害**……大きな地震が起こると，建物の倒壊や土砂くずれ，津波などによって大きな災害が起こる。また，それらの災害により，火災の発生，電気・ガス・水道の寸断が起こることもある。

↑地震による被害（熊本城）

2 防災・減災に向けたとり組み

〜災害から身をまもるために〜

❶ **ハザードマップ**……ハザードマップとは，自然災害による被害を予測し，その被害範囲を地図化したものである。予測される災害の発生地点，被害の拡大範囲および被害程度，避難経路，避難場所などの情報が既存の地図上に図示されている。

❷ **緊急速報メール**……緊急地震速報や津波警報，災害・避難情報が発表された地域にある携帯電話に対し，緊急速報メールを一斉配信するサービスが行われている。

緊急地震速報は，地震により発生するＰ波とＳ波が伝わる速度が違うことを利用して，大きなゆれが来る前に情報を届けている。

図の見方と記号の意味
⬭火口ができる可能性の高い範囲。
●過去にできた火口。噴火しそうなとき，噴火が始まったときすぐに避難が必要な範囲。
火砕流が発生したときに，高熱のガスが高速で届く範囲。
火口から噴出した石がたくさん落ちてくる範囲。
溶岩が流れ始めた場合に，すぐに到達するかもしれない範囲。
火口位置によっては避難が必要な範囲。
積雪期に噴出しそうなとき，沢や川に近よっては危険な範囲。

↑富士山ハザードマップ（「内閣府」）

❸ **建物の耐震化，監視体制の整備**……地震による被害を少なくするために，建物などの**耐震化**がすすめられている。また，日本の主な火山は気象庁が24時間監視しており，噴火のきざしがあれば噴火警報が出される。

↑耐震補強をした小学校

❹ **自主防災組織**……地域住民による任意の防災組織である自主防災組織の結成が求められている。自主防災組織の役割は，地域住民が協力して日頃の防災意識を向上させたり，消火訓練，避難訓練を行うことである。また，地域の防災に関する伝承の継承なども求められており，地域や学校での防災教育の推進が求められている。

↑避難訓練のようす

Episode

「津波てんでんこ」という言葉は，津波の多い三陸地方の言い伝えで，「津波のときはてんでばらばらに逃げなさい」という意味である。これは家族を助けに行こうとして自分の命を落とすことを防ぐ苦渋に満ちた教訓である。各地でこのような教訓を伝えることが大切である。

✅ 重点Check

➡ p.458 **1** 自然界の生物どうしの「食べる，食べられる」という関係を何というか。 | **1** 食物連鎖

➡ p.458 **2** 無機物からデンプンなどの有機物を自分自身でつくり出す役割をもつ生物を何というか。 | **2** 生産者

➡ p.458 **3** 動物のように，ほかの生物がつくった有機物を食べて生きている生物を何というか。 | **3** 消費者

➡ p.458 **4** 植物を食べている動物（草食動物）を何というか。 | **4** 一次消費者

➡ p.458 **5** 肉食動物は何種類かのえさを食べているため，「食べる，食べられる」の関係は複雑な網状になっている。このことを何というか。 | **5** 食物網

➡ p.460 **6** 植物の個体数を底辺とし，草食動物，小形の肉食動物，大形の肉食動物という順に積み上げていくと，どんな形になるか。 | **6** ピラミッド形

➡ p.461 **7** 生物体内にとり入れられた物質のうち，分解・排出できないものが蓄積されていく現象を何というか。 | **7** 生物濃縮

➡ p.463 **8** その生物を食べる生物のことを何というか。 | **8** 天敵

➡ p.463 **9** 動物が食物や巣を確保するために，ほかの個体を寄せつけずに占有する場所のことを何というか。 | **9** 縄張り

➡ p.464 **10** ある地域に生息する生物とそのまわりの自然環境について，1つのまとまりをもったシステムとして考えたものを何というか。 | **10** 生態系

➡ p.465 **11** 落ち葉や動物の死がいなどを分解して無機物にする役割をもつ生物を何というか。 | **11** 分解者

➡ p.467 **12** 生物は体内にとりこんだ有機物を，何によって生きていくために必要なエネルギーに変えているか。 | **12** 呼吸

➡ p.468 **13** 硫黄酸化物や窒素酸化物が溶けた pH5.6 以下の雨を何というか。 | **13** 酸性雨

➡ p.469 **14** 温室効果ガスなどにより，地球の平均気温が上昇していることを何というか。 | **14** 地球温暖化

➡ p.470 **15** オゾン層を破壊する人工の物質を何というか。 | **15** フロン（ガス）

➡ p.470 **16** 本来その地域にすんでいない生物で，海外から入ってきた生物を何というか。 | **16** 外来種

➡ p.471 **17** ソーラーパネルを用いて，太陽光を直接的に電力に変換する発電方法を何というか。 | **17** 太陽光発電

➡ p.473 **18** 自然災害による被害を予測し，その被害範囲を地図化したものを何というか。 | **18** ハザードマップ

●下の図は，自然界における物質の流れを示している。破線 **a・b** は気体 **X** の流れを，実線はある有機物を構成する元素の流れを表している。これについて，あとの問いに答えなさい。
【九州国際大付高－改】

(1) 大気中の気体 **X** の名称を答えなさい。

(2) 破線 **a・b** は，それぞれ何というはたらきによるものか，答えなさい。

(3) ある晴れた1日を通して考えた場合，屋外で生活する生物 **A** が破線 **a** で吸収する気体 **X** の量を **Xa** とし，逆に破線 **b** で放出する気体 **X** の量を **Xb** とする。**Xa** と **Xb** はどちらが多いと考えられるか。数式を使って表しなさい。

(4) 図中の実線で示している元素は，タンパク質を体内で分解すると出てくる有害なアンモニアの中にも含まれている元素である。実線で示されている元素名を答えなさい。

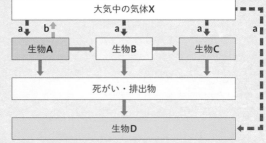

▶ **Key Point**

炭素，酸素，窒素は生物のさまざまなはたらきにより，循環している。

▶ **Solution**

(1)・(2) 生物 **A** ～ **D** はすべて気体 **X** をとり入れている。よって，気体 **X** は酸素である。酸素をとり入れるはたらきは呼吸であり，放出するはたらきは光合成である。

(3) 日光による光が十分にあるときは，植物は呼吸で使う量以上の酸素を光合成で放出している。

(4) アンモニアは NH_3 であることから，窒素であることがわかる。

Answer

(1) 酸素　　(2) 破線 a―呼吸　　破線 b―光合成

(3) Xa<Xb　　(4) 窒素

難関入試対策 作図・記述問題 第4章

Level 2

●次の文章を読み，あとの問いに答えなさい。　【滋賀】

太郎さんは，琵琶湖の微生物のはたらきについて調べるため，次の実験を行った。

① 琵琶湖から採集してきた泥に水を加え，よくかき混ぜたあと，図1のように布でこし，ろ液をつくる。

② 図2のように，三角フラスコAには①のろ液を入れ，三角フラスコBには三角フラスコAと同量のろ液を沸騰させ冷ましたものを入れる。三角フラスコA，Bに同量のうすいデンプン溶液をいれ，透明なフィルムでふたをし，暗い場所に置く。

③ 一週間後，三角フラスコA，B内の二酸化炭素の体積を気体検知管で調べる。

④ その後，三角フラスコA，Bの液に，ヨウ素液を加えて色の変化を調べる。

図1

泥に水を加え，かき混ぜたもの
布
ろ液

図2
三角フラスコA　三角フラスコB

透明なフィルム

結果

三角フラスコ	A	B
二酸化炭素の体積の割合〔%〕	1.2	0.050
ヨウ素液を加えた結果	変化なし	青紫色に変化した

(1) 三角フラスコBに，ろ液を沸騰させ冷ましたもののかわりに水を入れ，うすいデンプン溶液を加えた液を使った場合には，実験の結果は泥の中にいる微生物のはたらきだといいきれない。これはなぜか。その理由を書きなさい。

(2) 実験の結果から，琵琶湖の微生物はどのようなはたらきをしていると考えられるか。「有機物」と「呼吸」という2語を使って書きなさい。

▶Key Point

微生物の呼吸によって，二酸化炭素の割合が増えた。

▶Solution

(1) 三角フラスコに入れた水の中には，ろ液の成分が入っていない。

Answer

(1) 例 微生物の有無以外の条件をそろえて実験をしなければ，その結果が微生物のはたらきによるものかどうかわからないから。

(2) 例 呼吸によって，生物の死がいや排出物などの有機物を，二酸化炭素などの無機物に分解するはたらき。

4

第4編　地球

第1章　大地の変化

1年 2年 3年

START!
> 大地はときには激しく，そして，ほぼつねにゆっくりと変化しています。これは，地球が活発に活動している惑星だからです。そのため，大陸も少しずつ移動しています。そのことを最初に主張した人は，科学者のウェゲナーです。

アルフレート・ウェゲナー
（1880〜1930年）

大陸が移動するという重要な地球の営みに気づいたウェゲナーは，意外なことに岩石や地層の研究者ではなく，気象の研究者だった。

気象の世界でも，私はたくさんの業績をあげているのだよ！！

ある日ウェゲナーは，大西洋をはさんだ南米大陸とアフリカ大陸の海岸線の形が一致することに気がついた。

これは重要な考えだ！徹底的に調べてみるぞ！

体調をくずして休養しているときは特に調べがはかどった。

ウェゲナーは大陸は移動し，もとは1つだったという考えに確信をもった。そのため，特徴ある岩石や海を渡る能力のない生物の化石，過去の氷河の残した地層の分布が大西洋を閉じると一か所に集まることなど，次々と証拠を集めて示していったが…？

大陸が以前このような形だったら，生物の分布が自然ですよね?！

多くの学者に大陸移動説は受け入れられなかった。

却下

地質学者だけに，石頭ばっかりだ。

しかし，中には彼の説を支持する学者もいた。

ウェゲナーのいうとおりだと思うから応援してあげよう。

イギリスの地質学者 アーサー・ホームズ

日本列島は，アジア大陸から移動してきたんじゃないかな？

日本の物理学者 寺田寅彦

ところが，有力な地球物理学者が大陸を動かす原動力が説明できないと主張したため，大陸移動説の立場はとても不利になってしまった…。

大陸を動かすエネルギーは地球上ではどうやっても発生しないっ!!

ハロルド・ジェフリーズ

失意の中でもグリーンランドの遠征調査を続けていたウェゲナーは，悪天候の中，なかまに食料を届ける途中で遭難し，命を落としてしまった。まだ50歳のはたらき盛りのことであった。

私の説は認められないまま死んでしまったのかー…。

ところが，彼の死から約30年後…

地球の磁気の記録を調べたら，大陸が移動しないことには説明がつかないぞ!?

地球の磁気方向はウェゲナーの説で説明できるぞ！

火山の年代の分布もだ！

海底の地形の連なりも！

多くの地球物理学者が大陸移動説を復活させた。

今では大陸移動が実際に観測されており，プレートテクトニクスとして受け入れられている。

科学者の考えも新しい証拠が見つかれば変わるのだ！

1 ▶ 火山の活動と火成岩

👉 Point

❶ 火山の噴火について理解しよう。

❷ 火成岩はどうやってできるか理解しよう。

❸ 火山の形や噴火のようすは何によって決まるのかを理解しよう。

1 火山の活動 入試重要度 ★★☆

　火山の活動では，地下に存在している高温で液体状の マグマが岩盤（がんばん）の内部を上昇（じょうしょう）して地上に出てくる。その現 象を火山噴火（ふんか），それによってできた地形を火山地形（火 山体）という。現在噴火中のものはもちろん，過去１万 年以内に噴火した火山は活火山といわれ，いつまた噴火 してもおかしくない火山である。

1 火山の構造

〜火山の下はどうなっている？〜

　火山には， さまざまな大 きさや形のも のがあるが， 大部分の火山 には共通する 構造がある。 まず，地下数 kmほどの深 さの岩盤の中 に，火山から

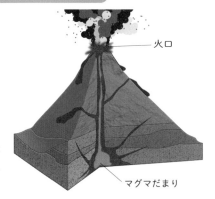

火口

マグマだまり

噴出する物質のもとであるマグマがたまっている場所 （マグマだまり）がある。山頂付近には，噴火のときにマ グマが噴出する穴がある（火口）。火山全体は，噴出した 物質が積み上がって高まりになっていることが多いが， 岩盤が吹き飛ばされて大きな穴が開いたような形になる こともある。

参考 さまざまな火山噴出 物ができる理由

　火山から噴出するマグマは， 地下数kmにある。そのため， 上に乗った岩石の重さによる圧 力は1000気圧以上になり，ま た1000℃前後の高温になって いる。それが地上に噴出すると 1気圧，20℃前後（常温）へと 環境（かんきょう）が大きく変化する。そのた め，高い圧力で溶（と）けていた気体 成分が，炭酸飲料の栓（せん）を抜（ぬ）いた ときのように激しく発泡（はっぽう）する。 また，高温のためにとけていた ものが，熱いチョコレートが冷 えるとかたくなるように固まる。 発泡と固化のタイミングの加減 で，ち密な溶岩（ようがん）（発泡が先）や， 細かな破片（火山灰）（激しい発 泡のあとに固化），穴だらけの 溶岩や軽石（発泡と固化が同時 進行）など，さまざまな火山岩 や火山砕（さい）せつ物（ぶつ）になる。

zoomup 圧　力→p.52

富士山は，江戸に火山灰を降らせた宝永（ほうえい）噴火（1707年）以降は噴火していないが，それ以前 の噴火では，溶岩流が広い範囲に流出したり（その上に青木ケ原樹海ができた），大規模な崩 壊（かい）土砂（どしゃ）が御殿場（ごてんば）の斜面（しゃめん）をつくったりした。いつまた噴火してもおかしくない活火山である。

480

2 火山の噴出物

〜火山が噴火するとき出るものは？〜

　火山が噴火するときに噴出する物質を火山噴出物という。火山噴出物は，地下でとけていたマグマが地表でそのまま固まった溶岩，マグマが固まるときに細かく砕けた火山砕せつ物，水蒸気や二酸化炭素などの火山ガスに大別できる。

❶ **溶　岩**……火口から流れ出したマグマが冷えながら岩石化したもの。とけて流れているものも，冷えて固まったものも，どちらも溶岩という。マグマの温度は1000℃前後あるので，流動している溶岩の温度もそれに近い高温である。

❷ **火山砕せつ物**……マグマが固まるときに細かく砕けて小さな粒になったもの。直径が2mmより小さいものを火山灰，それよりも大きなものを火山れきという。また，たくさんの小さな穴が開いていて軽いものを軽石（黒っぽいものはスコリア）という。火口付近では，ちぎれたマグマが空中を飛びながら固まって落下する火山弾もみられる。

❸ **火山ガス**……マグマの中に溶けこんでいた水蒸気を主とする気体が，噴火のときに泡立って（発泡），マグマから放出される。二酸化炭素や二酸化硫黄などのガスも含まれる。

↑溶岩（ハワイ）

↑火山灰におおわれた道路（熊本県）

↑火山ガス（阿蘇山）

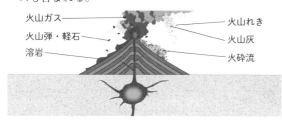

```
火山ガス ─────           ───── 火山れき
火山弾・軽石 ──           ───── 火山灰
溶岩 ──                   ───── 火砕流
```

参考 噴煙柱

　火山砕せつ物のうち，マグマで加熱された空気や高温の火山ガスと混じりあって熱くなっている部分は，全体の密度が大気よりも小さくなるので浮力のために大気中を上昇していく。これは熱気球と同じ原理である。もくもくと煙のように立ちのぼるようすから噴煙柱とよばれる。噴煙柱から火山灰が降り注ぐ。

3 マグマの粘性と火山の特徴

〜マグマの粘り気は噴火のようすや形に関係する〜

❶ **マグマの粘性と噴火のようす**……火山の噴火には，さまざまな規模や様式がある。火山噴出物が火口のすぐ近くに積もるだけの噴火から，何百kmも離れた地域まで火山灰をまき散らす噴火もある。

短文記述対策！

　Q 火山噴出物を3つに大別して，それぞれを説明しなさい。

　A 噴出したマグマがそのまま固まって岩石になったものが溶岩，細かく砕けて固まった砂や小石状のものが火山砕せつ物，溶けていたガスが抜け出したものが火山ガスである。

第**4**編
地　球

第1章
大地の変化

第2章
天気とその変化

第3章
地球と宇宙

　　激しい噴火では，火山灰が**対流圏**の上部（高度約10 km）をこえるようなこともあるが，おだやかな噴火では，溶岩の動きがわからないようなゆっくりとしたものもある。

　　このような噴火の様式の多様性は，マグマの**粘性**（粘り気）と関係が深い。

▶**マグマの粘性が小さい場合**…溶岩が主体で，火山砕せつ物の量が少ないおだやかな噴火になることが多い。

▶**マグマの粘性が大きい場合**…マグマの量が少ないときは，火口からゆっくりと溶岩が盛り上がるだけの噴火になるが，マグマの量が多いときは，爆発的な大噴火になることがある。

▶**マグマの粘性が中間的な場合**…ある程度激しい爆発性のある噴火を行う。

❷ **マグマの粘性と火山地形**……火山地形にも，噴出するマグマの量や粘性の違いに対応して，さまざまな規模や様式がある。

▶**楯状火山**…粘性の小さなマグマがくり返し大量の溶岩を噴出することで，傾斜が小さい非常に大規模な火山地形となる。

　　例 マウナロア山（ハワイ）など

▶**溶岩円頂丘**（溶岩ドーム）…粘性が大きなマグマが，ゆっくりと火口から噴出して盛り上がった状態で固まった火山地形となる。

　　例 昭和新山，雲仙普賢岳など

zoomup 対流圏→ p.534

参考 さまざまな規模や様式の噴火が起こる理由

　　粘性が小さいマグマの噴火では，発泡で出てきた軽いガスがマグマからすばやく抜け出すため，ガスの抜けた溶岩が静かに流れていく。そのため，おだやかで爆発性が低い噴火となる。それに対して粘性が大きなマグマの噴火では，マグマの勢いが弱いと，ゆっくりと火口から盛り上がるだけの溶岩ドームができる。マグマの勢いが強いと，大きな圧力によって火口付近の岩石もろとも大量のマグマが一気に噴出する爆発的な大噴火となる。このような大噴火では，大量の火山灰が広範囲にまき散らされたり，マグマだまりの上部の岩盤がくずれ落ちて大きなくぼ地となって**カルデラ火山**ができたりする。

マグマの 粘性の大きさ	小さい ⟵⟶ 大きい		
噴火の ようす	おだやか ⟵ 爆発的 ⟶		爆発的または溶岩の盛り上がり
火山の形	マウナロア（ハワイ）	桜島（鹿児島県）	昭和新山（北海道）

短文記述対策！

Q マグマの粘性と火山の形との関係を説明しなさい。

A 粘性が小さいマグマは，傾斜が小さい楯状火山をつくる。粘性が大きいマグマは，盛り上がって溶岩円頂丘をつくる。

第**4**編

地球

第1章
大地の変化

第2章
天気とその変化

第3章
地球と宇宙

🔍 実験・観察 ｜ **マグマの粘性と火山の形を調べる**

ねらい

粘性の異なるスライムなどの物質を火山に見立てて，それらがつくる形を観察し，火山との対応を考える。

方 法

❶ 粘性の異なる 2 つのスライムを作成する。PVA 洗濯のり 40 cm³，水 10 cm³ を混ぜあわせ，2 つの容器に分ける。スライムに色をつける場合は，絵の具や食紅を混ぜる。

⬆スライム

❷ 一方の容器には 0.3 ％ホウ砂水溶液を，もう一方の容器には 1 ％ホウ砂水溶液をそれぞれ 10 cm³ 入れ，混ぜあわせる。0.3 ％ホウ砂水溶液を入れたほうは粘性が小さいスライムになり，1 ％ホウ砂水溶液を入れたほうは粘性が大きいスライムになる。

❸ 2 種類のスライムをそれぞれプラスチック製の注射器（シリンジ）に入れる。注射器の出口が小さい場合は，ドライバーなどでえぐるようにして少し大きくする。

❹ 発泡スチロールなどの板を用意する。板の中央にきりで穴をあけ，その穴に注射器を通し，火山の模型を紙粘土でつくる。

❺ それぞれのスライムを注射器でゆっくりとおし出す。スライムの流れ方やスライムがつくる形を観察する。

❻ スライムのかわりに，粘性が小さな物質として中濃ソースを，粘性が大きな物質としてマヨネーズを用いてもよい。そのときは，注射器ではなくソースやマヨネーズの容器からおし出すようにする。

結 果

• 粘性が小さいスライムは，うすく平らに広がる。粘性が大きいスライムは，餅がふくれるように盛り上がる。

粘性が小さいスライム　粘性が大きいスライム

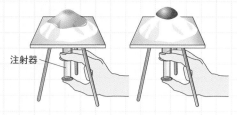
注射器

• 粘性が小さいスライムは，小さな力で静かに出てくる。粘性が大きいスライムは，おし出すには大きな力が必要で，強くおし出そうとするとちぎれて飛び散ることがある。

考 察

• マグマの粘性は火山の形に関係している。

短文記述対策！

Ｑ マグマの粘性と噴火の様式との関係を説明しなさい。

Ａ 粘性が小さいマグマは，おだやかに噴出する。粘性が大きいマグマは，ゆっくり盛り上がったり，激しく飛び散ったりする。

❸ その他の火山地形

▶ **成層火山**…マグマが爆発をくり返しながら溶岩や火山砕せつ物の層を次々と重ねていくことで、大規模な火山地形となったもの。

例 富士山など

噴火による溶岩と火山砕せつ物が重なることで成長する。

↑ 成層火山

▶ **カルデラ火山**…大規模な噴火により火山噴出物を大量に噴出したり、大量のマグマが激しく噴火して、空洞になったマグマだまりの上が陥没したりして大きな凹地状の火山地形となったもの。カルデラに水がたまったものは**カルデラ湖**とよばれる。

例 阿蘇山、洞爺湖など

マグマだまりが空洞になる。

陥没する。

↑ カルデラのでき方

4 マグマの性質

〜マグマの粘性と色の関係〜

粘性に違いがあることからわかるように、マグマには性質の違うものがある。粘性の大きなマグマは温度が低く、固まると全体が白っぽくなり、白っぽい鉱物を多く含む溶岩になる。一方、粘性の小さなマグマは温度が高く、固まると全体が黒っぽくなり、黒っぽい鉱物を多く含む溶岩になる。

5 火山の分布

〜火山がある場所には特徴がある〜

地球上で火山が分布する場所は、地下でマグマが盛んにつくられる地域に限られている。陸上では、**環太平洋火山帯**に多くの火山が集中し、地震の活動が活発な地域とだいたい重なっている。

日本には、世界の陸上火山の1割近くの111の活火山が分布する。日本の火山は、**海溝**や**トラフ**（海溝と同様だが少し浅い）に平行して、奥羽山脈のような日本列島の中軸部分や伊豆諸島のような島々に分布する（→p.488，489）。

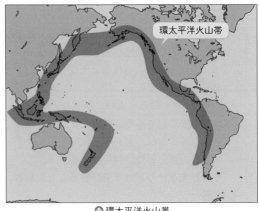

環太平洋火山帯

↑ 環太平洋火山帯

Episode　阿蘇山では、約9万年前に直径10km以上のマグマだまりから大量のマグマが一気に噴出した。火山灰は日本全国に降り積もり、地面を流れた火砕流は九州の大半をおおった。マグマの抜け跡の巨大な空洞は陥没してカルデラになり、現在はその中に町がある。

6 火山の災害と恵み

〜火山と人はどう関わっているのだろうか〜

❶ **火山による災害**……火山やその周辺では，噴火にともなって，あるいは地震などが引き金となって自然災害が起こることがある。火山活動にともなう災害には，次のようなものがある。

▶ **降　灰**…上空に立ちのぼった火山灰である**噴煙柱**は，風下に火山灰をまき散らす（降灰）。

降灰は，農作物を傷めたり交通網をまひさせたりするだけでなく，呼吸器官や粘膜を刺激して健康被害をもたらす。

▶ **火砕流**…火山の地形に沿って猛スピードで流れ下る高温の火山砕せつ物である火砕流は，発生してからの避難は困難で，たいへん危険である。

1991 年の雲仙普賢岳の噴火では多数の犠牲者が出た。

▶ **溶岩流**…火砕流と比べると速度はおそいが，冷めにくく，可燃物を焼き尽くしながら埋めていく。森林や家屋などが大きな損害を受ける。富士山の貞観噴火では大規模な溶岩流が発生した。

❷ **被害を減らすためのくふう**……自治体などが公表しているハザードマップでは，上記のような火山災害が起こる危険性が地図上に示されている。また，火山が噴火したり，その危険が迫ったときには，気象庁の噴火警報や噴火警戒レベルを確認して，避難に役立てることができる。

❸ **火山による恵み**……火山は災害をもたらすだけでなく，私たちにさまざまな恵みをもたらしてくれる。

例えば，火山灰は豊かな土壌の材料になる。また，火山による美しい地形や温泉なども火山による恵みである。そのほかにも，マグマに由来する鉱物資源を利用したり，火山による地熱を利用した地熱発電を行ったりしている。

身近な火山がジオパークに認定されていれば，こうした火山の恵みや地域の人たちとの関係などについて詳しく知ることができる。

参考　その他の火山災害

・**噴石**…火口近くに，数 cm 〜数 m もの岩石が飛来すること（弾道飛行）。直撃すると致命的である。

2014 年の御嶽山噴火では多数の犠牲者が出た。

・**泥流**…火口付近に積もった不安定な火山灰が，大雨や融雪時に大量の水とともに突発的に流出する。

1926 年の十勝岳噴火で犠牲者が出た。

・**山体崩壊**…まれだが最大級の被害をもたらす火山災害。噴火や地震を引き金に，山体が大規模に崩壊する。膨大な土石の到達範囲が埋めつくされるほか，水域に流れこんで津波を起こしたり，川をせきとめて湖をつくったりする。

1888 年の磐梯山噴火では周辺の集落が埋没した。

zoomup ハザードマップ→ p.473

参考　噴火警報と噴火警戒レベル

噴火警報には，火口付近へ近づくことを規制する火口周辺警報と住民の避難をうながす噴火警報がある。48 の火山で発表される噴火警戒レベルは，火山活動の高まりに応じて 5 段階に分けられている。

Words ジオパーク

ジオ（大地）に関わる自然遺産や文化遺産を保護しながら，教育，普及，地域振興策などに活用している地域をさす。

短文記述対策！

Q 火山のハザードマップからどのようなことがわかるかを説明しなさい。

A 火山が噴火したときに，火山灰が降ったり溶岩が流れてきたり泥流がおしよせたりするなど，どんな種類の災害がどこで起こる可能性が高いかがわかる。

2 火成岩の特徴 ★★☆

活動的な火山には，その地下に必ずマグマが存在する。しかし，マグマがあればその上に必ず火山ができるわけではない。マグマの中には，火山から噴出することなく，地下でゆっくり冷却（れいきゃく）して岩石になるものもある。マグマが冷却してできた岩石を火成岩という。

1 2種類の火成岩

～岩石のつくりからできた場所がわかる～

マグマが地上や地表付近で固まってできた岩石を火山岩，地下でゆっくりと固まってできた岩石を深成岩という。両者をあわせて**火成岩**という。

❶ **火山岩**……マグマが地表に噴出したり，地表近くで急に冷え固まると**火山岩**になる。

　　白っぽい**流紋岩**（りゅうもんがん），黒っぽい**玄武岩**（げんぶがん），中間の**安山岩**などがある。

❷ **深成岩**……マグマが地下深くでゆっくりと冷え固まると**深成岩**になる。

　　白っぽい**花こう岩**，黒っぽい**斑れい岩**，中間の**閃緑岩**（せんりょくがん）などがある。

2 火成岩の組織

～火山岩と深成岩のつくりの違い～

火成岩は，さまざまな種類や大きさの鉱物（造岩鉱物）が集合してできている。鉱物の集合するようすを**組織**という。火成岩の組織は，火山岩と深成岩で大きく異なっている。

❶ **斑状組織**（はんじょうそしき）……火山岩は，肉眼では見分けられないほどの無数の小さな鉱物の集まり（石基）の中に，大きな結晶（斑晶）（けっしょう）が点々と入っている。大きな結晶が斑点状に見えることから，こうした組織を斑状組織という。

❷ **等粒状組織**（とうりゅうじょうそしき）……深成岩は，大きな結晶の集合体になっている。こうした組織を等粒状組織という。

3 鉱物とその含まれ方

～岩石の中には鉱物が含まれる～

鉱物とは，物理的・化学的な性質にかたよりがなく，

参考 斑状組織と等粒状組織

・斑状組織

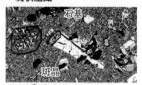

⬆ 安山岩の斑状組織

・等粒状組織

⬆ 花こう岩の等粒状組織

短文記述対策！

Q 火成岩をできた場所に基づいて2つに分け，それぞれが示す組織は何か書きなさい。

A 火山から噴出して地上や地表付近で固まった火山岩と，地下のマグマだまりの中で固まった深成岩の2種類がある。火山岩は斑状組織を，深成岩は等粒状組織を示す。

原子が規則正しく配列した天然の（人工でない）結晶である。岩石をつくる鉱物を**造岩鉱物**という。

　造岩鉱物は，無色〜白色の無色鉱物と黒色〜深緑色〜茶褐色の有色鉱物に分けられる。白っぽい火成岩に多く含まれる**セキエイ**や**チョウ石**は無色鉱物である。黒っぽい火成岩に多く含まれる**キ石**や**カクセン石**などは有色鉱物である。主要な造岩鉱物は，次のような特徴をもつ。

	名まえ	色	形
無色鉱物	セキエイ	無色・透明	不規則
	チョウ石	白色，うすい紅色や灰色	厚い板状，平滑な割れ目
有色鉱物	カンラン石	緑褐色	粒状，不規則な割れ目
	キ石	暗緑色	短い柱状，正方形に近い断面
	カクセン石	暗褐色・暗緑色	細長い柱状，ひし形に近い断面
	クロウンモ	黒色	六角板状，一定の方向にうすくはがれる

参考　モース硬度

　鉱物のかたさはモース硬度という指標を用いることが多い。これは，ある鉱物を別の鉱物でひっかいたときに，どちらが傷つくかといった相対的な値である。造岩鉱物ではセキエイが最もかたくモース硬度7とされる。チョウ石は少しやわらかくて6である。ダイヤモンドは最もかたく10で，化粧品の材料として使われている滑石は最もやわらかく1である。

参考　へき開

　結晶の内部構造が原因となって，特定の方向に割れやすい性質をへき開という。クロウンモは一方向のへき開が著しい。セキエイにはへき開がない。

4 火成岩の分類

〜火成岩の分類方法を確かめよう〜

　火成岩は，斑状か等粒状かという組織の違いと，白っぽいか黒っぽいかという色調の違いの2つの基準に基づいて分類される。組織の違いはマグマが冷却された場所が地表近くか地下深くかに対応している。色調の違いはマグマの粘性に対応している。色調の違いに対応して，含まれる鉱物の種類に違いが見られる。

色	白っぽい ⟷ 黒っぽい		
マグマの粘り気	強い ⟷ 弱い		
火山岩	流紋岩	安山岩	玄武岩
深成岩	花こう岩	閃緑岩	斑れい岩
含まれる鉱物の割合〔％〕 無色鉱物／有色鉱物	セキエイ／チョウ石／クロウンモ	カクセン石	キ石／カンラン石／その他の鉱物

HighClass　鉱物は同じ種類でもさまざまに異なる形を示す。周囲に結晶の成長をじゃまするものがないときには，自形とよばれる結晶面がよく発達した形を示す。しかし先に結晶化した鉱物のすきまを埋めるようにして鉱物がつくられるときは本来の結晶面が出ない他形となる。

日本の火山

雲仙岳

1991年，成長する溶岩ドームがくずれて火砕流が発生した。地質学的には小規模な火砕流だったが，火砕流の到達範囲内にいた40名以上の人が犠牲になった。

南西諸島

御嶽山

2014年に，予兆がつかみにくい水蒸気爆発が突然起きた。マグマが地表に現れない小規模な噴火だったが，火口付近にいた60名近い登山客が犠牲になった。

新潟
浅間山
弥陀ヶ原
焼岳
乗鞍岳
白山
御嶽山

桜島

以前は島だったが，60名近い犠牲者を出した1914年の噴火で流出した溶岩が大隅半島に達したため，現在は島ではない。現在もきわめて活発に噴火をくり返し，地元の降灰被害が慢性化している。

口永良部島

2015年，高度10000mに達する噴煙柱と火砕流が発生したが，奇跡的に犠牲者を出さずに全島民が避難した。

雲仙岳
桜島
薩摩硫黄島
口永良部島
諏訪之瀬島
鶴見岳・伽藍岳
九重山
阿蘇山
霧島山

富士山
箱根山
伊豆東
火山

霧島山

有史以来の噴火記録に加えて近年特に活動が活発化し，たびたび火山灰を降らせている。

阿蘇山

9万年前に日本全土を火山灰がおおう大噴火を起こし巨大なカルデラができた。世界ジオパークの観光地だが，現在でもときどき噴火をくり返す。

富士山

江戸に降灰した1707年宝永噴火以降は噴火しないが，いつ再び活動もおかしくない。南海フでの巨大地震との連も注目されている。

有珠山

000 年の噴火では近くの温泉が被害を受けたが，予知に功したので人命の損失はなった。近くには誕生から成までが観察された溶岩円頂の昭和新山が位置する。

十勝岳

1926 年の噴火で崩壊土砂ととけた残雪による泥流が高速で流れ下り，20 km以上離れた富良野町で100 名以上の人が犠牲になった。

大雪山
十勝岳
アトサヌプリ
有珠山
海道駒ヶ岳
恵山
岩木山
焼山
ヶ岳
山
鳥海山
磐梯山
樽前山
倶多楽
雌阿寒岳
八甲田山
十和田
岩手山
栗駒山
蔵王山
吾妻山
安達太良山
那須岳
日光白根山
伊豆大島
新島
三宅島
八丈島
青ヶ島

磐梯山

1888 年の噴火では山体が北側に大崩壊し，檜原村を埋没し多数の住民が犠牲になった。川がせきとめられたことにより大小の湖ができ，現在は国立公園になっている。

三宅島

2000 年の噴火で山頂にカルデラができて以降，世界でもまれに見る大量の硫黄酸化物ガスの噴出が続いたために全島民が避難した。

伊豆・小笠原諸島

硫黄島

伊豆東部火山群

多数の単成火山（1回の噴火だけでできる火山）からなり，海底にも分布する。数十の火山の分布域は，群発地震の震源域とほぼ重なる。

▲：常時観測火山(50)
▲：活火山(111)

489

2 地震とそのゆれ

① 地震のゆれと伝わり方 ★★★

入試重要度

地震が起こると，建物や地面が突然ゆれ始め，しばらくゆれが続いてからじょじょに静かになる。

かつて，地震は大ナマズが暴れたために起こると考えられていた。

しかし，そうではなく，地下の岩石がこわれるときに発生する振動が周囲に伝わっていく現象だとはっきり理解されたのは，20世紀の後半である。

1 地震の発生と断層

〜地震はどうして起きるのだろう〜

❶ **地震の発生**……地震は，地下のかたい岩石が短時間にこわれてずれ動くときに発生する振動が，岩盤(岩石の連なり)の中を伝わっていく現象である。岩石が一気にこわれることが重要で，ハチミツや粘土のように塑性的(力が加わると自由に変形できる性質)だと地震は起きない。地下の岩石がこわれるのは，かたい岩石にその強さよりもさらに大きな力が加わったときである。

地下の岩石に大きな力が加わり，岩石がこわれるときには，加わっていた大きな力(ひずみ)がいちばんよく逃げる(小さくなる)方向に1つの大きな割れ目ができて，その割れ目にそって岩盤がずれ動く。このような，地震の発生によってできたずれをともなう割れ目を断層という。

地震は，ひずみのエネルギーが運動のエネルギーに移り変わる現象ともいえる。

参考 地震の起こりやすい深さ

多くの地震は，地下数kmから数100kmの深さで発生する。この範囲の岩石は，かたくて変形しにくいが，限界をこえると一気にこわれる性質をもっているからである。それより浅くても深くても，岩石は変形しやすくこわれにくいために地震が起きにくい。

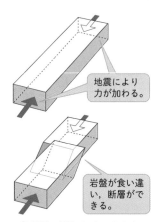

地震により力が加わる。

岩盤が食い違い，断層ができる。

↑ 地震で断層ができるようす

zoomup エネルギー→p.152

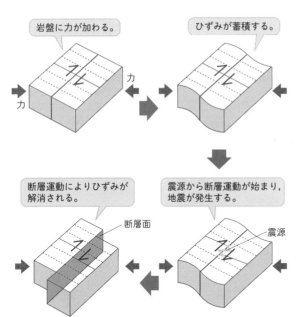

↑ 地震と断層

参考 地震のゆれがしばらく続く理由

　大きな地震では、ゆれが一定時間続く。これには2つの理由がある。1つ目は、震源で岩石が破壊されてずれ動く運動に時間がかかるからである。2つ目は、地震波がさまざまな経路を通ってくるからである。震源から発生した地震のゆれ（地震波）は、地下の岩石や地層の中を通過するときに、光と同じように屈折や反射をしながらいくつもの経路に分かれて伝わっていく。こうして、震源から観測地点までに要する時間に大小ができるために、地震のゆれは一定時間続くことになる。

❷ 震源と震央

▶ **震　源**…地下の岩盤がこわれて地震が発生した場所を震源という。

▶ **震　央**…震源の真上にある地表での地点を震央という。また、震央から震源までの直線距離を震源の深さという。

▶ **震源域**…大きな地震の場合、地震でこわれた岩盤は広がりをもっている。この広がりの全体を震源域という。

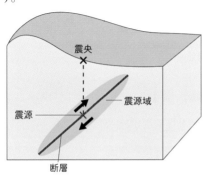

参考 震源域の大きさ

　震源の規模が大きくなるにつれて、震源域も大きくなる。2011年に発生した東北地方太平洋沖地震での震源域は、長さ400 km以上、幅200 kmほどで、岩手県沖南部から茨城県沖におよぶとされている。

Episode

内陸での地震の大部分は、すでに存在している活断層が起こす。そのため、活断層の場所や規模を明らかにする調査が進められており、毎年のように新しい活断層が発見される。新たに活断層ができているわけではないことに注意する。

2 地震のゆれ

～地震には2種類のゆれがある～

地下の岩石がこわれるときに周囲に伝わっていくゆれを地震波という。

地震波にはP波とS波があり，それぞれ波の性質，強さ，速度が違う。そのため，地震には初期微動と主要動という2種類のゆれ方が現れる。

❶ **初期微動と主要動**……地震がくると，多くの場合，始めにカタカタと小さくゆれ，そのあとにユサユサと大きなゆれが起こる。ゆれ始めてからしばらく続く小さなゆれのことを初期微動といい，そのあとにやってくる大きなゆれを主要動という。

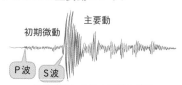
↑ 地震計による水平動の記録

❷ **P波とS波**

▶ **P波**…初期微動は，P波によってもたらされる。P波は**縦波**で，速度が大きい（約6km/s）がゆれは小さい。

はやく到着したP波だけが大地をゆらしている状態が初期微動である。P波の到着後しばらくすると，S波が到着する。

▶ **S波**…S波は**横波**で，速度が小さい（3〜4km/s）がゆれは大きい。

S波が到着後に大地が大きくゆれる状態が，主要動である。

縦波　　　　　　　　　　　横波

❸ **初期微動継続時間**……P波が到着して初期微動が始まる時刻から，S波が到着して主要動が始まる時刻までの時間を，初期微動継続時間という。地下の岩石中

参考 本震と余震

大きな地震が起こったあとには，ごく近い場所を震源とするやや小さな地震がたびたび起こることが多い。こうした場合，最初に起きた大きな地震を本震，あとから何回も起こるやや小さな地震を余震という。余震の震源は，本震の震源断層面上にあるので，その分布から本震の震源断層が推定できる。

Words 縦波と横波

縦波とは，波の振動方向と波の進行方向が同じ波である。P波では，地震のゆれが岩石の密度の高低となって伝わる。縦波は，速度が大きい。

横波とは，波の振動方向と波の進行方向が直交する波である。S波では，地震のゆれが岩石のねじれとなって伝わる。横波は，速度が小さい。

縦波・横波と，縦ゆれ（鉛直にゆれる）・横ゆれ（水平にゆれる）は異なる。例えば，水平方向に進む縦波の上では横ゆれが起こる。

HighClass 震源を同じくする，発生原因が同じ地震が何度も発生しているとき，一連の地震活動の中で最も震度が大きなゆれを本震とすると，本震の前に前震とよばれる地震が発生していることがある。本震と思われるほど大きなゆれが前震だったという場合もある。

を伝わるP波とS波の速さはそれぞれほぼ一定なので，初期微動継続時間は震源（地下で地震が発生した地点）から地震波を観測する地点までの距離に比例し，次の式が成り立つ（**大森公式**）。

観測地点から震源までの距離〔km〕
＝7.5 ～ 8.0 × 初期微動継続時間〔s〕

3 地震波の伝わり方

~震源の位置を求める方法は？~

大きな地震が起きたときに，各地の観測記録からゆれ始めた時刻を読みとり，同じ時刻にゆれ始めた地点を結ぶと，同心円状の曲線となる。これを**等発震時線**という。

震源は，等発震時線の中心の地下に位置する。震源が浅いと等発震時線の間隔が小さくなり，震源が深いと間隔が大きくなる。

ゆれ始めの時刻の等しい地域を結んでいくと，震央を中心とした同心円になる。

震源が浅いとき

震源が深いとき

震源から遠くなるほど，ゆれ始めの時刻がおそくなる。

↑ 等発震時線

▶複数の観測地点で測定された初期微動継続時間に基づいて，震央や震源を求めることができる。3か所の測定地点を中心として，それぞれの震源距離を半径とする円を描くと，3組の共通弦の交点が震央である。

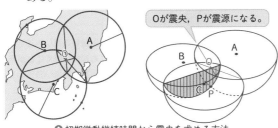

Oが震央，Pが震源になる。

↑ 初期微動継続時間から震央を求める方法

参考 **緊急地震速報のしくみ**

地震が発生すると，先にP波が到着する。各地のP波の観測結果から，地震の規模を瞬時に計算し，大地震だとわかりしだい，放送などで知らせるシステムが緊急地震速報である。初期微動の間に，新幹線に急ブレーキをかけさせたり，危険な作業を中断させたりして大地震の被害の減少に役立つ。

参考 **地震計のしくみ**

地震計は，もともとは細い糸やばねでつったおもりにつなげたペンで，地震でゆれる紙の上に線をひいていくしくみだった。地面や建物がゆれても，おもりが慣性の法則にしたがって動かないことを利用していた。現在では，電磁石を応用した精度の高い機械が使われている。水平面内の東西方向と南北方向，さらに鉛直方向（直交3方向）のゆれを記録することで，地震のゆれを詳しく記録できる。

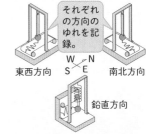

それぞれの方向のゆれを記録。

東西方向　　南北方向

鉛直方向

↑ 地震計のしくみ

Episode

震源までの距離を求める大森公式は，地震学者の大森房吉によって提唱された。大森房吉は，世界で初めて連続した記録ができる地震計をつくったことでも有名である。それ以前は地震が発生してからの記録しかとることができなかった。

4 地震の大きさとゆれの強さ

〜震度とマグニチュードの違いに注意！〜

　大きな地震では，震源近くで大きくゆれるだけでなく，広い地域でゆれが観測される。一方，小さな地震でも震源が浅いと真上の地面は大きくゆれる。したがって，地震そのものの大きさと，観測点ごとのゆれの大きさを分けて考える必要がある。

❶ 震　度……各地の観測点ごとのゆれの大きさを震度という。震度は 0 〜 7 までの 10 階級に分かれている（5 と 6 はそれぞれ，5 弱，5 強，6 弱，6 強がある）。震度は，測候所などに設置されている地震計により自動的に計測される。

震度			
震度0		人はゆれを感じない。地震計には記録される。	
5弱		大半の人が恐怖を覚え，ものにつかまりたいと感じる。棚にある食器類や本が落ち，不安定なものは倒れることがある。	
1		屋内で静かにしている人の中にはゆれをわずかに感じる人がいる。	
5強		ものにつかまらないと歩くことが難しく，行動に支障を感じる。固定していない家具が倒れることがある。	
2		屋内で静かにしている人の大半が，ゆれを感じる。電灯などのつりさげものがわずかにゆれる。	
6弱		立っていることが困難になる。固定していない家具の大半が移動し，倒れるものもある。ドアがあかなくなることがある。	
3		屋内にいる人のほとんどが，ゆれを感じる。棚にある食器類が音をたてることがある。	
6強		はわないと動くことができない。耐震性の低い木造建物では，傾くものや，倒れるものが多くなる。	
4		ほとんどの人が驚く。歩いている人のほとんどがゆれを感じる。眠っている人のほとんどが，目を覚ます。	
7		耐震性の高い木造建物でもまれに傾くことがある。耐震性の低い鉄筋コンクリート造の建物では，倒れるものが多くなる。	

↑気象庁震度階級表

地震の瞬間的なゆれの強さのギネス記録は日本で観測された。2008 年の岩手宮城内陸地震での最大のゆれは，最大加速度が約 42 m/s² とされている。これは遊園地のジェットコースター並みであり，横になっている人がほうり投げられるほどである。

494

▶日本では，震度5強くらいから古くて弱い建物への被害が出始め，震度6強になると多くの木造家屋が被害を受ける。

震度7では，人や家具がはね上げられたり，たたきつけられたりするほどの強いゆれとなり，ビルや橋などもこわれることがある。

学校，病院，役所などの公共性の高い建物は，震度7でもくずれ落ちることがないようなじょうぶな造り（耐震構造）になっている。

❷ **マグニチュード**……地震で放出されたエネルギー，つまり地震そのものの規模を表す指標を**マグニチュード（記号M）**という。

▶**マグニチュードの大きさ**…マグニチュードの値が1大きくなると，エネルギーの大きさは約32倍（$\sqrt{1000}$倍）になる。マグニチュードの値が2大きくなると，エネルギーの大きさは1000倍になる。

▶**マグニチュードと断層**…マグニチュードの値が大きいほど，その地震をもたらした震源の断層も大きくなる。

1995年の兵庫県南部地震や2016年の熊本地震など，マグニチュード7の地震では長さ数10kmの断層が活動し，2011年東北地方太平洋沖地震のようなマグニチュード9の地震では長さ数100kmの震源断層が活動して発生したと考えられている。

参考 地震の規模とマグニチュード

2011年の東日本大震災を起こした東北地方太平洋沖地震がほぼマグニチュード9だったのに対して，1995年の阪神・淡路大震災を引き起こした兵庫県南部地震はほぼマグニチュード7だった。どちらも多くの犠牲者を出した地震だが，地震の規模には約1000倍の違いがある。東日本大震災の震源が太平洋沖だったのに対して，阪神・淡路大震災の震源は大都市の直下だったために被害が大きくなったと考えられている。

三陸沖地震
1933年, M8.1

十勝沖地震
1968年, M7.9

関東地震
1923年, M7.9

新潟地震
1964年, M7.5

兵庫県南部地震
1995年, M7.3

チリ地震
1960年, M8.5

震源断層

アラスカ地震
1964年, M8.4

東北地方太平洋沖地震
2011年, M9.0

マグニチュード（M）の値が大きいほど震源断層は大きい。

0　　200km

↑マグニチュードと震源断層の大きさ

Episode

阪神・淡路大震災（1995年兵庫県南部地震）では，7000人近い人々が犠牲になった。マグニチュード7は毎年国内のどこかで起こる規模だが，大都市直下で起きたために木造家屋の倒壊や火災の拡大により大災害となった。この震災を機に，建物の耐震基準が強化された。

❸ 震度とマグニチュードの関係……震度は地震のゆれ
の大きさを表し，マグニチュードは地震そのもののエ
ネルギーの大きさを表している。そのため，同じマグ
ニチュードの地震でも，震源からの距離や地下の岩盤
などにより，震度は異なる。

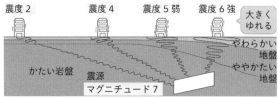

↑マグニチュード7の地震と震度との関係例

2 地震による土地の変化 ★★☆

　大きな地震が起こると，それまで海底だったところが
陸地になったり，まっすぐ通っていた道路にくい違いが
現れたりする。このことから，地震によって土地の高さ
や位置が変化することがわかる。

1 土地の隆起・沈降と移動

〜地震により土地のようすが変わる〜

❶ 土地の隆起・沈降……大きな地震では，地震のあと
に土地が高くなる隆起が起きたり，逆に低くなる沈降
が起きたりする。土地の隆起や沈降は，海岸沿いで特
にはっきりとわかる。隆起をした海岸沿いの浅い海は，
地震後に陸地になることがある。

▶地下で岩盤がこわれた断層が地表まで連続している
と，地表面に高さや位置のくい違いが現れることが
ある。1995年の兵庫県南部地震で動いた野島断層
では，地表面で高さがくい違っているようすを観察
することができる。

↑東北地方太平洋沖地震の
前後のようす（上：前　下：後）

↑野島断層

Episode

東日本大震災（2011年東北地方太平洋沖地震）では，2万人に近い人々が犠牲になった。犠
牲者が多くなった主な原因は津波だが，沿岸各地を襲った津波の高さは地震のゆれの大きさ
とは直接対応していない。このとき発生した原発事故も被害を拡大した原因である。

❷ **土地の移動**……大きな地震では，地震の前後で土地
の場所が移動することもある。例えば，2011 年の東
北地方太平洋沖地震では，震源に近い宮城県牡鹿半島
は約 5 m も太平洋側に移動した。また，この地震で
の震源付近の岩盤は，水平方向に 40 m 近く動いたこ
とがわかっている。

矢印の向き
に土地が
移動した。

東北地方
太平洋沖
地震の震源
×

50 cm
—— 水平変動
100 km

↑ 東北地方太平洋沖地震による土地の移動

3 地震の起こる場所 ★★☆

地震は，世界中どこでも同じように起こるわけではな
い。日本のようにしばしば地震が起こる場所はむしろめ
ずらしく，人が一生の間に 1 回も地震にあわないまま過
ごせる場所も多い。また，日本国内でも，地域によって
地震の頻度や起き方に違いがある。

1 日本付近の地震の分布

～地震が多く発生している場所は？～

日本付近で起こる地震の震
源・震央の分布には，次のよ
うな特徴があることがわかっ
ている。

❶ **震央の分布**……北海道や
東北・関東地方では特に震
央が多く分布する。それに
対して，近畿・中国・四国
地方では，震央の分布は少
ない。しかし，少ないとは
いえ大きな地震が発生する
ことはあるので，注意が必
要である。

また，太平洋側と日本海
側を比べると，太平洋側に
多く震央が分布する。

北米プレート

千島海溝

ユーラシア
プレート

日本海溝

太平洋
プレート

伊豆・小笠原海溝

南海トラフ

フィリピン海
プレート

南西諸島海溝

600 km

震源の深さ
0　　300　　600 m

↑ 日本付近の震央の分布

▶ 海底の地形と地震の発生
回数には関係があることがわかっている。千島海溝，
日本海溝，南海トラフ，伊豆・小笠原海溝などの海
溝やそれに似た地形に沿って，非常に多くの地震が
発生している。

入試Info

震源や震央の分布図から，太平洋側と日本海側での地震の発生する深度や発生する場所の特
徴について考えさせる問題が出題されている。問題に示された図が何を表しているのか，正
確に読みとることが大切である。

❷ 震源の分布……東北地方の東西の断面を見ると，日本海溝のすぐ下から日本海の地下深部に向かって，斜めに沈みこむようにして震源が深くなっていくようすがわかる。

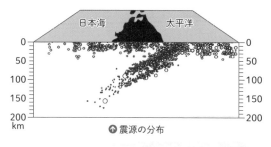

⬆ 震源の分布

2　地震の分布とプレート

～地震が発生する地域には特徴がある～

❶ 地震が発生する地域

地球上で地震が発生する場所は，火山と同様に特定の地域に限られている。

陸上では，環太平洋火山帯とヒマラヤ山脈などで地震活動が活発である。

大陸の内部では，チベット高原やアフリカ大陸の一部などを除き，ほとんど地震は起きない。

⬆ 地震の分布とプレート（※2006年～2015年）

地震の起こる場所は，プレートとよばれる岩盤どうしの境界付近である。

❷ プレート……地球の表面は，プレートとよばれる厚さ100kmほどのかたい岩盤におおわれている。プレートは，地球全体で15枚ほどあり，地球の表面にすきまなくしき詰められている。

ピースの数がやや少ない球面ジグソーパズルのようであるが，プレートが互いに動くという点がパズルとは異なる。

プレートは動くため，隣りあうプレートどうしが離れたり，近づいたり，すれ違ったりする。離れる場合は，すきまを埋めるようにしてその部分に新しいプレートが現れる。近づく場合は，一方のプレートがもう一方のプレートの下にもぐりこんだり，互いにぶつかって重なったりする。

Episode　地震の多発地域や火山が多くある地域は，ふつうプレートの境界にあるが，それ以外にも地震や火山が多い地域がある。ハワイ島周辺はそのような地域である。これは，ホットスポットとよばれるマグマが発生する地域にあたるためである。

　地震や火山の活動の大部分は，こうしたプレートどうしの境界付近で，隣りあったプレートどうしのせめぎあいによって起こる。

▶ **大陸プレートと海洋プレート**…大陸を乗せたプレートを大陸プレート，大陸を乗せずに海底だけでできたプレートを海洋プレートとよぶ。

▶ **日本周辺のプレート**…日本列島の周辺には，太平洋プレートとフィリピン海プレートの２つの海洋プレートと，ユーラシアプレートと北米プレートの２つの大陸プレートが存在しており，互いに運動している。

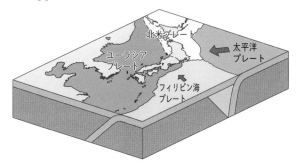

第**4**編 地 球

第1章
大地の変化

第2章
天気とその変化

第3章
地球と宇宙

❸ プレートの動きと地震

▶ **海溝型地震**…日本には，同じ場所でよく似た地震が数十年～数百年の間隔をおいてくり返し起こる地域がある。北海道から九州にかけての太平洋沿岸地域では，ほぼ一定の間隔ごとにマグニチュード８前後の巨大な地震が発生してきた。

　こうした場所では，海底が溝状に深くなった**海溝**から陸地の下に向かって，**海洋プレート**が斜めにもぐりこんでいる。そのときに，陸側の岩盤と海側の岩盤がおしつけあいながら，陸側の岩盤が引きずりこまれるように変形することで力（ひずみ）がたまっていく。たまった力が岩盤の強さよりも大きくなったときに，おしつけあっていた岩盤どうしの境目やその周辺で地震が起こる。

　地震が起こったあとはまた以前のように少しずつひずみがたまっていく。

Words 海 溝

　海底が，細長い溝状になっている地形のこと。通常 6000 m 以上の深さのものを海溝という。それよりも浅いものは，**トラフ**とよばれる。海溝では，プレートが沈みこんでいる。

短文記述対策！

Q 海溝型地震の起き方・起こる場所・規模について説明しなさい。

A 海溝型地震は海洋プレートの沈みこみにともなって海溝沿いで起こり，マグニチュードの値が大きな巨大地震となることが多い。津波が発生することもある。

海底の岩盤がもぐりこんでいく速度はほぼ一定なので，地震が起こる時間間隔もほぼ一定になる。地震が起こると，引きずりこまれていた大陸の岩盤が，ばねがもどるような運動をするため，近くの土地が隆起する。このようなしくみで海溝付近で起こる地震を，海溝型地震という。プレートどうしの境界で起こることから，プレート境界型地震とよばれることもある。

参考　震源の場所と深さ

海溝型地震は海洋プレートが大陸プレートの下に沈みこむことで起こる。そのため，海溝型地震の震源は，海洋プレートと大陸プレートの境目付近に多く分布する。特に多くなるのは，太平洋側の海溝付近である。また，海洋プレートは大陸プレートの下に沈みこむので，太平洋側から日本列島に向かうにしたがって震源は深くなる。

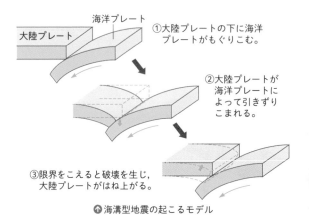

①大陸プレートの下に海洋プレートがもぐりこむ。

②大陸プレートが海洋プレートによって引きずりこまれる。

③限界をこえると破壊を生じ，大陸プレートがはね上がる。

⬆ 海溝型地震の起こるモデル

▶**内陸型地震**…陸地の内部では，比較的浅い震源で，マグニチュード7前後の，海溝型地震に比べると規模の小さい地震が起こる。このような地震を**内陸型地震**，または活断層による地震という。

内陸型地震は，海溝型地震よりも規模は小さいものの，マグニチュード7ほどの大きさとなるものもあり，毎年のように日本のどこかで起こるような地震である。このような地震が都市の直下で起こると，大きな災害をもたらす。

海溝型地震
プレート内で発生する地震
内陸型地震
大陸プレート
海洋プレート
プレート境界で発生する地震
海洋プレートの沈みこみ

⬆ 日本列島周辺で発生する地震

短文記述対策！

Q 内陸型地震の起き方・起こる場所・規模について説明しなさい。

A 内陸型地震は活断層沿いに起こり，震源が浅ければ大地震となることもある。都市の近辺や直下に震源がある場合，特に大きな被害となる。

第4編 地球

第1章
大地の変化

第2章
天気とその変化

第3章
地球と宇宙

④ 地震による災害 ★★☆

日本においては，たびたび地震による災害が起こり，大勢の人が犠牲になる大震災もあとをたたない。地震による災害には，次のようなものがある。

❶ 強いゆれによる建物の損壊……地震による強いゆれの力は，家屋や橋やタンクなどさまざまな構造物を変形させる。変形が小さなうちは，ゆれがおさまるともとにもどるが，限界をこえるともとにもどらずに曲がったり折れたりする。そうなると，建物全体が傾いたり倒れたりする。構造物が受ける損傷は，ゆれの強さだけでなく地震波の周期（振動数）や地震の継続時間などによっても変わってくる。

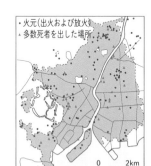
↑地震による被害（阪神淡路大震災）

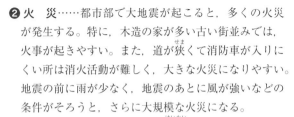

・火元（出火および放火）
・多数死者を出した場所

0   2km

↑1923年の関東大震災での火災による焼失地域

❷ 火 災……都市部で大地震が起こると，多くの火災が発生する。特に，木造の家が多い古い街並みでは，火事が起きやすい。また，道が狭くて消防車が入りにくい所は消火活動が難しく，大きな火災になりやすい。地震の前に雨が少なく，地震のあとに風が強いなどの条件がそろうと，さらに大規模な火災になる。

火災は都市部の地震で最も警戒すべき地震災害の1つである。

❸ 津 波……津波は，海底を震源とする地震が起きたときに，海水が上下に変動することで発生する。2011年の東日本大震災（東北地方太平洋沖地震）では津波で亡くなった人がいちばん多かった。

↑津波避難タワー（出典：高知市）

津波では，水にのみこまれるだけでなく，いっしょに流れてくる材木や自動車などでおしつぶされてしまうことも多い。海岸近くで大きな地震にあった場合は，小高い丘や避難タワーなど高い場所にすぐに逃げる必要がある。

津波の高さは，地震のゆれの大きさとは直接関係していない。また，同じ地域でも海岸線や海底の地形によって高さが違うことがある。津波は何回もくり返しおそってくることが多く，最初の波がいちばん高くなるとは限らない。

HighClass　海溝型地震には，スロースリップというタイプもある。これは，いっきにずれれば大地震になるほどひずみがたまったプレートの境界が，ゆっくりとずれることで地震が起きずに地殻の移動だけが起こることである。このような境界を「固着（アスペリティ）が小さい」という。

❹ 急斜面の崩壊…地震による振動は，人工の構造物だけでなく，自然の地形をこわすこともある。斜面崩壊，つまり山くずれは，その代表といえる。

↑北海道胆振東部地震による斜面崩壊

2018年の北海道胆振東部地震では，雨続きで水を吸って重くなっていたやわらかい地層が，震度6強〜7の強いゆれにより，無数の斜面崩壊を起こした。崩壊土砂がふもとの民家をおそった場所では，多くの人が犠牲になった。

斜面崩壊は，山地だけで起こるとは限らない。都市部の崖などでも発生の危険がある。

❺ 地盤の液状化……液状化とは，やわらかくて水分を多く含む，砂が多い地盤が，地震の際に泥水を噴き出しながら，あたかも液体のようにふるまう現象である。液状化が起こると，ものを支える力が弱まるので，土砂よりも重たい家や電柱などは傾いたり地中に沈んだりする。その一方，浄化槽や地下に埋設された配管などの軽いものや空洞になっているものが浮力によって地面に飛び出してくる。また，港の岸壁がくずれ落ちたりもする。海岸沿いの埋立地などで被害が出ることが多いが，内陸部でも昔の河川の流路を埋めた場所などで発生することがある。

↑液状化によって浮き上がったマンホール

日々の暮らしに不可欠なライフラインがこわされるので，生活が著しく不便になるほか，堤防などの重要な施設がこわれると大きな災害となりうる。

> **参考　地震の名まえが2つある理由**
>
> 2011年の東日本大震災のことを東北地方太平洋沖地震ともいう。1995年の阪神・淡路大震災のことを兵庫県南部地震ともいう。よび方が2つあるのは，自然現象としてとらえるか，災害としてとらえるかによる。大地震では，「〜地震」は自然現象としての地震そのものの，「〜震災」は地震によって人間社会に引き起こされた災害としてのよび名になる。

地盤は，砂の粒が引っかかりあいながらくっつき，すきまは水で満たされている。　地震の振動によって砂の粒がばらばらになり，泥水のような状態になる。　水が表面に出て砂が沈み，地盤は以前よりも少し下がる。

↑液状化現象が起こるしくみ

▶地震は大きな被害をもたらすが，地震などの大地の運動が，もともとは海底にあった日本列島を現在の姿に変えた。地震により私たちの国土は形成されたともいえる。

HighClass
日本列島で起こる地震の回数や活火山の数は，どちらも世界全体の約1割である。日本の国土面積は世界の陸地面積の約0.25％であるので，非常に小さな範囲で地震や火山の営みに関わっていることがわかる。

3 ▶ 大地の変動

Point
① 大地はどのように変動するのかを理解しよう。
② 地層はどのようにしてできたり，変形したりするかを理解しよう。
③ 大地の変動の原動力は何か確認しよう。

1 地形からわかる大地の変動 入試重要度 ★★☆

大地が形や高さを変化させる運動（変動）を行うと，地形が変化する。したがって，地形を詳しく観察すると，大地がどのような変動をしたかがわかる。

1 隆起によってできる地形

〜土地が盛り上がってできる地形のようす〜

土地が高くなることを隆起という。隆起すると，流れる水のはたらきや波の力のおよぶ場所などが変化するため，河岸段丘や隆起海食台などの特徴のある地形ができる。同じことは，海面が低下しても起こる。

❶ **隆起海食台と隆起海食崖**……波の荒い外洋に面した海岸線などでは，強い波の力で海岸の崖が少しずつくずれて陸地に向かって後退していく。波の力は海面の

↑海食崖（屏風ヶ浦）

すぐ下で弱まるので，海底の深い部分は削られない。そのため，波で削られて崖が後退した跡には，浅い平らな岩場が広がっていく。この作用は，あたかも崖が海に食べられるようなので，**海食作用**という。海食作用によってできた平らな地形を**海食台**，できた崖を**海食崖**という。

海食台や海食崖の周辺の土地が大地震などで隆起すると，海食台が陸地になった**隆起海食台**ができる。そ

HighClass 約7000年前ごろは，現在に比べて海面が2〜3mほど高かったと考えられている。このとき日本では縄文時代にあたるため，このことを縄文海進とよぶ。

の後、新しい海岸線では再び海食作用が始まり、次の海食台と海食崖ができ始める。

❷ **海岸段丘**……大地震がくり返し起こり、隆起海食台と海食崖がくり返しつくられると、全体の形は海岸線から陸側に向かって高くなる階段状の地形ができる。これを海岸段丘という。

❸ **河岸段丘**……河川は、流れる水のはたらきにより、流れがはやい所では土砂を侵食して運搬し、流れがおそい所では運搬してきた土砂を堆積させる。広い川原をもつ河川が流れている土地が、大地震などで隆起すると、川の流れの高低差が大きくなるので流れがはやくなる。すると、流れはそれまでの川原の一部を深く削り、流れの高低差が小さくなると水平方向に削り始める。こうして、もとの川原よりも一段下に新しい川原ができる。

大地震などによる土地の隆起がくり返し起こると、もとの川原をいちばん上にもち、現在の川原に向かって階段状に低くなる川沿いの地形ができる。これを河岸段丘という。

↑海岸段丘（高知県室戸岬）

↑河岸段丘（群馬県沼田市）

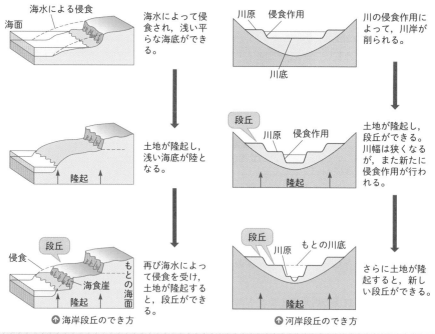

海水による侵食
海面

海水によって侵食され、浅い平らな海底ができる。

土地が隆起し、浅い海底が陸となる。

隆起

段丘
侵食
海食崖
もとの海面

再び海水によって侵食を受け、土地が隆起すると、段丘ができる。

隆起

↑海岸段丘のでき方

川原　侵食作用
川底

川の侵食作用によって、川岸が削られる。

段丘
川原　侵食作用
隆起

土地が隆起し、段丘ができる。川幅は狭くなるが、また新たに侵食作用が行われる。

段丘
川原　もとの川底
隆起

さらに土地が隆起すると、新しい段丘ができる。

↑河岸段丘のでき方

短文記述対策！

Ｑ 川沿いに階段状の地形が発達する河岸段丘のでき方を順序だてて説明しなさい。

Ａ 幅広い川原をもつ川が、隆起や海面の低下などで流れがはやくなって侵食が強くなり、川原を削って低い位置に新しい川原をつくる。これがくり返されてできる。

2 沈降によってできる地形

～土地が沈んでできる地形のようす～

　土地が低くなることを沈降という。沈降すると，海岸線付近では低い土地に海水が侵入することにより，地形が大きく変化する。同じことは，海面が上昇しても起こる。

❶ **リアス海岸**……谷が発達した低い海岸沿いの山地が沈降すると，海水が谷の奥まで侵入する。すると，背後に山が迫り，入り組んだ海岸線をもつ地形ができる。リアス海岸は，外洋の波が届きにくく水深が大きいので，魚介類の養殖などに適している。また，港が多くつくられている。

⬆リアス海岸(三重県志摩市)

❷ **多島海**……海岸付近に多数の小さな山が分布していた地域が沈降すると，それらの山の頂上が海面上に突き出して，多数の島が浮かぶ地形ができる。このような地形を多島海地形という。

⬆多島海(長崎県九十九島)

❸ **フィヨルド**……氷河によって削られることでできた，U字形の断面をした深い谷に海水が侵入すると，水深が大きく，奥行きのある入り江ができる。このような地形をフィヨルドという。

2 地層に見られる地殻の変動 ★☆☆

　地層は長い年月をかけてできるため，地層と一体になっている地殻が変動すると，変動のない静かな環境の中に置かれた地層には見られない，さまざまな特徴が現れる。

⬆フィヨルド(フィンランド)

1 地層の整合と不整合

～地層がどこで堆積したかのヒント～

❶ **整　合**……地層は，水流や風のはたらきで運ばれてきた土砂などが厚さに対して大きく広がって堆積し，それらが重なってできている。また，あとから大きく変形したり削られたりしない限り，地層は下のほうに古い土砂などが，上のほうに新しい土砂などが順番に重なっている。このように，下から上にとぎれることなく順序よく重なっている地層を整合という。

⬆地層の積み重なり(アメリカ，グランドキャニオン)

Episode リアス海岸やフィヨルドは，入り組んだ海岸線や急激に大きくなる水深などの特徴をもつ。そのため，船にとっては悪天候での避難の港として，軍事的には格好のかくれがとして利用された。今ではリアス海岸はカキや真珠貝の，フィヨルドはサケの養殖などに利用されている。

❷ **不整合**……地層の中には，一度重なった土砂などが
削られたあと，再びその上に新しく重なった土砂など
がのっていくことがある。こうした，下から上に重な
っている地層の一部が欠けている地層を**不整合**とよび，
地層の重なりが不連続になっている面を**不整合面**とい
う。

▶**不整合のでき方**…不整合は，次のような順序で形成
される。

①海底などに土砂が堆
積する → ②大地が隆
起して陸上に現れ，流
れる水のはたらきによ
り一部が浸食される
→ ③大地が沈降して，
再び海底などに沈み土
砂が堆積し始める
→ ④再び大地が隆起
して，陸上に現れる

▶不整合の，地層が欠け
た部分が大きいものは，
長時間にわたって地層
が削られたことを意味
する。そのような大規
模な不整合は，**造山運
動**によって山脈がつく
られるときにできる。また，不整合面のすぐ上には，
近くに存在した陸地から運ばれてきた小石が集まる
層(**基底れき層**)がのっていることがある。

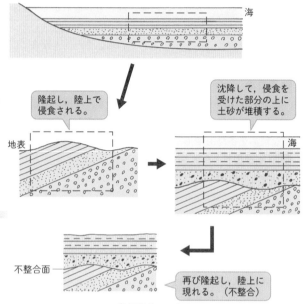

隆起し，陸上で
侵食される。

沈降して，侵食を
受けた部分の上に
土砂が堆積する。

地表

海

不整合面

再び隆起し，陸上に
現れる。（不整合）

⬆不整合のでき方

zoomup 造山運動→ p.509

2 断層としゅう曲

〜ずれた大地や曲がった大地〜

❶ **断　層**……地震を起こした断層は，地層や岩石の中
に記録として残される。断層は，地層などの中にでき
た割れ目である**断層面**を境に，その両側がどのように
動いたかに基づいて，**正断層，逆断層，横ずれ断層**の
3つに大別される。

短文記述
対策！

Q. 不整合のでき方を順序だてて説明しなさい。

A. 海底で土砂が堆積してできた地層が地殻変動を受けて隆起し，陸地になってその一部が
侵食され，再び海底に沈んでもとの地層の上に新しい地層がのることでできる。

▶**正断層**…傾いた断層面の上側の地層などが下にずれ落ちるような動きをする断層。断層ができたときに水平方向に引っ張る力がはたらいている場合に正断層ができる。

▶**逆断層**…傾いた断層面の上側の地層などが上にのし上がるような動きをする断層。断層ができたときに水平方向におす力がはたらいている場合に逆断層ができる。

▶**横ずれ断層**…断層面が鉛直に近い傾斜をしていて，断層面を境にした地層などが水平方向の動きをした断層。

　断層面の手前から向こう側の地層などを見たときに，右にずれた場合を**右横ずれ断層**，その逆を**左横ずれ断層**という。

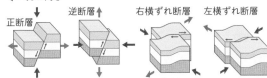

←力の向き

正断層　　逆断層↑　　右横ずれ断層　　左横ずれ断層

▶**断層運動によってできる地形**…地震によってできる断層が地表面に達すると，地面にくい違いが発生して地形が変化する。

　1つの地域で同じ向きの動きをする地震がくり返し起こると，1回1回の動きの量は小さくても集積されて大きくなる。その結果，隆起をくり返す断層の片側が高い山になったり（**断層山地**），沈降をくり返す断層に沿ってできた盆地（**断層盆地**）に水がたまって湖ができたりする。

　日本の内陸には，こうした断層によってつくられた地形（**断層地形**）が数多く分布する。

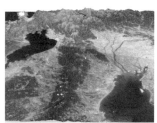

↑断層山地（鈴鹿山地）

↑断層盆地（諏訪盆地）
（出典：国土地理院立体地図）

❷ **しゅう曲**……断層が，かたい岩盤に大きな力が加わったときに起こる運動であるのに対して，しゅう曲は，やわらかい地層

↑しゅう曲

短文記述対策！

Q 断層とはどのようなものか説明しなさい。

A 地層や岩石の中にみられる大きな割れ目で，その面を境にして両側の地層や岩石がずれている。地震によってつくられ，一度できた断層で再び地震が起こることも多い。

や地下深くの大きな圧力がかかっている岩盤に，水平方向に大きなおす力が加わったときに起こる変形である。割れ目ができるのではなく，岩石や地層がアコーディオンのじゃばらのように連続的に波打つ変形をする。上に向かって凸の部分を**背斜**，その逆の部分を**向斜**という。

背斜の部分には石油や天然ガスのような水よりも密度の小さな資源が蓄えられていることがある。

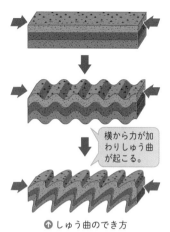

↑ しゅう曲のでき方

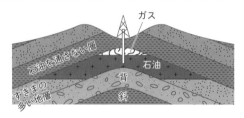

↑ 背斜に石油・天然ガスがたまるようす

③ 大規模な大地の変動 ★☆☆

大地は，地震の発生による急激な変動以外にも，長い年月をかけて大きく変動することがある。例えば，アルプス・ヒマラヤなどの巨大な山脈や日本列島をはじめとする**弧状列島**は，そうした大規模な地殻変動によってつくられてきた。

1 山脈や平野のでき方

〜長期間にわたる地殻変動〜

❶ **地殻変動**……土地の隆起や沈降，伸び縮み，傾きの増減などをまとめて地殻変動という。地殻変動はプレートの動きと関係しているため，4つのプレートがたがいに作用しあっている日本列島は，世界有数の地殻変動の激しい場所である。

❷ **山脈や平野のでき方**……長期にわたって隆起が続いている地域は，高い**山脈**になる。一方，長期にわたって沈降が続いている地域は，くぼみに河川が運んできた土砂が堆積するため，低くて平らな土地である，**平野**になる。

zoomup 日本周辺のプレート
→ p.499

HighClass　山脈のような高い場所は，現在でも大きな速度で隆起を続けている場合が多い。しかし，山が無制限に高くなることはない。これは，標高が高くなればなるほど，流れる水の勢いが強くなり侵食で失われる土砂の量も大きくなるためである。

▶日本列島では，隆起速度が最大の地域が，飛騨山脈・木曽山脈・赤石山脈からなる日本アルプスとよばれる大山脈を形成する一方，沈降する速度と規模が国内最大である関東平野は，お盆のような構造をした古い時代の地層の上に，利根川や荒川が運んできた土砂が堆積して日本で最大の平野となっている。

❸ 造山運動……地殻変動による隆起が，広い地域に長期にわたって継続して，大規模な山脈ができる作用を造山運動という。造山運動では，アルプス山脈やヒマラヤ山脈のような世界有数の山脈や，アンデス山脈やロッキー山脈のような大陸の縁に沿って分布する大きな山脈が形成される。また，日本列島のような，海に向かって円の一部が張り出したように島々が並ぶ弧状列島も造山運動の産物である。

↑飛騨山脈（北穂高岳から見た槍ヶ岳）

↑関東平野

2 大規模な変動でできる地形

～大きな力が加わると地形はどう変わるのか～

❶ プレートテクトニクス……山脈や弧状列島などは，地球のプレートの動きや，プレートどうしの運動によって形成される。そのため，地震や火山の営みだけでなく，造山運動などの地殻変動もプレートの動きによるといえる。このように，プレートの動きから造山運動などの現象を理解しようとする考え方を，プレートテクトニクスという。

❷ 海洋プレートの沈みこみによる造山運動

　海洋プレートの沈みこみが続くと，地震や火山活動とともに，地殻が少しずつ厚くなって山脈ができる。できた山脈は，一見すると島々の連なりであっても，隣接する海溝に比べると数千m以上の高さをもつ地形の高まりとなる。

❸ 大陸プレートの衝突による造山運動……大陸の地下には軽い岩石が大量に存在するので，どちらも沈みこむことができない。そのため，大陸プレートどうしが接近していくと最後には衝突する。衝突後，地殻はじゃばらのように折りたたまれたり，両方が重なりあったり

↑アルプス山脈

現在

1000万年前

3800万年前

赤道

5500万年前

北上

↑インド大陸の移動

Episode　ヒマラヤ山脈は，大陸プレートどうしの衝突による造山運動によってうまれたと考えられている。インド大陸のあるプレートがユーラシア大陸にぶつかったことで，もともとその間にあった海底の地層がおし上げられ，山脈になった。

して厚くなるため，高い山脈や広い高原地帯ができる。

▶プレートは，太平洋や大西洋などの大洋の中央付近でつくられている。そのような場所は深海底からそびえ立つ海底山脈となっており，中央海嶺とよばれる。

4　大陸移動説とプレートテクトニクス ★☆☆

大陸が移動するという考えは，20世紀始めにドイツの気象学者であるアルフレート・ウェゲナー（→p.478）によって示された。発表当時，大陸が動くという説は賛同されなかったが，20世紀の後半になると膨大な証拠から，大陸が移動することが確認された。

今日では，大陸移動説はプレートテクトニクスとして地球科学のもっとも重要な考え方に成長している。

1　大陸移動説の歩み

〜大陸移動説はどのようにして生まれたのか〜

❶ **大陸移動説の提唱**……大西洋をはさんで南米大陸とアフリカ大陸の海岸線が一致することに気づいたウェゲナーは，古生物学，岩石学，古気候学などさまざまな分野の証拠を示して大陸移動説を提唱した。しかし，巨大な大陸を何千kmも動かすために必要となる膨大なエネルギーが何かを説明できなかったため，賛同が得られずに異説とみなされた。

❷ **大陸移動説の復活**……ウェゲナーの死後30年ほどたった1960年前後から，じょじょに大陸移動説は復活していった。

第二次世界大戦が終わると，軍事的な必要から海底の地形や磁気の調査が始まった。その結果，世界中の海底には**中央海嶺**という数万kmにおよぶ大山脈が延々と走っていること，海底の岩盤は中央海嶺で形成され，そこから一定の速度で離れる方向の運動をしていることがわかった。これを**海洋底拡大説**という。海洋底が拡大するならば，海洋をはさんで向かい合っている大陸どうしは離れていく，つまり大陸は移動すると考えられるようになった。

Scientist

アルフレート・ウェゲナー

〈1880〜1930年〉

ドイツの気象学者。1915年，『大陸と海洋の起源』を著し，大陸移動説を主張した。大陸移動説の証拠をさがすためのグリーンランドの探査中に死去した。

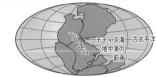

中生代初期（約2億2500万年前）

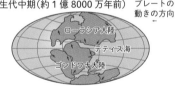

中生代中期（約1億8000万年前）　プレートの動きの方向

新生代初期（約6500万年前）

現　在

⬆ 大陸の移動

Episode　大陸移動説が認められる以前には，陸橋説という海を隔てた大陸どうしをつなぐ陸地が過去に存在したという説もあった。これは，海を隔てた地域に同じ種類の生物が分布することへの説明とされた。

2 プレートテクトニクス

～大陸移動の原動力を考えた説～

❶ プレートテクトニクスの成立……さまざまな研究が進み、地球の表面は厚さ 100 km ほどのかたい岩盤である 10 数枚のプレートにおおわれており、プレートの運動によって火山の噴火や地震、地殻変動が起きることが明らかになった。これが大陸移動説のうまれ変わりともいえる**プレートテクトニクス**である。

❷ プレートが動く原因とプルームテクトニクス……長い間プレートが動く原動力は不明であったが、現在その問題は解明されつつある。

▶ **マントル対流とプルームテクトニクス**…地震波トモグラフィーとよばれる地震波の観測により、地球内部の温度の分布を推定する方法がある。これにより、地球内部の岩石である**マントル**が、非常にゆっくりとではあるが対流運動を行っていることがわかった。このことから、マントルの対流に引きずられるようにしてプレートが動いていると考えられている。この新しい考え方を**プルームテクトニクス**という。

▶ **プレートとマントルの動き**…中央海嶺でつくられたプレートは水平方向に移動して、最後は海溝でマントル中に沈みこんでいく。プレートのすぐ下のマントルは、一部がとけてやわらかくなっているため、プレートが動く際の潤滑剤としてふるまう。

マントルは固体の岩石だが、底部の温度が 3000 ℃ 程度に対して上部の温度が 1000℃ 程度なので、極めてゆっくりとした対流運動を起こす。

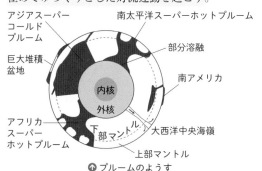

❶ プルームのようす

（図中ラベル：アジアスーパーコールドプルーム／南太平洋スーパーホットプルーム／部分溶融／巨大堆積盆地／内核／外核／南アメリカ／アフリカスーパーホットプルーム／下部マントル／上部マントル／大西洋中央海嶺）

参考 地球の内部構造

地球の内部は、地表から深部に向かい、地殻、マントル、核の 3 つに大別できる。地殻は軽い岩石、マントルは重い岩石、核は鉄やニッケルなどの岩石よりも重たい金属からできている。プレートは地殻の全部とマントルのいちばん上の部分からできている固体の岩盤である。

❶ 地球内部のようす

（図中ラベル：上部マントル／下部マントル／地殻／6370km／マントル／外核／内核）

zoomup 対 流 → p.158

参考 CT スキャンと地震波トモグラフィー

CT スキャンとは、コンピューター断層撮影ともよばれる、X 線などを利用して物体や人体の内部構造を知るための機械である。地震波トモグラフィーは、CT スキャンの X 線を地震波に、調べる対象のものを地球にした方法だといえる。

HighClass 地震波は、同じ物質であればかたく冷たい部分を通過するときははやく伝わり、やわらかくあたたかい部分を通過するときはおそく伝わる。地震波トモグラフィーはこの性質を利用して地球内部の温度分布を推定している。

4 ▶ 地層と化石

🖐 Point
❶ 地形や地層，岩石の観察のしかたを理解しよう。
❷ 地層のでき方やできる場所，特徴を理解しよう。
❸ 堆積岩・化石のでき方や特徴を理解しよう。

1 地層を調べる 入試重要度 ★★☆

地層は，水や風などによって運搬されてきた土砂や火山灰などが次々に堆積してできたものである。川沿いや崖で観察できることが多いが，工事現場などでも観察できることがある。

地層を詳しく観察することで，その場所の過去のできごとや環境を考えることができる。

化石が入っていることもある。

⬆地層の観察に適した露頭

1 地形のみかたと地層の観察場所

〜外に出て地層を見てみよう〜

理科室の中には，地層からとり出した小さな試料はあるかもしれないが，地層そのものはない。そのため，地層を調べるためには教室の外に出る必要がある。

地層が地表面に表れているため，観察できる場所を露頭という。

❶ 地形の特徴……地層を調べる手始めとして，地形の特徴を理解して観察に適した場所を探してみよう。日本の地形は，山地・丘陵地・平野・盆地などに大別できる。

▶山 地…山地の多くは森林におおわれて急な傾斜をもち，人家や工場はほとんどない。

▶丘陵地…丘陵地の多くは山地と平野の中間に位置しており，高さも傾斜も山地よりは小さい。

都市の近くでは，重機を使って地面を削ったり埋めたりして使いやすい形に整えたうえで，住宅地・レジャー施設・工業団地などに利用されることが多い。

⬆山 地

HighClass

地層は，基本的に下にあるものが古い時代に堆積し，上にあるものが新しい時代に堆積している。これを，地層累重の法則という。ただし，地殻変動などにより古い地層が上にきている場合もあるため，地層をよく観察することが重要である。

▶平　野…多くは海沿いに分布しており，土地の高さは海面とほとんどかわらず，傾斜もほとんどない。やや高い台地と，低くてほぼ平らな低地から構成される。

▶盆　地…山地にまわりを囲まれた低地で，人家があり，農耕が営まれていることが多い。

❷ 地層の観察に適した場所……地層を観察できる露頭を見つけやすい場所は，山地や丘陵地を流れる川に面した崖，丘陵地の道路沿いの切り通し，平野で行われている工事現場で削りとられたばかりの崖や穴などである。

　これらの場所では，水が流れていたり，土砂がくずれるおそれがあったり，工事用の機械が動いていたりするので，先生や指導者といっしょに訪れる必要がある。

2 地層と岩石

～ 2 つの違いに注意！～

　地層と岩石は，たがいによく似た言葉だが，その意味の違いをしっかり理解する必要がある。

❶ 地　層……土砂や火山灰などの粒子が積もった**堆積物**が，厚さに対して大きな広がりをもつ構造となっているものである。

　シャベルで簡単に掘り返せるようなやわらかい地層もあれば，ハンマーでたたいても簡単には割れないようなかたい岩石でできた地層もある。

❷ 岩　石……シャベルではくずすことができない，かたくて一体性をもった大地の部分である。

　地層の中にはかたい岩石でできているものがある。**堆積岩**は，地層でもあり，岩石でもある。

　火山岩や深成岩などの火成岩も，マグマが固まった，かたくて一体性のある岩石である。しかし，火成岩は土砂や火山灰などの粒子が堆積したものではないので，地層とはいわない。

▶堆積物と堆積岩の間にはどちらともいえない中間的なものもある。

第**4**編

地球

第1章
大地の変化

第2章
天気とその変化

第3章
地球と宇宙

参考 地層観察をするときに便利な道具

・画板…スケッチ用紙をはさむ。
・色鉛筆…スケッチに彩色する。
・ルーペ…鉱物や化石を観察する。
・磁石…磁性鉱物の有無を調べる。
・方位磁針…方位をはかる。
・巻尺…地層の厚さをはかる。
・カメラ…画像として記録を残す。
・地図…観察場所を確認して記録する。
・ハンマー…かたい岩石を割る。
・シャベル…やわらかい地層を掘る。
・ビニール袋…岩石などの試料を持ち帰る。
・軍手・保護めがね…怪我を防止する。

参考 ハンマーの使い方

　岩石を採集するときには，ハンマーを使う。地質調査用のハンマーは，平らなほうで岩石をたたき割り，とがっているほうはかき出すときなどに使う。岩石を割るときは，破片から目をまもるために保護めがねを用いる。

⤴ハンマー

HighClass　チャートは放散虫という微小なプランクトンの殻からつくられた非常にかたい堆積岩である。微小な化石がごくゆっくりと堆積してできるため，大量の土砂にうすめられてしまう陸の近くでは形成されない。陸からの土砂の供給がない，遠洋域で形成されたと考えられる。

3 地層の観察方法

～地層を観察するときの注意点は？～

　地層は，さまざまな岩石や物質がいろいろな集まり方をしてできている。見かけが似ていても，つくりやでき方が違うこともあれば，異なった見かけをしていても共通のでき方をしていることもある。そのため，地層を理解するためには，1つ1つの項目をていねいに観察し，その結果を総合して考える必要がある。野外での地層の観察ポイントは次のとおりである。

▶**露頭を選ぶ**…露頭では，大地をつくっている地層や岩石から連続する崖や地面を見ることができる。一見露頭のようでも，上からくずれてきた土砂がたまっている場所や工事で他の場所からもってきた土砂や岩石を置いた場所は，その場所の大地とつながっていないので露頭ではない。露頭であっても，草木やコケ植物などでおおわれている場所は観察には不向きである。毒虫やハチの巣，落石などにも注意する。

▶**地層か岩石かの判別**…層状の構造がすぐにわかれば地層であると判断できるが，一枚の地層の厚さが露頭の規模に比べて大きいと，地層なのか火成岩なのかすぐにはわからないこともある。そうした場合は，地層または火成岩を示す特徴がないかていねいに観察する。露頭によっては，火成岩と地層の両方が観察できる場所もある。

▶**全体の構造**…地層の厚さ，層状の構造が水平か傾いているか，断層や不整合はないか，層状の構造がすべて平行か，レンズやクサビのような部分がないか，はけで互い違いにはいたような斜交した構造はないか，などを観察する。

▶**細部のようす**…構成している粒子は，粗いか細かいか，角張っているか丸みを帯びているか，どんな鉱物が含まれるか，かたくて一体性をもつかやわらかくて簡単にくずせるか，色はどうか，貝や植物などの化石が含まれているか，などを観察する。

　これらの項目を観察しながらスケッチをして，その上に観察結果を書きこんでいくとよい。

⬆火山灰などが堆積してできた地層（伊豆大島）

⬆火成岩の露頭（白色部分は花こう岩，黒色部分は岩脈）（香川県）

zoomup 地層の構造→p.523

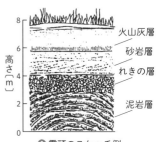

高さ[m]

火山灰層
砂岩層
れきの層
泥岩層

⬆露頭のスケッチ例

HighClass

地層や岩石の割れ目の中に，マグマが入りこんで固まってできた岩石が見られることがある。これを貫入という。貫入された地層や岩石のほうが，貫入した岩石よりも古い時代につくられたものである。

❶ **ボーリング**……地盤を掘削して地層のようすを調査することをボーリングという。

学校には，校舎をつくったときのボーリングで採取された地層の試料が保管されていることがある。

大きな建物，橋，高速道路などさまざまな大型の建造物をつくる前や，液状化判定，地盤の調査にも，ボーリングが実施される。

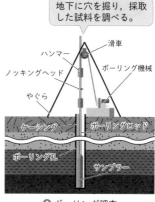

❷ **柱状図**……ボーリングでわかった地層のようすを，柱を色分けするように示した図を柱状図という。柱状図を横に並べて比べることで，離れた場所の地層のつながりや違いを考える

柱状図

ことができる。また，露頭の調査結果も柱状図にまとめれば，ボーリングの結果と同じように，広い地域の地層の広がりを考えることができる。

❸ **鍵　層**……離れた地点の地層を比べるときに，色や含まれる化石などに特徴のある地層があると，互いに同じ地層であることの手がかりになる。そうした一目で同じ地層であることがわかるような地層を鍵層という。

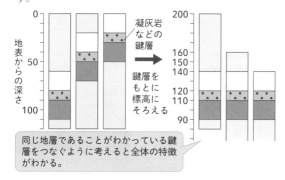

凝灰岩などの鍵層

鍵層をもとに標高にそろえる

同じ地層であることがわかっている鍵層をつなぐように考えると全体の特徴がわかる。

⬆ 柱状図の比較

入試Info いくつかの柱状図を比較して，層の堆積した順番や地層の傾きを考える問題が多く出題されている。柱状図を比較するときは，鍵層に注目する。火山灰の層や，同じ化石が含まれる層は鍵層と考えることができる。

② 地層のでき方 ★★☆

　地層ができるようすは，地層を構成する岩石や物質，できる場所，でき方に注目すると理解しやすくなる。

1 地層ができるまで

〜岩石が削られて積もっていく〜

　大部分の地層は，別の場所から運ばれてきたさまざまな種類や大きさの粒子が堆積してできたものである。多くの場合，陸上の山地などに露出していた岩石が風化によってくだけたり，やわらかくなることから始まる。

❶風　化……岩石が表面からしだいにくずれていくことを風化という。

　風化には，物理的風化と化学的風化がある。

▶物理的風化…強い日射や冬季の凍結・融解のくり返しにより，岩石を構成している鉱物どうしの結びつきがゆるんでもろくなり，破壊される。

▶化学的風化…岩石を構成する鉱物そのものが水や酸素と反応して化学的に変化して，やわらかい粘土鉱物になる。

　岩石の中には，化学的風化によってすっかり溶けてしまうものもある。石灰岩地帯に見られる**鍾乳洞**はそうしてできた洞窟である。このように，水に溶けることで岩石が失われていくことを**溶食**という。石灰岩の溶食でできた地形を**カルスト地形**という。

❷侵　食……山地の風化した岩石は，風や雨によってしだいに削られていく。このようなはたらきを侵食という。

❸運　搬……くずれた岩石は，流水によって谷川に流れこむ。岩石がくずれてできた土砂は河川の上流から下流へ運ばれる。このようなはたらきを運搬という。くずれ落ちて大小さまざまな大きさにくだけた岩石は，激しい流れでおし流され，互いにぶつかりあう。そうすることで角が丸まったり，さらに細かくくだけて砂や泥の粒になったりしながら運搬される。こうしてできたさまざまな種類や大きさの粒子が，地層の材料となる。

Words　鍾乳洞

　鍾乳洞は石灰岩が雨水に溶かされてできた空洞で，地下に川が流れ，湖が存在する。鍾乳洞の水には炭酸カルシウムが多量に溶けている。

⬆鍾乳洞(岩手県龍泉洞)

Words　カルスト地形

　石灰岩の溶食であいた穴である，ドリーネから地下の鍾乳洞に雨水が落ちこむ。さらに石灰岩が溶けると，複数のドリーネが合体した大きなくぼ地となり，これをウバーレとよぶ。そうした地形の全体をカルスト地形という。

⬆カルスト地形(山口県秋吉台)

HighClass　れきや砂の粒子は，侵食が始まる速度と堆積が始まる速度がほぼ同じである。ところが泥はその2つの速度の差が大きい。いったん侵食されて運搬され始めると，流れがかなりおそくならないと堆積しない。このため泥で濁った水がすきとおるまで時間がかかる。

▶ **V字谷**…河川の上流で斜面が少しずつ谷底に向かってくずれていく場所は, 谷の断面がV字の形をしていることからV字谷という。

　V字谷は, 侵食と運搬が盛んに行われている場所である。

▶ **その他の地層を構成するもの**…火山が噴火したときにまき散らされた火山灰や, 砂漠, 干上がった水の底から舞い上がり, 風で運搬されていく砂ぼこりなども, 地層を構成することがある。

❹ **堆　積**……流水によって運搬された土砂や火山灰は, 川幅が急に広がったり, 川底の傾斜が急に小さくなったりする場所で**堆積**しやすい。これは, 水の流れがおそくなるためである。

　川の上流から中流にさしかかる所では, 急流だった流れの速度が小さくなるために, 大小の岩石や土砂が堆積して**扇状地**をつくる。

　下流が平野になっている川の河口部分では, ゆっくりではあるが流れていた川の流れがほとんど停止するので, 運搬されていた細かな土砂が堆積して**三角州**をつくる。

　山地が海の近くまで迫った山間をぬって流れる川では, 扇状地が河口にできる場合もある。平野を流れる川は, 曲がりくねって**蛇行**をすることが多い。

　蛇行する河川では, カーブの内側のほうが流れがゆるやかなために土砂が堆積しやすい。これらの土砂の堆積の場をつくる作用が長期間続くことで, 地層が形成されていく。

↑V字谷(徳島県)

参考 **砂　丘**

　砂丘の砂は, 乾燥地帯の岩石が風化してできる。砂は強風に運ばれて風下に移動する。

↑砂丘(中国タクラマカン砂漠)

湖(三日月湖)

↑蛇行する河川(アマゾン川)

　平野部を流れる河川は激しく蛇行することが多い。人が堤防をつくらなければ, 流量がふえると周辺に水があふれて湖になる。

HighClass

　河口付近の川原は, 川によってだいぶようすが違う。背後に山が迫っている川の河口は一面にれきがある一方, 広い平野を流れてきた川の河口にはれきは見られず, 泥や砂しかない。れきは, 川が山から平野に出てきたところに集中して堆積している。

▶**扇状地**…はやい流れがおそい流れに変わる，谷川や急流が広い谷や海辺に出た所にできる地形。大小の岩石を含む土砂が堆積して，下流に向かって傾いた扇形の土地をつくっている。水はけがよいので果樹園に適している。

　地形図には同心円状の等高線が現れる。大雨のときに土石流が発生しやすい。

↑扇状地（山梨県）

▶**三角州**…おそい流れが停止するような，平野を流れる川が静かな内湾や湖に出た所にできる地形。細かい粒の土砂のみが堆積し，ほぼ平らな低い土地をつくる。河口の沖の水底には，土砂が堆積しつつあるゆるい斜面ができる。

　水はけが悪いため，大きな区画の水田に水を張りやすく，稲作に適している。また，都市化が進むと盛り土などをして住宅地などに利用される。大都市が形成されることもある。

　ほぼ水平なので，地形図には等高線は現れない。大雨のときに洪水被害が発生しやすい。

↑三角州（広島県）

❺ **侵食・運搬・堆積作用が大きくなるとき**……流水による侵食・運搬・堆積作用は，いつでも行われているわけではない。何日も雨が降らずに水量が少ないときの川は，上流から下流まで水は澄んでおり，土砂が運ばれているようすはないが，豪雨や台風で水量がふえると，水が茶色く濁り始める。濁った水には多量の土砂が含まれており，そういうときに上流では侵食と運搬が，中流では主として運搬が，下流では運搬と堆積が行われる。

↑土砂が運ばれ濁った河川

▶**運搬作用が特に大きくなるとき**…扇状地で見られるような巨大な岩石は，百年間に一度といった豪雨のときに発生する強い水流でなければ運搬されることはない。そのような水，巨大な岩石，土砂が一体となった激しい勢いのある流れを**土石流**（鉄砲水）という。土石流は，洪水や地すべりなどとともに大雨での重大な災害となる。

↑土石流による被害（鹿児島県）
（出典：南日本新聞　1997年7月11日付）

短文記述対策！

Q 扇状地ができる場所と特徴について説明しなさい。

A 扇状地は，山間の支流が本流に合流する場所など急な傾斜がゆるくなり，土地が開ける場所にできる。土石流で運ばれてきた大きなれきを含む扇形をした傾斜地になる。

❻ 級　化……土砂の粒を含む濁った水の流速が低下して土砂が堆積するとき，粒子の密度が同じであれば，粒径の大きなものから先に沈む。このように，粒径の大きなものが下に，小さなものが上に堆積することを級化という。また，同じ粒径であれば，密度の大きな粒子から先に沈む。例えば，粒が小さくても密度の大きな砂鉄は，波打ちぎわや流れのある水辺に集まることがある。

⬆れき・砂・泥の順に堆積するようす

第**4**編

地　球

第1章
大地の変化

第2章
天気とその変化

第3章
地球と宇宙

❸ 堆積岩 ★★★

川の流れなどで運搬されたのち，堆積した土砂などのまとまりを堆積物という。堆積物は粒の大きさや種類で分類される。堆積物が固まってできた岩石を堆積岩という。堆積岩はもとになった堆積物の種類に応じて分類される。

■ 堆積物と堆積岩

〜堆積物が堆積岩になる〜

❶ **堆積物**……川の流れや風などで運搬され，堆積した土砂や火山灰などを**堆積物**という。土砂の集まった堆積物は，その粒子の大きいほうから，れき，砂，泥の3つに大別される。

また，堆積物の中には，過去に大量に生息していた生物の遺骸(化石)が集合したもの，水中に溶解していた物質が溶解度に達して生じた沈殿物がたまったもの，火山の噴火で飛来した火山灰を主とするものなどもある。

❷ **堆積岩**……堆積作用が長期間続くと，堆積物が次々と重なって厚くなっていく。水中で堆積してから長い時間がたち，また上に厚い堆積物がのってくると，その重さのために粒子と粒子のすきまが小さくなったり，すきまに存在する水から化学成分が沈殿して粒子どうしが接着したりする。こうして，始めはばらばらだった堆積物がじょじょに一体性をもちかたくなってくる。堆積物が長時間かけて固まってできた岩石を**堆積岩**という。

参考 れき・砂・泥

れき，砂，泥は粒子の大きさで区別されている。2 mm 以上のものがれき，0.06 〜 2 mm のものが砂，0.06 mm 以下のものが泥である。

zoomup 溶解度→ p.213

河口の近くには粒径の大きなれきが，はるか沖には細かい泥が，その中間には砂が堆積するといった典型的な堆積のありさまは，いつもなりたつわけではない。海進や海退が進む中で地層が形成されると，それぞれに特徴的な積み重なりの様式が現れる。

堆積岩は，もとになった堆積物の粒子の大きさや種類により，次のように分類されている。

堆積物		堆積岩
土砂	れき(粒径 2 mm 以上)	れき岩
	砂(粒径 0.06 ～ 2 mm)	砂岩
	泥(粒径 0.06 mm 以下)	泥岩
化石	サンゴやフズリナなど	石灰岩
	放散虫など	チャート
化学的沈殿物	塩化ナトリウム	岩塩
	炭酸カルシウム	石灰岩
	二酸化ケイ素	チャート
火山砕せつ物	火山灰(粒径 2 mm 未満)	凝灰岩
	火山れき(粒径 2 mm 以上)	凝灰角れき岩

↑堆積物と堆積岩

❸ いろいろな堆積岩

▶れき岩…岩石のかけらであるれきが集合してできた岩石。れきのみからできていることはまれで，れきとれきの間には砂がつまっていることが多い。

　丸いれきからなる円れき岩，角張ったれきからなる角れき岩などがある。

↑れき岩

▶砂　岩…砂粒子を主体とする，堆積岩の中で最も多い岩石。粒子が比較的細かく，1つ1つの粒子がセキエイやチョウ石などの鉱物であることが多い。大量にあるので採掘がしやすく，古い時代の砂岩はかたさもある。そのため，土木や建築の構造材料であるコンクリートに混ぜて強くする骨材として用いられることが多い。

↑砂　岩

▶泥　岩…泥が固結してできた岩石。砂岩と互い違いに積み重なって砂泥互層をなすことが多い。風化しやすく，特に水にぬれたり乾いたりをくり返すと風化が進行する。

　古い時代の泥岩には，強くおしつけられてその方向に直交する面で割れやすくなった頁岩とよばれるものがある。

　黒っぽい色のものが多く，そうした泥岩には有機物が多く含まれる。特に黒色の泥岩の中には，碁石やすずりに用いられるものもある。

↑泥　岩

HighClass

上の堆積岩の分類表の中で，石灰岩は 2 か所に名まえが出てくる。日本の石灰岩はフズリナやサンゴなどの化石を含むものが多い。海外には海水の蒸発が進んだり，大気中の二酸化炭素濃度が異常に高まったときに炭酸カルシウムが沈殿してできた石灰岩もある。

▶**石灰岩**…炭酸カルシウムでできた岩石。石灰質の殻をつくる生物の化石を多量に含むものが多い。石灰岩が地表に分布する地域では鍾乳洞から地下に水が流れこむので，地表面の河川が発達しない。

⬆石灰岩

コンクリートに不可欠なセメントの原料資源として重要で，都市に近い場所では盛んに採掘される。

▶**チャート**…二酸化ケイ素（ケイ酸）でできた岩石。ケイ酸質の殻をつくる生物である**放散虫**の化石がもとになっていることが多い。非常にかたく，江戸時代には火打ち石として用いられていた。

⬆チャート

層状に重なることが多く，赤・白・緑・灰などさまざまな色がある。

▶**凝灰岩**…火山灰が固まってできた岩石。砂や泥よりも明るい色をしていることが多く，他の岩石と区別しやすい。また，噴出源の火山や，噴火ごとに含まれる鉱物の種類や化学的な特徴が異なるため，詳しく調べると，どの火山のいつの年代の噴火でできたかがわかる。大規模な噴火だと広い地域に同時に積もるので，よい**鍵層**になる。

⬆凝灰岩

ほどほどのかたさで加工性のよいものが多い。例えば，宇都宮市で産出する大谷石などはブロックがわりに重用されてきた。

参考 **コンクリートの材料のセメントとなる石灰岩**

大きな建物の多くはコンクリートで支えられている。コンクリートは，石灰岩を加熱してつくるセメントと砂とれきを混ぜて水を加えて固めたもので，鉄の棒を入れることで一層じょうぶな鉄筋コンクリートになる。

参考 **大谷石**

栃木県宇都宮市大谷地区で大量に採掘された凝灰岩。北関東地方の古い屋敷では，今でも塀や蔵に使われているのを見ることができる。地下の巨大な採掘跡の空洞の一部は，地下コンサートや地下美術館などに活用されていて不思議な雰囲気を味わえる。

⬆大谷石採掘跡地の地下空間

短文記述対策！

Q 石灰岩かどうかを確かめる方法について説明し，石灰岩の利用例をあげなさい。

A うすい塩酸をたらしてみて，発泡したら（二酸化炭素が発生したら）石灰岩と確認できる。
石灰岩はコンクリートの材料のセメントとして利用される。

2 堆積岩の変化

〜堆積したあとに変化することがある〜

　堆積岩が形成される場所は地下なので、地上よりも温度や圧力が高い。しかし、地殻変動などによってさらに高い温度や圧力になると、ふつうの堆積岩とは違う性質をもつ岩石に変化する。そうした岩石を変成岩という。変成岩は、温度や圧力の上昇の度合いやもとの岩石の違いにより、いくつかの種類がある。

▶**広域変成岩**…長さが数100 kmにも達する広い範囲にわたって変成岩ができる。特に高い圧力を受けてできた岩石を**結晶片岩**といい、特に高い温度の下でできた岩石を**片麻岩**という。

▶**接触変成岩**…花こう岩質のマグマの周囲の岩石が、主として高温にさらされて変成岩になる。砂岩や泥岩から変化したものを**ホルンフェルス**といい、石灰岩から変化したものを**大理石**または**結晶質石灰岩**という。

⬆片麻岩

⬆ホルンフェルス

4 地層や化石からわかる過去の環境 ★★★

　地層や化石から、それがどこでどのようにできたかを知る手がかりを見つければ、過去の環境や、どのようなできごとが起きていたかを考えることができる。

1 地層からわかる過去の環境

〜地層の成因から当時のようすを考える〜

　地層を観察すると、それができたときの環境やその後の環境の変化を知る手がかりを見つけられる。地層ができる環境は、水底か陸上に大別される。

❶ **水底でできた地層**……水底でできた地層には、さまざまな水のはたらきの記録が残されている。

▶**級化がみられる層**…地層のしま模様を一枚ごとに観察すると、粗い粒が底にあり上に向かって細かい粒に変化するようすがみられることがある。

　こうした重なり方を**級化**といい、いろいろな大きさの粒が混じった濁り水から堆積したことを示している。

細かい粒

粗い粒

⬆級　化

Episode

ホルンフェルスはドイツ語で「角の岩」という意味である。これは、非常にかたく、割ると角ばって割れることから名づけられたといわれている。

▶斜交葉理(斜層理)がみられる層…流れの強さや向きがたびたび変化する水底で堆積した地層には，斜交葉理あるいは斜層理とよばれる，はけで互い違いにはいたような構造がみられることがある。模様の重なりから，堆積当時の水流の方向などを推定することができる。

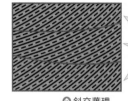

↑斜交葉理

▶覆瓦構造(インブリケーション)がみられる層…一方向の強い流れの下で堆積した平たいれきの大部分が平らな面を上流に向けて斜めに重なることを，覆瓦構造(インブリケーション)という。このような構造は，平たいれきが強い流れで巻き上げられてから底に沈むとき，水から受ける抵抗が最も少ない姿勢をとるためにできる。

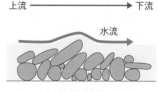

上流 ━━━━━→ 下流

水流

↑覆瓦構造

▶うすい層が多数積み重なった層…沼や湖などのつねに水が静かな環境で堆積した地層では，非常にうすい層が多数積み重なった地層ができることがある。

▶円れき・角れき…れき岩に含まれるれきが丸い場合は，れきを供給した山地から地層ができた場所まで，遠距離を運搬されたことがわかる。角れきの場合は逆である。

↑うすい層が重なる湖の地層
（水月湖(福井県)の地層）
（出典：福井県年稿博物館）

▶地層が水底でできるとき，多くの場合，地層はほぼ水平に積み重なっていく。

　もし，大きく傾いていたり，じゃばらのように曲がっていたりした場合，地層が堆積したあとに地殻変動が起きたことを示している。

❷ 陸上でできた地層……水底でできたことを示す特徴がなく，細かい粒だけからなるおおざっぱな層状の構造の層は陸上で堆積したと考えられる。鉄がさびたような赤っぽい色をしている地層は，陸上で風に運ばれてきた火山灰や砂ぼこりが堆積したものである可能性が高い。火山灰やそれを多く含む地層があれば，比較的近くで活発な火山活動が起きていたことがわかる。そうした地層の例として，関東地方の台地の上に分布する関東ローム層がある。

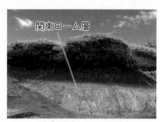

関東ローム層

↑関東ローム層

HighClass

堆積岩などの表面に，波模様がついていることがある。これはリップルマークとよばれるもので，水流などによってつくられた模様である。リップルマークがついている堆積岩から，当時の水の流れる方向などがわかる。

2　化石からわかる過去の環境

～昔の生物を手がかりに環境を考える～

❶化　石……化石は，過去に生きていた生物の遺骸や生物が生活した痕跡である。貝殻や動物の骨などがそのまま化石になることもあれば，木材がケイ酸などに置きかわって化石(ケイ化木)になっている場合もある。殻や骨が溶け去ったあとの，抜け跡(型)だけが残ることもある。また，巣穴・はい跡・あし跡・排せつ物などが地層中に残されていても化石という。

↑ケイ化木

❷示相化石……生物には，生息する環境が限られているものがいる。そうした生物の化石が見つかれば，その化石を含む地層の環境が推定できる。そのような化石を示相化石という。

▶示相化石の例

生物(化石)名	環境
シジミ	湖や河口(汽水域)
アサリ・カキ	海岸付近の浅い海
サンゴ	あたたかくきれいな浅い海
ホタテ	冷たい海
木(立ち木)	陸地

↑サンゴの化石

↑ホタテの化石

5　化石からわかる地層の年代 ★★☆

46億年前に地球が誕生し，数億年を経て海洋が形成され，地球上に生命が誕生した。

化石は，その後の生物の進化が地層に記録されたものである。

1　地層の年代を示す化石

～いつ堆積したか，化石からわかる～

❶化石から年代がわかる理由……地球上では，さまざまな生物が登場して進化しては絶滅してきた。ときには，非常に多くの生物が一度に絶滅する時期(大量絶滅)もあった。

したがって，生物の種類の組み合わせや，場合によってはある1種類の生物が存在するかどうかで，それがいつの年代であるかがわかる。

zoomup　進　化→ p.449

短文記述対策！

Q 示相化石の意味と示相化石として用いるための条件を説明しなさい。

A 示相化石とは，その地層が特定の環境でできたとわかる化石である。特定の環境以外では生息できないことと，進化が遅くて時代により変化しないことが条件である。

❷ **示準化石**……特定の時期に，地球上の広範囲に大繁栄した生物は，その年代を特徴づける化石となる。こうした化石を**示準化石**という。同じ示準化石が見つかれば，遠く離れた場所であっても，同じ年代につくられた地層であることがわかる。特定の年代にだけ生息していても，化石として残っている数が少ないと示準化石には適さない。

▶示準化石の例

年代		生物(化石)名
古生代		サンヨウチュウ(三葉虫)，フズリナ
中生代		アンモナイト，トリゴニア(二枚貝)
新生代	古第三紀・新第三紀	貨幣石(ヌムリテス)，ビカリア
	第四紀	マンモスなどの大型のホ乳類

2 地質年代

~地球の歴史はどのようなものだろうか~

　地球の歴史上での時代区分を示す年代を地質年代という。地質年代は，生物の進化と対応づけて表すことができる。

❶ **先カンブリア時代**……約46億年前に地球が誕生してから，約5億4000万年前までをさす。約38億年前に生命が誕生し，進化を続けた。単細胞生物や光合成を行う生物が誕生して，多細胞生物にまで進化した。地球の大気中の酸素の濃度はじょじょに増加したが，生命活動は海中に限られていた。数回にわたり，地球の表面全体が凍りつく**全球凍結**(スノーボール・アース)が起きた。

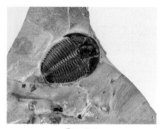
↑三葉虫

zoomup 単細胞生物→p.367

❷ **古生代**……約5億4000万年前から約2億5000万年前までをさす。古生代の始めに非常に多くの種類の生物が現れ，生命活動はたいへん活発になった。前半にはサンヨウチュウやフズリナが繁栄し，魚類が登場した。

　後半には生物が上陸を始め，シダ植物や両生類が繁栄し，大気中の酸素濃度が現在と同等以上になった。

↑フズリナ

Episode　地質年代の名まえは，その時期の地層がいちばんよく研究されている場所にちなんで命名される。多くの地質年代はヨーロッパの地名にちなむが，今から78.1万年前から12.6万年前までの地層は，日本の場所にちなむチバニアン(千葉時代)と命名されている。

❸ **中生代**……約2億5000万年前から約6600万年前までをさす。陸上では恐竜や裸子植物が，海ではアンモナイトが繁栄した。ハ虫類と鳥類の中間的な生物であるシソチョウ(始祖鳥)や，ホ乳類などが現れた。

　温暖で生物の活動が活発であったが，メキシコ沖への巨大いん石の衝突による大量絶滅で多くの生物が絶滅したと考えられている。

❹ **新生代**……約6600万年前以降をさす。陸では，ホ乳類や被子植物が繁栄した。ビカリアや大型有孔虫の貨幣石なども登場した。ホ乳類の一部は大型化した。約260万年前以降の第四紀になると，気候が寒暖をくり返すなか，人類が登場し劇的な進化を遂げ，繁栄し現在にいたる。

↑アンモナイト

↑大型恐竜(ティラノサウルス)

↑ビカリア

↑ナウマンゾウ

代	紀	年(百万年)	植物の時代	生物	動物の時代
新生代	第四紀	0 / 2.6	被子植物の時代	被子植物	ホ乳類の時代
新生代	新第三紀	23			
新生代	古第三紀	66			
中生代	白亜紀	145	裸子植物の時代	ソテツ類・イチョウ類・マツ類・裸子植物　鳥類	ハ虫類の時代
中生代	ジュラ紀	200			
中生代	三畳紀	251			
古生代	二畳紀	299	シダ植物の時代	ホ乳類・ハ虫類	両生類の時代
古生代	石炭紀	359		ソテツシダ類・シダ類・シダ植物　その他の無セキツイ動物　両生類	
古生代	デボン紀	416			魚類の時代
古生代	シルル紀	444			
古生代	オルドビス紀	488	藻類の時代	サンヨウチュウ類　魚類　セキツイ動物	無セキツイ動物の時代
古生代	カンブリア紀	542		フデイシ類・イカ類(頭足類)	
先カンブリア時代			藻類	(原生生物)	

HighClass　地質年代は，それぞれの時代を特徴づける化石の組み合わせで決められる。年代が変わると生物群が入れかわる。これは，チームスポーツの選手交代と違い，「退場」した生物が根絶した大量絶滅が起きたことを意味する。地球上で生き残ることはなかなか難しいといえる。

第**4**編
地球

第1章
大地の変化

第2章
天気とその変化

第3章
地球と宇宙

→ p.481 **1** 火山の噴火において，火口から流れ出したマグマを何というか。

1 溶岩

→ p.481 **2** 火山噴出物は火口から流れ出る（　　　）とマグマが細かく砕けた（　　　）と水蒸気を主とする（　　　）に大別される。

2 溶岩，火山砕せつ物，火山ガス

→ p.482 **3** マグマの（　　　）が小さいほど，静かに流れ出て（　　　）的な噴火をしにくい。

3 粘り気，爆発

→ p.484 **4** 陸上で多くの火山が分布しているのは，何とよばれる地域か。

4 環太平洋火山帯

→ p.486 **5** マグマが固まった岩石を（　　　）とよび，地上や地表近くで固まると（　　　）に，地下深い所で固まると（　　　）になる。

5 火成岩，火山岩，深成岩

→ p.486 **6** 火山岩は（　　　）組織をしており，深成岩は（　　　）組織をしている。

6 斑状，等粒状

→ p.491 **7** 地震が発生した場所を何というか。

7 震源

→ p.492 **8** 初期微動をもたらす地震波を何というか。

8 P波

→ p.492 **9** P波到着後，S波到着までの小さなゆれを（　　　）といい，その継続時間は（　　　）が大きいほど長くなる。

9 初期微動，震源距離

→ p.492 **10** S波到着後の大きなゆれを何というか。

10 主要動

→ p.494 **11** 各地の観測点でのゆれの大きさを（　　　）といい，（　　　）から（　　　）までの（　　　）段階ある。

11 震度，0，7，10

→ p.495 **12** 地震そのものの規模を（　　　）といい，1大きくなると約（　　　）倍に，2大きくなると（　　　）倍になる。

12 マグニチュード，32，1000

→ p.499 **13** 日本付近には2つの（　　　）プレートと2つの（　　　）プレートがある。

13 大陸，海洋（順不同）

→ p.499 **14** 海溝付近を震源とする地震を何というか。

14 海溝型地震

→ p.502 **15** 地震の際に水分を多く含む地盤が液体のようにふるまう現象を何というか。

15 液状化

→ p.505 **16** 海岸沿いの山地が沈降することによってできた入り組んだ海岸線をもつ地形を何というか。

16 リアス海岸

→ p.506 **17** 土地に大きな力が加わって割れ目ができ，ずれてできる地形を何というか。

17 断層

→ p.507 **18** 土地に大きな力が加わって波打つように変形してできる地形を何というか。

18 しゅう曲

→ p.524 **19** 地層が堆積した環境がわかる化石を（　　　）化石という。ホタテの化石からは，当時の環境は（　　　）だったとわかる。

19 示相，冷たい海

→ p.525 **20** サンヨウチュウやフズリナは（　　　）の，アンモナイトは（　　　）の，大型ホ乳類は（　　　）の示準化石である。

20 古生代，中生代，新生代

● 次の文章を読み，あとの問いに答えなさい。　　　　　　　【灘高−改】

　地震計に記録された初期微動の最初のゆれ（初動という）の向きから，震源の方向を推定することができる。図1のように，地中の震源からP波が最短距離で伝わってきて初動を起こすが，このとき，震源からおされる場合と引かれる場合がある。図2のように，地震計は通常，東西方向，南北方向，および上下方向の地表のゆれの成分を独立に記録できるように3台1組で使用する。ある地震の初動で，地震計の設置された地表が，東西方向は「東」へ，南北方向は「北」へ，上下方向は「下」へ動いた。また，東への動きは北への動きとほぼ同じ量であった。この初動の動きから考えて，震源の位置は地震計に対してどちら方向にあると考えられるか。「東」「西」「南」「北」「北東」「北西」「南東」「南西」「真下」の中から選べ。

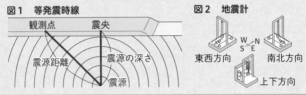

図1　等発震時線
観測点　震央
震源距離　震源の深さ
震源

図2　地震計
東西方向　南北方向
上下方向

▶ Key Point

　縦波であるP波は進む方向と振動する方向が同じであり「おし」と「引き」のくり返しが伝わっていく性質をもつこと，向きごとの地震計のゆれの動きの意味を考えること，観測された動きが「おし」か「引き」かによって震源方向をどう考えるか，が重要である。

▶ Solution

　この地震の震源は地中にあるので，地表に置かれた地震計が「下」へ動いたことは，初動のゆれは「引き」で起こされたことがわかる（下から「おし」がくれば「上」に動く）。地震計の動きは，水平面内では「東」と「北」にほぼ同じ量だけ動いたので「北東」へ動いたことになる。上下方向の動きが「下」であることとあわせて考えると，震源から伝わってきた初動の地震波は，「北東」方向に引く動きである。したがって，震源は「北東」方向にあるはずである。

▶ Answer

北東

難関入試対策 作図・記述問題 **第1章**

Level 2

第**4**編 地球

第1章 大地の変化

第2章 天気とその変化

第3章 地球と宇宙

● 次の文章を読み，あとの問いに答えなさい。　　　【四天王寺高－改】

　下の表は，ある地震においてP波とS波が地点**X**〜**Z**に到達した時刻を示したものである。この地震では震源が地表付近で，P波とS波の速さはそれぞれ一定であったため，初期微動継続時間 t〔秒〕と震央までの距離 e〔km〕には，$e=kt$ という式が成り立つとする。

地点	P波到達時刻	S波到達時刻
X	10時15分45秒	10時15分54秒
Y	10時15分40秒	10時15分45秒
Z	10時15分41秒	10時15分46秒

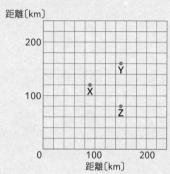

　右の図に地点**X**〜**Z**の位置を示した。コンパスを利用してこの地震の震央を推定し，座標で答えよ。ただし，$k=10$〔km/s〕とする。また，地点**X**の座標は(90，120)と表される。

▶ Key Point

　複数の観測地点での初期微動継続時間から震源距離を求め，観測地点を中心として震源距離に相当する半径の円を作図すると，すべての円の重なる領域の下に震源が位置する。問題の震源は地表付近なので，円の重なる領域は点になることが予想され，そこが震央とみなせる。

▶ Solution

　各地点の初期微動継続時間は，地点**X**が9秒，地点**Y**と地点**Z**がともに5秒である。したがって震央距離は地点**X**が90 km，地点**Y**と地点**Z**がともに50 kmである。それぞれの震央距離の円を作図すると，3つの円は1点★で交わり，その座標は(180，120)である。

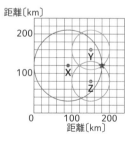

Answer

(180，120)

START! 空のようすは，毎日変化します。きれいな青空もあれば，どんよりとしたくもり空もあります。雲や空を見ることで，これからの天気や大気の状態などがわかります。気象のしくみを探ってみましょう。

すごい！空の写真がいっぱいだね！

1か月間撮り続けたんだよ！

写真を見ると，結構天気が移り変わってるね。

まさに，春の天気の特徴をとらえているね。

季節ごとに特徴があるんですか？

梅雨があったり，夏は暑く蒸し暑い日が続くというのも，季節の天気の特徴だよ。そして春は周期的に天気が変わる特徴があるんだよ。

そういえば，毎年そんな感じかも…。

あれ？この2枚，同じくもりでもようすが違う感じだね。

えっ，どれ？

これとこれ，だいぶ違う感じでしょ？

確か，こっちの日は強い雨が降って，あっちの日はおだやかな雨が降ってたな…

こっちは寒冷前線による雲で，

こっちは温暖前線による雲だね。

違うといえば,
この写真なんだけど…

同じような写真に
見えるけど?

こっちの写真を撮った日は
晴れてたけど寒かったんだよね。

こっちの日は
あたたかかったけど。

海のようすも違うから,
風の吹き方も違うのかな。

前線の通過後の天気も,
どの前線かによって変わってくるよ。
寒冷前線の通過後は気温が
下がるけど,温暖前線の通過後は
気温が上がるんだ。

同じ晴れでも,
いろいろ違うんだ!

気象のようすを表すためには,
その日の天気だけじゃなくて
気温や湿度,気圧,風向,風力
なんかも重要になってくるからね。

そんなに?大変そう…

大丈夫!まずは雲のようすや気温など,
身近なことから観測しよう。そうすれば,
広い大気のようすがわかってくるよ。

じゃあ,こんな感じで
空の写真を撮るのは
気象を理解する
手がかりになるんだね!

ところで,余ってるカサない?
忘れてきちゃって…

まさか
雨とは…

あんなに空を
見てたのに?

531

5 気象の観測

Point

❶ 気温と湿度の観測方法を理解しよう。

❷ 気圧と風の観測方法を理解しよう。

❸ 雲の種類（十種雲形）を確認しよう。

1 気温と湿度の観測 入試重要度 ★★☆

1 温度計

~いろいろな温度計がある~

気温を測定するときには，温度計を使う。学校では**ア
ルコール温度計**を使うことが多いが，最高・最低気温を
表示する**最高・最低温度計**，記録紙にグラフが残る**自記
温度計**など，さまざまな種類の温度計がある。

2 気温の測定

~温度計の読みとりに注意~

気温を観測するときには，次の点に注意する。

①温度計に直射日光があたらないようにする。

②温度計の球部（感温部）に空気を十分に接させる。

③目盛りを正しく読む。

①のためには，温度計を百葉箱に入れるか，白いおお
いをつけるとよい。②のためには，風通しのよい場所で
観測する。また，温度計を入れた筒に風を送る方法もあ
る。③については，右の図を参照。

地上の気温は 1.5 m の高さではかるのが基本である。

3 湿度計

~いろいろな湿度計がある~

湿度を測定するときには，湿度計を使う。学校では**乾
湿計**を使うことが多いが，風を送る**通風乾湿計**，より正
確な**毛髪湿度計**，記録紙に残す**自記湿度計**など，さまざ
まな種類の湿度計がある。乾湿計では，乾球と湿球の温
度から，**湿度表**によって湿度を読みとる。

参考 温度計の使い方

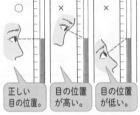

・温度計の目盛りを正しく読む

○	×	×
正しい目の位置。	目の位置が高い。	目の位置が低い。

・目盛りの読みとり順

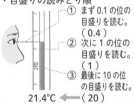

① まず 0.1 の位の目盛りを読む。（0.4）

② 次に 1 の位の目盛りを読む。（1）

③ 最後に 10 の位の目盛りを読む。（20）

21.4℃ ←

zoomup 乾湿計→ p.551

Episode アルコール温度計に入っているものは，アルコールではなく灯油である。最初はアルコール
を使用していたが，古くなると色がうすくなるので灯油になった。そのため，割れるとにお
いがある。また，液の色は手や服につくと落ちにくいので注意する。

② 気圧と風の観測 ★☆☆

① 気圧計と気圧の測定

〜気圧の単位は hPa（ヘクトパスカル）〜

❶ **気圧計**……気圧を測定するときには，気圧計を使う。学校では**アネロイド気圧計**を使うことが多いが，より正確な**水銀気圧計**や，グラフを記録することができる**自記気圧計**もある。

❷ **気圧の測定**……アネロイド気圧計では，表示された数値を hPa（ヘクトパスカル）の単位で読む。水銀気圧計の場合は，水銀柱の高さを読む。1 気圧は1013 hPa で，このときの水銀柱の高さは約 76 cm になる。

② 風の観測

〜風向は風が吹いてくる方角〜

風の状態は，風向，風速，風力で示される。

❶ **風　向**……風向きともいい，風が吹いてくる方向を16 方位で示す。8 方位を使うこともある。

❷ **風　速**……風速計で計測した 10 分間の平均を，m/s の単位で示す。瞬間風速の場合は 3 秒間の平均値で示す。

↑風向風速計

❸ **風　力**……風速や風の吹き方から，風の力（風力）がわかる。風力は人間の目でわかり，0 〜 12 の **13 階級**がある。

参考 トリチェリの実験

約 1 m のガラス管に水銀を満たして，水銀の入った容器に逆さに立てると，容器の水銀面から約 76cm の高さで静止する。ガラス管が傾いていても，水銀の高さは同じである。これは，水銀柱による圧力と大気圧がつりあっているため起こる。

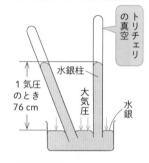

Words 16 方位

下の図のような 16 の方位で表す。

風力階級	地上 10 mにおける風速(m/s)	陸上での風のようす
0	0.3 未満	静穏，煙は真っすぐにのぼる。
1	0.3〜1.6 未満	風向は，煙がなびくのでわかるが，風見には感じない。
2	1.6〜3.4 未満	顔に風を感じる。木の葉が動く。風見も動き出す。
3	3.4〜5.5 未満	木の葉や細い小枝がたえず動く。軽い旗が開く。
4	5.5〜8.0 未満	砂ぼこりがたち，紙片が舞い上がる。小枝が動く。
5	8.0〜10.8 未満	葉のある樹木がゆれ始める。池や沼の水面に波がしらがたつ。
6	10.8〜13.9 未満	大枝が動く。電線が鳴る。かさは，さしにくい。
7	13.9〜17.2 未満	樹木全体がゆれる。風に向かって歩きにくい。
8	17.2〜20.8 未満	小枝が折れる。風に向かっては歩けない。
9	20.8〜24.5 未満	人家にわずかの損害が起こる。（煙突が倒れ，かわらがはがれる）
10	24.5〜28.5 未満	樹木が根こそぎになる。人家に大損害が起こる。
11	28.5〜32.7 未満	めったに起こらないような広い範囲の破壊が起こる。
12	32.7 以上	———

Episode 気圧計や風速計などのさまざまな観測機器は，きちんと正しい値を示しているか，定期的に調べる必要がある。このような作業を校正という。それぞれの機器に精度の表示や校正すべき値が書いているものもある。

3 雲の観察 ★★☆

1 雲の種類

~雲の基本形は 10 種類~

❶ **雲の名まえ**……雲は十種雲形に分けられている。こ
れは，国際的に決まっていて，雲の観測の基本である。
雲は，3つの区分の高さごとに，以下のように名まえ
がついている。なお，霧は雲に含めない。

雲の名まえ	高 さ	特 徴	別 名
巻雲	上層 5～13 km	はけではいたような，すじの形。	すじ雲
巻積雲		うろこのような，たくさんの小さな雲の集まり。	うろこ雲
巻層雲		白いベールのように広がり，日がさができる。	うす雲
高積雲	中層 2～7 km	巻積雲よりやや大きな，たくさんの雲の集まり。	ひつじ雲
高層雲		灰色に広がり，空がやや暗くなる。	おぼろ雲
乱層雲		暗い灰色の雲が広がり，比較的弱い雨や雪が降る。	あま雲
層積雲	下層 0～2 km	白色や灰色の雲がもこもこと広がる。	うね雲
層雲		霧のような雲で，地面の近くでもやもやと見える。	きり雲
積雲	下層～上層 0～13 km	もくもくとした丸みがあり，大きくなることもある。	わた雲
積乱雲		もくもくと高い空までのび，上のほうで広がる。	入道雲

※下層にできた積雲が上層まで高くなると積乱雲になる。
※5～7 km で中層と上層が重なるのは，季節や天気で変
わるためである。

❷ **雲ができる場所**……雲は，大気の対流活動が活発な
対流圏で発生する。対流圏の高さは，温帯地方では，
地上から 13 km ぐらい（10～15 km）までである。また，
赤道付近ではより高く，極付近ではより低くなる。こ
れは，あたたかいと空気が膨張するためである。

❸ **高さによる雲の特徴**……雲ができる高さにより，で
きる雲の特徴は異なる。

▶上層（5～13 km）の雲…とても冷たく，多くの雲
は氷の粒でできている。うすく真っ白に輝き，高い
空の気流でできる。

▶中層（2～7 km）の雲…温度は氷点下だが，ほぼ水
の粒でできている。厚くなると灰色になる。低気圧
などでできやすい。

▶下層（地上～2 km）の雲…ほぼプラスの気温で，水
の粒でできている。雲の下は暗めの色である。地面
の熱の影響でできやすい。

参考 雲の名まえのきまり

雲の名まえには，次のような
きまりがある。

・横に広がる雲…「層」がつく
（5 種類）
・かたまり状の雲…「積」がつ
く（5 種類）
・雨を降らす雲…「乱」がつく
（2 種類）

参考 ジェット機からの空

高度 12 km 程度を飛ぶジェ
ット機からは雲が下に見える。

Episode 日本だと積乱雲はジェット機と同じような高さにでき，赤道地域だともっと高くにできる。
そのため，ジェット機はこれを避けて飛ぶ。高緯度になると積乱雲ができる位置は低くなる
ので，ジェット機はその上を飛ぶ。雲の高さはあたたかい地方ほど高くなる。

❹雨を降らす雲……名称に「乱」がつく雲は，雨を降らせる。その他の雲も，ごく弱い雨を降らせることがある。

▶乱層雲…弱い雨を長時間降らせる（しとしと雨）。

▶積乱雲…強い雨を短時間降らせる（にわか雨）。

2 雲の見分け方

～雲は高さと形で見分ける～

雲の種類を見分けるときは，高さと形に注目する。

❶雲の高さ……上層，中層，下層でできる雲は異なるが，積雲は下層から中層まで盛り上がることがあり，積乱雲は下層から上層まで達することがある。乱層雲は下層や上層に入ることもある。

❷雲の形……横に広がる（「層」がつく），かたまり状（「積」がつく），すじ状（巻雲）といったものがある。

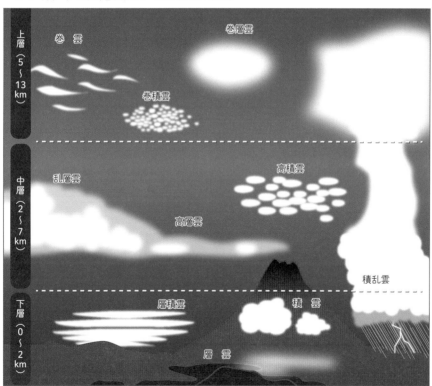

↑十種雲形

HighClass　巻雲と巻層雲は氷の粒だけでできており，うすく真っ白に輝くのが特徴である。積乱雲の上部や乱層雲の上部も氷の粒になっている。また，巻積雲も氷の粒になっていることがある。

3 十種雲形

〜 10 種の雲の代表的な形〜

| 下層にできて 高く成長する雲 （対流雲） | 上層にできる雲 |

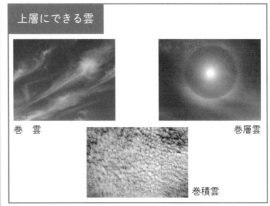

巻 雲 　　　　　 巻層雲

巻積雲

中層にできる雲

高積雲 　　　　　 乱層雲

高層雲

積乱雲

下層にできる雲

層積雲 　　　　　 層 雲

積 雲

入試Info

入試には，雲の写真が多く出題されている。上にあげた雲の写真は特徴（とくちょう）がわかりやすいものだが，中には特徴がつかみづらいものもある。日頃（ひごろ）から空を見て，さまざまな形の雲を知っておくとよい。また，朝夕は雲の高さの違（ちが）いがわかりやすくなる。

4 雲のようすと天気

~雲から天気の変化を知る~

雲をさまざまな角度から見ると，雲の性質や天気がわかる。

❶ 白い雲と灰色の雲……雲の色の違いは，太陽の光のあたり方が異なるために起こる。

▶白い雲…太陽の光があたると，たくさんの光をはね返す（散乱する）ため白く見える。

▶灰色の雲…雲が厚くなると，太陽の光を通さなくなるため，雲の下のほうが灰色に見える。

積乱雲や乱層雲などの下では，空が暗くなるが，雲の上のほうは太陽の光があたっているため，白く見えている。

❷ 雲の変化……雲は，できては消える。

▶雲の成長…雲は上昇気流があると大きくなり，雨を降らすようになる。

▶雲の消滅…雲はあたたまったり乾燥したりすると，水蒸気となって見えなくなる。

❸ 雲と雨……水の粒（水滴）と氷の粒（氷晶）が入った大きな雲から，たくさんの雨が降る。水の粒から氷の粒に水蒸気が移動し，氷の粒が大きくなってそのまま降ってくると雪となり，それがとけて降ってきたものが雨となる。

積乱雲や乱層雲は，雨を降らせる雲として代表的なものである。積乱雲による雨は短時間に激しく降ることが多く，乱層雲による雨は長時間おだやかに降ることが多い。また，積雲や層雲，層積雲などでも，水の粒が大きくなって，少し雨が降ることもある。

❹ 雲と天気……天気は，空全体を 10 としたときに，雲が空を占める割合によって決まる。

雲の割合のことを雲量という。なお，雲量に関わらず，雨や雪が降っているときの天気はそれぞれ雨，雪となる。

▶雲量が 0 ~ 1 のとき…快晴

▶雲量が 2 ~ 8 のとき…晴れ

▶雲量が 9 ~ 10 のとき…くもり

太陽の光のあたり方で雲の色が違って見える。

↑雲の色

参考 観天望気

雲や風，まわりの生物の変化などから，その先の天気を予想できる。雲の移り変わりから，翌日までの天気が予想できることも多い。例えば，巻積雲が広がるとその後雨が降りやすいといわれている。

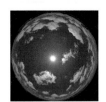

↑雲量 2（晴れ）

↑雲量 9（くもり）

HighClass

雲の種類の違いは，はっきりとわからないことが多くある。雲を見分ける手がかりになるのは，雲の高さである。高さによって風のようすが異なるので，それによる雲の動きや形の変化をみるとよい。また，高い山や飛行機なども雲の高さを知る手段になる。

気象の観測

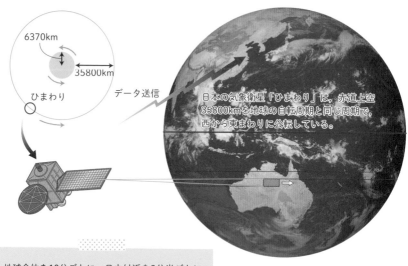

6370km
35800km

ひまわり

データ送信

日本の気象衛星「ひまわり」は、赤道上空35800kmを地球の自転周期と同じ周期で、西から東まわりに公転している。

地球全体を10分ごとに、日本付近を2分半ごとに撮影して、雲の画像や温度などのデータを送っている。

「ひまわり」から見た台風の姿

はっきりした強い渦巻きを示す。
（2018年9月29日）

本州に上陸し、激しい雨と強風をもたらす。
（9月30日）

中心の渦が、くずれている。
（10月1日）

（出典：国立情報学研究所「デジタル台風」）

第
4
編

地
球

第 1 章

大地の変化

第 2 章

天気とその変化

第 3 章

地球と宇宙

AMeDAS (地域気象観測システム)

全国に約1300か所（2020年10月現在）あり，降水量，風向・風速，気温，日照時間などの観測を無人で行う。観測結果は気象庁に集められる。

↑ アメダス観測所

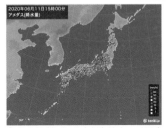

↑ 降水量（出典：日本気象協会tenki.jp）

気象レーダー

マイクロ波という電波を使って，雨や雪までの距離や強さなどを観測している。全国に20か所ある。（2020年10月現在）

↑ 気象レーダー

ひまわり 8 号・9 号 ➡
（出典：気象庁）

世界の気象衛星

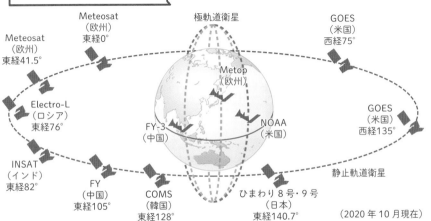

Meteosat
（欧州）
東経0°

極軌道衛星

GOES
（米国）
西経75°

Meteosat
（欧州）
東経41.5°

Metop
（欧州）

GOES
（米国）
西経135°

Electro-L
（ロシア）
東経76°

FY-3
（中国）

NOAA
（米国）

INSAT
（インド）
東経82°

FY
（中国）
東経105°

COMS
（韓国）
東経128°

ひまわり 8 号・9 号
（日本）
東経140.7°

静止軌道衛星

（2020 年 10 月現在）

6 ▶ 気圧と風

Point
① 気圧とは何か，理解しよう。
② 等圧線と風の関係を理解しよう。
③ 場所や季節によって吹く風のしくみを理解しよう。

1 大気と気圧 ★★☆
入試重要度

1 気 圧

~気圧は上にある空気の重さによる圧力~

❶ **気圧とは**……水の入った水槽の底には，水の重さによる圧力（水圧）がかかっている。同じように，空気にも重さがあり，ずっと高い空から地表面に，その上の空気の重さによる圧力がかかっている。これを**大気圧**（または単に気圧）という。

　大気圧でものがつぶれないのは，内側から同じ力でおしているからである。そのため，空き缶の中の空気を抜くと缶はつぶれる。また，ジュースをストローで飲むことができるのは，ストローの中の空気を吸うと，大気圧の力でジュースが上がってくるためである。

❷ **1 気圧**……海抜 0 m での平均の気圧をいう。
1 気圧＝1013 hPa である。

❸ **高さと気圧低下**……高い場所ほど，その上の空気が少なくなるため，気圧が下がる。高さ 2000 m までの場合，100 m 高くなるごとに気圧が約 11 hPa 減少する。

　天気図上で気圧を示すときは，高度 0 m（海面）における値に修正（**海面更正**）している。

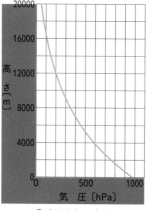

↑ 高さと気圧変化

参考 気圧の単位

気圧は hPa（ヘクトパスカル）という単位を用いて表す。ふつう圧力は Pa（パスカル）という単位を用いるが，以前に mb（ミリバール）という単位を使って気圧を表していたため，その値と同じになるよう，Pa に 100 倍の意味をもつ h（ヘクト）とつけるようになった。

水銀を使った気圧計では水銀柱の高さによる mmHg という単位も使われる。

zoomup 圧　力→p.52

参考 海面更正

観測地点が高い場合は気圧が低くなってしまう。そのため，天気図をつくるときなどは，各地の気圧を比較するために，高度 0 m（海面）における値になおす必要がある。

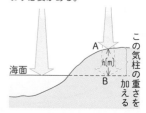

入試Info 高い所では気圧が低くなる例として，山の上ではお菓子の袋がふくらむという現象が多く出題されている。ふつう，袋は 1 気圧の平地でつくったものだから，気圧が 2 割減ると，体積は 2 割大きくなる。気圧と体積は反比例の関係になっている。

② 気圧と風 ★★☆

1 風が吹く理由

～風は気圧の高いほうから低いほうへ吹く～

風は空気が動くことで起こる。空気が動くのは，力がはたらいているからである。その力とは，気圧の差によって生じる。

風の吹き方は次の2通りの方法で考えることができる。

▶**気圧が大きい場所から小さい場所へ吹く**…気圧の大きい場所から小さい場所へ動くよう，空気に力がはたらき，風が吹く。

▶**空気の多いほうから少ないほうへ吹く**…気圧が大きい場所では空気が多く，気圧が小さい場所では空気が少ない。空気は多いほうから少ないほうへ動くと考えることもできる。

気圧	大きい ← → 小さい
空気	多い ← → 少ない

空気の移動（風）

参考 風の流れ

風は水の流れと似ているが，水が一様に流れるのに対して，風は強弱があり，向きも変わりやすい。そのため，風の向き（風向）や強さ（風速）を調べるときは10分間の平均をとる。

2 等圧線と風

～等圧線の幅がせまいほど風が強い～

❶ **等圧線**……天気図上に，同時刻に各地で観測した，海面更正した気圧の値を記入する。その同じ値の場所を，なめらかな曲線で結んだものが等圧線である。

❷ **等圧線と風の強さ（風力）**……等圧線の幅で風の強さ（風力）が変わる。

▶等圧線の幅がせまい…風が強い（風力が大きい）。

▶等圧線の幅が広い…風が弱い（風力が小さい）。

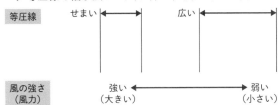

等圧線	せまい ←→ 広い ←→
風の強さ（風力）	強い（大きい） ← → 弱い（小さい）

参考 風力の表し方

風の強さは風力で表す。風力は，下の図のように，矢羽根の数で表される。また，矢羽根の向きは風向を表している。風が吹いてくる方向に矢羽根を向ける。

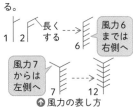

▲風力の表し方

炊飯器や鍋のふたを開けると，あたたかい（気圧の高い）空気が出る。また，あたたかい部屋のドアを開けると，冷たい（密度の大きい）風が入ってくる。このように，風は，気圧と密度（温度）の両方が関係して起こっている。

❸ **等圧線と風の向き（風向）**……天気図上では，風は等圧線に対して斜めに吹く。これには，地球の自転が影響している。また，北半球と南半球では風が等圧線に対してずれる向きが異なる。

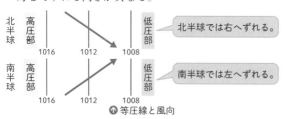
↑ 等圧線と風向

▶**コリオリの力（転向力）**…地球は自転しているので，地球上で大きく動くものは曲がる。このときはたらく力を**コリオリの力**（または**転向力**）という。

右の図のような，回転する円盤上で，A からB へ向かってボールを投げるとする。すると，ボールはB へまっすぐに進まず，右に曲がってしまう。こ

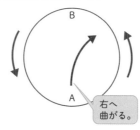

のとき，ボールには右向きの力がはたらいたように見える。このような力をコリオリの力という。

▶**等圧線に対して風が垂直に吹かない理由**…上の円盤の例と同じことは，自転している地球上でも起こっている。地球上で南北にまっすぐに進もうとする風

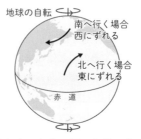

は，地球が自転しているため，右上の図のように曲がってしまう（北半球の例）。そのため，北半球では風は右にずれる。南半球では反対に左にずれる。同じように，海流や台風などさまざまなものがコリオリの力の影響を受けている。

コリオリの力は極付近で最も強く，赤道付近でははたらかない。

参考 **実際の等圧線と風**

冬型の天気図で，等圧線が縦じま模様のとき，北西の風が吹く。

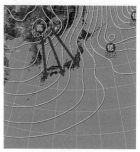
↑ 冬の天気図

参考 **海流にはたらくコリオリの力**

コリオリの力によって，海流にたくさんの渦ができる。

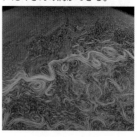

HighClass
コリオリの力は，赤道付近でははたらかず，極付近で最も強い。そのため，赤道付近では低気圧ができず，台風は北緯20度あたりで最も発生しやすい。しかし，赤道付近では積乱雲が多く発生する。

❹**高気圧・低気圧と風**……周囲よりも気圧の高い所を高気圧といい，低い所を低気圧という。高気圧，低気圧の周辺では，それぞれ風の吹き方が異なる。

▶**高気圧の風**…北半球では，高気圧から時計まわりに風が吹き出す(南半球では反時計まわりに吹き出す)。高気圧には，次のような特徴がある。

- 高気圧はまわりよりも気圧が高い。
- 高気圧から，周囲に向かって風が吹き出す。この風は，地球の自転(じてん)の影響(えいきょう)によって，時計まわりに吹き出している。
- 上空では下降気流(かこうきりゅう)が起こっている(冷たい空気が下りてくる)。

⬆ 高気圧(北半球の場合)

▶**低気圧の風**…北半球では，低気圧に反時計まわりに風が吹きこむ(南半球では時計まわりに吹きこむ)。低気圧には，次のような特徴がある。

- 低気圧はまわりよりも気圧が低い。
- 低気圧に向かって，周囲から風が吹きこむ。この風は，地球の自転の影響によって，反時計まわりに吹きこんでいる。
- 上空では上昇気流(じょうしょうきりゅう)が起こっている(あたたかい空気が上がっていく)。

⬆ 低気圧(北半球の場合)

参考 高気圧のイメージ

高気圧は空気が多い。そのため，空気が盛り上がって斜面(しゃめん)になっているというイメージで考えられる。風は，この斜面を球が外へ転がるように吹くと考えてよい。

⬆ 高気圧のイメージ図

参考 低気圧のイメージ

低気圧は空気が少ない。そのため，空気が凹んで谷のようになっているというイメージで考えられる。風は，谷の斜面を球が中へ転がるように吹くと考えてよい。

⬆ 低気圧のイメージ図

 HighClass
高気圧の下降気流で雲ができにくいのは，下降気流は温度が上がって乾燥(かんそう)するからである。反対に，低気圧の上昇気流では，温度が下がって露点に達するため，雲が発生する。

3 いろいろな風

～気温の差でさまざまな風が吹く～

気温に差ができることで，陸と海，大陸と海，山と谷などでも風が吹く。これは，同じ日射を受けていても，あたたまりやすさが場所により異なるためである。

❶ **海陸風**……よく晴れた日は，昼間は海から陸へ風が吹きやすい(**海風**)。夜間は陸から海へ風が吹きやすい(**陸風**)。このような風をあわせて**海陸風**という。

▶**海 風**…昼間は日射によって，海よりも陸のほうがよくあたたまるため，陸上で上昇気流が起こる。そのため，陸上のほうが気圧が低くなり，それに向かって海上から風が吹く。

▶**陸 風**…夜間は海よりも陸のほうが冷えやすいため，海は陸よりもあたたかくなる。そのため，海上のほうが気圧が低くなり，陸上から海上へ風が吹きやすい。

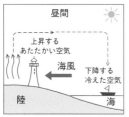

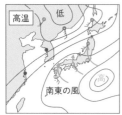
↑海風のしくみ

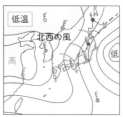
↑陸風のしくみ

❷ **季節風**……日本の周囲で，夏は海より大陸のほうがあたたまりやすいため，海のほうから大陸へ風が吹く。また，冬は大陸のほうが冷えやすいため，大陸から海のほうへ風が吹く。このように，季節によって特徴的に吹く風を**季節風**という。季節風の吹くしくみは，海陸風の吹くしくみと同様に考えることができる。

↑夏の季節風　↑冬の季節風

参考 実際の海風

関東の海風は，海と陸の温度差が大きな昼すぎに最も大きくなる。

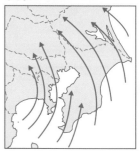

参考 季節風と天気

南東から季節風が吹く夏は，日本の太平洋側の地域で降水量(雨)が多くなる。北西から季節風が吹く冬は，日本海側の地域で降水量(雪)が多くなる。

入試Info

風がどちら向きに吹くのかは，しくみを含めて考えてみよう。風は，温度差を小さくするように，温度の低い所から温度の高い所へ吹く。また，あたたまると上がる方向に，冷えると下がる方向に吹く。

❸ 山谷風……山地では，晴れた日の昼間に山の斜面が
あたためられるため，ふもとから風が谷を吹き上がる
（谷風）。夜間は放射冷却で冷えた斜面を，ふもとへ向
かって風が吹き下りる（山風）。これを山谷風という。

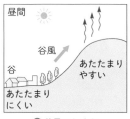 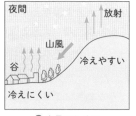

↑谷風のしくみ　　　↑山風のしくみ

4 地球をめぐる風

~地球には3つの大きな風の循環がある~

地球規模でも，大きな風の流れが起こっている。地球
をめぐる大きな風の流れは次の3つである。

❶ 貿易風……低緯度地域で，東から西へ吹く風。北半
球では北東から南西，南半球では南東から北西に吹く。
地表付近に吹き，ハワイでは年中観測できる風として
有名である。

上空では反対向きの風になる。

❷ 偏西風……中緯度地域で，西から東へ吹く風。高い
空ほど強く，地球をとり囲むように吹く。偏西風は高
気圧や低気圧を運ぶので，中緯度では天気が西から東
へ移ることが多い。偏西風は蛇行しながら吹くことが
多い。

▶偏西風波動…偏西風は蛇行すること
が多く，蛇行によって，地上で高気
圧や低気圧が発達する。

蛇行が大きいと，暑さや寒さの変
化が大きく，異常気象をもたらすこ
とがある。

❸ 極偏東風……高緯度地域で，東から
西へ吹く冷たい風。夏ははっきりしな
い。

上空では反対向きの風になる。

参考　ハドレー循環と極循環

貿易風が上空では反対向きの
風になるのは，ハドレー循環の
ためである。赤道付近で加熱さ
れて上昇した空気は，緯度30
度付近で下降する。この流れを
ハドレー循環といい，地上付近
の風が貿易風となるため，上空
では反対向きの風になる。同様
に，極付近では極循環という大
気の流れがある。

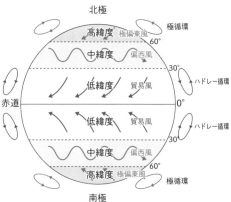

第4編
地球

第1章
大地の変化

第2章
天気とその変化

第3章
地球と宇宙

Episode

昔の航海は帆船が主流だったため，風の向きを知ることは大変重要であった。コロンブスや
マゼランは，貿易風や偏西風を利用して大洋を進んだ。現在では，ジェット機が偏西風に乗っ
たり，避けたりして飛んでいる。

5 地球上の熱の移動

〜地球の熱は大気と海流が運ぶ〜

　地球は，太陽からの日射によってあたためられている。日射量は，低緯度地域（ていいどちいき）ほど多く，高緯度地域ほど少ない。そのため低緯度地域と高緯度地域では大きな温度差が生じてしまう。この温度差が少なくなるような，大気と海流(海)の大きな流れ(循環)（じゅんかん）が起こっている。

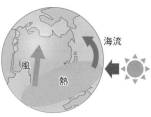

↑風と海流が地球の熱を運ぶ

❶ **空気(大気)が熱を運ぶ**……あたたかい空気は上昇（じょうしょう）し，冷たい空気は下降（かこう）する。そのような動きにより，空気は循環している。あたたかい空気と冷たい空気の動きにより熱は低緯度地域から高緯度地域へ運ばれている。

▶**あたたかい空気**…緯度の低いほうから高いほうへ移動する。

▶**冷たい空気**…緯度の高いほうから低いほうへ移動する。

　飛行機に乗ったときに上空から見える雲の列は，大気の流れである。

↑雲の列

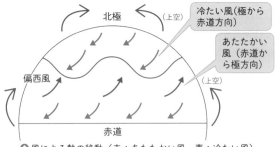

↑風による熱の移動（赤：あたたかい風，青：冷たい風）

❷ **海流が熱を運ぶ**……海流とは，海水の海面近くの流れである。あたたかい海水の流れである**暖流**と，冷たい海水の流れである**寒流**がある。海流は，風や地形に影響（えいきょう）を受けている。

▶**暖　流**…低緯度から高緯度に流れ，熱を運ぶ。

▶**寒　流**…高緯度から低緯度へ流れ，温度差を小さくする。

↑海　流

↑海流による熱の移動

HighClass　大気と海流の循環がなかったら，地球上で，赤道地方と極地方の温度差は100℃にもなってしまう。実際には，循環があるため温度差は約40℃で保たれている。海流は風よりゆっくり進むが，同じ体積でも，ずっとたくさんの熱を運ぶ。

▶**深層循環**…海の表面を流れる海流だけでなく，海の深い部分を循環する流れもある。そのような流れを**深層循環**（または**熱塩循環**）とよぶ。密度が大きく，冷たい海水は下に沈む。グリーンランド沖や南極大陸付近で沈みこんだ海水は，海の深い部分を流れ，北太平洋やインド洋で上昇する。その流れは再び大西洋に流れ，沈みこむ。深層循環では多くの熱が運ばれる。この循環が一周するのに，およそ 2000 年の時間を要すると考えられ，地球の気候に大きな影響をおよぼしている。

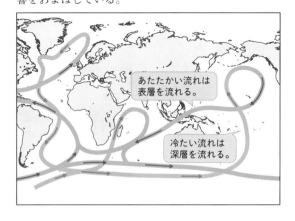

あたたかい流れは表層を流れる。

冷たい流れは深層を流れる。

 Break Time 雲からわかる上空のようす

　雲を見ることで，上空での風などのようすを知ることができる。上空のようすを知ることは，今後の天気のようすを予測するうえでも役に立つ。

・偏西風が強いときは，高い空を細長く，新幹線並みの速さで流れていく。

・湿った空気が高い空を流れると，縞模様の雲（波状雲）ができる。風向きは縞模様と直角方向である。

・笠雲は風が山をこえるときにでき，天気が悪くなる前の湿った風でできやすい。

↑偏西風が強いときの雲

↑波状雲

↑笠 雲

 Episode 日本はあたたかい風と冷たい風がぶつかる位置で，まわりに海があるので，季節ごとにたくさんの雲ができる。そのため，気象や雲についての書籍は世界の中でもトップレベルの豊富さであるといわれる。

7 ▶ 大気中の水

1 大気と水蒸気 ★★☆ 入試重要度

1 水蒸気

~水蒸気は目に見えないが大切な存在~

水が蒸発して気体になったものが水蒸気である。目に見えないが，気象において，とても大切なものである。

❶ **水蒸気の確かめ**……水蒸気の存在を確かめる方法には，次のようなものがある。

▶空に雲がもくもくと発生するようすが見られる。雲は，透明な水蒸気が上がって，たくさんの小さな水の粒になったものである。そのため，水蒸気がたくさんある海の上では雲ができやすい。

▶コップの水を置いておくとだんだん減っていく。これは水が水蒸気となって出ていったためである。ふたをしておけば水は減らない。

❷ **水蒸気と湯気**……沸騰しているやかんを見ると，やかんの注ぎ口付近は透明で，その先は真っ白になっている。透明な部分は気体の水蒸気で，白い部分は水の粒の湯気である。

↑冬の朝，海から出た水蒸気が霧や雲をつくるようす

参考 水の蒸発を確かめる

コップに水を半分入れ，1つはそのままで，もう1つにはガラス板でふたをする。3日後に水のようすを見ると，ふたをしていないほうの水は減っている。

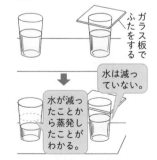

ガラス板でふたをする

水は減っていない。

水が減ったことから蒸発したことがわかる。

2 水の蒸発

~水が蒸発して水蒸気になる~

水が蒸発しやすい条件は次の場合である。
①空気が乾いているとき
②気温が高いとき
③水の蒸発できる面積が広いとき
④風があるとき

HighClass 水が水蒸気になるにはたくさんの熱が必要である。そして，水蒸気が雲になるときにはたくさんの熱を出す。こうして熱が空にたくさん運ばれている。

第 **4** 編

地球

第 1 章

大地の変化

第 2 章

天気とその変化

第 3 章

地球と宇宙

2 湿度 ★★★

1 飽和水蒸気量

～空気が含むことのできる最大の水蒸気量～

❶ **飽和とは**……水は蒸発して，水蒸気として空気中に含まれる。しかし，空気は水蒸気を限りなく含むことはできない。水蒸気を限界まで含んだ空気の状態を飽和という。

　ふたをしたコップ内の水の上の空気は飽和状態になっている。

❷ **飽和水蒸気量**……空気 1 m³ 中に含むことのできる最大の水蒸気量を，飽和水蒸気量といい，g/m³ の単位で表す。

　飽和水蒸気量は温度によって決まっている。

参考	温度と飽和水蒸気量		
温度 (℃)	飽和水 蒸気量 (g/m³)	温度 (℃)	飽和水 蒸気量 (g/m³)
-10	2.4	18	15.4
-5	3.4	19	16.3
0	4.8	20	17.3
1	5.2	21	18.3
2	5.6	22	19.4
3	5.9	23	20.6
4	6.4	24	21.8
5	6.8	25	23.1
6	7.3	26	24.4
7	7.8	27	25.8
8	8.3	28	27.2
9	8.8	29	28.8
10	9.4	30	30.4
11	10.0	31	32.1
12	10.7	32	33.8
13	11.4	33	35.7
14	12.1	34	37.6
15	12.8	35	39.6
16	13.6	36	41.8
17	14.5	37	44.0

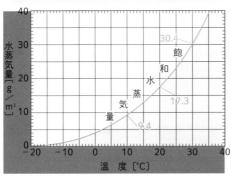

⬆ 温度と飽和水蒸気量

2 露点と凝結

～水蒸気が水になるとき～

　空気中の飽和水蒸気量は温度によって変わる。いま，20℃で 1 m³ 中に 9.4 g の水蒸気を含んだ空気があるとする。右のグラフから，この空気はまだ飽和していない。この空気の温度を下げていくと，10℃で飽和する。そしてこれよりも温度を下げると，水蒸気は水になり物体の表面につくか，小さな粒となって浮かぶ。水蒸気が水になることを凝結という。

▶飽和して水蒸気が凝結するときの温度を露点または露点温度という。

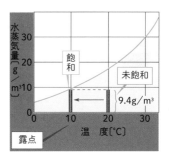

HighClass

空気中で水蒸気が水滴になるためには，凝結核が必要である。さまざまなちりや，海水のしぶきから出る海塩粒子などが凝結核になる。飛行機のエンジンからはちりと水蒸気が出るので，飛行機雲ができる。

3 湿　度

～湿度は飽和水蒸気量に対する割合～

❶ 湿　度……天気予報では，湿度ということばをよく
用いる。湿度とは，空気の湿り気を表す値である。晴
れた日は乾燥して湿度が低くなり，雨の日は湿度が高
くなる。

❷ 湿度の求め方……湿度は飽和水蒸気量をもとにして，
次の式で示される。

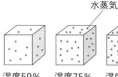

水蒸気

湿度50%　湿度75%　湿度100%

↑ 湿度のイメージ図

湿度〔%〕

$$= \frac{空気 1 \, m^3 \, 中に含まれる水蒸気量〔g/m^3〕}{その気温における飽和水蒸気量〔g/m^3〕} \times 100$$

飽和水蒸気量は，気温（空気の温度）が変わると値が
変わるため，空気 1 m³ 中に含まれる水蒸気量が同じ
でも，気温により湿度は変わる。そのため，この湿度
を相対湿度ともいう。

相対湿度に対して，空気 1 m³ 中の水蒸気量で湿度
を表したものを，絶対湿度という。

📖 **例 題　湿度の求め方**

気温と湿度を測定したところ，気温 30℃で湿度が 57 % でした。下の表を用いて，
次の問いに答えなさい。

温度（℃）	-10	-5	0	5	10	15	20	25	30	35
飽和水蒸気量（g/m³）	2.4	3.6	4.8	6.8	9.4	12.8	17.3	23.1	30.4	39.6

(1) このときの空気中の水蒸気量を，小数第 2 位を四捨五入して，小数第 1 位まで
求めなさい。
(2) このときの空気の露点は何℃ですか。
(3) この空気が 10℃まで冷えたら，空気 1 m³ 中に何 g の水が出てきますか。

Solution ▷ (1) 表より，30℃における飽和水蒸気量は 30.4 g/m³ である。

湿度が 57 %より，

$30.4 \times 0.57 ≒ 17.3$

(2) 表より，飽和水蒸気量が 17.3 g/m³ になるのは 20℃のときである。

(3) 表より，10℃における飽和水蒸気量は 9.4 g/m³ である。

$17.3 - 9.4 = 7.9$

Answer ▷ (1) 17.3 g/m³　　(2) 20℃　　(3) 7.9 g

Episode

不快指数や暑さ指数などでは，気温だけでなく湿度も関係している。湿度が低いと汗が蒸発
して体温を下げやすいが，湿度が高いと蒸発しにくいからである。さらに，暑さ指数は日射
などの周辺の熱環境も関係する。

第
4
編

地
球

第1章
大地の変化

第2章
天気とその変化

第3章
地球と宇宙

4 湿度のはかり方

～湿度のはかり方を確かめよう～

湿度は，次の2通りの方法ではかることができる。

❶ 露点から求める方法

①金属製(熱をよく伝えるため)のコップにセロハンテープをはり，くみ置きの水を半分ほど入れて水温をはかる。
→室温とほぼ同じ温度

②金属製のコップに，氷水をかき混ぜながら少しずつ入れる。

③コップの表面にくもり(小さな水の粒)ができ始めるときの温度が露点(露点温度)である。(セロハンテープの端を見るとくもりはじめがわかりやすい)

④露点からわかるそのときの水蒸気量が絶対湿度で，飽和水蒸気量との割合が相対湿度になる。

温度計

表面のくもりを観察する。

氷水
セロハンテープ
金属製コップ

⤊ 露点を調べる方法

❷ 乾湿計を使う方法……乾湿計(温度計が2本あり，1本はふつうの状態(**乾球**)，もう1本の球部は水でぬらしたガーゼで包まれている状態(**湿球**))を用意し，それぞれの目盛りを読み，湿度表で湿度を調べる。

乾球　湿球

差を読む。

ガーゼ　水つぼ
⤊ 乾湿計

例 乾球：20℃
　　湿球：15℃
のとき，湿度表より，
湿度は56%となる。

乾球の示度(℃)	乾球と湿球の示度の差						
	0	1	2	3	4	5	6 ……
22	100	91	82	74	66	58	50 ……
21	100	91	82	73	65	57	49 ……
20	100	91	81	73	64	56	48 ……
19	100	90	81	72	63	54	46 ……
18	100	90	80	71	62	53	44 ……
17	100	90	80	70	61	51	43 ……
︙	︙	︙	︙	︙	︙	︙	︙

⤊ 湿度表

5 湿度の変化

～気温と湿度の変化は逆～

　右の図は，ある年の春の気温，湿度，天気，風向，風力を表したものである。気温と湿度の関係は，日によって違うが，晴れた日には増減が逆になる関係が見られることが多い。

　晴れた日は日中に気温が上がると湿度が下がる。雨の日はずっと湿度が高い。

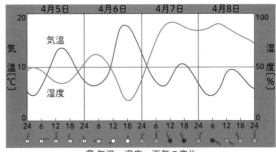

4月5日　4月6日　4月7日　4月8日

気温
℃

湿度
%

気温

湿度

24 6 12 18 24 6 12 18 24 6 12 18 24 6 12 18 24

⤊ 気温・湿度・天気の変化

HighClass

気温と湿度の変化から天気がわかる。風が弱くて晴れた日は，気温と湿度が逆の動きになる。風が吹くと，その関係が少し変わる。また，くもりの日は気温の変化が少なく，雨の日は湿度が高い。

3 雲と降水 ★★☆

1 雲

〜雲は小さな水や氷の粒の集まり〜

雲とは，空気中に小さな水の粒（水滴）や氷の粒（氷晶）がたくさん集まって浮かんでいるものである。空気中の水蒸気が，凝結して水滴，または凝華して氷晶になったものが多い。

霧は，雲と同じようにたくさんの水滴が浮かんでいるものだが，地面についているので雲ではない。

参考 凝結核・雲粒・雨粒の大きさ

	半径(mm)
凝結核	0.0001 〜 0.001
雲粒	0.01
霧雨	0.1
小粒雨	1 〜 2
大粒雨	5

2 雲ができるには

〜空気が上昇し，冷えて雲になる〜

水蒸気が冷えると，凝結したり，凝華して雲ができる。そのためには，水蒸気を含む空気が露点以下になる必要がある。次のような条件があると，雲ができる。

❶ **空気の膨張による冷却**……地表があたためられると，そこの空気が軽くなって上昇する。あるいは，風が山にあたったり，空気どうしがぶつかり合って，上昇することもある。

上昇した空気は，まわりの気圧が下がるので膨張する。このとき空気の温度が下がる。すると，これまで飽和していなかった空気は，露点に達して飽和することがある。さらに温度が下がると，水蒸気は水滴や氷晶になる。

その結果，目に見えなかった水蒸気が，水滴や氷晶になって雲として見えるようになる。

❷ **凝結核・氷晶核の存在**……水蒸気が水滴や氷晶になるためには，核となるものが必要である。冷えた朝などに，草木などに露や霜がついていることがある。これは草木などに水蒸気がついたためである。同じように，空気中のちりに水蒸気がつくと，空気中に水滴や氷晶が浮かぶ。この空気中のちりは核としてはたらいているため，凝結核や氷晶核という。

↑ある高さから上にできた雲

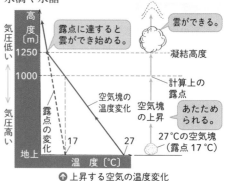

↑上昇する空気の温度変化
（上空では露点が変わる）

HighClass

重力があるため，雲の粒は上空で下に向かって落ちている。しかし，その動きはとてもゆっくりのため，上昇気流があればもち上がる。粒が大きくなると落ち方がはやくなり，雨となる。雨には空気抵抗がはたらき，大きさによって速さが決まっている。

🔍 実験・観察 雲の発生

ねらい

空気の体積の変化により，雲ができることを確かめる。

方法

❶ 丸底フラスコにデジタル温度計と注射器をとりつけ，注射器をおしたり引いたりして温度変化をみる。

❷ フラスコに少量の水と線香の煙を入れる。（水と煙は，雲ができるための水分と凝結核である。）

❸ 注射器のピストンを急に引く。

デジタル温度計 / 28.0℃ / 丸底フラスコ / 凝結核を入れる / 線香 / 少量の水 / 雲の発生 / 27.7℃ / 雲

結果

- ピストンを急に引くと，温度が下がり，フラスコの中に雲が発生する。

考察

- ピストンを急に引くことで空気の体積が大きくなり，温度が下がった。

3 雲ができる場所

〜空気が上昇するところに雲ができる〜

雲は**上昇気流**のある場所にできやすい。次のような場所で上昇気流が起こりやすく，雲が発生しやすい。

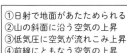

①日射で地面があたためられる
②山の斜面に沿う空気の上昇
③低気圧に空気が流れこみ上昇
④前線にともなう空気の上昇

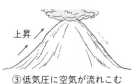
②山の斜面⇨空気の上昇
上昇

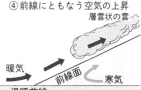
④前線にともなう空気の上昇
層雲状の雲
暖気 / 前線面 / 寒気 / 温暖前線

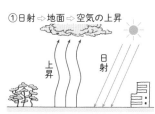
①日射⇨地面⇨空気の上昇
上昇 / 日射

③低気圧に空気が流れこむ
上昇 / 低気圧の中心
⬆ 雲の発生

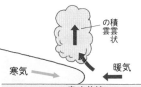
の積雲状雲
寒気 / 暖気 / 寒冷前線

Episode

人間の活動によってできる雲もある。飛行機雲はその顕著な例で，飛行機からの排気ガス中の水蒸気とちりからできた雲である。また，煙突から出た水蒸気と，凝結核としてはたらく煙から雲ができることもある。

4 雨

〜雲の粒がたくさん集まって雨になる〜

　雲は小さな水滴や氷晶でできているが，その大きさ
は 0.01 mm 程度である。それに対して，霧雨は 0.1 mm，
ふつうの雨は 1 mm 程度であり，ふつうの雨は，雲の
粒に対して，半径で 100 倍，体積は 100 万倍となる。
そのため，雨 1 滴には，雲の粒が 100 万個も必要になる。

　雨のでき方は，地域によって次のような 2 通りの方
法がある。

雲粒
半径 0.01 mm

霧雨
半径 0.1 mm

雨粒
半径 1 mm

❶ **冷たい雨（氷晶による**
雨）……温帯地方で雨
を降らせる雲は，氷晶
と水滴がいっしょに存
在する。水滴のなかに
は 0 ℃以下でも凍って
いない**過冷却水滴**とな
っているところがある。
雲の上のほうから氷晶
が過冷却水滴の場所に

氷晶の成長

−20℃

0℃

とけると雨　　とけなけれ
　　　　　　　ば雪

入ると，水蒸気を奪う力が氷のほうが強いため，過冷
却水滴から水蒸気が氷晶のほうにどんどん移動する。
そのため大きく重くなった氷晶が落下し，下のほうの
0 ℃以上の空気のところでとけて雨となる。

❷ **あたたかい雨（併合による雨）**……熱帯地方では，氷
晶のない水滴だけの雲からも雨が降ることがある。こ
れは雲に水滴が多くあるため，雨粒が落下するときに
ほかの水滴とくっついて大きくなるからである。熱帯
地方の雨でも，大きく成長した積乱雲の場合は，雲の
上のほうが氷晶になっていることが多い。

5 フェーン現象

〜フェーン現象で山をこえ，気温が上がり乾燥する〜

❶ **フェーン現象とは**……湿った風が山にぶつかって，
山の風上側で雨を降らせたあと，山の反対側のふもと
で，高温の乾いた晴天となる現象をフェーン現象という。
　山の風上側で雲ができ，雨が降ることが条件である。

参考 降水確率とは

　「雨が降る確率」のこと。
　降水量にして 1 mm 以上の
雨または雪の降る確率〔%〕の平
均値で，0，10，20，…，
100 % で表現する。降水確率
30 % とは，30 % という予報が
100 回発表されたとき，およ
そ 30 回は 1 mm 以上の降水が
あるという意味である。

HighClass
フェーン現象は雲ができる高さが大切である。その高さから上は気温の下がり方が小さくな
る。また，雨が降って，山の反対側には雲がないことも必要な条件である。笠雲のように，
雨が降らずに反対側にも同じ高さまで雲があれば，気温は上がらない。

❷**フェーン現象のしくみ**……海からの湿った風(気温20℃)が2000 mの山にぶつかり，1000 mから上で雲ができて雨が降り，反対側の平地に乾いた風がおりた場合を考えると，

▶ **A → B**…雲ができないで空気が上昇するときは，100 mにつき1℃気温が下がる(**乾燥断熱減率**という)。

▶ **B → C**…雲ができながら空気が上昇するときは，100 mにつき0.5℃気温が下がる(**湿潤断熱減率**という)。

▶ **C → D**…雨が降り水分を失った空気は乾燥する。乾燥した空気が下降するときは，100 mにつき1℃気温が上がる(**乾燥断熱減率**)。

　これらから，Aで20℃だった気温はDで25℃となる。

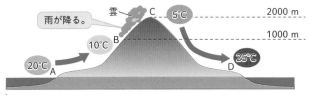

6 水の循環

〜太陽エネルギーで水が循環〜

　雨や雪として陸地に降ってきた水は，河川や地下水となって海に流れていくとともに，蒸発して大気にもどる。そして再び陸地に水をもたらす。

❶**水の大きな流れ**……海と陸の間で水が循環している。

▶海から水が蒸発して雲になる→雲から陸地に雨が降る→降った雨は河川から海へもどる。

　この循環により，陸地に生物が生存でき，自然の豊かな大地が生まれている。

❷**水の循環速度**……水の循環速度は，平均して河川水が約12日間，土壌水が約0.3年，湖沼水は約10年，地下水は約30年で1回入れかわっていると考えられている。

▶大気中の水の循環…地球の年間降水量と年間に生じた蒸発量から求めた結果より，大気中の水は1年間に約30回以上入れかわっているとされている。

参考 水の循環と太陽エネルギー

　水の循環を引き起こし，継続させている原動力は太陽放射のエネルギーである。夏の間や緯度が低い場所では，太陽放射のエネルギーが大きい。

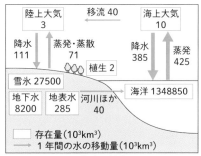

↑ 水の循環

Episode フェーン現象では異常な高温になったり，乾いた空気によって大規模な火災が発生しやすくなる。フェーン現象が起こると，乾燥した強風が吹くため，山火事などの過去の大火はフェーン現象と関係があるものが多い。

8 ▶ 前線と天気の変化

1 気団と前線 入試重要度 ★★☆

1 気 団

～気団は温度と湿度で4種類に分けられる～

❶ **気団とは**……広い範囲で水平方向に広がった，温度や湿度などの性質が同じような空気のかたまりを気団という。気団ができるためには，同じ場所に長い期間，同じような性質の空気がとどまる必要がある。

❷ **気団の分類**……気団には，次の4種類（A〜D）がある。陸上の気団は乾燥し，海上の気団は湿っている。低緯度の気団は高温で，高緯度の気団は低温である。

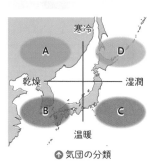

↑ 気団の分類

気団A	陸上（乾燥）	低温（高緯度）
気団B		高温（低緯度）
気団C	海上（湿潤）	高温（低緯度）
気団D		低温（高緯度）

▶気団の中では同じような天気が続くことが多い。また，別の性質をもつ気団に入れかわるときに，天気の変化が起こりやすい。

2 前 線

～前線は空気のぶつかり方で4種類に分けられる～

❶ **前線と前線面**……気団がとなりあうと，気温や湿度の違う空気により，不連続な面ができる。この面を前線面といい，前線面が地表と接した所を前線という。

前線は，北からの冷たい空気と南からのあたたかい空気がぶつかりやすい温帯地方に多い。また，前線では雲ができやすく，雲の帯が伸びていることが多い。

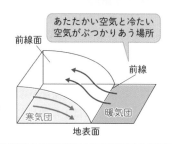

あたたかい空気と冷たい空気がぶつかりあう場所

入試Info

前線と前線面などの似ている用語を，意味とあわせて理解できているかを確認するような問題が出題されている。また，前線の種類や成因を問われることも多くある。

❷**前線の種類**……前線は，次の4種類に分類される。

▶**温暖前線**…活発で温暖な空気が，寒冷な空気の上にゆるやかに乗り上げ，広い範囲に層状の雲が広がる。雨が降る範囲は前線から北側にかけて広めで，長い時間，乱層雲による雨が降り続くことが多い。前線が通過すると南よりの風に変わり，気温が上がる。

記号

↑温暖前線のでき方

▶**寒冷前線**…活発で寒冷な空気が，温暖な空気の下にもぐりこんで進む。前線付近の空気は強い上昇気流でもち上げられ，積乱雲ができやすい。そのため，短時間に強い雨が降る。雷をともなうことも多い。前線が通過すると北よりの風に変わり，気温が下がる。

記号

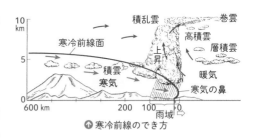

↑寒冷前線のでき方

▶**停滞前線**…寒気団と暖気団の勢力が同じくらいで，前線が同じ場所に停滞しやすい。日本列島の6月ごろの**梅雨前線**や9月ごろの**秋雨前線**も停滞前線で，これにより雨が続く。北半球では，雨は前線の北側に広がっている。積乱雲ができることもある。

記号

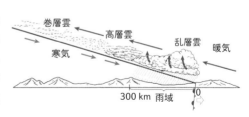

↑停滞前線のでき方

▶**閉塞前線**…ふつう温暖前線より寒冷前線のほうがはやいため，寒冷前線が温暖前線に追いつき，重なることがある。このとき，暖気が上空にもち上げられるため，地表付近は寒気だけになる。閉塞前線の周囲では，乱層雲などから雨が降る。

記号

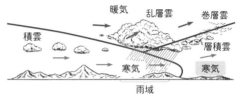

↑閉塞前線のでき方

第4編 地球

第1章 大地の変化

第2章 天気とその変化

第3章 地球と宇宙

入試Info　前線の記号を作図する問題が出題されることがある。前線は，風がおす方向に半円や三角形の記号を出す。半円は北（上）向き，三角形は南（下）向きに描くことが多い。閉塞前線は南北（縦）にできていることが多い。

② 高気圧と低気圧 ★★☆

1 高気圧

~高気圧は空気が多く風を出す~

❶ **高気圧**……周囲より気圧の高い部分を高気圧という。気圧の高さは相対的なものなので，何 hPa 以上は高気圧，などといった数値は決められていない。

　高気圧内には下降気流があり，周囲に風が吹き出す。地球の自転によって，北半球では時計まわりの風となる。低気圧よりも等圧線の幅が広く，風が弱い。高気圧内は下降気流によって雲ができにくく，よく晴れる。

❷ **いろいろな高気圧**

▶**大きな高気圧**…太平洋高気圧やシベリア高気圧，オホーツク海高気圧は気団に関係した大きな高気圧である。これらはほとんど動かず，そこからあたたかく湿った風や冷たく乾いた風が，周囲に吹き続ける。

▶**移動性高気圧**…上空の風によって移動する高気圧である。高気圧がやってくるときは晴れるが，すぐに天気が変わる。1日だけのときもあれば，連続して3日程度晴れることもある。

↑ 3つの大きな高気圧と移動性高気圧

↑ 高気圧

参考 高気圧内の気温

　高気圧では風が吹き出すが，その気温は東側と西側で異なっている。

高気圧の東は冷たく，西はあたたかい。

2 低気圧

~低気圧は空気が少なく風が入る~

❶ **低気圧**……周囲より気圧の低い部分を低気圧という。高気圧と同じように，何 hPa 以下は低気圧，などといった数値は決められていない。

　低気圧内には上昇気流があり，周囲から風が吹きこむ。地球の自転によって，北半球では反時計まわりの風となる。高気圧よりも等圧線の幅がせまいので，風の強いことが多い。低気圧内は上昇気流によって雲ができやすく，前線付近とともに雨が降りやすい。

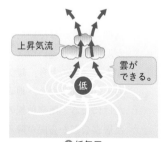

↑ 低気圧

HighClass

シベリア高気圧は冬に発達する，冷たい空気がぎゅっとたまった背の低い高気圧である。太平洋高気圧は夏に発達する，あたたかい空気が高い空まで集まった背の高い高気圧である。どちらも，周辺よりも空気が多く集まっている。

❷ いろいろな低気圧

▶**熱帯低気圧**…低緯度にできる低気圧である。あたた
かく湿った空気が集まって，積雲や積乱雲が発達し
て大きな雲の渦となり，強い雨と風が起こる。

風速が 17.2 m/s をこえると，**台風**となる。

zoomup 台　風→p.568

▶**温帯低気圧**…中緯度などにできる低気圧である。あ
たたかい空気と冷たい空気がぶつかってできた**前線**
をともなう。中心と前線近くで雨が降る。また，温
帯低気圧の北側と南側では気温が異なる。

❸ **低気圧の構造**……一般的に低気圧というときは，温
帯低気圧をさす。温帯低気圧は**温暖前線**や**寒冷前線**な
どの前線をともなっていることが多い。温暖前線付近
の雲と寒冷前線付近の雲は種類が異なるため，雨の降
り方も異なる。温暖前線と寒冷前線の間は雲が少ない。

低気圧の中ではさまざまな風が吹いており，特に上
昇気流のあるところでは雲が多く発生する。温暖前線
の雲より，寒冷前線の雲のほうが背が高くなっており，
雲の背が高いほど雨が強く降る。低気圧をとり囲む厚
みの少ない雲は，雨を降らせない。

▶**雲の高さの上限**…雲は対流圏内で発達する。低気圧
の雲がこれ以上高くならないのは，対流圏の上の成
層圏では気温が高くなるので，雲が上昇できないた
めである。

積乱雲は大きく発達して対流圏と成層圏の境界に
達することがあるが，それ以上上へは発達できない
ため，横に広がり，**かなとこ雲**となることがある。

⬆温暖前線の雲（高い雲から低い雲へ
だんだん移り変わる）

⬆寒冷前線の雲（積乱雲の列）

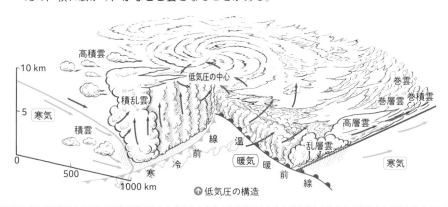

⬆低気圧の構造

第4編 地球

第1章 大地の変化

第2章 天気とその変化

第3章 地球と宇宙

HighClass 温暖前線の乱層雲より，寒冷前線の積乱雲のほうが，雲の背が高くなる。背が高い雲ほど雨
が落ちてくるときに大きくなり，強い雨が降る。温暖前線と寒冷前線の間は，からっと晴れ
るのではなく，もやもやとした雲のかかった天気になることが多い。

❹ **低気圧の一生**……低気圧(温帯低気圧)は，中緯度の
温帯地方の前線の上に発生することが多い。下の図の
①のように，寒気と暖気の境には停滞前線ができる。
②のように，前線が少し曲がると，**温暖前線と寒冷前
線**ができて，低気圧が発生する。日本付近でできる低
気圧(温帯低気圧)は，西側に寒冷前線が，東側に温暖
前線ができることが多い。④のように，寒冷前線が温
暖前線に追いついて**閉塞前線**ができると，低気圧はだ
んだんおとろえて消える。

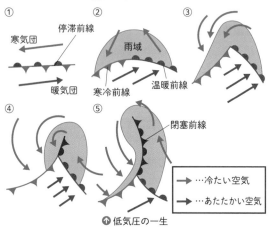

↑ 低気圧の一生

参考　**低気圧が発達する理由**

　大陸からやってきた低気圧は，
日本付近にやってくると，海か
ら湿った空気が入り，雲がたく
さんできて発達する。
　大陸からの寒気が強いときも
低気圧が発達しやすい。日本海
で急速に発達する低気圧は**爆弾
低気圧**とよばれる。

❺ **低気圧の移動**……低気圧は上空の風によって移動す
る。日本付近は上空に**偏西風**が吹いているので，それ
によって西から東へ移動することが多く，北東のほう
へ進むものは発達しやすい。速さは時速 40 ～ 50 km
のことが多く，自動車並みの速さである。
　大陸でできた低気圧は翌日に九州，翌々日に関東へ
進むことが多い。また，低気圧は海上で発達しやすい。

参考　**低気圧の速さ**

　時速 40 km の低気圧は，24
時間で 960 km 進む。これは福
岡から東京までの距離(890 km)
と近いため，福岡の天気が翌日
の東京の天気だとよくいわれる。
　低気圧によっては，ほとんど
動かないものから時速 80 km
をこえるものもある。

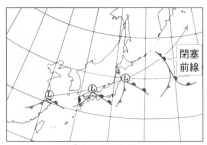

↑ 低気圧の移動

あたたかい空気と冷たい空気の温度差が大きいと，低気圧が発達する。また，あたたかく湿
った空気が入ると発達しやすくなる。日本付近は海があるため，湿った空気が入りやすく，
低気圧が発達しやすい場所になっている。

9 天気と日本の四季

Point
1. 天気図の記号と見かたを理解しよう。
2. 気団と四季の天気の関係を理解しよう。
3. 台風や気象の災害にはどのようなものがあるか確かめよう。

1 天気図 入試重要度 ★★☆

1 天気図の記号

〜天気図を描けるようにしよう〜

天気の移り変わりを知るよい方法は、天気図を利用することである。

❶ **天気図とは**……各地の気象台や測候所で同時刻に観測された気象要素(風向・風力・気圧・気温・雲量など)の値を気象庁に集め、地図上に決った記号で記入したものが天気図である。

❷ **天気記号**……天気記号には、世界の各国で共通に使えるように決められた国際式天気記号と、これを簡略化した**日本式天気記号**がある。国際式天気記号は専門的で複雑なため、一般的には日本式天気記号を用いる。

▶**天気記号**…晴れ、くもりなどの記号は、右の図の記号を観測地点の小円に描きこむ。

▶**風向・風力記号**…風向は風の吹いてくる方向に線を引き、矢羽根の数で風力の大きさを示す。

▶**天気解析記号**…高気圧・低気圧・熱帯低気圧・台風は進行の向きや速さもいっしょに記入する。また、前線を引く。

▶**等圧線**…4 hPa 間隔に引くのが基本である。

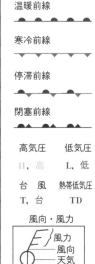

天気記号	天　気
◑	快　晴
◐	晴　れ
◎	くもり
∞	煙　霧
Ⓢ	ちり煙霧
Ⓢ	砂じんあらし
⊕	地ふぶき
◉	霧
●	霧　雨
●	雨
●	雨強し
●	にわか雨
✪	みぞれ
✳	雪
✳	にわか雪
⬙	あられ
⬙	ひょう
⬗	雷

温暖前線 ●●●

寒冷前線 ▲▲▲

停滞前線 ●▲●▲

閉塞前線 ▲●▲●

高気圧　　低気圧
H, 高　　L, 低

台　風　　熱帯低気圧
T, 台　　TD

風向・風力

北北東の風
風力3　晴れ

🔼 天気図に用いられる記号

2 天気図を読む

〜図から天気を読みとろう〜

天気図をもとに、まず現在の天気のようすをとらえる。
そのためには、天気図上でどのような気圧配置のときに

入試Info 天気図記号の読みとりが問われることがある。記号から、天気、風向、風力などを読みとれるようにしておくとよい。風向は、矢の先端から中心に向かう方向であることに注意する。

どのような天気が出現するかを理解する。次に天気図を連続的に観察し，天気の移り変わり方の規則性をとらえる。

❶ **高気圧と天気**……高気圧におおわれた地域は一般に天気がよい。広範囲にしっかり根をおろした高気圧がくると，よい天気が長続きする。規模の小さい高気圧の場合には，よく晴れない。

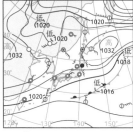

↑ 大型高気圧の天気図

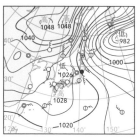

↑ 小規模な高気圧の天気図

❷ **低気圧と天気**……低気圧付近はふつう天気はよくないが，発達した低気圧とそうでない場合には違いがある。台風は低気圧の一種であり，悪天候となる。温帯低気圧の場合は前線をともなうことが多く，通過する前線により天気変化に特徴がある。

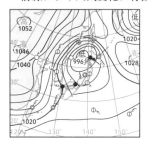

↑ 温帯低気圧の天気図

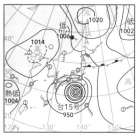

↑ 台風の天気図

❸ **天気の移動**……天気は西から東へ移動する。中緯度では移動性の高気圧や低気圧は，上空の偏西風にのって西から東へ移動する。偏西風にははやいものやおそいものがあるが，平均して 40 ～ 50 km/h である。1日に移動する距離は経度にして約 10 度（約 1000 km）である。（上海～福岡間，福岡～東京間は約 10 度の経度差）

参考 **特異日**

長い年月にわたって天気を調べると，ある特定の日の天気が似た状態になって現れることがある。このような日を特異日という（シンギュラリティともよばれる）。

・**晴れやすい日**…1 月 16 日，3 月 14 日，6 月 1 日，10 月 16 日，11 月 3 日

・**雨の降りやすい日**…3 月 30 日，6 月 28 日，7 月 17 日

・**台風の近づきやすい日**…9 月 15 日～17 日，9 月 25 日～27 日

Episode 特異日は，はっきりとした原因はわかっていない。また，特異日は少しずつ変化しているといわれている。以前は晴れや雨の特異日とされていた日であっても，近年ではその傾向がなくなっているという日もある。

3 天気図の作成

～実際に天気図をつくってみよう～

❶ **準備するもの**……天気図用紙，インターネットまたはラジオ，録音装置（必要な場合），メモ用紙，筆記具（鉛筆と消しゴムなど）

❷ **気象通報の放送順序**

①「**各地の天気**」は，各地の「① 風向，② 風力，③ 天気，④ 気圧，⑤ 気温」の順に放送される。

例 「石垣島，南の風，風力2，晴れ，12 hPa，31℃」と放送されるので，上の図のように，石垣島の○印に①～⑤の順に記入する。

②「**船舶の報告**」は，経度と緯度で表した地点の天気が流されるので，○印をつけて記入する。

③「**漁業気象**」では，高気圧・低気圧（台風）の位置や動き，前線の位置などが放送され，天気図を描くうえで重要である。メモをとるとよい。

④「**日本付近を通る 10□□ hPa の等圧線の位置**」が放送されるので，しっかりメモをとる。

❸ **天気図の作成**……地図上に記入したことや，メモなどを参考にし，特定の等圧線を基準にして等圧線を4 hPa ごとに描き入れていく。

下の図は，天気図用紙の一部で，放送を聞き，放送内容の一部を記入したものである。

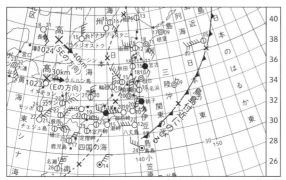

- - -×- - -×- - - は日本付近を通る1016hPaの等圧線

第4編 地球

第1章 大地の変化

第2章 天気とその変化

第3章 地球と宇宙

参考 気象通報

天気図を作成するときは，気象通報を聴く。気象通報はNHK第2放送（ラジオ）で放送され，気象庁のホームページにも過去の分を含めた放送内容がある。

参考 等圧線の引き方

気圧の等しい地点をなめらかな曲線で結んだものが**等圧線**である。

・各地点の気圧の値を見て，全体的に，気圧が高い，低い領域をさがす。（下図）

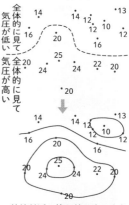

・前線付近の等圧線は次のようになる。

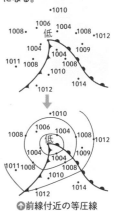

↑前線付近の等圧線

入試Info 等圧線は，地形図の等高線とほぼ同じように考えることができる。等高線の間隔がせまくなっている部分は斜面の傾きが急になるように，等圧線の間隔がせまくなっている部分は気圧の差が急になっており，風が強く吹く。

2 日本の四季の天気 ★★★

1 日本の四季を決める気団

～気団が季節の天気を支配する～

季節によって日本にやってくる気団は異なる。

❶ **日本付近の主な気団**……日本は季節の変化がはっきりしている国だといわれる。それは日本列島に影響するさまざまな気団があるためである。

↑ 日本をおとずれる主な気団

下の表の5つの気団のうち，シベリア気団，小笠原気団，オホーツク海気団の3つが主な気団である。

揚子江気団は，春と秋に西からやってくる移動性高気圧のもとといわれる。

赤道気団は，あたたかく湿っており，台風とともに一時的にやってくる。

名称	場所	時期	特徴	代表例
シベリア気団	シベリア(大陸)	主に冬	北西の季節風としてやってくる，冷たく乾いた空気。日本海で雲をつくって雪が降る。	シベリア高気圧
小笠原気団	日本の南東の海上	主に夏	南東の季節風としてやってくる，あたたかく湿った空気。蒸し暑い暑さをもたらす。	太平洋高気圧
オホーツク海気団	オホーツク海	主に梅雨	北東の風としてやってくる，冷たく湿った空気。低い雲ができて天気が悪くなる。	オホーツク海高気圧
(揚子江気団)	長江(揚子江)流域	春と秋	偏西風によって西からやってくる，あたたかく乾いた空気。一時的な晴天をもたらす。	移動性高気圧
(赤道気団)	赤道近くの海上	夏と秋	台風などとともにやってくる，あたたかくてとても湿った空気。大雨をもたらす。	台風

❷ **気団と日本の四季**……夏と冬には大きな気団におおわれ，同じような天気が続くことが多い。春や秋にはさまざまな気団がやってきて，日本の四季をつくっている。

海外では，夏と冬，乾季と雨季など，1年の天気が大きな変化でいわれることが多いが，日本ではさまざまな気団によって四季がつくられている。

HighClass 気団は大きな高気圧ができやすい場所だが，赤道気団は台風が運んでくる空気であることに注意する。また，揚子江気団は春と秋に多い移動性高気圧となってやってくる。

② 季節風

～夏と冬の季節風が重要～

❶ 季節風とは……季節によって吹いてくる方向が変わる風を季節風(モンスーン)といい，日本の天気に大きく影響している。

zoomup 季節風→ p.544

季節風は，その季節に現れる気団と関係している。

❷ 日本の季節風

▶**夏**…小笠原気団(太平洋高気圧)から，あたたかく湿った南東の風が吹く。夏の暑さとにわか雨をもたらす。

▶**冬**…シベリア気団(シベリア高気圧)から，冷たく乾いた北西の風が吹く。日本海側に雪をもたらし，太平洋側はよく晴れる。

③ 冬の天気の特徴

～シベリア気団から冷たい北西の季節風～

大陸からの冷たい季節風が日本海側に雪，太平洋側に晴れをもたらす。

❶ シベリア気団……シベリアは，北半球で冬に最も寒くなる場所である。そこに冷たい空気のシベリア気団(シベリア高気圧)ができ，周囲に冷たい風を吹き出し，日本列島に北西の季節風がやってくる。

❷ 日本海側と太平洋側の天気のようす……日本海は冬でも比較的あたたかいので，たくさんの水蒸気が上がって雲(積雲など)ができる。雲は北西の季節風に乗って，日本列島の山へぶつかって，日本海側で雪や雨をもたらす。山をこえた風は乾燥するため，太平洋側では晴天になる。日本列島の西側に高気圧，東側に低気圧があるときを西高東低の気圧配置(冬型の気圧配置)といい，北西の季節風が強く吹く。

冬でも，移動性高気圧がやってくると全国的に晴れ，日本列島の南側を低気圧(南岸低気圧)が通ると，太平洋側でも雨や雪となる。

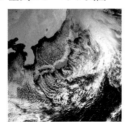

⬆冬(西高東低型)の気象衛星画像

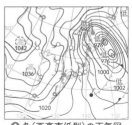

⬆冬(西高東低型)の天気図

⬆冬の日本海側のようす
(雪雲が連なるが，晴れ間もある。)

Episode 降雪の世界記録は，滋賀県の伊吹山での 11 m 82 cm である。このことから，日本の雪は世界的にも多いことがわかる。この雪は，とても冷たいシベリア高気圧からの季節風と，暖流が流れている日本海からの水蒸気がもたらしている。

↑冬の天気の特徴

4 春の天気の特徴

〜高気圧と低気圧が通過して天気が変わりやすい〜

高気圧と低気圧が交互にやってくるため，天気が変わりやすい。また，低気圧が日本海で発達することがある。

❶ **移動性高気圧**……日本列島の上を吹く**偏西風**により，あたたまった大陸から，あたたかく乾いた空気をもった移動性高気圧がやってくる。このもとになっているものを**揚子江気団**という。

❷ **春の天気のようす**……春には，偏西風によって高気圧と低気圧が交互に通過する。高気圧におおわれると風が弱くなり，晴れる。また，日本の近くで低気圧が生まれて発達することも多く，**春一番**などの南よりの強風が吹き，風雨が強く雷雨をともなう春の嵐も起こりやすい。

交互に通る高気圧と低気圧により，天気は4〜7日の周期で変わることが多く，気温の変動も大きくなる。

↑春の移動性高気圧の天気図

Words 春一番

立春から春分までの間に，日本海で低気圧が発達し，初めて南よりの風速8 m/s以上の風が吹き，気温が上がる現象。

↑すぐに変わる春の空

5 梅雨の天気の特徴

〜梅雨前線が停滞して長雨に〜

2つの高気圧からの風のぶつかりあいで**梅雨前線**ができるため，雨の日が多くなる。

❶ **オホーツク海気団と小笠原気団**……オホーツク海気団（オホーツク海高気圧）から，冷たく湿った風がやってくる。また，南からは小笠原気団（太平洋高気圧）から，あたたかく湿った風がやってくる。この2つの気団の勢力はほぼつりあっているため，それらがぶつかることで日本列島付近に梅雨前線（停滞前線）ができる。

↑梅雨の天気図

Episode

梅雨明けの定義は決められていない。「梅雨明けしたとみられる」と発表されるときは，くもりや雨の日が減り，梅雨前線が北上して太平洋高気圧が張り出してくるときが多い。

❷ 梅雨前線……梅雨前線付近には乱層雲や積乱雲など，雨を降らせる雲ができやすい。約1か月半にわたり，雨が降りやすい時期が続く。

　東日本は弱い雨，西日本は強い雨になりやすく，梅雨の終わりごろには**集中豪雨**が起こることもある。

　梅雨前線から遠い北海道には梅雨がみられない。

↑梅雨前線による雨

↑ 梅雨の気象衛星画像

第**4**編

地球

第1章

大地の変化

第2章

天気とその変化

第3章

地球と宇宙

6 夏の天気の特徴

～夏の季節風で暑く湿った天気になる～

　夏は，あたたかく湿った空気が入り，同じような天気が続く。また，夏から秋にかけて**台風**の接近・上陸がある。

❶ **小笠原気団の発達**……太平洋上の小笠原気団の勢力が強くなり，梅雨が明けると，小笠原気団にできた太平洋高気圧から，あたたかく湿った南東の季節風が吹く。

❷ **夏の天気のようす**……あたたかい太平洋からやってくる風は湿っている。晴れて気温が上がると，積乱雲などの雲ができやすく，にわか雨も多い。

　偏西風は北に移動しているため，気圧配置が変わらず，同じような天気が続くことが多い。

　夏の後半からは台風の影響を受けやすい。

↑ 夏（南高北低型）の天気図

↑夏の積乱雲

↑落雷（積乱雲の中で電気が発生し，一部は地表にも流れる）

7 秋の天気の特徴

～長雨と移動性高気圧による晴天～

　高気圧と低気圧が交互にやってくるため，天気が変わりやすい。秋のはじめは雨の日が多い。

❶ **秋雨前線**……秋のはじめは，梅雨の時期のように，北と南からの風がぶつかって，停滞前線ができやすい。これを秋雨前線という。

↑ 秋の長雨の天気図

Episode

季節の変わり目には雨が多い。これは，気団と気団の間に，前線や低気圧ができやすくなるためである。また，春雨，梅雨，秋雨と雨が降りやすい時期がある。このような雨のため，四季の天気の変化を感じられる。

❷ **移動性高気圧**……秋雨前線による雨が降りやすい時期が終わると，偏西風によって移動性高気圧や低気圧が交互にやってくるようになる。高気圧におおわれると，風の弱い晴天の日になる。秋にやってくる高気圧は春のものよりも大きいため，晴天が続くことが多い。移動性高気圧は揚子江気団からやってくる。

↑秋晴れとすじ雲

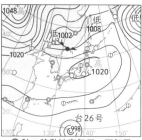
↑秋の移動性高気圧の天気図

　低気圧が通るごとに気温が下がり，木枯らしの季節になっていく。

8 台 風

～熱帯低気圧の発達したものが台風～

❶ **台　風**……赤道近くの北緯5〜20度の太平洋上に発生する低気圧を熱帯低気圧という。これは，あたたかい空気だけでできていて，前線をともなわない。

　低気圧内の最大風速が 17.2 m/s をこえると台風となる。

❷ **台風の特徴**……熱帯低気圧が発達したもので，温帯低気圧とは構造が異なっている。

▶ 中心気圧が低く，等圧線がほとんど円形になっている。

▶ 反時計まわりに吹きこむ風が強く，中心に目ができることもある。

▶ 積乱雲などの雲が集まっていて，激しい雨が降りやすい。

↑台風の気象衛星画像

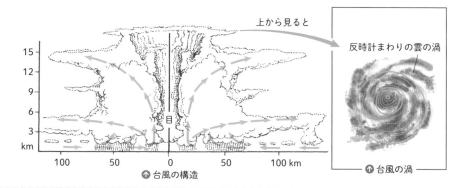
↑台風の構造　　↑台風の渦

上から見ると
反時計まわりの雲の渦

HighClass

台風の中心には，台風の目ができることが多い。台風の中心付近では回転がはやく，遠心力がはたらくために，目ができる。目の中は風が弱くなっており，晴れ間が見えることもある。大きな目は直径が数 10 km もある。

❸ **台風の動き**……台風は，まわりの風（太平洋高気圧や偏西風など）に流されて動き，進路には月ごとの傾向がある。

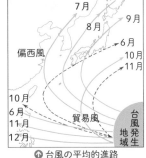

↑ 台風の平均的進路

日本にやってくるのは一部で，日本の近くでは偏西風に流され，東に向きを変え，動きがはやくなることが多い。

夏はゆっくり動いて，進路が定まらないこともある（**迷走台風**）。太平洋の海面水温が 27 ℃以上の場所で発生・発達する。近年は海水温が上昇してきているとされ，それにともなって台風による被害が大きくなると考えられている。

⑨ 気象の災害

〜気象はさまざまな災害を起こす〜

地球温暖化とともに，激しい気象現象が増加したといわれている。日本は地理的にも地形的にも，さまざまな気象災害を受けやすい。

❶ **台風災害**……日本の気象災害で最も被害が大きいものは台風である。次のような被害が起こる。

▶ **雨の影響**…斜面崩壊，土石流，浸水，洪水など

▶ **風の影響**…暴風による建物や農作物への被害

▶ **高　潮**…気圧低下による海面上昇が起こり，風や高波とともに発生すると大規模な浸水被害

❷ **集中豪雨**……積乱雲による強い雨が長く続くと災害が起こる。低気圧周辺や停滞前線，台風で起こる。

▶ **線状降水帯**…積乱雲が同じ場所で次々と発生し，雨量が多くなる。このような積乱雲の列ができているときは，土砂災害や浸水，洪水などに注意する。

↑大雨で増水した川

第 **4** 編

地球

第1章
大地の変化

第2章
天気とその変化

第3章
地球と宇宙

参考 台風の風の強さ

移動のはやい台風の場合，地上では台風の風とあわさり，進行方向の右側で特に風が強くなる。動きの小さい台風では差が少ない。

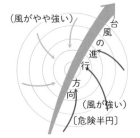

（風がやや強い）

台風の進行方向

（風が強い）

〔危険半円〕

参考 被害の大きかった気象災害

	種　目	死者・行方不明者	年・月
1	伊勢湾台風	5098 名	1959・9
2	枕崎台風	3756	1945・9
3	室戸台風	3036	1934・9
4	カスリーン台風	1930	1947・9
5	洞爺丸台風	1761	1954・9
6	狩野川台風	1269	1958・9
7	周防灘台風	1162	1942・8
8	南紀豪雨	1124	1953・7
9	大雨（熊本）	1001	1953・6
10	台風（島根）	970	1943・9

被害が大きいのは 9 月頃の台風と梅雨の集中豪雨である。台風と停滞前線があわさると，長時間雨が降る。

参考 特別警報

数十年に一度というような豪雨，暴風，豪雪などが予想されるときに，気象庁は特別警報を発表する。このときは最大限の警戒をする必要がある。

Episode　異常気象とは，気象庁では「気温，降水量などの気象要素が過去 30 年以上にわたって観測されなかったほど著しく高い値，あるいは低い値を示す場合」と定義されている。

❸ 豪　雪……日本の冬は，世界的に見ても雪が多い。次のような気象条件が，大雪をもたらす。

▶冬型の気圧配置（日本列島の西側に高気圧があり，東側に低気圧がある西高東低型）と上空の寒気…日本海側で大雪となる。

▶南岸低気圧…日本列島の南岸を発達しながら，東に進んでいく低気圧を南岸低気圧とよぶ。これにより，太平洋側に大雪がもたらされる。

↑大雪で除雪できず，通れなくなった歩道（山梨県）

❹ 都市気候……都市特有の気候のことを都市気候とよぶ。次のようなものがあげられる。

▶ヒートアイランド現象…都市は周辺より気温が高くなりやすい。これを，ヒートアイランド（熱の島）という。コンクリートやアスファルトの蓄熱，工場や車や家庭からの排熱などが原因である。

▶ゲリラ豪雨（雷雨）…気温が高いため，積乱雲が発生しやすくなっている。それによってもたらされる局地的な大雨をゲリラ豪雨（雷雨）とよぶことがある。

▶その他，猛暑，冷夏（冷害），水不足などもある。

↑急に発達する積乱雲（東京都）

10 気象の恩恵

〜気象からはいろいろな恩恵も〜

日本は気象災害が多いが，ふだんは気象の恩恵をたくさん受けている。日本では多くの地域が温帯にあり（北海道は冷帯，沖縄は亜熱帯），周囲の海からは水蒸気がたくさん入ってくる。そのため，次のような特徴をもつ。

❶ 適度な気温……日本の平均気温はおよそ 10 〜 20 ℃で，生活しやすい（世界平均は約 15 ℃）。

❷ 多めの降水量……日本の平均降水量は約 1700 mm で，水が十分にある（世界平均の約 2 倍）。

❸ 四季の気候……季節ごとに気団の影響を受け，気候が異なる。四季の気候は動植物にも影響しており，それを受けて，日本の文化が生まれた。

　日本の住みやすい気候は，中緯度帯にあって気温がちょうどよいだけでなく，周囲の海からの風が雨をもたらしたり，山が多いので，雲が発生しやすく水が豊かなためでもある。

↑緑と水に恵まれた日本

↑四季を感じる日本の風景

HighClass　1 年間で気温が変化するのは，地球の自転軸が公転面に立てた垂線に対して 23.4° 傾いていて，太陽高度が変わるからである。夏至や冬至の時期よりも，最高気温の変化は約 1 か月おくれ，海水温の変化はさらに約 1 か月おくれる。

	問題		解答
→ p.532	**1** 地上の気温は，地上から何mの高さではかるか。	**1**	1.5 m
→ p.533	**2** 東風とは，（　　　）からやってくる風である。	**2**	東
→ p.534	**3** 上層にできるすじの形の雲を何というか。	**3**	巻雲
→ p.535	**4** 下層から上層まで発達する雲は何か。	**4**	積乱雲
→ p.535	**5** 比較的弱い雨を長時間降らせる雲は何か。	**5**	乱層雲
→ p.537	**6** 雲量が8のときの天気は何か。	**6**	晴れ
→ p.540	**7** 1気圧は何hPaか。	**7**	1013
→ p.541	**8** 等圧線の幅がせまいと，風力が（　　　）くなる。	**8**	大き
→ p.543	**9** 高気圧からは（　　　）まわりに風が吹き出す。	**9**	時計(右)
→ p.543	**10** 上空で上昇気流が起こっているのは，高気圧と低気圧のどちらか。	**10**	低気圧
→ p.544	**11** よく晴れた日，陸と海で日中と夜間に入れ変わって吹く風を何というか。	**11**	海陸風
→ p.546	**12** 地球上で南北に熱を運ぶのは風と（　　　）である。	**12**	海流(海)
→ p.549	**13** 大気中に含むことができる最大の水蒸気量を（　　　）水蒸気量という。	**13**	飽和
→ p.549	**14** 空気が冷えて，水蒸気が凝結するときの温度を何というか。	**14**	露点(露点温度)
→ p.551	**15** 晴れて風が弱い日の，気温と湿度の変化の関係はどうなるか。	**15**	反対になる
→ p.552	**16** 空気が上昇して膨張したとき，気温はどうなるか。	**16**	下がる
→ p.554	**17** 湿った風が山を上がって雲をつくって雨を降らせ，反対側に下りると乾いた晴天となる現象を何というか。	**17**	フェーン現象
→ p.556	**18** 前線ができるとき，ぶつかった寒気と暖気は，（　　　）のほうが上になる。	**18**	暖気
→ p.557	**19** 寒冷前線の近くで強い雨を降らせるのは何という雲か。	**19**	積乱雲
→ p.558	**20** 大陸から動いてくる高気圧を（　　　）性高気圧という。	**20**	移動
→ p.559	**21** 熱帯低気圧の風速が17.2 m/sをこえたものを何というか。	**21**	台風
→ p.560	**22** 日本付近の(温帯)低気圧は，ふつう上空の（　　　）風に流されて，西から東へ移動する。	**22**	偏西
→ p.561	**23** 雨の天気記号を描きなさい。	**23**	●
→ p.561	**24** 天気図の風力の記号の向きは風が（　　　）向きである。	**24**	吹いてくる
→ p.564	**25** 夏の太平洋高気圧をつくる気団を何というか。	**25**	小笠原気団
→ p.565	**26** 冬の季節風の風向はどちら向きか。	**26**	北西
→ p.566	**27** 梅雨前線に北から冷たい空気を送る気団を何というか。	**27**	オホーツク海気団
→ p.569	**28** 日本で，これまで最も被害の多い気象災害は何によるものか。	**28**	台風

Level 2

●次の文章を読み，あとの問いに答えなさい。 【京都教育大附高－改】

　下の図は，日本のある年のある日（1日目とする）の12時から翌々日（3日目とする）の12時までの気温，湿度，気圧の変化を記録したもので，この間に_a寒冷前線や_b温暖前線が通過したと考えられる。また，1日目の12時および時間帯 D, E, H には雨が降っていないことがわかっている。

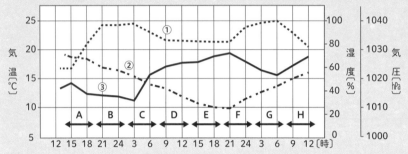

(1) 図中の①～③はそれぞれ気温，湿度，気圧の変化のいずれを示しているか。それぞれ次のア～ウのうちから1つずつ選び，記号で答えなさい。

　　ア　気温　　　イ　湿度　　　ウ　気圧

(2) 文中の下線部 a，b それぞれが通過した時刻を含む時間帯を，それぞれ図中の A～H のうちから1つずつ選び，記号で答えなさい。

▶ **Key Point**

　前線の通過で気温が変わる（風向も変化する）。また，前線が通過するときは雨が降りやすいので，湿度も上昇する。

▶ **Solution**

(1) 気温と湿度は逆の変化をすることが多い。また，観測地点が低気圧の中心の南側となる場合，寒冷前線の近くで最も気圧が下がることが多い。

(2) 温暖前線通過後は気温が上がり，寒冷前線通過後は気温が下がることが手がかりになる。

Answer

(1) ①　イ　　　②　ウ　　　③　ア

(2) a－F　　　b－C

● ✎ 難関入試対策 作図・記述問題 第2章 ●

Level 2

第4編 地球

第1章 大地の変化

第2章 天気とその変化

第3章 地球と宇宙

●次の①～③の手順で実験を行った。これについて，あとの問いに答えなさい。

【滋賀－改】

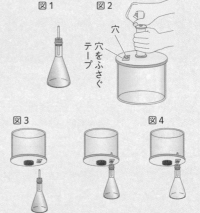

①三角フラスコの中を少量の水でぬらした
あと，その中に線香の煙を少量入れ，**図1**のようにガラス管をつける。

②**図2**のように，簡易真空容器に穴をあけ，テープを貼ってその穴をふさいでから容器の空気を抜く。

③**図3**のように，**図1**の三角フラスコにつけたガラス管を**図3**の簡易真空容器の穴から容器の中に差しこむ。

結果

図4のように，簡易真空容器の中と三角フラスコの中が白くくもった。

(1) 地表の空気が上空に達したときに雲ができることを確かめる目的で行った実験で，簡易真空容器を用いたのはなぜか。実験の目的から考えて，理由を書きなさい。

(2) 実験の結果の**図4**のように，簡易真空容器の中と三角フラスコの中が白くくもったのはなぜか。三角フラスコの中にあった空気の変化をもとに理由を書きなさい。

▶ **Key Point**

雲ができるしくみを調べる実験である。このような実験は，実際に経験していると理解しやすい。雲のできかたを確認しておくこと。

▶ **Solution**

三角フラスコから簡易真空容器に空気が移動することで，三角フラスコの中の空気が断熱膨張して温度が下がる。すると三角フラスコ内の水蒸気が飽和して（露点に達し），水滴（水の粒）になる。

Answer

(1) 例 上空と同じように気圧が低い状態を容器の中につくるため。

(2) 例 三角フラスコの中の空気は，簡易真空容器の中に入って膨張して温度が下がり，露点に達して，空気中の水蒸気が水滴に変わったため。

第3章 地球と宇宙

START! {
私たちは地球という惑星で暮らしています。その地球は太陽系の中にあり，太陽系は銀河系の中にあります。そして銀河系も宇宙の中の無数の銀河の中の1つです。宇宙は広大ですが，人類は少しずつその謎を解明しています。
}

ねぇねぇ，宇宙は膨張しているんだよね？

急にどうしたの！？

確かに，宇宙は膨張していると考えられているよ。

そんなこと，何でわかるんですか？

我々がいる太陽系は，銀河系という銀河の中の天体の集まりだよ。

銀河系の外にはたくさんの別の銀河があるんだ。

スケールが大きい話だなぁ…。

地球から外の銀河を見ると，銀河のすべてが地球から遠ざかるような運動をしているよ。そしてその速さは，その銀河までの距離に比例しているんだ。

バイバーイ

バイバーイ

だから，膨張していることがわかったんだね！

宇宙が膨張しているってことは，宇宙ができたときはもっと小さかったってこと？

よいところに気づいたね。宇宙の始まりは1点だったと考えられているよ。

いまから約138億年前，宇宙のもととなる超高温，超高圧状態のものが急激に膨張し，宇宙ができたと考えられているよ。このような考えをビッグバンというんだ。

宇宙の始まりって，なんか不思議…。

そうして宇宙ができて，約46億年前には太陽や地球，つまり太陽系ができたんだよ。

宇宙の年齢と比べると若く感じるなー。

太陽系って，太陽とまわりを回る惑星などの天体だよね？太陽と惑星では何が違うんだろう？

確か，太陽は光を出しているけど，惑星はその光を反射して光っているんじゃなかった？

そうだよ。だから，惑星の見え方は地球と惑星，太陽の位置によって変化するんだ。

どういうこと？

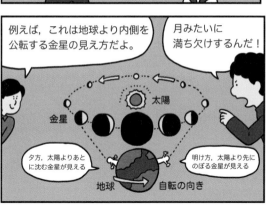

例えば，これは地球より内側を公転する金星の見え方だよ。

月みたいに満ち欠けするんだ！

太陽

金星

夕方，太陽よりあとに沈む金星が見える

明け方，太陽より先にのぼる金星が見える

地球　自転の向き

金星とは違う，地球の外側を公転する惑星はまた別の見え方をするんだよ。

火星，木星，土星などのことですね！

じゃあ，今度天体観測をして調べたいです！

いい考えだね！宇宙全体の話から身近な話になったね。

ところで，宇宙の膨張について考えてなかったっけ？

いやー，うちのネコがいつのまにか膨張してたから関係あるのかと…。

うわっ!!本当に同じネコ？

宇宙の話じゃなくなった…。

第4編 地球

第1章 大地の変化

第2章 天気とその変化

第3章 地球と宇宙

w 575

10 ▶ 天体の１日の動き

Point
1. 恒星の１日の動き方を調べ，その特徴を理解しよう。
2. 透明半球を用いた，太陽の１日の動きの調べ方を確認しよう。
3. 天体の日周運動と地球の自転の関係を確認しよう。

1 恒星の１日の動き ★★☆
入試重要度

1 写真で星の動きを調べる

~一夜でも天体は動いて見える~

❶ **天体写真の撮影**……写真を撮影することで，星の移動するようすを確認できる。専用のカメラがなくても，スマートフォンで撮影できる。

▶ **スマートフォンでの撮影方法**…星空を撮影するには，手で持っていると手ぶれが起こるため，三脚が必要である。また，カメラのアプリを以下のように設定する。
（100円ショップで販売されている程度のものでよい）

①モードをマニュアルモード，あるいは，手動設定にする。

②シャッタースピードを最大にする。

③ISO 感度を最大にする。

④フォーカスモードを MF にし，無限遠にあわせる。

撮影時は，シャッターを手でおさず，セルフタイマーでシャッターをきるように設定する。

❷ **北の空の星の動き**……北の空をうつした写真を見ると，それぞれの星がある点を中心に，同心円状の弧を描いているようすがわかる。

円弧の中心付近にある明るい星が北極星で，中心点が天の北極である。

北の空の星は，天の北極と観測者を結ぶ軸のまわりを反時計まわりに回転している。１日に約１回転することから，360°÷24＝15° より，１時間では約 **15°** 回転している。

Words 恒星

自ら光を出して輝いている星を恒星という。最も地球に近い恒星は太陽である。夜空を見上げたときに見える星のほとんどが恒星である。

北極星

↑ 北の空の星の動き

Episode シャッターを開けっぱなしにして天体の写真を撮影すると，天体は線となってうつる。これは，天体が動く道筋をうつしているからである。地球から見ると天体は動いて見えるため，人類は長い間，天動説を支持していた。

❸ 南の空の星の動き……南の空をうつした写真を見ると，それぞれの星が，平行のような曲線の集まりに見える。これは大きな弧を描いた曲線の重なりで，**地平線より下にある点を中心に，同心円状の弧を描いている**ためこのように見える。この地平線より下にある中心点は天の南極とよばれている。

南の空の星は天の南極と観測者を結ぶ軸のまわりを**時計まわりに回転している。**

❹ 東・西の空の星の動き……東の空の星は地平線から右斜め上方に動き，西の空の星は左斜め上方から右斜め下方の向きに動くように見える。

❺ 天頂付近の星の動き……天頂とは，観測者の頭の上の真上にあたる点である。天頂付近の星の写真を撮ると，右下のような写真になる。日本では，天頂より約35°南によったあたり（**天の赤道上**）の星は，直線的に
└→地球の赤道を天球にうつしたもの
移動している。それをはさむ両側の星も，直線のように見える曲線で大きな弧を描いて動いている。それらの星は東から西の方向に動く。

❻ 東・南・西の空の連続した星の動き……いままで説明した星の動きを連続した動きと捉えると，東の空の星が右斜め上方へと南の空へ動き，南の空で大きな弧を描きながら，西の空で右斜め下方へ沈んでいくという連続した動きがイメージできる。このイメージから，天頂の星は東の空の北寄りの星が動いてきたと推測でき，天頂の星が西の空の北寄りの右斜め下方へ動くと推測できる。

この1日の星の動きを，**恒星の日周運動**という。

2 天球と地球

~星の動きを天球で考えるとわかりやすい~

昔の人は，地球が動いているのではなく星が動いていると考えていた。また，星はすべて一定に動いていることから，**天球**という考え方で星の動きを説明しようとしていた。

この考え方は現在の私たちにとっても，星の動きを捉えるうえで重要である。

⬆ 南の空の星の動き

⬆ 東の空の星の動き

⬆ 西の空の星の動き

⬆ 天頂付近の星の動き

HighClass
地球から見える星のようすをわかりやすく示したものに，**天球儀**がある。これは，天球を表した模型で，中心に地球がある。中心の地球から天球にある星空をながめていると考える。

❶ 天　球……星空を見上げると，巨大な丸天井があって，星はそれに貼りついているように見える。この丸天井のことを天球という。写真で見た星の動きを，この天球という考えと組み合わせると右の図のようになる。

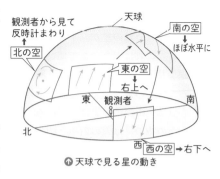

↑ 天球で見る星の動き

❷ 天球の構造と地球……西の空に沈んだ星が東の空からのぼってくることから，地面の下にも天球があると考えると，より星の動きを理解しやすくなる。

　天球内にある地球上のある地点で観測すると考えると，観測地点でひもにおもりをつけて下げたときの直線(鉛直線)の延長線が天球上と交わった点を天頂・天底といい，天の北極と天頂を通る大円を**天の子午線**という。天体が天の子午線を通過したときを南中という。観測地点を通り鉛直線に垂直な平面が天球と交わる大円が**地平線**で，その平面が**地平面**である。天の北極と天の南極を結ぶ線が地軸である。地球の赤道面が天球と交わる大円を**天の赤道**という。

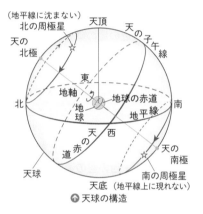

↑ 天球の構造

3 北極星の高度

~北極星は北天の空でとまって見える~

　星は動いて見えるが，北極星は動いて見えない。北極星は，地軸の延長線上にあるため動いて見えず，北の空の写真では，同心円の中心に見られる。

　北極星を見上げた角度(高度という)は観測地点の**緯度(北緯)**と同じ角度となる。それは，次のようなことからわかる。

❶ 北極星はとても遠い……北極星は地球のはるか彼方で輝いていることから，地球に到達する光は**平行光線**と考える。図の左の考え方でなく，図の右の考え方で高度を出す。比較する角度は，図の右の

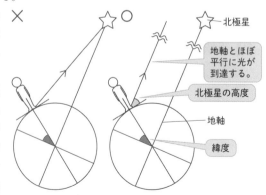

北極星

地軸とほぼ平行に光が到達する。

北極星の高度

地軸

緯度

入試Info　緯度と北極星の高度の関係の問題は，公式を覚えるのではなく，平行光線と同位角から図を描くことで導くことができるようにしておくことが大切である。そうすれば，暗記をする必要がなくなる。理科の公式の大部分は，導き方を知っていれば，覚える必要はない。

紫色の角度（緯度）と緑色の角度（北極星の高度）である。

❷ **平行線の同位角を見つける**……右図にある2つの A° は，平行線の同位角のため等しい角度である。そこで，以下の式が成り立つ。

A°＋北極星の高度＝90°

緯度＋A°＝90°

よって，　北極星の高度＝90°－A°＝緯度

以上から，北極星の高度は，観測地点の緯度に等しいといえる。

4 地球の各地で見える恒星の日周運動

〜天球をイメージして考えてみよう〜

いろいろな地球の地点での，恒星の日周運動は次のようになっている。

❶ **北　極**……北極に近づくということは，緯度（この場合北緯）を大きくすることである。すると，北極星の高度も高くなる。

北極点で観測すると，観測者の天頂に北極星が見え，そのまわりを反時計まわりに恒星が右の図のように動き，恒星はすべて沈まない。この状態の恒星を**周極星**という。

↑北　極

❷ **北半球**……私たちが普段見ている恒星の日周運動の状態である。

↑北半球

❸ **赤　道**……緯度を小さくすると北極星は低い位置に見える。赤道に到達すると緯度が0°になり，北極星の高度も0°となる。

天球上の天の北極と天の南極が地平線の端となり，右の図のような恒星の動きとなる。

❹ **南半球**……赤道をこえて南半球に入ると，天の北極が見えなくなり，天の南極がじょじょに高くなる。右の図のように，東の空の恒星は左斜め上に動き，北の空を大きな弧を描いて動き，西の空で左斜め下に動き，沈む。

南の空では，**天の南極**を中心に同心円状に恒星は動くが，天の南極には恒星はないので，北極星のかわりの星はない。

↑赤　道

↑南半球

Episode　日本では見えない南半球の星座は，9星座ある。カメレオン座，くじゃく座，テーブルさん座，とびうお座，はえ座，はちぶんぎ座，ふうちょう座，みずへび座，みなみのさんかく座である。南半球に行ったときには，ぜひさがしてみよう。

579

南の空

西の空

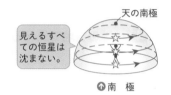

北の空
↑南半球での星の見え方

東の空

❺ **南　極**……南極点で観測すると，天頂が天の南極に
なる。そこを中心にして恒星は時計まわりに同心円を
描くように見える。

北極での星の動きと同様に，すべての恒星は沈むこ
とがない周極星である。

天の南極

見えるすべての恒星は沈まない。

↑南　極

📖 **例題　天体の動き**

次の会話は，りきやさんとななこさんが，星について話しあったものです。これ
について，あとの問いに答えなさい。　　　　　　　　　　　　　　　〔鳥取―改〕

> りきやさん　昨日の夜は晴れていて，すごくたくさんの星が見えたよ。
> ななこさん　私は，夏休みに星空を観測したことがあるよ。その日は，北極星が
> 　　　　　　きれいに見えたから，しばらく北の空を観測したんだ。21 時ごろ
> 　　　　　　から北極星と恒星Aの位置を 1 時間ごとにスケッチしたら，時間と
> 　　　　　　ともに恒星Aの位置が移動していたことがわかったよ。

(1) 図 I は，ななこさんが観測した
日の 21 時頃の北の空のスケッ
チです。恒星Aの 4 時間後の位
置として，最も適切なものを，
図2の**ア～サ**から 1 つ選び，記
号で答えなさい。

(2) 赤道付近での星の 1 日の動きを
模式的に表したものとして，最も適切なものを，次の**ア～エ**から 1 つ選び，記
号で答えなさい。ただし，☆は星，→は星の動く向きを表しています。

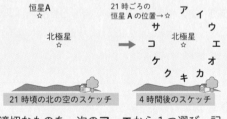

(2) のア～エ

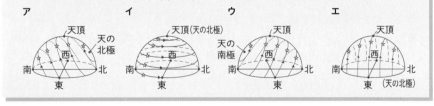

Ｑ 天体観測をして星をスケッチするときに，星以外に記入する必要があることは何か。
Ａ スケッチしている立ち位置や目の角度が変わらないように，まわりの風景もスケッチに
　描きこむ必要がある。

Solution ▷ (1) 北の空の恒星の日周運動を考える。恒星は円周上を1日で約1回転（360°）している。図2では，21時頃の恒星Aの位置からもとの位置まで12間隔あるので，24時間÷12より，1間隔は2時間となる。4時間後の恒星Aの位置は，反時計まわりに2間隔進んだ位置である。

(2) 赤道付近は，天の北極と天の南極が地平線上にある特別な地点である。北極星は地平線上に見える。

Answer ▷ (1) **コ** (2) **エ**

2 太陽の1日の動き ★★★

1 太陽の日周運動

~太陽の動きを調べよう~

太陽は，東の地平線から出て，西の地平線に沈む。

このような太陽の1日の動きを太陽の日周運動という。

太陽の動く道筋は毎日少しずつ南北に移動する。

🔍 **実験・観察** 太陽の動きを調べよう

ねらい

透明半球を使って，太陽が1日にどのように動くか調べる。

方法

❶ 厚紙に半球と同じ大きさの円を描き，円の中心に印をつける。セロハンテープで厚紙に半球を固定する。

❷ 日のよくあたる場所に，厚紙が水平になるように半球をセットする。方位磁針を使って4方位の位置に印をつける。

❸ サインペン（水性）を半球上に沿って移動させ，その先端の影が厚紙につけた中心の印に一致した位置で半球面上に印をつける。その時刻も記入する。

❹ 一定の時間間隔で記録し，各点をなめらかな曲線で結ぶ。

❺ この曲線が，太陽が1日に動く道筋を表している。

① 透明半球 セロハンテープ 中心点 厚紙
同じ半径の円を描く。
② 厚紙に半球を固定する。 南 西
③ 先端の影が中心に一致した位置に印をつける。 北 西 影
④ 印をなめらかな曲線で結ぶ。 13:10 14:10 15:10 16:10 南 西

結果

• 太陽は東の空からのぼり，南の空を通って西の空に沈む。

• 太陽が最も高くなったときの方位は南である。

• 透明半球上で1時間ごとの太陽の動く距離は一定である。

短文記述対策！

Q 上の観察において，サインペンの先端の影が厚紙につけた中心の印に一致した位置で印をつけるのはどうしてか。

A 半球の中心点に観測者がいると仮定し，太陽を見上げたときの位置となるから。

2　地方時と標準時

❶ **地方時**……太陽が南中したときを正午と決めるとする。このように，それぞれの地点で決めた時間を**地方時**という。

❷ **標準時**……太陽は時間とともに東の空から西の空へ動くので，地方時を用いる場合，ある地点では正午になったとしても，経度が異なる別の地点では正午にはならない。そのため，地方時だけでは各地点ごとに時間が異なってしまう。これでは，交通や通信等で日常生活に不便が生じるため，同じ国や一定範囲の地域内では統一した時刻を決めている。これを**標準時（地方標準時）**とよぶ。

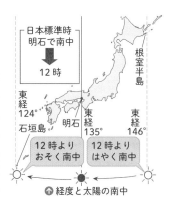

↑経度と太陽の南中

3　日本標準時と世界時

❶ **日本標準時**……日本では，兵庫県明石市を通る東経135°の子午線上を，平均太陽が通過する瞬間を12時としており，この時刻を**日本標準時**として使用している。

❷ **世界時**……本初子午線（経度0°）上を通過する平均太陽時によって定められたのが**世界時**である。

　経度が15°違うと1時間の時間の差がある。そのため，経度0°の地点と日本とでは9時間（135÷15＝9）の差がある。したがって，世界時の0時は日本標準時では9時となる。

4　時刻の決め方

　時刻ははじめ，太陽の動きから定められていた。しかし，その後より正確な時刻を表すための研究が行われ，現在ではセシウム原子を利用して時刻を決めている。

❶ **視太陽時と平均太陽時**……太陽は，ほぼ一定の速さで東から西へ日周運動をしている。太陽が南中してから翌日再び南中するまでを1日とすると，太陽の位置によって1日を細分化し，時刻を定めることができる。このような時刻を**視太陽時**といい，こうして定めた1日を**1視太陽日**とよぶ。

↑明石市の子午線標示柱

参考　本初子午線
- - - - - - - - - - - - - - - - - -
　経度0°の経線を本初子午線という。ロンドン（イギリス）にある旧グリニッジ天文台を通っている。

Episode

東経135°の子午線が通るのは，明石市を含め12の市である。その中で，明石市は初めに子午線を示す標識を建てたことから，有名になった。いまではそれぞれの市に子午線の位置を示す標識がある。

第 **4** 編

地 球

第1章

大地の変化

第2章

天気とその変化

第3章

地球と宇宙

　しかし，太陽が南中する時刻は季節によって変化することから，1視太陽日の長さは季節により変化するという欠点がある。そこで，一定のペースで時を刻む仮想の天体(**平均太陽**)を考え，これが南中し，翌日再び南中するまでの時間を基準にした，**1平均太陽日**というものが考案され，使用されるようになった。この，1平均太陽日の24分の1を**1平均太陽時**とよぶ。平均太陽による時刻は，実際には遠くの恒星を観測し，恒星の南中を観測することで調べている。そのため，平均太陽時は，**地球の自転**に基づく時刻といえる。視太陽時と平均太陽時の差を**均時差**とよぶ。

❷ **暦表時**……その後，観測によって，地球は一定の速さで自転していないことがわかった。そのため，平均太陽時は日ごとに変化してしまう。そこで，地球の公転をもとに地球から観測した太陽，月などの位置に基づく時刻を定義した。これを**暦表時**という。

5 原子を利用した時刻

～現在の時の決め方～

　観測によって，地球の公転周期も一定ではないことがわかってきた。そのため，暦表時にかわる時刻の定義として，原子を利用するようになった。

●**原子秒と原子時**……原子には，固有の振動数をもつ光や電磁波を吸収・放出する性質がある。このような電磁波の振動数は，原子の種類によって決まっている。

　セシウム原子(セシウム133)が吸収・放出する電磁波は1秒間に9192631770回振動する性質がある。このことから，現在ではこの振動にかかる時間を1秒としている。このような，原子によって定められた1秒を**原子秒**とよぶ。また，原子秒を1時間に換算した時刻を原子時という。原子時は1秒の長さが正確であるため，平均太陽時によって定められた世界時とのずれが生じてしまう。これを調整しないと，時計は昼の正午をさしているが，実際は夜になっているということも起こってしまう。これを防ぐため，原子時に**うるう秒**を加えて調整した時刻を使用している(協定世界時とよぶ)。

参考 地球の自転速度

　地球の自転速度は，だんだんおそくなっていると考えられている。その主な原因は潮の満ち引きによって起こる海水と海底との摩擦(潮汐摩擦)とされる。しかし，自転速度は一定の割合でおそくなっているわけではない。

Words うるう秒

　原子時と地球の自転による平均太陽時とのずれを修正するために，追加したり削除したりする秒のこと。

Episode 　時を正確にはかるためには，1秒間を正確に刻む必要がある。昔は水時計や砂時計で水や砂が落ちる速さを数えていたが，それを絶え間なく動かす方法が必要だった。西洋から強力な金属ぜんまいが伝わったことで，日本の時計は進化した。

③ 地球の自転 ★★★

1 地球の自転

～それでも地球は回っている～

すべての恒星は，天の両極を結ぶ軸（地軸）のまわりを東から西に1日に1回，回転しているように見える。正確にいうと，恒星は23時間56分4.091秒で日周運動をしている。このことから，以前は静止している地球のまわりを恒星が回転していると考えられていた。しかし，どの恒星も地球からたいへん遠い距離にあり，それが地軸のまわりを約1日で1回転すると，いずれも光の速度をはるかにこえる速さで動くことになるため，考え方に無理がある。

よって，天球上の恒星はそのままで，地球が地軸を中心として西から東に回転していると考えたほうが自然である。この地球の動きを地球の自転という。

身近な天体である太陽，月や惑星も自転している。

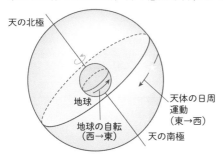

↑ 地球の自転と天体の日周運動

2 地球の自転の証拠

～地球が動いている証拠～

フーコーの振り子によって，地球の自転が直接的に証明された。

●**フーコーの振り子と地球の自転**……振り子の振動面は最初に振らせた面を保つという性質（慣性という）がある。長い針金の先端に重い

参考 天動説と地動説

古代ギリシャの天文学者は，地球・太陽・惑星などがどのようなしくみで構成されているかをいろいろと考えたが，その代表的なものは，**プトレマイオス**の**天動説**である。彼は，太陽・月・惑星はいずれも中心に静止している地球のまわりを運動していると考えた。

その後，ギリシャは東ローマ帝国に滅ぼされ，また天動説以外の考えを受け入れなかったキリスト教の勢力が広がっていった。

15世紀～16世紀に活躍した**ポーランドのコペルニクス**は，宇宙の中心にあるのは地球ではなく太陽であり，地球は1日に1回自転しつつ1年で1回太陽のまわりを公転しているとする**地動説**を考えた。彼の考えをまとめた「天体の回転について」という書物は，彼の死の直前に出版された。

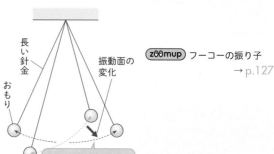

↑ フーコーの振り子

zoomup フーコーの振り子 →p.127

zoomup 慣 性→p.131

北半球では振動面は時計まわりに動く。

HighClass もし地球の自転が突然とまったら，どうなるだろうか。例えば，時速30kmで走っている電車が急にとまると，乗客は倒れそうになってしまう。地球は赤道上では時速約1700kmで回転しているため，これと同様のことが，その数十倍の力で地球規模で起こる。

おもりをつけた振り子を振らせると，振り子をつった天井（てんじょう）が例え回転したとしても，振動面（しんどうめん）は動かないはずである。

　しかし，実際に実験してみると，北半球では上から見て時計まわりに回転して見え，南半球では反時計まわりに回転して見える。これは振り子の振動面が回転するのではなく，振り子を置いている地球が回転（自転）しているために起こる。

📖 例題 地球の自転

　右の図は，神戸市において，ある1日の太陽の動きを透明半球（とうめいはんきゅう）に記録したものです。8時30分から16時30分までの2時間ごとに，太陽の位置を×印で5回記録したものをなめらかな線で結び，太陽の高度が最も高くなる位置を点Pとしました。これについて，次の問いに答えなさい。　〔兵庫〕

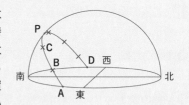

(1) 観測地点は東経135.25°であり，太陽の南中時刻を求めると12時13分でした。この日，東経135°の子午線上では，太陽は何時何分に南中したか，求めなさい。

(2) 太陽がBの位置にあるとき，昼夜の地域を示した世界地図として適切なものを，次のア～エから1つ選び，記号を書きなさい。

| ア | イ | ウ | エ |

Solution ▷ (1) 経度0°より東側では時刻が進む。このことから，南中時刻は東経135.25°のほうが東経135°よりはやく，東経135°は，経度0.25°の時刻分おそくなる。1時間の差は経度15°より，$60 分 \times \dfrac{0.25}{15} = 1$ 分 おそくなる。よって，12時13分に1分を加えた時刻となる。

(2) Bの観察時刻は8時30分で，朝である。このとき，神戸の位置およびその東側が明るくなっている。さらに，図の日の出の位置が真東より南の方位であることから，観測した日は冬である。以上から，観測地点より東側が明るく，さらに南半球のほうが明るい部分が多い世界地図を選ぶ。

Answer ▷ (1) 12時14分　　(2) ウ

入試Info　上の例題で，図のAとDの位置はそれぞれ日の出と日の入りを表している。このような問題で，東西南北が示されていないときでも，問題文から北半球なのか南半球なのかを判断すれば，太陽の軌道（きどう）から方位を知ることができる。

585

11 四季の変化と星座

Point
1. 地軸の傾きと季節の関係を理解しよう。
2. 季節による星座と太陽の位置との関係を確かめよう。
3. 季節による日の出・日の入りの方位の変化を確かめよう。

1 天体の年周運動と地球の公転 入試重要度 ★★☆

1 地球の公転と地軸(ちじく)の傾(かたむ)き

～地軸は傾いて公転している～

❶ **地球の公転**……地球は，太陽のまわりを1年かけて1周している。これを，地球の公転とよぶ。

❷ **地軸の傾き**……地球は地軸を中心に自転しつつ，太陽のまわりを公転している。このとき，地軸は公転面に対して66.6°傾いている(公転面に垂直に立てた線に対して23.4°傾いている)。

▶**地軸が傾いていることがわかる理由**…①各地点の日の出，日の入りの位置と時刻が季節により変化すること，②昼夜の長さが変わること，③太陽の1日に動く道筋・南中高度が季節により違(ちが)うこと，などの現象から地軸が傾いていることがわかる。

▶もし地軸が公転面に対して垂直であれば，太陽の南中高度が季節によって変わらず，一定である。

参考 地軸が公転面に対して垂直な場合

地軸が公転面に対して垂直なときは，下の図のように，昼夜の長さはつねに一定になる。

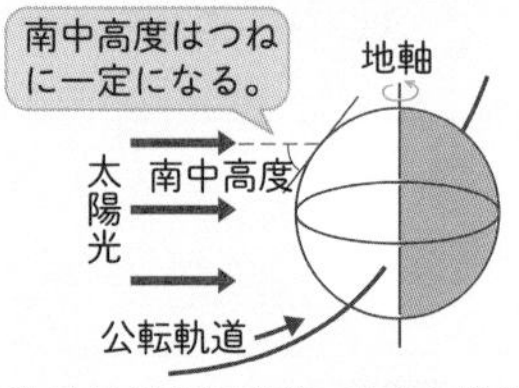

⬆ 地軸が公転軌道に垂直な場合

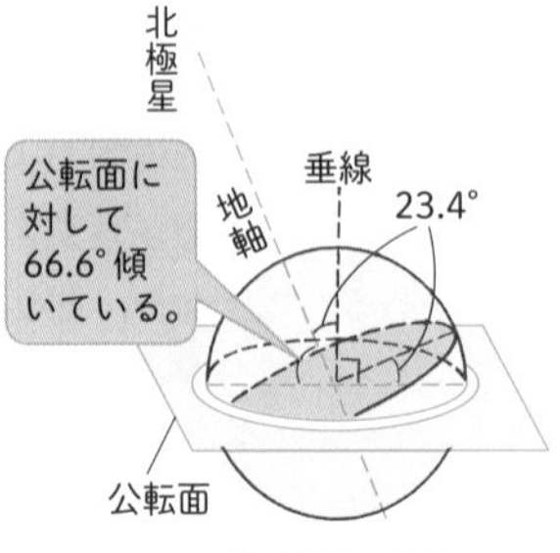

⬆ 地軸の傾き

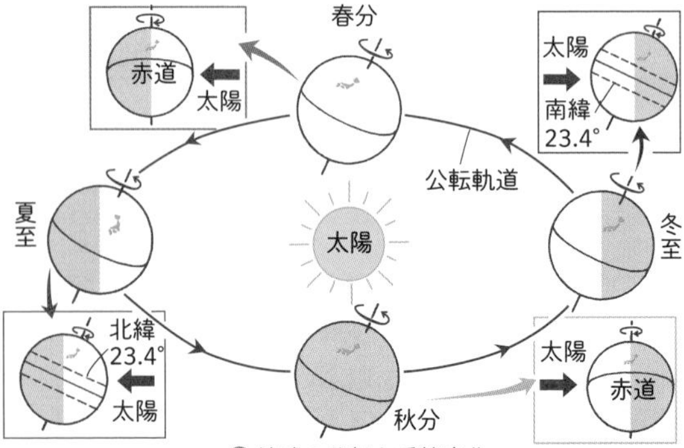

⬆ 地球の公転と季節変化

Episode 地球は太陽のまわりを秒速約29.8 kmで公転している。また，太陽は銀河系のまわりを秒速約230 kmで周回している。それほどの速さを感じないのは，慣性のためである。

2 季節による星座の変化

～星座が見える方位と季節の関係～

　真夜中に，南の空で見られる星座は移り変わっていく。日本では，春にはしし座，夏にはさそり座，秋にはみずがめ座，冬にはオリオン座が見られる。このように，星座が移り変わるのは，地球が公転しているためである。星の1年間の見かけの動きを，恒星の年周運動という。

❶ **地球の自転と方位**……地球は自転しているため，太陽に対する観測地点の位置は移り変わっていく。地球上の観測地点と太陽の位置から，方位がわかる。

　下の図は，地球を北極点の真上から見おろしたようすを表している。太陽の光があたっている面が昼で，反対側が夜である。

▶ **南北についての考え方**…下の図は北極点上空から見た図なので，中心は北極である。そのため，観測地点 A，B，C，D のいずれの地点においても，中心を向く矢印は北を示している。その反対の方向を向く矢印は南を示している。

▶ **東西についての考え方**…C 地点について考えてみると，C 地点は夜から昼に向かう地点なので朝方である。太陽の光は東から差しこむことから，太陽のほうを向く矢印が東の向きを示す。西はその反対の方向である。

　地球が自転をしても方位は変わらないことから，ほかの地点の方位もわかる。

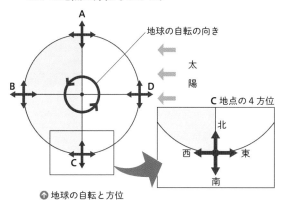

↑ 地球の自転と方位

参考 季節の星座

　季節の星座とは，多くの場合その季節の 20～24 時頃に見られる星座のことをさす。

・**春の星座**…しし座，おとめ座，うしかい座，かに座，おおぐま座など。

・**夏の星座**…こと座，わし座，はくちょう座，さそり座，いて座など。

・**秋の星座**…カシオペヤ座，アンドロメダ座，ペガスス座，やぎ座，おひつじ座など。

・**冬の星座**…おうし座，ふたご座，オリオン座，おおいぬ座など。

入試Info 地球を上から見おろした図で方位を考えるときは，どちらの方向から見おろしているかを考えることが重要である。南極点の上空から見おろした図が出題されたときには，中心は南極になり，中心を向く矢印は南を示す。

❷ **地球の公転と季節による星座の位置**……地球の位置
が変化するため，季節によって星座が見える方位は変
わる。このことは，次の点に注目して考える。

▶**季 節**…地軸の傾
きて季節を判断で
きる。右の図の地
球Aは，北極が太
陽から遠ざかる向
きにあるため，冬
である。太陽をは
さんで反対側の地
球Cは夏を表す。
公転の向きから地
球Dが秋，地球Bが春となる。

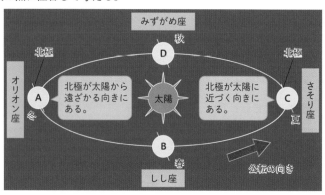

▶**時 刻**…右の図は，北極
側から地球を見おろした
図である。太陽の光があ
たる面が昼，反対側が夜
である。自転の向きから，
夜から昼になるときを朝
方，昼から夜になるとき
を夕方，太陽が反対側に
あるときを真夜中，太陽
が正面にあるときを昼と
して時刻を考える。

▶**方 位**…地球Aでは，真
夜中の位置でオリオン座
が見える方向が南，しし
座が見える方向が東，み
ずがめ座が見える方向が
西となる。地球Bでは，しし座が見える方向が南と
なる。

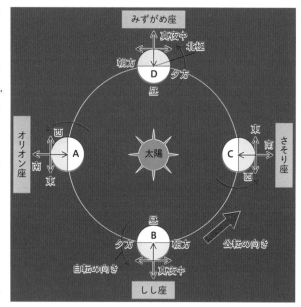

これらから，真夜中の位置で地球A（冬）では東にし
し座，南にオリオン座が見えるが，地球B（春）では南
にしし座，西にオリオン座が見えるというように，季
節によって星座が見える方位が変化することがわかる。

短文記述対策！

Ｑ 公転面に対して地軸が垂直になっているとき，どのようなことが起こるか。
Ａ 日の出と日の入りの時刻は季節によって変化しなくなる。また，昼夜の１日の長さや
南中高度が一定となる。

③ 星座の中を移動する太陽

~太陽が星座の中を動いて見える~

第**4**編

地　球

第1章
大地の変化

第2章
天気とその変化

第3章
地球と宇宙

星座をつくっている，ある恒星（こうせい）が南中し，翌日再び南中するまでの時間は 23 時間 56 分 4 秒である。これは，太陽の南中から南中までの 24 時間に比べ 3 分 56 秒短い。このことは，天体を長期間観測したとき，どのような現象として現れるのだろうか。

❶ 星座と太陽の位置関係

▶**日没時（にちぼつじ）のオリオン座の位置**…12 月中旬（ちゅうじゅん）ごろ，太陽が西の地平線に没（ぼっ）すると，東の地平線から冬の星座のオリオン座がのぼってくる。約 1 か月後の 1 月中旬に太陽が西の地平線に没したころ，オリオン座はすでに東の地平線からおよそ 30°のぼったところに輝（かがや）いており，さらに 1 か月後の 2 月中旬の同時刻にはオリオン座はずっと高い南東の空にのぼっている。地球は太陽のまわりを 1 年かけて公転しているので，1 か月では 360°÷12＝30° 公転する。そのため，星座は 1 か月に約 30°，東から西へ動くように見える。

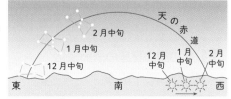

⬆日没時のオリオン座の位置

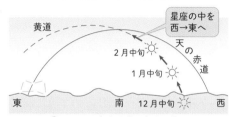

⬆オリオン座出現時の太陽の位置

▶**オリオン座出現時の太陽の位置**…オリオン座が東の地平線に現れたときの太陽の位置は，どのようになるだろうか。太陽が地平線上にあれば星座は見えないが，右の図（上）の関係から右の図（下）のように，太陽はしだいにオリオン座に近づくように天球上を西から東に移動することが推定される。

❷ 太陽の年周運動と星座……

星座の中を西から東向きに移動する太陽の通り道（こうどう）を黄道という。黄道は 1 つの大円であり，天の赤道と 23.4° 傾（かたむ）いて交わっている。

太陽は黄道上を西から東へ動く。これが太陽の年周運動である。

黄道上にある星座はへびつかい座を含（ふく）む 13 星座である。これは，1928 年の国際天文学連合で定められた。

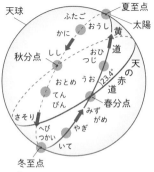

⬆天の赤道と黄道上の星座

HighClass

天球上の太陽の通り道を黄道というのに対し，月が約 27.32 日かけて天球上に描（えが）く道筋は白道（はくどう）という。地球の公転軌道面に対し月の公転軌道は約 5°傾いているため，白道も黄道に対し約 5° 傾いている。

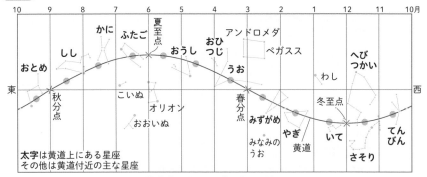

↑黄道上付近の星座と太陽の位置

4 北の空の星座の季節変化

～北の空の星座の1年間の見え方～

❶ **季節によるカシオペヤ座の見え方**……黄道付近の星と同様に，北の空の星座も同じ位置に見える時刻は毎日4分ずつずれてくるので，見える天球上の位置が変わってくる。

例えばカシオペヤ座は，日本では6月初めの20時にはほとんど地平線すれすれの所にWの形に見えるが，7月，8月と日がたつにつれて同じ20時でも見える位置が変わり，天の北極のまわりを反時計まわりに動く。9月初めには6月初め（どちらも20時）に比べ90°移動した位置にくる。さらに3か月すぎた12月初めの20時には，天の北極と天頂との間に移動し，Wの上下逆さまの形に見える。

❷ **季節による北斗七星の見え方**……一方，おおぐま座の一部である北斗七星は，6月初めの20時には天の北極と天頂との間に，ひしゃくをふせた形で横たわって見える。そして半年後の12月初めの20時には北の地平線すれすれの所に見えるようになる。

北斗七星とカシオペヤ座は北極星をはさんでほぼ対称の位置にあるので，春～夏～秋は北斗七星が北の空高くにあり，秋～冬～春はカシオペヤ座が北の空高くにある。

北の空の星は，北極星を中心に1か月に30°反時計まわりに移動するように見える。

↑6月初めのカシオペヤ座と北斗七星

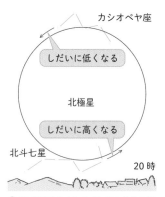

↑12月初めのカシオペヤ座と北斗七星

短文記述対策！

Q 季節によって見える星座が異なる理由を説明しなさい。

A 地球が1年かけて公転をしているために，季節によって地球から見える星座の位置が異なるから。

② 季節による太陽高度・昼夜の長さ ★★☆

1 季節による日の出・日の入りの方位の変化

~季節と日の出・日の入りの方位~

地球は規則正しく自転している。しかし，毎日の日の出・日の入りの方位や時刻は少しずつ変化している。また，太陽が天球上を通る道筋も変わる。これは，地球が地軸（ちじく）を傾（かたむ）けて公転しているためである。

❶ 日の出・日の入りの変化……東京付近で見られる，それぞれの季節の日の出・日の入りの方位は下の図のようになる。

- ▶**春分・秋分の日**…真東からのぼり，真西に沈（しず）む。
- ▶**夏至の日**…真東より約30°北よりの地平線からのぼり，真西より約30°北よりの地平線に沈む。
- ▶**冬至の日**…真東より約30°南よりの地平線からのぼり，真西より約30°南よりの地平線に沈む。

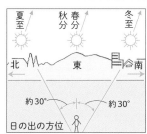
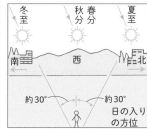

❷ 太陽の1日の動きと南中高度の変化

太陽が天球上を1日に動く通り道は，右の図のように季節により変化する。

- ▶**夏至の日**…真東より最も北よりからのぼった太陽は，高い高度を通過して真西より最も北よりの地平線に沈む。
- ▶**冬至の日**…真東より最も南よりからのぼった太陽は，低い高度を通過して真西より最も南よりの地平線に沈む。

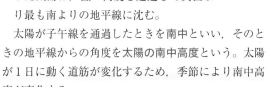

太陽が子午線を通過したときを南中といい，そのときの地平線からの角度を太陽の南中高度という。太陽が1日に動く道筋が変化するため，季節により南中高度が変化する。

地図上の北を真北といい，方位磁石のN極が向く方位を磁北という。真北と磁北の差を偏（へん）角（かく）といい，地域によって異なっている。日本の本州では，偏角は6°である。スマートフォン向けのアプリの方位磁針には，偏角を修正して示す機能があるものもある。

第4編 地球　第1章 大地の変化　第2章 天気とその変化　第3章 地球と宇宙

❸ **太陽の南中高度（北半球）の求め方**……北緯 35° の
東京では，夏至の日の南中高度は 78.4°，春分・秋
分の日は 55°，冬至の日は 31.6° である。これらは，
以下の計算式で求めることができる。

▶ 夏至の日…90°−（土地の緯度−23.4°）

▶ 春分・秋分の日…90°−土地の緯度

▶ 冬至の日…90°−（土地の緯度＋23.4°）

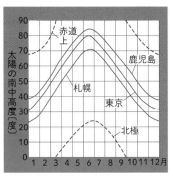

⬆ 各地の太陽の南中高度の年変化

2 昼夜の長さの季節変化

〜昼夜の長さと季節の関係〜

　地球上のどの地点においても，日の出・日の入りの
時刻は少しずつ変化していくため，各地点の昼と夜の
長さは季節によって違ってくる。東京での昼の長さは，
春分・秋分のころは約 12 時間，夏至のころは約 14 時
間 30 分，冬至のころは約 9 時間 50 分である。

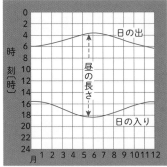

⬆ 昼夜の長さの年変化（東京）

3 太陽高度と気温の変化

〜太陽高度と気温の関係〜

❶ **太陽高度によって気温
が変わる理由**……太陽光
に対して，受ける面の角
度が垂直に近いほど，単
位面積あたりに多くの放
射を受けるため，地球表
面はよりあたたまる。

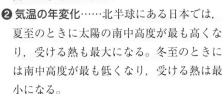

❷ **気温の年変化**……北半球にある日本では，
夏至のときに太陽の南中高度が最も高くな
り，受ける熱も最大になる。冬至のときに
は南中高度が最も低くなり，受ける熱は最
小になる。

　1 年間の気温の変化を調べると，右の図
のように，最高気温になるのは夏至より 1
か月半ほど後になり，最低気温になるのは冬至より 1
か月以上後になる。これは，大規模な大気が地表から
熱を伝えられるのに時間がかかることや，大気が複雑
な運動をしていることなどのためである。

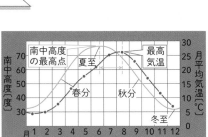

⬆ 太陽の南中高度と気温の年変化（東京）

Episode　春分・秋分の日には，実際に昼と夜の長さが等しくなるわけではなく，昼の長さが長くなっ
ている。昼は日の出から日の入りまでの時間である。日の出・日の入りとは「太陽の上辺が
地平線と一致する瞬間」である。そのため，ちょうど太陽1個分昼が長くなる。

❸ **気温の日変化**……１日の太陽高度の変化（日変化）と晴れた日の気温の変化にも同様の現象が見られる。１日の中で最高気温になるのは，太陽が南中した時刻より約２時間後である。これも，気温の年変化と同様に，地表から大気まで熱が伝わるのに時間がかかるためである。

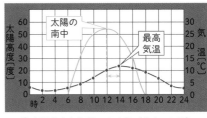

⬆ 太陽高度と気温の日変化（東京：３月）

🔍 **実験・観察** 太陽光があたる角度による温度上昇の違い

ねらい

太陽光のあたる角度によって，温度上昇のようすが異なることを実験で確認する。

方 法

❶ 板に液晶温度計を貼った実験器ＡとＢを２つつくる。

❷ この実験器を太陽光がよくあたる場所に置く。実験器 Ａ，Ｂ を置く角度はそれぞれ変わるように，次のように置く。
実験器Ａ：太陽光が垂直にあたるように置く。
実験器Ｂ：台の上に寝かせて置く。

> 太陽光が垂直にあたるように置く。

> 台の上に寝かせて置く。

❸ 実験器 Ａ，Ｂ をそれぞれ５分程度，太陽光にあてる。

❹ 光をあてる前の２つの液晶温度計の示度と，光をあてたあとの示度を記録する。

結 果

• 太陽光が垂直にあたるように置いた実験器Ａのほうが，温度が高くなる。

考 察

• 太陽光が垂直にあたるように置いた実験器 Ａ のほうが，温度の上がり方が大きかった。これは，一定面積にあたる光の量が多いからである。

Break Time **白夜と極夜**

　北極や南極などの高緯度地域では，白夜，極夜とよばれる現象が起きる。白夜とは，１日中太陽が出ていることで，極夜とは，１日中太陽が出てこないことである。

　この現象は，地軸が傾いているために起こっている。北極を例にあげると，夏至の頃は，太陽の光が１日中あたっている。このため白夜になる。また，冬至の頃は，１日中太陽の光があたらない。このため極夜になる。

📢 **入試Info** 上記の実験・観察の結果と，実際の太陽高度との関係が問われることがある。太陽は高度を変えて動いていることから，太陽の高度が低い冬至の頃は，実験器Ｂの結果のようになり，太陽の高度が高い夏至の頃は，実験器Ａの結果のようになる。

12 太陽系と惑星

1 太陽 入試重要度 ★★☆

1 太陽の表面

〜太陽の表面には黒い点がある〜

❶ **光球**……太陽は丸く輝いている。この表面全体を光球という。光球は厚さ 300〜400 km の高温（約 **6000℃**）のガスの層である。この光球面にはいろいろな形や大きさの黒点が時々出現する。

❷ **太陽の黒点**……黒点は光球面に現れる黒い点である。黒く見えるのはまわりより温度が低い（約 **4000℃**）ためである。黒点を観測すると光球面を東から西へ移動していくようすがわかる。また，黒点は太陽の赤道付近にペアで現れるものが多い。

▶ **太陽の自転**…黒点が移動していることから，太陽が自転していることがわかる。太陽は約 25 日で 1 回自転している。ただ，よく観察すると太陽の赤道付近では約 25 日，緯度 40° 付近で約 27 日，緯度 70° 付近で約 31 日と，緯度が高くなるにつれておそくなっている。これは太陽面が固体でないために起こる現象である。

▶ **黒点と太陽の活動**…黒点の数や大きさは年によって変わるが，およそ 11 年を周期に増減することがわかっている。太陽活動が活発なとき，黒点の数は増加する。

近年，太陽黒点が出なかった日数が最も多くなったのは 2008 年，2019 年であり，2019 年は太陽観測史上で最も活動が弱い年であると NASA が発

参考 黒点からわかること

太陽表面に現れる黒点を見ると以下のことがわかる。
①黒点の形が変化している→太陽が球面である。
②一定方向へ移動している→太陽が自転をしている。

3 月 11 日　　　　↑北

3 月 13 日

3 月 15 日

3 月 17 日

東　　　　　　　　　　西
⬆ 黒点の移動

短文記述対策！

Q 太陽の中心部と周縁部にあるときで，黒点の形が異なって見えるのはなぜか。
A 黒点の形が周縁部でつぶれて見えるのは，太陽が球形であるからである。

表している。2008年～2011年は，黒点がほとんど現れず，磁場も弱くなったため，太陽系外からの宇宙線の量が増加した。2012年～2015年は逆に太陽黒点が多く発生したため，**オーロラ**の出現が活発となった。

黒点の大きさは，ふつう直径数万kmである。これは，地球の数倍の大きさである。

❸ **白斑**……太陽表面に見られる白い斑点を**白斑**という。まわりよりも高温で7000℃くらいあるため，白く輝いて見える。太陽の中心付近では明るいためによく見えないが，太陽の周縁部は暗くなっているので観測しやすい。

また，黒点のまわりで見られることもある。これは，黒点の下におしこめられた熱が，黒点の周辺で浮上し，白斑となって現れるためである。そのため，太陽表面より高温となる。

❷ 太陽の構造

〜太陽は巨大な気体のかたまり〜

❶ **光球**……表面の層で黒点などが出現するところ。

❷ **対流層**……高温の気体が対流している所で，太陽内部の熱を表面に運んでいる。磁気を発生し，表面の黒点現象に影響をおよぼす。

❸ **放射層**……中心の核で発生したエネルギーを放射で対流層に伝える。

❹ **核**……核融合反応により大量の熱を発生する。

❺ **コロナと彩層**……光球より上空を，太陽の大気であるコロナという。コロナの下部の大気で，光球の表面のすぐ上にある赤いオレンジ色のガス層を彩層という。皆既日食で月が光球をかくす直前と直後には彩層が，月が完全に太陽をかくしたときにはコロナを見ることができる。

❻ **プロミネンス(紅炎)**……コロナの縁から数千～数万kmの高さとなる，赤い炎のようなガス体をいう。

Words オーロラ

主に高緯度地域で発生する，上空約100～500 kmが発光する現象のこと。太陽活動による太陽風に含まれるプラズマ粒子が大気と衝突することで起こる。

参考 太陽の温度

太陽の中心は約1600万℃で，光球の表面では約6000℃になる。しかし，太陽の大気であるコロナ(光球より2000 kmほど上空)では，100万℃をこえる高温となっている。

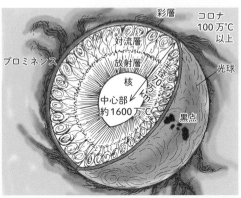

⬆ 太陽の構造

Episode コロナとはラテン語で「王冠」という意味である。太陽のコロナは，皆既日食のときに淡く広がる王冠のように観測できるため，このようによばれている。2020年に蔓延した新型コロナウイルスは，その形状が王冠に似ているため，同様にコロナとよばれている。

❼ **フレア**……太陽の表層で発生している爆発現象をいう。わずか数分で数100万℃になり，1〜10万km程度の大きさである。衝撃波やプラズマを放出し，地球上に多大な影響を与えることもある。

参考 フレアによる影響

フレアにより，プラズマ粒子や放射線粒子，強いX線などが放出される。これらが地球に届くと，磁気嵐という地球の磁気が乱される現象が起こることがある。これにより，通信障害や停電が発生することがある。

3 太陽のエネルギー

〜地球環境を左右する太陽〜

太陽のエネルギーは，水素原子が反応してヘリウム原子に変わるときに生じる。この反応を**核融合反応**という。太陽エネルギーは，地球の気温や降雨量など，地球の環境に大きな影響をおよぼしている。

🔍 **実験・観察** 太陽の表面のようす

ねらい

太陽の表面のようすや黒点について調べる。

方法

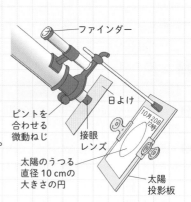

❶ 天体望遠鏡（自動追尾装置がついているとよい），直径10cmの円を描いた白いスケッチ用紙，鉛筆を用意する。

❷ 天体望遠鏡に太陽投影板をとりつける。

❸ 右の図のようにスケッチ用紙をとりつける。

❹ 太陽投影板の位置を調整して，光球が10cmの円の上にくるようにし，ピントを合わせる。

❺ 自動追尾装置をとめたとき，太陽は日周運動をしているので，スケッチ用紙の上を動く。このとき，動いていく方向が西，反対側が東となるので，スケッチ用紙に方位を記録する。西・東と円の中心を通る線（東西線）を引く。この東西線を基準にして，黒点の太陽表面の位置を決める。

❻ 鉛筆で，投影された黒い点をなぞって描く。

❼ 1週間程度，同時刻に太陽の表面のようすをスケッチするとよい。

❽ ❼で描いたスケッチ用紙を見比べて，太陽の表面のようすを考える。

❗ レンズやファインダーで直接太陽をのぞかない。また，ファインダーを通った光でやけどすることもあるので，ファインダーの対物レンズにふたをする。

結果

• 数日たつと，黒い点の位置が全体として太陽の西のほうへ移動している。

• 黒い点は，太陽の中心部にあるときと周縁部にあるときでは，形が変わる。

入試Info 天体望遠鏡で見たスケッチについての問題では，天体望遠鏡で見たままをスケッチしたのか，補正をしたのかで答えが逆になってしまう。これは，天体望遠鏡の像は上下・左右が逆であるためである。入試問題の文章をよく読んで，どのようなスケッチか確かめる。

4 太陽・月の地球からの距離（きょり）と大きさ

～太陽の大きさを実感しよう～

❶ **太陽・月の地球からの距離と大きさ**……太陽は，地球から**約1億5000万km**離（はな）れている（この距離を**1天文単位**という）。これは，光の速さで約8分19秒かかる距離である。太陽の直径は約140万kmで，地球の約109倍である。

地球と月の距離は**約38万km**である。これは，アポロ宇宙船で約4日，光で約1秒，人が歩けば約10年かかる距離である。月の直径は約3500kmで，地球の4分の1である。

▶**天文単位**…天体と天体の間の距離を表すときには，光が1年間に進む距離である**光年**という単位を用いることが多い。しかし，太陽系内などの，比較的（ひかくてき）地球の近くにある天体との間の距離を表すときには，地球−太陽間の距離を1として考える**天文単位**を使うことが多い。

例えば，金星−太陽間の距離は天文単位で0.7233，火星−太陽間の距離は天文単位で1.5237である。

❷ **地球・太陽・月の関係**……太陽と月を比べると，太陽の直径は月の直径の**約400倍**である。また，地球と月，地球と太陽のそれぞれの距離の比も約400倍である。

このため，太陽は月より非常に大きいにもかかわらず，地球から見るとほぼ同じ大きさに見える。

参考 月や太陽が大きく見える理由

月や太陽が地平線近くにあるときと空高くにあるときでは，地平線近くにあるほうが大きく見えることがある。しかし，実際に大きさが変わるわけではないため，目の錯覚（さっかく）であると考えられているが，はっきりとした原因はわかっていない。特に，地平線の近くでは，比較する景色があるため大きく感じられるとされている。

月の大きさが実際に変わっていないかどうかを調べる方法として，5円玉を用いたものがある。5円玉を手に持ち，腕を伸（の）ばしたとき，月の高さに関係なく，5円玉の中心の穴（あな）の大きさと月の大きさはほぼ等しくなるといわれている。

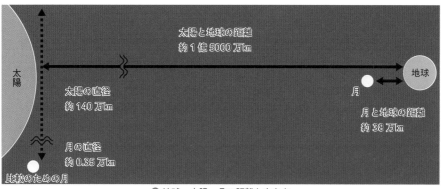

太陽と地球の距離
約1億5000万km

太陽

太陽の直径
約140万km

月の直径
約0.35万km

比較のための月

月

月と地球の距離
約38万km

地球

⬆ 地球・太陽・月の距離と大きさ

HighClass 太陽と月は，大きさと距離が約400倍異なることから，地球から見ると同じ大きさに見える。しかし，月が誕生した頃（ころ），月は今よりもっと地球に近い場所にあったと考えられている。月は今でも年間3〜4cm地球から遠ざかっている。

2 月 ★★☆

1 月の表面

~月は表面を地球に向けている~

❶ 月……太陽のまわりを公転している地球の衛星である月は，地球のまわりを公転している。月は太陽光を反射させて光っているため，月の形は，太陽と地球，月の位置関係から約1か月の周期で満ち欠けして見える。

❷ 月面のスケッチ……よく晴れた夜，月を観察し，スケッチすると月の表面のようすがよくわかる。

肉眼で見たスケッチ

望遠鏡で見たようす

参考 月の模様

日本では昔から，月の模様をウサギが餅つきをするようすに見立てていた。世界各地では，これとは異なった見立てられ方をしている。例えば，中国の一部や南ヨーロッパではカニに，東ヨーロッパや北アメリカでは髪の長い女性の横顔に見立てられている。

← カニ

髪の長い女性 →

▶スケッチをするときの注意点

①明るい部分と暗い部分をていねいに描く。

②中央部分と周縁部のクレーターの形の差に注意する（周縁部では歪んで見える）。

③望遠鏡で観察できる像は，肉眼の場合と上下・左右が逆となる。

❸ 月の表側と裏側

アリストテレス
プラトー
雨の海
晴れの海
アルキメデス
コペルニクス
危難の海
あらしの大洋
ケプラー
静かの海
豊かの海
雲の海
神酒の海
湿りの海
ティコ

↑ 月の表側

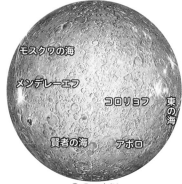

モスクワの海
メンデレーエフ
コロリョフ
東の海
賢者の海
アポロ

↑ 月の裏側

Episode

月は乾燥した土地ではなく，水を含んでいると考えられている。NASAの探査機は，隕石が衝突する際に月面から大量の水が放出されるのを検出したという。また，クレーター内の太陽の光があたらない部分に氷があると考えられている。

❹ **月の高地と海**……月の表面には，白っぽく明るい部分と，暗い部分がある。

　　明るい部分は**月の高地（陸）**とよばれ，**斜長岩**などの白っぽい岩石から主にできている。

　　暗い部分は**月の海**とよばれるが，海水があるわけではない。**玄武岩**などの黒っぽい岩石から主にできている。

z◎◎mup 玄武岩→ p.486

❺ **クレーター**……月面上に多数ある円形の地形はクレーターである。月面は球形であるため，地球から見たときに中心付近のクレーターは円く見え，月の端では広がっただ円形に見える。クレーターの大きさはさまざまで，直径数 km ほどのものから，直径 200 km 以上のものまである。

2 月の特徴

〜月には地球と異なる点が多くある〜

❶ **月の大きさ**……直径約 3500 km で地球の直径の 4 分の 1 である。

❷ **月面の重力**……月の重力は，地球の重力の 6 分の 1 しかない。そのため，空気を留めておくことができない。

　　月に着陸した宇宙飛行士や月面車の影を見ると，真っ暗に見える。これは光を反射・散乱させる空気がないためである。

❸ **月の公転と自転**……月は地球の衛星であり，公転，自転を行っている。公転周期，自転周期はほぼ等しく，どちらも約 **27.32 日**である。

　▶**月の裏側が見えない理由**…地球から見ると月の裏側は見えず，つねに表側が見える。これは，月の公転周期と自転周期がほぼ等しいためである。月は地球のまわりを 1 周する間に 1 回転するため，このようなことが起こる。

❹ **月の温度**……月には大気がないため，気温ではなく地表面の温度を月の温度としている。月は約 1 か月かけて 1 回自転する。そのため，月の 1 日は昼の長さが約 2 週間，夜の長さも約 2 週間となる。昼のときの温度は約 110℃になり，夜のときは約−170℃になる。

⬆月面で活動する宇宙飛行士
（アポロ 11 号）

第**4**編
地球

第 1 章
大地の変化

第 2 章
天気とその変化

第 3 章
地球と宇宙

Episode

地球から見ると月の裏側を見ることはできないが，さまざまな探査によって観測されている。それによると，月の裏側は表側と異なり，海が少なく，起伏が大きい地形であることがわかっている。

3 月の満ち欠け

～地球目線から宇宙目線で捉えよう～

　地球から見ると，月は毎日少しずつ形を変えているように見える。これを月の満ち欠けという。

❶ 月の満ち欠けが起こる理由……月は地球のまわりを公転しており，太陽からの光を受けて光っている。そのため，光っている部分が地球からどのように見えているかで満ち欠けの状態が変化して見える。満月から次の満月までは，約 29.5 日である。また，同じ時刻に月を観察すると，1 日に約 12° ずつ西から東へ移動している。

❷ 地球・月の位置と月の満ち欠け……月の見える時間や方位，見える月の形は，月と地球の位置によって決まる。

　三日月は夕方に西の空に見え，満月は夕方に東の空からのぼり，一晩かけて西の空に移動する。

参考 恒星月と朔望月

　月が地球のまわりを 1 公転する周期は 27.3 日（1 恒星月）で，満月から次の満月までは 29.5 日（1 朔望月）と，差が 2.2 日ある。これは，地球も公転しているため，月の 1 公転後の位置と次の満月になる位置に差が生じるためである。

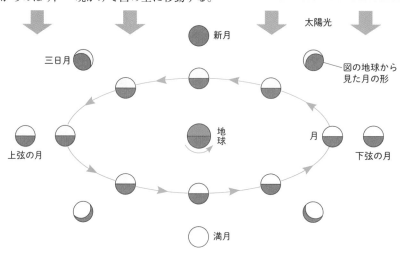

4 日食と月食

～日食と月食はなぜ起こるのか？～

❶ 日　食……地球から見て，太陽が月にかくされてしまう現象を日食という。日食は，月が太陽と地球の間に位置したとき（太陽ー月ー地球の順に一直線に並んだとき）に起こる。このとき，地球から見る月は新月

入試Info　月の満ち欠けと地球・太陽・月の位置を表す図は，地球を外から見たときと，地球から外を見たときの 2 つの視点を持つことが重要である。地球を外から見る視点で月と太陽の位置関係をつかみ，地球から外を見る視点で月の見え方を考える。

である。太陽の全部が月にかくれる場合(皆既日食または金環日食),太陽の一部がかくれる場合(部分日食)がある。

❷ 月　食……満月の月が,地球の影の中に入り,地球から見て月面の一部または全部がかくれることを月食という。月食は,地球から見て月が太陽の反対側の位置のとき(**太陽－地球－月の順に一直線に並んだとき**)に起こる。このとき,地球から見る月は満月である。月食も日食と同様に,全部が欠ける皆既月食と,一部が欠ける部分月食がある。また,太陽が大きいために,地球の影には,影の中心の暗い部分と周辺部のやや明るい部分がある。暗い部分を**本影**,周辺のやや明るい部分を**半影**とよんで区別する。半影に入ったときに起こる半影食は,半影がうすいため目で見ただけではよくわからない。

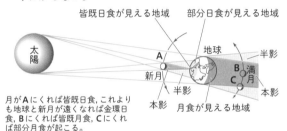

皆既日食が見える地域　　部分日食が見える地域

太陽

地球

A
新月

半影
半影

B 満月
C

本影
本影

月食が見える地域

月が**A**にくれば皆既日食,これよりも地球と新月が遠くなれば金環日食,**B**にくれば皆既月食,**C**にくれば部分月食が起こる。

❸ 皆既日食と金環日食……月の見かけの大きさが異なるため,皆既日食になったり金環日食になったりする。月が地球のまわりを公転する軌道(公転軌道)は,右の図のように円ではなくだ円をしている。そのため,地球と月の距離は,つねに一定ではなく変化する。地球にいちばん近づいたときは約35万km,いちばん遠いときは約40万kmと,近いときと遠いときで約5万kmもの差がある。

　金環日食は,月と地球が遠いため,太陽が月からはみ出して見える現象である。月が地球に近いときは月が太陽をおおう**皆既日食**となる。

第**4**編
地
球

第1章
大地の変化

第2章
天気とその変化

第3章
地球と宇宙

参考　日　食

・**皆既日食(皆既食)**…太陽が月に完全にかくれる日食をいう。皆既日食の開始時または終了時に,月面のクレーターなどの凹凸の影響で太陽光の一部が谷からもれて光り輝いて見える現象を**ダイヤモンドリング**という。

・**金環日食(金環食)**…見かけ上,月が太陽より小さいときに,太陽面の縁が黄金の指輪のように見える日食をいう。

⬆ 皆既日食のときのコロナ

⬆ ダイヤモンドリング

⬆ 金環食

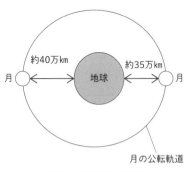

約40万km　約35万km

月
地球
月

月の公転軌道

⬆ 月と地球の距離の変化

短文記述対策!

Q 日食や月食が,新月や満月のときだけに起こる理由を説明しなさい。

A 日食は,太陽－月－地球が一直線上に並ぶとき,月食は,太陽－地球－月が一直線上に並ぶときにだけしか起こらず,そのそれぞれは新月と満月のときであるから。

❹ 日食と月食がつねに見られない理由……月と太陽と
地球が一直線上に並ぶとき，日食や月食が起こる。し
かし，新月や満月のときにいつでもこの現象が起こる
わけではない。

　下の左の図のように，地球の北極側から見おろすと，
太陽－地球－月と一直線上に並ぶときと，太陽－月－
地球と一直線上に並ぶときは，月が1公転する間に一
度ずつ起こるように見える。しかし，下の右の図のよ
うに横から見ると，月の公転軌道は地球の公転軌道に
対して約5°傾いている。そのため，太陽・地球・月
が一直線上に並ぶことはめったになく，日食や月食は
めずらしい現象といえる。

参考 | 月食中の月の色
- - - - - - - - - - - - - -
　月食中の月は，完全に暗くな
るのではなく，赤色（赤銅色）に
見える。地球には大気があるた
め，太陽光が大気により屈折す
る。その光が月を照らすため，
月食中も真っ暗にはならない。
また，大気を通過する光は散乱
されにくい赤い光であるため，
赤色に見える。

↑皆既月食

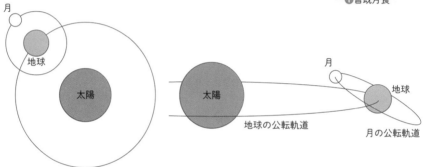

↑上から見た公転のようす　　　　　↑横から見た公転のようす

太陰太陽暦

　現在日本で使われている暦は，太陽暦という，地球が太陽のまわりを1周公
転する長さを1年としたものである。これは，世界の多くの国で使われている。
　1872年（明治5年）以前は，日本では太陰太陽暦という，月と太陽の動きをも
とにした暦を使用していた。この暦では，新月の日を1日とし，新月から次の
新月までを1か月としていた。月の満ち欠けの周期は29.5日であるため，1か
月を29日とする月（小の月）と30日とする月（大の月）を設けて調節した。
また，1年は基本的に12か月としていた。しかし，これでは1年の長さは，
29.5日×12＝354日と，太陽暦より11日ほど短くなってしまう。このまま
では季節と暦がずれてしまうので，それを解消するために，約3年に1度，う
るう月という月を1か月追加して補正していた。

入試Info

月食のとき，月は東側から欠けていく。これは，北極点の上空から見ると，反時計まわりに
月は公転しているため，東側から地球の影に入りこむためである。日食のときは，西側から
欠けていく。

③ 太陽系の誕生 ★☆☆

① 太陽の誕生

> ～太陽はどうやってできたのだろう～

❶ **太陽の誕生と星間雲**……宇宙空間は完全な真空ではない。現在，太陽(太陽系)が位置する円盤状の銀河系の腕の部分にも，ごく少量の水素などの元素やごくごく少量の金属や岩石の微粒子が存在していた。このような，元素などが周囲に比べて濃い部分を星間雲という。この星間雲から太陽が生まれた。

↑オリオン座の馬頭星雲(暗黒星雲)

　　星間雲は自ら光を放出しないが，ごく近くの明るい星の光を反射して輝いたり，背後の光をさえぎったりすることで暗く見える(暗黒星雲)ことにより，その存在が確認できる。

❷ **原始太陽系星雲**……星間雲の中では，ごく少量の元素や金属，岩石などのちりが寄り集まることで，大きなかたまりとなり，互いの引力により収縮を始める。このかたまりは回転しているため，平らな円盤のような形になる。その後，中心にはいちばん重いかたまりができ，周辺にはガスやちりの円盤ができる。このようにしてできた星雲を原始太陽系星雲という。中心にできたかたまりが原始太陽である。

星間雲が収縮し,中心部に原始太陽がつくられる。

星間雲のちりがくっつき,無数の微惑星(直径10km程度)ができ,円盤の赤道面に集まる。

↑ 太陽系の誕生

② 太陽系の誕生

> ～太陽系の惑星はどうやってできたのだろう～

● **太陽系の誕生**……星間雲の周辺部では，円盤状で回転している物質が互いに集まり，多くの微惑星ができた。その微惑星が，太陽のまわりを公転しながら衝突や合体をくり返すことで，いくつかの惑星が誕生した。また，大きな惑星に成長できなかったものは小惑星となった。

　　このようにしてできた太陽および太陽系の惑星の年齢は，約46億年といわれている。

Episode　オリオン座の馬頭星雲は，名まえの通りウマの頭の形のように見えることから名づけられた。星が生まれる場所であり，オリオン座の3つ星の東に位置している。肉眼で観測するのは難しい。

4 いろいろな惑星 ★★☆

1 惑星とは

〜太陽系の惑星〜

❶ 恒星と惑星……星は，太陽のように自ら光を発している恒星と，恒星よりずっと小さく，自ら光は出さず，恒星の光を反射して輝く惑星とに分けることができる。また，天球上に"恒常的に貼りついて見える"恒星と，天球上を"とまどうように移動する"惑星というように区別することができる。

❷ 内惑星と外惑星……惑星は，地球より内側の軌道を公転している内惑星と，外側の軌道を公転している外惑星とに分けられる。

❸ 地球型惑星と木星型惑星……惑星は，火星より内側にあって体積が比較的小さく，密度の大きい地球型惑星と，木星より外側にあって体積が比較的大きく，密度の小さい木星型惑星とに分けることもできる。

▶ **地球型惑星のでき方**…太陽に近い惑星は，原始太陽の輝きにより水素などのガスが吹き払われたため，岩石や鉄を主成分とした惑星が残った。これらが地球型惑星となった。

▶ **木星型惑星のでき方**…太陽から離れた，ガスの濃いところで成長した惑星は，水素などのガスを大量に集めてきた。これらが木星型惑星になった。

参考 惑星の環境

	大気組織	平均気温	大気圧
水星	He 42% Na 42%	170℃	
金星	CO_2 96% N_2 3%	460℃	90気圧
地球	N_2 77% O_2 21%	15℃	1気圧
火星	CO_2 95% N_2 2.7%	−50℃	0.006気圧

参考 水星の1日

水星は公転周期が約88日，自転周期が約58.7日と，比で3：2である。そのため，南中から南中まで(1日)がほぼ2公転(2年)後になる。水星の暦では1日が約2年ということになる。

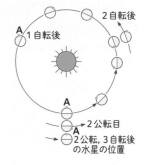

Break Time 惑星の英語名と由来

地球以外の惑星の名まえは，古代ローマでの神々の名まえを由来としている。

- ・水 星…Mercury(マーキュリー) 伝令の神メリクリウスより。
- ・金 星…Venus(ビーナス) 美の女神ウェヌスより。
- ・地 球…Earth(アース) ギリシャ語では大地の女神よりガイアとよぶ。
- ・火 星…Mars(マーズ) 戦争の神マルスより。
- ・木 星…Jupiter(ジュピター) 神々の王者ユピテルより。
- ・土 星…Saturn(サターン) 農耕の神サトゥルヌスより。
- ・天王星…Uranus(ウラヌス) 天空の神ウラヌスより。
- ・海王星…Neptune(ネプチューン) 海の神ネプトゥヌスより。

短文記述対策！

Q 太陽は恒星とよばれる天体の1つである。恒星は惑星や衛星と異なる特徴があるが，それは何か。

A 恒星は自ら光を出すことができる天体である。

② 地球型惑星

～地球と似ている惑星～

地球型惑星は，地球のように主に岩石からできている。

❶ 水　星……太陽に最も近い軌道を公転する惑星である。地球から見ると太陽からあまり離れていない（最大離角 28°）ため，夕方から明け方の 2 時間ぐらいの間しか観測できない。地球から見ると，月のように満ち欠けをしている。表面にはクレーターがたくさんある。

↑ 水　星

❷ 金　星……夕方の西の空か，明け方の東の空にひときわ明るく輝いて見えるのが金星である（よいの明星，明けの明星）。地球から見ると太陽から 48° 以上は離れない（最大離角 48°）。月のように満ち欠けをして見える。

↑ 金　星

地球から最も近い惑星であるが，表面は厚い雲でおおわれており，わからない点が多い。表面の平均温度は 460℃ である。

❸ 火　星……地球のすぐ外側を公転している惑星である。表面が酸化鉄を多く含む岩石でおおわれているため，赤色に見える。2 年 2 か月ごとに地球に近づく。惑星の中では最も研究が進んでおり，表面には多くのクレーターがある。

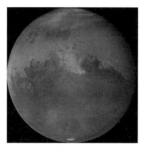

↑ 火　星

参考　金星の大気と自転

非常に高温な金星の表面では，水は液体として存在できない。また，酸素（O_2）はほとんどなく二酸化炭素（CO_2）が大部分であるので，燃える物質があってもそれは蒸し焼き状態になっていると思われる。

金星の自転周期は約 243 日で，公転方向と反対向きに自転している。

参考　火星の衛星

火星にはフォボスとダイモスという 2 個の衛星がある。それぞれ，火星のまわりを 7 時間 39 分と 30 時間 18 分で公転している。火星の自転周期は 24 時間 37 分であるから，火星にいてこの 2 つの衛星をながめると，ダイモスは東の地平線からゆっくりのぼり 3 日かかって西に沈むが，フォボスは西の空からのぼり東の地平線に沈み，また西の地平線からのぼる。1 日に 2 回以上も同じ衛星が出ることになる。

入試Info　金星の表面温度が高いのは，太陽系の惑星の中で太陽に近いからというだけではない。金星の大気は二酸化炭素でおおわれているため，地球で環境問題となっている温室効果と同様の現象が起こっているためでもある。

3 木星型惑星（衛星数は2019年10月現在である。）

〜地球とは異なる惑星〜

　木星型惑星は主に**ガス**でできている。また，衛星の衝突などにより破壊されたときにできたちりや破片でできている，**リング(環)**をもっている。

❶ 木　星……太陽系の惑星の中で最大の大きさをもち，半径は地球の11.2倍であるが，自転周期は短く9時間56分である。赤道部分がふくらんだ形になっていて，表面には赤道面に平行なしま模様があり，中には巨大

↑ 木 星

な大気の渦である**大赤斑**がある。とてもうすく淡いリング(環)をもつ。確定されている衛星数は72個で，報告された総衛星数は79個である。

❷ 土　星……木星の外側を公転しているのが土星である。木星によく似た大形の惑星で，地球の半径の9.4倍だが質量は小さく密度は約0.7である。自転周期は10

↑ 土 星

時間39分である。赤道付近がふくらんでおり，木星と同様の，赤道に平行なしま模様がある。土星の**リング(環)**は，望遠鏡でも観察することができる。確定されている衛星数は53個で，報告された総衛星数は85個である。

❸ 天王星・海王星……天王星と海王星は半径，体積，質量，密度などがよく似ている。しかし，天王星は自転の軸が公転面に平行に近い状態になっている点が他の惑星と異なる。天王星，海王星はともにメタンを含む水素やヘリウムを主成分としたガスの大気をもち，中心部には岩石や氷からなる核をもつ。確定されている衛星数も，報告されている総衛星数も天王星は27個，海王星は14個である。

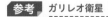

参考 ガリレオ衛星

　木星の衛星のうち，イタリアの科学者ガリレオ・ガリレイによって発見された4つの衛星をガリレオ衛星という。イオ，エウロパ，ガニメデ，カリストの4つで，ガニメデ，カリストは水星よりも大きく，イオは月よりも大きい。

◖ 天王星

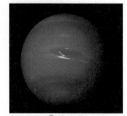

↑ 海王星

短文記述対策！

Q 太陽系の惑星は，地球型惑星と木星型惑星に分けることができる。木星型惑星と比較したときの地球型惑星の特徴を，質量と平均密度に着目して簡潔に答えよ。

A 質量は小さく，平均密度は大きい。

4 その他の太陽系の天体

～太陽系にはさまざまな天体がある～

火星と木星との間は多数の小惑星が帯状に広がり，太陽のまわりを公転している。また，海王星の軌道より外側にある小天体を**太陽系外縁天体**という。

	赤道半径 (km)	体積 (地球=1)	質量 (地球=1)	密度 (水= 1g/cm³)	赤道重力 (地球=1)	極大等級 (等)	太陽からの平均距離(10⁹km)	公転周期 (年)	自転周期 (日)	衛星数 (個)
太 陽	696000	1304000	332946	1.41	28.01	−26.8	——	——	25.38	——
水 星	2440	0.056	0.055	5.43	0.38	−2.5	0.579	0.2409	58.65	0
金 星	6052	0.857	0.815	5.24	0.91	−4.9	1.082	0.6152	243.02	0
地 球	6378	1.000	1.000	5.51	1.00	——	1.496	1.0000	0.9973	1
火 星	3396	0.151	0.107	3.93	0.38	−2.9	2.279	1.8809	1.0260	2
木 星	71492	1321	317.83	1.33	2.37	−2.9	7.783	11.862	0.414	79
土 星	60268	764	95.16	0.69	0.93	−0.5	14.294	29.457	0.444	85
天王星	25559	63	14.54	1.27	0.89	+5.3	28.750	84.021	0.718	27
海王星	24764	58	17.15	1.64	1.11	+7.8	45.044	164.770	0.671	14
月	1737	0.0203	0.0123	3.34	0.17	−12.9	——	——	27.3217	——

↑太陽系の天体〔理科年表，国立天文台による（衛星数は 2019 年 10 月現在）〕

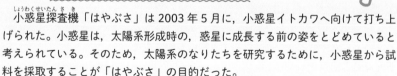

Break Time 「はやぶさ」と「はやぶさ 2」

小惑星探査機「はやぶさ」は 2003 年 5 月に，小惑星イトカワへ向けて打ち上げられた。小惑星は，太陽系形成時の，惑星に成長する前の姿をとどめていると考えられている。そのため，太陽系のなりたちを研究するために，小惑星から試料を採取することが「はやぶさ」の目的だった。

2005 年 9 月には小惑星イトカワに到着し，試料採取に成功したが，地球との通信がとだえるなど数々のアクシデントがあった。そのため地球への帰還を 3 年延期したが，2010 年 6 月に試料が入ったカプセルを分離し，大気圏に突入した。

次の「はやぶさ 2」は，2014 年 12 月に，小惑星リュウグウへ向けて打ち上げられた。2018 年には試料採取に成功し，2020 年 12 月に地球に試料が入ったカプセルを届けた。その後，探査機はそのまま別の小惑星へ向かっている。

小惑星リュウグウは，C 型小惑星という，表面の岩石に有機物を含むと考えられている小惑星で，小惑星イトカワよりも太陽系形成当時の情報を多く保っている原始的なものだと考えられている。そのため，小惑星リュウグウの試料から，地球の生命の起源につながる物質が見つかるかもしれないと期待されている。

入試Info 上記の太陽系の天体の表から，天体の特徴を読みとることができる。例えば，密度の列から，土星は木星型惑星の中でも特に密度が小さく，その密度は水よりも小さいことがわかる。極大等級の列から，金星は太陽，月について明るく見える天体であることがわかる。

5 太陽系のしくみ ★★☆

1 太陽系を構成する天体

〜太陽系は何からできているのだろう〜

太陽系は次のような天体から構成されている。

❶太　陽……太陽系の中心にある恒星で，太陽系の全質量の 99.9 % を占めている。

❷惑　星……太陽に近い順に，**水星・金星・地球・火星・木星・土星・天王星・海王星**の 8 惑星がある。

　▶惑星の定義…2006 年チェコのプラハで開かれた国際天文学連合総会において，惑星の定義が次のように定められた。

　　①太陽のまわりを回っていること。

　　②十分重く，重力が強いため丸いこと。

　　③その軌道周辺で群を抜いて大きく，他の同じような大きさの天体が存在しないこと。

❸準惑星……火星と木星の軌道の間を回るセレス，海王星の外側を回る**冥王星**やエリスなどの 5 個の天体は準惑星とよばれる。

　準惑星とは，上の惑星の条件のうち①，②を満たし，かつ衛星でない天体のことをいう。

❹小惑星……火星の軌道と木星の軌道との間に散らばっている小天体で，十数万個ほど発見・登録されている。さらに，未確定の小惑星は数十万個にものぼると推定されている。

❺衛　星……地球を回る月のように，惑星のまわりを公転している天体を衛星という。2019 年現在報告された太陽系の総衛星数は，約 208 個である。

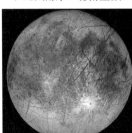 

↑ 木星の衛星（左：エウロパ　右：ガニメデ）

参考　惑星記号

それぞれの惑星には次のような記号がつけられている。

水星　　金星　　地球

火星　　木星　　土星

天王星　海王星

参考　ハレーすい星

旧グリニッジ天文台長エドモンド・ハレーは，すい星が太陽のまわりを公転していることを発見した。きっかけは，1682 年，彼が 26 歳のときに巨大なすい星が現れたことである。この巨大すい星に興味をもち，軌道を計算したところ，過去に現れたすい星（1531・1607 年 ）の軌道とたいへん似ていることがわかった。

　彼はこのすい星が 1758 年頃にまた現れると予言して，1742 年にこの世を去った。1758 年のクリスマスの晩，予言どおりすい星が発見されたので，このすい星を，彼の名を付し「ハレーすい星」とよぶことになった。

↑ ハレーすい星の軌道

 1610 年ガリレオ・ガリレイにより発見された土星の環は，無数の小さな粒子から形成されており，その 95 % が水や氷である。この環は土星の重力により，土星の表面に雨のように降り注いでいるとされており，1 億年後には消滅してしまうという考えもある。

❻ **太陽系外縁天体**……海王星の軌道より外側を公転する小天体をいう。冥王星やエリスなどの準惑星を含め，現在1000個をこえる天体が発見されている。主成分は氷とされているが，氷より密度が高いことから岩石もある程度含まれていると考えられている。

▶ **冥王星**…以前は太陽系第9惑星とされていたが，冥王星と同じような天体が次々と発見されたことや，冥王星よりも直径の大きな天体が発見されたことなどにより，準惑星とされるようになった。

⬆冥王星

❼ **すい星**……氷とちりからできた天体で，細長いだ円軌道で太陽のまわりを回っている。太陽に近づくと，蒸発したガスやちりの尾が見える。

そのちりなどが地球の大気にぶつかり，発光すると流星（流れ星）として見られる。

⬆すい星（アイソンすい星）

❽ **隕　石**……地球以外の天体の小片が地球上に落下してきたものを隕石という。小惑星どうしの衝突などによってできる。

隕石を構成する成分や隕石の起源となった天体により，次のような種類に分けられる。

▶ **コンドライト**…火山活動などで一度も溶けた形跡がない隕石。太陽系誕生と同じ頃にでき，変化していないことから，太陽系の生成時の物質について解き明かす手がかりになると考えられている。

▶ **エコンドライト**…マグマが冷えて固まってできた隕石で，岩石と鉄などが混じった石鉄隕石である。隕石全体の1％程しか存在しない。

⬆コンドライト

▶ **鉄隕石**…おもに鉄とニッケルなどの金属でできていて，小惑星の中心に存在したものであると考えられている。

▶ **月隕石**…白っぽいものが多く，南極大陸で発見されることが多い。

アポロ計画で持ち帰られた月の石と化学成分等を比較することで確かめられている。

▶ **火星隕石**…隕石のうち，火星の大気の成分と隕石中の希ガスの存在比率が似ているものなどは，火星由来の隕石とされる。

⬆鉄隕石

Episode

隕石と似ているものに，流星がある。これは，非常に小さいちりや岩・氷のかけらなどが地球の大気との摩擦によって燃えつき，光を出しているものである。落ちてくるものが大きければ燃えつきず，地上まで落ちてくる。これが隕石である。

⑥ 惑星の動きを見る ★★☆

1 内惑星の見え方

～地球より内側を公転する天体の見え方の変化～

恒星は，1年を通して互いの位置関係を変えることなく，周期的に動いて見える。しかし，惑星の位置は，星座の間を動いていくように見える。

❶ **内惑星の動き**……内惑星（水星・金星）は時期によって，太陽が見える東の空か西の空に見え，けっして真夜中には見られない。これは，地球の公転軌道の内側にあるため，地球から見える方向が，ある角度以上に太陽から離れることがないからである。

❷ **金星の見え方**……下の図は，2019年11月から2020年5月までの，太陽が沈んだ1時間後の金星の位置と形を示している。このように，金星は月と同様に満ち欠けをしている。

参考　**内合と外合**

　地球と内惑星と太陽が一直線上の位置に来た場合を合とよび，地球と太陽の内側に内惑星がきたときを内合，地球・太陽の延長線上にきたときを外合という。内合では新月と同じ関係となるため，内惑星は見えない。外合では満月のように見えるが，内惑星が太陽の方向にあるので観測には不適である。

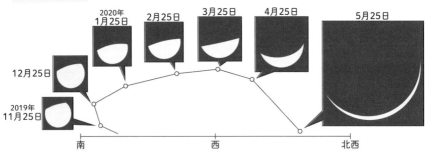

金星の見え方は，次ページの図で説明できる。地球上から見て太陽の東側にあるときは，夕方の西の空に見える。このときの金星をよいの明星という。太陽の西側にあるときは，明け方の東の空に見える。このときの金星を明けの明星という。

▶**最大離角**…地球から見て，太陽と惑星が最大に離れたときの角度を最大離角といい，金星は約48°，水星は約28°である。しかし，地球の公転軌道が真円ではないため，最大離角はつねに一定とならない。太陽の東側にあって最大離角になるのは夕方の空で，東方最大離角という。西側にあって最大離角になるのは明け方の空で，西方最大離角という。

Words　**最大離角**

　東方最大離角は，太陽の東側に最も大きく離れるという意味なので，そのときの金星は夕方の西の空に見える。西方最大離角は，太陽の西側に最も大きく離れるという意味なので，そのときの金星は明け方の東の空に見える。

短文記述対策！

Q 夕方に見える金星は「よいの明星」とよばれている。このとき，金星と反対側の空には，火星が明るく見えた。火星はどの方位の空に見えるか。

A 金星は太陽の方向に見えるので，火星は反対側の東の空に見える。

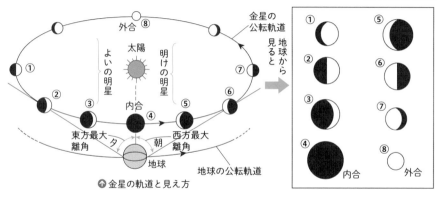

↑ 金星の軌道と見え方

2 外惑星の見え方

～地球より外側を公転する天体の見え方の変化～

● **外惑星の見え方**……火星，木星，土星などの天球上の動きを観察すると，星座の中を西から東に進んだり，同じ位置に留まっていたりするように見える。

▶**順　行**…互いの位置を変えない星座の中を，毎日少しずつ西から東に惑星が移動することを順行という。

▶**逆　行**…星座の中を東から西に惑星が移動することを逆行という。

▶**留**…順行から逆行へ，逆行から順行へ移るとき，惑星が天球上の１地点に留まるように見える。この現象を留という。

これらの現象は，下の図のように地球と惑星の位置関係による見かけの運動である。

参考　衝

外惑星が，地球をはさんで太陽の反対側にくることを衝という。衝の位置に天体がくると，地球との距離が小さくなるため大きく見える。また，このとき天体は一晩中見える。

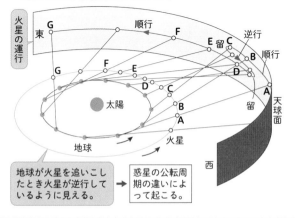

地球が火星を追いこしたとき火星が逆行しているように見える。 → 惑星の公転周期の違いによって起こる。

入試Info

金星は月と同様に満ち欠けをする。これは太陽と地球，金星との位置関係で起こる。月と異なる点は，金星の見える時間帯は限られており，金星の見かけの大きさは変化するということである。これは，金星の公転軌道の外側に地球があることによる。

⑦ 恒星と宇宙 ★☆☆

① 恒星とは

〜太陽のような天体〜

　太陽のように，自ら光を出している天体を恒星という。恒星は太陽と同じように光を出しているにも関わらず，太陽よりずっと暗い。その理由は，地球からの距離が太陽に比べてたいへん遠いためである。

zoomup 恒 星→ p.576

② 恒星までの距離

〜天体間はとても長い距離〜

❶ **恒星までの距離のはかり方**……地球の公転軌道の直径は約3億 km だとわかっている。右の図で，公転軌道上のAに地球があるときに恒星Fを観測すると，恒星Fは天球上のF_Aに位置するが，半年後には地球はBの位置にくるため，恒星Fを観測すると天球上のF_Bに位置するように見える。A〜Bの距離はわかっているので，∠AFB がわかれば地球と恒星Fまでの距離がわかる（**三角測量**という方法を用いる）。

　実際には，∠AFB の2分の1，すなわち，

$$∠AFS=\frac{1}{2}∠F_AFF_B$$ をはかり，求める。この角度は，地球の公転（年周運動）により起こるずれであるので**年周視差**といい，角度の秒〔″〕の単位ではかる（1秒は1°の$\frac{1}{3600}$）。太陽系から最も近い，ケンタウルス座 α 星でも年周視差は約 0.742″ である。太陽系からの年周視差が 1″ より大きい恒星はない。

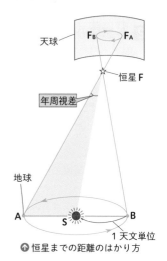

天球　F_B　F_A

恒星F

年周視差

地球

A　S　B

1天文単位

↑ 恒星までの距離のはかり方

❷ **恒星までの距離の表し方**……恒星までの距離はとても遠いため，ふつう距離の単位である km を用いない。

▶ **1光年**…1秒間に約30万 km 進む光が1年かかって進む距離。1光年＝約9兆4600億 km

▶ **パーセク**…年周視差が 1″ になる距離が1パーセクである。1パーセク＝約 3.26 光年

❸ **主な恒星までの距離**……地球に最も近い恒星はもちろん太陽で，太陽までは光で約8分の距離である。地球から2番目に近い恒星はケンタウルス座 α 星で，近いといっても光の速さで 4.3 年もかかる距離である。

Episode　1秒間に進む光の距離は，地球を7周半進む距離に等しいので，地球の円周は約4万 km より，4万 km×7.5＝約30万 km。1年間に進む光の距離は，1光年＝30万 km×60秒×60分×24時×365.25＝約9兆4600億 km となる。

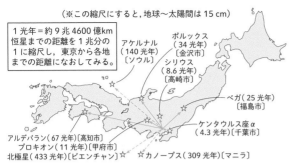

（※この縮尺にすると，地球～太陽間は 15 cm）

1 光年＝約 9 兆 4600 億km
恒星までの距離を 1 兆分の
1 に縮尺し，東京から各地
までの距離になおしてみる。

アケルナル
（140 光年）
〔ソウル〕

ポルックス
（34 光年）
〔金沢市〕

シリウス
（8.6 光年）
〔高崎市〕

ベガ（25 光年）
〔福島市〕

ケンタウルス座 α
（4.3 光年）〔千葉市〕

アルデバラン（67 光年）〔高知市〕
プロキオン（11 光年）〔甲府市〕
北極星（433 光年）〔ビエンチャン〕☆
☆ カノープス（309 光年）〔マニラ〕

⬆ 主な恒星までの距離

第 **4** 編

地 球

第 1 章

大地の変化

第 2 章

天気とその変化

第 3 章

地球と宇宙

参考 地球に近い恒星

恒 星	距離（光年）
太 陽	（8 分）
ケンタウルス座α	4.3
バーナード星	5.9
ウォルフ 359	7.7
シリウス	8.6
ロス 154	9.7

こうせい
3 恒星の明るさと色

~恒星の観察の決め手は明るさと色~

❶ 恒星の見かけの明るさと等級……古代ギリシャのヒ
ッパルコスは，太陽を除いて，全天で特に明るい恒星
を順に約 20 個選び，その平均的な明るさの星を 1 等
星とし，肉眼でかすかに見える程度の明るさの星を 6
等星と決めた。

　現在では 1 等星の明るさは 6 等星の明るさの 100
倍と決めて，その間の星の等級を決めている。つまり
6 等星の 2.5 倍（正確には 2.512・・・倍）の明るさの星は
5 等星，その 2.5 倍が 4 等星，……と決める。

　1 等星より明るい星の等級についても同様に，1 等
星の 2.5 倍の明るさの星は 0 等星，0 等星の 2.5 倍の
明るさの星は－1 等星とする。これによると，満月は
－13 等星，太陽は－27 等星となる。

6 等星の明るさを 1 とすると，
1 等星の明るさは 100。等級が
1 減ると明るさは 2.5 倍になる。

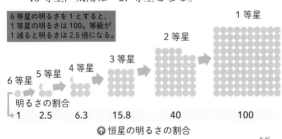

6 等星　5 等星　4 等星　3 等星　2 等星　1 等星

明るさの割合
1　2.5　6.3　15.8　40　100

⬆ 恒星の明るさの割合

❷ 恒星の色……夜空の星を観察すると星には色の違い
があることに気がつく。恒星の出す光の色は，恒星の
表面温度と深いつながりがある。表面温度の低い星ほ
ど赤く，温度が高くなるにつれて，だいだい色→黄色
→うす黄色→白色→青白色となる。

参考 恒星のエネルギー

　太陽を含む，無数にある恒星
が光り輝くためのエネルギーは，
星の中心部での**原子の核融合反
応**により生まれる。

参考 見かけの等級（実視等
級）と絶対等級

　地球から観察したときの星の
明るさの等級が**見かけの等級
（実視等級）**である。星までの距
離はそれぞれ異なるので，見か
けの等級では星自身の発してい
る光度の比較はできない。そこ
で星を地球から一定の距離
（32.6 光年）に置いたと仮定し
て求めた明るさを等級で表す方
法もある。これを**絶対等級**とい
う。

　これによると，約 1400 光年
の距離にあるはくちょう座のデ
ネブ（見かけの等級 1.3 等級）の
絶対等級は－6.9 等級となり，
8.6 光年の距離にあるシリウス
（見かけの等級－1.4 等級）の絶
対等級は 1.5 等級となる。

HighClass

表面温度が高い恒星は青白く，低い恒星は赤く輝く。例えば，青白いオリオン座のリゲルは
約 11000℃，赤いさそり座のアンタレスは約 3500℃である。太陽は約 6000℃のため，黄
色く輝く。

4 恒星の一生

～恒星の最後はどうなるのだろう～

❶ **恒星の誕生**……銀河の中の**星間雲**のところどころに，まわりより密度の高い部分ができ，自身の重力によって急速に収縮を始める。

　　重力による位置エネルギーによって内部の温度が上昇し，**原始星**ができる。

❷ **恒星の成長**……中心部の温度が 1000 万℃に達すると，水素がヘリウムに変わる**核融合反応**が始まり，**主系列星**になる。恒星は一生の大部分をこの主系列星としてすごす。現在の太陽もこの状態である。
　└核融合反応を起こしている太陽のような星

❸ **恒星の終末**……水素が消費されると**赤色巨星**に変わる。恒星の質量によって，次のように変化する。

▶**太陽の質量の 8 倍程度までの恒星**…星全体はつぶれて（収縮），小さく暗い**白色わい星**になる。

▶**太陽の質量の 8 倍以上の恒星**…恒星の内部は爆発的につぶれ，その反動で恒星の表層が吹き飛ばされる。これを**超新星爆発**という。

　　爆発後の超新星は次の 2 つに変化していく。

①**中性子星**…陽子と電子が結合した中性子からなり，密度は約 5 億 t/cm^3 以上にもなる。

②**ブラックホール**…質量が太陽の 30 倍以上で，重力が強く，光も抜け出すことができない天体。

zoomup 星間雲→ p.603

Words 重力による位置エネルギー

　ある高さの所にある物体は位置エネルギーをもっている。物体が落下すると運動エネルギーに変わり，地面に衝突したとき摩擦熱に変わる。

↑ アルデバラン（赤色巨星）

↑ 白色わい星（シリウス B ）

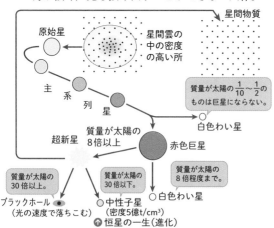

↑ 恒星の一生（進化）

質量が太陽の $\frac{1}{10}$ 〜 $\frac{1}{2}$ のものは巨星にならない。

質量が太陽の 8 倍以上

質量が太陽の 8 倍程度まで。

質量が太陽の 30 倍以上。

質量が太陽の 30 倍以下。

ブラックホール（光の速度で落ちこむ）

中性子星（密度5億t/cm^3）

白色わい星

赤色巨星

超新星

主系列星

原始星

星間雲の中の密度の高い所

星間物質

HighClass　太陽系の最後はどうなるのか，正確なことはわかっていないが，運命はすべて太陽に握られている。太陽はおよそ 50 億年後に最後を迎えると考えられている。その頃，太陽は膨張し，赤色巨星となる。赤色巨星は自身の重力で収縮し，その後は白色わい星となる。

第
4
編

地
球

第1章
大地の変化

第2章
天気とその変化

第3章
地球と宇宙

Break
Time ブラックホールの写真撮影

2019年4月10日，人類史上初めてブラックホールの撮影に成功したという記者会見が行われた。

今回撮影されたブラックホールは，おとめ座銀河団中のだ円銀河 M87 の中心に位置しており，地球からは5500万光年の距離にある。また，質量は太陽の約65億倍におよぶ。

⬆撮影されたブラックホール（出典：EHT Collaboration）

写真の中で，明るく光る部分はブラックホールのまわりのとても熱いガスである。ブラックホール自体は重力が強く，光が出てくることができないため写真にはうつらないが，ブラックホールのまわりに明るいものがあれば，それを背景にしてブラックホールのまわりが黒く見える。これをブラックホールシャドウとよぶ。ブラックホールシャドウの大きさは約1000億km と計算されている。実際のブラックホールの大きさを示す指標である「事象の地平面（イベント・ホライズン）」の大きさは，ブラックホールシャドウの約40％である，約400億km である。

また，写真中の光のリングの南側（写真下側）と北側（写真上側）で光の濃さが違うのは，ブラックホールがスピン（回転）しているからではないかといわれているが，確かなことはわかっていない。右の図は，今回撮影されたブラックホールの周辺のイメージ図である。

非常に遠くにあるブラックホールの写真を撮影するためには，とても

⬆ブラックホール周辺のイメージ図
（出典：Jordy Davelaar et al./Radboud University/BlackHoleCam）

大きな望遠鏡が必要である。そこで，「イベント・ホライズン・テレスコープ（EHT）」計画という，世界中の200人をこえる天文学者が協力し，世界各地の電波望遠鏡をつなげて地球サイズの望遠鏡をつくり出すということが行われた。これにより，人間の視力にすると300万という解像度での観測が実現できた。

ブラックホールについては，わかっていないことが多い。例えば今回撮影されたブラックホールは，物質を吸いこむと同時にガスなどを噴き出す強力なジェット噴射もしているが，ブラックホールの強力な重力を振り切って噴射されるメカニズムはまだ解明されていない。まだまだブラックホールは未知の天体といえる。

HighClass ブラックホールの中心には特異点とよばれる非常に重い点があり，まわりには何もないとされている。ブラックホールは，「事象の地平線」とよばれる光が脱出できなくなる境界である。これに入ったものは特異点にすべて吸いこまれてしまう。

5 銀河系

～太陽系が所属する銀河系とはどのようなものか～

❶ 銀河系……太陽系を含む銀河を銀河系または天の川銀河という。

　地球から見える**天の川**は，多数の恒星の集団である。天の川は，約2000億個の恒星からなる銀河系の円盤部を，その円盤部の中にある太陽系からながめたものである。

❷ 銀河系の構造……銀河系は，厚さ1.5万光年の巨大な凸レンズ型で，大きな渦巻き状の構造をしていることが，電波望遠鏡による観測などから確かめられている。

　銀河系は約10万光年の直径の広がりをもち，渦巻き状の円盤部に恒星が集中している。太陽はその中心から約3万光年の所にあり，銀河系の中心のまわりを回転していると考えられている。円盤部にはそのほか暗黒物質とよばれるガスやちりなどが集まった星雲や，数10～数100個の星が集まった**散開星団**がある。

⤴ 天の川

⤴ プレアデス散開星団

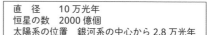

直　径	10万光年
恒星の数	2000億個
太陽系の位置	銀河系の中心から2.8万光年

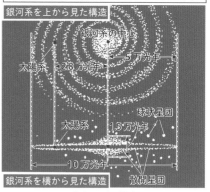

⤴ 銀河系の構造

6 宇宙の歴史

～宇宙全体の歴史はどうなっているのか～

❶ 宇宙の始まり……1929年，アメリカ合衆国カリフォルニア州にあるウィルソン山天文台で，エドウィン・ハッブルは銀河の観測により，銀河が互いに遠ざかっ

Episode

天の川を観察するのに最も適した季節はいつだろうか。天の川は地球から見た銀河系なので，中心のほうを見ると恒星が多く，明るく見える。北半球では，夏に銀河系の中心のほうを見ることができる。

ていること，遠方の銀河ほど地球から大きな速度で遠ざかっていることを発見した。これは，宇宙が膨張していることを意味しており，これを**ハッブル－ルメートルの法則**という。

▶**宇宙の膨張**…宇宙の膨張は，右の図のような風船モデルの平面で考えることができる。風船が１秒間に２倍にふ

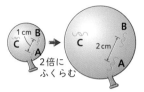

2倍に
ふくらむ

くらむと，**A**から見て１cm離れていた**B**は２cm離れ，２cm離れていた**C**は４cm離れる。**B**は１秒間に１cm，**C**は２cmの速さで遠ざかることになる。**A**～**C**のどの点から見ても同じことがいえる。これと同じように，宇宙は空間そのものが膨張していて，特別な膨張の中心がない。

❷ **ビッグバン**……ロシア出身の物理学者ジョージ・ガモフは，宇宙が膨張をしていることに基づくと，時間を逆に回すと（過去にさかのぼると），だんだんと銀河間の距離は縮まり，ついにはゼロになると考え，宇宙のはじまりは，高温・高密度で灼熱の「火の玉」であったに違いないと考えた。さらに，宇宙は「火の玉」の状態の最初の数分間で，現在の宇宙にあるさまざまな元素の原子核が生成され，この火の玉が一気に膨張したと考えた。これはビッグバン説とよばれる。

❸ **宇宙の年齢**……宇宙が膨張する速さがわかれば，宇宙がいつ始まったかを計算で求めることができる。観測結果などをもとに，現在では宇宙の年齢は 138 億年であると考えられている。

❹ **宇宙の終わり**……宇宙の始まりがあれば，終わりもあると考えられる。しかし，宇宙がどのように終わるのかについては現在さまざまな説があるものの，決着はついていない。例えば，ビッグバンと同じように最小の点にまでおしつぶされるという「ビッグクランチ」説や宇宙の存在が素粒子のレベルまで引き裂かれるという「ビッグリップ」説，ブラックホールが互いに飲みこみあい蒸発するという説などが考えられている。

Words ハッブル－ルメートルの法則

　銀河が後退する速度と，銀河までの距離は比例関係にあるという法則で，これは宇宙が膨張していることを意味している。以前は「ハッブルの法則」とよばれていたが，ベルギーの天文学者ジョルジュ・ルメートルも同様の論文を発表していたことから，名称が変更された。

参考 ビッグバン説の名づけ親

　ビッグバンという名まえは，ガモフが名づけたのではない。ガモフが唱える火の玉宇宙説と対立し，従来から考えられていた「宇宙は不変で定常的である」とする「定常宇宙論」の支持者であったフレッド・ホイルが名づけた。ホイルは火の玉宇宙説のように，宇宙に始まりがあるという考え方をきらい，ガモフに対して「とんだビックバン（大うそつき）だ」とバカにしたが，この言葉をガモフが面白がって使ったことから，この名前が定着したという。

参考 ハッブル宇宙望遠鏡

　地上約 600 km 上空の軌道を回る宇宙望遠鏡をハッブル宇宙望遠鏡という。これは，宇宙の膨張説を唱えたエドウィン・ハッブルの業績を称えて命名された。長さ 13.1 m，重さ 11 t の筒型の反射望遠鏡である。地上では大気や天候に左右されることがあるが，それらがないため，精度の高い天体観測ができる。

HighClass

宇宙の終わりには次のような仮説もある。例えば，熱の均一化により現象が起こらなくなる宇宙の熱的死や，真の真空（エネルギーが最も低い安定した状態のこと）へ相移転し崩壊する真空崩壊などである。

太陽系の姿

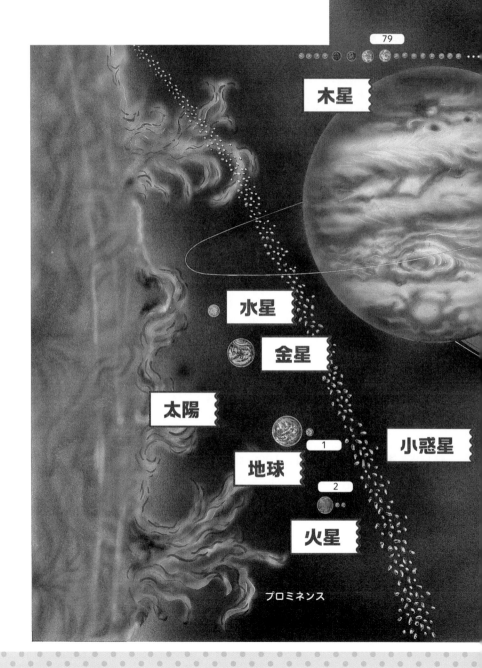

内は衛星の数
（2019年10月現在）

79

木星

水星

金星

太陽

小惑星

地球

1

2

火星

プロミネンス

海王星

すい星

天王星

14

27

土星

85

太陽系を10億分の1に縮めると

月(0.3)

太陽

直径
(140cm)

58m

108m 150m 228m 778m

水星 金星 地球 火星
(0.5)(1.2)(1.3)(0.7)

小惑星

1429m

2875m

4500m

木星
(14)

土星
(12)

天王星
(5)

海王星
(5)

8 天体観測の方法 ★★☆

　天体を観測するときには，何をどの程度見たいかを考える必要がある。それに応じて，適した機材を用いて観測することが大切である。

1 遠くのものが大きく見える原理

〜どうして大きく見えるのか知っておこう〜

● 望遠鏡のしくみ……焦点距離の異なる，2種類の虫めがねや遠視用メガネ（凸レンズ）を左右の手に持ち，適度な距離をあけて，1つの凸レンズ（これを接眼レンズとする）を目の側に，もう1つの凸レンズ（これを対物レンズとする）を見たい物体の方向にかざし，接眼レンズを目に近づけたり遠ざけたりして，ピントを合わせると，物体が大きく見える。このとき見える像は，上下左右が反転したものである。

　このような状態をつくれば，遠くの物体を大きな像として見ることができる。このとき，対物レンズで実像を結び，接眼レンズでその実像を虚像として目に届けている。この結果，上下左右が反転した像が見えるようになる。

　このしくみを利用したものが，望遠鏡である。また，右の写真のような材料を上記のように組み立てると，簡易的な望遠鏡をつくることができる。このようなしくみの望遠鏡を屈折式望遠鏡，あるいはケプラー式望遠鏡という。

zoomup レンズの利用
→ p.30

↑望遠鏡をつくる材料例

▶ 天体観測のための望遠鏡…右の図は，市販の屈折式望遠鏡で，鏡筒部を支える架台に赤道儀がついている。赤道儀とは，天体の日周運動に合わせて望遠鏡を動かすことができるものである。

　また，経緯台という架台もある。これは，カメラ用の三脚と同様に，上下・水平方向に望遠鏡を動かせるものである。こちらは，直感的に望遠鏡を動かしやすい。

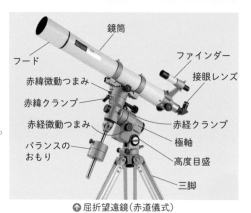

鏡筒
フード
ファインダー
接眼レンズ
赤緯微動つまみ
赤緯クランプ
赤経微動つまみ
赤経クランプ
極軸
バランスのおもり
高度目盛
三脚

↑ 屈折望遠鏡（赤道儀式）

HighClass　屈折式望遠鏡の像が，上下左右が逆で拡大して見える理由は，エネルギー編の凸レンズの学習で説明がつく。対物レンズにより鏡筒内で結像した実像を，接眼レンズで虚像にして拡大した像を見ているのである。

第**4**編

地球

第1章
大地の変化

第2章
天気とその変化

第3章
地球と宇宙

2 いろいろな観測器具

〜用途によって使い分けよう〜

❶ 上下左右が反転しない器具

▶**ガリレオ式望遠鏡**…対物レンズに凸レンズを用い，接眼レンズに凹レンズを用いた屈折式望遠鏡である。正立像(上下左右が逆にならない像)のまま観察することができる。イタリアの天文学者・物理学者のガリレオ・ガリレイも制作し，天体観測に用いたことから，この形式を**ガリレオ式**とよぶ。

　しかし，望遠鏡の倍率を上げると視野がせまくなるという欠点があるため，天体望遠鏡としては今ではあまり用いられていない。現在ではオペラグラスなどに用いられている。

▶**双眼鏡・フィールドスコープ**……銀河，星座，大きく明るい星団や星雲などの肉眼で見えるものを観測するときは，**双眼鏡**や**フィールドスコープ**を用いるとよい。低倍率だが，視野が広く，正立像であることから，観測したい天体を見つけやすいとされている。

　月の表面のようすや，長い尾を引くすい星などの観測には，視野の広い双眼鏡やフィールドスコープがたいへん有効である。

⬆双眼鏡

❷ 上下左右が反転して見える器具……天体望遠鏡には，こちらの器具がよく用いられる。昼間，風景を見ると違和感があるが，宇宙という上下も左右もない所では，この方式の天体望遠鏡が主である。

▶**屈折式望遠鏡の使い方**

　①架台が水平になるような場所に三脚を置き，水平になっているかを確かめる。おもりをつけ鏡筒とのバランスをとる。極軸に鏡筒とファインダーをセットする。

　②極軸を真北に向け，極軸の先を天の北極に向ける。ファインダー(極軸望遠鏡がついているものはそれを用いる)で北極星の姿をとらえる。赤緯微動ハンドルを使って調整する。

天球上で星の位置を表すときの精度にあたる

① ふってみる ふってみる

② 極軸

短文記述対策！

Q 天体望遠鏡を固定しておくと，太陽の像がゆっくり一定の方向にずれていった。このようになった理由を説明せよ。

A 地球の自転により，太陽は日周運動をしているように見えるから。

③観測したい天体を望遠鏡の視野に入れるために，ファインダーをのぞいておおよその位置に，天体が見えるようにする。その後，望遠鏡を使って，見たい天体にピントを合わせる。天体は移動しているので，自動追尾装置がない場合は，赤経微動ハンドルを動かして天体を追跡する。

③

● 赤緯微動
　ハンドル
● 赤経微動
　ハンドル

天球上で星の位置を表すときの経度にあたる←

④最初は低倍率の接眼レンズを使う。慣れてきたら，倍率の高い接眼レンズを用いて，よりよく見えるように試してみる。

3 太陽を観測する道具

〜太陽をレンズを通して見てはいけません〜

太陽は，失明のおそれがあるため，レンズを通して見ても，直接裸眼で見てもいけない。そのため，次のような方法で観測する。

❶ **太陽の観測で使えるソーラーフィルター**……ソーラーフィルターを用いると，太陽を観測することができる。また，カメラのレンズ部分をソーラーフィルターでおおうと，太陽の写真を撮影することができる。

右の写真は，2012年6月に太陽の前を金星が横断しているようすである。青白く見える太陽の上に，小さな黒い丸として金星がうつっている。それより小さな黒い点は黒点である。金星は，太陽の近くに見えるため，日中は写真に撮ることは難しいが，ソーラーフィルターを用いるとこのような写真を撮影することが可能になる。

↑金星の太陽面通過

❷ **日食グラス(太陽遮光板)**……ソーラーフィルターを厚紙などに貼ると，**日食グラス(太陽遮光板)**をつくることができる。これを用いると，太陽の光を遮光することができる。安全に太陽を見ることができることから，日食の観測では必需品である。

❸ **太陽投影板**……黒点を観測する際と同様に，太陽投影板をセットした天体望遠鏡で太陽を観測することができる。日食のときには，右の写真のような太陽の像を見ることができる。

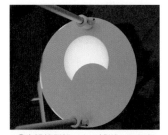

↑太陽投影板による観測のようす

Episode

2012年，金環日食が日本の多くの地域で観測された。次回は，2030年に北海道のほぼ全域で見られる。皆既日食であれば，2035年，北陸から関東北部にかけて見ることができる。21世紀中に日本国内で見られる皆既日食，金環日食はそれぞれ6回である。

→ p.576	**1**	観察者からみて，北の空の星は天の北極のまわりをどのように回転して見えるか。	**1** 反時計まわり
→ p.576	**2**	星は1時間に何度動いて見えるか。	**2** 15°
→ p.577	**3**	地球をとり囲む巨大な仮想の球を何というか。	**3** 天　球
→ p.577	**4**	観測者の頭の真上にあたる点を何というか。	**4** 天　頂
→ p.579	**5**	天体が東から西に回転して見える，1日の運動を何というか。	**5** 日周運動
→ p.589	**6**	同じ時刻に観測した場合，恒星は1か月に約何度移動して見えるか。	**6** 30°
→ p.589	**7**	星座の中を，西から東向きに移動する太陽の通り道を何というか。	**7** 黄　道
→ p.591	**8**	春分・秋分の日には，太陽は真（　　　）からのぼり，真（　　　）に沈む。	**8** 東，西
→ p.591	**9**	夏至の日には太陽は真東よりも最も（　　　）によった地平線からのぼる。	**9** 北
→ p.592	**10**	東京(北緯35°)で太陽の南中高度が最も高くなるのは（　　　）の日で，最も低くなるのは（　　　）の日である。	**10** 夏至，冬至
→ p.594	**11**	太陽の光球面に表れる，周囲より温度が低いため黒く見える点を何というか。	**11** 黒　点
→ p.598	**12**	地球のまわりを公転している，地球の衛星を何というか。	**12** 月
→ p.599	**13**	主に玄武岩質の岩石でできている，月の暗く見える部分を何というか。	**13** (月の)海
→ p.600	**14**	夕方，西の空に見える月はどのような月か。	**14** 三日月
→ p.600	**15**	太陽−月−地球の順に一直線に並んだときに起こる，太陽が月にかくされてしまう現象を何というか。	**15** 日　食
→ p.601	**16**	太陽−地球−月の順に一直線に並んだときに起こる，月が地球の影にかくされてしまう現象を何というか。	**16** 月　食
→ p.604	**17**	地球より内側の軌道を公転している惑星を何というか。	**17** 内惑星
→ p.604	**18**	地球より外側の軌道を公転している惑星を何というか。	**18** 外惑星
→ p.604	**19**	主に岩石でできている，密度が大きい惑星を何というか。	**19** 地球型惑星
→ p.604	**20**	主にガスでできている，密度が小さい惑星を何というか。	**20** 木星型惑星
→ p.610	**21**	夕方，西の空に見える金星を何というか。	**21** よいの明星
→ p.613	**22**	赤く輝く星の表面温度は（　　　）く，青白く輝く星の表面温度は（　　　）い。	**22** 低，高
→ p.616	**23**	太陽系を含む銀河を何というか。	**23** 銀河系(天の川銀河)

● 宇宙にある天体は，過去のようすを教えてくれる。このことについて，下の表を参考に次の問いに答えなさい。ただし，人類の誕生を 700 万年前，地球の年齢を 46 億年，宇宙の年齢を 138 億年とする。 【開成高－改】

(1) 遠い天体を見ることが過去のようすを見ることになるのは，宇宙空間を進む光の速さが 30 万 km/s であり，光が天体から地球に届くのに時間がかかるためである。地球から見る太陽は何分前の姿といえるか。小数第 1 位まで求めなさい。

天　体	地球からの距離
太陽	1 億 5000 万 km
海王星	45 億 km
シリウス	8.6 光年
アンドロメダ銀河	230 万光年

(2) 宇宙や身のまわりの現象について，最も適切なものを，次のア〜エの中から 1 つ選び，記号で答えなさい。

ア 今晩，私が夜空に見るアンドロメダ銀河とシリウスの姿は，ともに同じ時間だけさかのぼった過去の姿である。

イ 人類が誕生した当時に地球から出た光は，現在にいたってもアンドロメダ銀河までは届いていない。

ウ かりに海王星から地球を見たとして，海王星から見る地球の姿は 4 時間 10 分後の地球の姿である。

エ 厳密には，私がいまこの瞬間に見ている文字や机は少し過去のようすであり，さらに，窓の外に見えている遠くの景色は，より過去のようすである。

▶ Key Point

1 光年とは光の速さで進んで 1 年かかる距離である。1 光年先の光を見るとき，見えているのは 1 年前の光である。

▶ Solution

(1) 150000000 km ÷ 300000 km/s＝500 s　　500 s ÷ 60 s＝8.33…　　より，8.3 分前の姿である。

(2) 人類が誕生した当時の光は，アンドロメダ銀河より遠い 700 万光年先まで届いている。現在見ている光は，過去に発生したものが目に届いているので，海王星から見る地球は，4 時間 10 分前の姿である。

Answer

(1) 8.3 分前　　(2) エ

難関入試対策 作図・記述問題 第3章

Level 1

第4編 地球

第1章 大地の変化

第2章 天気とその変化

第3章 地球と宇宙

● 次の文章を読み，あとの問いに答えなさい。　　　【大阪教育大附属平野高－改】

　太陽や星座の星のように自ら光を出す天体は ア とよばれ，地球や金星・木星のように ア のまわりを公転している天体は イ という。さらに月のように イ のまわりを公転している天体もあり， ウ とよばれる。

　地球は太陽のまわりを公転しているが，自転も行っており，地球の自転軸である地軸は，エ地球の公転面に垂直な方向に対して約23.4°傾いている。

　地球から見た月の形は日々変化しているが，地球から見た金星も日々その姿を変える。しかし，オ地上から金星を深夜に見ることはできない。

(1) 文中の**ア**〜**ウ**に入る適語を，それぞれ漢字2字で答えなさい。

(2) 下線部**エ**に関して，北緯34.6°，東経135.5°における①春分の日と②冬至の日における太陽の南中高度はそれぞれ何度になるか，小数第1位まで求めなさい。

(3) 下線部**オ**の理由を簡潔に述べなさい。

▶ **Key Point**

(2) 春分・秋分の日の南中高度は，90°－土地の緯度 で求める。

　　冬至の日の南中高度は，90°－(土地の緯度＋23.4°) で求める。

(3) 内惑星は，地球から見るとつねに太陽の近くに見える。

▶ **Solution**

(2) 春分の日は，90°－34.6°＝55.4°

　　冬至の日は，90°－(34.6°＋23.4°)＝32.0°

(3) 水星・金星は地球より太陽に近い軌道を公転する内惑星である。内惑星は地球から見ると太陽と同じ方向に見えるため，真夜中に見ることはできない。金星を見ることができるのは，夕方の西の空(よいの明星)か，明け方の東の空(明けの明星)である。

Answer

(1) ア－恒星　イ－惑星　ウ－衛星

(2) ① 55.4°　② 32.0°

(3) 例 金星は地球の内側を公転する内惑星のため。

1

入試に出る　公式・原理・法則

❶ **文字の意味**……文字を使った式は，その式の意味を明確にしておくことが重要である。なお，物理量を表す文字はイタリック体が多い。

例　▶ l, L→長さ，距離　　▶ s, S→距離，面積

　　▶ f, F→力　　▶ t, T→時間，温度

　　▶ v, V→体積，速さ，電圧　　▶ e, E→電圧

❷ **式の意味**……計算の手順や数量関係を考えてさまざまな形をしているので，的確に判断しよう。

①形が変わっても同じもの

例　▶電圧・電流・電気抵抗(ていこう)の関係

$$V = RI \rightarrow R = \frac{V}{I} \rightarrow I = \frac{V}{R}$$

▶距離・速さ・時間の関係

$$s = vt \rightarrow v = \frac{s}{t} \rightarrow t = \frac{s}{v}$$

②文字が変わっても同じもの

例　▶熱量：温度変化の熱量と電力による発熱量

$$Q = mc(t' - t) \rightarrow Q = VIt = Pt$$

● **いろいろな文字**

i→入射角
I→電流
m, M→質量
r→屈折角
r, R→電気抵抗(抵抗)
p→圧力
P→電力
q, Q→熱量
w, W→重さ
W→仕事
$\left.\begin{array}{l} x,\ X \\ y,\ Y \end{array}\right\}$→未知数

❸ **公式の意味**……単位には，**基本単位**のほか，基本単位をもとにしてつくられた**組立単位（誘導単位）**がある。組立単位のつくりをみると，その単位のなりたちから関係式，すなわち，公式を導き出すことができる。

例 ▶圧　力：$Pa=N/m^2 \rightarrow \dfrac{力}{面積}$

　　▶熱量，電力量：$J=Ws \rightarrow$ 電力×時間

　　▶速　さ：$m/s \rightarrow \dfrac{距離}{時間}$

　　▶仕事率：$W=J/s \rightarrow \dfrac{仕事}{時間}$

　　▶密　度：$g/cm^3 \rightarrow \dfrac{質量}{体積}$

❹ **人名のついた法則**……内容の理解が大切である。

①フックの法則（ばねののび）　　　　　　　$F=kx$

②パスカルの法則（圧力の伝わり方）　　　$\dfrac{F_1}{S_1}=\dfrac{F_2}{S_2}$

③オームの法則（電圧・電流・電気抵抗の関係）$V=RI$

④キルヒホッフの第一法則（電流の大きさ）$I=I_1+I_2+\cdots$

⑤ジュールの法則（電流による発熱）　　　　$Q=VIt$

⑥メンデルの法則（遺伝形質の伝達）

❺ **理科用語のついた法則**……用語の理解が大切である。

①反射の法則…入射角 i と反射角 i' は等しい。　$i=i'$

②質量保存の法則…化学変化前の質量 M_1 と化学変化後の質量 M_2 は等しい。　　　　　$M_1=M_2$

③定比例の法則…化合物の成分元素の質量比は一定。

　　例 銅＋酸素──→酸化銅　　　　　（質量比 4：1：5）

④右ねじの法則…右ねじが進む向きに電流を流すと，右ねじを回す向きに磁界が生じる。

⑤（力の）平行四辺形の法則… 2 つの力が同一直線上にないとき， 2 つの力を 2 辺とする平行四辺形の対角線で表される力が，合力の大きさと向きを表す。

⑥作用・反作用の法則…力 F_1 を作用させると，必ずその物体から反作用の力 F_2 が返ってくる。F_1 と F_2 は力の大きさが等しく，向きが逆である。　$F_1=F_2$

⑦力学的エネルギー保存の法則…物体がもつ位置エネルギーと運動エネルギーの和を**力学的エネルギー**といい，この和はつねに一定である。

● **国際単位系(SI)**

　十進法をベースにした，世界共通の単位体系を国際単位系（SI）という。1960 年に開かれた国際度量衡総会で決議され，のちに施行された。基本単位と組立単位（誘導単位），接頭語で構成されている。

　基本単位とは，さまざまな単位の組み立てのもとになる単位で，下記の 7 つである。

　・長さ：m（メートル）
　・質量：kg（キログラム）
　・時間：s（秒）
　・電流：A（アンペア）
　・熱力学温度：K（ケルビン）
　・物質量：mol（モル）
　・光度：cd（カンデラ）

　このほかの単位は，法則やさまざまな量のもつ意味にしたがって組み立てられており，これらを**組立単位**（誘導単位）という。

● **単位の表し方**

　単位の表し方には，「国際基準」（国際単位系（SI））があり，「立体小文字で表し，固有名詞の頭文字の場合は大文字で表す。」というきまりがある。

例 ・メートル：m
　　・キロメートル：km
　　・ケルビン：K
　　・ニュートン：N

2 入試に出る　重要事項のまとめ

第1編　エネルギー

p.19 光の反射

物体の表面で光がはね返ることを光の反射という。

入射角 i＝反射角 i'

p.22 光の屈折（くっせつ）

光が空気中から水中へ入るときなど，異なる物質に入るときに境界面で折れ曲がることを光の屈折という。

p.35 音の伝わる速さ v

音源までの距離（きょり）〔m〕と音が伝わる時間〔s〕で表す。

$$音の速さ\ v〔m/s〕=\frac{音源までの距離〔m〕}{音が伝わる時間〔s〕}$$

音の速さは，空気中（気温約 15℃）では 340 m/s であり，水中ではこれよりはやく，固体中ではさらにはやく伝わる。空気中での音の速さは $v=331.5+0.6t$（t は気温）と表され，気温によって変化する。

p.52 圧　力 P〔Pa〕〔N/m²〕

ふれあう面の単位面積（1 m²）あたりにはたらく力の大きさを圧力という。圧力の単位は N/m²（Pa）

$$圧力\ P〔N/m^2〕=\frac{面を垂直におす力〔N〕}{力がはたらく面積〔m^2〕}$$

p.71 オームの法則

抵抗（ていこう）に流れる電流の大きさは，電圧の大きさに比例し，抵抗の大きさに反比例する。

電流を I〔A〕，電圧を V〔V〕，抵抗を R〔Ω〕とする。

$$I=\frac{V}{R}$$

$$R=\frac{V}{I}$$

$$V=RI$$

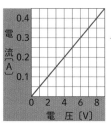

電流の大きさは電圧の大きさに比例する。

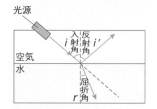

⬆ 音の速さをはかるようす

	物　質	速さ（m／s）
気体	空気	331.45
	ヘリウム	970
液体	水（蒸留）	1500
	海水	1517
固体	氷	3230
	鉄	5950

⬆物質内を伝わる音の速さ

● 圧力の求め方

質量 300 g（3 N）の直方体の物体について，面 A を下にして置いたときの圧力を求める。

面Aが下の場合
$$\frac{3〔N〕}{(0.2×0.1)〔m^2〕}=150〔N/m^2〕=150〔Pa〕$$

◆ p.72 **直列つなぎの合成抵抗**

抵抗 R_1, R_2, R_3, …を直列につないだときの合成抵抗を R〔Ω〕とすると，合成抵抗の大きさは各抵抗の和と等しくなる。

$$R=R_1+R_2+R_3+\cdots$$

◆ p.73 **並列つなぎの合成抵抗**

抵抗 R_1, R_2, R_3, …を並列につないだときの合成抵抗を R〔Ω〕とすると，合成抵抗の大きさは各抵抗の大きさよりも小さくなる。

$$\frac{1}{R}=\frac{1}{R_1}+\frac{1}{R_2}+\frac{1}{R_3}\cdots$$

◆ p.80 **熱　量 Q〔J〕**

熱量の単位はジュール〔J〕である。1gの水の温度を1℃上昇させるためには，約 4.2 J の熱量が必要である。

熱量 Q〔J〕=電力 P〔W〕×時間 t〔s〕

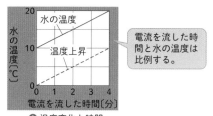

↑ 温度変化と時間

水の温度を上昇させる熱量は，次の式でも求めることができる。

熱量 Q〔J〕=4.2×水の質量 m〔g〕

　　　　　×上昇した温度$(t'-t)$〔℃〕

◆ p.82 **電力量 $W(=Pt)$，Q〔J〕**

電流が消費したエネルギー量。単位は，ジュール〔J〕やワットアワー〔Wh〕を用いる。Wh は，1 W の電力を1時間消費したときの電力量である。(1 Wh=3600 J)

電力量 W〔J〕=電力 P〔W〕×時間 t〔s〕

◆ p.116 **浮　力**

物体を水に入れたとき，物体に上向きにはたらく力を浮力という。

浮力〔N〕の大きさ
=(空気中での重さ)−(水中での重さ)

$R=3+6=9$〔Ω〕

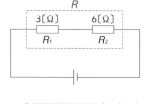

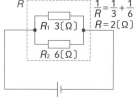

$\dfrac{1}{R}=\dfrac{1}{3}+\dfrac{1}{6}$
$R=2$〔Ω〕

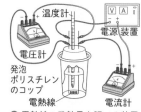

↑ 電熱線の発熱量を調べる装置

100gの水の温度が8℃上昇したとする。

水100g

水が得た熱量は，
4.2×100〔g〕
×8〔℃〕=3360〔J〕

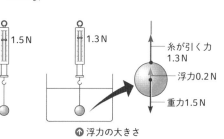

1.5N　1.3N

糸が引く力
1.3N

浮力0.2N

重力1.5N

↑ 浮力の大きさ

629

⇒ p.118 2力の合成

2力(F_1, F_2)が一直線上にあるとき，2つの力は同じはたらきをする1つの力と考えることができる。

力の向きが同じ2力の合力＝F_1＋F_2

力の向きが反対の2力の合力（F_2＞F_1の場合）
＝F_2－F_1

2力が一直線上にないとき，2つの力の合力は2力を2辺とする平行四辺形の対角線で表される。

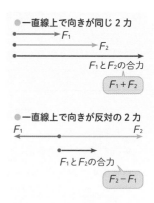

●一直線上で向きが同じ2力

F_1

F_2

F_1とF_2の合力

F_1＋F_2

●一直線上で向きが反対の2力

F_1　　　　F_2

F_1とF_2の合力

F_2－F_1

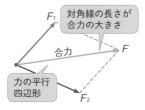

対角線の長さが合力の大きさ

合力

F

力の平行四辺形

⇒ p.123 平均の速さ v〔m/s〕

ある区間を一定の速さで物体が動き続けたものとして求める速さ。単位は cm/s，km/h などがある。

$$速さ \ v〔m/s〕＝\frac{移動距離〔m〕}{移動時間〔s〕}$$

⇒ p.130 等速直線運動

物体に力がはたらくと，速さが変わる。力がはたらいていてもつりあっていたり，力がはたらかなければ速さは変わらず，等速直線運動をする。このときの移動距離 x は時間 t に比例する。

移動距離 x〔m〕
＝速さ v〔m/s〕×移動時間 t〔s〕

⇒ p.131 慣性の法則

外からまったく力が加わらなければ，運動している物体は等速直線運動を続け，静止している物体は静止し続けるという法則。

⇒ p.142 仕　事 W〔J〕

ある物体を，物体に加えた力の向きに移動させたとき，仕事は力の大きさと移動させた距離の積で表される。

仕事 W〔J〕
＝物体に加えた力 F〔N〕×力の向きに移動させた距離 s〔m〕

⇒ p.150 仕事率 P〔W〕

単位時間（1秒間）あたりにする仕事を仕事率という。1秒間あたりに1Jの仕事をしたときの仕事率は1W（ワット）である。

$$仕事率 \ P〔W〕＝\frac{仕事の大きさ〔J〕}{仕事をするのにかかった時間〔s〕}$$

→ p.192 密 度 ρ [g/cm³]

物質の量を比較するときは，質量と体積の比で比較する。これを密度といい，物質 1 cm³ あたりの質量を密度という。密度は，物質の種類によって決まっている。

$$物質の密度　\rho [g/cm^3] = \frac{物質の質量 [g]}{物質の体積 [cm^3]}$$

→ p.212 質量パーセント濃度

溶液の濃度は，質量パーセント濃度で表す。質量パーセント濃度は，溶質の質量が溶液全体の質量の何 % になるかで表す。

$$質量パーセント濃度 [\%] = \frac{溶質の質量 [g]}{溶液の質量 [g]} \times 100$$

→ p.270 化学変化と物質の質量

すべての化学変化において，それに関係する物質の質量の和は，化学変化の前後で変化しない。これを，質量保存の法則という。

酸化物の質量 [g]
＝金属の質量 [g] ＋結びついた酸素の質量 [g]

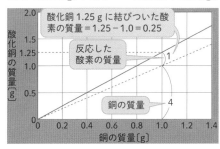

→ p.294 電 池

化学エネルギーを電気エネルギーに変化させる装置を電池（化学電池）という。

$$ダニエル電池 \begin{cases} -極 : Zn \longrightarrow Zn^2 + 2e^- \\ +極 : Cu^{2+} + 2e^- \longrightarrow Cu \end{cases}$$

→ p.308 中 和

酸性の水溶液とアルカリ性の水溶液を混ぜると，互いの性質を打ち消し合う。このことを中和といい，このとき，塩と水ができる。

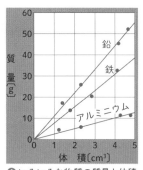

↑ いろいろな物質の質量と体積

● 体積パーセント濃度

水溶液の濃度を表すのに，体積の割合を用いることがある。これを体積パーセント濃度という。体積パーセント濃度では，単位として〔体積 %〕を用いる。

例 体積 25 cm³ のアルコールを体積 100 cm³ の水に溶かしたときの水溶液の濃度は，

$$\frac{25}{125} \times 100 = 20 〔体積 \%〕$$

である。

第**5**編

高校入試
重点対策

1 公式・原理・法則

2 重要事項のまとめ

3 グラフ

4 化学反応式

塩酸と水酸化ナトリウム水溶液の反応

$HCl + NaOH \longrightarrow NaCl + H_2O$

第3編　生　命

➡ p.329 **顕微鏡の倍率**

顕微鏡の倍率は，接眼レンズの倍率と対物レンズの倍率の積である。

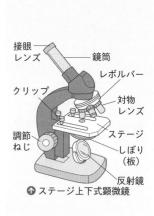

↑ ステージ上下式顕微鏡

➡ p.360 **セキツイ動物の分類**

セキツイ動物は，魚類，両生類，ハ虫類，鳥類，ホ乳類に分類することができる。

生まれ方 $\begin{cases} 卵生：魚類，両生類，ハ虫類，鳥類 \\ 胎生：ホ乳類 \end{cases}$

体温 $\begin{cases} 変温：魚類，両生類，ハ虫類 \\ 恒温：鳥類，ホ乳類 \end{cases}$

呼吸 $\begin{cases} えら：魚類 \\ 幼生はえらと皮膚，成体は皮膚と肺：両生類 \\ 肺：ハ虫類，鳥類，ホ乳類 \end{cases}$

➡ p.379 **光合成**

植物が葉緑体で行う，水と二酸化炭素からデンプンと酸素をつくり出すはたらき。

水＋二酸化炭素 $\xrightarrow{光}$ デンプン＋酸素

➡ p.445 **メンデルの法則**

メンデルはエンドウを用いた実験から，次のような法則を導き出した。

分離の法則…遺伝子は対になっており，減数分裂によって分かれ，1つずつ別々の生殖細胞に入る。

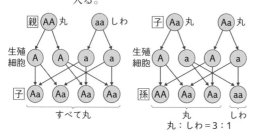

632

第4編 地　球

⟹ p.492 地震のゆれの伝わる速さ

地震波の速さとは，地震のゆれが伝わる速さのことである。

$$地震波の速さ〔km/s〕 = \frac{震源からの距離〔km〕}{地震の波が伝わるのに要した時間〔s〕}$$

⟹ p.550 湿　度

空気の湿り具合を湿度といい，1 m^3 中の空気に含まれている水蒸気の質量を，そのときの気温の飽和水蒸気量に対する百分率で表したものである。

$$湿度〔\%〕 = \frac{空気1 m^3 中に含まれる水蒸気量〔g/m^3〕}{その気温における飽和水蒸気量〔g/m^3〕} \times 100$$

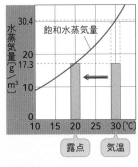

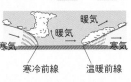

⟹ p.557 寒冷前線と温暖前線

性質の異なる2つの気団が隣り合うときにできる前線面が地表面と交わる線を前線という。

寒冷前線：寒気が暖気をおし上げて進み，積雲状の雲を生じさせる。通過後は気温が下がる。

温暖前線：暖気が寒気の上にはい上がって進み，広い範囲に層雲状の雲を生じさせる。通過後は気温が上がる。

⟹ p.576 天体の日周運動

地球の自転によって，天体が1日に1周，地球のまわりを回るように見える動き。

1時間に約15°（360°÷24時間）動いて見える。

1時間で約15°動いて見える。

⟹ p.589 天体の年周運動

地球の公転によって，天体が1年間で天球を1周（360°回転）するように見える動き。

同じ時刻に見える天体は1か月に約30°（360°÷12か月），1日に約1°（360°÷365日）東から西に動いて見える。

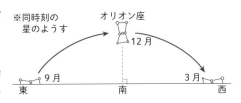

3
入試に出る　グラフ

1　グラフの横軸と縦軸の意味をはっきりさせよう

　右の**図1**のように，直線上（数直線という）に異な
る2点O，Aをとる。線分OAの長さを1とし，点
Oから右側が＋（正），左側は－（負）であり，右にいく
ほど増加を示す。

図1

　数直線上の点に対し，ある量に対応する数を目盛り
としてつけた直線が横軸である。ただし，各点に対応
する目盛りが必ずしも「1」ではなく，「5」であったり
「10」であったりするので注意する。

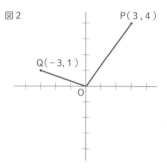

図2

　横軸と同様に，横軸の**O**点を通り上下にのびる数
直線が縦軸である。

　グラフには，互いに関係のある2つ（**図2**の**P**，**Q**）
の量や，3つ以上の量の関係を同時に表せ，相互関係
が一目でわかるという特徴がある。

2　グラフに示された線の状況を的確に判断しよう

❶ **増加傾向にあるグラフ**

①O→A→B…増加傾向が続いている現象。

②O→A→C…横軸のa位置以後は変化がなく，一
　定の状況を保つ現象。

③O→A→D…横軸のa位置以後は減少し続ける現
　象。

❷ **減少傾向にあるグラフ**

①E→F→G…減少傾向が続いている現象。

②E→F→H…横軸のa位置以後は変化がなく，一
　定の状況を保つ現象。

③E→F→I…横軸のa位置以後は増加し続ける現象。

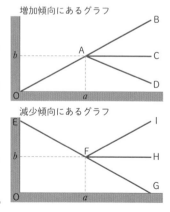

第**5**編

高校入試
重点対策

1
公式・原理・法則

2
重要事項のまとめ

**3
グラフ**

4
化学反応式

3 グラフを実際に描いてみよう

　測定値は，人がはかったものであるから，自然の真の値でないことが多く，誤差を含んだ値であると考えなければならない。グラフを描くときは，この点に注意する。

　グラフ用紙に点（・）で測定値の印をつけ，それをつなぐとき，点と点を直線でつなぐのではなく，点全体を見てどのような傾向にあるのかを判断し，点がほどよく散らばるようにして直線を引く。もし，直線にならないようなときには，なめらかな線で点をつなぐようにする。

　右の表（固体の溶解度）をグラフにすると，下のようになる。

(溶解度)

温度(℃)	0	20	40	60	80	100
食　塩	35.6	35.8	36.3	37.1	38.0	39.3
硫酸銅	23.8	35.6	53.5	80.3	127.8	―

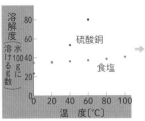 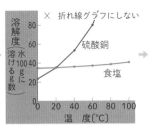 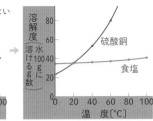

4 グラフの形のパターンを覚えよう

　グラフに描かれた形から，測定値の間にどのような関係があるかわかる。比例，反比例の例を下に示す。

❶ 比例を表すグラフ……必ず原点を通り，直線を描く。例えば，電熱線の長さと抵抗の関係では，横軸（長さ）が大きくなるにしたがって，縦軸（抵抗）も大きくなっていく。

❷ 反比例を表すグラフ

　電熱線の断面積と抵抗の関係は，原点を通らず，曲線を描くグラフで表される。横軸（断面積）が大きくなるにしたがって，縦軸（抵抗）は小さくなることがわかる。

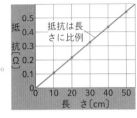 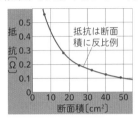

※次に代表的なグラフのパターンを示す。

□水の状態変化

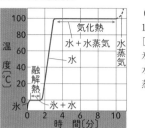

0℃……融点
100℃…
[①　　　]
氷→水は融解,
水→水蒸気は
蒸発という。

□純物質と混合物の沸点

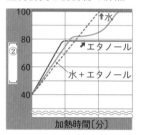

純物質では,
↑や↑で示し
てあるように,
平らな部分が
現れる。

□化学変化の量的関係

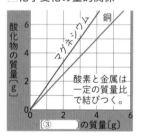

この化学変
化は, 次のよ
うに表される。
2Mg+O₂
$\longrightarrow$ 2MgO
2Cu+O₂
$\longrightarrow$ 2CuO
酸素と金属は
一定の質量比
で結びつく。

□金属と酸の反応

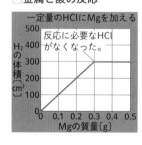

この化学変
化は, 次のよ
うに表される。
Mg+[④　　]
$\longrightarrow$ MgCl₂
+H₂↑

□中和と電流

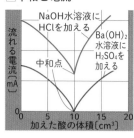

[⑤　　]水
溶液にうすい
硫酸を加えた
とき, 中和点
では沈殿がで
きて, イオン
は水溶液中に
なくなる。

□ばねの伸びと加えた力

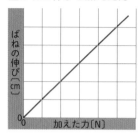

ばねの伸び
は, 加えた力
の大きさに比
例する。この
法則を,
[⑥　　　]とい
う。

□オームの法則

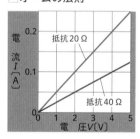

電熱線の中
を流れる電流
I[A]は, 電
圧 V[V]に
[⑦　　]する。
比例定数の
逆数が抵抗
R[Ω]になる。

□電流による発熱量

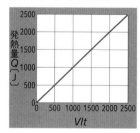

電熱線の
[⑧　　]は,
電流 I[A]と
電圧 V[V]
と電流が流れ
た時間 t[s]
の積に比例す
る。

解答 ①沸点 ②温度[℃] ③金属 ④2HCl ⑤水酸化バリウム ⑥フックの法則
⑦比例 ⑧発熱量

第**5**編

高校入試

重点対策

1

公式・原理・法則

2

重要事項のまとめ

3

グラフ

4

化学反応式

□等速直線運動（距離と時間の関係）

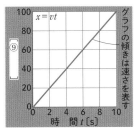

摩擦のない平面上を運動している物体は，速さは等しく，さらに，方向を変えない。

□等速直線運動（速さと時間の関係）

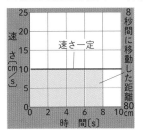

一定時間内（8秒間）に移動した距離は，グラフの赤く塗ってある部分の[⑩　　]で示される。

□斜面をくだる運動

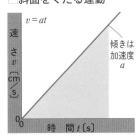

斜面上の運動は[⑪　　]である。ある時間に移動する距離は赤く塗ってある部分の[⑫　　]で示される。

□物体の高さ・質量と位置エネルギー

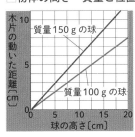

斜面から球をころがし，下に置いた木片の動いた距離を調べると，球の[⑬　　]と[⑭　　]に比例する。

□セキツイ動物の体温

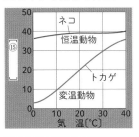

恒温動物（鳥類，ホ乳類）は，外界の気温が変化しても，体温はほぼ一定に保たれる。

□食べられる動物と食べる動物のつりあい

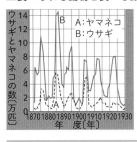

つりあいのとれている自然では，食べる動物（**A**）は，[⑯　　]よりつねに個体数は少ない。

□前線の通過と気温

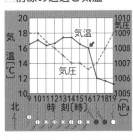

↓の時刻に[⑰　　]が通過して気温が下がり，風向も変わる。温暖前線が通過すると気温は上がる。

□地震波の伝わり方

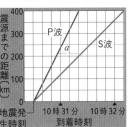

aのことを[⑱　　]とよび，[⑱　　]が長いほど，震源までの距離は遠い。

解答

⑨移動距離x[cm]　⑩面積　⑪等加速度運動　⑫面積　⑬・⑭高さ・質量（順不同）

⑮体温[℃]　⑯食べられる動物（**B**）　⑰寒冷前線　⑱初期微動継続時間

5 有効数字

❶ 測定結果のばらつき

水の温度を測定するとき，温度計をビーカーの中心部に入れたときと，中心からずれた所に入れたときでは同じ液体の温度を測定しても同じ結果になるとは限らない。このように，測定方法に差があったり，測定器具ごとにも差があったりするため，結果にばらつきが出ることがある。

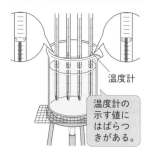

温度計

温度計の示す値にはばらつきがある。

❷ 誤差

例えば，水やアルコールの体積をメスシリンダーで測定する場合を考える。このとき，人によって測定値にばらつきが出ることがある。その主な原因は最小目盛りの $\frac{1}{10}$ まで目分量を読むところにある。

正しい値と測定値の差を誤差といい，水の体積を測定して得られる測定値 X と，その水の量の真の値 Y との差 $Z = X - Y$ を測定値の誤差という。しかし真の値を知る方法はないので，ある測定値のもつ誤差 Z を正確に知ることはできない。そのため，測定を何回もくり返し，その測定値の平均をとることによって測定値 X の誤差 Z がどのような範囲にあるかを調べる。

真横から液の最も低い位置を最小目盛りの $\frac{1}{10}$ まで，目分量で読む。

水平な台

⬆ メスシリンダーの使い方

測定の誤差は測定する計器類によるところが大きいが，測定者，測定方法，測定の条件にも影響される。そのため，測定者はこれらの要因を考えて測定値のばらつきを調整し，誤差の範囲を決めることになる。

測定値の誤差がどこまで許容されるかは測定場面によって異なる。例えば運動場の 100 m では，1 mm の誤差は問題ないが，精密機器類の 1 mm の誤差は重大である。

感度 0.1 g の上皿てんびんで質量を測定すると，測定値は少なくとも ± 0.1 g の誤差がある。

⬆ 計器(例：上皿てんびん)による誤差の範囲

❸ 有効数字

①有効数字の意味について

測定値として意味があるのは，誤差を含む数字までで，それ以下の数字は意味をもたない。このような，意味をもつ数字までの範囲を有効数字という。例えば，最小目盛りが 1 mm のものさしで長さをはかるとき，最小目盛りの 10 分の 1 まで目測で読むことになっている。このものさしである長さを測定したとき「15.3 mm」と読んだとすると，このときのいちばん下の 3 は目分量での値である。このことから，真の値 X は $15.25 \leqq A < 15.35$ の範囲に入ると考える。このとき，この測定値の小数第 2 位の数値はまったく信頼できないが，1 つ上の小数第 1 位の数値(3)はほぼ信頼できる数値と考えてよい。

したがって，「15.3 mm」という数値は信頼でき
る数値と考えられる。「15.3」は 3 つの位をもつので，
有効数字は 3 桁であるという。**有効数字はその数値
がどれだけ信頼できるかを表すもので，桁数が多い
ほど，精度が高い測定値であるといえる。**

②有効数字の表し方

有効数字の数値を表すときは，「1 以上 10 未満の
数値 $\times 10^n$（n は整数）」の形で表す。

> 例　0.0345 は，3.45×10^{-2} と表され，有効数字は 3
> 桁となる。「0.0」は位取りの部分なので，有効
> 数字には入れない。

> 例　3.45×10^{-1} の場合のような，$n = -1$ のときは
> 「0.345」のように 0.…と書くこともある。

③有効数字のたし算・引き算

たし算，引き算は計算したあと，四捨五入し，末
尾の位の最も高いものにそろえる。

> 例　10.34＋3.6－5.89 の計算をする。3 つの数の末
> 尾の位を比べると「3.6」の末尾の位（6）が小数
> 第 1 位なのでいちばん位が高い。上の計算をす
> ると 8.05 となるが，「3.6」の小数第 2 位以下
> が不明であるため，8.05 の小数第 2 位以下は信
> 頼できない。そこで末尾の位が小数第 1 位にな
> るように，すぐ下の位（小数第 2 位）を四捨五入
> する。よって，10.34＋3.6－5.89≒8.1 となる。
> **和と差の場合は有効数字の桁数が増減するこ
> とがあるので注意が必要である。**

④有効数字のかけ算・割り算

かけ算，割り算は計算したあと，四捨五入して有効
数字の桁数が最も少ないものにそろえる。

> 例　11.3×25 の計算をする。2 つの数値のうち「25」
> のほうが有効数字が少なく 2 桁である。そのま
> ま計算を行うと 282.5 となるが，有効数字が 2
> 桁になるようにするため，すぐ下の位（有効数
> 字 3 桁目）を四捨五入する。よって，
> $11.3 \times 25 = 282.5 \fallingdotseq 2.8 \times 10^2$ となる。
> 計算の途中では，有効数字の桁数より 1 桁多く
> とって（それより下は四捨五入する）計算する。

●**有効数字の四捨五入**

有効数字とは，「0 でないい
ちばん左の数字からいちばん右
の数字までの，数字の数」のこ
とである。例えば，0.234 とい
う測定値の有効数字は 3 桁であ
る。これを，有効数字 2 桁で答
えるときは，有効数字 3 桁目を
四捨五入する。0.234 の場合は，
有効数字 1 桁目は 2，2 桁目は 3，
3 桁目は 4 であるため，3 桁目
の 4 を四捨五入して，答えは
0.23 とする。

4 入試に出る　化学反応式

1 化学式の書き方と読み方の基本を覚えよう

❶ **イオン**(電気を帯びた原子)で**できている物質**は，陽イオンを先に，陰イオンをあとに書く。そして，あとにある元素から先に，「～化～」のように読む。

❷ **いくつかの原子が集まった場合**も，❶と同様であるが，ふつう「～化」をつけない。

❸ **非金属どうし**の2種類でできている物質は，C，P，N，H，S，I，Cl，Oの順で書く。

　　また，他の元素との結びつき方が，2つ以上のときは，一，二，三などの数をつけて読む。

❹ **元素名と関係なく**，習慣(慣用名)で読むものもある。

❺ 化学式に含まれる原子や原子の集まったものが1つのとき，1は省略し，2以上のときはその数を書く。

●**イオンでできている物質**
$NaCl(Na^+, Cl^-)$
塩化ナトリウム
$Na_2CO_3(2Na^+, CO_3{}^{2-})$
炭酸ナトリウム

●**非金属どうしの2種類でできている物質**
HCl　塩化水素
CO　一酸化炭素
CO_2　二酸化炭素

2 化学反応式の書き方に慣れよう

❶ **化学反応式の書き方の基本**

①左辺に反応する物質，右辺にできた物質を書く。

▶水の分解　$2H_2O \longrightarrow 2H_2 + O_2$

（モデル）●●　●●　　　　　　●●　　　●●
　　　　　●●　●●　　　　　　●●　　　　　　　　

②係数をつけて，反応する物質の原子数と，反応でできた物質の原子数を等しくする。

▶水の合成　（誤）$H_2 + O_2 \longrightarrow H_2O$
　　　　　　（正）$2H_2 + O_2 \longrightarrow 2H_2O$

❷ **化学反応式のパターン**……次のパターンを覚えよう。

①**分　解**…1つの物質が，2つ以上の物質に分かれる。

▶酸化銀の分解　$2Ag_2O \longrightarrow 4Ag + O_2$
　　　　　　　　酸化銀　　　　　銀　　酸素

●**水の分解**
　水素原子2個と酸素原子1個でできている水分子2個が分解して，水素原子2個からできている水素分子2個と，酸素原子2個からできている酸素分子1個ができた。

▶炭酸水素ナトリウムの分解

$$2NaHCO_3 \longrightarrow Na_2CO_3 + CO_2 + H_2O$$
炭酸水素ナトリウム　　炭酸ナトリウム　二酸化炭素　　水

▶塩酸の分解　$2HCl \longrightarrow H_2 + Cl_2$
　　　　塩酸　　　　水素　　塩素

②**物質が結びつく反応**…2つ以上の物質から，1つ以
上の新しい物質をつくる。

▶鉄と硫黄の反応　$Fe + S \longrightarrow FeS$
　　　　　　　　鉄　　硫黄　　　硫化鉄

▶銅の酸化　$2Cu + O_2 \longrightarrow 2CuO$
　　　　銅　　　酸素　　　酸化銅

▶炭素の燃焼　$C + O_2 \longrightarrow CO_2$
　　　　　炭素　酸素　　二酸化炭素

▶酸化銅の還元

$$2CuO + C \longrightarrow 2Cu + CO_2$$
酸化銅　　炭素　　　銅　　二酸化炭素

③**気体発生**…気体の集め方に注意する。

▶ $Zn + 2HCl \longrightarrow ZnCl_2 + H_2\uparrow$
　　亜鉛　　塩酸　　　塩化亜鉛　　水素

▶ $CaCO_3 + 2HCl$
炭酸カルシウム　　塩酸
　　　　　　$\longrightarrow CaCl_2 + H_2O + CO_2\uparrow$
　　　　　　　　塩化カルシウム　　水　　二酸化炭素

④**中和反応**…酸とアルカリの反応で，塩と水ができる。

▶ $HCl + NaOH \longrightarrow NaCl + H_2O$
　塩酸　水酸化ナトリウム　塩化ナトリウム　水

▶ $H_2SO_4 + Ba(OH)_2$
　硫酸　　　水酸化バリウム
　　　　　$\longrightarrow BaSO_4\downarrow + 2H_2O$
　　　　　　　硫酸バリウム　　　水

⑤**電離を表す化学式**…化合物が電離したとき，帯びる
電気の種類と数値に注意が必要になる。

▶ $HCl \longrightarrow H^+ + Cl^-$
　塩化水素　水素イオン　塩化物イオン

▶ $NaCl \longrightarrow Na^+ + Cl^-$
　塩化ナトリウム　ナトリウムイオン　塩化物イオン

▶ $CuCl_2 \longrightarrow Cu^{2+} + 2Cl^-$
　塩化銅　　　銅イオン　　塩化物イオン

●**分解する反応の表し方**
　分解するからといって，化学
反応式中に－の記号をつけて，
　　$A-B \longrightarrow C$
のようにはせずに，
　　$A \longrightarrow B+C$
と表すようにする。

●**酸化と還元**
　酸素が関係する反応は，次の
ように理解する。

●**反応式中の矢印**
　$H_2\uparrow$や$BaSO_4\downarrow$のように矢
印をつけて表すことがある。
「↑」は気体，「↓」は沈殿をそ
れぞれ意味する。

🔍 さくいん

- ・赤文字は人名です。
- ・工はエネルギー，物は物質，生は生命，地は地球，対は高校入試対策のマークです。

さくいん

あ
か
さ
た
な
は
ま
や
ら
わ

さくいん

あ か さ た な は ま や ら わ

さくいん

あ か さ た な

は

ま や ら わ

655

編著者

代表 會田 良三　元東京都世田谷区立駒沢中学校 校長
　　　　　　　　元東京理科大学 講師

　　　江崎 士郎　元東京都世田谷区立砧南中学校 校長

　　　江連 知生　東京都品川区立豊葉の杜学園 教諭

　　　桐生 徹　　上越教育大学教職大学院 教授

　　　久保田 裕人　東京都立白鷗高等学校・附属中学校 主幹教諭

　　　関 陽児　　東京理科大学理工学部 博士（工学）

　　　武田 康男　星槎大学 客員教授
　　　　　　　　東京学芸大学 非常勤講師

　　　内藤 理恵　世田谷区立駒沢中学校 主任教諭

　　　中村 信雄　東京理科大学 教職教育センター 特任教授

　　　帆苅 信　　新潟県立生涯学習推進センター 社会教育主事

　　　松原 秀成　元江戸川区教育委員
　　　　　　　　東京理科大学 非常勤講師

（ほか1名）

装丁デザイン　ブックデザイン研究所
本文デザイン　A.S.T DESIGN
図　版　ユニックス　元橋敏浩
イラスト　ホンマヨウヘイ
マンガ　青木麻緒

写真提供・協力一覧（敬称略）

アフロ　内田洋行　花王　金沢地方気象台　気象庁　九州大学総合研究博物館　ケニス　高知市役所　コーベットフォトエージェンシー　国土地理院　国立科学博物館　国立情報学研究所　国立天文台　佐渡観光PHOTO　JAXA　島津理化　消防科学総合センター　象印マホービン　ソニー　NASA　日本気象協会　tenki.jp　名古屋市科学館　日本製鉄　パナソニック　日立グローバルライフソリューションズ　日立造船　ピクスタ　福井県年縞博物館　富士ゼロックス　堀場製作所　南日本新聞　ヤマハ　理化学研究所　リカシツ・関谷理化

※QRコードは(株)デンソーウェーブの登録商標です。

中学 自由自在 理科

昭和29年3月10日	第 1 刷発行	昭和56年3月15日	全訂第1刷発行
昭和34年2月10日	増訂第1刷発行	平成 2 年3月1日	改訂第1刷発行
昭和37年1月10日	全訂第1刷発行	平成 5 年3月1日	全訂第1刷発行
昭和42年3月1日	改訂第1刷発行	平成14年3月1日	全訂第1刷発行
昭和43年1月10日	三訂第1刷発行	平成21年2月1日	全訂第1刷発行
昭和47年3月1日	全訂第1刷発行	平成28年2月1日	新装第1刷発行
昭和53年3月1日	改訂第1刷発行	令和 3 年2月1日	全訂第1刷発行

監修者　川 村 康 文
編著者　中学教育研究会
　　　　　　　　（上記）
発行者　岡 本 明 剛

発 行 所　受 験 研 究 社
©株式会社　増進堂・受験研究社

〒550-0013 大阪市西区新町2—19—15
注文・不良品などについて：(06)6532-1581(代表)／本の内容について：(06)6532-1586(編集)